HONDA
NC 750 S
NC 750 X

ab Modelljahr 2014

Honda NC 750 S

In diesem Buch werden die nachstehenden Modelle für die Märkte Deutschland, Österreich und die Schweiz behandelt:

- *NC 750 SA mit Schaltgetriebe*
- *NC 750 SD mit Doppelkupplungs-getriebe*

Honda NC 750 X

- *NC 750 XA mit Schaltgetriebe*
- *NC 750 XD mit Doppelkupplungs-getriebe*

Anmerkung zu den beiden Bildern oben und den Modellbezeichnungen in der rechten Textspalte: Die beiden Buchstaben »SA« und »SD« oder »XA« und »XD« hinter dem »750«, dienen markenintern zur besseren Unterscheidung der Getriebebauarten. Umgangssprachlich genügen S und X zur Modellunterscheidung. Im Detail weiß man bei »A« von »mit Schaltgetriebe« und bei »D« von »mit Doppelkupplung« oder »mit Doppelkupplungsgetriebe«. Stand der Recherche der Bilder und Texte in diesem Buch zum Redaktionsschluss im Mai 2026.

bucheli verlag

Impressum

Impressum

ISBN 978-3-7168-2332-3

Motorrad-Reparaturanleitung
Band 5329

TN: 22906

Redaktion und Gestaltung: Schermer Verlag GmbH, D-70563 Stuttgart

Mitarbeiter dieser Ausgabe: Bernd Burbulla (Daten- und Technikrecherche), Horst Liebermann (Technik), Helmut Mader (Technik-Beratung), Axel Schermer, Franz Josef Schermer (Fotos und Texte), Dipl. Ing. (FH) Helmut Städele (Elektrik und Elektronik).

Zeichnungen: Daniel Horvat, Wolf Kurz, Tomoko Wakayama

Für diese Motorrad-Reparaturanleitung wurden unter anderem Bilder und Texte aus den Archiven von Honda, der Bucheli Verlags AG (Schweiz), des Motorbuch Verlags und des Schermer Verlags verwendet.

Ein ganz spezieller Dank geht an den Motorradbetrieb Peter Hartenstein in 64546 Mörfelden-Walldorf und den Service-Mechaniker Wolfgang Möckel. Beide sind gestandene Honda-Spezialisten, deren Fachwissen über Jahrzehnte gereift ist. Sie haben uns bei Zerlegung und Zusammenbau der Maschinen über alle Maßen geholfen. Auch haben Sie uns viele Tipps gegeben zur Vermeidung kleiner und großer Pobleme im täglichen Umgang mit NC 750 S und X, die wir gerne weitergeben.

Satz und Layout: Schermer Verlag GmbH
Lektorat: Myrta Baumberger
Druck und Bindung: Florjancic tisk d.o.o, Maribor, Slovenia

Sie finden uns im Internet unter *www.motorbuch.de*. und *www.bucheli-verlag.de*

1. Auflage 2026

In diesem Buch finden Sie jede Menge Tipps und Kniffe in Text und Bild zur fachgerechten Durchführung von Wartung, Pflege und kleineren Reparaturen rund um die Honda NC 750 S und NC 750 X. Beispielhaft aus dem Kapitel 6 »Räder« hier ein Blick auf den abgenommenen Kettenblattträger und die Hinterradnabe mit dem Radlager und den fünf Ruckdämpfern.

Warum dieses Buch wichtig ist

Zum Modelljahr 2012 brachte Honda die beiden Parallelmodelle NC 7S0 S und NC 750 X auf Basis der Vormodelle mit 700 Kubik. Beide 750er sind moderne Alltagsmaschinen und eignen sich prima für Stadt, Land, Alltag, sportliche Touren und längere Reisen. Über all die Jahre sehr beliebt ist die NC 750 X mit längeren Federwegen und einer stilprägenden Frontverkleidung, während die NC 750 S ab dem Jahr 2021 nicht mehr angeboten wurde und die NC 750 X weiterhin ein großer Verkaufsschlager ist.

Beide Modelle gibt es auch mit einem Doppelkupplungsgetriebe, womit komfortables Fahren möglich ist, weil die Gänge automatisch gewechselt werden und der Fahrer dabei nicht mehr zu kuppeln braucht. Alle Modelle haben ABS – und mit Einspritzung, Katalysator und niedrigem Benzinverbrauch entsprechen sie genau dem, was ein heutiger Kunde von einem modernen Mittelklasse-Motorrad erwartet.

Bei aller Zuverlässigkeit, welche der Markenname Honda in seiner Verpflichtung als größter Motorradhersteller der Welt den Kunden gegenüber verspricht, kann es immer wieder kleine oder größere Technikprobleme geben – und genau deswegen wurde dieses Buch geschrieben. Für deren Behebung bietet diese Motorrad-Reparaturanleitung in Bild und Text eine Menge Tipps, die man kennen sollte, um NC 750 S und NC 750 X zuverlässig am Laufen zu halten. Doch diese Reparaturanleitung will mehr sein als nur ein Buch, das man nur dann zur Hand nimmt, wenn etwas kaputt ist.

Wenn Sie sich dieses Buch gekauft haben, um Ihr Motorrad besser kennen zu lernen und zu erfahren, was in ihm steckt, ist das gut so. Dieses Buch kann Ihnen helfen, die komplexe Mechanik, die in diesen Maschinen steckt, begreifen zu können und bietet gleichzeitig Lesestoff, der Ihnen hilft, Ihr Motorrad besser zu verstehen. Denn ein Fahrer, der sein Motorrad versteht, geht sorgsamer damit um.

Honda NC 750 S und X bewähren sich im Alltag, auf Tour und bieten Kurvenspaß mit Niveau.

Was hilft, Probleme entweder schon im Ansatz zu erkennen oder gar nicht erst auftreten zu lassen. Auf Zerlegung und Zusammenbau des Motors haben wir in diesem Buch bewusst verzichtet, weil eine Operation am offenen Herzen den Umfang dieses Buches bei Weitem sprengen würde.

Alle bei Zerlegung und Zusammenbau des Motors zu berücksichtigenden Verschleißmaße und Drehmomentwerte sind jedoch in diesem Buch enthalten. Wer sich also mit japanischen Motoren auskennt, kann seinen Erfahrungsschatz anwenden. Für Laien gilt der Ratschlag, dass Revisionen von Motor und Getriebe den Honda-Händlern und -Spezialisten vorbehalten bleiben sollten; diese wurden in mehrtägigen Technik-Lehrgängen bei den Honda-Importeuren speziell auf die NC 750 geschult.

Der Spagat zwischen allgemein verständlicher Technik und stimmiger Anleitung zum Selbstschrauben bestimmt also den Inhalt dieses Buches. In diesem Sinne wünschen wir Ihnen, lieber Leser, viel Spaß bei der Lektüre – und hoffen gleichzeitig, dass Sie keinen Ärger mit Ihrer Maschine haben. Sollten dennoch Probleme auftreten, dann kann Ihnen dieses Buch helfen, dass Sie diese rasch und kostengünstig beseitigen können.

Grundsätze zu diesem Buch:

- Die Lektüre dieses Buches kann weder eine dreijährige Lehre zum Motorradmechaniker noch eine mehrjährige Praxis im Kraftfahrzeughandwerk ersetzen. Interessierte Laien sollten sich die Pflegetipps zu Herzen nehmen, denn bei guter Pflege lernt man auch seine Maschine besser kennen.
- Die Umsetzung der im Buch gezeigten Arbeitsschritte setzt einen gewissen Grundstock an gutem Werkzeug voraus. Weil das Bordwerkzeug nur wenige Teile umfasst, muss man sich also weitere Werkzeugteile anschaffen.
- Für einige Arbeiten sind Spezialwerkzeuge nötig, die den Umfang einer Hobby-Werkzeugausstattung bei Weitem sprengen. Selbst wer die grundsätzliche Bereitschaft hat, sich diese Spezialwerkzeuge zuzulegen, sollte sich reiflich überlegen, ob es sich wirklich rentiert. Spezialwerkzeuge sind erstens sehr teuer, und zweitens erfordert es Erfahrung und Fingerfertigkeit, um damit richtig umzugehen.

In diesem Sinne wünsche ich Ihnen allzeit gute Fahrt mit Ihrer NC 750 S oder NC 750 X!

Herzlichst, Ihr
F. J. Schermer
(Redaktionsleiter)

Wenn in diesem Buch von »Fahrern« die Rede ist, meinen wir natürlich auch die weiblichen Leser. Der leichteren Lesbarkeit halber beschränken wir uns jedoch auf die allgemeine (männliche) Form.

Inhalt

Folgende Symbole verdienen während der Arbeiten besondere Beachtung:

Sichtprüfung:
Teil genau ansehen, besonders beachten

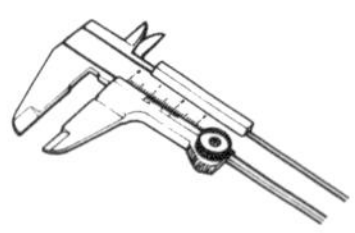

Messen:
Messschieber oder anderes Messwerkzeug nötig

Achtung:
Besondere Vorsicht geboten, Sicherheitshinweise beachten

Tipp:
Wertvoller Hinweis für einfacheres Schrauben

Hörprüfung:
Bei Prüfung genau hinhören

Folgende Symbole verdeutlichen den Schwierigkeitsgrad der Arbeiten:

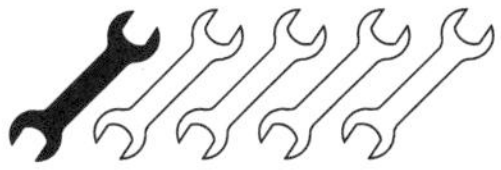

Ein Schlüssel:
Einfache Arbeit, erweitertes Bordwerkzeug reicht aus

Zwei Schlüssel:
Anspruchsvolle Arbeit, extra Werkzeug notwendig

Drei Schlüssel:
Gutes Werkzeug und Spezialkenntnisse erforderlich

Vier Schlüssel:
Spezialwerkzeug und sehr gute handwerkliche Fertigkeit gefragt

Fünf Schlüssel:
Spezialwerkzeug und meisterliche Fertigkeiten notwendig: Fachwerkstatt!

Pflege

In diesem Kapitel: Waschen · Überwintern · Inbetriebnahme nach der Winterpause · Lackpflege und Politur · Kühler sauber halten · Öl- und Graphitspray · Schmierstellen.

Waschen

Bilder 1 und 2: Eine NC 750 soll man mit reichlich Wasser, milden Waschmitteln, weichen Schwämmen und Lappen waschen. Wenn aggressive Reinigungsmittel und harte Bürsten verwendet werden, zerkratzen Lack-, Alu- und Kunststoffteile, sie werden matt und hässlich.

Wichtig: Motorrad in kaltem Zustand an einem schattigen Platz waschen. Bei warmem Motor oder in direkter Sonneneinstrahlung verdunstet das Waschwasser schnell, und die rückständigen Waschmittelzusätze brennen sich in die heißen Oberflächen von Motor, Auspuffkrümmer und Auspufftopf regelrecht ein.

Zwei große Eimer warmes Wasser, gute Reinigungsmittel und ein großer, weicher Schwamm genügen für die Wäsche. Die in Motorrad- und Zubehör-Fachgeschäften angebotenen speziellen Motorradreiniger sind sehr zu empfehlen, sie lösen Dreck und Fettrückstände gut ab. **Nicht zu viel Reiniger verwenden!** In der Not kann man auch Mutters Geschirrspülmittel verwenden.
Wichtig: Den schmutzigen Waschschwamm immer nur im zweiten Wassereimer ausdrücken! Alle Dreckpartikel müssen zuverlässig aus dem Schwamm rausgedrückt werden, sonst geraten sie ins warme Waschwasser, werden dort vom Waschschwamm wieder aufgenommen und produzieren Kratzer auf dem Lack!

Bilder 1 und 2: Eine Auswahl von dem, was man zum Waschen und Pflegen der Maschine braucht, zeigen diese beiden Bilder.

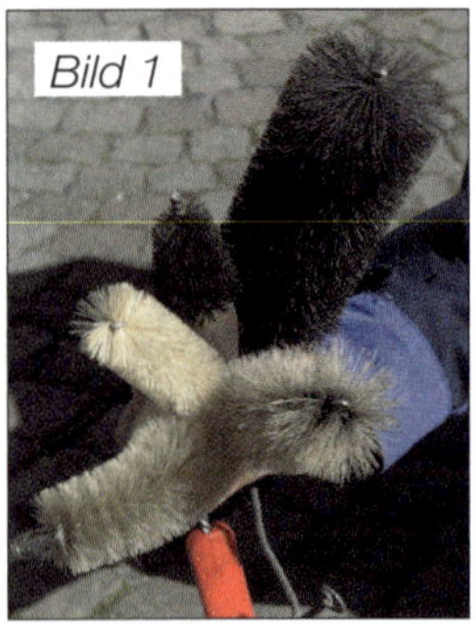
Bild 1

Bild 2

Sicherheitshinweise ⚠ Achtung und ☞ Tipps für dieses Kapitel

⚠ Das Waschen von Kraftfahrzeugen im »öffentlichen Verkehrsraum« (Straßen, Wege, Plätze) ist grundsätzlich dann nicht erlaubt, wenn zusätzliche Waschmittel benutzt werden – nur mit klarem Wasser darf gewaschen werden. Waschen mit Mitteln ist nur auf speziellen Waschplätzen erlaubt.

⚠ Motorrad NIEmals mit einem Dampfstrahler reinigen! Denn das unter Druck stehende heiße Waschwasser enthält sehr aggressive Reinigungsmittel, welche die Dichtungen in der Bremsanlage beschädigen können. Überdies dringt Wasserdampf überall ein, wo er nicht soll: Hebelgelenke, Gaszüge, Steckkontakte und Schalter der Elektrik, Radlager, Gabelbeine und Federbein – und an all diesen Stellen richtet er Schäden an!

☞ Motorrad immer von oben nach unten waschen, die weniger verschmutzten Teile zuerst. Waschwasser fern halten von elektrischen Anschlüssen, Schaltern, Steckern und den Gaszügen unten an den Drosselklappen.

⚠ Nach dem Waschen besonders Reifen und Bremsscheiben mit reichlich klarem Wasser abspülen, damit alle glitschigen Rückstände abgespült werden – denn rutschige Reifen können in der ersten Kurve für Überraschungen sorgen und die Bremsen mit einem Schmierfilm überzogen sein, was der Bremsleistung nicht förderlich ist.

⚠ Schmieren Sie niemals die Gaszüge mit Kettenspray oder Motoröl. Mit ungeeignetem Öl geschmierter Gaszug ist nicht mehr leichtgängig, was bis zum völligen Festsitz des Gaszuges führen kann! Wenn ein Schmieren der Gaszüge nötig sein sollte, verwenden Sie entweder dünnflüssiges, harzfreies Nähmaschinenöl oder Ölspray WD-40.

⚠ Schmieren Sie niemals die Gelenkstellen der Drosselklappe mit Fett, Öl oder Kettenspray, denn das Schmiermittel kann durch die Hitze festbacken und die Beweglichkeit der Drosselklappe beeinträchtigen, was bis zum Festgehen führt!

☞ Wenn Sie eine Abdeckhaube kaufen, um die Maschine darunter überwintern zu lassen, dann nehmen Sie eine, die unten Ösen hat, in welche die Haken von Gepäckgummis eingehängt werden können, damit die Plane gesichert ist und nicht beim ersten Windstoß abhebt.

☞ »Richtig überwintern« heißt vor allem, dass die Maschine über die Wintermonate so abgestellt werden soll, dass beide Räder frei in der Luft sind, also keinen Bodenkontakt haben. Wenn eine NC 750 monatelang auf dem Seitenständer steht und die Reifen womöglich schleichend Luft verlieren, bekommen die Reifen einen »schrägen Standplatten«, also eine abgeflachte Stelle.

Nach der warmen Wäsche mit reichlich klarem, kaltem Wasser nachspülen. Nach der Klarwasser-Nachwäsche sofort alle Verkleidungs- und Lackteile mit Waschleder oder weichem Tuch abtrocknen.

■ Angetrocknete Insektenreste auf Lampen- und Blinkergläser, Rückspiegel, Gabelbeinen und dem vorderen Schutzblech mit reichlich Wasser einweichen (z. B. nasses Tuch auflegen) und abwaschen. Nicht mit harten Gegenständen versuchen, den Schmodder abzukratzen!

■ Wenn mit heißem Wasser, Reiniger und Putzlappen nichts mehr geht, hilft nur noch Insektenentferner aus dem Fachhandel. Glasreiniger ist die preisgünstigere Lösung! Betroffene Stellen triefend nass einsprühen und mit einem Massagewaschlappen (Handschuh mit unterschiedlich rauen Seiten, zu finden in gut sortierten Drogerien) feste rubbeln, so wird auch die hartnäckigste Fliegenleiche im Nu verschwinden.

Waschen im Winter

Nach einer Winterfahrt das Motorrad mit kaltem Wasser abspülen und mit weichen Lappen trocknen. Kein heißes Wasser verwenden, denn dieses verstärkt die korrodierende Wirkung des Streusalzes. Lauwarm darf das Waschwasser im Winter sein. In den Bildern 3 und 4 sind ein korrodierter Schraubenkopf und ein Bremsleitungsanschluss einer Maschine zu sehen, die nach einer Winterfahrt auf trockenen (!) Straßen nicht gewaschen, sondern für einige Tage abgestellt wurde.

Putztipp aus der Praxis: Oberflächenkorrosion dieser Art lässt sich mit Topfreiniger (»Akopads«) wieder einigermaßen entfernen.

Überwintern

Mit einem Saisonkennzeichen braucht man die Maschine über Winter nicht abzumelden, darf aber in bestimmten Monaten nicht am öffentlichen Straßenverkehr teilnehmen.

Wichtig: Eine Maschine mit Saisonkennzeichen darf ebenso wenig wie ein abgemeldetes Motorrad während der Stilllegemonate auf der Straße im öffentlichen Verkehrsraum abgestellt werden. Deswegen: Ab mit der Maschine in eine gut gelüftete Garage oder in einen trockenen Hofraum, wo sie abgedeckt überwintern kann.
Zum Einmotten in die Winterpause folgende Vorbereitungen treffen:

1. Maschine ordentlich heiß fahren.
2. Tank randvoll machen, einen Schuss »Fuel

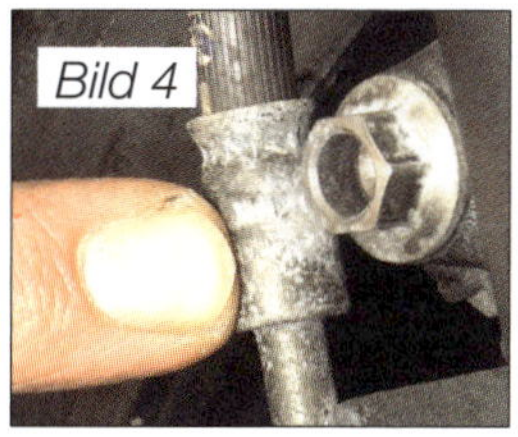

Bilder 3 und 4: Korrosionsbeispiele an Schraube und Bremsleitungsanschluss.

Bild 5: Schmier- und Pflegestellen.

Bild 6: »Fuel Protect« verhindert Rost im Tank und Ablagerungen in der Einspritzung.

Protect« (Bild 6) dazugeben.
3. An der Tankstelle gleich die Reifen auf vorne 3 bar und hinten 3,5 bar aufpumpen.
4. Zügig zum Winterabstellplatz fahren und Motor abstellen.
5. Batterie ausbauen (Kapitel 14 »Batterie«).
6. Gelenkstellen von Brems- und Kupplungshebel, Fußrasten und Seitenständer mit Ölspray einsprühen (Bild 5).
7. Blanke und verchromte Teile mit säurefreiem Fett (Vaseline) dünn einreiben.
Wichtig: Auspuff vorher kalt werden lassen.
8. Maschine auf Heckmontageständer abstellen, Lenkschloss sperren. Noch besser: Maschine auf Front- und Heckmontageständer abstellen, dann haben beide Reifen keinen Bodenkontakt und können keine »Standplatten« bekommen.

Ganz penible Menschen wechseln vor der Überwinterung das Motoröl. Folgende Vorgehensweise hat sich bewährt: Wenn der Ölwechsel vor der Überwinterung länger als drei Monate oder mehr als 3000 km zurückliegt, machen Sie einen Ölsamt Filterwechsel. Sollten Sie Ihr Motorrad vor der Winterpause zum Ölwechsel in die Honda-Werkstatt geben, lassen Sie gleich eine komplette Inspektion machen. So können Sie im Frühjahr gleich durchstarten (zum Saisonstart sind sämtliche Werkstätten grundsätzlich überlastet!).

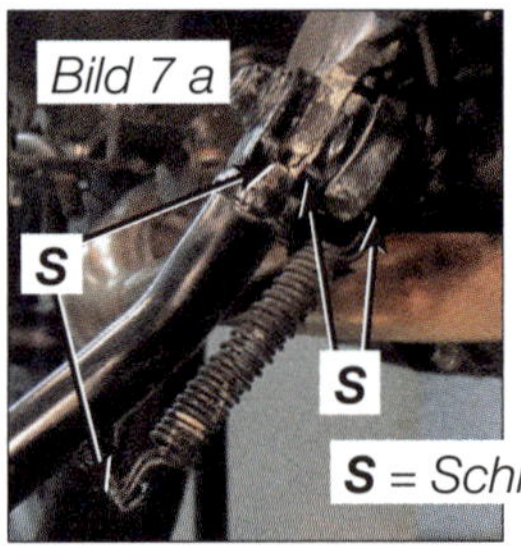

Bilder 7 a und 7 b: Kettenspray an Seitenständergelenk und -federn.

Was Sie noch tun können: Alle paar Tage Vorder- und Hinterrad einige Male durchdrehen und in eine andere Ruheposition bringen. Das verhindert das Festkleben der Bremsbeläge an den Bremsscheiben und somit hässliche Flecken an der Bremsscheibe.

Inbetriebnahme nach der Winterpause
1. Motorrad abdecken, Fettschicht von den blanken und verchromten Teilen mit weichem Lappen abwischen. Kein Benzin oder ähnliche Lösungsmittel verwenden!
2. Betriebsbereite, gut geladene Batterie einbauen, Polanschlüsse mit säurefreiem Fett (»Polfett«) dick einschmieren (Kapitel 14 »Batterie«).
3. Reifenluftdruck prüfen und ggf. korrigieren (Luftdrücke siehe Kapitelabsatz »Regelmäßige Kontrollen« Kapitel 2 »Wartung«).
4. Sicherheitskontrollen: Fern-Abblendlicht, Rücklicht, Bremslicht, Blinker, Warnblinker und Hupe prüfen.
4.1. Uhr auf die aktuelle Zeit einstellen.
5. Motor starten: Zündung einschalten und VOR dem Betätigen des Starterknopfes zwei- bis dreimal Gas geben, damit das Motorsteuergerät Signale vom Drosselklappenpositions-Sensor empfangen und sich einstellen kann.
6. Wenn die Batterie abgeklemmt war, muss sich das Motorsteuergerät erst wieder neu einjustieren. Deswegen läuft der Motor direkt nach dem Anspringen nicht gleich rund und braucht einige Sekunden, bis er seinen Rhythmus gefunden hat.
7. Motor nicht zu lange im Standgas laufen lassen, sondern nach spätestens drei Minuten losfahren.
8. Motor sanft warm fahren. Darauf achten, dass alle Funktionen in Ordnung sind: Öldruck, Bremsleistung, Federung und Dämpfung.

Bild 8: Verschiedene Pflege- und Poliermittel.

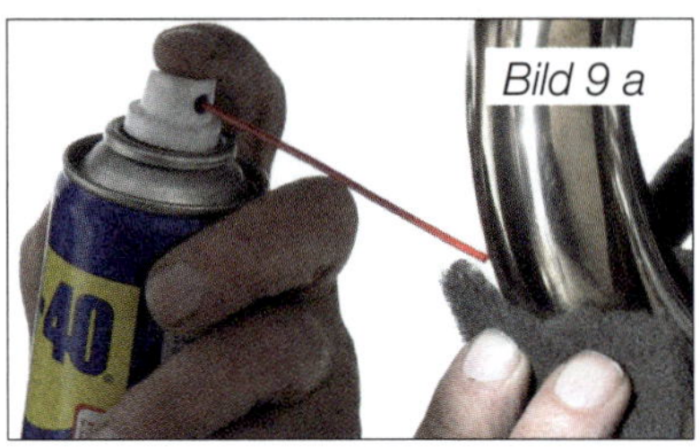

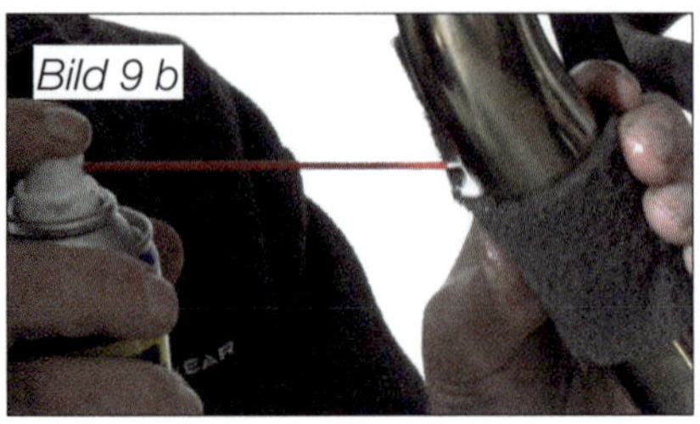

Bilder 9 a und 9 b: Fleckige Auspuffrohre mit rauem Schwamm vorsichtig putzen.

Fit in die neue Saison
Nicht nur die im Frühjahr aus der Winterpause entmottete Maschine, sondern auch der Fahrer müssen sich wieder langsam an das Motorradfahren mit all seinen Eigenheiten gewöhnen. Üben Sie vor allem das Bremsen, am besten auf einem großen, leeren Parkplatz (sonntags beim Supermarkt). Besser noch: Nehmen Sie an einem Frühjahrs-Sicherheitstraining teil.

Lackpflege und Politur

Eine regelmäßige Reinigung der Maschine beugt Langzeitwirkungen der Umwelt auf den Lack vor. Ob sich die Lackkonservierung in einem guten Zustand befindet, erkennt man daran, dass Wasser schön von der Oberfläche abperlt. Ist dies nicht mehr der Fall, ist es Zeit den Lack mit einem »Autowachs« neu zu konservieren.

Lackpflegemittel, die Karnauba- oder synthetische Wachse enthalten, sind besonders zu empfehlen. Die meisten Honda-Händler bieten spezielle Politurmittel an, die auf die Grundfarben der Maschine abgestimmt sind. Wenn Sie diese anwenden, sind Sie auf der sicheren Seite. Dies gilt auch für Teer- und Insektenentferner sowie Lackreiniger und »Cockpitspray«.

Wichtige Pflegetipps:

Kühler sauber halten! Um einer Überhitzung des Motors durch ungenügende Kühlung vorzubeugen, soll man den Kühler regelmäßig mit viel Wasser und einer Wurzelbürste reinigen. Lamellen dabei nicht beschädigen!

Wenn Sie bei einem Lackpflegemittel nicht sicher sind, ob es geeignet ist, prüfen Sie es an einer wenig sichtbaren Stelle.

Lack- und Kunststoffteile sowie Metalloberflächen nicht mit Benzin oder anderen Lösungsmitteln bearbeiten: Erstens ist das Zeug giftig und zweitens brennen sich solche Mittel in die Oberflächen ein und hinterlassen dort Flecken, die nicht mehr entfernt werden können.
■ Ausnahme: Wenn sich Teer oder ein Stück Schuhsohle in den Auspuff eingebrannt hat, kann man diese mit Bremsenreiniger und der rauen Seite eines Haushaltsschwammes bearbeiten. Hartnäckige Flecken lassen sich so entfernen.

Wenn die Auspuffkrümmer durch Straßenschmutz fleckig geworden sind, kann man ihre Oberflächen mit WD-40 und der rauen Seite eines Haushaltsschwammes oder einem extrem feinen Schleifkissen bearbeiten (Bilder 9 a und 9 b). Selbst hartnäckige Teerflecken lassen sich damit entfernen, die Oberflächen der Auspuffkrümmer und des Auspufftopfs werden wieder metallisch rein und glänzen wieder.

Aggressive »Lackkiller« wie übergelaufenes Benzin, Öl, Bremsflüssigkeit und Vogelsekrete sollten umgehend entfernt werden.

Kleinere Lackschäden können mit original Honda-Lackstiften ausgebessert werden. Diese gibt es beim Honda-Händler; auch gute Farben-Fachgeschäfte können helfen.

Öl- und Graphitspray

Nach dem Waschen den Gelenkstellen von Fußrasten, Brems- und Schalthebel einen Schuss Öl- oder Fettspray geben (Bild 5) . Nach dem Sprühen nicht alle Ölüberschüsse, die neben die Schmierstellen gelangt sind, wieder abwischen, sondern diese einfach dort lassen (sofern Sie nicht auf den Reifen oder die Bremsscheiben gesprüht haben!). Denn ein dünner Ölfilm bindet Staub und Schmutz, und dieser lässt sich bei der nächsten Fahrzeugwäsche besser abputzen, ohne dass die teils empfindlichen Oberflächen zerkratzt werden. Vor allem, wenn das Motorrad durch Regen gefahren wird, schützt ein Ölfilm davor, dass Nässe in jede Ritze kriecht.

Verwenden Sie bei der regelmäßigen Pflege ein gutes Allzweck-Ölspray wie etwa WD-40. Nach einer Regenfahrt zu Hause jeder Schmierstelle einen Schuss Öl spendieren; das aufgesprühte Öl wirkt sichtbar wasserverdrängend. Leichter Lauf und Gelenkstellen ohne Korrosionsrückstände werden es Ihnen danken.

Wichtig 1: Zünd-Lenkschloss und das Schloss für Soziussitz und Gepäckbox NICHT mit Ölspray oder gar Kettenspray schmieren, sondern spezielles Schlossspray auf Graphitbasis zum Schmieren der Schlösser verwenden.
Wichtig 2: Halten Sie jede Art von Schmiermittel und Ölspray fern von Sensoren und elektrischen Steckverbindungen.

Schmierstellen

Abschmieren beweglicher Teile dient in erster Linie dazu, Schmutz und Wasser von ihren Gelenkstellen fern zu halten und Rost vorzubeugen, damit Leichtgängigkeit und lange Lebensdauer gewährleistet werden. Auch die zueinander beweglichen Aluminiumteile korrodieren, wie z. B. die Gelenke von Kupplungs- und Bremshebel. Wenn diese Gelenk- und Kontaktstellen nicht regelmäßig gepflegt werden, gibt es im Laufe der Zeit Schwergängigkeit – speziell dann, wenn das Motorrad im Freien abgestellt ist, lagert sich Umgebungsdreck aus der Luft darauf ab und kriecht in die Gelenkstellen hinein.

Gasdrehgriff: Wenn er schwer geht, muss er mit leichtem Molybdänfett geschmiert und dazu geöffnet werden. Das Öffnen des Gasgriffs, »Gaszüge wechseln, einstellen« und der E-Gasgriff ist im Kapitel 20 »Einspritzung« beschrieben.

Silikonhaltige Pflegemittel
Silikonspray und andere silikonhaltige Pflegemittel immer fein dosiert verwenden, also nie zu viel auftragen. Bei zu viel können die Lack- und Verkleidungsoberflächen mit der Zeit »blind« werden.

Kontaktadressen

■ **Castrol Germany GmbH**
Überseeallee 1
D-2047 Hamburg
www.castrol.com

Castrol Österreich Lubricants GmbH
Am Belvedere 10
A-1100 Wien
www.castrol.com

Castrol Switzerland GmbH
Neuhofstrasse 12
CH-6340 Baar
www.castrol.com

■ **WD-40 Company Limited Zweigniederlassung Deutschland**
Rathausplatz 3-7
D-61348 Bad Homburg
www.wd-40.de

■ **ROTWEISS-Produkte Josef Zürn**
Sandgraben 8
D-88142 Wasserburg
www.rotweiss24.de

Fußnoten zur Wartungstabelle

1) Ab 60 000 km die Wartungsintervalle ab 12 000 km wiederholen.
2) Bei Fahrten unter Extrembedingungen (Staub, Schmutz, Kurzstrecke, Winter) ist häufigere Wartung ratsam.
* = Redaktionelle Empfehlung: Reinigen des Luftfilters bei den 12 000-km-Inspektionen ist keine Honda-Vorschrift (siehe dazu auch Kapitel 19 »Luftfilter«).
3) Bei Fahrten im Regen oder überwiegend mit Vollgas die Wartungsarbeiten häufiger durchführen.
4) Wichtige Befestigungselemente siehe Kapitel 4 »Verkleidung · Tank · Rahmen« und 30 »Anziehdrehmomente«.
5) Nur bei den Modellen mit Doppelkupplungsgetriebe.

Wartung

In diesem Kapitel: Inspektionen · Tabelle Wartungs- und Inspektionsintervalle · Regelmäßige Kontrollen von Beleuchtung, Reifen, Ölstand und Kühlflüssigkeit · Seitenständerschalter prüfen.

Inspektionen

Bei einer Inspektion werden Motor und Fahrwerk durchgesehen, verschlissene Teile ersetzt und zu enge oder weite Ventilspiele korrigiert. Zu »verschlissene Teile« gehören zum Beispiel auch Motoröl und Ölfilter und je nach Abnutzungsgrad auch Bremsbeläge und Reifen.

Innerhalb der ersten 24 Monate ab Kauf bzw. Datum der Erstzulassung sollten alle Inspektionen von einer Honda-Fachwerkstatt durchgeführt und im Wartungsheft abgestempelt werden, damit die Ansprüche auf Garantie oder Kulanz gegenüber Importeur und Hersteller erhalten bleiben. Wer nach der zweijährigen Garantiezeit die Wartungs- und Inspektionsarbeiten an seinem Motorrad selbst machen möchte, erhält in diesem Buch die notwendigen Basisinformationen. Es liegt im Ermessen jedes Fahrzeugbesitzers, wie er damit umgeht.

In der unten stehenden Tabelle sind die von Honda vorgegebenen Inspektionsintervalle und die zugehörigen Arbeiten aufgelistet. Die Honda NC 750-Modelle müssen zum ersten Mal bei 1000 km, dann bei 12 000 km und danach alle weitere 12 000 Kilometer (oder einmal im Jahr) zur Inspektion in die Werkstatt.

Die vorgeschriebenen Wartungsintervalle müssen bei normaler Fahrweise und Belastung nicht immer ganz genau eingehalten werden. Wenn das Motorrad grundsätzlich gut gepflegt wird, dann kann z. B. eine während einer Urlaubsfahrt

Wartungs- und Inspektionsintervalle Honda NC 750 S und NC 750 X

Baugruppe / Intervall [1]	1000 km	12 000 km	24 000 km	36 000 km	48 000 km	jedes Jahr	erneuern	siehe Kapitel
Motor								
Gasdrehgriff, Gaszüge, E-Gas	–	Prüfen	Prüfen	Prüfen	Prüfen	Prüfen	–	20
Leerlaufdrehzahl	Prüfen/Einstellen	Prüfen/Einstellen	Prüfen/Einstellen	Prüfen/Einstellen	Prüfen/Einstellen	Prüfen/Einstellen	–	20
Luftfilter [2], Aktivkohlefilter* (EVAP) *	–	Reinigen*	Erneuern	Reinigen*	Erneuern	–	–	19
Motorentlüftung, Ablaufschlauch [3]	–	Reinigen	Reinigen	Reinigen	Reinigen	Reinigen	–	19
Kraftstoffleitung	–	Prüfen	Prüfen	Prüfen	Prüfen	Prüfen	–	4, 20
Zündkerzen	–	–	Prüfen/Reinigen	–	Erneuern	–	–	17
Ventilspiel	–	Prüfen/Einstellen	Prüfen/Einstellen	Prüfen/Einstellen	Prüfen/Einstellen	–	–	27
Motoröl und Ölfilter [2]	Erneuern	Erneuern	Erneuern	Erneuern	Erneuern	Erneuern	–	2, 22
Kühlflüssigkeit [2]	–	Prüfen	Prüfen	Prüfen	Prüfen	Prüfen	alle 3 Jahre	2, 23
Kühlsystem	–	Prüfen	Prüfen	Prüfen	Prüfen	Prüfen	–	23
Antrieb								
Antriebskette [2]	Alle 1000 km Kette reinigen und schmieren, Kettendurchhang (Kettenspannung) prüfen, ggf. einstellen.							8
Kettenschleifschutz	–	Prüfen	Prüfen	Prüfen	Prüfen	–	–	8
Kupplung, Spiel am Hebel	Prüfen/Einstellen	Prüfen/Einstellen	Prüfen/Einstellen	Prüfen/Einstellen	Prüfen/Einstellen	Prüfen/Einstellen	–	24
Kupplungsölfilter [5]	Erneuern	–	Erneuern	–	Erneuern	–	–	2, 26
Bremsen								
Bremsflüssigkeit [2]	–	Prüfen	Prüfen	Prüfen	Prüfen	Prüfen	alle 2 Jahre	2, 7
Bremsbelagverschleiß [2]	–	Prüfen	Prüfen	Prüfen	Prüfen	Prüfen	–	2, 7
Bremssystem	Prüfen	Prüfen	Prüfen	Prüfen	Prüfen	Prüfen	–	7
Bremslichtschalter	–	Prüfen	Prüfen	Prüfen	Prüfen	Prüfen	–	7
Feststellfunktion der Parkbremse [5]	Prüfen	Prüfen	Prüfen	Prüfen	Prüfen	Prüfen	–	7
Rahmen und Fahrwerk								
Scheinwerfereinstellung	–	Prüfen	Prüfen	Prüfen	Prüfen	Prüfen	–	12
Seitenständer [2]	–	Prüfen/Schmieren	Prüfen/Schmieren	Prüfen/Schmieren	Prüfen/Schmieren	Prüfen/Schmieren	–	2, 4
Radaufhängung vorne und hinten	–	Prüfen	Prüfen	Prüfen	Prüfen	Prüfen	–	6, 10, 11
Wichtige Befestigungselemente [4]	Prüfen	Prüfen	Prüfen	Prüfen	Prüfen	Prüfen	–	4, 30
Räder und Reifen [2]	–	Prüfen	Prüfen	Prüfen	Prüfen	Prüfen	–	5, 6
Lenkkopflager [2]	Prüfen	Prüfen	Prüfen	Prüfen	Prüfen	Prüfen	–	9

fällig werdende Inspektion durchaus um 1000 bis 2000 Kilometer hinausgeschoben werden – wobei es generell besser ist, eine anstehende Inspektion rechtzeitig vor (!) einer längeren Urlaubsfahrt durchzuführen.

Für alle Wartungsarbeiten gilt: Immer mit gutem Werkzeug in den entsprechenden Größen mit dem Schrauben anfangen. Lesen Sie vor Beginn aller Arbeiten das betreffende Kapitel komplett durch, um die benötigten Werkzeuge und den Zeitaufwand abschätzen zu können.

Für einige Prüf- und Einstellarbeiten werden Honda-Spezialwerkzeuge benötigt. Diese gibt es in der Regel nur in Honda-Fachwerkstätten. Deswegen ist es manchmal günstiger, preiswerter und schneller, entsprechende Arbeiten beim Honda-Händler in Auftrag zu geben, als bei halb auseinandergeschraubtem Motorrad hilflos dazustehen, weil das entsprechende Spezialwerkzeug oder die benötigten Ersatzteile nicht greifbar sind.

Inspektionstabelle

Auf der linken Seite steht eine Tabelle mit den von Honda vorgeschriebenen Wartungs- und Inspektionsarbeiten. In der letzten Spalte dieser Tabelle stehen Verweise zu den Kapiteln, in denen die Arbeiten beschrieben sind.

■ Bei »Erneuern«, z. B. beim »Ölwechsel«, kommen bei 1000 km, bei 12 000 km und dann alle weiteren 12 000 km neues Öl und neuer Ölfilter (bzw. zwei beim Doppelkupplungsgetriebe) in den Motor.

■ »Prüfen/Einstellen« bedeutet zum Beispiel beim Punkt »Ventilspiel« alle 12 000 km neben der Prüfung des vorgeschriebenen Ventilspiels auch gegebenenfalls eine Neueinstellung. Bei den NC 750-Modellen ist dies dank der Ventilspiel-Einstellschrauben keine sehr schwierige Arbeit, dennoch sollte man gut schrauben können! Deswegen empfehlen wir schon hier an dieser Stelle allen Lesern, die weder nötige Werkzeuge noch Fachkönnen haben, diese Arbeit beim Honda-Händler durchführen zu lassen.

■ »Wichtige Befestigungselemente« betrifft die Kontrolle wichtiger Schraubverbindungen, z. B. Vorder- und Hinterachse, Befestigungsschrauben der Bremssättel und Motorhalteschrauben alle 12 000 km bzw. einmal im Jahr.

■ Honda empfiehlt, die offen laufende Hinterrad-Antriebskette alle 1000 km zu reinigen und zu schmieren, wobei dabei auch die Kettenspannung (»Kettendurchhang«) geprüft und ggf. korrigiert wird. Die Angabe »alle 1000 km« ist in der Praxis variabel zu sehen, denn bei schlechtem Wetter oder überwiegendem Fahrbetrieb in staubigen, schmutzigen Gegenden ist Reinigen und Schmieren der Kette öfter nötig; während bei reinem Schönwetterbetrieb die Kette vielleicht nur alle 2000 km gepflegt werden muss.

■ Über die Einhaltung der Wartungspunkte sollten Hand- und Fußhebelgelenke regelmäßig mit einigen Tropfen Öl bedacht werden. Im Kapitel 1 »Pflege« sind diese Schmierstellen beschrieben.

Regelmäßige Kontrollen

Beleuchtung: Werfen Sie vor jeder Fahrt einen Blick auf die Beleuchtung und betätigen Sie dabei auch beide Bremsen: Leuchtet das Bremslicht auf, brennen alle Kontrolllampen, hupt die Hupe (»Signalhorn«), geht die Lenkung nach beiden Seiten bis zum Anschlag gleichmäßig leicht, federn Vorder- und Hinterrad leicht ein und gedämpft aus? Bei einem gut gepflegten Motorrad ist meistens alles in Ordnung; bei schlechter Wartung quietscht möglicherweise etwas – gehen Sie der Sache auf den Grund, bevor sich daraus ein Schaden entwickelt!

Reifen: Einmal die Woche oder mindestens alle 500 Kilometer, die Reifen ansehen: Ist das Profil ok (Bild 3)? Klemmt ein Stein im Profil? Ventilkappe vorhanden, sitzt sie fest (Bild 2)?

Reifenluftdruck: Bei kalten Reifen prüfen (Bild 1). Die Pneus dürfen von der Kurzstreckenfahrt zur Tankstelle nur handwarm (30 °C) sein: Bei Solofahrt vorne 2,5 bar, hinten 2,5 bar. Mit Sozius vorne 2,5 bar und hinten 2,9 bar. Man kann aber auch mit gutem Gewissen solo mit hinten 2,9 bar fahren, dann muss man bei einer Soziusfahrt nicht gleich an die Tankstelle zum Luftaufpumpen.

Bremsen: Den beiden Vorratsbehältern für die Bremsflüssigkeit (Bilder 4, 5 a und 5 b) öfter einen Blick schenken: Sinkt der Pegelstand im Behälter unter die Mitte zur unteren Markie-

Reparaturauftrag geben

Wenn Ihre Maschine eine Störung hat und Sie zum Auffinden und Beheben des Fehlers weder technische Fertigkeiten noch Messgeräte haben, dann ist es zu empfehlen, die Fehlersuche und Behebung beim Honda-Händler gezielt in Auftrag zu geben.

Ein »gezielter Auftrag« beim Händler sollte schriftlich erfolgen, das Problem sollte möglichst klar geschildert und eine finanzielle Obergrenze genannt werden.

Beispiel: »Motor stottert beim Beschleunigen und geht bei Kolonnenfahrt öfter aus. Wenn die Reparatur 150 Euro übersteigen sollte, rufen Sie mich bitte an«.

Regelmäßige Prüfpunkte der Fahrsicherheit und Maschinentechnik

Beleuchtungs- und Signalanlage	vor jeder Fahrt	siehe Kapitel 12
Reifenprofil, Luftdruck	vor jeder Fahrt, bei jedem Tanken	siehe Kapitel 5
Hand- und Fußbremse	vor jeder Fahrt und während der Fahrt	siehe Kapitel 7
Warn-/Kontrollleuchten, Instrumente	Prüfung vor und während der Fahrt	
Lenkung, Federung und Dämpfung	mindestens einmal wöchentlich und nach Gefühl beim Fahren	
Bremsflüssigkeit	vor jeder Fahrt und während der Fahrt	siehe Kapitel 2, 7
Schaltung	vor jeder Fahrt und während der Fahrt	siehe Kapitel 25
Motoröl	Ölstand prüfen beim Tanken	siehe Kapitel 2, 22
Batterie	Wartung/Laden wichtig nach Winterpause	siehe Kapitel 14
Seitenständerschalter	mindestens einmal wöchentlich	siehe Kapitel 2

Sichtprüfung Messen

rung ab, wird es höchste Zeit, nach der Dicke und dem Verschleißzustand der Bremsbeläge zu sehen (siehe Kapitel 7 »Bremsen«).
Sehr wichtig: Dunkle Bremsflüssigkeit in den Behältern ist alt und muss erneuert werden.

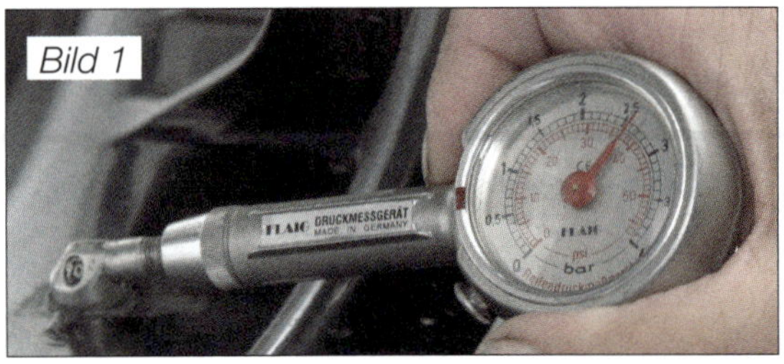

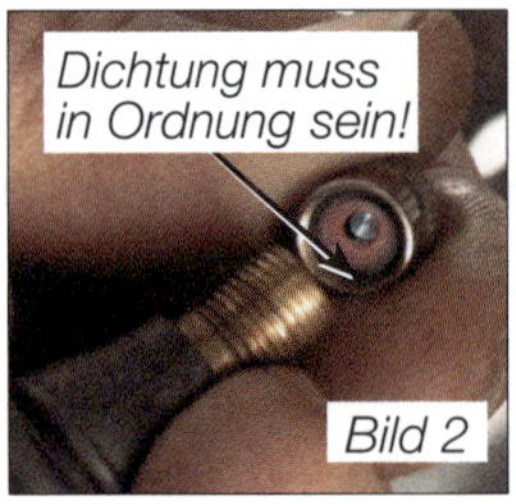

Bilder 1 und 2: Luftdruck immer bei kaltem Reifen prüfen. Auf das Reifenventil gehört eine Schraubkappe mit einwandfreier Dichtung.

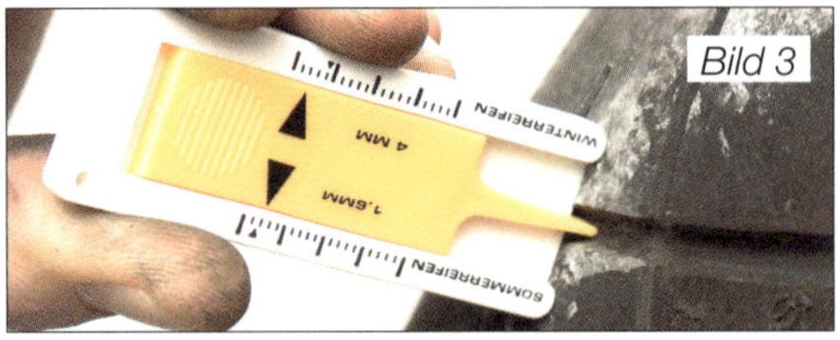

Bild 3: Zwar kein Präzisionsmessgerät, aber besser als zu schätzen. Dieser Reifen hat noch 2 mm Profiltiefe und sollte bald erneuert werden.

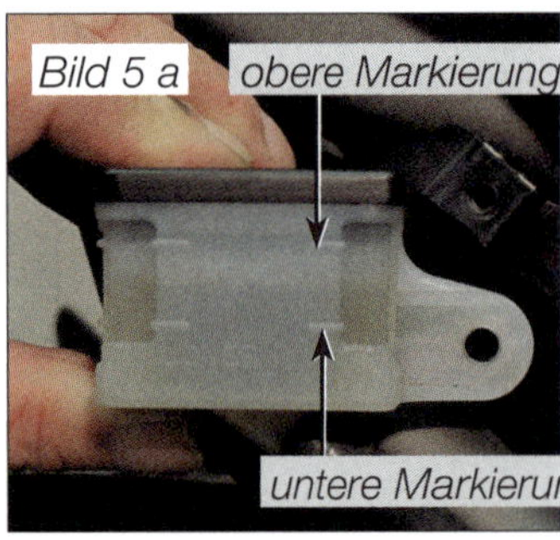

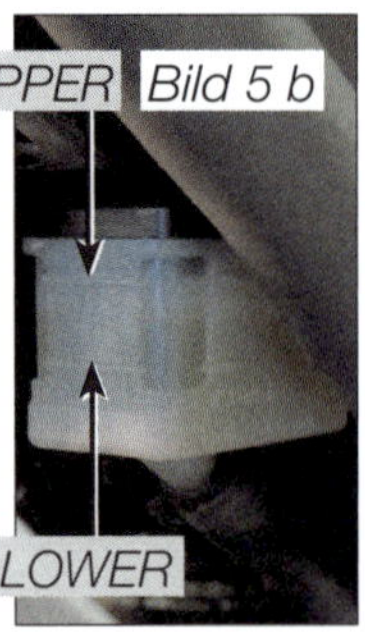

Bilder 4, 5 a und 5 b: Stand der Bremsflüssigkeit im vorderen und hinteren Vorratsbehälter regelmäßig prüfen.

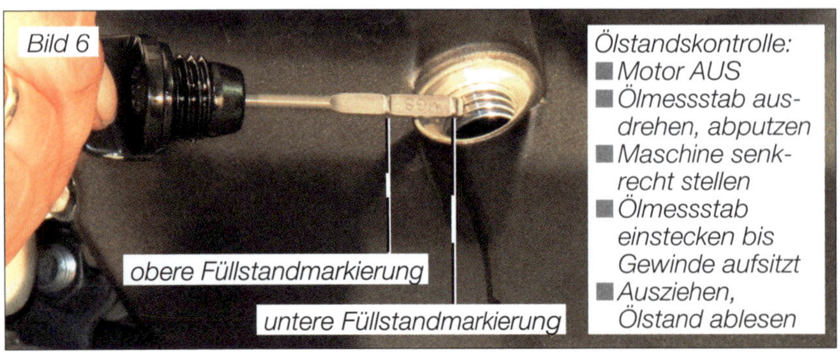

Bild 6: Ist der Motorölstand nahe an der unteren Markierung oder gar darunter, muss Öl nachgefüllt werden: Achten Sie darauf, dass Sie die Ölsorte nachfüllen, die bereits drin ist.

Mehr zum Thema Bremsflüssigkeit und Bremsbelagverschleiß im Kapitel 7 »Bremsen«.

Sicherheitshinweis zu Bremsen und ABS: Aus Sicherheitsgründen dürfen Arbeiten an den hydraulischen Scheibenbremsen (siehe Kapitel 7 »Bremsen«) nur von ausgebildeten Mechanikern durchgeführt werden, die sehr gute technische Kenntnisse, handwerkliche Fertigkeiten und passende Werkzeuge haben. Von Arbeiten am ABS-Bremssystem raten wir DRINGEND ab. Diese müssen der Honda-Werkstatt überlassen werden. Alle Reparaturtipps in diesem Buch, welche die Bremsanlage betreffen, sind nur für echte Notfälle gedacht, wenn z. B. ein Weiterkommen sonst nicht möglich ist und sich kein Honda-Händler in greifbarer Nähe befindet.

Motorölstand: Ölstand nicht vor dem Start des Motors bei kaltem Motor kontrollieren, sondern erst dann, wenn der Motor mindestens 10 Minuten gelaufen und warm ist.

Ölstand korrekt prüfen

1. Motor abschalten.
2. Eine bis zwei Minuten warten, bis das Öl von oben aus dem Motor nach unten in die Ölwanne abgelaufen ist.
3. Bild 6: Den Ölmessstab rechts unten hinten am Motor ausschrauben, mit Lappen abputzen.
4. Ölkontrolle durchführen:
4.1. Motorrad in Waage-und Senkrechte bringen:
4.2. Ölmessstab einstecken, bis sein Außengewinde auf dem Innengewinde der Öleinfüllbohrung aufsitzt – NICHT einschrauben!
4.3. Ölmessstab langsam ausziehen.
■ Der Motorölstand muss auf dem Feld zwischen unterer und oberer Markierung erkennbar sein (siehe dazu Bild 6).
■ Mehr zum Thema Motorölstand und Motoröl finden Sie im Kapitel 22 »Schmiersystem«.

Kühlflüssigkeit: Der Ausgleichsbehälter des Kühlsystems ist vorne unten am Motor unter der Motorverkleidung (Bild 7). Darauf sind zwei Markierungen, der Pegelstand der Kühlflüssigkeit muss sich stets dazwischen befinden.
■ **Obere Markierung UPPER**
= obere Markierung am Ausgleichsbehälter.
■ **Untere Markierung LOWER**
= untere Markierung am Ausgleichsbehälter.

Beachten: Der Stand der Kühlflüssigkeit im Ausgleichsbehälter ist bei heißem Motor etwas höher als bei kaltem. Wenn der

Pegelstand der Kühlflüssigkeit unter die untere Markierung abgesunken oder nicht zu sehen ist, stimmt etwas nicht: Entweder ist die Kühlflüssigkeit schon zu lange drin und ein Teil davon ist verdunstet oder das Kühlsystem hat ein Leck. Bevor aber der komplette Kühlkreislauf umgekrempelt wird, zuerst den Ausgleichsbehälter mit Kühlflüssigkeit bis zur oberen Markierungslinie auffüllen, weiterfahren und beobachten, wo das Zeug bleibt: Wenn sich nach dem Abstellen des Motors darunter eine kleine Pfütze bildet, kann dies ausgetretenes Kühlmittel sein.

Bilder 8 a und 8 b: Zum Einfüllen von Kühlmittel den schwarzen Deckel am Stutzen des Kühlmittel-Ausgleichsbehälters abschrauben und Kühlflüssigkeit mit Hilfe eines Trichters einfüllen.

Achtung: Deckel des Kühlmittel-Ausgleichsbehälters nicht bei heißem Motor öffnen, denn das heiße Kühlmittel kann plötzlich herausschießen. Verbrühungen sind die Folge.

Falls Sie unterwegs Kühlmittelverlust feststellen und deswegen Kühlmittel kaufen und auffüllen müssen, achten Sie darauf, dass dieses für Aluminiummotoren und -kühler geeignet ist. Mehr zum Thema »Kühlkreislauf und Kühlmittel« erfahren Sie in Kapitel 23 »Kühlsystem«.

Tipp: Falls nur eine kleine Menge Kühlmittel fehlt, können Sie auch reines Wasser auffüllen. Füllen Sie kein Leitungswasser ein (denn das ist kalkhaltig), sondern immer nur destilliertes Wasser.

Seitenständerschalter prüfen

Der Seitenständerschalter sitzt links unten auf dem Seitenständergelenk (Bilder 9 und 10) Er ist Straßenschmutz und Nässe ausgesetzt. Wenn er nicht mehr richtig funktioniert, verhindert er das Starten des Motors. Im Extremfall wird das Wegfahren der Maschine mit ausgeklapptem Seitenständer möglich, was ziemlich gefährlich ist. Der Seitenständerschalter wird folgendermaßen auf Funktion geprüft:

- Motor mit ***aus***geklapptem Seitenständer im Leerauf starten.

Bild 9

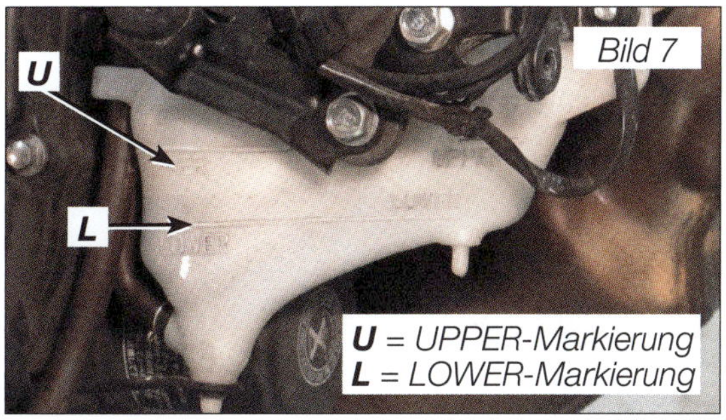

Bild 7

- Die Kupplung ziehen, einen Gang ***ein***legen: Der Motor muss ausgehen.

Umkehrprobe:

- Den Motor mit ***ein***geklapptem Seitenständer und ***ein***gelegtem Leerlauf starten.
- Die Kupplung ziehen, einen Gang ***ein***legen.
- Die Kupplung gezogen halten und den Seitenständer ***aus***klappen: Der Motor muss ausgehen.

Bei Modellen mit Doppelkupplung:

- Den Motor mit ***aus***geklapptem Seitenständer starten.
- Das Getriebe in den »D«-Modus schalten: Der Motor muss ***aus***gehen.

Umkehrprobe:

- Den Motor mit ***ein***geklapptem Seitenständer starten.
- Das Getriebe in den »D«-Modus schalten.
- Den Seitenständer ***aus***klappen: Der Motor muss ***aus***gehen.

Wenn der Seitenständerschalter diese Tests bestanden hat, ist er in Ordnung. Wenn sich aber mit ausgeklapptem Seitenständer ein Gang einlegen und womöglich sogar losfahren lässt, muss der Seitenständerschalter erneuert werden.

- **Kontrolle des Steckers** siehe Bild 11 mit Text.

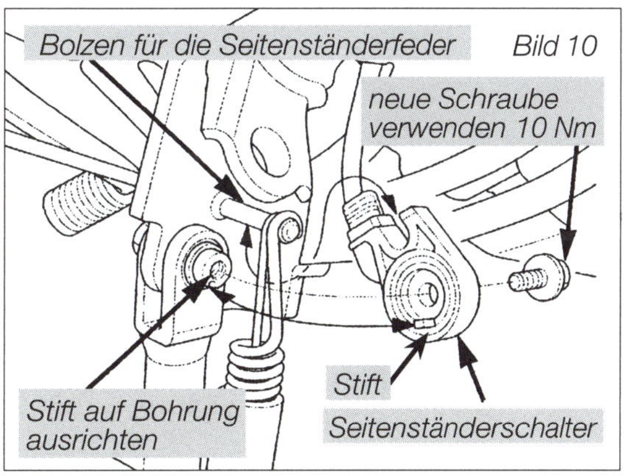

Bild 10

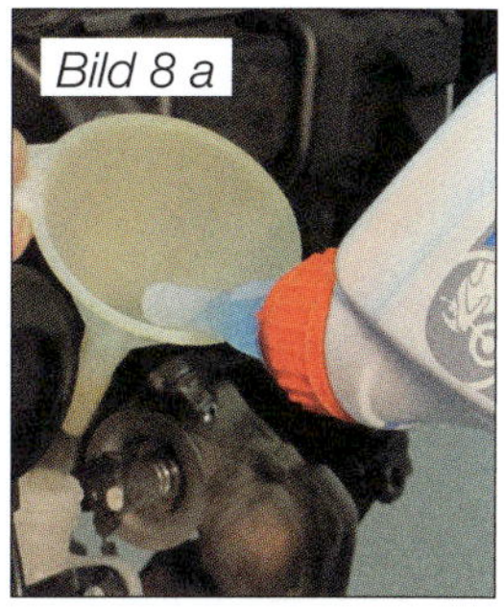
Bild 8 a

Bild 8 b

Bilder 7, 8 a und 8 b: Der Stand der Kühlflüssigkeit sollte zwischen den Markierungen sein.

Bilder 9, 10 und 11: Seitenständerschalter

Bild 11: Die Steckdose am Kabel, das vom Seitenständerschalter kommt und zum Kabelbaum führt, ist 2-polig. In den Modelljahren bis 2020 ist sie grün, ab 2020 und den folgenden Modelljahren schwarz.

Bild 11

Werkstatt

Bild 1 ganz rechts: Sinnvolles Basis-Werkzeugsortiment für die Hobbywerkstatt. Teilebezeichnungen siehe nächste Seite unten.

Bild 2 unten: Digitaler Messschieber (A), Bügelmessschraube (B), Fühlerlehren (C).

Bild 3: Besteckkasten als Werkzeug- und Teileablage.

In diesem Kapitel: Werkzeug · Bordwerkzeug · Aufbockhilfen · Werkzeug für die Hobbywerkstatt · Werkzeugwagen und Hebebühne · Öl und Fett · Werkstatthilfsmittel · Spezialwerkzeug · Richtig schrauben · Schrauben, Scheiben, Muttern · Fetten, Ölen, Kleben, Sichern · Anziehdrehmomente · Simmerringe · Flächendichtmittel · Gewindereparatur mit HeliCoil · Technik-Fachbücher.

Werkzeug

Für jede Wartungsarbeit und Reparatur braucht man gutes Werkzeug. Die Idee, kleinere Servicearbeiten oder etwa größere Reparaturen mit dem Bordwerkzeug durchführen zu wollen, ist und bleibt eine Illusion.

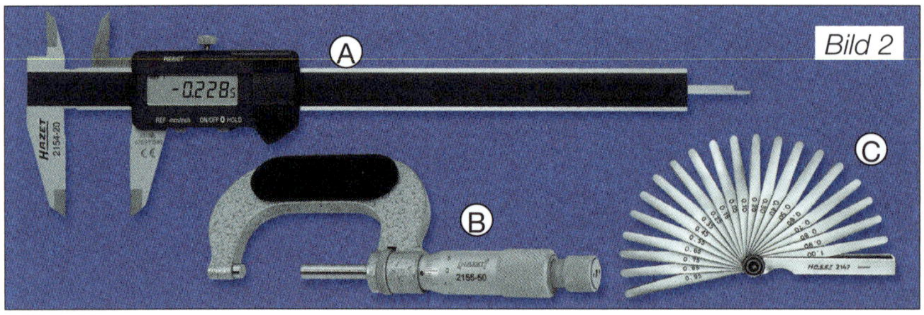

Bild 2

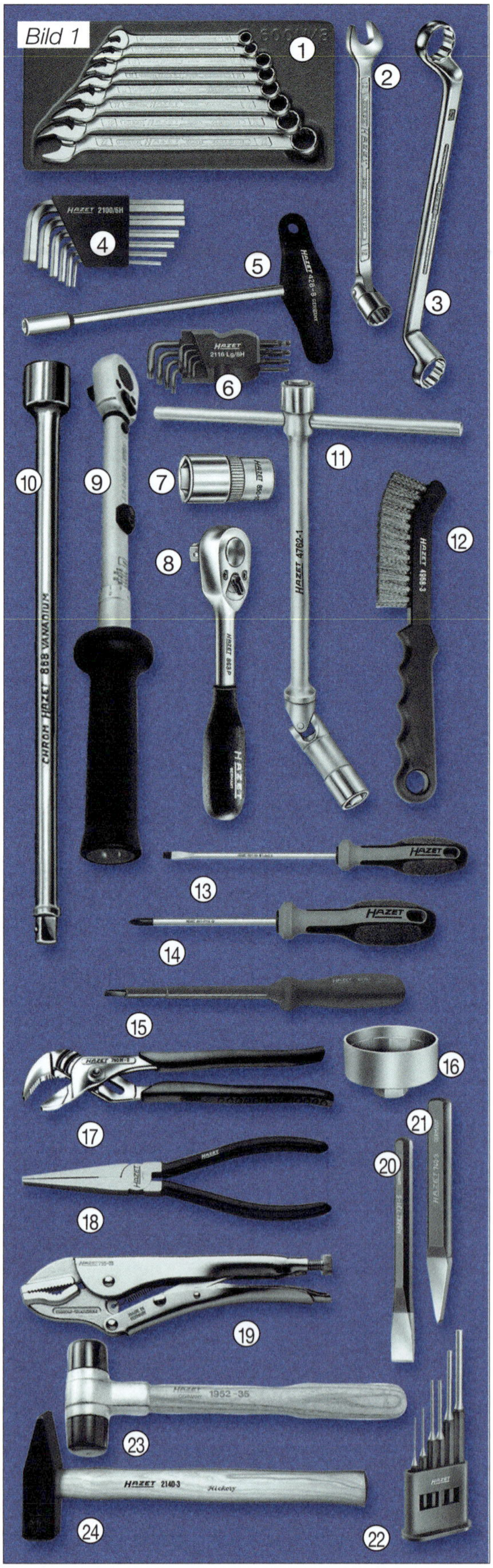

Bild 1

Sicherheitshinweise ⚠ Achtung und ☞ Tipps

⚠ Werkzeug nicht im Baumarkt kaufen, auch wenn dessen Sonderangebot noch so verlockend ist! Das in Baumärkten angebotene Werkzeug ist generell eher schlecht als recht, in vielen Fällen sogar gefährlich, weil es aus minderwertigem Material besteht und deswegen bruchgefährdet ist.

☞ Gutes Werkzeug gibt es im Werkzeughandel und bei Kfz-Ersatzteilhändlern. Mit *www.hazet.de* kommen Sie auf die Internetseite des bekannten deutschen Herstellers von Kraftfahrzeug-Qualitätswerkzeugen.

☞ Im Haushaltswarengeschäft (z. B. bei IKEA) gibt es für kleines Geld Besteckablagen für Schubladenkästen in verschiedenen Unterteilungen. Diese eignen sich ganz hervorragend als Schrauben- und Kleinteileablage (Bild 3).

☞ Wenn teure Spezialwerkzeuge benötigt werden, bei der Werkstatt um die Ecke nachfragen, ob man gegen Hinterlegung eines Pfands und einen Obolus in die Trinkgeldkasse das Werkzeug geliehen bekommt – das funktioniert manchmal.

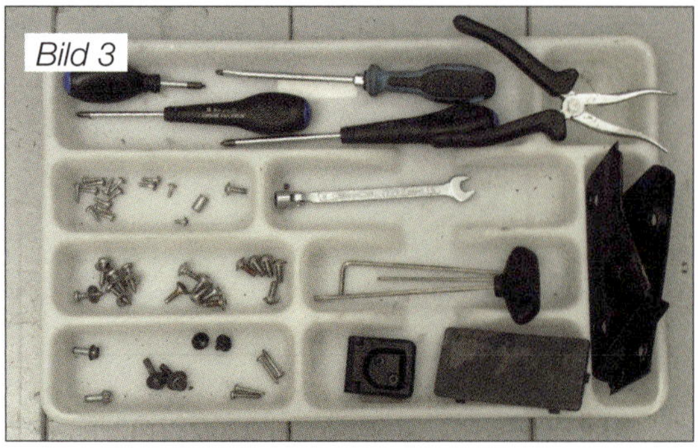

Bild 3

Für die kleine Notreparatur unterwegs wie auch für alle Wartungs- und Pflegearbeiten zu Hause in der Garage oder (Hobby-)Werkstatt gilt: Mit schlechtem Werkzeug kann man keine guten Arbeiten machen! Beispielhaft für »schlechtes Werkzeug« sind die geplatzte Nuss (Bild 4) und die ausgefranste Bürste (Bild 5).

Die Sechskantköpfe der meisten serienmäßigen Schrauben sind oben abgerundet und zusätzlich noch schräg angefast (Pfeil in Bild 6), damit bei der Fahrzeugmontage im Werk die Werkzeuge (»Nüsse«) besser über den Kopf rutschen. Um diese Schrauben sicher öffnen und anziehen zu können, braucht man Qualitäts-Sechskantnüsse, die »satt« an den Flächen des Schraubenkopfes anliegen und nicht über die Kanten rutschen.

Merke: Vermurkste Schrauben und Muttern oder gar hässliche Kratzer im Umfeld von Schraubverbindungen, die von abgerutschten, weil nicht passenden Schlüsseln herrühren, sehen schlimm aus. Ganz zu schweigen von den Verletzungen, die sich der »Mechaniker« beim Schrauben zuziehen kann, wenn er mit schlechtem Werkzeug arbeitet.

Schlüsselweite, Schraubenzieher

Der Begriff SW ist die Abkürzung für »Schlüsselweite«. SW 12 bedeutet also, dass dieser Schlüssel für einen Schraubenkopf oder eine Mutter mit 12 mm bestimmt ist, gemessen über die Mitte an zwei zueinander parallelen Flächen. M8-Schrauben oder Muttern brauchen einen 12er- oder 13er-Schlüssel; M6 einen 8er- oder 10er-Schlüssel.

Zu dem normgerecht als »Schraubendreher« bezeichneten Werkzeug sagen wir hier in dieser Reparaturanleitung »Schraubenzieher«, weil das unter Motorradfahrern üblich ist.

Bordwerkzeug

Das serienmäßige Bordwerkzeug (Bild 7) besteht aus wenigen Teilen in minderer Qualität. Im Textabsatz »Besseres Bordwerkzeug« auf der nächsten Seite nennen wir Ersatz- und Ergänzungswerkzeuge.

Ob Sie bereit sind, Geld für besseres Bordwerkzeug auszugeben, wissen wir nicht. Zwei Dinge sollten Sie allerdings immer dabei haben:
1. Flickzeug: Reifen-Flickzeug für Schlauchlosreifen vom Hersteller »TIP TOP« (Bild 8). Damit lässt sich ein Loch im Schlauchlosreifen bis ungefähr 4 mm Durchmesser unterwegs zur Not reparieren.
2. Reifendruckprüfer: Bitte verwenden Sie KEIN Plastikteil aus dem Baumarkt, sondern ein Präzisionsmessgerät (Bild 9). Das beste Druck-

Teilebezeichnungen in Bild 1 links: Satz Ring-Maulschlüssel (1), Maul-Steckschlüssel (2), Doppelringschlüssel (3), Satz Inbusschlüssel (4), Sechskant-Steckschlüssel mit Querknauf (5), Satz Torx-Schlüssel (6), Steckschlüsselnuss mit Innensechskant (7), Umschaltknarre (8), Drehmomentschlüssel (9), Verlängerung (10), Zündkerzenschlüssel (11), Bremssattelbürste mit Messingborsten (12), Schlitz-Schraubenzieher (13), Kreuzschlitz-Schraubenzieher (14), Elektriker-Schraubenzieher (15), Ölfilterschlüssel (16), Universalzange (17), Flachzange (18), Gripzange (19), Flachmeißel (20), Kreuzmeißel (21), Satz Splinttreiber (22), Kunststoffhammer (23), Schlosserhammer (24).

Bilder 4 und 5: Schlechtes Werkzeug ist nicht belastbar und wird schnell defekt.

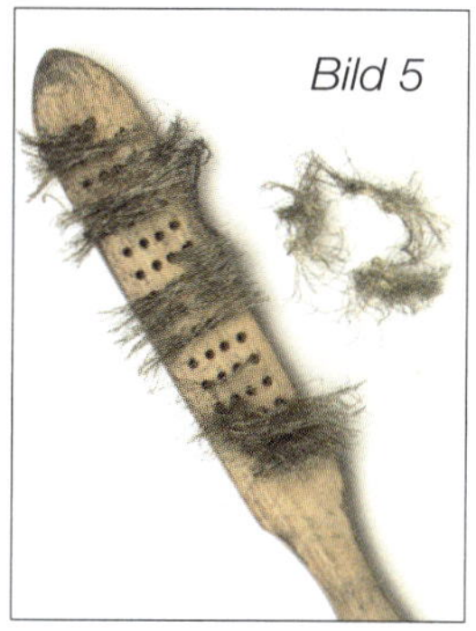

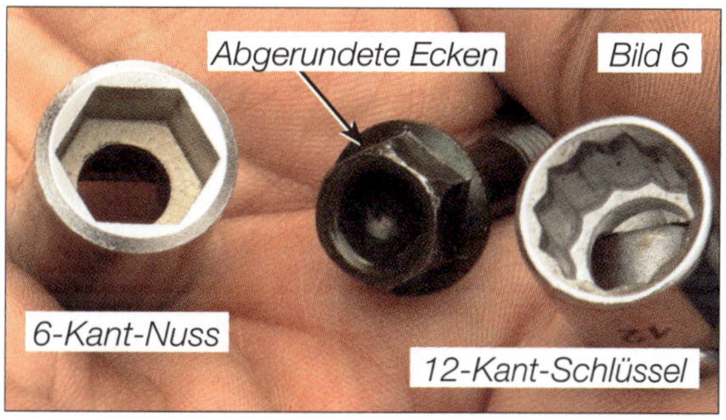

Bild 6: Sechskantkopf einer Schraube mit stark abgerundeten Ecken am besten mit einer 6-Kant-Nuss bearbeiten, nicht mit einer 12-Kant-Nuss oder einem Ringschlüssel.

Bild 7: Das serienmäßige Bordwerkzeug taugt zur Not.

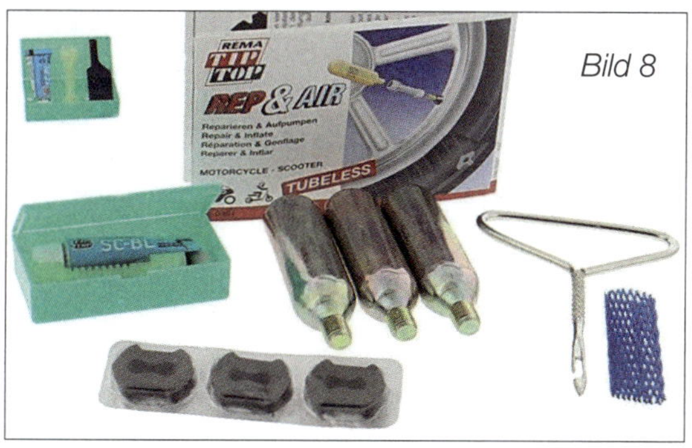

Bild 8: Reifen-Pannenhilfeset zur notdürftigen Reparatur eines Plattfußschadens.

Sichtprüfung Messen

messgerät, das wir kennen und in unserer Werkstatt verwenden, ist vom deutschen Hersteller Flaig und hat ein stabiles Alu-Gehäuse. Erhältlich ist es in gut sortierten Motorrad- und Zubehörläden sowie bei vielen Motorradhändlern.

Besseres Bordwerkzeug

Das Bordwerkzeug ist in der Gepäckbox untergebracht. Zusätzliches Werkzeug sollte man in

Bild 9

Bild 9: Flaig-Reifendruckprüfer mit stabilem Alugehäuse.

Bild 10 / Bild 10 a

Bilder 10, 11 und 12: Praktische Front- und Heckständer aus dem Zubehörhandel.

■ Der Heckständer in Bild 10 hat L-Aufnahmen, die unter den Schwingenholmen angesetzt werden, wie in Bild 10 a gezeigt.

■ Der Frontständer in Bild 11 hat Gummistützen, die an den Gabelfäusten angesetzt werden, wie in Bild 11 a gezeigt. Bei Verwendung eines solchen Ständers auf das Kabel des ABS-Sensors achten.

■ Der Profi-Frontständer in Bild 12 greift mit einem Bolzen ins Lenkschaftrohr und ist zum Ausbau der Gabelbeine nötig.

Bild 11 / Bild 11 a

Bild 12

einen Lappen einwickeln und auch in diesem Fach verstauen; es ist wahrlich groß genug. Um bei einem Plattfuß unterwegs die Räder ordentlich aus- und einbauen zu können, braucht man folgende Teile:

■ **Nuss SW 12** für die Klemmschraube der Vorderachse und die Befestigungsschrauben des Bremssattels
■ **Nuss SW 8** für die ABS-Sensor-Schrauben
■ **Inbus-Stecknuss SW 17** für den Achskopf
■ **Inbusnuss SW 5** für die hintere Schraube des Kettenschutzes
■ **Nuss SW 27** für die Hinterachsmutter
■ **Knebel** (T-Querknauf) für diese Nüsse
■ **Schlüssel SW 22** zum Gegenhalten am Achskopf

Bordwerkzeug für die große Reise

Je nachdem, wie alt die Maschine ist und in welchem technischen Pflegezustand sie sich befindet, braucht man nachfolgendes Werkzeug, damit man sich bei einer Panne in einem dünn besiedelten Gebiet helfen kann.

■ Schlanke Maul-Steckschlüssel SW 8, 10, 12, 14 und 17
■ Inbusschlüssel von 3 mm bis 8 mm mit Kugelsechskant auf der langen Seite
■ Schraubenzieher mit Flach- und Kreuzschlitzklinge 5 mm sowie einen so genannten »Elektriker-Schraubenzieher«
■ Kombizange
■ einige mittlere Kabelbinder und eine Rolle Gewebe-Klebeband, damit kann man gebrochene (zerstürzte!) Verkleidungsteile unterwegs prima flicken.

Wichtig: Unbedingt Qualitäts-Gewebeband nehmen, KEINEN durchsichtigen Büro-Tesafilm oder gar das ekelige, braune Karton-Packband!

■ Prüflampe oder kleines Multimeter
■ kleiner Schlosserhammer (125 Gramm)
■ zwei mittellange Reifenmontierhebel
■ mittelgroße Wasserpumpenzange
■ benzin- und ölfestes Silikondichtmittel (Tube)
■ kleine Messingdrahtbürste
■ Dose Ölspray (WD-40)
■ Schmutzlappen, eventuell noch ein paar Arbeitshandschuhe

Aufbockhilfen

Weil die NC 750-Modelle serienmäßig keinen Mittelständer haben, sind »Montageständer« für vorne und hinten (Bilder 10 bis 12) zwingend nötig, denn ohne diese kann man kein Rad ausbauen. Die alten Tricks mit geschichteten

Holzklötzen unter dem Motor oder Seitenständer links ausgeklappt und Auto-Wagenheber rechts unter dem Motor sind extrem gefährlich! Der einfache Frontständer in den Bildern 11 und 11 a ist gut und preiswert. Einen anderen Frontständer, wie er in Bild 12 als Beispiel zu sehen ist, der unten ins Lenkkopfrohr eingesetzt wird, braucht man zum Aus- und Einbau der Gabelbeine.

Werkzeug für die Hobbywerkstatt

Wer seine Maschine als »ab-und-zu-Hobbymotorrad« benutzt, für den lohnt es sich sicherlich nicht, über das »erweiterte Bordwerkzeug« hinaus eine Menge Geld für gutes Werkzeug zu investieren. Aber Vielfahrer und »echte« Motorradfreaks schrauben oft gerne und viel – und deswegen zeigen wir nachstehend, was wir an Werkzeug empfehlen für eine Hobby-Motorradwerkstatt, in der Arbeiten und Reparaturen durchgeführt werden sollen, die über die Behebung einer Panne am Straßenrand hinausgehen.

- **Drehmomentschlüssel:** Einen großen mit Einstellbereich 40 bis 200 Nm und einen kleinen mit 5 bis 40 Nm. Diese werden zwingend beim Aus- und Einbau der Räder benötigt oder auch bei Arbeiten an Kettenritzel und Kettenrad, Lichtmaschinenrotor (»Schwungrad«) und Kupplung; beim Fahrwerk bei Gabel, hinterem Federbein und Schwinge.
- **Ölfangwanne** mit integriertem Öltank für den Ölwechsel
- **Fächer-Fühlerlehre** von 0,05 bis 1,0 mm zum Prüfen des Ventilspiels
- **Batterieladegerät** 12 Volt, elektronisch geregelt
- **Hochtemperatur-Montagepaste** (Kupferpaste oder Keramikfett) für Auspuffverbindungen
- **Silikondichtpaste** für Gehäusedichtflächen
- **Flachspitzzange** klein und **Seitenschneider**
- **Messing- und Stahldrahtbürste**
- **Schlosserhammer** mit 250 Gramm sowie ein rückschlagfreier **Kunststoffhammer**
- Kleiner **Flachmeißel**
- Satz **Durchschläge**, auch »Splint-Austreiber« genannt
- **Messschieber** (Schieblehre) mit Messbereich von 0 bis 250 oder 0 bis 300 mm
- Isolierter **Seitenschneider** (»Elektro-Knipser«)
- Digitales **Multimeter** und eine **Prüflampe**
- Kleiner Satz gerade und abgewinkelte **Seegerringzangen** für Innen- und Außenseegerringe bei Bremspumpen und Schaltung

Und wenn Sie jetzt noch Geld übrig haben, kaufen Sie noch Folgendes:

- **Schlagschrauber**, mit dem lassen sich z. B. große, sehr fest angezogene Schrauben und Muttern (wie z. B. die der Kupplungsnabe) relativ einfach öffnen (Bild 13). Je nach Einsatzzweck verwenden wir Druckluft- oder Akku-Schlagschrauber.
- **Akkubohrmaschine** mit einem Satz Bohrer von 2 bis 12,5 mm
- **Druckluft-Kompressor**, Druck bis 8 bar, mit Druckluftpistole, Reifenfüllmanometer (Bild 14)
- **HeliCoil**-Gewindereparaturkits M5, M6, M8 und M10 sowie für das Zündkerzengewinde

Bild 13: Ein drehmomentstarker Schlagschrauber, hier einer mit Pressluftbetrieb, leistet gute Dienste z. B. beim Öffnen der Befestigungsmutter der Kupplungsnabe.

Bild 14: Druckluft-Kompressor mit Luftpistole, Reifenfüller und langem Schlauch.

Sichtprüfung Messen

Bild 15: Der fahr- und faltbare Werkstattwagen »Assistent« ist seit vielen Jahren ein Klassiker in den Werkstätten von Hobby- und Profischraubern.

Weiter hinten in diesem Kapitel zeigen wir die richtige Anwendung von HeliCoil.

- Elektrische **Heizplatte** mit 25 cm Durchmesser oder einen starken Werkstatt-Heißluftföhn
- **Lötkolben** mit 150 Watt Leistung
- **Schleifbock**: Er ist in jedem Falle nützlich, und wenn man daran nur ab und zu Bohrer scharf schleift und sich am Funkenflug freut.

Bild 16

Bild 17

Bilder 16 und 17: Aus scheinbar leeren Öldosen kommt immer noch so viel Öl heraus, dass es als Tropföl im stilvollen Ölkännchen zum täglichen Hilfsmittel wird.

Werkzeugwagen, Hebebühne

Als Ablage beim Schrauben direkt am Motorrad benutzen wir einen Besteckkasten aus Kunststoff (Bild 3). Darin lassen sich benötigte Werkzeuge und abgebaute Kleinteile wunderbar ablegen. Besteckkästen gibt es für kleines Geld in jedem Haushaltswarenladen (z. B. bei IKEA, dort sind sie besonders billig!). Man kann auch (ausgespülte!) Joghurt-Becher nehmen und darin Muttern, Schrauben und Kleinteile nach Baugruppen geordnet ablegen.

Werkzeug muss nicht nur vorhanden, sondern auch auffindbar sein. Und weil es mit der Ordnung immer so eine Sache ist, empfehlen wir, das am meisten benötigte Werkzeug in einem fahr- und faltbaren Werkzeugwagen wie dem Hazet »Assistent« aufzubewahren; er ist innen größer, als er von außen aussieht. Das Grundmaß des »Assistent« beträgt 725 mm x 398 mm, aufgezogen ist er etwas mehr als einen Meter hoch, zusammengeschoben kaum noch die Hälfte (Bild 15).

Perfekt ist eine Hebebühne. Sie erleichtert alle Schraubarbeiten am Motorrad, denn man kann die Maschine in die gewünschte Arbeitshöhe bringen, muss sich also nicht bücken. Preiswerte Hebebühnen gibt es in den Shops der Motorrad-Zubehörketten.

Öl und Fett

Öl: Das wichtigste Werkstatthilfsmittel. Ein stilvolles Ölkännchen (Bild 16) muss auf jede Werkbank, weil ein Tropfen Öl an Schrauben und Muttern vor der Montage gehört. Natürlich kann man auch Öl-Allzweckspray oder WD-40 verwenden, aber die häufige Benutzung von Spray wird mit der Zeit richtig teuer.

In unser Ölkännchen gehört gutes Qualitätsöl. Und damit eine weitere Warnung vor dem Baumarkt: Dort kein »prima Ölkännchen mit 150 ml Allzwecköl für nur 1,95 Euro« kaufen, das ist viel zu teuerer Schmierfusel. Besser ist es z. B., die letzten Reste aus Motoröldosen oder -flaschen zu sammeln, indem man die Ölflasche zum Austropfen kopfüber in einen Becher stellt (Bild 17) und so »Tropföl« sammelt. Das ist nun beileibe kein übertriebener Geiz, aber warum die scheinbar leere Öldose wegwerfen, wenn sich noch ein paar Kubikzentimeter gutes (und teueres!) Motoröl darin befinden?

Fett: Schmierfett ist neben Öl ein weiteres wichtiges Grundhilfsmittel in der Motorradwerkstatt. Schmierfett für Motorräder muss unbedingt resistent gegen Salzwasser sein. Wir brauchen in unserer Hobbywerkstatt zwei Fettarten (Bild 18):

■ **»Schweres Wälzlagerfett«** ist für langsam drehende Bauteile wie Lenkkopf- und Schwingenlager, Gelenkbolzen von Fußrasten, Schalt- und Bremshebel. Man spürt beim Reiben zwischen den Fingern, dass das schwere Fett ziemlich steif ist, weswegen es für schnell drehende Bauteile wie z. B. Radlager nicht geeignet ist. Schweres Fett hält sehr hohe Drücke aus.

■ **»Leichtes Wälzlagerfett«** schmiert man in schnell drehende Bauteile wie Radlager oder die Radlager-Simmerringe beim Radeinbau. Wie die Bezeichnung »leicht« schon sagt, fühlt sich das Fett »leicht« an, weil es besonders geschmeidig ist. Wenn man es zwischen den Fingern verreibt, wird es extrem glitschig. Man spürt während des Reibens quasi den Schmierfilm, und danach lässt sich das Fett kaum mehr von der Haut abwaschen.

Weiteres zur Verwendung von Öl und Fett weiter hinten im Kapitelabsatz »Richtig schrauben«.

Hilfsmittel, Spezialwerkzeuge

Viele Werkstatthilfsmittel (Bild 19) werden vom Chemiegiganten Henkel hergestellt, wie z. B. flüssige Schraubensicherungen (»Loctite«) und Dichtmittel. Im Internet unter *www.loctite.de* findet man Loctite-Produktbeschreibungen und kann sich über deren Anwendung informieren. Honda-Händler sind in der Regel gut sortiert und haben alle Werkstatthilfsmittel auf Lager.

Man sollte die oben schon besprochenen Fette haben sowie Bremsenreiniger, Kontaktspray, Molykote 111 (Silikonfett), Dichtmittel 3-Bond (Flächendichtmittel), Loctite 577 (Gewindedichtmittel) und Loctite 243 (Schraubensicherung »mittelfest«).

Spezialwerkzeuge

Für einige Arbeiten an Fahrwerk und Antrieb werden Spezialwerkzeuge benötigt. Man kann diese beim Honda-Händler kaufen, aber sie sind teuer. Auf benötigte Spezialwerkzeuge sowie einfache oder selbst herzustellende Alternativen gehen wir in den entsprechenden Kapiteln ein.

■ **Hakenschlüssel** (Bild 20): Wird benötigt zur Einstellung der Lenklagerung und des hinteren Federbeins. Kaufen Sie bitte zwei exakt auf die Nutmuttern passende Schlüssel – Hakenschlüssel sind nicht teuer, sie gehören zur Werkzeug-Grundausstattung.

Schweres Fett ist für langsam drehende Lager und Bauteile, wie z. B. Lenkkopf- und Schwingenlager. Bild 18

Leichtes Fett ist für schnell drehende Lager, z. B. Radlager, und zum Schmieren von Simmerringen.

Bild 18: Schweres und leichtes Fett sind für das richtige Schmieren der entsprechenden Bauteile wichtig.

Bild 19: Wichtige Werkstatthilfsmittel wie Bremsenreiniger (1), Kältespray zum Einbau von Lagern (2), Kontaktspray für Elektrostecker (3), Lagerfett (4), Loctite-Schraubensicherung »mittelfest« (5) und »hochfest« (6), Chrom-Politurpaste (7), Dichtmasse für Gehäusedeckel (8), Molykotefett (9).

Bilder 20 und 21: Spezialwerkzeuge.

Bild 19

Bild 20

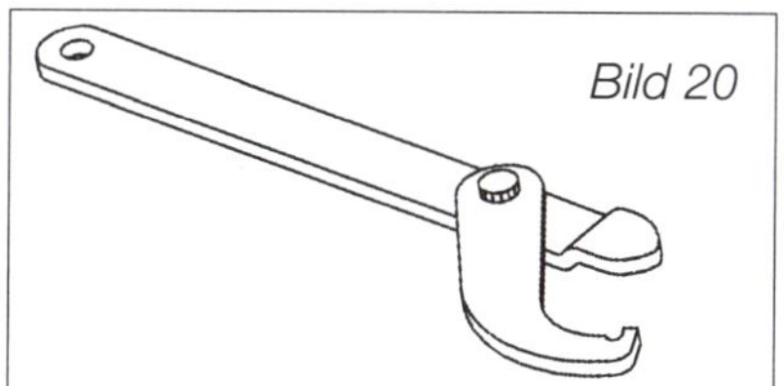

Verstellbarer Hakenschlüssel

Bild 21

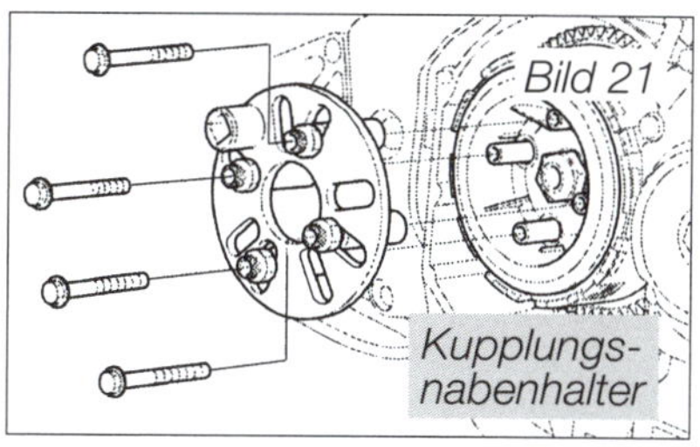

Kupplungs-nabenhalter

Sichtprüfung Messen

■ **Kupplungsnabenhalter** (Bild 21): Wird benötigt zum Halten der Kupplungsnabe, wenn die Zentralmutter gelöst oder festgezogen werden muss.

■ **Rotorhalter** (Bild 22): Wird benötigt zum Halten des Lichtmaschinenrotors (»Schwungrad«), wenn dessen Zentralschraube gelöst oder festgezogen werden muss. Wenn der Rotorhalter zum Kauf zu teuer ist: Mit einem Schlagschrauber kann man die Verschraubungen von Limarotor und Kupplungsnabe öffnen, ohne mit einem Spezialwerkzeug gegenzuhalten.

Bild 22: Bei Verwendung eines solchen Rotorhalters die Gewindespindel nicht zu stark festziehen, sonst besteht die Gefahr, dass der Rotor zerdrückt und damit unrund wird. Die Rotor-Befestigungsschraube wird sinnvollerweise mit einem Schlagschrauber geöffnet.

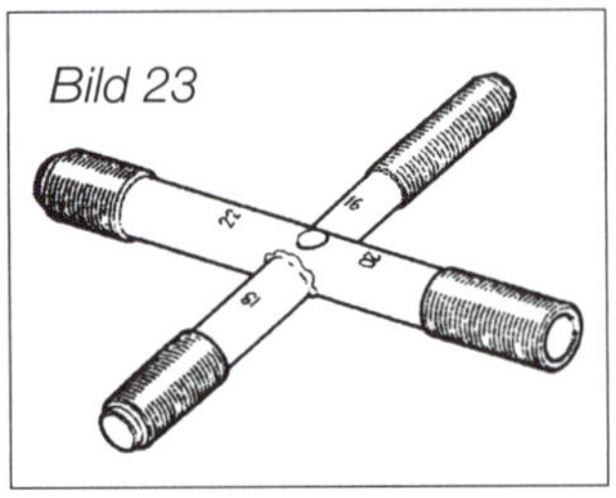

Bild 23: Abzieher mit verschiedenen Gewinden.

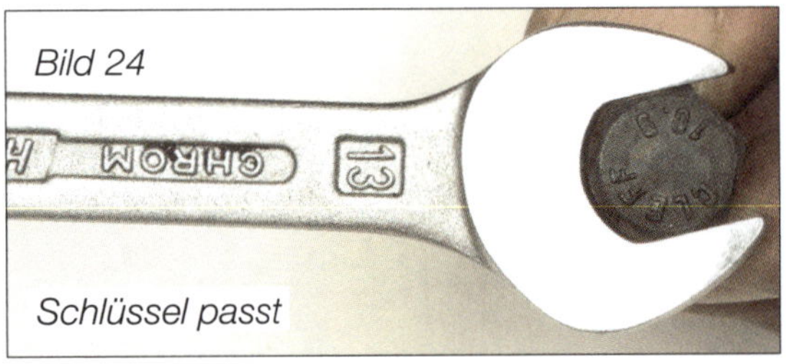

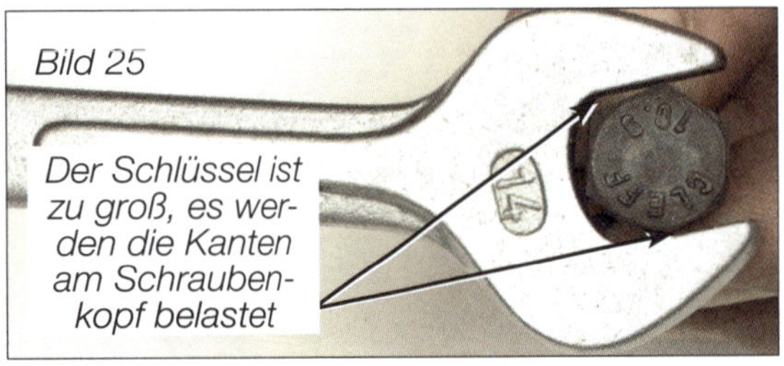

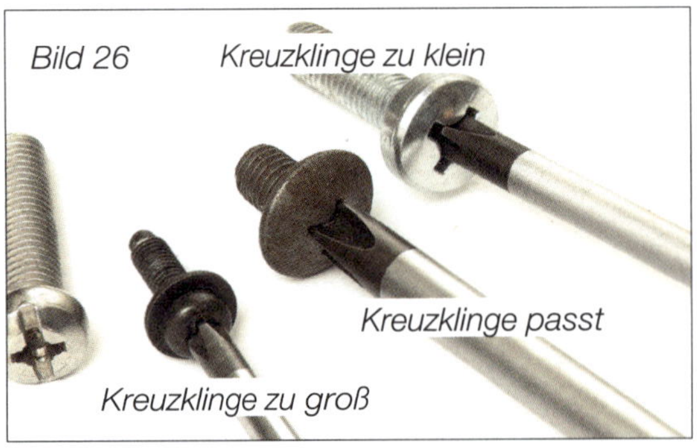

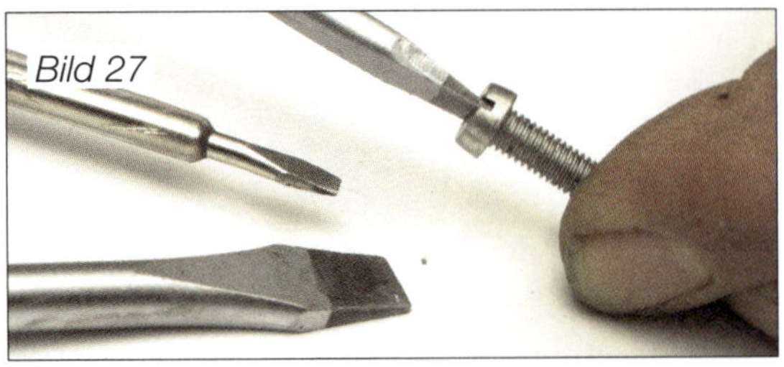

Bilder 24 bis 27: Immer passendes Werkzeug verwenden. Ein zu großer Schlüssel vermurkst beim ersten Ansatz den Schraubenkopf, ein zu kleiner Schraubenzieher rutscht durch, ein zu großer versaut den Schlitz im Schraubenkopf.

■ **Abzieher** für Schwungrad (»Rotorabzieher«, Bild 23): Wird zwingend benötigt zur Demontage des Lichtmaschinenrotors, denn ohne diesen speziellen Abzieher lässt sich der Rotor nicht vom Kurbelwellenstumpf abziehen.

■ **Gewindeschneider**: Zur Rubrik »Spezialwerkzeug« gehört auch ein kompletter Satz Gewinde-Schneid- und Bohrwerkzeuge. Damit lassen sich Außen- wie Innengewinde anfertigen oder nachschneiden, wenn z. B. Reste von Loctite daran hängen, Farbe oder Rost.

■ **Kühler- und Deckel-Prüfgerät**: Wird benötigt zum Prüfen des Öffnungsdrucks des Kühsystemdeckels sowie zum »Abdrücken« des kompletten Kühlsystems bei einer Prüfung auf Lecks. Wenn zu teuer: Mit dem Deckel zum Honda-Händler gehen und dort prüfen lassen.

■ **Lager-Aus- und -Eintreiber**: Wird benötigt zum Aus- und Einbau von Lagern. Wenn zum Kauf zu teuer: Man kann sich auch mit passenden Nüssen helfen (siehe dazu auch in Kapitel 6 »Räder« den Absatz »Radlager wechseln«).

■ **Eintreibgewicht mit Vorsatz** für Gabeldichtring: Wird benötigt zum Einbau von Gleitbuchsen und Dichtringen (»Gabelsimmerringen«), wozu das Gabelbein zerlegt werden muss. Man kann ein solches Werkzeug selbst machen, braucht dazu allerdings mechanische Erfahrung und eine Drehbank. Im Kapitel 10 »Telegabel« gehen wir darauf ein.

Richtig schrauben

Gut schrauben zu können ist keine angeborene Gottesgabe, sondern eine Sache der realen Einschätzung: Was habe ich bisher gelernt, kann ich schon, traue ich mir zu, muss ich noch lernen? Und: Von was lasse ich die Finger weg, weil mein Wissens- und Könnenstand sowie der eigene Werkzeugbestand nicht ausreichend genug sind? Das Wissen um die eigenen Fähigkeiten ist die beste Voraussetzung, um ein guter Schrauber zu sein – oder zu werden.

Ordnung halten in der Bude!
Wer Ordnung hält, ist nur zu faul zum Suchen. Eine blödere Ausrede als diese gibt es nicht, wenn man in eine Garage oder Hobbywerkstatt kommt, wo alte Dichtungen und Ölfilter auf gebrauchten Reifen gestapelt sind, leere Bierflaschen und Pizzapappen vor sich hin stinken. Ähnlich der Ordnung in der Werkstatt verhält es sich mit der Sauberkeit der Maschine: Bevor man anfängt an irgendeiner Baugruppe zu schrauben, sollte man die Maschine gründlich waschen, denn an verdreckten Bauteilen und verschmutzten Schrauben kann man kein Werkzeug sicher ansetzen.

Sicherer Werkzeuggebrauch
Am Anfang dieses Kapitels haben wir es schon gesagt, hier wiederholen wir es: Mit schlechtem Werkzeug kann man keine gute Arbeit machen! Hier ergänzen wir thematisch: Mit gutem Werkzeug muss man auch umgehen können.

Die Bilder 24 bis 27 zeigen, was wir meinen:
■ Wenn ein Schraubenkopf oder eine Mutter einen 13er-Schlüssel braucht (Bild 24), dann ist der 14er (Bild 25) das falsche Werkzeug.
■ Jeder Kreuz- oder Schlitz-Schraubenkopf braucht einen passenden Kreuz- oder Schlitz-Schraubenzieher (Bilder 26 und 27). Nicht versuchen, eine Kreuzschlitzschraube mit einem Flachklingen-Schraubenzieher zu öffnen!

Schrauben, Scheiben, Muttern

Stahlschrauben, die in Aluminium (z. B. Motorgehäuse) gedreht werden, müssen mindestens mit der Länge des 1,5-fachen Schraubendurchmessers in das Innengewinde eingeschraubt werden (M6 also 9 mm). In Bild 28 sieht man eine zu kurze Schraube, in Bild 29 eine in der richtigen Länge und zwei zu kurze.

Natürlich ist die serienmäßige Schraube immer die beste Schraube, aber manchmal geht halt eine verloren – deswegen nachstehend einige Grundlagen für die Verwendung von nicht serienmäßigen Schrauben.
■ Wenn man keine Schrauben in der passenden Länge bekommt und nur solche, die 5 mm zu kurz oder 20 mm zu lang sind, dann lieber die zu langen kaufen und auf passende Länge zurechtsägen.
■ Wenn Schmutz oder Reste von Schraubenkleber an der Schraube haften, diese mit einer Messingbürste reinigen (Bild 30). KEINE Stahlbürste verwenden, denn die scharfen Stahldrähte reißen die Oberflächen des Gewindes auf!
■ Bei jeder ausgedrehten Schraube und abgedrehten Mutter vor der Montage das Gewinde begutachten: Bei den in Bild 31 gezeigten Schrauben sind die Gewinde defekt (»überdreht«) und damit sind sie reif für die Mülltonne. Die Begutachtung der Gewinde VOR der Montage (oder gleich nach der Demontage, also dem Ausschrauben!) ist besonders wichtig bei sicherheitsrelevanten Baugruppen wie Fahrwerk mit Rahmen, Federung, Rädern und Bremsen sowie dem Antrieb.

In Bild 32 sind verschiedene Scheiben und Muttern dargestellt:
■ **Unterlag- oder Wellenscheiben** sollen zwischen Stahlmuttern und Aluminium gelegt werden, das verbessert die Flächenpressung und schont das Alu.
■ Eine **Federscheibe**, auch »Sprengring« genannt, verhindert durch ihre Zacken bis zu einem gewissen Maße das Lösen der Schraube/Mutter. Nur bei Stahl auf Stahl verbauen!

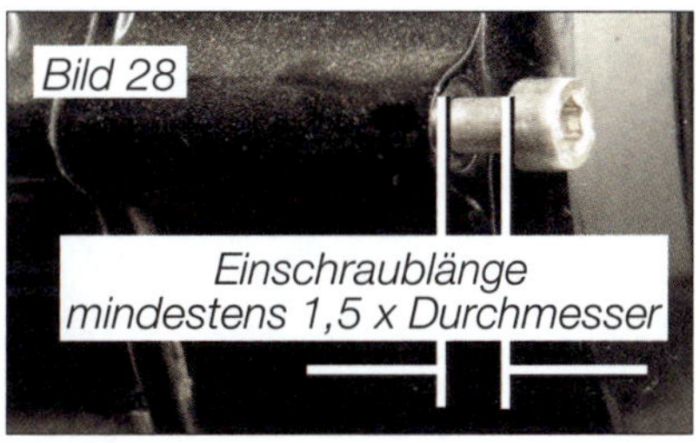

Bilder 28 und 29: Bei Stahlschrauben in Alu auf genügend Einschraublänge achten.

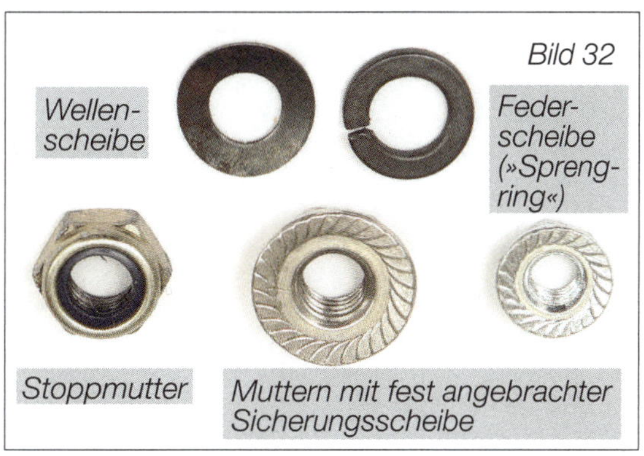

Bild 30: Gewinde mit einer Messingbürste reinigen.

Bild 31: Defekte Schraubgewinde.

Bild 32: Verschiedene Scheiben und Muttern.

Bilder 33 und 34: Zur Gewindesicherung einen Tropfen Loctite auf die Schraube bzw. in die Mutter geben.

Bild 35: Farbmarkierung zur Sichtprüfung.

■ In eine **Stoppmutter** ist ein Sicherungsring aus Kunststoff oder ein mehrteiliges Stahlsegment eingesetzt, der/das die Mutter auf dem Gewinde der Schraube »verklemmt« und damit sichert. Eine Stoppmutter mit Kunststoff-Sicherungsring soll nur einmal (zulässige Ausnahme: höchstens zweimal) verwendet werden; eine Stoppmutter mit mehrteiligem Stahlsegment kann mehrmals verbaut werden.

■ Eine **Stahlmutter mit** fest angefügter **Feinzahnscheibe** wird ohne zusätzliche Unterlegscheibe auf Alu oder Stahl verschraubt. Nach zwei- oder dreimaliger Verwendung ist die Verzahnung »flach« und sichert nicht mehr richtig. Als Mutter auf einer Nummernschildschraube ist eine solche gebrauchte Mutter aber immer noch gut genug!

Fetten, Ölen, Kleben, Sichern

■ Wenn blanke Bauteile miteinander verschraubt werden, die Kontaktflächen beider Teile gut mit etwas Fett einschmieren, dann rosten sie nicht zueinander fest, weil Fett zwischen den Passflächen das Eindringen von Feuchtigkeit verhindert. Dies gilt auch für Alu auf Alu oder Alu auf Stahl, denn ohne schützende Fettschicht dazwischen bildet sich mit der Zeit böse Korrosion!

■ Wenn Schrauben und Muttern verarbeitet werden, immer einen Tropfen Öl auf/in ihre (gereinigten!) Gewinde und Anlageflächen geben.

■ Loctite »mittelfest« hält jede Schraubverbindung zuverlässig zusammen. Bei extrem belasteten Schraubverbindungen, wie z. B. den Befestigungsschrauben der Bremsscheiben, ist Loctite »mittelfest« nötig, wenn die serienmäßige ALOC-Schraube nicht erneuert wurde (Kapitel 30 »Anziehdrehmomente«). Bei Schrauben einen Tropfen auf (Bild 33), bei Muttern in das Gewinde (Bild 34) geben.

Wichtig: Wenn Loctite ans Gewinde gegeben wird, dieses (und das Gegengewinde auch) von Öl und Fett sorgfältig reinigen, am besten mit Bremsenreiniger.

■ **Farbmarkierung:** Profis zeichnen jede Schraube (Mutter), die sie mit dem vorgeschriebenen Anziehdrehmoment angezogen haben, mit einer Farbmarkierung (Bild 35). Sollte sich eine Schraubverbindung wider Erwarten öffnen, sieht man das an den zueinander verdrehten Farbstrichen!

Anziehdrehmomente

Um eine notwendige Verbindungs-Haltekraft ausüben zu können, muss eine Schraube (Mutter) in dem ihr zugeordneten Innengewinde (Außengewinde) mit einem bestimmten Anziehdrehmoment festgezogen werden. Nur damit ist garantiert, dass die durch die Schraube (Mutter) zueinander verspannten Bauteile ausreichend fest sind und sich die Schraubverbindung nicht von alleine löst (z. B. durch Vibrationen).

■ Werden Schrauben/Muttern zu leicht angezogen, besteht die Gefahr, dass sich die Schraubverbindung lockert.

■ Werden Schrauben/Muttern zu fest angezogen, werden ihre Gegengewinde »weich«, reißen bzw. brechen dabei aber (noch) nicht: Die Schraubverbindung erscheint »gefühlt fest«, lockert sich aber später und fällt ab.
In den einzelnen Kapiteln nennen wir bei den Arbeitsschritten der zu bearbeitenden Bauteile die Anziehdrehmomente. Im Kapitel 30 »Anziehdrehmomente« sind alle von Honda vorgeschriebenen Anziehdrehmomente aufgelistet.

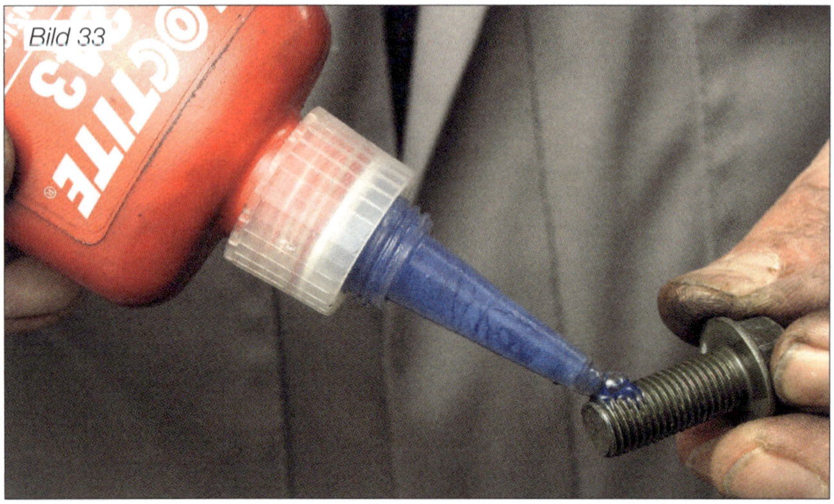

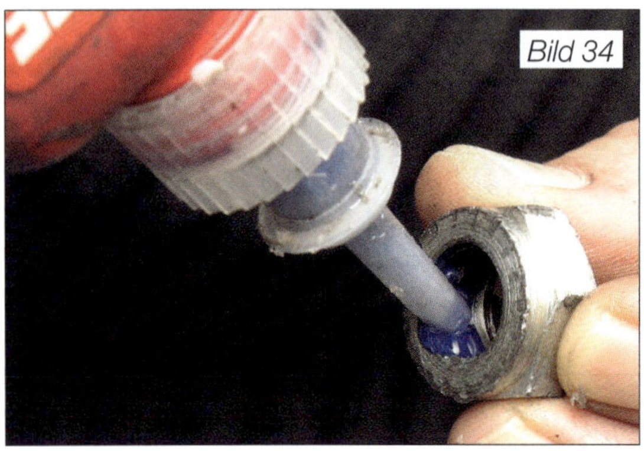

Simmerringe

Simmerringe, auch »Wellendichtring« genannt, dichten drehende (Radlager) oder zueinander gleitende Bauteile (Gabelbeine) zu den stehenden Teilen nach außen und/oder innen ab. Simmerringe müssen mit der Aufschrift nach außen eingebaut werden, egal wie der Simmerring geformt ist!

Wichtig beim Einbau (Bild 36):

- Einmal ausgebaute Simmerringe nicht mehr einbauen, also immer Neuteile verwenden.
- Simmerring vor dem Ein- bzw. Zusammenbau mit leichtem Wälzlagerfett einfetten (Bilder 36 a und 37), niemals »trocken« über die Welle schieben oder in seinen Sitz einpressen!
- Die dünne Spannfeder (Bild 36 b) im Simmerring muss vorhanden sein – sie keinesfalls entfernen in dem Glauben, dass dann die Welle (oder das Rad) leichter läuft!

Flächendichtmittel

Spezielle Kraftfahrzeug-Silikondichtmasse, öl- und fettverträglich mit einer Temperaturbeständigkeit von – 40 °C bis 250 °C wird benötigt, wenn Bauteil auf Bauteil ohne zwischengelegte Papierdichtung verbaut wird: Das ist z. B. so bei der Motorölwanne und den beiden Motordeckeln über Kupplung und Lichtmaschine. Unter dem Ventildeckel ist eine Dichtung eingebaut, diese ist jedoch nicht aus Dichtpapier, sondern aus Gummi und kann mehrmals verwendet werden.

Bei Verwendung von Silikondichtmasse unbedingt beachten, dass vor dem Zusammenfügen der Bauteile die aufgebrachte Silikondichtmasse ungefähr 10 Minuten »ablüften« muss.

Gewindereparatur mit HeliCoil

Speziell an älteren Motorrädern sind Gewinde oft beschädigt oder zerstört, weil häufiges Lösen und Anziehen zu Verschleiß oder Zerstörung des Gewindes geführt haben. Es kann auch sein, dass Schrauben oder Muttern mit zu großen Anziehdrehmomenten angezogen wurden und deswegen das Gewinde »ausgerissen« ist. Es kann auch durch Korrosion (»Rost«) zwischen Schraube und Bauteilwerkstoff zum »Festbacken der Schraube« gekommen sein, und beim Versuch die Schraube zu lösen wird das Mutterngewinde zerstört.

Zerstörte Gewinde können mit geringem Aufwand und Kosten einfach und zuverlässig repariert werden, indem das defekte Innengewinde ausgebohrt und ein aus gewickeltem Draht bestehender Gewindeeinsatz eingedreht wird: »HeliCoil« nennt sich dieses Reparaturverfahren, das von der Firma Böllhoff Verbindungstechnik GmbH in Bielefeld hergestellt und weltweit vertrieben wird (*www.helicoil.de*).
HeliCoil bietet so genannte »Repairkits« in Abmessungen von M2 bis M36 an. Ein HeliCoil-Repairkit (Bild 38) kostet ca. 40 Euro, ist im Zubehör-Fachhandel erhältlich und enthält:

- Kernlochbohrer mit dem Kernloch-Gewindedurchmesser für das neue Gewinde.
- HeliCoil-Gewindebohrer.
- HeliCoil-Einbauwerkzeug, das ist eine Einbau-Gewindespindel mit einem kleinen Ansatz vorne.
- 20 HeliCoil-Drahtgewindeeinsätze aus hoch korrosionsbeständigem Stahl der Legierung 1.4301 (Festigkeit mehr als 1.400 N/mm²).

Gewinde reparieren
Am Beispiel eines ausgerissenen M6-Gewindes in einem Motorblock (Bilder 39 bis 46) erklären

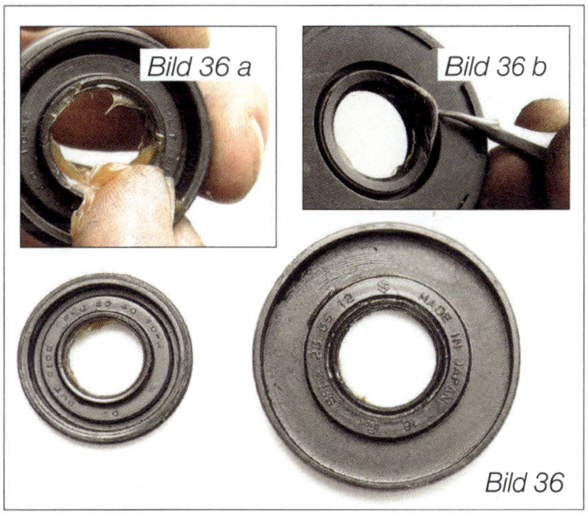

Bild 36: Simmerringe mit der Aufschrift nach außen einbauen. Vor Zusammenbau mit leichtem Wälzlagerfett einschmieren (Bilder 36 a und 37).

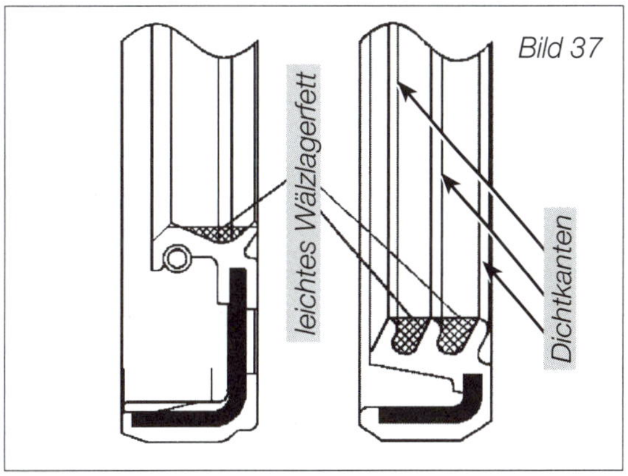

Bild 37: Beim Zusammenbau von Bauteilen mit gebrauchten Simmerringen einen Blick auf die Dichtkanten werfen: Wenn sie auch nur an einer Stelle ausgebrochen sind, muss der Simmerring erneuert werden.

Sichtprüfung

Messen

Bilder 38 bis 46: Gewindereparatur mit HeliCoil.

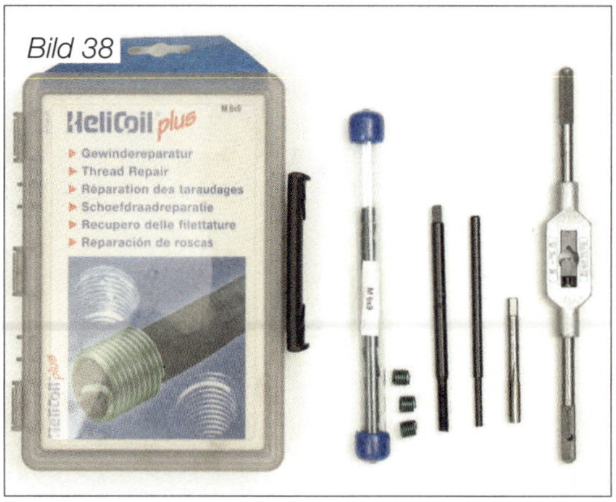

Bild 38

■ 38: Kompletter HeliCoil-Reparaturkit.

Bild 39

■ 39: Defektes Gewinde, überdrehte Schraube.

Bild 40

■ 40: Schraubenreste ausbohren, sauberes Kernloch erzeugen.

Bild 41

■ 41: Neues Aufnahmegewinde für den HeliCoil-Gewindeeinsatz schneiden.

Bild 42

Bild 43

■ 42 und 43: HeliCoil-Gewindeeinsatz mit der Einbauspindel montieren.

Bild 44

■ 44: Zapfen brechen und entfernen.

Bild 45

■ 45: Perfekt ist das neue Gewinde mit HeliCoil-Gewindeeinsatz.

Bild 46

■ 46: Schraube eindrehen und anziehen, fertig!

wir die Gewindereparatur mit einem HeliCoil-Drahtgewindeeinsatz:

1. Schritt: Wenn der Rest einer abgebrochenen Schraube (Bild 39) im alten Gewinde steckt: Den sichtbaren Schraubenrest exakt mittig ankörnen und mit scharf geschliffenem Bohrer, der 0,5 mm kleiner ist als der alte Gewinde-Nenndurchmesser (Beispiel M6: Bohrer 5,5 mm), das abgebrochene Gewindestück vorsichtig ausbohren.

2. Schritt: Mit dem im HeliCoil-Repairkit befindlichen Bohrer das beschädigte Gewinde komplett ausbohren (Bild 40): Bohrerdurchmesser entspricht dem Kerndurchmesser des neuen Aufnahmegewindes für den HeliCoil-Einsatz.

3. Schritt: Aufnahmegewinde für den HeliCoil-Drahtgewindeeinsatz mit dem beiliegenden Gewindebohrer schneiden (Bild 41).

Wichtig: Damit keine Späne in Gewindebohrungen hineinfallen, den Gewindebohrer vor dem Gewindeschneiden in Fett eintauchen, dann bleiben die Späne am Gewindebohrer haften.

4. Schritt: Gewinde reinigen, z. B. mit Druckluft ausblasen. ALLE Späne entfernen!

5. Schritt: HeliCoil-Drahtgewindeeinsatz mit der Einbauspindel montieren. Dieses ist sehr einfach, der Drahtgewindeeinsatz wird mit der Spindel wie eine Schraube in das vorbereitete Aufnahmegewinde eingedreht (Bilder 42 und 43).

6. Schritt: Nach der Montage des Drahtgewindeeinsatzes dessen Mitnehmerzapfen abbrechen (Bild 44): Zapfenwerkzeug zuvor in etwas Fett tauchen, ganz in den Drahtgewindeeinsatz einführen, mit einem kleinen Hammer einen leichten Schlag auf das Zapfenwerkzeug geben und den abgebrochenen Mitnehmerzapfen aus dem Drahtgewindeeinsatz entfernen.

Wichtig: Bei der Reparatur von Durchgangsbohrungen muss Obacht gegeben werden, wo der abgebrochene Mitnehmerzapfen hinfällt, damit er z. B. nicht in den Motor zwischen empfindliche Motorenmechaniken gerät!

Eine solche Gewindereparatur ist innerhalb von zehn Minuten ohne Schweißaufwand erledigt. Nach der Reparatur mit HeliCoil ist das Gewinde um ein Vielfaches belastbarer als das Originalgewinde. Das Gewinde wurde nicht etwa »geflickt«, sondern seine Qualität wurde deutlich verbessert: Der HeliCoil-Drahtgewindeeinsatz aus Edelstahl macht das Gewinde verschleißfester und korrosionsbeständiger. Zukünftige Wartungsarbeiten können diesem Gewinde nichts mehr anhaben (Bilder 45 und 46).

Bücher

Titel: Fachkunde Kraftfahrzeugtechnik
ISBN-Nummer: 978-3-8085-2325-4
Preis: 49,90 Euro
www.europa-lehrmittel.de

Wer seine Technikkenntnisse erweitern und vervollständigen möchte, dem sei das Buch »Fachkunde Kraftfahrzeugtechnik« aus dem Europa-Lehrmittel-Verlag ans Herz gelegt. Bei dem 848 Seiten starken Werk handelt es sich zwar um ein Übungsbuch und Nachschlagewerk für Auszubildende des Kfz-Handwerks, wozu Motorrad- und Automechaniker gehören, dennoch werden auch Laien mit geringen Vorkenntnissen nicht überfordert.

Die Themen reichen von Werkstoffkunde über Elektrotechnik bis hin zur genauen Beschreibung der Baugruppen eines Kraftfahrzeugs. Fotos und Zeichnungen sind farbig. »Fachkunde Kraftfahrzeugtechnik« legt zwar den Schwerpunkt auf Automobile, doch die Zweiradtechnik kommt nicht zu kurz.

Für spannende und gleichzeitig lehrreiche Leseabende empfehlen wir diese beiden Technikfachbücher ganz besonders.

Titel: Motorradtechnik
Autor: Jürgen Stoffregen
ISBN-Nummer: 978-3-6580-7445-6
Preis: 54,99 Euro
www.springer.com/springer+vieweg

Ein Stück tiefer und (vor allem!) motorradspezifischer als das zuvor beschriebene Buch behandelt der langjährige Versuchsingenieur, späterer BMW-Motorrad-Pressesprecher und heutiger Antriebs-Zukunftsforscher Jürgen Stoffregen die Materie. Das mittlerweile schon in neunter Auflage im Vieweg-Verlag erschienene Werk »Motorradtechnik – Grundlagen und Konzepte von Motor, Antrieb und Fahrwerk« hat 605 Seiten und bietet neben 624 Abbildungen auch 21 Tabellen.

Trotz Stoffregens beruflicher BMW-Lastigkeit kommen nicht nur weiß-blaue Motorräder darin vor, sondern auch Zweitakter, japanische, italienische, amerikanische und englische Motorräder.

Berechnungsformeln bei vielen Kapiteln vervollständigen das Buch, das unter Spezialisten als Referenzwerk gilt. Aber: Ein gewisser Grundstock technischer Kenntnisse sollte bei der Lektüre vorhanden sein.

Wichtige Adressen

- **Hazet** (Spezialwerkzeuge für Kraftfahrzeuge)
Hazet Werk, Postfach 10 04 61
D-42804 Remscheid
www.hazet.de
www.karlernstag.ch
- **HeliCoil Gewindeeinsätze Böllhoff GmbH & Co. KG**
Archimedesstraße 1–4
D-33649 Bielefeld
www.boellhoff.com/de
www.boellhoff.com/at
www.boellhoff.com/ch
- **Kern Montagetechnik**
(Montageständer, Hebebühnen)
Gewerbestraße 13–16
D-79364 Malterdingen
www.kern-stabi.de
www.motacc.ch
- **Loctite**
Henkel Loctite Deutschland GmbH
(Schraubenkleber, Dichtmittel)
Benedikt-Hopp-Straße 2
D-93161 Sinzing
www.loctite.de
www.loctite.at
www.loctite.ch
- **Profi Products** (Kettenfluchttester, Spurprüfsysteme)
Flörsheimer Ring 6
D-67705 Trippstadt
www.profi-products.de
www.schumoto.at
www.koempf24.ch

Verkleidung · Tank · Rahmen

Bilder 1 und 2: Übersicht der wichtigsten Verkleidungsteile. Die Zahlen in den Klammern entsprechen den Bildnummern.

In diesem Kapitel: Tipps für Arbeiten an der Verkleidung · Verbindungsnippel · Spiegel · Explosionszeichnungen Verkleidungsteile · Nummern und Aufkleber · Lenkanschlag prüfen · Seitenständerschalter prüfen · Seitenständer ab-/anbauen · Tank aus-/einbauen · Motor aus-/einbauen.

Verkleidung

Bilder 1 und 2: Die NC 750 S hat weniger Verkleidungsteile als die NC 750 X. Dieses Kapitel zeigt die Verkleidungsteile beider Modelle als Zeichnungen. Beim Ab- und Anbau der Verkleidungsteile aus Kunststoff bitte beachten:

- Kein Verkleidungsteil mit Gewalt abziehen oder einstecken – vor allem mit dem Alter spröde gewordener Kunststoff kann leicht brechen!
- Bei der NC 750 X zuerst die Seitenverkleidungen abschrauben und dann die Frontverkleidung. In umgekehrter Reihenfolge wieder anbauen.
- Beim Aus- und Eindrehen von Schrauben und Kunststoffnippeln das Bauteil sicher halten, damit es nicht plötzlich herunterfällt.
- Legen Sie abgebaute Verkleidungsteile auf sauberen Lappen ab (holen Sie dazu ruhig Mutters Bettzeug) oder hängen Sie die Teile mit Haken an die Wand.
- Platzieren Sie abgeschraubte Verkleidungsteile außerhalb jeglicher Fußreichweite, denn man tritt während des Schraubens an der Maschine rasch auf ein am Boden liegendes Teil. Sonst bricht es, garantiert bekommt es Katzer.
- Schrauben Sie immer mit exakt passenden Werkzeugen. Merke: Billigwerkzeug vermurkst die Schraubenköpfe.
- Bei der Montage im Honda-Werk werden die Verkleidungsschrauben »trocken« eingeschraubt, also ohne Öl. Wenn die Maschine einige Zeit

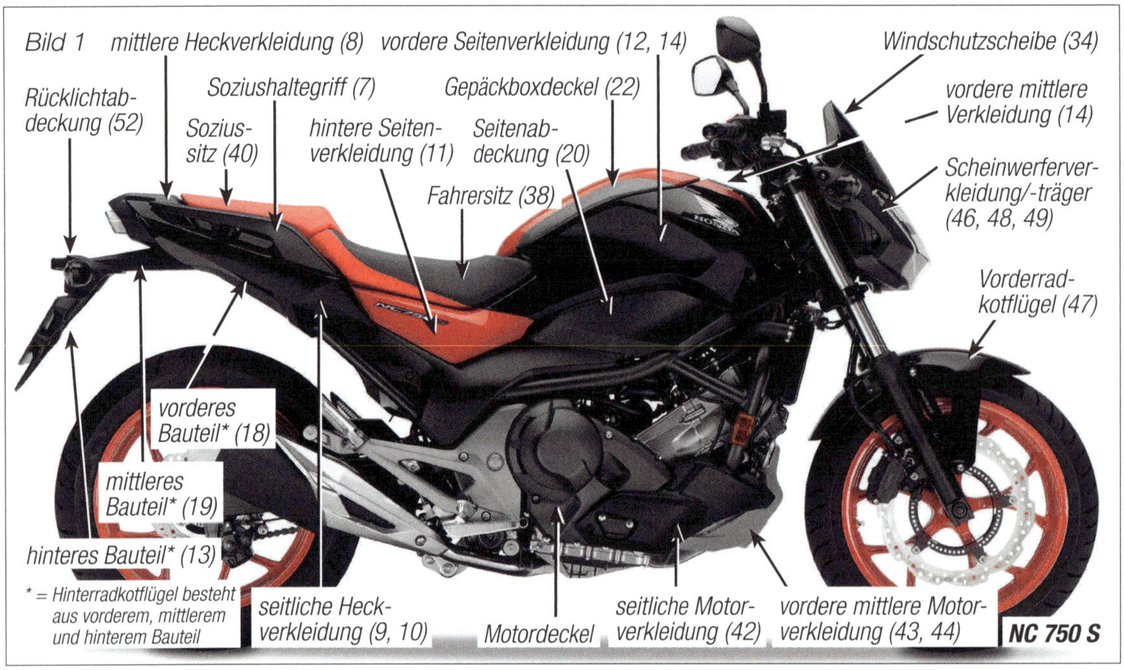

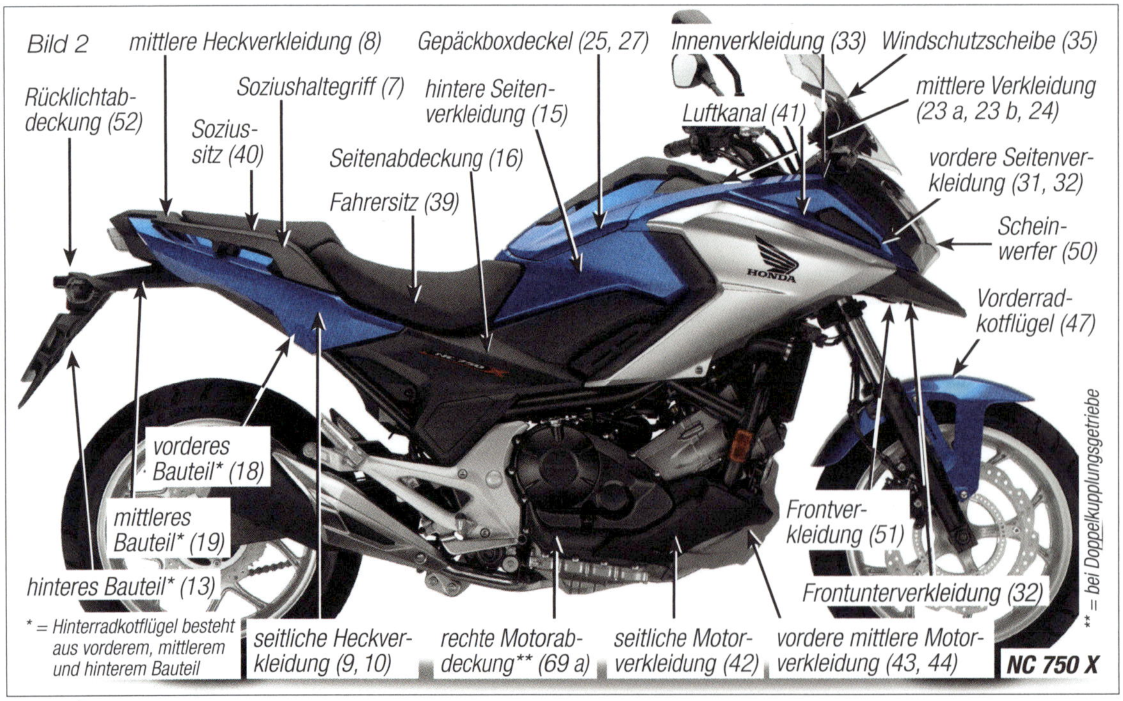

auf dem Buckel hat, sind die Schrauben korrodiert. Gönnen Sie ihnen etwas Öl.

■ Bundbuchsen und Scheiben vor dem Einbau mit Silikonfett einstreichen, das schützt die Verkleidungsoberflächen. Auch in die Gummibuchsen, in die die kleinen Zapfen (Nasen) der Verkleidungsteile eingesteckt werden (Bilder 3 a und 3 b), einen kleinen Finger voll Silikonfett geben, dann rutschen die Zapfen leichter ein.

■ Achten Sie beim An- und Zusammenbau der Verkleidung darauf, dass keine Kabel, Stecker oder Bowdenzüge eingeklemmt werden. Wenn es doch passiert, nehmen Sie das Verkleidungsteil wieder ab und verlegen die Kabel, Stecker oder Bowdenzüge sauber und klemmfrei.

Verbindungsnippel

An vielen Stellen sind Verbindungsnippel aus Kunststoff eingesetzt, auch »Nietschnapper« oder »Druckniet« genannt (Bilder 4 a und 4 b; Verbindungsstellen siehe Bilder 10, 12, 14, 16, 20, 23, 31, 32, 33, 36, 37 und 41). Wenn man nicht weiß, wie die Dinger funktionieren, bricht man beim Herumdrücken von der falschen Seite leicht überstehende Teile ab – der Nippel ist kaputt, aber immer noch nicht draußen. Dabei ist seine Bedienung einfach.

■ Bild 4 a, **Nippel lösen:** Mit einem spitzen Dorn in der Mitte leicht eindrücken,damit der Mittelzapfen einschnappt. Der entspannte Nippel kann jetzt herausgezogen werden.

■ Bild 4 b, **Befestigen:**

1. Zuerst den ausgebauten Nippel mit dem eingedrückten Mittelstück zwischen zwei Finger nehmen, mit dem Daumen der anderen Hand den Bolzen ganz zur Oberseite durchschieben, es klickt zweimal ganz leicht.

2. Dann den Nippel satt in die Befestigungsbohrung einsetzen und das Mittelstück bis zum Kopf bündig einschieben; wenn es fühl- und hörbar klickt, ist er richtig befestigt.

In den Bildern 5 a bis 5 d ist diese Beschreibung noch einmal »in echt« gezeigt.

Wenn diese Verbindungsnippel ausgebaut sind, sollten sie gepflegt werden, damit der innere Spannbolzen mit den Zacken seine Freigängigkeit behält.

1. Nippel mit Bürste in heißem Wasser reinigen.

2. Zwei Tropfen Silikonpaste auf einen spitzen Schraubenzieher nehmen und in den Nippel einbringen.

3. Innenteil einige Male hin und her bewegen, um das Silikonfett gleichmäßig zu verteilen – fertig.

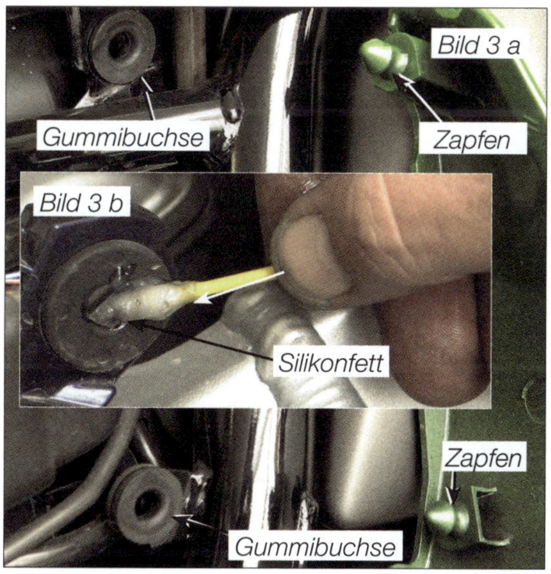

Bilder 3 a und 3 b: In die Gummibuchsen werden die kleinen Zapfen eingesteckt, die an verschiedenen Verkleidungsteilen angebracht sind. Bei der Montage einen kleinen Finger voll Silikonfett geben, dann rutschen die Zapfen leichter ein.

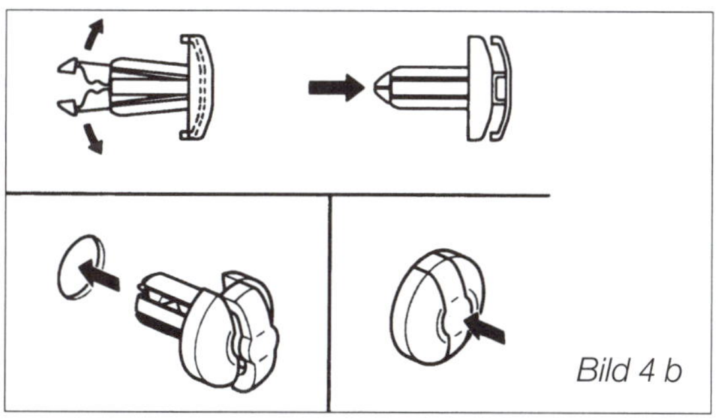

Bilder 4 a bis 5 d: Aus- und Einbau eines Kunststoffnippels.

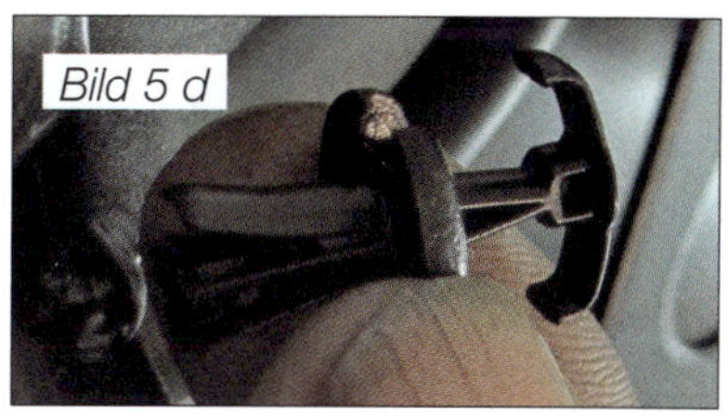

Bilder 6 a bis 6 e: Wenn die Kontermutter den Rückspiegelarm nicht mehr richtig sichert, alles auseinanderbauen, reinigen und eingefettet wieder zusammenbauen.

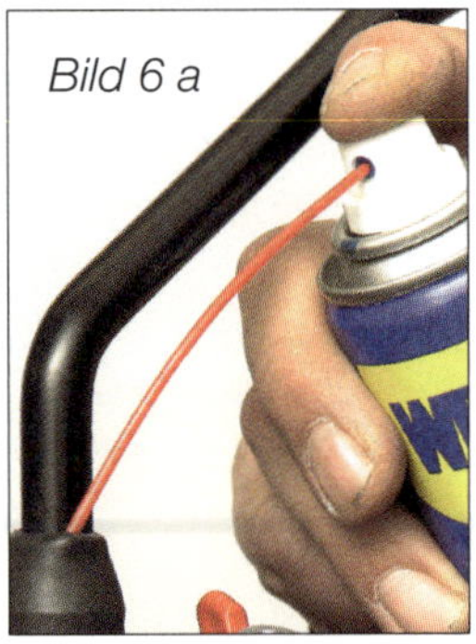

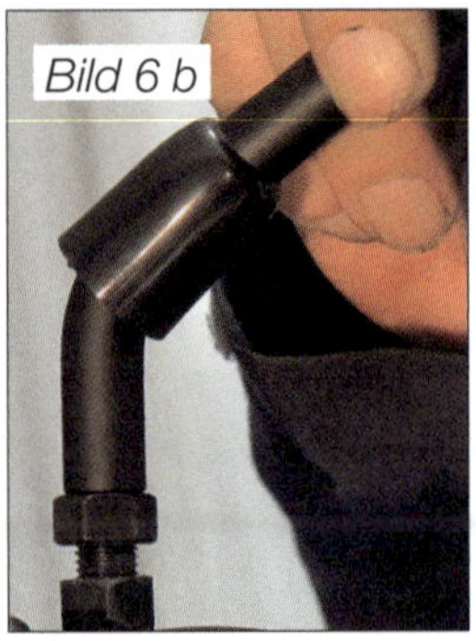

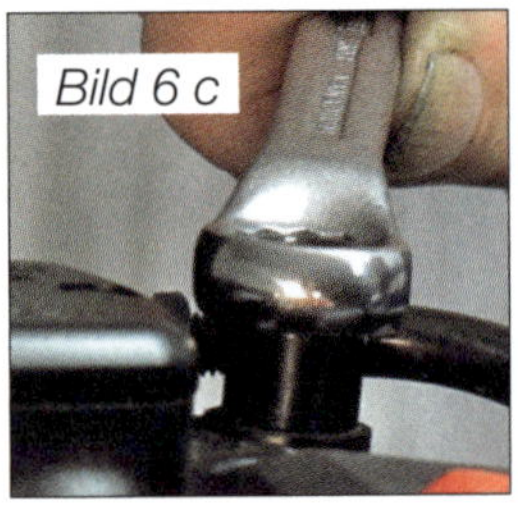

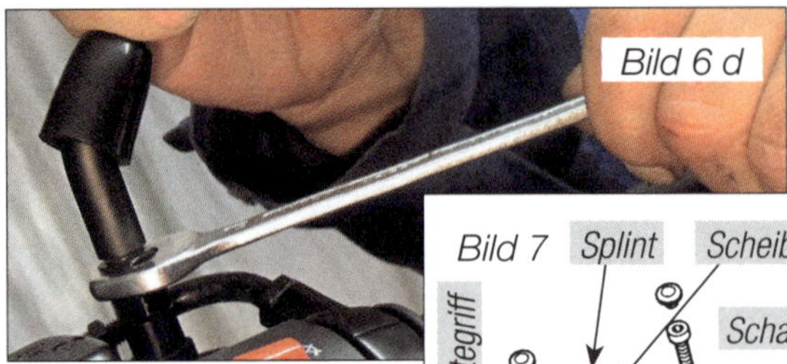

Spiegel

Die runden Arme der Rückspiegel sind mit Links(!) gewinde in Gewindebuchsen eingedreht und mit Kontermuttern gegen Verdrehen gesichert (Bilder 6 a bis 6 e). **Wichtig:** Gewindebuchse und Kontermutter müssen gut festgezogen sein (Bild 6 d), damit sich der Spiegel unter dem Druck des Fahrtwindes nicht nach hinten verdreht. Bitte denken Sie beim Festziehen der Kontermutter daran, dass diese ein LINKSgewinde hat!

Wenn der Spiegel nicht richtig fest ist bzw. sich immer wieder löst:

1. Bilder 6 a und 6 b: Gummitülle nach oben

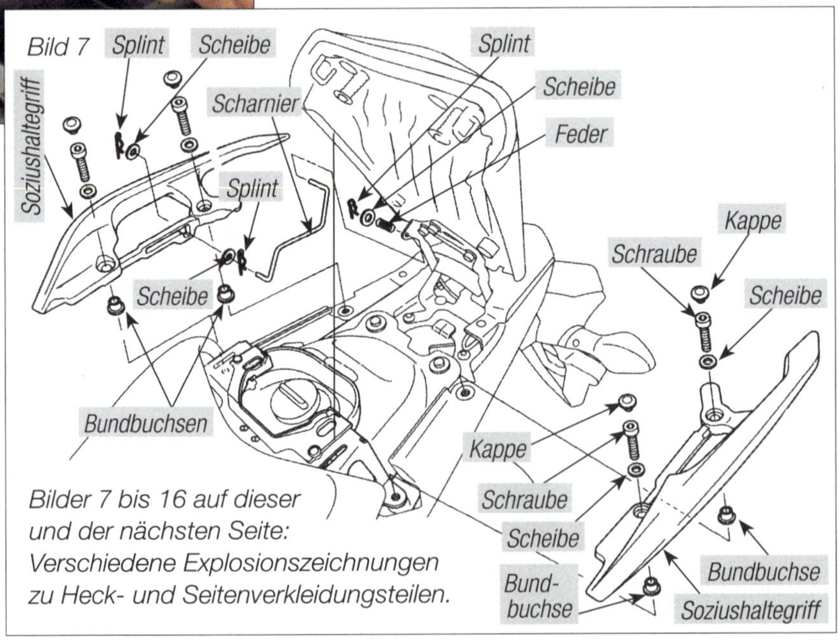

Bilder 7 bis 16 auf dieser und der nächsten Seite: Verschiedene Explosionszeichnungen zu Heck- und Seitenverkleidungsteilen.

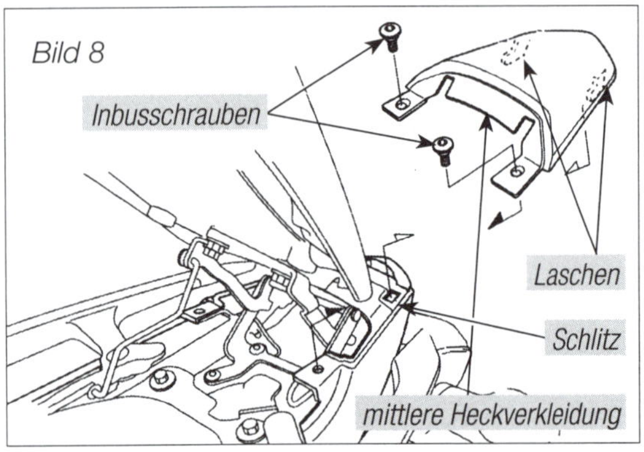

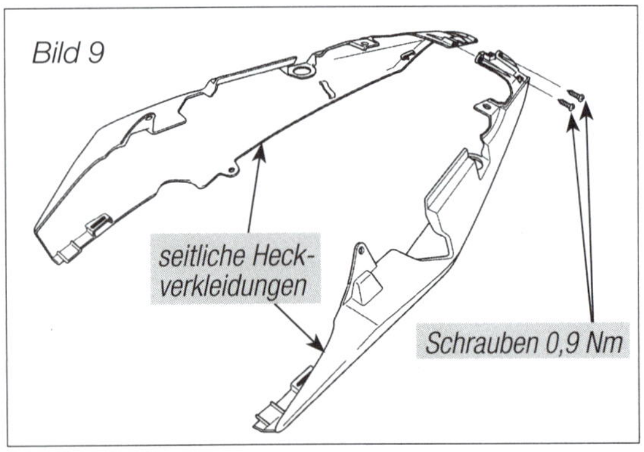

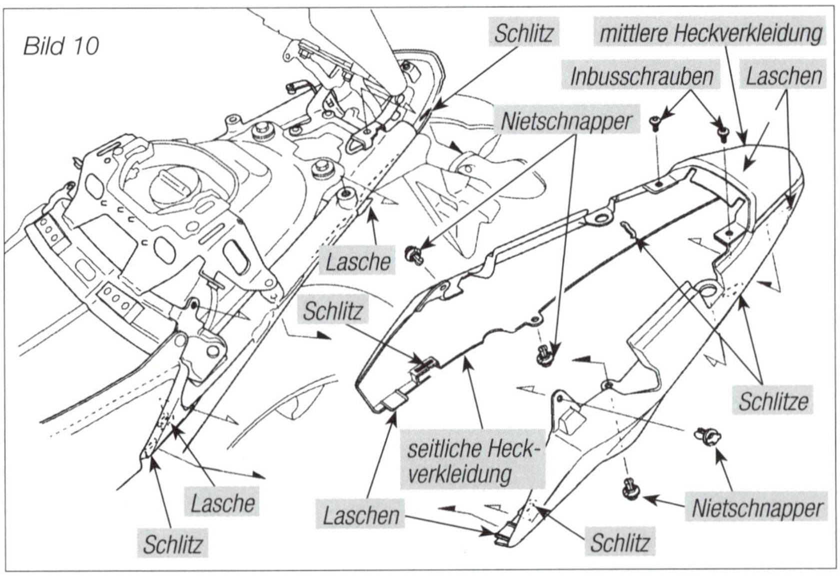

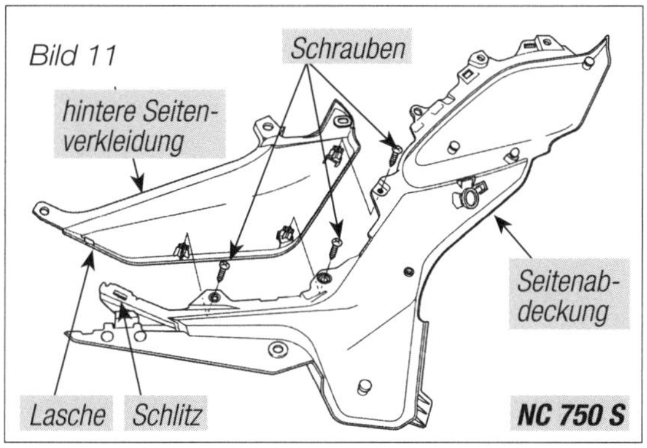

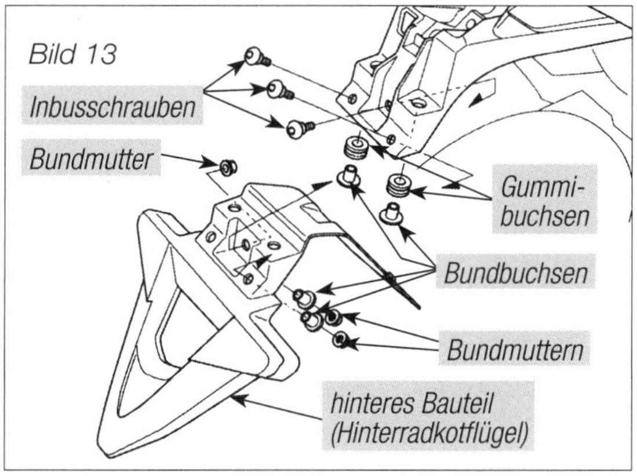

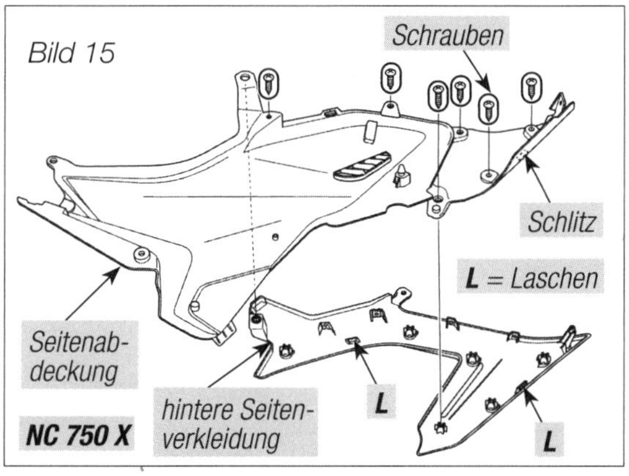

abschieben: Wenn sie verklebt ist, etwas WD-40 einsprühen.

2. Bild 6 d: Kontermutter lösen, Spiegelarm ausdrehen – LINKSgewinde!

3. Gewinde reinigen, etwas schweres Fett daran geben, Kontermutter auf Gewinde des Spiegelarms drehen, Spiegelarm in Gewindebuchse eindrehen, Kontermutter mit 22 Nm (»gut handfest«) gegen die Gewindebuchse festziehen.

4. Bild 6 : Wenn die Gewindebuchse im (RECHTS)-gewinde der Lenkerklemmschelle lose ist: Ausschrauben, Außen- und Innengewinde reinigen, einen Tropfen Loctite »mittelfest« daran geben, einschrauben und festziehen mit 22 Nm.

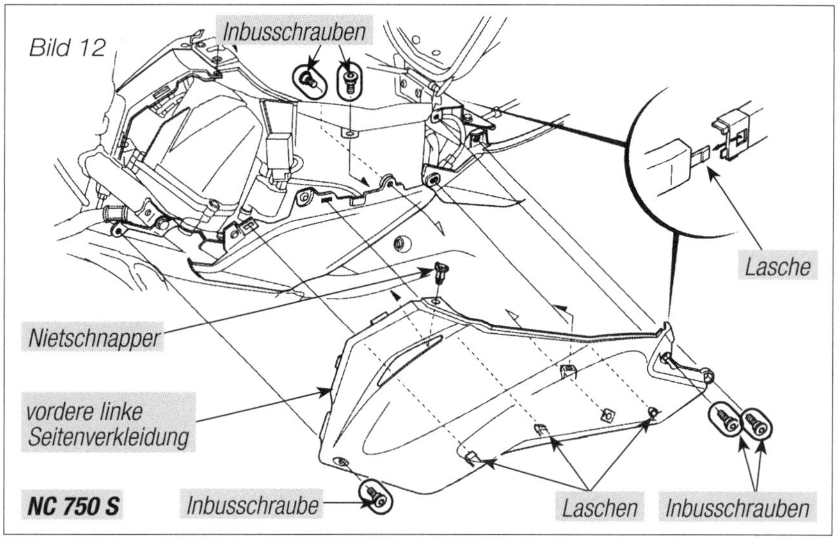

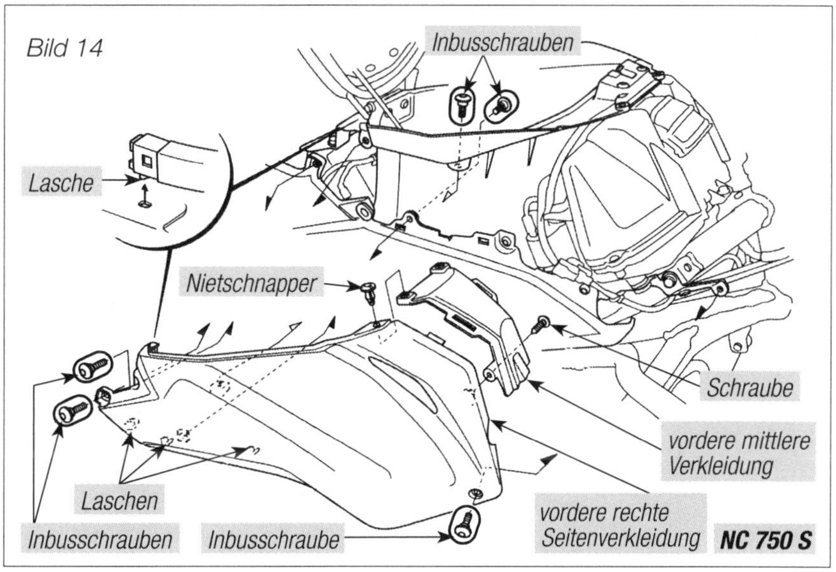

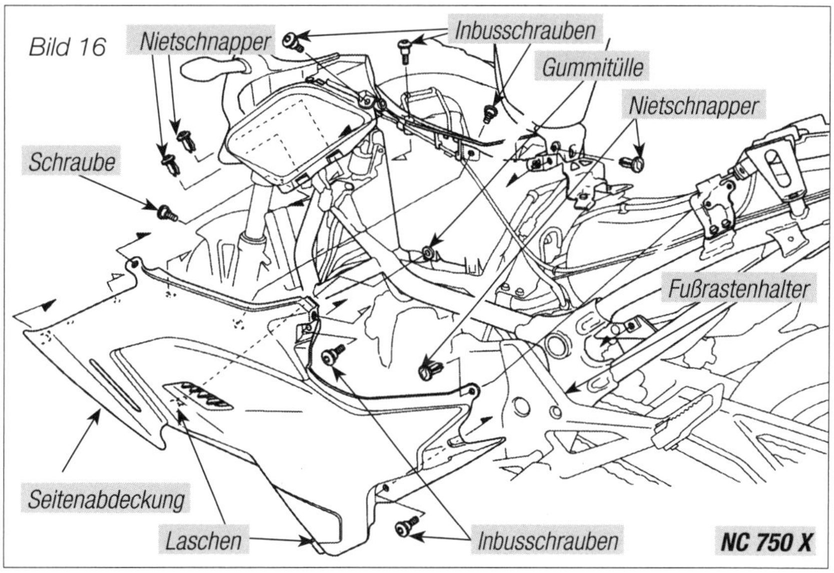

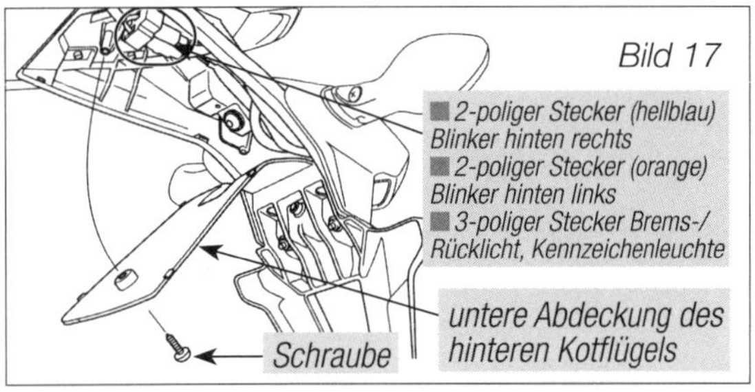

Bild 17

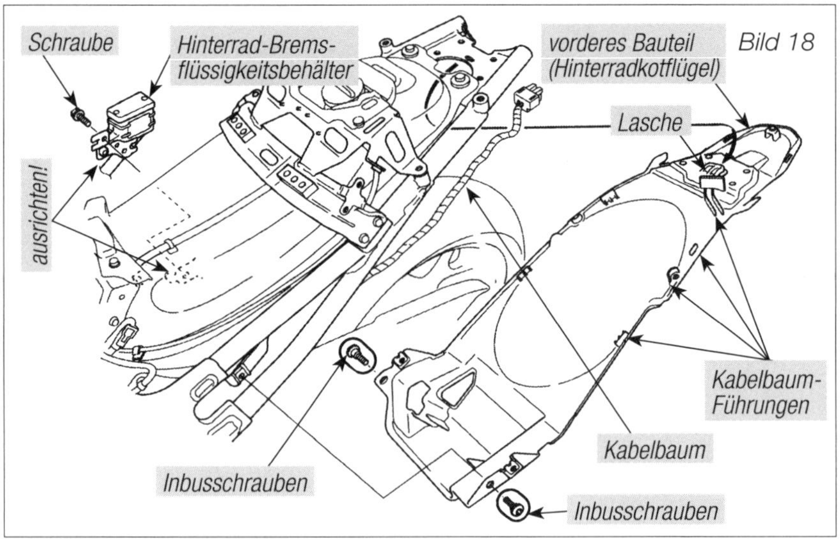

Bild 18

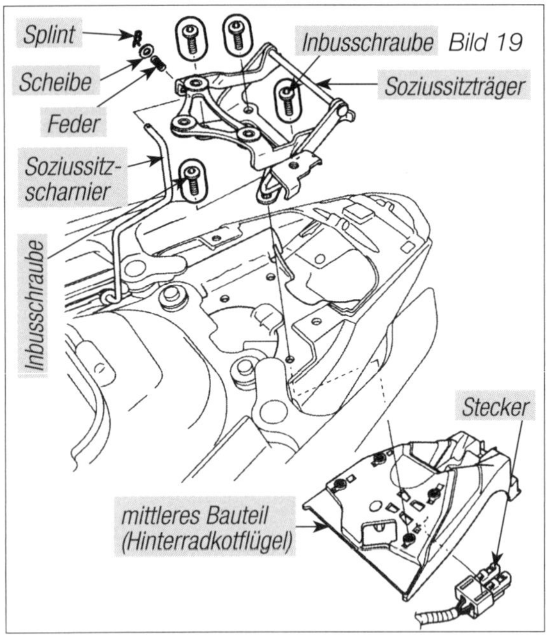

Bild 19

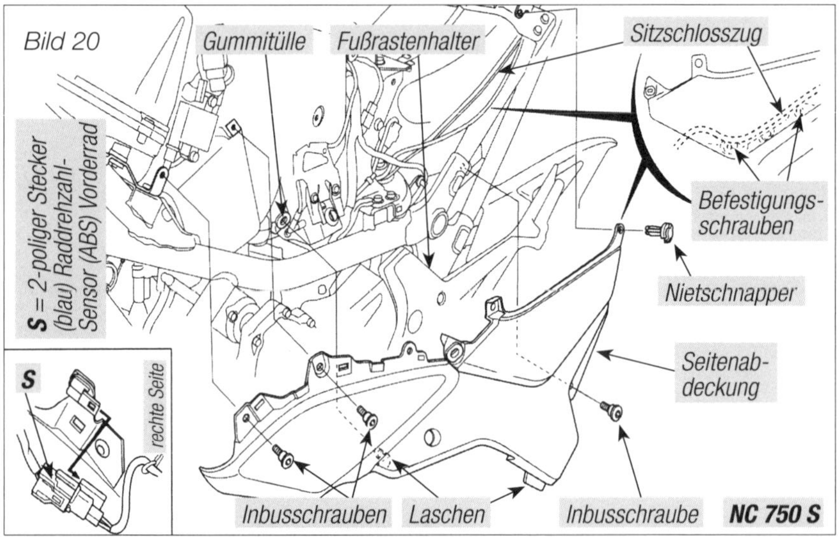

Bild 20

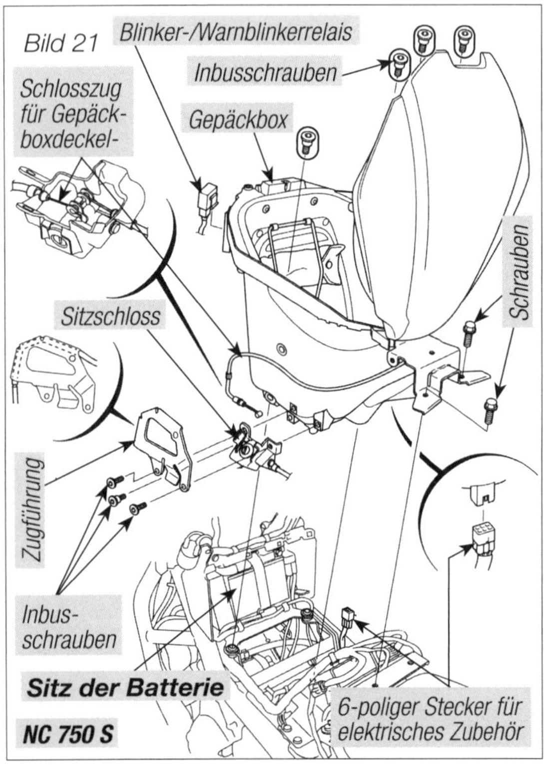

Bild 21

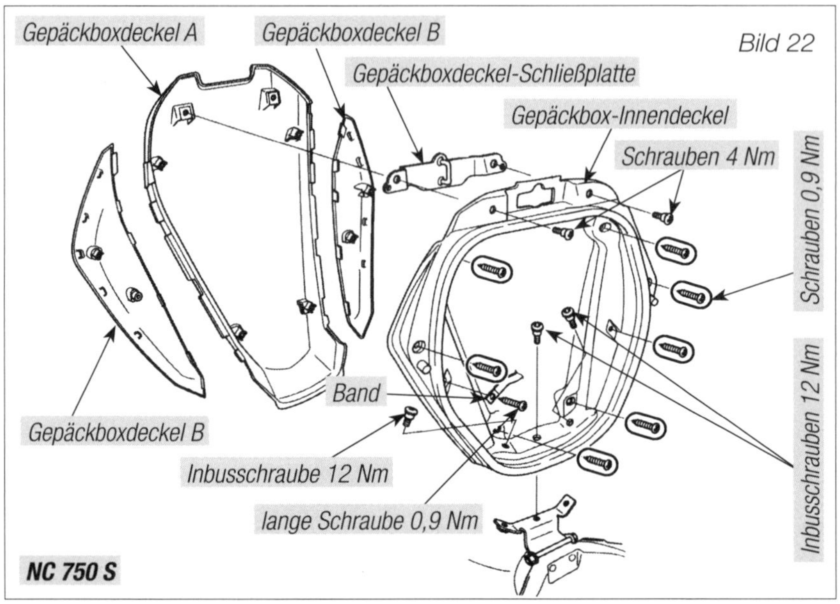

Bild 22

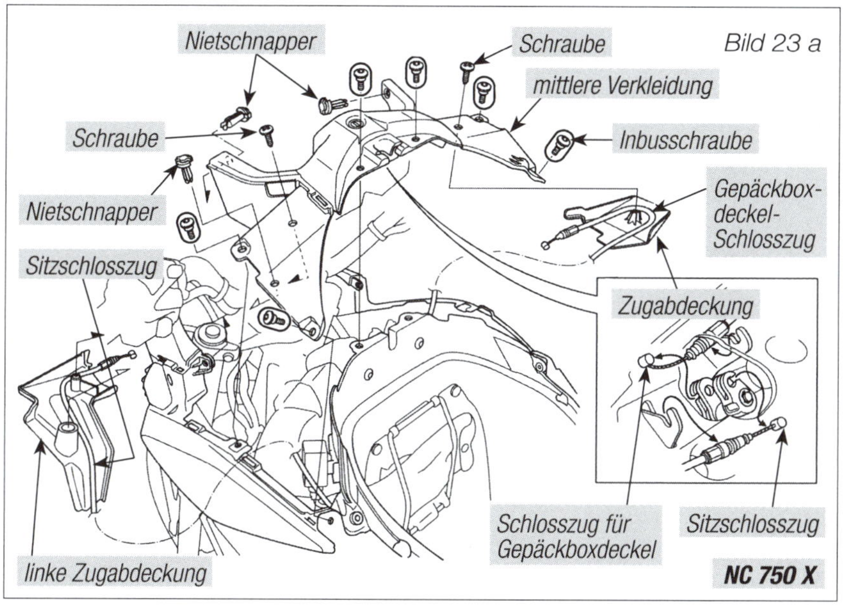

Bilder 17 bis 27 auf diesen beiden Seiten: Verschiedene Explosionszeichnungen zum hinteren Kotflügel, Seitenabdeckungen, Gepäckbox und anderen Verkleidungsteilen.

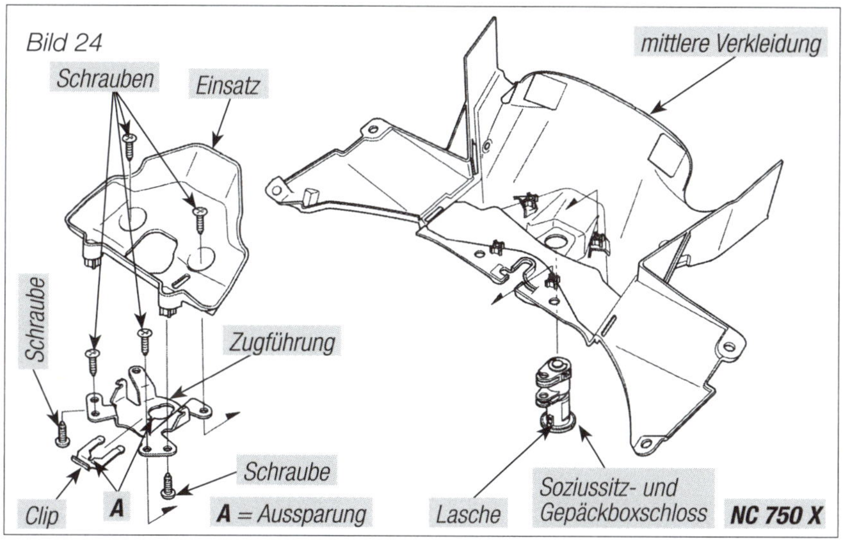

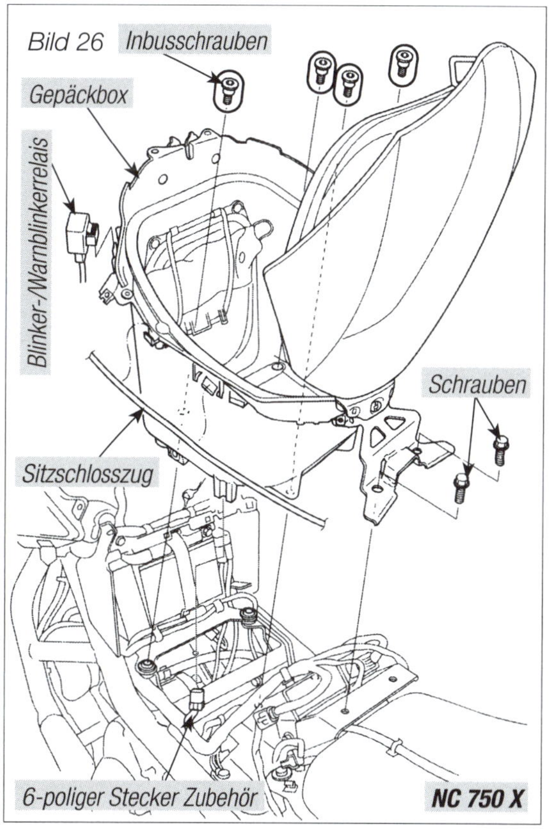

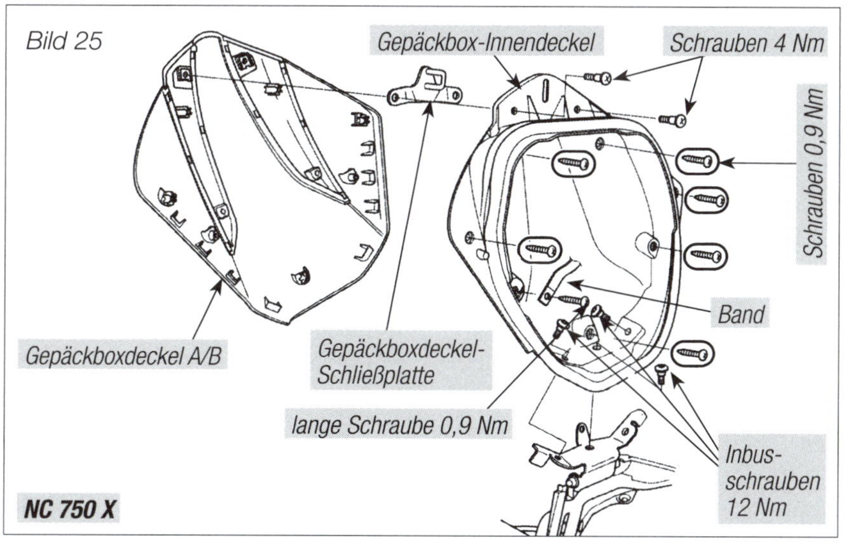

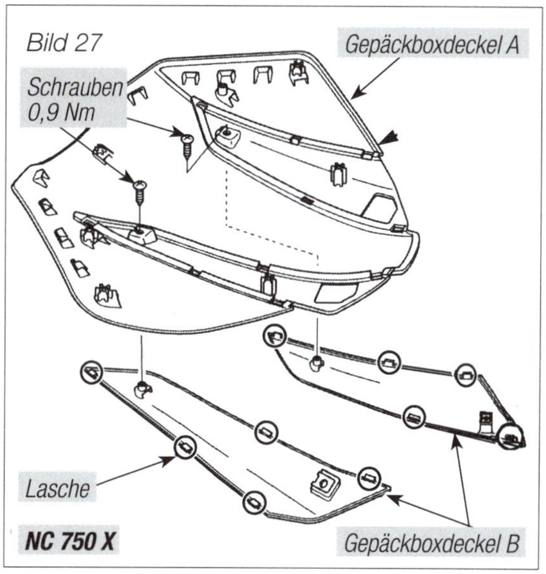

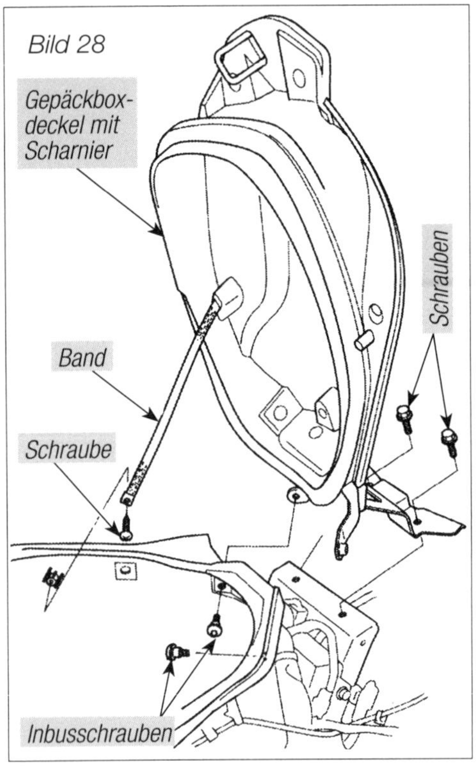

Bild 28

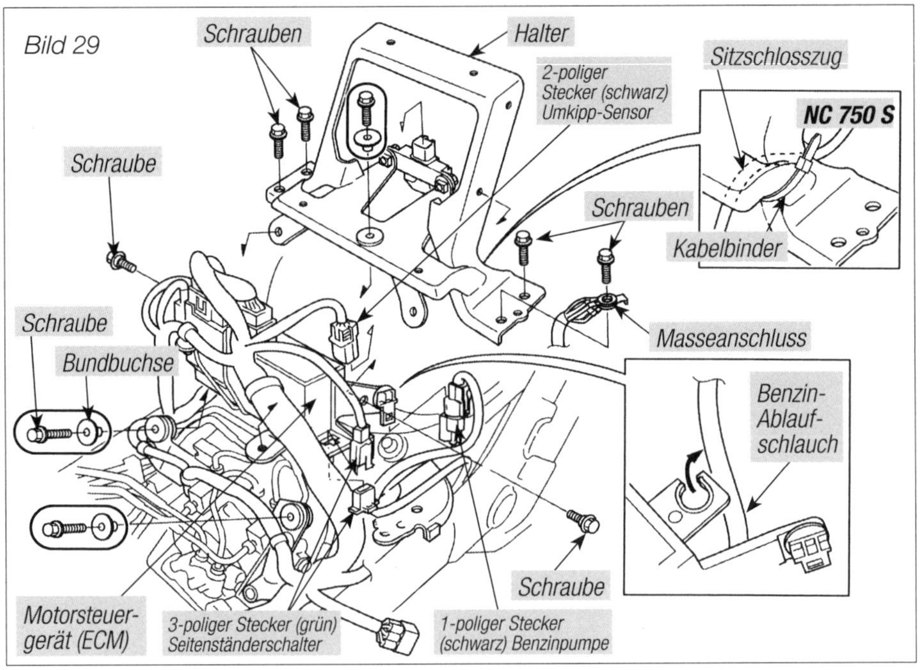

Bild 29

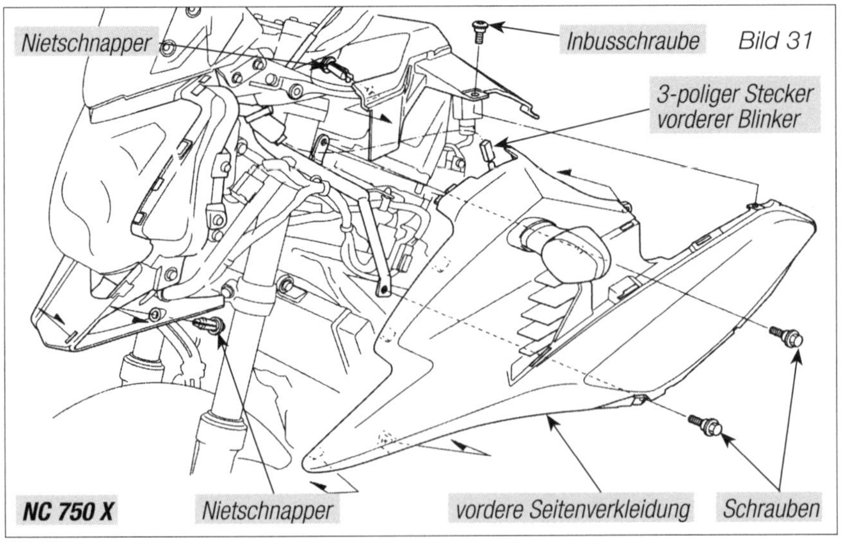

Bild 31

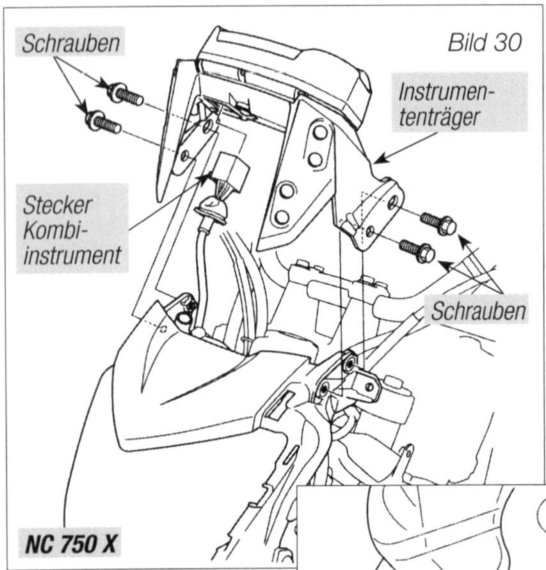

Bild 30

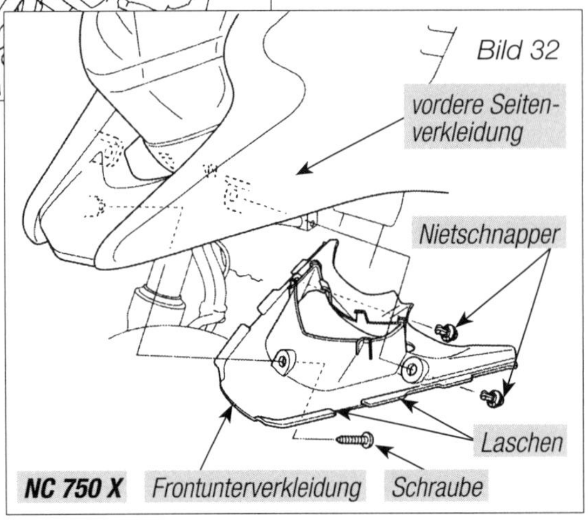

Bild 32

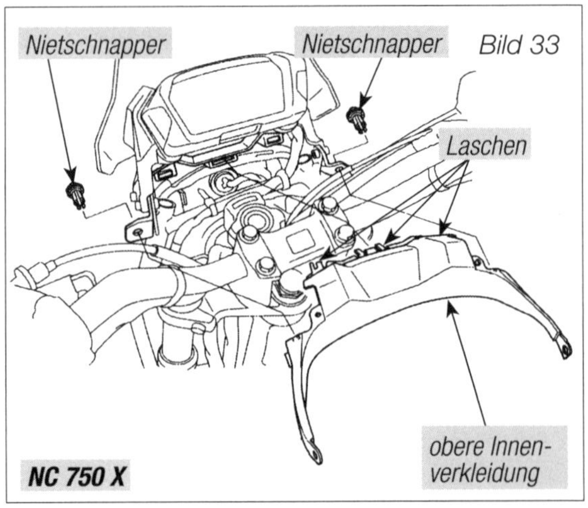

Bild 33

Bilder 28 bis 33: Verschiedene Explosionszeichnungen zum Gepäckboxdeckel, Querplatte, Instrumententräger und anderen Verkleidungsteilen.

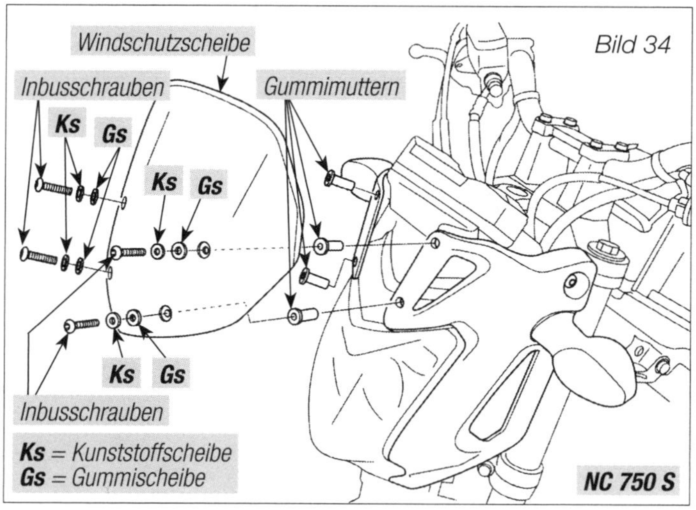

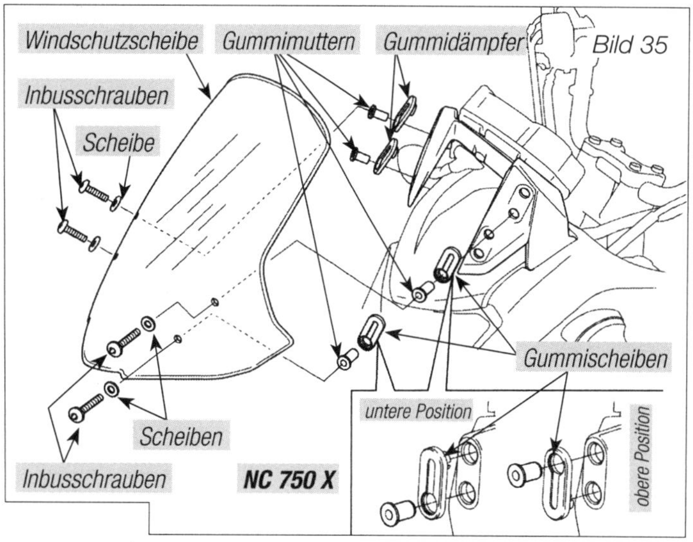

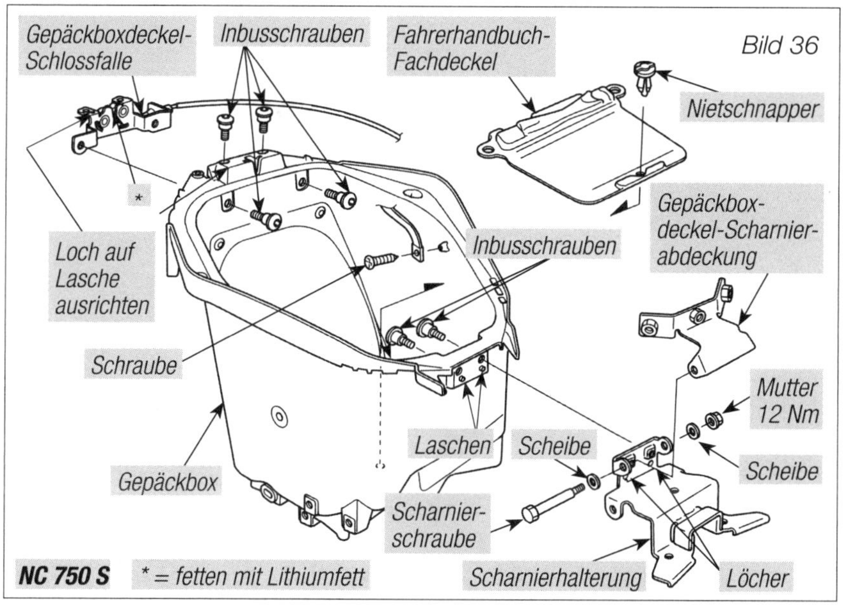

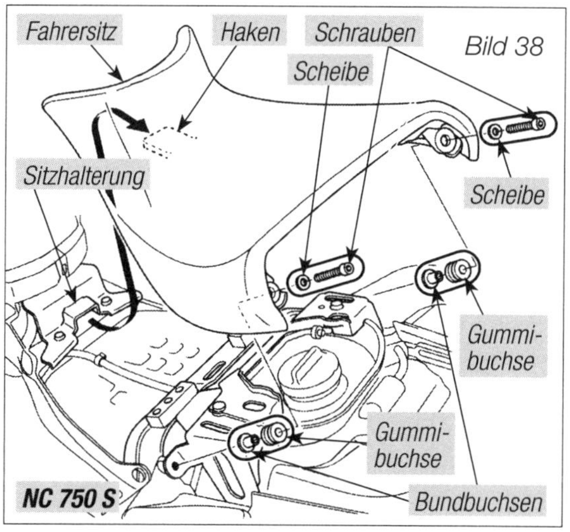

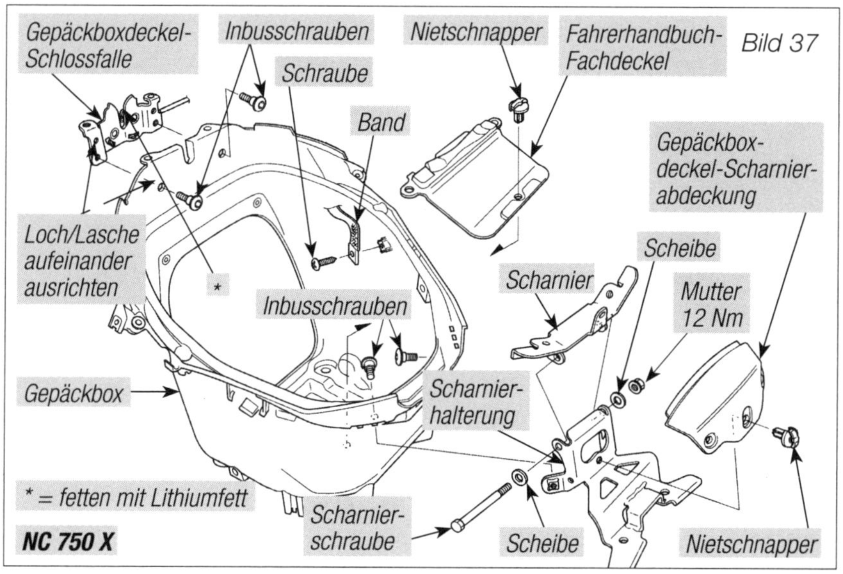

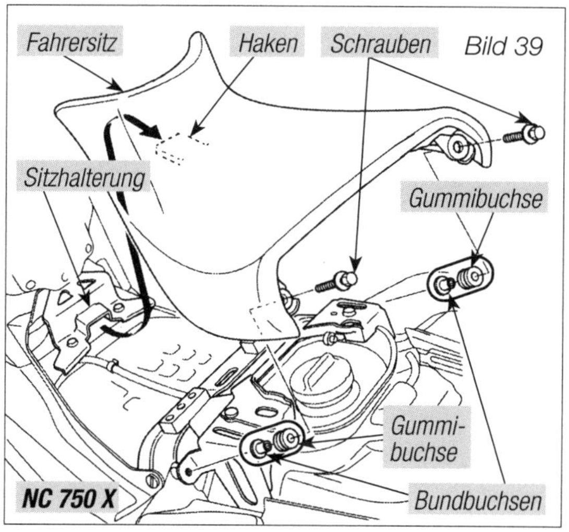

Bilder 34 bis 39: Explosionszeichnungen zur Windschutzscheibe, der Gepäckbox und dem Fahrersitz.

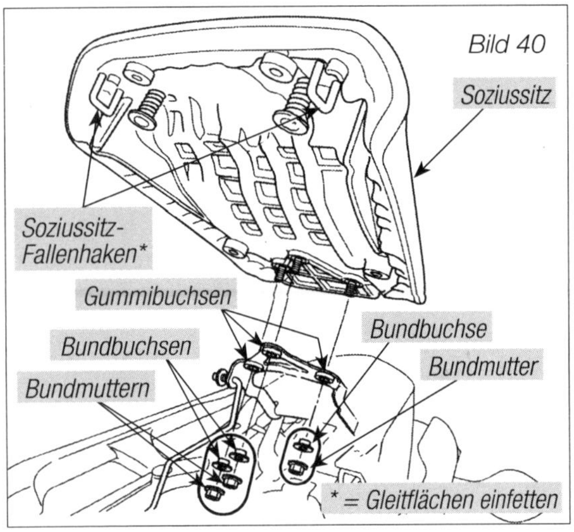

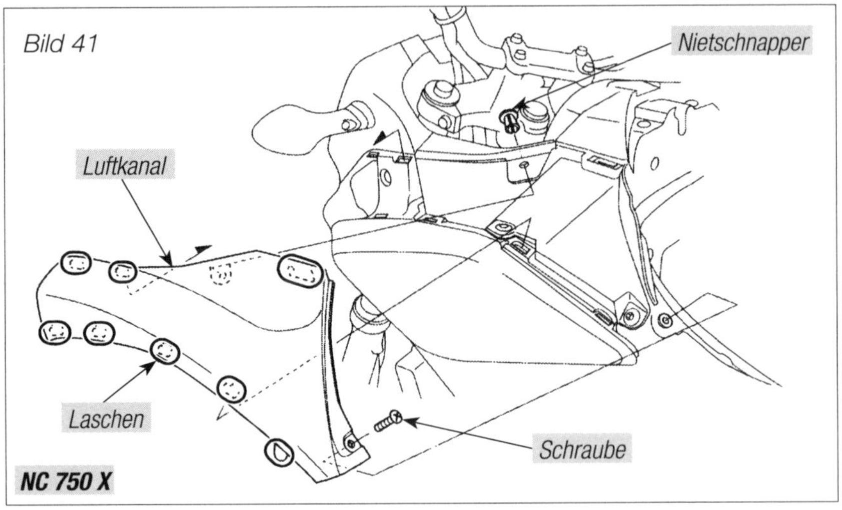

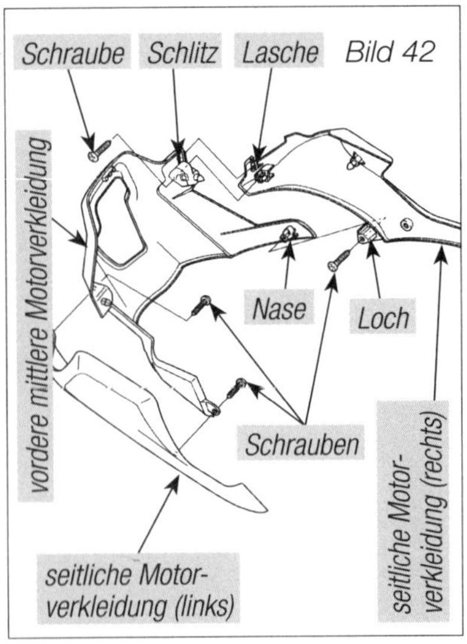

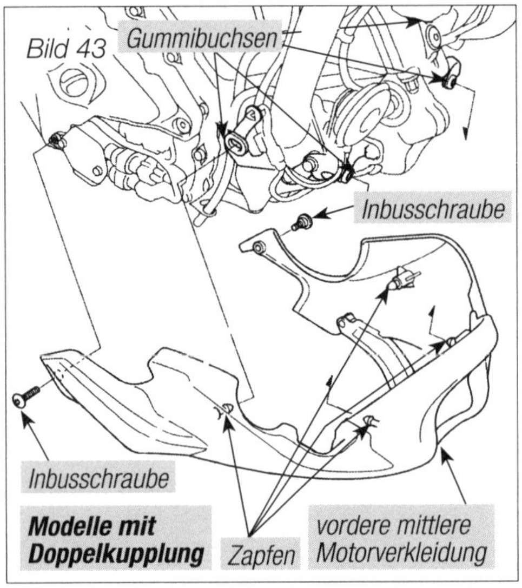

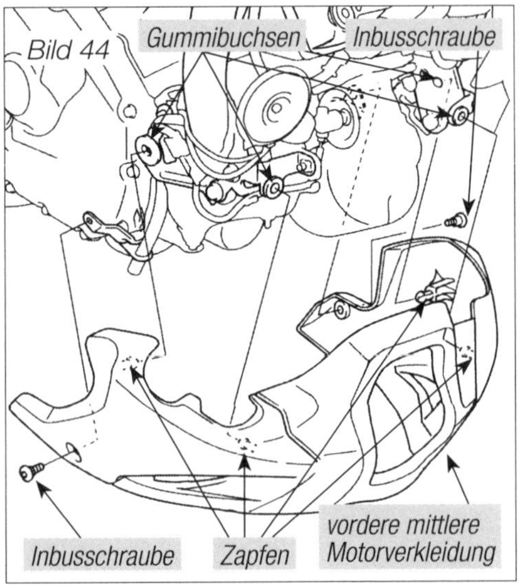

Bilder 40 bis 45 auf dieser Seite: Verschiedene Explosionszeichnungen zu Soziussitz, Luftkanal, Motorverkleidung und dem Batteriefach.

Bilder 46 bis 51 auf der nächsten Seite: Explosionszeichnungen zur Scheinwerferverkleidung, Vorderradkotflügel, Scheinwerfer und Scheinwerferträger.

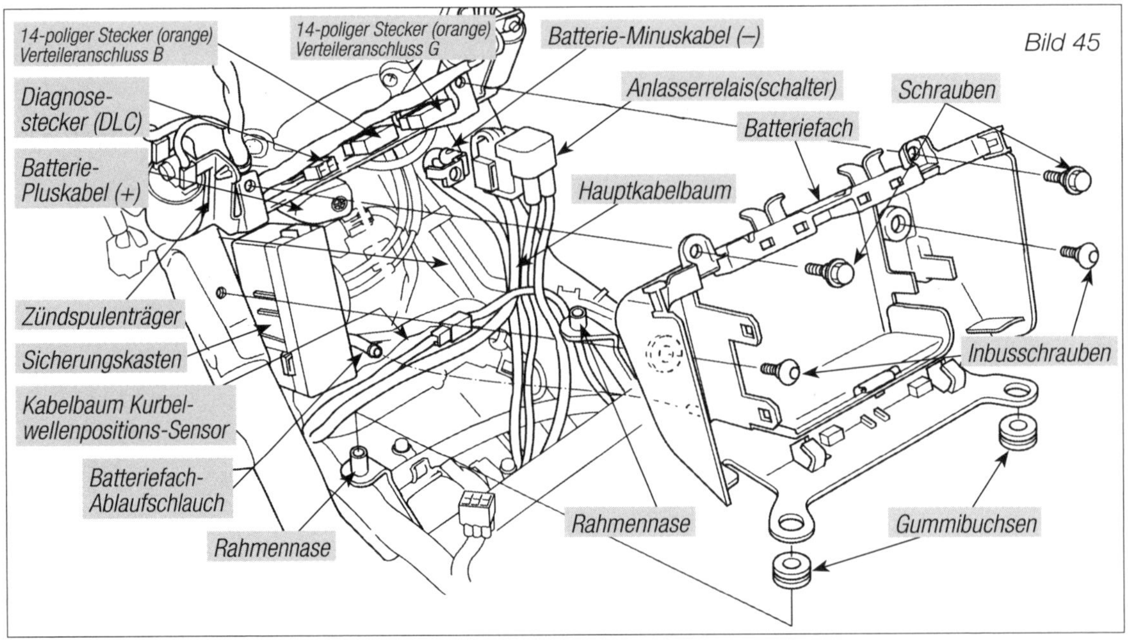

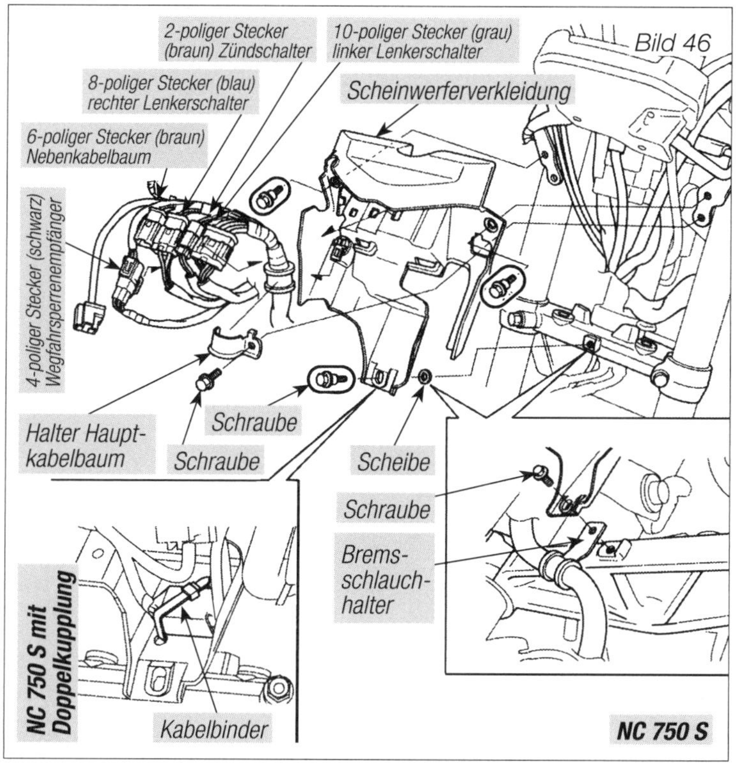
Bild 46
2-poliger Stecker (braun) Zündschalter
10-poliger Stecker (grau) linker Lenkerschalter
8-poliger Stecker (blau) rechter Lenkerschalter
Scheinwerferverkleidung
6-poliger Stecker (braun) Nebenkabelbaum
4-poliger Stecker (schwarz) Wegfahrsperrenempfänger
Halter Hauptkabelbaum
Schraube
Schraube
Scheibe
Schraube
Brems-schlauch-halter
NC 750 S mit Doppelkupplung
Kabelbinder
NC 750 S

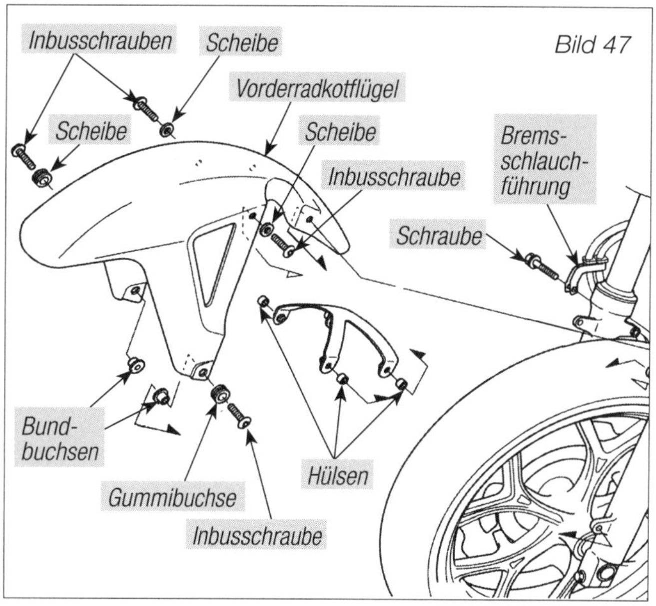
Inbusschrauben
Scheibe
Bild 47
Vorderradkotflügel
Scheibe
Scheibe
Inbusschraube
Brems-schlauch-führung
Schraube
Bund-buchsen
Hülsen
Gummibuchse
Inbusschraube

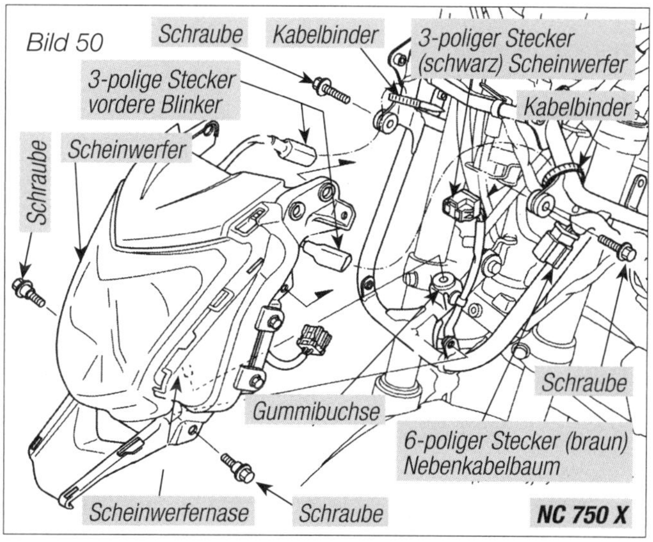
Bild 50
Schraube
Kabelbinder
3-poliger Stecker (schwarz) Scheinwerfer
3-polige Stecker vordere Blinker
Kabelbinder
Schraube
Scheinwerfer
Schraube
Gummibuchse
6-poliger Stecker (braun) Nebenkabelbaum
Scheinwerfernase
Schraube
NC 750 X

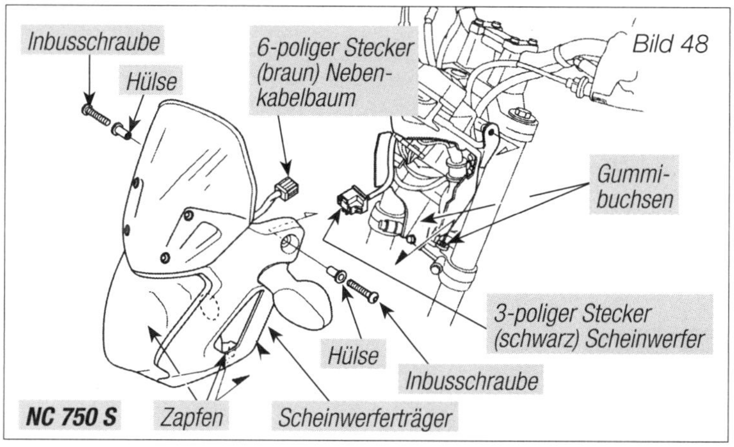
Inbusschraube
Hülse
6-poliger Stecker (braun) Neben-kabelbaum
Bild 48
Gummi-buchsen
3-poliger Stecker (schwarz) Scheinwerfer
Hülse
Inbusschraube
NC 750 S
Zapfen
Scheinwerferträger

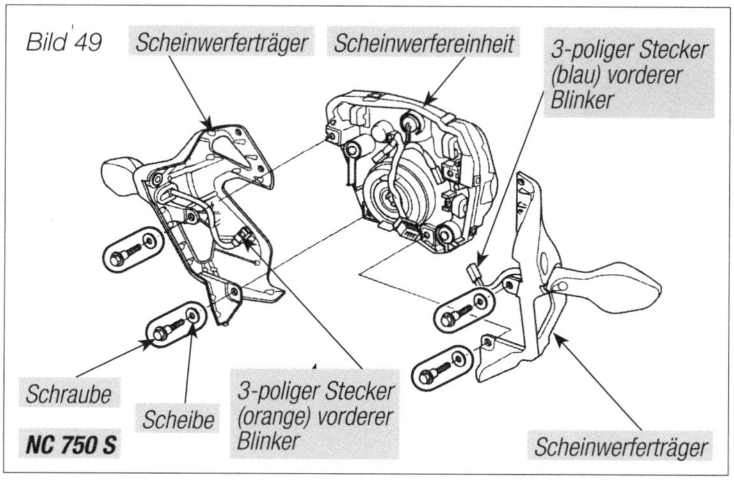
Bild 49
Scheinwerferträger
Scheinwerfereinheit
3-poliger Stecker (blau) vorderer Blinker
Schraube
Scheibe
3-poliger Stecker (orange) vorderer Blinker
NC 750 S
Scheinwerferträger

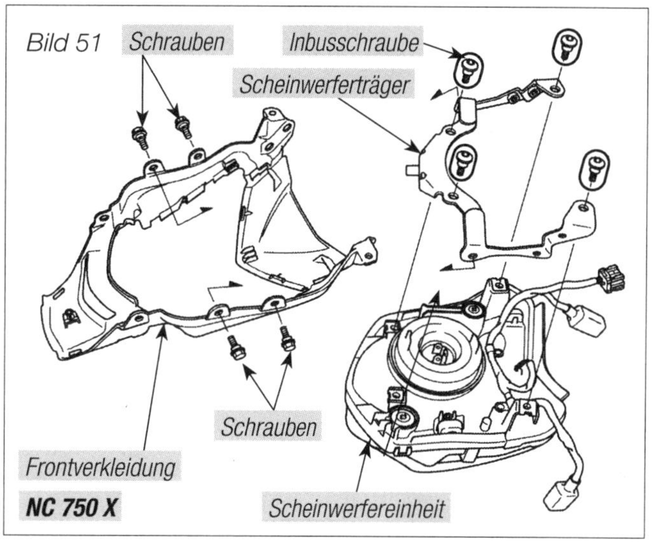
Bild 51
Schrauben
Inbusschraube
Scheinwerferträger
Schrauben
Frontverkleidung
NC 750 X
Scheinwerfereinheit

Sichtprüfung

Messen

Bilder 53 bis 59: Im Lauftext sind die zu den Bildern gehörenden Arbeitsschritte nummeriert beschrieben.

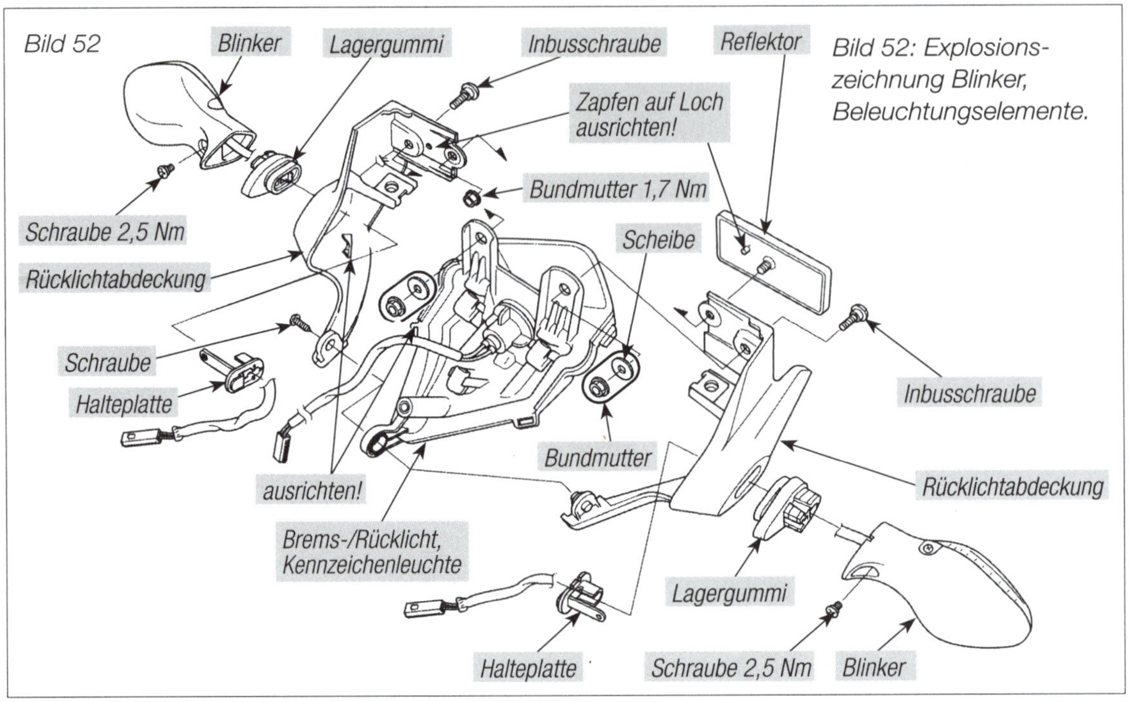

Bild 52: Explosionszeichnung Blinker, Beleuchtungselemente.

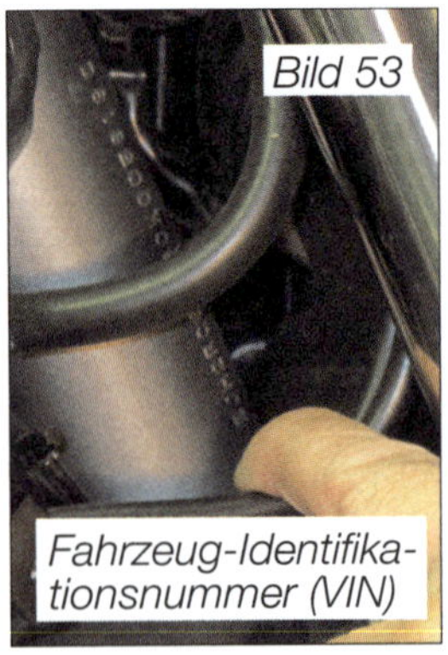
Bild 53
Fahrzeug-Identifikationsnummer (VIN)

Bild 54
Typenschild

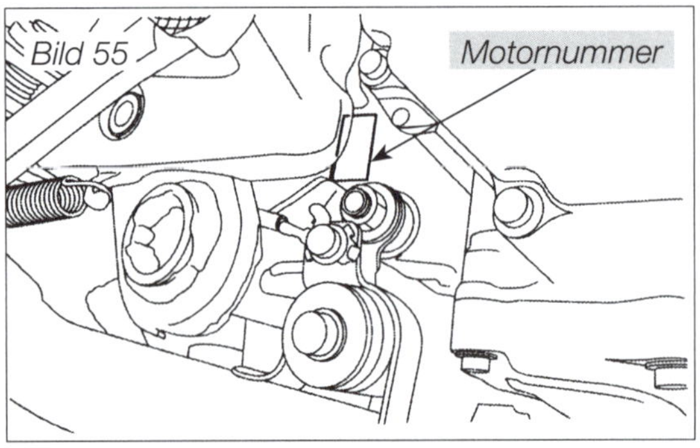
Bild 55
Motornummer

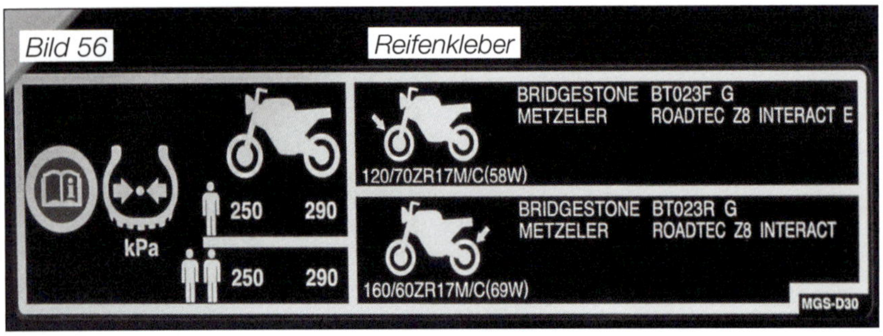

Bild 56
Reifenkleber

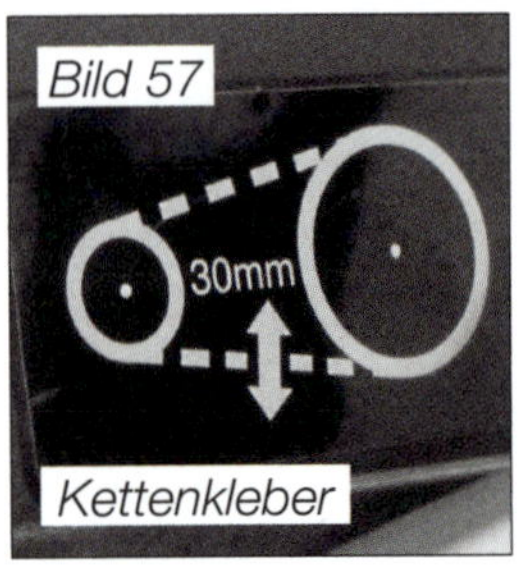

Bild 57
Kettenkleber

Bild 58
Farbaufkleber

Bild 59
Druckaufkleber

Nummern und Aufkleber

Die NC 750-Modelle sind mit verschiedenen Nummern und Aufklebern bestückt. Wir erklären hier die wichtigsten.

■ **Fahrzeug-Identifikationsnummer (VIN, Fahrgestellnummer):** Die wichtigste Nummer zur Identifikation der Maschine ist die Fahrgestellnummer. Diese ist rechts vorne am Lenkkopf eingestanzt (Bild 53). Sie ist ein zweites Mal auf dem Typenschild (Bild 54) am Rahmenrohr hinten rechts zu finden. Beide Nummern müssen gleich sein und mit der Nummer im Fahrzeugbrief und im Fahrzeugschein übereinstimmen.

■ **Motornummer:** Die Motornummer ist rechts unten am Motorgehäuse eingeschlagen (Bild 55). Sie ist nicht identisch mit der Fahrgestellnummer, hat keine zulassungsrechtliche Bedeutung und ist auch weder im Kraftfahrzeugbrief noch im Fahrzeugschein vermerkt. Dennoch ist zu empfehlen, sie für eigene Zwecke zu notieren. Ebenfalls sollte die Motornummer bei einem Verkauf des Fahrzeugs oder beim Gebrauchtkauf im Kaufvertrag festgehalten werden.

■ **Reifenkleber:** Ist auf die Kettenabdeckung aufgeklebt (Bild 56). Er informiert über die im Honda-Werk bei der Produktion montierten Reifen und den vorgeschriebenen Luftdruck bei Beladung von einer und zwei Personen.

■ **Kettenkleber:** Er befindet sich am linken Schwingenholm (Bild 57) und weist auf den vorgeschriebenen Kettendurchhang (»Kettenspannung«) hin (siehe dazu Kapitel 8 »Kette«).
■ **Farbaufkleber:** Er ist unter der Sitzbank auf einem Rahmenrohr aufgeklebt (Bild 58). Zum Kauf von farbigen Ersatzteilen wird der Farbcode zwingend benötigt.
■ **Druckaufkleber:** Er ist auf dem Kühlsystem-Verschlussdeckel aufgeklebt (Bild 59) und weist darauf hin, dass der Kühlerdeckel einen Öffnungsdruck von 108 kPa hat. Vorgeschrieben ist ein serienmäßiger Honda-Deckel mit 108 bis 137 kPa.

Rahmen

Lenkanschlag prüfen
Als Lenkeinschlag-Begrenzer sind auf der Oberseite der unteren Gabelbrücke rechts und links zwei Vorsprünge angegossen (Bild 60), die bei entsprechendem Lenkeinschlag am rahmenfesten Gegenstück anschlagen. Alle Anschlagstellen gelegentlich kontrollieren: Weist auch nur eine davon Risse auf oder ist gar abgebrochen, ist dies ein sicherer Hinweis auf einen Unfall der Maschine (wichtig beim Gebrauchtkauf).

Seitenständer

Der Seitenständer ist hohen Belastungen ausgesetzt, denn er hat viel Gewicht zu tragen, wenn das Motorrad darauf abgestellt wird. Beim Einklappen muss er sich leicht bewegen lassen und zuverlässig nach oben an den Anschlag in die Waagerechte schnappen. Deswegen muss das Gelenk regelmäßig geschmiert werden. Wenn der Gelenkbolzen (Seitenständer-Lagerbolzen) längere Zeit trocken (also ungeschmiert) betätigt wird, dann verschleißen der Lagerbolzen sowie die Lagerstelle am Rahmen. Dies ist bei einem alten, schlecht gepflegten Motorrad oft der Fall.

Die doppelte Feder (Bild 61) darf weder gerissen noch an ihren umgebogenen Enden verschlissen sein. Wenn doch, unbedingt ersetzen!

Seitenständer ab- und anbauen (Bild 61)
Abbau:
1. Motorrad auf Heckmontageständer abstellen, Seitenständer muss hochgeklappt sein.
2. Doppelfeder zuerst am Haken des Ständers aushängen, dann am Haken des Rahmens.
3. Seitenständerschalter abschrauben.
4. Selbstsichernde Mutter vom Gelenkbolzen lösen und abschrauben.
5. Gelenkbolzen ausschrauben.
Wichtig 1: Wenn das Gewinde des Gelenkbolzens nicht mehr einwandfrei ist, neuen Originalbolzen mit Mutter kaufen. Keine billige Eisenschraube aus dem Baumarkt oder unbekannter Herkunft aus einer typischen Werkstatt-Schraubenkiste verwenden!
Wichtig 2: Die Kontermutter ist eine selbstsichernde Mutter«, ihre Blech-Sicherungssegmente müssen in Ordnung sein. Im Zweifelsfall neue Mutter verwenden.

Anbau:
1. Gelenkbolzen und Lagerstelle an Seitenständer und Rahmen mit hochwertigem, druckstabilem Wälzlagerfett satt einschmieren.
2. Seitenständer am Rahmen ansetzen.
3. Gelenkbolzen einschrauben und mit 10 Nm festziehen.
3.1. Gelenkbolzen um 45 bis 90 Grad lösen.
3.2. Selbstsichernde Mutter aufdrehen und mit 39 Nm festziehen.
■ Gelenkbolzen dabei gegenhalten.
4. Seitenständerschalter anbauen, Schraube mit 10 Nm festziehen.
5. Ständerfeder einhängen:
5.1. Seitenständer muss beim Einhängen der Feder in hochgeklappter Position sein!
5.2. Enden der Feder gut mit Fett einschmieren.
5.3. Bild 61: Doppelfeder mit der langen Seite nach vorne und offenem Ende nach unten am Haken am Rahmen einhängen, dann hinten am Haken des Seitenständers.

Tank aus- und einbauen

Der Tank muss nur ausgebaut werden, wenn ein Schaden an der Benzinpumpe, am Benzinfilter, dem Benzindruckregler oder Benzinstandsgeber vorliegt

Bild 60: Lenkanschläge auf der unteren Gabelbrücke.

Bild 61: Die doppelte Seitenständerfeder ist mit dem langen Ende nach vorne eingebaut.

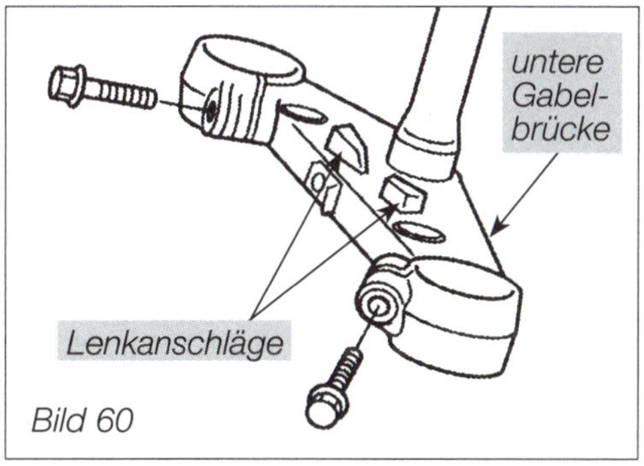

Bild 60

Bild 61

Sichtprüfung

Messen

Bilder 62 und 63: Lage der Benzinschlauch-Kupplungen und Tankbefestigung.

Bilder 64 a bis 64 i: Bedienung, Montage von Benzinschlauch-Kupplungen.

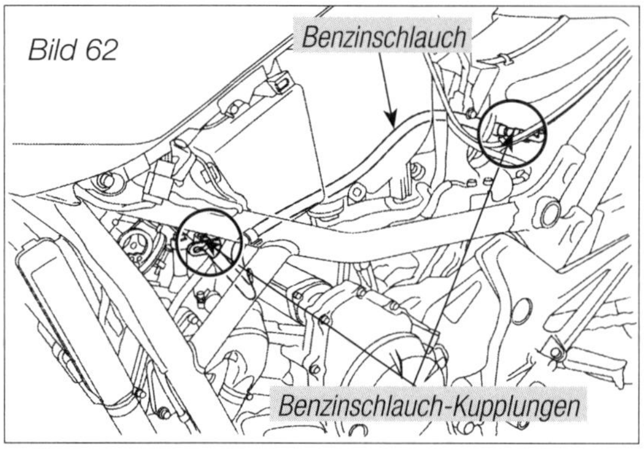

Bild 62

(siehe dazu auch Kapitel 20 »Einspritzung«). Diese Bauteile sind zu einer Baugruppe zusammengefasst und von unten in den Tank eingebaut. Wenn der Tank ausgebaut wird, soll er möglichst leer sein; er wiegt weniger und lässt sich einfacher handeln.

Achtung: Beim Aus- und Einbau des Tanks nicht rauchen, keine offenen Flammen, kein Funkenflug in weitem Umkreis der Schraubstelle! Dies gilt auch für die Montage des Benzinschlauchs (Bilder 64 a bis 64 i).

Der Aus- und Einbau des Tanks geht aus Bild 63 sehr gut hervor. Das Ab- und Ankoppeln des Benzinschlauchs über die Benzinschlauchkupplung ist in den Bildern 64 a bis 64 i erklärt. Der Benzinschlauch hat zwei solcher Kupplungen, ihre Lage ist in Bild 62 gezeigt.

Entlüftungs- und Überlaufschlauch

In den Bildern 65, 66 a und 66 b ist die Verlegung von Entlüftungs- und Überlaufschlauch genau zu sehen; sie führen vom oberen Teil des Tanks (Bild

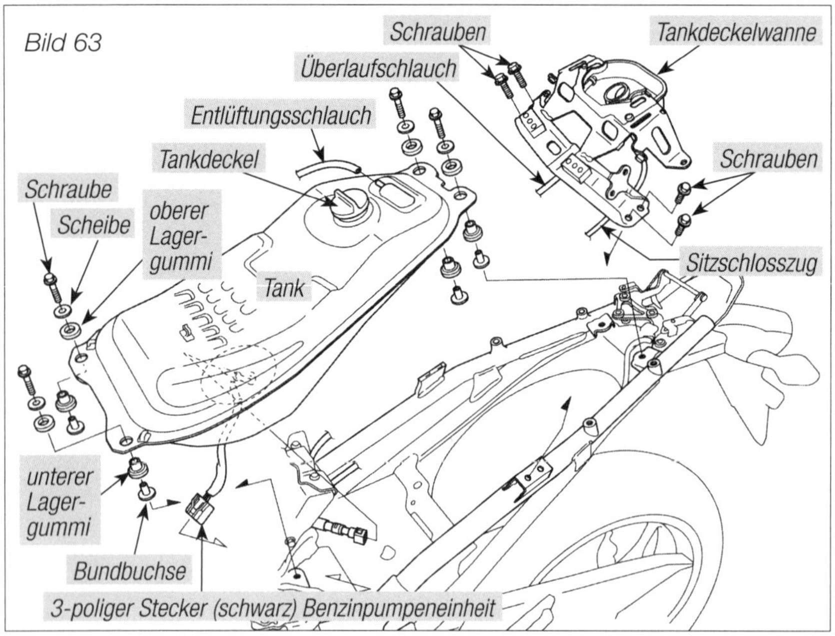

Bild 63

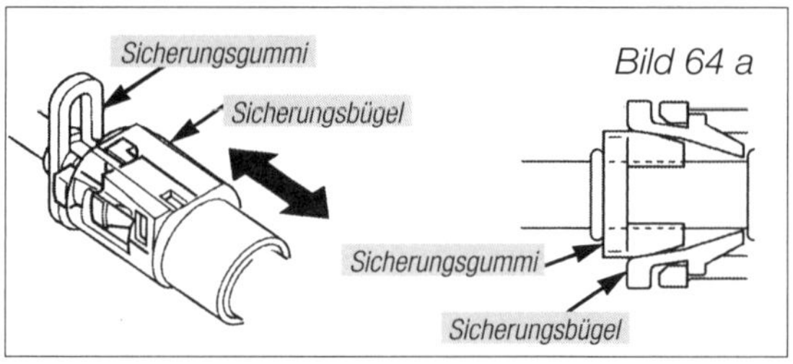

Bild 64 a

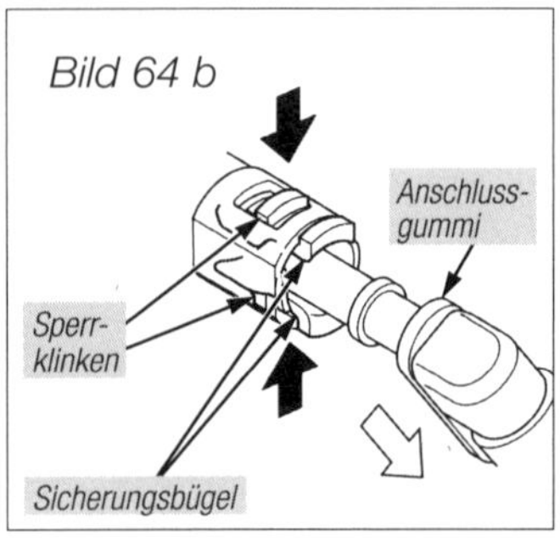

Bild 64 b

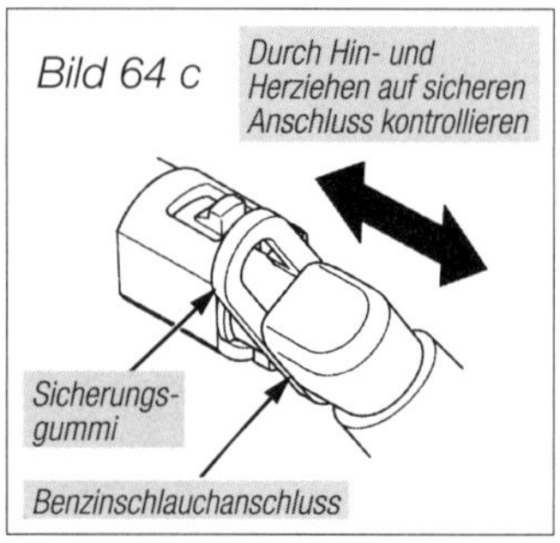

Bild 64 c

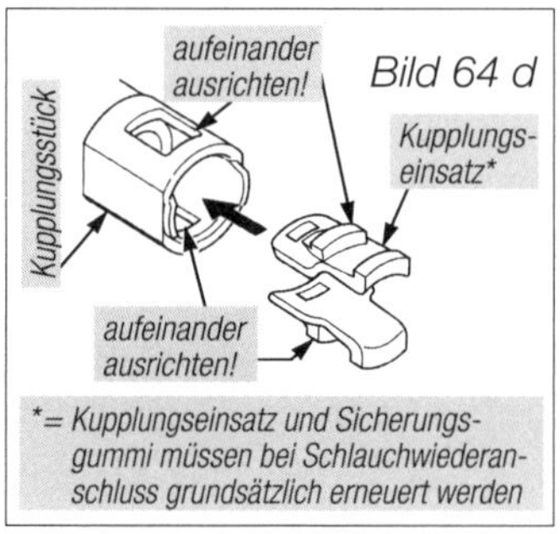

Bild 64 d

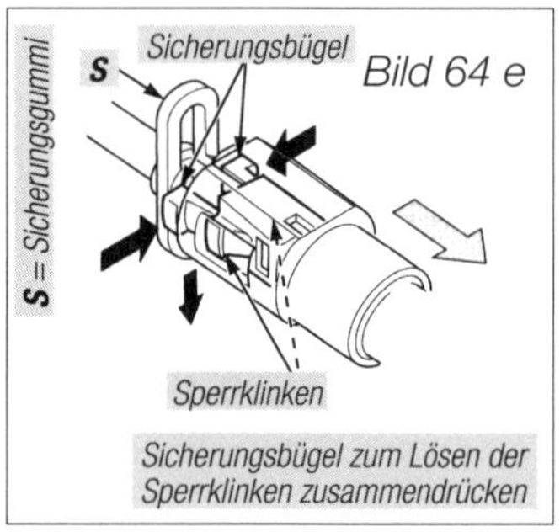

Bild 64 e

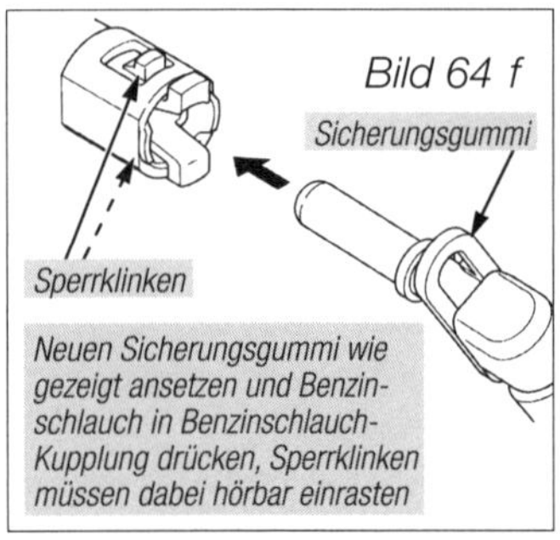

Bild 64 f

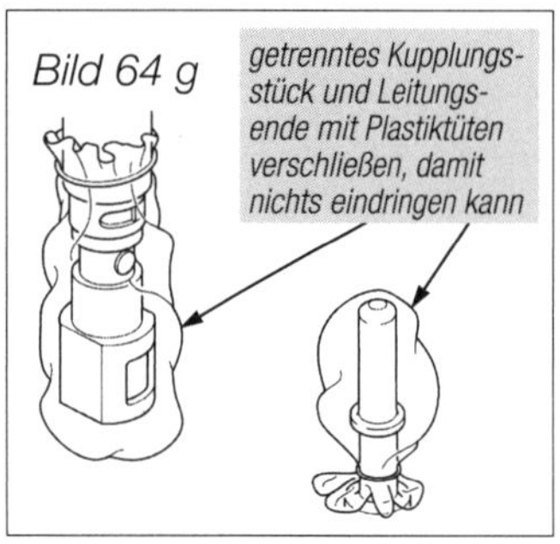

Bild 64 g

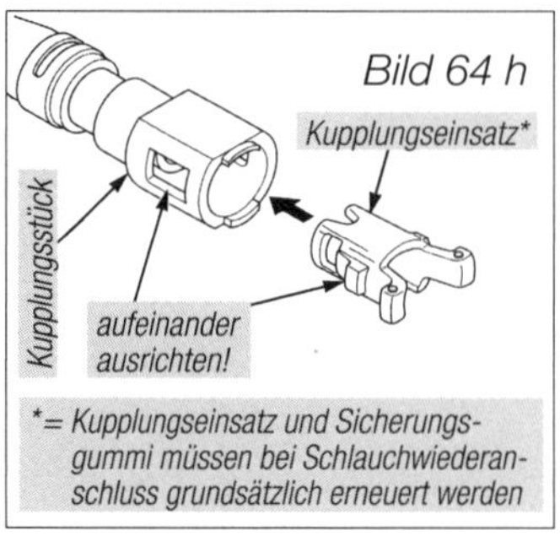

Bild 64 h

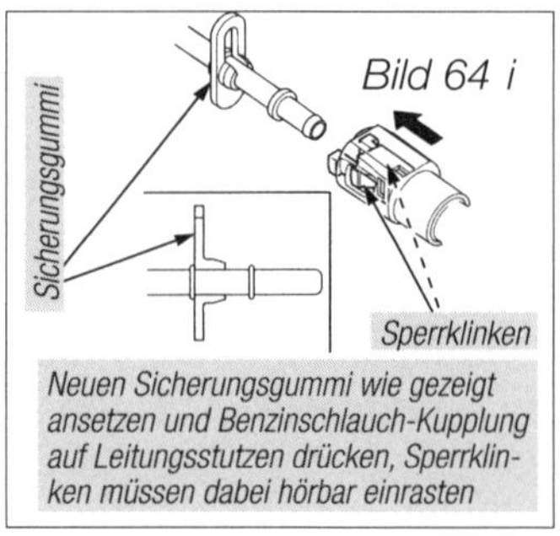

Bild 64 i

63) nach unten ins Freie. Für beide Schläuche gelten folgende Punkte:

■ Kein Schlauch darf geknickt sein.

■ Jeder Schlauch muss exakt verlegt sein und von Schellen gehalten werden.

■ In Bild 66 a ist unten ein Schlauchende zu sehen: Dieses muss offen sein und vom Auspuffrohr wegzeigen; es darf keinesfalls an diesem anliegen, sonst besteht die Gefahr, dass der Schlauch zuschmilzt oder gar anfängt zu brennen.

Motor aus- und einbauen

Ausbau:
Wenn der Motor schon lange nicht mehr gelaufen ist, hat sich der Benzindruck abgebaut. Wenn allerdings der Motor ausgebaut werden soll kurz nachdem er gelaufen ist und abgestellt wurde, muss der Benzindruck abgebaut werden, so lange der Motor noch eingebaut ist. Dazu den schwarzen 1-poligen Stecker am Kabel, das zum Tank an den unteren Anschluss der Benzinpumpe führt (zu sehen nach Abbau der Verkleidungsteile links in der Gegend des Rahmenrohres über dem Motor), trennen und den Motor starten: Er läuft nur wenige Sekunden und geht von alleine aus. Zündung AUSschalten.

1. Kühlflüssigkeit und Motoröl ablassen. Wegen drohender Ölsauerei den Ölfilter wieder anschrauben und handfest anziehen.
2. Es genügt, die Hinterradkette zu lockern, indem die Hinterachsmutter geöffnet wird und die Kettenspannmuttern auf dem Gewinde soweit lose gedreht werden, dass das Hinterrad nach vorne geschoben werden kann. Besser ist es allerdings, das vordere Kettenritzel abzubauen, bevor die Hinterradkette gelockert wird.
3. Alle Vekleidungsteile um den Motor herum abbauen und die obere Gepäckbox ausbauen. Rechte und linke Fußrastenplatte vom Rahmen abschrauben.
3.1. Abdeckung, Motorschutzbügel (Bild 68) und den großen Halter (Bild 29) abbauen.
4. Auspufftopf und Auspuffkrümmer abbauen.
5. Kühler, Kühlflüssigkeits-Ausgleichsbehälter und den Schlauch von der Wasserpumpe zum Kühler abbauen.
6. Luftfilterkasten (Bild 67 a) abbauen, Zündkerzenstecker abziehen.
7. Benzinschlauchkupplung am Drosselklappenkörper abziehen wie in den Bildern 62, 64 a bis 64 i beschrieben.
8. Drosselklappenkörper ausbauen.
9. Halter des hinteren Bremsflüssigkeitsbehälters mit Behälter ausbauen, zur Seite hängen.
10. Bild 18: Vorderen Teil des Hinterradkotflügels ausbauen.
11. Kabelklemmen lösen. Alle Steckverbinder der Kabel zwischen Rahmen und Motor trennen.
11.1. Motormasseanschlüsse und Anlasserleitung abschrauben.
Wichtig: Kabel herausziehen bzw. so zur Seite legen, dass sie beim Motorausbau nicht hindern.
12. Motor mit einem Wagenheber unterbauen, Hölzer dazwischenlegen. Wagenheber so hochbocken, dass der Motor leicht unter Druck steht.
13. Obere Motorhalteschrauben rechts und links ausschrauben, Distanzbuchse rechts herausnehmen.
13.1. Motorhalteschrauben unten vorne rechts und links ausschrauben, Distanzbuchsen rechts und links herausnehmen.
13.2. Muttern der Motorhaltebolzen hinten

Korrespondenzkapitel zu diesem Kapitelabsatz »Motor aus- und einbauen«:
■ 3 »Werkstatt«
■ 8 »Kette«
■ 9 »Lenkung«
■ 11 »Federbein · Schwinge«
■ 14 »Batterie«
■ 19 »Luftfilter«
■ 20 »Einspritzung«
■ 21 »Auspuffanlage«
■ 23 »Kühlsystem«
■ 30 »Anziehdrehmomente«

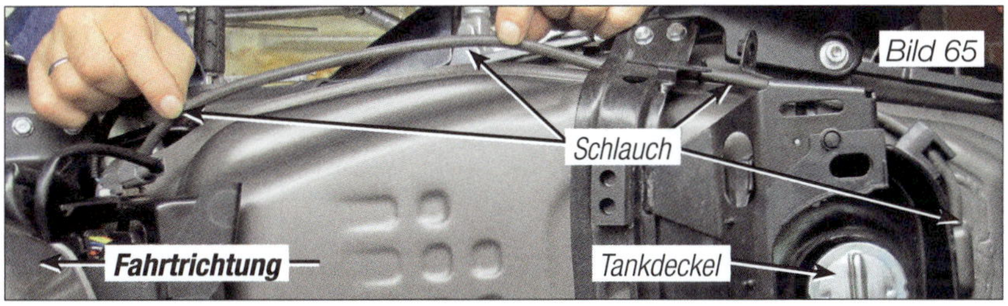

Bilder 65 bis 66 b: Tank-Entlüftungs- und Überlaufschlauch.

Bilder 67 a und 67: Explosionszeichnung Luftfiltergehäuse und Motorverschraubung.

oben und unten abschrauben. Nochmal nachsehen, ob der Wagenheber auch richtig unter dem Motor sitzt!

13.3. Motorhaltebolzen oben und unten ausziehen, Distanzbuchsen oben links und rechts und unten rechts auffangen.

14. Motor mit dem Wagenheber absenken und nach rechts aus dem Rahmen herausschieben. Kette von Getriebeabtriebswelle abnehmen.

Einbau:

1. Motor von rechts in den Rahmen einfahren. Kette über die Getriebeabtriebswelle hängen, bevor der Motor in seine endgültige Einbauposition gebracht wird.

2. Kabel und Züge vorsortieren und in ihre ungefähre Einbaulage bringen.

3. Motor mit dem Wagenheber hochheben und in seine Einbauposition bringen.

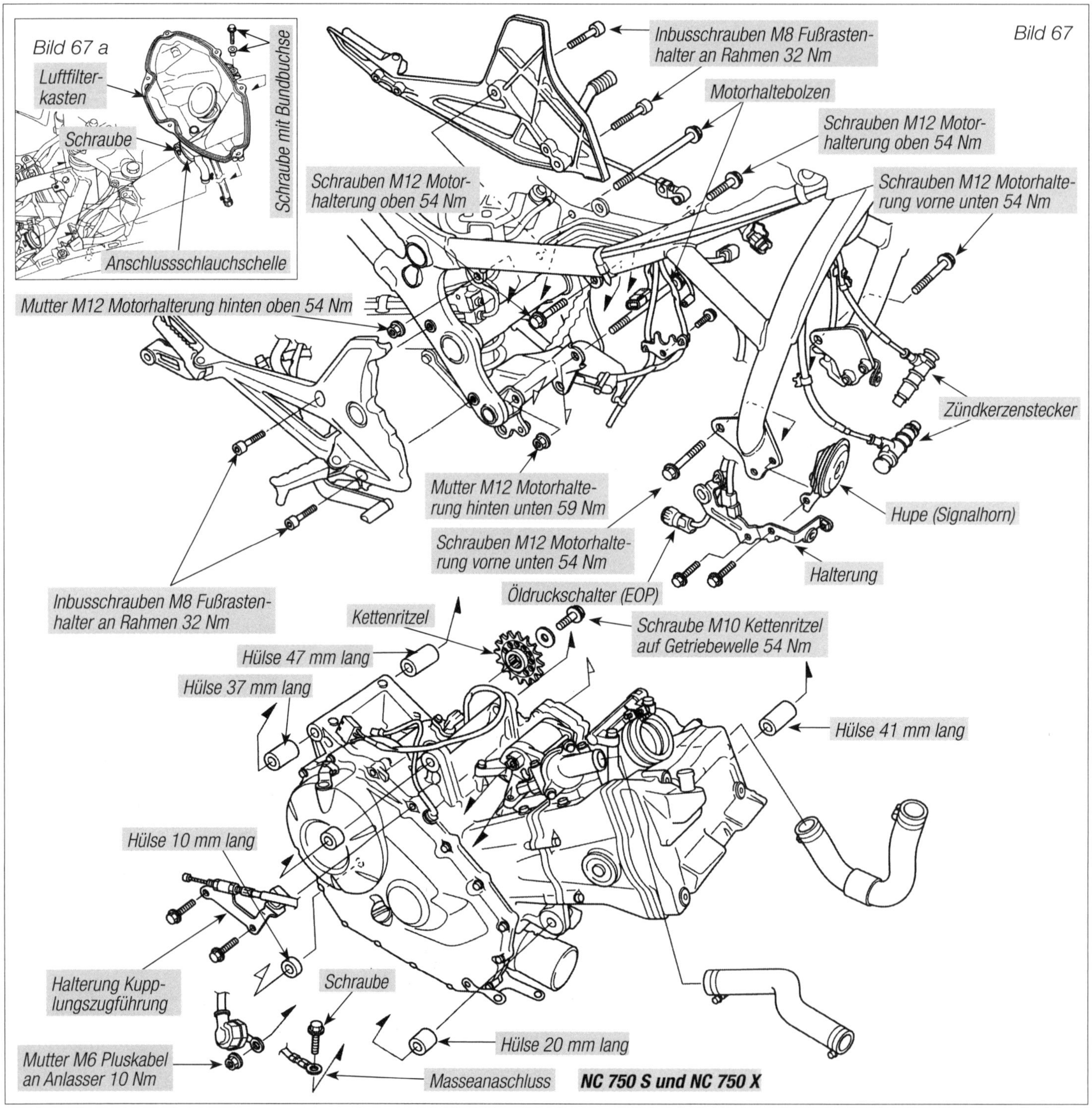

3.1. Linke Hülse des hinteren oberen Motorhaltebolzens ansetzen, Motorhaltebolzen von links einschieben, Hülse rechts einsetzen, Motorhaltebolzen durchschieben, Mutter aufdrehen.
3.2. Hinteren unteren Motorhaltebolzen von links einschieben, Hülse rechts einsetzen, Motorhaltebolzen durchschieben, Mutter aufdrehen.
3.3. Distanzhülse an linke vordere Motorhalterung ansetzen, Schraube einschrauben.
3.4. Distanzhülse an rechte vordere Motorhalterung ansetzen, Schraube einschrauben.
3.5. Schraube in obere linke Motorhalterung einschrauben.
3.6. Distanzhülse an obere rechte Motorhalterung ansetzen, Schraube einschrauben.
4. Anziehreihenfolge:
- Mutter auf hinterem unterem Motorhaltebolzen 59 Nm
- Motorhalteschraube unten vorne links 59 Nm
- Motorhalteschraube unten vorne rechts 59 Nm
- Motorhalteschraube oben links 59 Nm
- Motorhalteschraube oben rechts 59 Nm
- Mutter auf hinterem oberem Motorhaltebolzen 54 Nm

5. Abgebaute Teile in umgekehrter Aus- und Abbaureihenfolge wieder anbauen. Motoröl und Kühlflüssigkeit einfüllen. Kabelstecker sicher zusammenklicken. Arbeitsschritte und Anziehdrehmomente siehe entsprechende Kapitel.

Schrauben und Buchsen:
- Motorhalteschrauben oben rechts 12 x 45 mm und oben links 12 x 35 mm
- Distanzbuchsen rechts 10 mm
- Motorhalteschrauben unten vorne rechts 12 x 55 mm und vorne links 12 x 80 mm
- Distanzbuchsen rechts 20 mm und links 41 mm
- Motorhaltebolzen oben 12 x 276 mm und unten 12 x 168 mm
- Distanzbuchsen oben links 47 mm, oben rechts 37 mm und unten rechts 10 mm

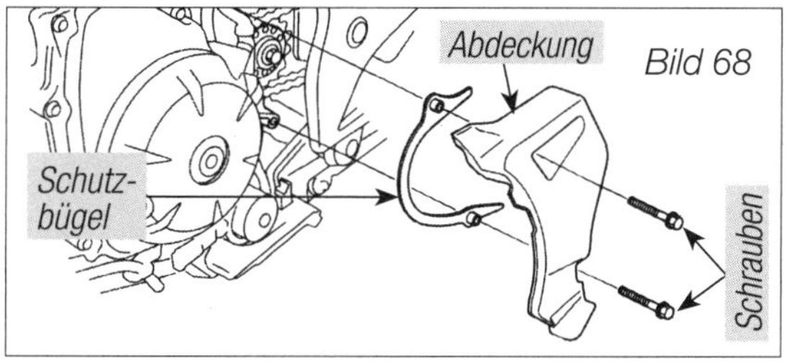

Bild 68: Abdeckung Kettenritzel.

Bild 69: Explosionszeichnung der Motorverschraubung beim Modell mit Doppelkupplung.

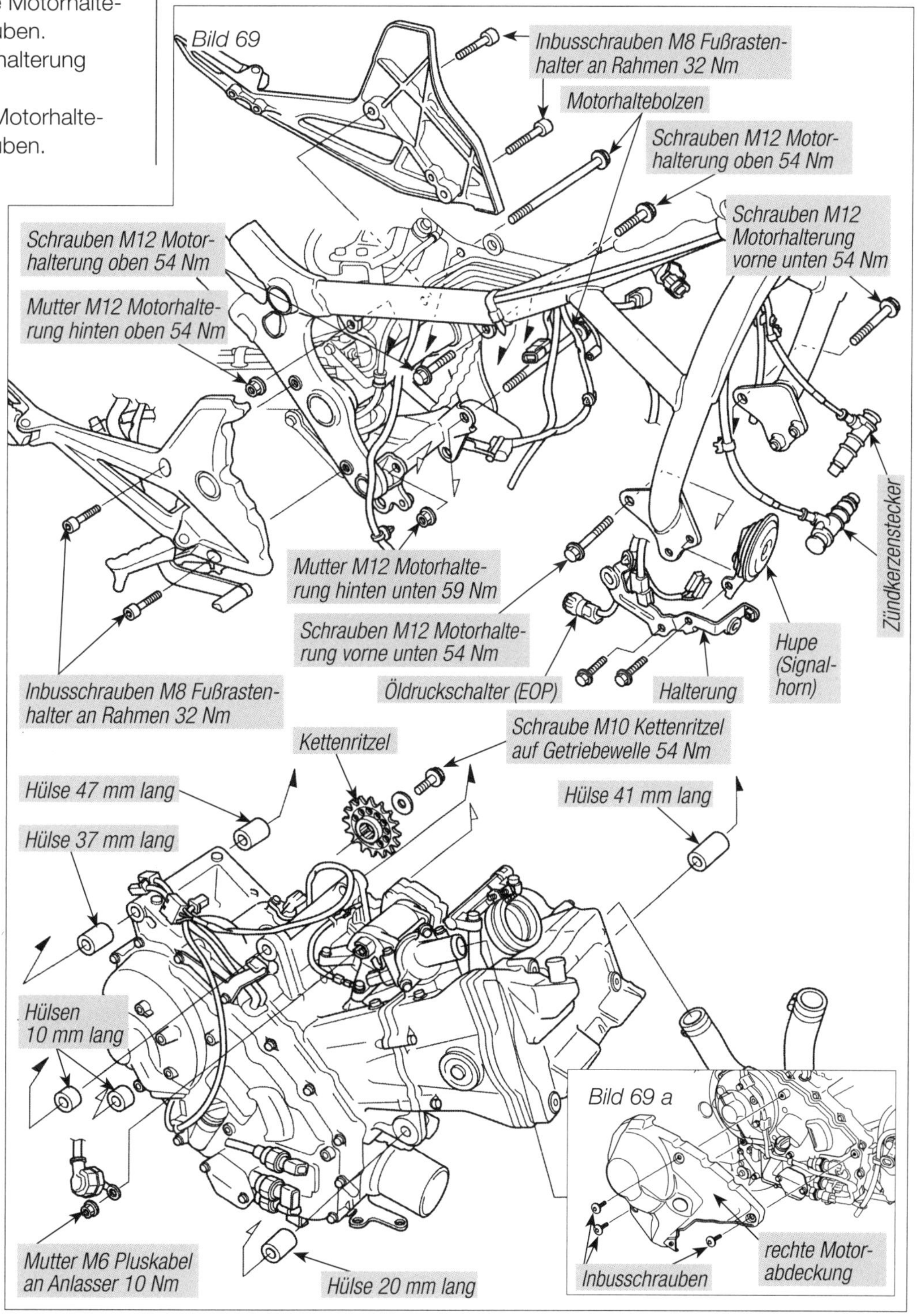

Reifen

In diesem Kapitel: Räder und Reifen · Reifenluftdruck · Reifendruckprüfer · Reifenverschleiß · Profiltiefe · Was auf dem Reifen steht · Nachrüstreifen · Reifenalter · Gebrauchte Reifen · Reifenmontage, Auswuchtung · Neue Reifen kaufen · Dunlop-Reifen für NC 750 S und NC 750 X · Adressen der Reifenhersteller und Importeure in D, A und CH.

Räder und Reifen

Räder
Gegossene Leichtmetallräder mit fünf Speichen in Y-Form. Schlauchlose Reifen.

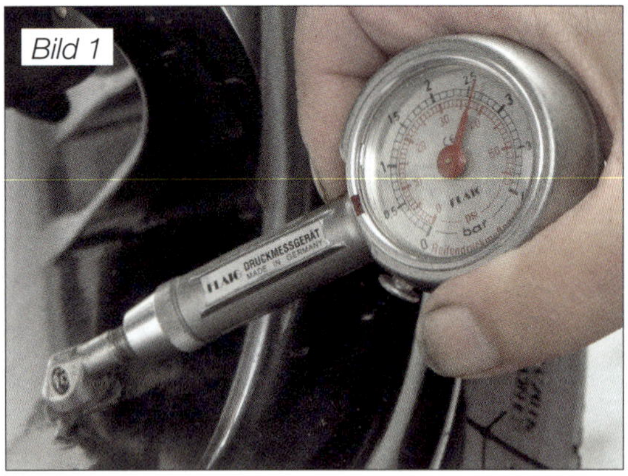
Bild 1

Bild 1: Luftdruck bei kaltem Reifen prüfen. Bite beachten Sie die vorgeschriebenen Werte beachten!

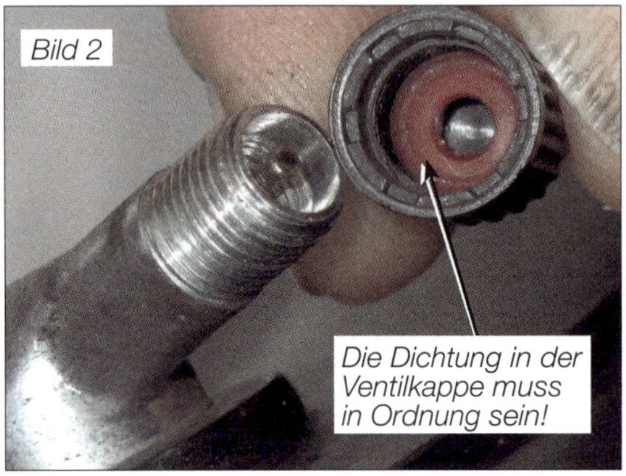

Bild 2

Bild 2: Auf das Reifenventil gehört eine Schraubkappe mit einwandfreier Dichtung.

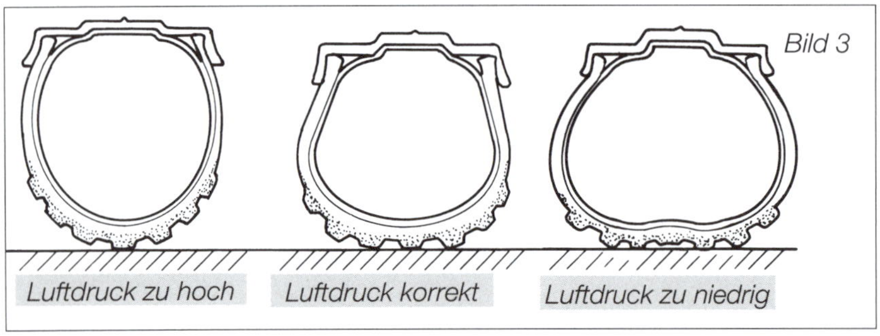

Bild 3

Bild 3: So wirken sich verschiedene Luftdrücke auf den Reifenquerschnitt aus.

Vorderrad: Felge .... 17 M/Cx MT 3.50
Reifengröße .... 120/70 ZR17 M/C (58W) TL

Hinterrad: Felge .... 17 M/C x MT 4.50
Reifengröße .... 160/60 ZR17 M/C (69W) TL

Serienmäßig montierte Reifen bei S und X in den Modelljahren 2014, 2015*
vorne .... Pirelli Scorpion Trail E
hinten .... Pirelli ScorpionTrail
oder
vorne .... Dunlop D 609 F
hinten .... Dunlop D 609

Serienmäßig montierte Reifen bei NC 750 S in den Modelljahren 2016 bis 2020*
vorne .... Bridgestone T30F E
hinten .... Bridgestone T30R E
oder
vorne .... Metzeler Roadtec Z8 Interact E
hinten .... Metzeler Roadtec Z8 Interact M

Serienmäßig montierte Reifen bei NC 750 X in den Modelljahren 2016 bis 2020*
vorne .... Bridgestone BW-501 Radial G
hinten .... Bridgestone BW-502 Radial G
oder
vorne .... Dunlop D 609 F
hinten .... Dunlop D 609

Serienmäßig montierte Reifen bei NC 750 X ab Modelljahr 2021**
vorne .... Dunlop D 609 F
hinten .... Dunlop D 609
oder
vorne .... Metzeler Tourance Next N
hinten .... Metzeler Tourance Next

Reifenluftdruck: Achten Sie immer auf korrekten Reifenluftdruck. Dieser soll bei kalten Reifen (entspricht 20 °C) gemessen werden. Die maximal zulässige Reifendruck-Messtemperatur beträgt 30 °C, was »handwarm« entspricht.

Vorgeschriebene Reifenluftdrücke
Vorderradreifen .... 2,5 bar
Hinterradreifen .... 2,9 bar

Luftdruckkontrolle: Der Reifenluftdruck soll mindestens alle zwei Wochen geprüft (Bild 1) und ggf. korrigiert werden. Immer gut schließende Ventilkappen mit einwandfreier Gummidichtung verwenden (Bild 2). Wenn keine Kappe aufgeschraubt ist, kann Schmutz in das Ventil hinein kommen. Weiterhin kann sich bei sehr

* = Stand der Recherche zum Redaktionsschluss dieses Buchs im Mai 2026 ** = nur noch NC 750 X im Verkauf

hohen Geschwindigkeiten der Ventileinsatz öffnen, dann entweicht Luft – und das ist lebensgefährlich!

Reifendruckprüfer: Verlassen Sie sich bei der Kontrolle des Reifenluftdrucks nicht auf die Angabe auf der Skala des Tankstellengeräts, sondern besorgen Sie sich einen ordentlichen Reifendruckprüfer und führen diesen im Motorrad mit.

Achtung: Kaufen Sie KEINEN billigen Plastik-Reifendruckprüfer, sondern ein Präzisions-Messgerät. Sehr gut ist das Druckmessgerät mit stabilem Alugehäuse vom Hersteller Flaig (Bild 1). Erhältlich ist es in gut sortierten Motorrad- und Zubehörläden.

Neue Radventile: Wenn der Ventileinsatz defekt ist und selbst im fest eingeschraubten Zustand Luft durchlässt, was man daran merkt, dass der Reifenluftdruck in kürzester Zeit immer niedriger wird, dann muss ein neuer Ventileinsatz eingeschraubt werden. Achten Sie beim Kauf des neuen Ventileinsatzes darauf, dass dieser beim Hersteller mit einem Prüfdruck von mindestens 4 bar (oder mehr) geprüft wurde. Die entsprechenden Angaben finden Sie aufgedruckt auf der Verpackung des neuen Ventileinsatzes.

Reifenverschleiß

Reifen sind Verschleißteile: Die Oberfläche (»Lauffläche«) des Reifens wird mit fortschreitender km-Leistung immer dünner, die Rillen (»Profilrillen«) immer niedriger.

Mindestprofiltiefe: Der Gesetzgeber schreibt vorne und hinten eine Mindestprofiltiefe von 1,6 mm vor, das ist europäischer Standard. Honda schreibt für den Vorderradreifen eine Mindestprofiltiefe von 1,5 mm vor, für den Hinterradreifen 2,0 mm. Bitte beachten Sie die Angaben des Gesetzgebers von 1,6 mm.

Profiltiefe: In die Profilrillen sind Verschleißanzeiger eingearbeitet; ihre Lage ist außen am Profilrand mit TWI bezeichnet (Bild 4). »TWI« ist die Abkürzung von »Tread Wear Indicator«. Einige Hersteller haben auch nur ein kleines Dreieck angebracht; bei Metzeler ist es ein Elefant (Bild 4).

Ein TWI markiert an der Seitenwand eine Hauptprofilrille, in der diese Erhebungen eingearbeitet sind.

Wichtig: Die TWI-Erhebungen sind entweder 0,8 mm oder 1,6 mm hoch:

- 0,8 mm entspricht der in Amerika vorgeschriebenen Mindestprofiltiefe.
- 1,6 mm ist die europaweit gesetzlich vorgeschriebene Mindestprofiltiefe.

Gemessen wird die tatsächliche Profiltiefe <u>neben</u> einer TWI-Erhebung (Bilder 4 und 5).

Wichtig 1: Wenn bei einer Polizeikontrolle die Profiltiefe weniger als 1,6 mm an einer Stelle des Reifens beträgt (die anderen Messstellen können noch mehr Profiltiefe haben!), wird es ungemüt-

Bild 4: Verschleißanzeiger in der Profilrille, TWI-Kennzeichnung am Rand des Profils.

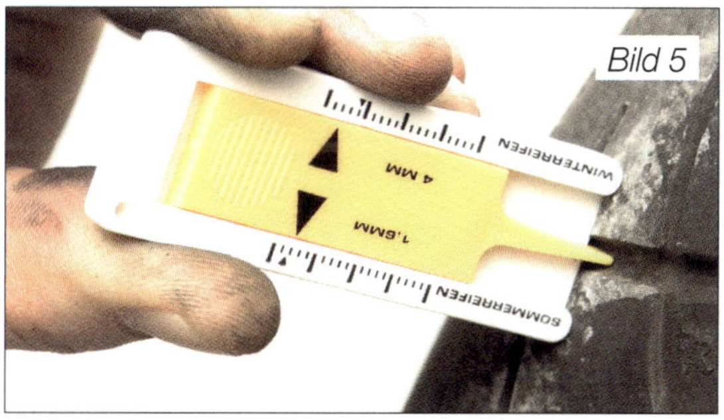

Bild 5: Dies ist zwar kein Präzisionsmessgerät, aber es ist besser als zu schätzen: Dieser Reifen hat noch 2 mm Profiltiefe und sollte bald erneuert werden.

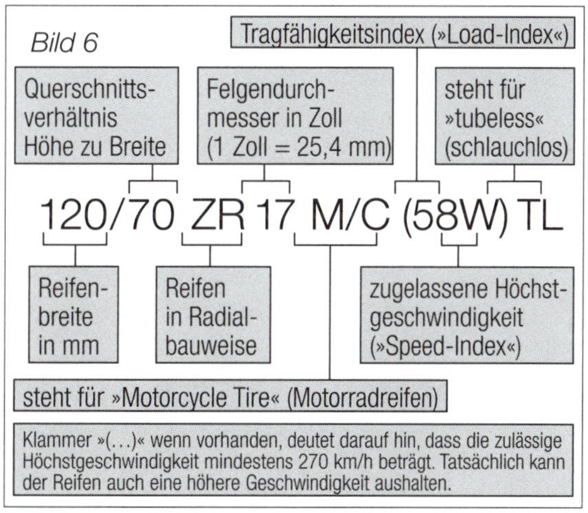

Bild 6: Entschlüsselte Reifenbezeichnung des Vorderradreifens.

Sichtprüfung Messen

lich, denn neben 50 Euro Bußgeld erhält der Fahrer noch drei Punkte in Flensburg auf sein Konto. Im Zweifelsfall kann das Motorrad sogar am Ort der Kontrolle stillgelegt werden!

Wichtig 2: Weiterhin informiert die Polizei das zuständige Landratsamt und dieses verlangt eine Beseitigung der Mängel innerhalb von zwei Wochen. Wird der Nachweis der »Mängelbeseitigung« nicht erbracht, wird das Motorrad von der Behörde zwangsweise stillgelegt.

Was auf dem Reifen steht

Beispielhafte Reifenbezeichnungen (Bild 6)
- Vorderreifen: 120/70 ZR17 M/C (58W) TL
- Hinterreifen: 160/60 ZR17 M/C (69W) TL

Zahlen und Buchstaben bedeuten:
- **120** bzw. **160** = Reifenbreite in mm
- **/70** bzw. **/60** = Querschnittsverhältnis Höhe zu Breite = 70 : 120 bzw. 60 : 160 Vorderreifen ist 84 mm hoch (= 70% von 120), Hinterreifen ist 96 mm hoch (= 60% von 160)
- **ZR** bzw. **R** = Reifen in Radialbauweise (**ZR** ist die alte Reifenbezeichnung, **R** die neuere), Bezeichnung **B** = bias belted = Gürtelreifen oder Kennzeichnung durch Strich »**–**« Diagonalreifen
- **17** = Felgendurchmesser in Zoll: 1 Zoll = 25,4 mm; 17 Zoll = 431,8 mm
- **M/C** = steht für »Motorcycle Tire« (Motorradreifen)
- **58** bzw. **69** = Tragfähigkeitsindex (Load-Index): Der 58er-Vorderradreifen darf mit 236 kg belastet werden, der 69er-Hinterradreifen mit 325 kg

Bild 7: Die letzten vier Ziffern nach der DOT-Bezeichnung nennen das Produktionsdatum. Dieser Reifen wurde in der 2. Kalenderwoche 2023 gefertigt.

Kreis in Bild 8 a: Die leichteste Stelle des Reifens wurde im Werk mit einem Farbpunkt markiert.

Bild 8 b: Auswuchtgewichte auf der Mittelrippe.

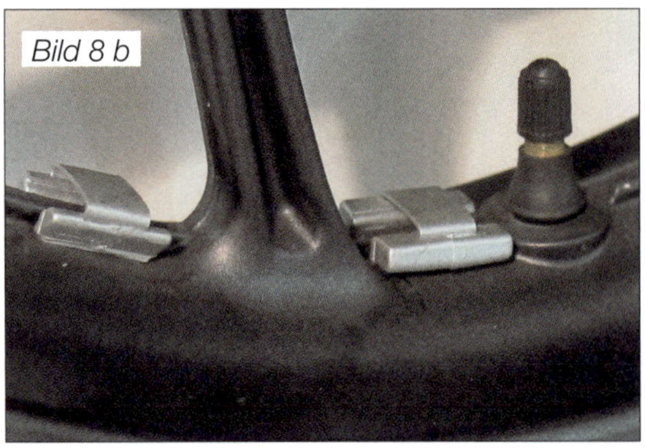

- **W** = Symbol für die zugelassene Höchstgeschwindigkeit, auch Speed-Index genannt, das »W« steht für »bis 270 km/h«. Der Speed-Index muss in jedem Fall höher sein als das Motorrad schnell ist. Damit ist gemeint: »Was an Höchstgeschwindigkeit im Kraftfahrzeugbrief eingetragen ist«.
- **TL** = tubeless = schlauchloser Reifen
- **TT** = Tube Type = Reifen mit Schlauch

Achtung: Es dürfen ausschließlich Reifen ⚠ mit der Bezeichnung »TL« (tubeless) bei den NC 750-Modellen verwendet werden. Im Umkehrschluss bedeutet dies, dass ein Reifen mit der Bezeichung »TT« (= Tube Type) weder mit noch ohne Schlauch montiert werden darf.

Laufrichtungspfeil
Moderne Reifen haben einen Laufrichtungspfeil. Dieser weist auf die Drehrichtung des Reifens hin. Ergo müssen diese Reifen grundsätzlich in der auf den Reifen angegebenen Drehrichtung montiert werden, weil sich sonst das Abrieb- und Fahrverhalten verschlechtert. Auch kann ein falsch montierter Reifen unter extremen Einsatzbedingungen beschädigt werden.

Produktionsdatum: An einer Stelle auf der Seitenwand ist die DOT-Buchstabenkombination einvulkanisiert, danach eine vierstellige Zahl ohne Punkt und Komma (Oval in Bild 7), diese steht für die Produktionswoche und das Produktionsjahr. »0223« bedeutet 2. Kalenderwoche 2023.

Nachrüstreifen

Zum Redaktionsschluss dieses Buchs* sind zur Nachrüstung nur Reifen in den serienmäßigen Größen und Tragfähigkeiten erlaubt:
- vorne 120/70 ZR17 M/C (58W) TL
- hinten 160/60 ZR17 M/C (69W) TL

Vorder- und Hinterradreifen müssen von einem Hersteller sein und vom Profil her zusammenpassen (siehe dazu auch übernächste Seite).

Herstellergarantie: Für neue Reifen garantiert jeder Reifenhersteller die von ihm zugesagten Qualitätseigenschaften für den Zeitraum von mindestens fünf Jahren. Ein neuer Reifen, der laut Produktionscode vor drei Jahren produziert wurde, gilt als »frisch«. Dazu gibt es folgende offizielle Erklärung aller namhaften Hersteller von Motorradreifen:

»Ein bis zu maximal 5 Jahren sachgemäß ge-

* = Stand der Recherche zum Redaktionsschluss dieses Buchs im Mai 2026

lagerter Reifen entspricht der Spezifikation eines Neureifens und ist in seiner Verwendungstauglichkeit und Qualität nicht beeinträchtigt und damit neuwertig. Daraus ergibt sich jedoch nicht zwangsläufig, dass Reifen, welche älter als 5 Jahre sind und sachgemäß gelagert wurden, nicht mehr verkehrssicher sind oder irgendwelchen qualitativen Einschränkungen unterliegen«.

Reifen länger als fünf Jahre fahren?
Wenn ein neuer Reifen montiert wird, der vor vier Jahren und elf Monaten produziert wurde, ist er in einem Monat fünf Jahre alt (logisch!). Wenn dieser Reifen regelmäßig gefahren wird, bleibt er »frisch«, denn durch die Walkarbeit des Reifens während des Fahrens laufen in seinem Inneren chemische Prozesse ab, die dem Reifen seine zugesicherten Eigenschaften erhalten. Unserer Erfahrung nach sollte jedoch ein regelmäßig gefahrener Reifen, der älter ist als fünf Jahre, spätestens nach acht Jahren erneuert werden.

Gebrauchte Reifen: Wenn ein Reifen auf einer Maschine, die regelmäßig gefahren wird, zwar noch genügend Profil hat, aber langsam »blank« wird und älter als fünf Jahre ist, sollte er baldmöglichst erneuert werden – das ist besonders wichtig beim Kauf einer gebrauchten Maschine.

Fazit: Weil Reifen so ziemlich die wichtigsten Fahrwerksbauteile sind, empfehlen wir, auf sie sehr zu achten – und im Zweifelsfall lieber neue Reifen aufzuziehen, als mit alten zu fahren!

Reifenmontage, Auswuchten

Reifenmontage: Die Montage neuer Reifen sollte beim Honda-Händler oder Reifenhändler erfolgen, denn herkömmliche Reifenmontiereisen sind für Schlauchreifen gemacht, weswegen Schlauchlosreifen mit ihnen nicht montiert werden können.

Unwucht, Auswuchtgewichte
Ein neu montierter Reifen muss ausgewuchtet werden, damit das Rad auch wirklich rund läuft. Honda- und Reifenhändler haben elektronische Auswuchtmaschinen, auf denen das Rad mit dem neu montierten Reifen exakt ausgewuchtet werden kann. Wenn ein Rad nicht (oder nicht gut) ausgewuchtet ist, beginnt es bei 60 bis 80 km/h zu »hüpfen«, das Rad verliert während der Fahrt den Bodenkontakt! Dadurch wird das Fahrverhalten erheblich gestört. Weiterhin verschleißen Telegabel und Stoßdämpfer rasch.

Die leichteste Stelle des Reifens wurde im Werk mit einem Farbpunkt markiert, dieser muss bei der Reifenmontage beim Ventil platziert werden (Bild 8 a). Danach kommt das Rad auf die Wuchtmaschine und wird laufen gelassen. Dabei wird gemessen, wie schwer die »dynamische Unwucht« ist und an welcher Stelle die Auswuchtgewichte angebracht werden müssen.

Beim Auswuchten werden gegenüber der schwersten Stelle des Reifens entsprechende Gewichte auf der Felge aufgeklebt oder aufgeklemmt. Pro Rad sind maximal 60 Gramm Wuchtgewicht zulässig. Üblich sind Klemm- oder Klebe-Auswuchtgewichte; sie sollen an der Mittelrippe der Felge angebracht werden (Bild 8 b). Wenn nur flache Klebegewichte zur Verfügung stehen, sollte man diese auf beiden Seiten der Felge gleichmäßig anbringen.

Rad selbst auswuchten?
Ein Rad kann man selbst statisch auswuchten. Dazu sollte das Rad ausgebaut sein und in einen Zentrierständer einhängt werden (Bild 9). Dann bringt man das Rad in leichte Drehung und lässt es auspendeln – das Rad bleibt mit seiner schwersten Stelle unten stehen.

Nun werden auf der gegenüberliegenden Seite der Felge entsprechende Auswuchtgewichte angebracht (Bild 8 b); man beginnt mit 5 Gramm, und erhöht das Gewicht so lange, bis das Rad in jeder beliebigen Stelle stehen bleibt. Auswuchtgewichte kann man beim Honda-, Motorrad- oder Reifenhändler kaufen. Doch wie weiter vorne schon erwähnt ist es das Beste, das Rad beim Händler auf einer Auswuchtmaschine dynamisch wuchten zu lassen.

Reifenschäden
Es kann selbst auf gut ausgebauten Straßen zu Reifenschäden (»Plattfuß«) kommen. In Kapitel

Bild 9: Rad auf einem manuellen Auswuchtbock. Auf dem linken Teil der Achse sind für das Foto eine Reihe Klebegewichte angeordnet (rote Pfeile).

Bild 10: vorne Mutant M+S
hinten Mutant M+S

Bild 11: vorne Dunlop RoadSmart 4
hinten Dunlop RoadSmart 4

3 »Werkstatt« zeigen wir das »Reifen-Reparaturset« von Tip-Top, man sollte es immer dabei haben.

⚠ **Achtung:** Bitte beachten Sie, dass ein »geflickter« Reifen immer nur ein Notbehelf sein kann und umgehend erneuert werden muss. Mit einem geflickten Reifen äußerst vorsichtig fahren, kein Vollgas und auch nicht mit maximaler Zuladung.

Neue Reifen kaufen

Vorne im Kapitel sind die serienmässig montierten Reifen aufgelistet.

Bild 12: vorne Dunlop SportSmart 4
hinten Dunlop RoadSmart 4

Wenn diese abgefahren (verschlissen) sind und neue Reifen nötig werden, kann man entweder die bisherigen Reifen neu aufziehen oder man entscheidet sich für eine andere Marke. Unten auf dieser Seite haben wir die Post- und Internetadressen der bekannten Motorrad-Reifenmarken aufgelistet. Wenn Sie neue Reifen brauchen, schauen Sie auf der Internetseite der Reifenhersteller nach, welche Reifen im aktuellen Angebot sind. Immer gut über Bereifungsmöglichkeiten informiert sind die Honda-Motorradhändler. Verfolgen Sie zum Thema »neue Reifen« auch die aktuelle Motorrad-Fachpresse.

Dunlop-Reifen

Beispielhaft für Nachrüstreifen zeigen wir drei aktuelle Dunlop-Reifenpaarungen, welche für die NC 750-Modelle geeignet sind. Zum Mutant in Bild 10: Dieser Crossover-Reifen hat eine M+S-Kennung (»Matsch + Schnee«), er darf also auch bei winterlichen Straßenverhältnissen und »Winterreifenpflicht« gefahren werden. Zum RoadSmart 4 in Bild 11: Das ist ein typischer Sport-Touring-Reifen. Dunlop verspricht »maximalen Fahrspaß auf trockenen Straßen und höchste Sicherheit bei Nässe«. Zum SportSmart 4 in Bild 12: Das ist ein echter Hypersport-Reifen für anspuchtsvollen Einsatz auf kurvigen Straßen. Kurze Aufwärmphasen, Lenkpräzision, Feedback und Trocken- sowie Nassgrip sind überragende Eigenschaften dieses Reifens.

Reifenhersteller und Reifenimporteure in D, A, CH*

Avon
- **Goodyear Germany GmbH**
  Dunlopstraße 2, D-63450 Hanau
  www.avonrtyres.com
- **Goodyear Austria GmbH**
  Wienerbergstrasse 3-, A-1100 Wien
  www.goodyear.com
- **IWAG Distribution AG**
  Trägerwilerstrasse 3,
  CH-8280 Kreuzlingen
  www.iwag.ch

Bridgestone
- **Bridgestone Europe NV/SA**
  Niederlassung Deutschland
  Franklinstraße 61-63
  D-60486 Frankfurt am Main
  www.bridgestone.de
- **Bridgestone Europe NV/SA**
  Niederlassung Österreich
  Maria-Jacobi-Gasse 1, A-1030 Wien
  www.bridgestone.at
- **Bridgestone Europe NV/SA**
  Niederlassung Spreitenbach
  Bodenäckerstrasse 1
  CH-8957 Spreitenbach
  www.bridgestone.ch

Continental
- **Continental Reifen Deutschland GmbH**
  Continental Plaza 1, D-30175 Hannover
  www.continental-reifen.de
- **Continental Reifen Austria GmbH**
  Triester Straße 14
  A-2351 WienerNeudorf
  www.continental-tires.com
- **Continental Suisse SA**
  Lerzenstrasse 19, CH-8953 Dietikon
  www.continental-tires.com

Dunlop
- **Goodyear Germany GmbH**
  Dunlopstraße 2, D-63450 Hanau
  www.dunlop-moto.com
- **Goodyear Austria GmbH**
  Lehrbachgasse 13, A-1120 Wien
  www.dunlop-moto.com
- **Goodyear Suisse S.A.**
  Industriestrasse 28, CH-8604 Volketswil
  www.dunlop-moto.com

Heidenau
- **Reifenwerk Heidenau GmbH & Co.**
  Hauptstraße 44, D-01809 Heidenau
  www.heidenau.com
- **MSA GmbH**
  Am Forst 17b, D-92637 Weiden
  www.rmsa-germany.de

Maxxis
- **D und A: Maxxis International GmbH**
  Kaddenbusch 31, D-25578 Dägeling
  www.maxxis.de
- **IWAG Distribution AG**
  Trägerwilerstrasse 3,
  CH-8280 Kreuzlingen
  www.iwag.ch

Metzeler
- **D und A: Pirelli Deutschland GmbH**
  Metzeler Motorradreifen
  Höchster Straße 48-60,
  D-64747 Breuberg
  www.metzeler.com
- **Hostettler AG Pneuservice**
  Haldenmattstrasse 3, CH-6210 Sursee
  www.hostettler.com

Michelin
- **D und A: Michelin Reifenwerke AG & Co. KGaA**
  Michelinstraße 4, D-76185 Karlsruhe
  www.michelin-motorrad.de
  www.michelin.at
- **Michelin Suisse SA**
  Route de Jo Siffert 36, CH-1762 Givisiez
  www.michelin.ch

Pirelli
- **D und A: Pirelli Deutschland AG**
  Pirelli Motorradreifen
  Höchster Straße 48-60,
  D-64747 Breuberg
  www.pirellimoto.de
- **Hostettler AG Pneuservice**
  Haldenmattstrasse 3, CH-6210 Sursee
  www.hostettler.com

* = Stand der Recherche zum Redaktionsschluss dieses Buchs im Mai 2026

Räder

In diesem Kapitel: Zum Radaus- und -einbau benötigte Werkzeuge · Anziehdrehmomente · Wird Loctite gebraucht? · Vorderrad aus- und einbauen · Bauteile reinigen, prüfen · Hinterrad aus- und einbauen · Radlager, Räder und Radachsen prüfen, vermessen · Räder auf Rundlauf prüfen · Radlager wechseln mit Bremsscheiben ab- und anschrauben.

Bilder 1 und 2: Zum Aus- und Einbau der Räder sind Front- und Heckständer nötig.

Bild 3: Wenn zum Aus- und Einbau des Vorder- und Hinterrads ein passender Holzklotz zwischen Reifen und Bodenfläche gelegt wird, erleichtert dies die Radmontage.

Ständer und Werkzeuge

Montageständer (Bilder 1 und 2): Weil die NC 750 serienmäßig keinen Mittelständer hat, braucht man zum Aus- und Einbau der Räder Front- und Heckmontageständer, damit die Maschine sicher aufgebockt ist und man gut daran schrauben kann. Wenn auf Tour unterwegs ein Reifenschaden auftritt und das Rad ausgebaut werden muss, muss man sich mit ausgeklapptem Seitenständer und Holzklötzen unter dem Motor behelfen – und einer zweiten Person, die das Motorrad gut sichert und hält, damit es nicht umfällt. Beim Holzklotzschichten beachten: Auspuff und Verkleidungsteile nicht zerdrücken!

Werkzeuge fürs Vorderrad

- Drehmomentschlüssel groß und klein
- Achskopf .... Inbusnuss SW 17
- Achsklemmschraube und Bremssattelschrauben .... Nuss SW 12
- ABS-Sensorschrauben .... Nuss SW 8

Werkzeuge fürs Hinterrad

- Drehmomentschlüssel groß
- Achsmutter rechts .... Nuss SW 27

Sicherheitshinweise ⚠ Achtung und ☞ Tipps für dieses Kapitel

⚠ Nie beide Räder gleichzeitig ausbauen, wenn das Motorrad auf Seitenständer und Holzklötzen abgestellt ist!

⚠ Hand- bzw. Fußbremshebel nicht betätigen, wenn die Bremssättel abgeschraubt sind! Sonst rutschen die Klötze in den Sattel und man kann ihn nicht mehr montieren.

☞ Lappen so dick um den Gasgriff wickeln, dass er den Handbremshebel blockiert.

⚠ Wenn die Vorder- oder Hinterradachse wegen Korrosion fest sitzen sollte, NICHT mit einem Eisenhammer oder einem Rohrstück auf das Ende der Achse bzw. auf deren Gewinde klopfen, um die Achse auszutreiben! Falls die Achse festsitzen sollte, was bei einem älteren Motorrad schon mal vorkommen kann, Kriechöl (»Rostlöser«) satt auf die Stellen sprühen, wo die Achse durch die Aufnahmen der Gabel, Schwinge und Radlager führt. Einige Minuten einwirken lassen und erneut versuchen. Gummi- oder Kunststoffhammer zu Hilfe nehmen.

⚠ Nach jeder Radmontage alle Schrauben und Muttern nochmals ganz genau auf Festsitz kontrollieren! Ganz penible Menschen machen sich Farbmarkierungen an die Schraubenköpfe und Muttern, die mit dem richtigen Drehmomentwert angezogen sind.

⚠ Beim Zusammenbau nur originale Schrauben und Muttern verwenden! Nie Schrauben/Muttern undefinierbarer Herkunft aus einer typischen Schraubenkiste verwenden!

⚠ Niemals versuchen, krumme Räder oder krumme Achsen gerade zu richten, sondern Neuteile verwenden.

⚠ Nach der Radmontage alles überschüssige Fett von den Radlager-Simmerringen sauber abwischen, damit es nicht auf die Bremsscheiben gelangt!

⚠ Vor der ersten Fahrt die Bremsklötze durch Pumpen am Bremshebel in Position bringen.

- zum Gegenhalten der Achse am Sechskant-Achskopf links .... Schlüssel SW 22
- Kettenschutzschrauben... Inbusschlüssel SW 5
- Kettenspanner-
  Einstellmutter .... Schlüssel SW 14
  Kontermutter .... Schlüssel SW 12
- Kunststoffhammer zum Austreiben der Achse

Anziehdrehmomente am Vorderrad

Vorderachse	74 Nm
Achsklemmschraube	22 Nm
Bremssattelschrauben	30 Nm

Anziehdrehmomente am Hinterrad

Hinterachsmutter	98 Nm
Kontermuttern Kettenspanner	21 Nm

Wird Loctite gebraucht?

Honda schreibt vor, beim Anbau der Bremssättel und Bremsscheiben neue Schrauben zu verwenden. Es sind so genannte ALOC-Schrauben, bei denen serienmäßig Gewindesicherungsmittel aufgebracht ist (siehe dazu Explosionszeichnungen in den Bildern 42 und 43). Man kann jedoch einmal ausgedrehte Schrauben ein zweites Mal verwenden und mit Loctite »mittelfest« einbauen, das ist technisch korrekt. Siehe dazu auch das Kapitel 7 »Bremsen« und auch das Kapitel 30 »Anziehdrehmomente«).

Wichtig ist in jedem Fall, dass die Gewinde der Bremssattel-Befestigungsschrauben und die zugehörigen Innengewinde einwandfrei in Ordnung sind, die Gewinde der Schrauben vor dem Wiedereindrehen mit einer Messingbürste gesäubert und mit dem vorgeschriebenen Drehmoment festgezogen werden.

Vorderrad aus- und einbauen

Vorderrad ausbauen

1. Bilder 4 und 5: ABS-Sensor ausbauen und mit Kabelbinder nach oben weghängen.

2. Bilder 6 und 7: Bremssattel abschrauben, von der Bremsscheibe ziehen und mit Gepäckgummi außerhalb des Rades weghängen.

- Bremsschläuche dabei nicht stark verdrehen!

3. Bild 8: Achsklemmschraube in linker Gabelfaust lösen, mindestens zwei Umdrehungen aufdrehen.

4. Bilder 9 und 10: Mit 17er-Inbusnuss im Achskopf links die Achse lösen und ausschrauben.

4.1. Bild 11: Achse unter gleichzeitigem Drehen und Ziehen ausziehen.

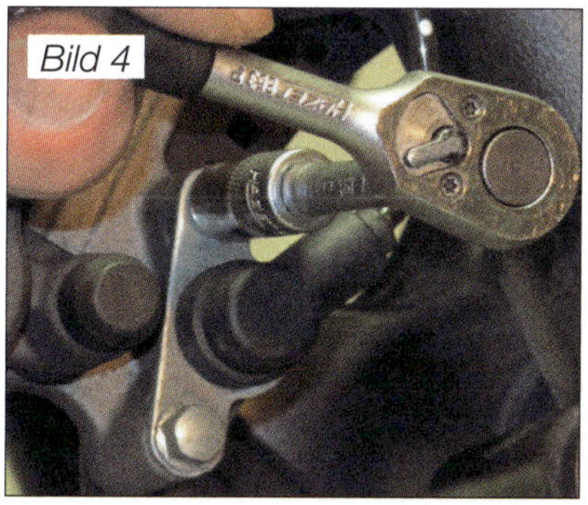

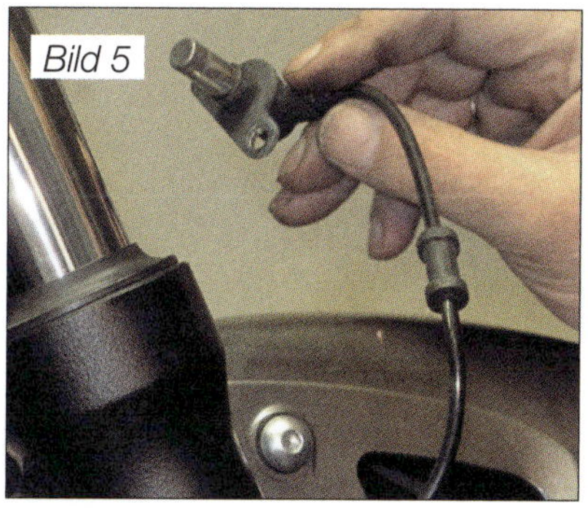

Bilder 4 bis 11: Im Lauftext sind die zu den Bildern gehörenden Arbeitsschritte nummeriert beschrieben.

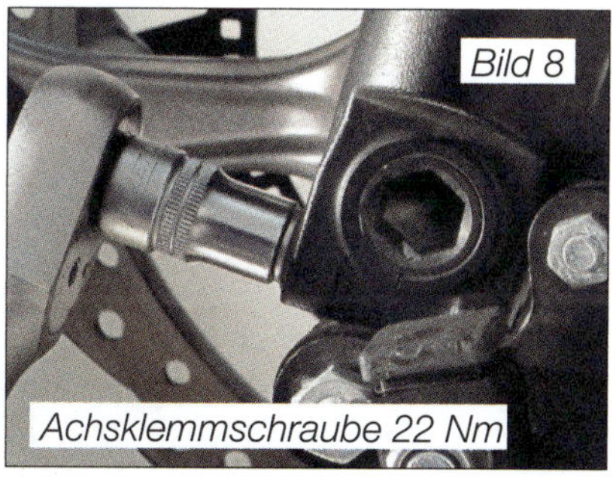

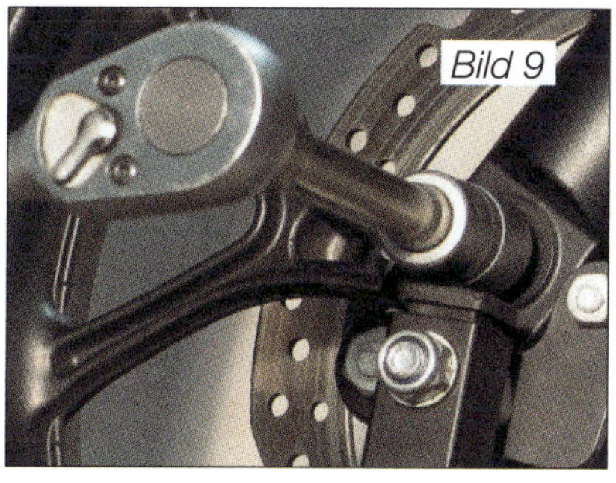

■ Rad dabei mit einer Hand etwas hochhalten und leicht daran wackeln.

4.2. Achse ganz herausziehen, Rad ablassen.

4.3. Bild 12: Distanzbuchsen links und rechts aus den Simmerringen ausziehen.

5. Rad nach vorne aus Telegabel herausnehmen.

Bauteile reinigen, prüfen

1. Mit Ölspray und Lappen säubern: Achse und Distanzbuchsen sowie an den Gabelbeinen die Achsbohrung, das Achsgewinde, den ABS-Sensorhalter und die Befestigungen der Bremssättel.

1.1. Prüfen, ob Klemmschraube und ihr Gewinde in der linken und das Achsgewinde in der rechten Gabelfaust in Ordnung sind.

■ Wenn »ja«, leicht mit Fett einfetten.

■ Wenn »nein«, die Schraube erneuern bzw. ihr Gewinde in der Achsfaust reparieren mit HeliCoil (siehe Kapitel 3 »Werkstatt«).

2. Radlager prüfen: Zeigefinger in den Innenring des Lagers stecken und drehen. Man spürt mit dieser »Fingerprobe« wie das Lager läuft.

Bilder 12 bis 14: Im Lauftext sind die zu den Bildern gehörenden Arbeitsschritte beschrieben.

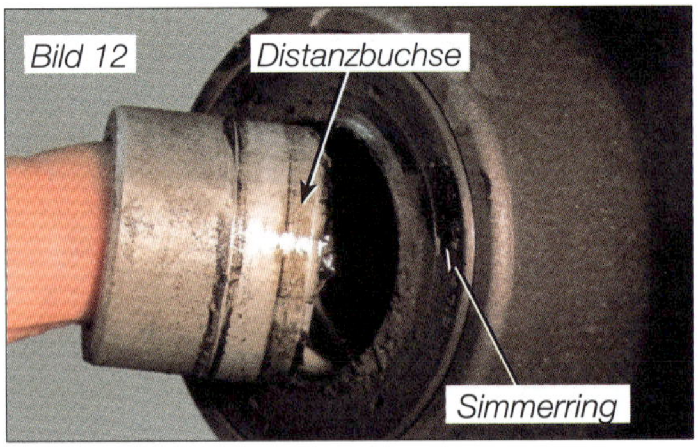

■ Wenn die Lager spielfrei sind, ohne Knacken und Rubbeln laufen, sind sie in Ordnung.

■ Wenn die Lager beschädigt sind, also Luft haben oder laut, knackend oder schwer laufen, müssen sie ersetzt werden. Wie das geht, steht weiter hinten in diesem Kapitel.

3. Radlager-Simmerringe in der Radnabe mit Ölspray und Lappen reinigen.

3.1. Bild 13: Eine kleine Menge leichtes Wälzlagerfett in die Simmerringe schmieren.

3.2. Achse ebenfalls dünn mit Fett einschmieren.

4. Bremssattel mit Bremsenreiniger säubern.

Dicke der Bremsbeläge kontrollieren (siehe dazu auch Kapitel 7 »Bremsen«).

5. Laut Honda müssen neue Befestigungsschrauben für den Bremssattel verwendet werden (siehe dazu Kapitelanfang).

5.1. Wenn man keine hat: Schrauben mit Messingbürste reinigen, einen Tropfen Loctite »mittelfest« auf ihre Gewinde geben. In Reichweite auf den Kopf stellen, sie werden gleich gebraucht!

Vorderrad einbauen

1. Rad von vorne in die Telegabel einschieben.

2. Bilder 12 und 13: Beide Distanzbuchsen in die Simmerringe rechts und links einsetzen.

2.1. Rad anheben: Lagerbohrungen im Rad mit Distanzbuchsen und Bohrungen in Gabelfäusten in Flucht bringen, Achse von links einführen, durchschieben und von Hand in das Gewinde in der rechten Gabelfaust eindrehen.

3. Bild 14: Achse mit 74 Nm festziehen.

■ Achsklemmschraube noch nicht festziehen.

4. Bremsscheibe mit Bremsenreiniger reinigen.

4.1. Bild 6: Bremssattel auf Bremsscheibe schieben, Schrauben eindrehen und mit Drehmomentschlüssel bis auf 30 Nm festziehen.

5. Motorrad von Frontmontageständer abbocken, senkrecht stellen, mit nicht betätigter Vorderradbremse einige Male ein- und ausfedern.

■ Dadurch »setzt« sich die Achse in der linken Gabelfaust, Verspannungen werden ausgeglichen bzw. vermieden.

6. Bild 8: Jetzt die Klemmschraube in der linken Gabelfaust mit 22 Nm festziehen.

7. Maschine wieder auf Frontständer aufbocken, Bremse einige Male betätigen, ganz lösen, Rad durchdrehen und prüfen, ob es leicht und frei läuft.

Wichtig: Alles überschüssige Fett von den Distanzbuchsen in den Simmerringen, der Achse und den anderen Schraubstellen gut abwischen.

8. Maschine vom Frontmontageständer abbocken.

9. ABS-Sensor einbauen, Schrauben eindrehen, mit 10 Nm festziehen.

Hinterrad aus- und einbauen

Der Trick mit dem Holzklotz
Bilder 3 und 15: Wenn man beim Aus- und Einbau des Hinterrads alleine arbeitet, kann das zu einer ziemlichen Frickelei ausarten. Organisieren Sie sich vor dem Radausbau einen Holzklotz, der knapp so dick ist, dass er (bei aufgebockter Maschine) zwischen Hinterrad und Boden passt. Dann knallt das Rad nicht plötzlich herunter, wenn die Achse ausgezogen ist, und es lässt sich auch viel einfacher wieder einbauen.

Hinterrad ausbauen
Hinweis: Bremssattel zum Ausbau des Hinterrads nicht abschrauben.
1. Bilder 16 und 17: ABS-Sensor ausbauen und nach vorne wegstecken.
2. Bild 18: Achsmutter rechts mit Sechskantnuss SW 27, Knebel und Verlängerung lösen und abschrauben.
2.1. Wenn sich die Achse mitdreht, am Achskopf links mit einem 22er-Schüssel gegenhalten.
3. Bild 19: Mutter, Scheibe, L-Scheibe abnehmen.
4. Bild 20: Achse mit einem Kunststoffhammer nach links etwas ausschlagen.
5. Bild 21: Jetzt die Achse am Sechskant-Achskopf packen und ganz ausziehen. Das Rad ablassen und nach vorne schieben.
6. Bild 22: Achsaufnahmen herausziehen.
7. Bild 23: Hintere Befestigungsschraube der Kettenabdeckung ausschrauben, die Kettenabdeckung nach oben heben und die Kette nach links außen herunternehmen. Auf der Schwinge ablegen. Einen Lappen dazwischenlegen!
8. Das Rad so weit nach hinten ziehen, bis die Bremsscheibe aus dem Bremssattel ist.
9. Bild 26 a: Rad nach hinten rollen. Beide Distanzbuchsen rechts und links aus den Simmerringen ziehen. Rad nach hinten herausnehmen.
10. Bild 24: Bremssattelhalter vom Widerlager ziehen, nach oben heben und außen auf der Schwinge ablegen. Lappen dazwischen legen!

Räder zum Reifenwechsel vorbereiten
Wenn die Räder zum Reifenwechsel gebracht werden, unbedingt Folgendes tun:
1. Rad mit der Bremsscheibenseite auf eine saubere Unterlage legen.
2. Bild 43: Kettenblattträger abziehen, Ruckdämpfergummis herausnehmen.
3. Wichtig: Auf die Distanzbuchse im Lager des Kettenblattträgers achten (Bilder 25 a, 25 b, 43). Sie sitzt normalerweise fest im Lager (das heißt aber nicht, dass es immer so sein muss!).

Bild 15

Bilder 15 bis 23: Im Lauftext sind die zu den Bildern gehörenden Arbeitsschritte nummeriert beschrieben.

Bild 16

Bild 17

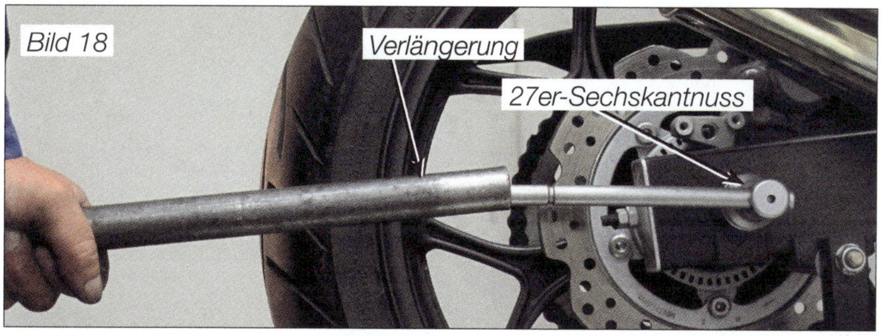

Bild 18

Bild 19

Bild 20

Bild 21

Bild 22

Bild 23

Bauteile reinigen, prüfen

Es gelten die Arbeits- und Prüfschritte wie im Text »Vorderrad ausbauen« schon beschrieben.

Zusätzlich für das Hinterrad:

1. Bilder 25 a und 43: Ruckdämpfergummis und O-Ring auf Verschleiß prüfen, reinigen und mit etwas Silikonfett einreiben, das hält sie geschmeidig.

Bilder 24 bis 26 b: Im Lauftext sind die zu den Bildern gehörenden Arbeitsschritte nummeriert beschrieben.

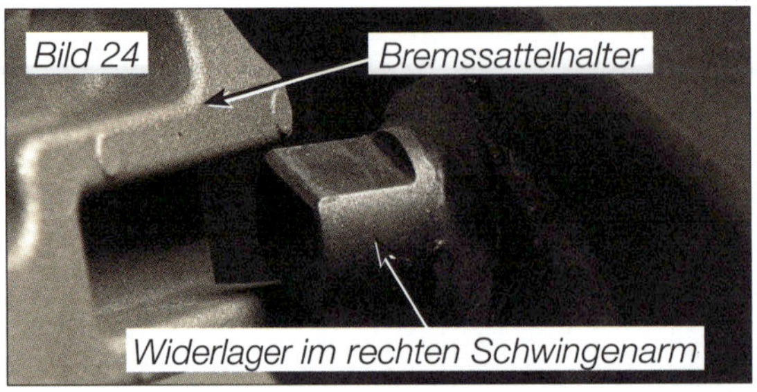

2. Kettenblattträger außen und innen sowie das Kettenrad gründlich mit Ölspray reinigen.

3. Lager im Kettenblattträger kontrollieren, ob es in Ordnung ist (»Fingerprobe« wie bei den Radlagern, siehe Text weiter vorne).

4. Achsaufnahmen reinigen, leicht einfetten.

Hinterrad einbauen

1. Ruckdämpfergummis in Hinterradnabe einsetzen. Kettenblattträger auf Nabe schieben. **Wichtig:** Distanzbuchse im Lager des Kettenblattträgers muss eingebaut sein (siehe dazu Bilder 25 a, 25 b und 43).

2. Bild 24: Bremssattelhalter auf Widerlager setzen.

3. Distanzbuchsen rechts und links einsetzen:

- Buchse ohne Bund rechts.
- Buchse mit Bund links.

4. Bild 26 a: Rad in Schwinge einfädeln und nach vorne schieben.

4.1. Bild 26 b: Gleichzeitig die Bremsscheibe in den Bremssattel zwischen die Bremsklötze einschieben.

5. Kette aufs Kettenrad legen, Rad zurückziehen.

6. Achsaufnahmen in die Enden der Schwinge einschieben. Bild 22: Die Markierungen müssen nach außen zeigen und somit in den Langlöchern der Schwingenholme sichtbar sein.

7. Rad etwas zurückziehen und hochheben. Die L-Scheibe mit der abgewinkelten Seite nach unten-innen auf Achse schieben.

7.1. Nun die Achse von links ansetzen und mindestens zwei Drittel einschieben.

8. Bohrung im Bremssattelhalter zum Radlager hin und der Bohrung in der rechter Achsaufnahme ausrichten.

8.1. Nun die Achse ganz durchschieben und das Rad dabei etwas hin und her kippeln.

9. Bild 27: Die L-Scheibe mit der abgewinkelten Seite nach unten-innen auf die Achse schieben. Scheibe aufschieben, Achsmutter aufdrehen.

10. Endplatten der Achsaufnahmen korrekt in die offenen Enden der Schwingenholme einsetzen.

10.1. Rad so weit es geht nach vorne drücken.

11. Bild 28: Einen Schraubenzieher zwischen Kette und Kettenblatt einstecken, Rad etwas rückwärts drehen: Kette spannt sich und zieht dadurch das Rad so weit es geht nach vorne.

12. Bild 29: Achsmutter mit 98 Nm festziehen.

- Dabei unbedingt darauf achten, dass die Achsaufnahmen nicht nach hinten rutschen, die Endplatten der Achsaufnahmen müssen

korrekt in Enden der Schwinge sitzen bleiben!
■ Eine kurze Verlängerung benutzen, sonst stößt der Drehmomentschlüssel am Auspuff an.
13. Bremse einige Male betätigen, damit sich die Bremsklötze an der Bremsscheibe anlegen.
13.1. Bremse lösen, Rad durchdrehen und prüfen, ob es leicht und frei läuft. Überschüssiges Fett von der Außenseite der Simmerringe und der Achse gut abwischen.
14. Kettenspannung kontrollieren, ggf. einstellen. Dabei auch gleich die Kette reinigen und schmieren (siehe dazu Kapitel 8 »Kette«).

Radlager wechseln

Anziehdrehmomente der Schrauben:
Bremsscheibe an Vorder- und Hinterrad mit dem ABS-Sensorring .... 42 Nm
■ ALOC-Schrauben, siehe Kapitelanfang, Kapitel 7 »Bremsen« und 30 »Anziehdrehmomente«.

Mit fortschreitender Laufleistung der Maschine besteht die Gefahr, dass die Radlager Spiel bekommen. Deswegen speziell bei älteren Maschinen bei jedem Radausbau die Radlager prüfen (siehe Text weiter vorne in diesem Kapitel).

Neue Radlager kaufen
■ Neue Originallager sind erste Wahl, denn diese sind beidseitig abgedeckt und brauchen deswegen vor dem Einbau nicht zusätzlich mit Fett eingeschmiert zu werden.

Bilder 27 bis 29: Siehe Lauftext.

Bild 27

Bild 28

Bild 29

Radlager, Räder und Radachsen prüfen

Radlager prüfen
Zur Prüfung der Lager steckt man den Zeigefinger in den Innenring des Lagers, dreht diesen und spürt im Finger, wie das Lager läuft.
■ Wenn die Lager spielfrei sind und ohne fühlbares Knacken und Rubbeln laufen, sind sie o.k.
■ Wenn die Lager beschädigt sind, also »Luft« haben oder laut und knackend laufen, müssen sie ausgebaut und durch Neuteile ersetzt werden.

Rad auf Rundlauf prüfen
1. Rad in Zentrierständer einhängen. Wenn keiner zur Verfügung steht:
■ Radachse in einen Schraubstock spannen und Messuhrenhalter auf der Werkbank befestigen.
Oder eingebaut prüfen:
■ Messuhr an Gabelholm (Vorderrad) oder Hinterradschwinge (Hinterrad) befestigen.
2. Felgenrand putzen, mit Allzweckspray einsprühen, Messspitze der Messuhr anführen:
■ Zum Messen des Höhenschlags innen am Felgenhorn auf der bearbeiteten Fläche (Bild 30).
■ Zum Messen des Seitenschlags außen am Felgenhorn (muss unbeschädigt sein, Bild 30).
3. Verschleißgrenze Axial- und Radialschlag 2,0 mm.

Radachse auf Schlag prüfen: Radachse in Prismenblöcke legen (Bild 31), Achsschlag mit Messuhr feststellen, Verschleißgrenze 0,2 mm.

Beachten: Der tatsächliche Schlag ist nur halb so groß wie der von Messuhr angezeigte Wert.

Bild 30: Vermessen des Rads auf Seiten- und Höhenschlag.

Bild 31: Vermessen der Radachse.

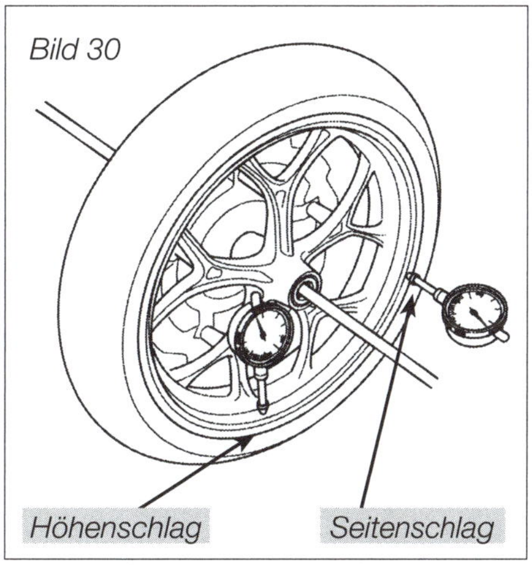

Bild 30

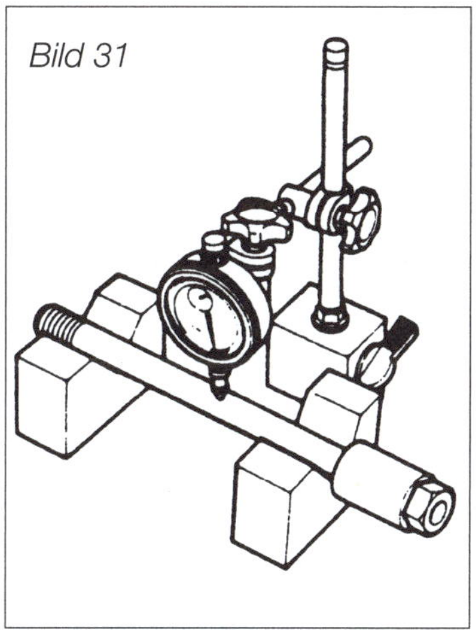
Bild 31

Bild 32: Benötigte Werkzeuge und Hilfsmittel zum Wechsel der Radlager.

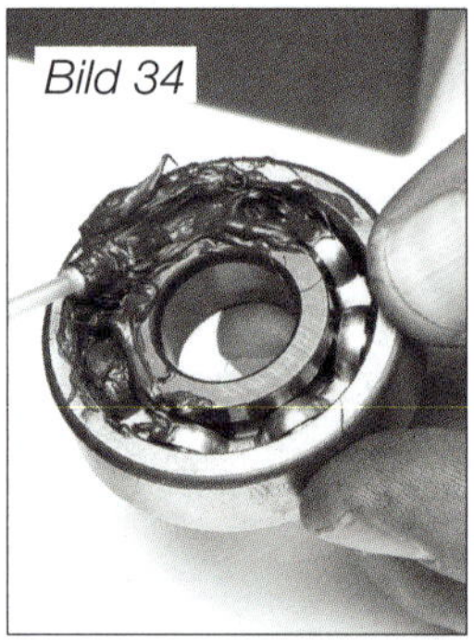

Bilder 33 und 34: Wenn einseitig geschlossene Lager verwendet werden, offene Lagerseite gut mit hochwertigem Wälzlagerfett füllen.

Bild 35: Die Bremsscheibenschrauben gehen schwer heraus, denn sie sind eingeklebt: Schraube vom Kopf her mit einem Heißluftföhn anwärmen löst die Verklebung. Exakt passenden Inbusschlüssel verwenden!

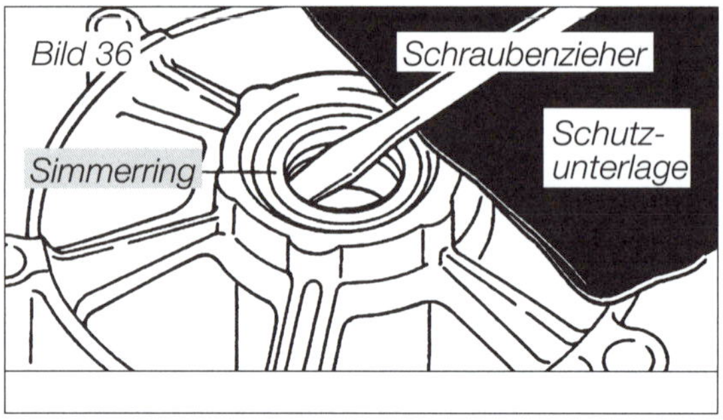

Bild 36: Aushebeln des Radlager-Simmerrings mit einem breiten Schraubenzieher.

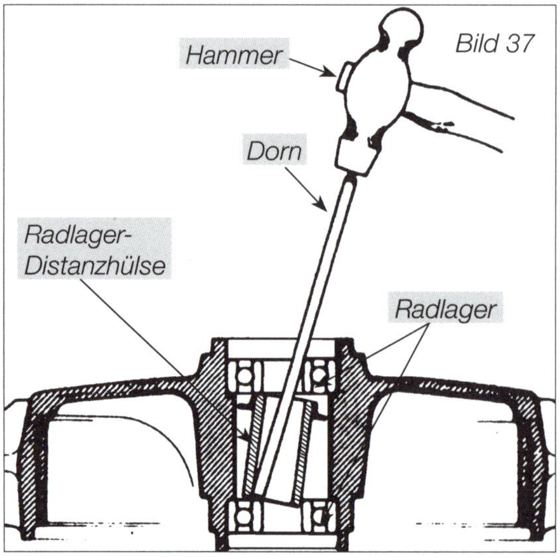

Bild 37: Austreiben der Radlager mit Hammer und einem langen Dorn.

■ Wenn es nicht möglich ist, Originallager zu kaufen, kann man auch Nachrüst-Radlager aus dem Kfz-Zubehörhandel verwenden; diese sollten ebenfalls beidseitig abgedeckt sein.

■ Gibt es auch diese nicht und Sie müssen Nachrüstlager mit nur einer Abdeckscheibe verwenden: Vor dem Einbau die offene Lagerseite gut mit Wälzlagerfett füllen (Bild 34).

Werden Honda-Spezialwerkzeuge benötigt?

Weil in der Radnabe wenig Platz ist, empfiehlt sich zum Ausbau der alten Radlager das von Honda als Spezialwerkzeug angebotene Lagerausbauwerkzeug, bestehend aus »Lagerausziehkopf, 20 mm« (Nr. 007746-0050600) und »Lagerauszieherschaft« (Nr. 07GGD-0010100). Die Anwendung ist in Bild 39 gezeigt.

Wenn man versucht, die Lager nach üblicher Methode auszuschlagen (Bild 37), ist die Gefahr groß, dass die zwischen den Radlagern eingebaute Distanzhülse an ihren Anlageflächen und Kanten beschädigt wird, weil die Buchse zum Ausschlagen der Radlager (wie in Bild 37 gezeigt) in der engen Radnabe nicht weit genug zur Seite gerückt werden kann.

Zum Einbau von neuen Lagern und Simmerringen bietet Honda weitere Spezialwerkzeuge an. Wenn die Lager »warm« gewechselt werden, wie wir nachstehend beschreiben, kann man auf Spezialwerkzeuge verzichten.

Lager warm wechseln

Wenn man keine Honda-Spezialwerkzeuge hat, kann man die Lager durch Erwärmen der Radnabe wechseln. Dazu benötigt man eine Heizplatte (Bild 32) sowie verschiedene Dorne und Nüsse (Bilder 37, 40 und 41). Wenn man auch keine Heizplatte hat, kann man die Radnabe auch mit einem Heißluftföhn erwärmen.

⚠ **Achtung: Unbedingt hitzefeste Handschuhe tragen!**

Bremsscheiben abmontieren

Vor dem Wechsel der Radlager müssen die Bremsscheiben abgebaut werden.

1. Bild 35: Die Bremsscheibenschrauben gehen schwer heraus, denn sie sind mit einem Schraubensicherungsmittel ähnlich Loctite eingeklebt: Schrauben am Kopf mit einem Heißluftföhn anwärmen, das löst die Verklebung.
2. Exakt passenden Inbusschlüssel verwenden.

Schrauben über Kreuz in mehreren Schritten lösen und ausdrehen. Bremsscheibe mit ABS-Sensorring abnehmen.

Lager warm ausbauen

1. Kettenblattträger des Hinterrads abziehen. Dämpfergummis herausnehmen.

Die weiteren Arbeitsschritte gelten für Vorder- und Hinterrad.

2. Bild 36: Simmerringe mit Reifenmontierhebel oder breitem Schraubenzieher ausheben.

3. Radnabe auf die kalte Heizplatte legen und den Schalter auf mittlere Stufe stellen (Bild 32).

4. Bild 38: Heizplatte und Radnabe zusammen langsam aufheizen auf 80 °C bis 120 °C.

5. Rad von der Heizplatte nehmen: Die Lager fallen jetzt fast von alleine heraus. Wenn sie nicht herausfallen, mit dünnem Dorn und kleinem Hammer etwas nachhelfen (Bild 37).

6. Radnabe und Lagersitze gut reinigen und auf Beschädigungen untersuchen.

Radlager einbauen

1. Bild 38: Radnabe auf Heizplatte auf 80 °C bis 120 °C anwärmen.

2. Lager mit der Aufschrift nach außen weisend einbauen: In den erwärmten Lagersitz einschieben, es fällt fast von alleine hinein.

2.1. Bild 40: Mit einer passenden Nuss, deren Außendurchmesser ca. 1 bis 2 mm geringer ist als der Durchmesser des Lagers (bzw. der Passbohrung), und einem kleinen Hammer Schritt für Schritt sanft nachklopfen, bis das Lager im Grund der Passbohrung aufsitzt.

■ Wenn keine passende Nuss vorhanden ist: Dorn nehmen, diesen jedoch unbedingt nur am Lageraußenring ansetzen – NIEMALS am Lagerinnenring!

2.2. Rad umdrehen.

3. Radlager-Distanzhülse einsetzen.

3.1. Lager der anderen Seite einschieben, mit passender Nuss (Bild 40) und Hammer oder Dorn am Lageraußenring sanft nachklopfen.

4. Jetzt mit Finger prüfen, ob die Distanzhülse zwischen den Lagerinnenringen fluchtet, nicht zu viel Spiel hat bzw. nicht zu fest sitzt. Sie muss satt zwischen den Lagerinnenringen sitzen, darf sich nur ganz leicht seitlich bewegen!

5. Neuen Simmerring sauber ansetzen und mit einer Nuss einschlagen, deren Außendurchmesser ca. 1 bis 2 mm geringer ist als der Durchmesser der Ringe (bzw. Passbohrung, Bild 41).

5.1. Simmerring so weit eintreiben, bis sich seine Oberfläche mit der Radnabe deckt.

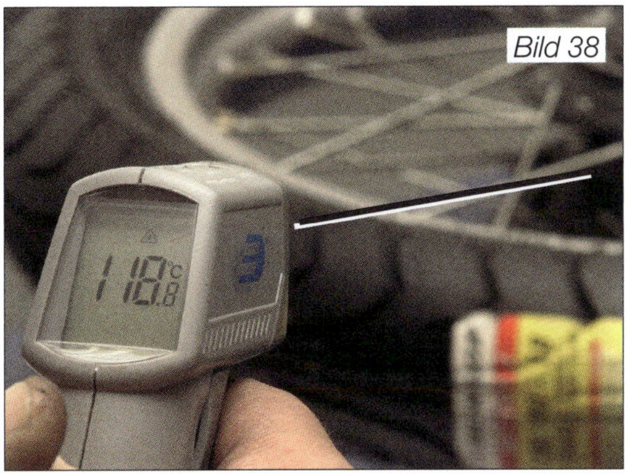

Bild 38: Beim Aufheizen der Radnabe mit einem berührungslosen Thermometer die Temperatur der Radnabe beobachten, sie darf 120 °C nicht übersteigen.

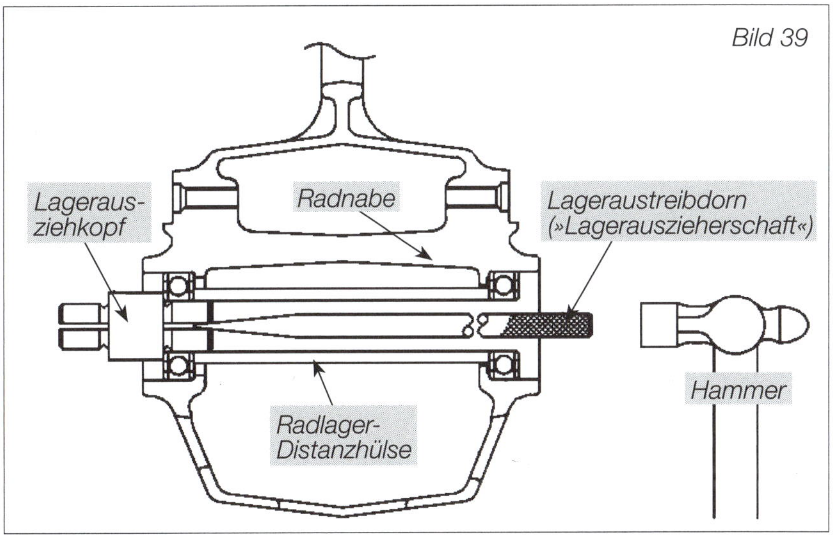

Bild 39: Austreiben der Radlager mit Honda-Spezialwerkzeug.

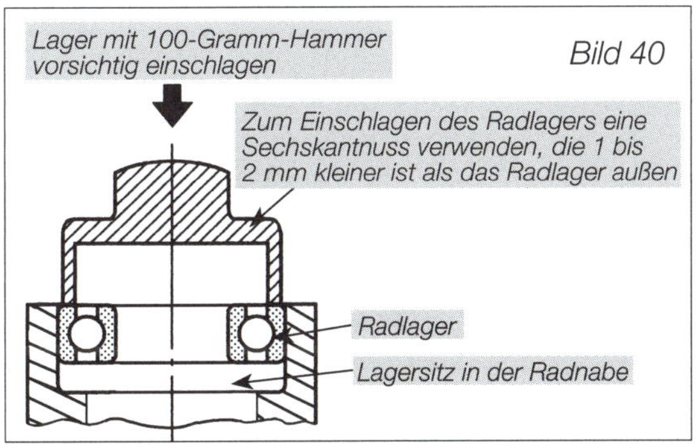

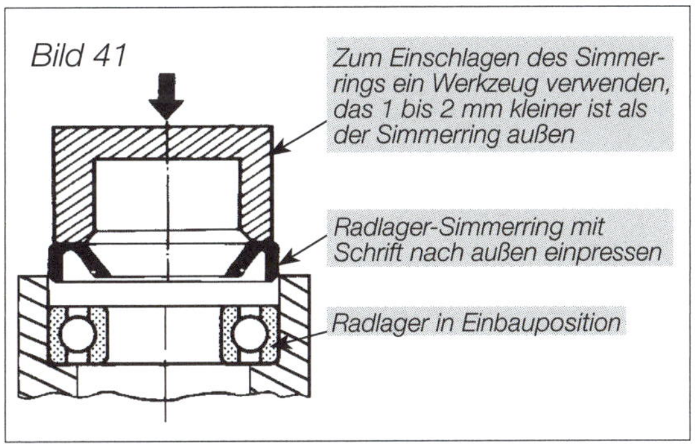

Bilder 40 und 41: Eintreiben des neuen Lagers und Simmerrings mit einer Nuss bzw. speziellen Hülse.

Sichtprüfung Messen

Bremsscheiben montieren
Zu ALOC-Schrauben siehe Anmerkungen am Kapitelanfang, sowie auch Kapitel 7 »Bremsen« und 30 »Anziehdrehmomente«; Explosionszeichnung Vorder- und Hinterrad Bilder 42 und 43.

1. Anlageflächen der Bremsscheiben und Gewinde der Befestigungsschrauben mit Messingbürste reinigen.
■ Beachten: Drehrichtung ist durch einen Pfeil auf den Bremsscheiben vorgegeben.
■ Bremsscheiben mit Pfeilmarkierung nach außen montieren.
■ ABS-Sensorring vorne auf die Bremsscheibe, hinten unter die Bremsscheibe montieren.
2. Befestigungsschrauben eindrehen und über Kreuz Schritt für Schritt bis auf das vorgeschriebene Drehmoment von 42 Nm festziehen.
Wichtig: Vor dem Radeinbau die Bremsscheiben mit Bremsenreiniger reinigen.

Bilder 42 und 43: Explosionszeichnungen von Vorderrad- und Hinterradnabe sowie Kettenblattträger und Bremsscheiben mit Teilebezeichnung und Anziehdrehmomentwerten.

Bild 42

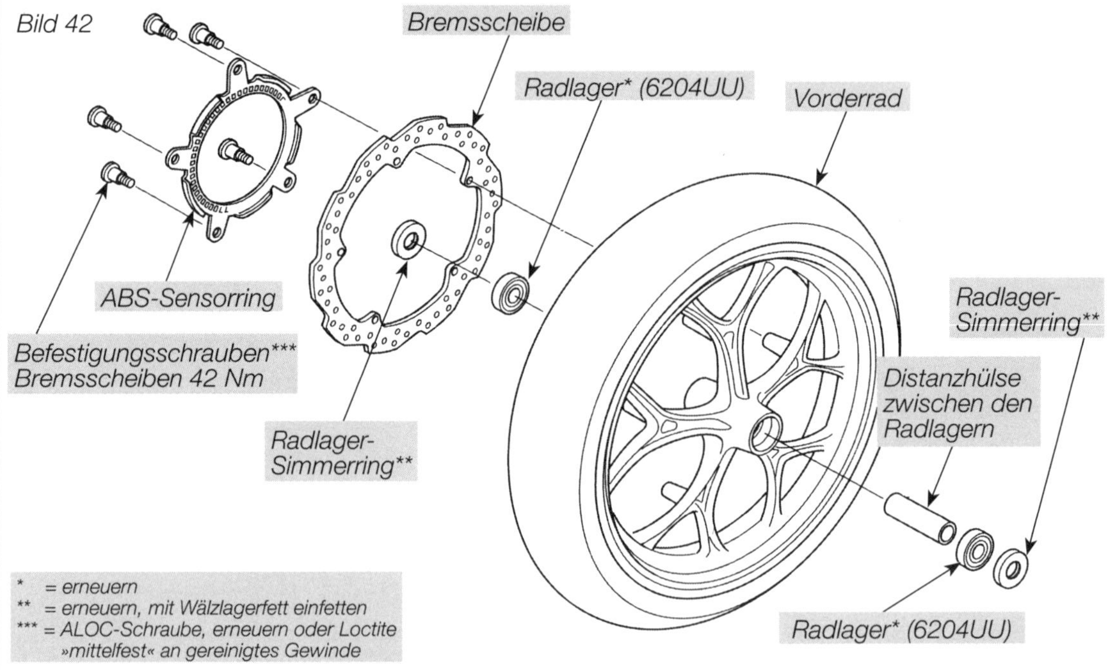

Bild 43

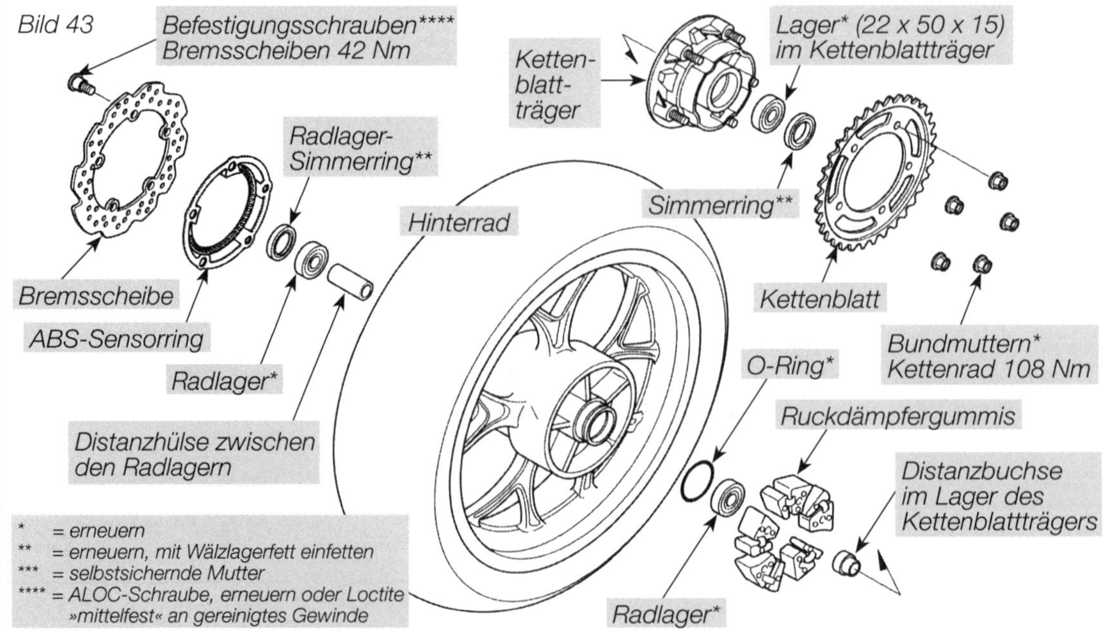

Bremsen

In diesem Kapitel: Bremsanlage · Bremsanlage prüfen · Bremsbelagverschleiß · Bremsflüssigkeit · ALOC-Schrauben, Loctite · Vordere und hintere Bremsklötze wechseln · Bremsflüssigkeit wechseln, Bremse entlüften · Bremspedal, Bremslichtschalter · Parkbremse · ABS-Probleme und Lösungen.

Bremsanlage

Man mag einem Motorrad kurzzeitig ein durchgebranntes Blinkerlämpchen zugestehen, doch bei den Bremsen gibt es keine Kompromisse: Die hundertprozentige Leistungsfähigkeit und Betriebssicherheit der Bremsanlage muss auf jedem Meter Fahrstrecke zur Verfügung stehen, denn es geht schließlich um die eigene Haut.

Besonders zu beachtende Punkte

1. Zu Anfang dieses Kapitels beschreiben wir wichtige Kontroll- und Wartungsarbeiten wie die Kontrolle der Bremsflüssigkeit und Prüfung der Bremsanlage, beides kann jeder selbst machen.

1.1. Zum Wechsel der Bremsklötze mit Ab- und Anbau der Bremssättel und ihrer Reinigung ist höhere Schrauberqualifikation nötig. Auf dieser Stufe ist auch ein Wechsel der Bremsflüssigkeit (vorgeschrieben alle 24 Monate) sowie der Bremsscheiben zu sehen, wenn ein entsprechender Verschleiß dies nötig macht.

1.2. Meisterliche Kenntnisse sind nötig bei Reparaturen von Bremssätteln und Bremspumpen; was nur gemacht werden muss, wenn eine Maschine entweder sehr alt (bzw. vergammelt) ist oder Unfallfolgen beseitigt werden müssen.

Daraus folgt: Wer seine eigenen Schrauberkenntnisse als »nicht besonders gut« einstuft,

Bild 1: Professionelles Bremsflüssigkeitswechsel- und Entlüftungsgerät (Lucas/Schüller).

Bild 2: Farbmarkierungen an Schrauben und Muttern, die mit dem richtigen Drehmomentwert angezogen sind.

Sicherheitshinweise Achtung und Tipps für dieses Kapitel

Tipp: Gebirgstouren mit Passabfahrten, Reisen in besonders staubige Gebiete oder Rennstreckenfahrten bedeuten extreme Belastungen für die Bremsen. Der Verschleiß der Bremsbeläge ist dabei sehr hoch. Bevor Sie mit der NC 750 in den Jahresurlaub oder auf Passtour fahren, machen Sie rechtzeitig vorher einen umfangreichen Check der Bremsanlage.

Achtung: Bei abgebautem Bremssattel bzw. entfernten Belägen den Bremshebel nicht betätigen! Sonst fahren die Kolben ungehindert aus und müssen mühsam wieder in den Sattel gedrückt werden. Wenn sie ganz aus ihren Bohrungen im Sattel herausrutschen, verursacht das eine üble Bremsflüssigkeitssauerei!

Achtung: Bremsenreiniger ist meist in Spraydosen erhältlich und ziemlich aggressiv. Nur im Freien oder in gut gelüfteten Werkstatträumen verwenden. Nicht rauchen! Nicht auf die Haut, in die Augen oder Atemwege sprühen! Einatmen vermeiden!

■ Bei Benutzung von Bremsenreiniger alle Teile im Umkreis des einzusprühenden Bremssattels mit Lappen großflächig abdecken.

■ Bremsenreiniger sparsam und ganz gezielt einsetzen, Sprühkopf direkt auf die zu reinigende Stelle richten und nicht länger als zwei Sekunden betätigen.

■ Teile nach Besprühen mit Bremsenreiniger sofort mit weichem, nicht fusselndem Lappen durchputzen.

■ Druckluft bei Reinigung und anderen Arbeiten am Bremssattel nur sehr sparsam und gezielt einsetzen.

Achtung: Nicht mit scharfkantigen Gegenständen wie Schraubenzieher oder Schraubenschlüssel im Bremssattel herumwerken, sonst können die Gleitflächen der Bremskolben zerkratzt werden!

Achtung: Niemals unterschiedlich dicke Bremsbeläge oder solche von verschiedenen Herstellern in einem Bremssattel verwenden! Niemals einen neuen und einen alten Belag in einen Sattel einsetzen!

Tipp: Bild 1: Im Motorrad-Zubehörhandel sowie im Kfz-Werkzeughandel gibt es Bremsentlüftungs- und Saug-Vakuumpumpen, mit denen man ohne Kontakt zur Bremsflüssigkeit und ohne Gefahr des Verschüttens die Bremsen entlüften bzw. Bremsflüssigkeit wechseln kann.

Bild 1

Achtung: Bremsflüssigkeit ist giftig. Hautkontakt vermeiden. Nicht in die Augen, nicht in die Atemwege, nicht auf die Schleimhäute kommen lassen. Nicht trinken! Immer nur geeignete Gefäße verwenden. Bremsflüssigkeit umweltgerecht beseitigen – bei einer Entsorgungsstelle abgeben.

Achtung: Wenn ein Bremsflüssigkeitsbehälter offen ist, unbedingt darauf achten, dass kein Schmutz in den Behälter und in die Bremsflüssigkeit gelangt.

Achtung: Nach einer Bremssattelmontage Schrauben und Muttern nochmals auf Festsitz kontrollieren! Ganz penible Menschen setzen Farbmarkierungen an die Schraubenköpfe und Muttern (Bild 2), die sie mit dem richtigen Drehmomentwert angezogen haben.

Bild 2

Tipp: Riefige Bremsscheiben, die noch nicht ihre Minimaldicke erreicht haben, können nachgeschliffen werden. Solche Arbeiten erledigen Spezialbetriebe zum Preis von etwa 50 bis 80 Euro pro Bremsscheibe. Neue Originalbremsscheiben vorne/hinten kosten ca. 270/240 Euro.

Achtung: Beim Zerlegen des Bremssattels bzw. Ausblasen der Bremskolben gilt: Luftdruck vorsichtig dosieren, damit die Bremskolben nicht unkontrolliert herausschießen!

Sichtprüfung
Messen

Bild 3: Benötigte Werkzeuge für Arbeiten an den Bremsen.

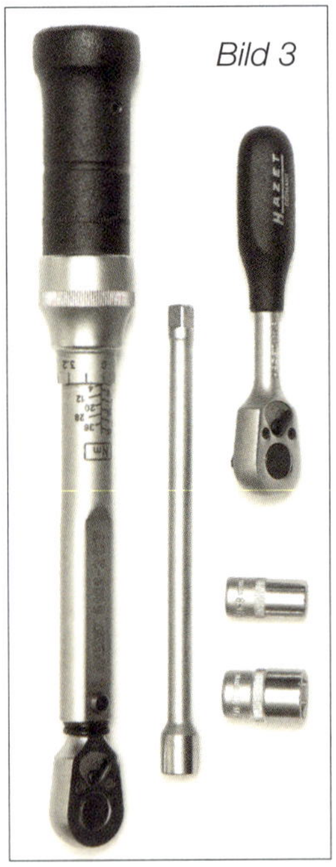

der sollte alle Wartungs- und Reparaturarbeiten an der Bremsanlage der Honda-Motorradwerkstatt überlassen. Denn jeder Honda-Vertragshändler verfügt über die notwendigen Prüf- und Einstellgeräte sowie ausgebildete Mechaniker, die beim Honda-Importeur auf die ABS-Bremsanlage geschult wurden.

2. Wenn bei einem Sturz Schmutz in die Bremssättel und Bremspumpen hineingekommen ist, muss die Bremsanlage zerlegt, gereinigt und mit neuen Dichtringen bestückt werden.

3. Diese Arbeiten sind auch dann nötig, wenn eine Maschine über eine sehr lange Zeit abgestellt war, die Bremsflüssigkeit dick geworden ist und die Bremskolben fest sitzen.

4. In die Bremssättel der NC 750-Modelle sollen nur originale Honda-Bremsklötze eingebaut werden.

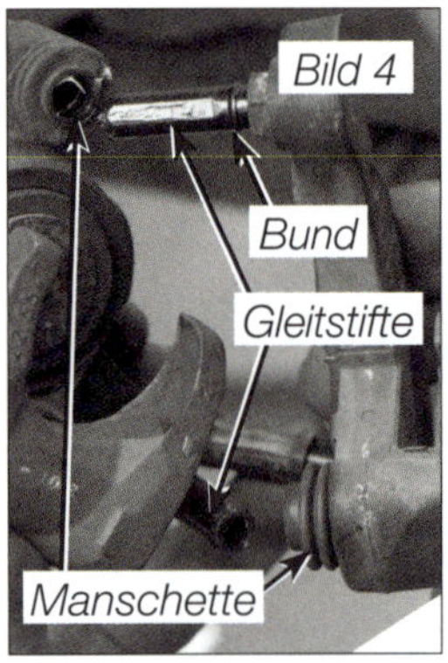

Bild 4: Die Enden der Gummimanschetten müssen sicher über den Bünden der Stifte sitzen.

■ Im Bild sind die Teile auseinandergezogen.

Bild 5: Im Bild unten eine nachgeschliffene Bremsscheibe, oben eine mit deutlichen Gebrauchsspuren.

5. Wenn Sie neue Bremsklötze kaufen, legen Sie dem Honda-Händler den Kfz-Schein vor, weil er zur Bestellung neuer Bremsklötze den Modellcode und die Fahrgestellnummer benötigt.

Bremsanlage prüfen

1. Alle Bremsschläuche und Bremsleitungen auf Risse, Knicke und Scheuerstellen überprüfen.

2. Alle Hydraulikanschlüsse der Bremsleitungen sowie die Bremspumpen und Radbremssättel müssen in einwandfreiem Zustand sein, also staubtrocken.

3. Verglaste, riefige und abgenutzte Bremsbeläge reduzieren die Bremswirkung, deshalb entsorgen und durch Neuteile ersetzen.

4. Die Manschetten auf den Stiften, auf denen die Bremssättel gleiten, müssen in korrekter Form sein. Jede Manschette muss auf einer Seite sicher über dem Bund sitzen (Bild 4).

5. Mit Schmutz verschmierte Bremsscheiben ausschließlich mit Bremsenreiniger reinigen.

6. Ältere Bremsscheiben haben Riefen (Bild 5), die man beim Drüberfahren mit dem Fingernagel spürt. Bis zu einer gewissen Tiefe ist das ganz normal. Stolpert der Nagel von Riefe zu Riefe deutlich, ist die Bremsscheibe verschlissen.

7. Weisen die Bremsscheiben im Übergang zur Fläche, die nicht vom Bremsbelag berührt wird (außen am Rand und innen zu

Bilder 6 und 7: Bremssättel vorne und hinten mit Teilebezeichnungen und Anziehdrehmomentwerten.

den Befestigungsbohrungen hin), tiefe Riefen oder Absätze auf, ist es Zeit für neue Bremsscheiben.

8. Dicke der Bremsscheiben an mehreren Punkten messen. Die zulässigen Mindestdicken (Verschleißgrenzen) sind auf den Bremsscheiben eingraviert.

8.1. Die Dicke neuer Bremsscheiben beträgt:
vorne und hinten .... 4,8 bis 5,2 mm
Verschleißgrenze ....4,0 mm

9. Verzug (Schlag) der Bremsscheiben mit einer Messuhr ermitteln. Er sollte so gering als möglich sein, darf jedoch bis zu 0,3 mm betragen.

Bremsbelagverschleiß

Zur Kontrolle der Dicke der Bremsbeläge an der Bremsscheibe entlang in den Bremssattel reinschauen, eine Taschenlampe zu Hilfe nehmen: Wenn der Bremsbelag bis auf die Aussparungen (Bild 8) oder Verschleißlinien (Bild 9) abgefahren ist, dann ist der Bremsbelag nur noch ca. 1,0 mm dick, und es wird höchste Zeit die Bremsklötze zu erneuern.

Unterschiedlicher Verschleiß?
Wenn einer der beiden Bremsbeläge in einem Bremssattel stärker verschlissen ist als der andere, müssen beide Bremsklötze erneuert werden: Niemals einen neuen und einen gebrauchten Bremsklotz einsetzen.

Wenn ein Bremsbelag pro Bremssattel weit stärker verschlissen ist als der andere (oder gar schräg), liegt wahrscheinlich ein Fehler in der Bremsanlage vor, wie z. B. nicht mehr freigängige Bremskolben durch defekte Kolbenmanschetten oder Dichtringe. Ein solcher Fehler muss sofort vom Fachmann behoben werden.

Bremsflüssigkeit

Bei Betätigung des Bremshebels wird vom Kolben im Hauptbremszylinder ein Druck auf die Bremsflüssigkeit aufgebaut, der von dieser auf die Kolben, die in den Bremssätteln am Rad eingebaut sind, weitergegeben wird. Durch den Druck fahren die Kolben aus ihren Bohrungen und pressen die Beläge gegen die sich drehende Bremsscheibe. Dadurch wird eine Reibkraft aufgebaut, das Rad bremst ab.

Um den Betrag, den die Bremsbeläge verschleißen, wandern die Kolben immer weiter aus ihren Bohrungen hinaus. Dementsprechend läuft Bremsflüssigkeit nach. Damit sinkt auch der Pegelstand im Flüssigkeitsbehälter. Deswegen muss der Bremsflüssigkeitsstand regelmäßig überprüft und ggf. ergänzt werden. Vorgeschriebene Qualität ist DOT 4 (Bild 11).

Für alle Bremsflüssigkeiten gilt: Keine Flüssigkeiten anderer Art verwenden oder dazumischen, nie ältere Bremsflüssigkeitsreste einfüllen.

- Möglichst immer neue Bremsflüssigkeit aus einer neuen, ungeöffneten Dose benutzen.
- Keinesfalls dürfen Verunreinigungen, Schmutz oder Wasser in den Behälter gelangen.
- Bremsflüssigkeit verhält sich hygroskopisch, sie zieht Wasser aus der Luft an, woduch der Siedepunkt sinkt – deswegen muss Bremsflüssigkeit spätestens alle zwei Jahre gewechselt werden.
- Bremsflüssigkeit gibt es in kleinen, preiswerten Gebinden. Wenn ein Wechsel der Bremsflüssigkeit ansteht, wird ungefähr ein halber Liter benötigt.

Bremsscheiben ab- und anschrauben: Im Kapitel 6 »Räder« ist das Ab- und Anschrauben der Bremsscheiben erklärt.

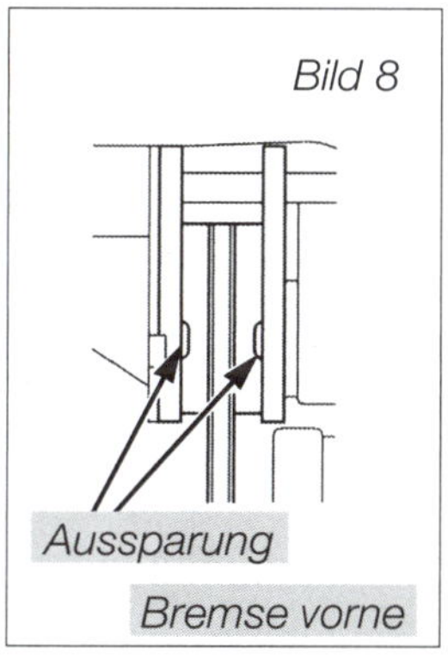

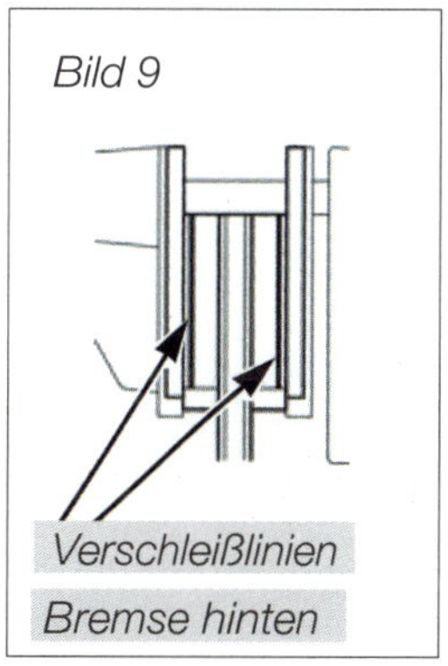

Bilder 8 und 9: Verschleißmarkierungen in den Bremsklötzen vorne und hinten.

Bild 10: Ein prüfender Blick auf den Bremsbelag ist regelmäßig nötig und beruhigt die Nerven.

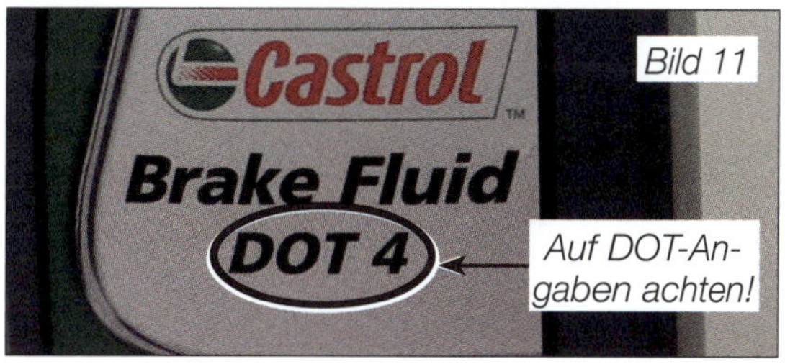

Bild 11: Vorgeschrieben ist Bremsflüssigkeit in der Qualität DOT 4.

Sichtprüfung Messen

ALOC-Schrauben und Loctite

An der Bremsanlage sind einige so genannte »ALOC-Schrauben« eingebaut: Das Gewinde einer ALOC-Schraube ist mit Gewindekleber beschichtet.

Honda schreibt vor, dass folgende Schrauben nur einmal verwendet werden dürfen:
- Sechskant-Bunschrauben Bremssattel an das Gabeltauchrohr
- Inbus-Schrauben Bremsscheiben und Sensorringe an Radnaben
- Sechskant-Bunschraube Bremssattel hinten an Bremssattelhalter

Parkbremse beim Doppelkupplungsgetriebe:
- Sechskant-Bunschrauben für Parkbremssattel an Bremssattelhalter
- Bremsklotz-Haltestifte

Es müssen also bei jeder Montage dieser Bauteile neue Schrauben eingebaut werden.

Honda-Spezialisten wissen einen Ausweg: Wenn Gewinde, Köpfe und Anlageflächen der Schrauben in Ordnung sind, können sie mehrmals verwendet werden. Man muss sie allerdings vor der Wiederverwendung präparieren, was technisch gesehen völlig in Ordnung ist: Schraube mit Messingbürste säubern, einen Tropfen Loctite »mittelfest« an ihr Gewinde geben, Schraube eindrehen und mit dem vorgeschriebenen Drehmoment festziehen.

Bilder 12 bis 23 auf dieser und nächster Seite: Siehe Lauftext.

Wichtig: Keine Silikon-Bremsflüssigkeit DOT 5.0 verwenden! Nach dem derzeitigen Stand der Vorschriften darf Silikon-Bremsflüssigkeit in der Qualität DOT 5.0 nicht verwendet werden.

Bremsflüssigkeit kontrollieren, auffüllen

1. Motorrad steht auf ebenem Untergrund. Lenker so drehen, dass der vordere Bremsflüssigkeitsbehälter waagerecht steht.

2. Bilder 12 und 15: Der Bremsflüssigkeitsstand lässt sich leicht am Auge im vorderen bzw. am transparenten Behälter hinten ablesen. Er soll über LOWER stehen.

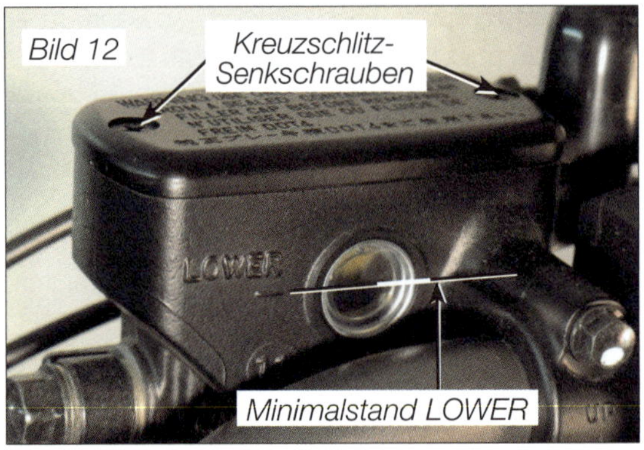

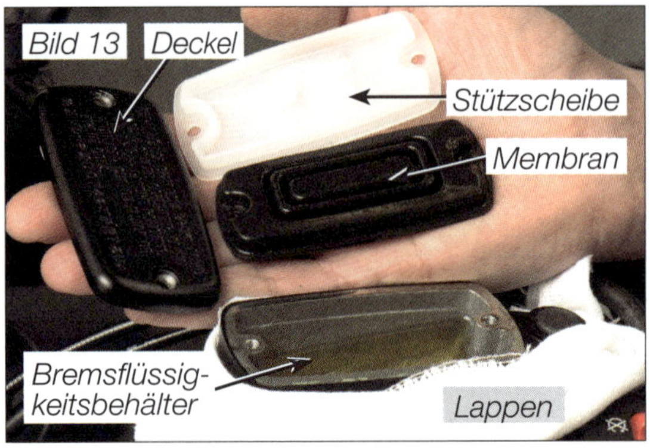

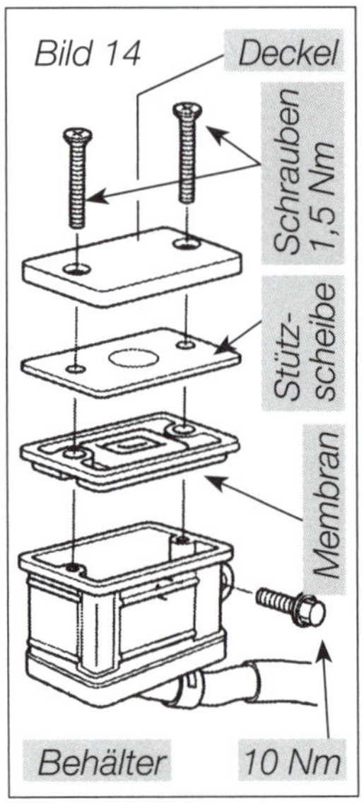

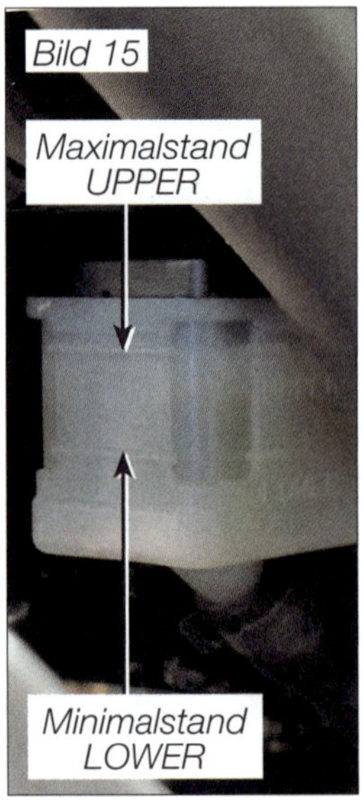

3. Wenn Bremsflüssigkeit aufgefüllt werden muss:

3.1. Befestigungsschraube des hinteren Bremsflüssigkeitsbehälters ausschrauben, Behälter aus Rahmen nehmen.

3.2. Vor dem Öffnen des Deckels den Behälter mit einem weichen, saugfähigen Lappen umwickeln (Bild 13), damit eventuell ausschwappende Hydraulikflüssigkeit nicht an Lackteile kommen kann.

3.3. Vorderer und hinterer Behälter (Bilder 12, 13 und 14): Kreuzschlitzschrauben ausschrauben. Deckel abnehmen, Stützscheibe und Membran langsam herausnehmen, Bremsflüssigkeit auffüllen.

4. Reinigen mit nicht fusselndem Lappen: Membran, Stützscheibe, Deckel und Rand des Bremsflüssigkeitsbehälters.

5. Membran in korrekte Form bringen.

5.1. Membran langsam einsetzen.

5.2. Stützscheibe einsetzen, Deckel aufsetzen, Schrauben eindrehen und »handfest« anziehen (1,5 Nm).

5.3. Hinteren Behälter wieder anschrauben.

- Eventuell ausgespritzte oder übergelaufene Bremsflüssigkeit mit reichlich klarem Wasser abspülen und gut abtrocknen.

Vordere Bremsklötze wechseln

Neue Bremsklötze kaufen

Am Vorderrad ist ein Bremssattel mit zwei Bremsklötzen montiert, man braucht für eine Neubestückung der Vorderradbremse einen Satz Bremsklötze. Die vorderen Bremsklötze können zwar ohne Abbau des Bremssattels gewechselt werden, jedoch sollte der Bremssattel bei einer Neubestückung gründlich gereinigt werden, wozu man ihn am besten abbaut.

⚠ **Achtung:** Bremsbelagschacht im Bremssattel nur mit Bremsenreiniger reinigen, keinesfalls mit Ölspray. Siehe dazu auch Tipps und Warnhinweise am Anfang dieses Kapitels.

⚠ **Achtung:** Beim Wechsel der vorderen und hinteren Bremsklötze gilt generell: Wenn die Bremskolben zurückgedrückt werden, um Platz für die neuen (dickeren) Bremsklötze zu schaffen, steigt der Flüssigkeitsstand im Bremsflüssigkeits-Vorratsbehälter. Deswegen den Stand im Behälter im Auge behalten: Steigt dieser bis zur Oberkante, mit einer kleinen Spritze etwas Bremsflüssigkeit absaugen.

Wichtig: Neue Bremsbeläge müssen eingefahren werden. Deswegen die neuen Bremsbeläge auf den ersten 100 bis 150 Kilometern sanft einfahren und der Bremse nicht die maximale Leistung abfordern.

Alte Bremsklötze ausbauen, Bremssattel abbauen

1. Bilder 16 und 17: ABS-Sensor ausbauen: Schrauben lösen und ausdrehen, Sensor unter leichtem Drehen ausziehen. Sensor mit Kabelbinder nach oben weghängen. Kabel nich knicken.
2. Bild 19: Bremsklotz-Haltestift lösen und etwas ausdrehen, aber noch nicht ausziehen.
3. Bild 18: Bremssattel-Befestigungsschrauben lösen und ausdrehen, Bremssattel von der Scheibe abziehen, in der Hand halten.
4. Bilder 19 und 20: Enden der Bremsklötze gegen die Bremsbelagfeder drücken, Bremsklotz-Haltestift ausschrauben und ausziehen.
5. Bremsklötze herausnehmen.
5.1. Bilder 20 und 21: Bremsbelagfeder herausnehmen.

Bremssattel reinigen, Gleitstifte prüfen

1. Bremsbelagschacht, Bremsbelagfeder und Bremssattelhalter mit Bremsenreiniger reinigen, mit sauberem Lappen putzen.
1.1. Hartnäckige Ablagerungen mit Messingbürste oder harter Zahnbürste entfernen.
2. Gängigkeit der Bremssattel-Gleitstifte prüfen:
2.1. Bremssattel fest in eine Hand nehmen und mit der anderen Hand den Bremssattelhalter vorsichtig hin und her schieben: Er muss sich über beide Bremssattel-Gleitstifte leicht und »saugend« bewegen lassen (siehe dazu auch Bild 4). Gummimanschette muss über dem Bund am Bremssattel-Gleitstift sitzen.
3. Falls sich die Gleitstifte nicht leicht bewegen:
3.1. Bremssattelhalter abziehen. Gleitbohrungen im Bremssattel, Gummimanschetten und Bremssattel-Gleitstifte reinigen.
3.2. Etwas Silikonfett in die Gummimanschetten hineinschmieren (Bild 31).
3.3. Bremssattelhalter exakt ansetzen, Bremssattel-Gleitstifte einschieben, Enden der Gummimanschetten sicher über ihre Bünde schieben!

Neue Bremsklötze einbauen

1. Zum Einbau der neuen Bremsklötze müssen die Bremskolben zurückgedrückt werden, um Platz für die neuen Bremsklötze zu schaffen. Alten Bremsklotz auf Bremskolben setzen, mit kräftigem Daumendruck zurückdrücken.

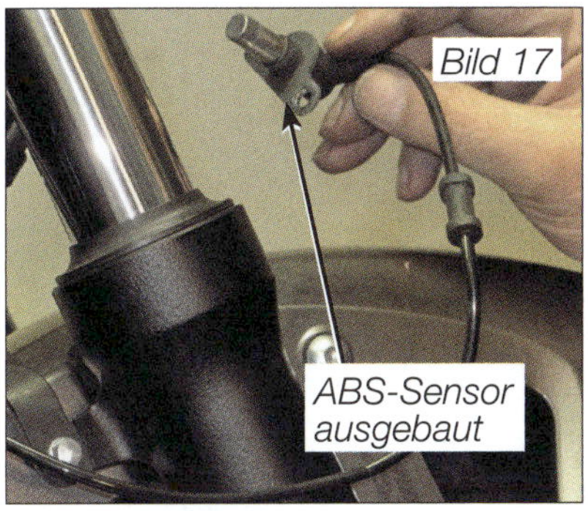

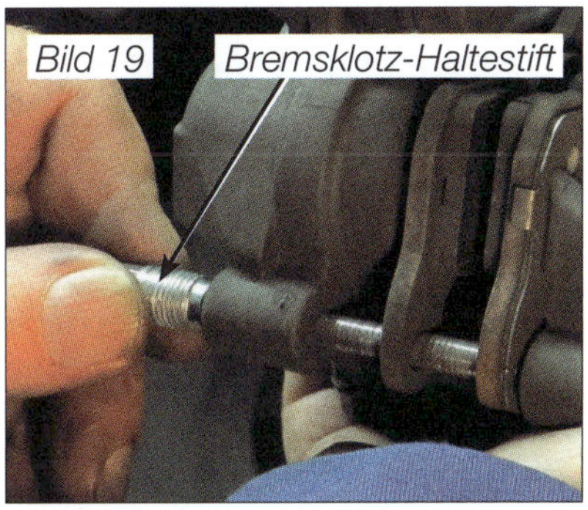

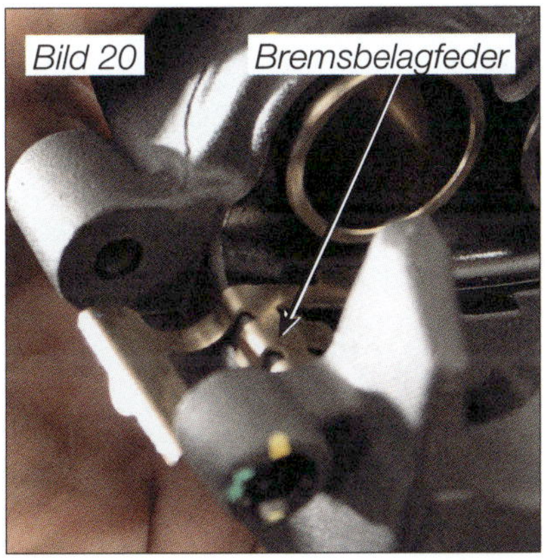

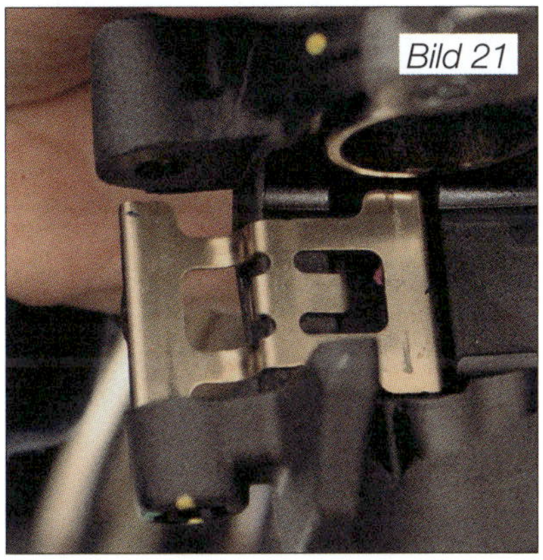

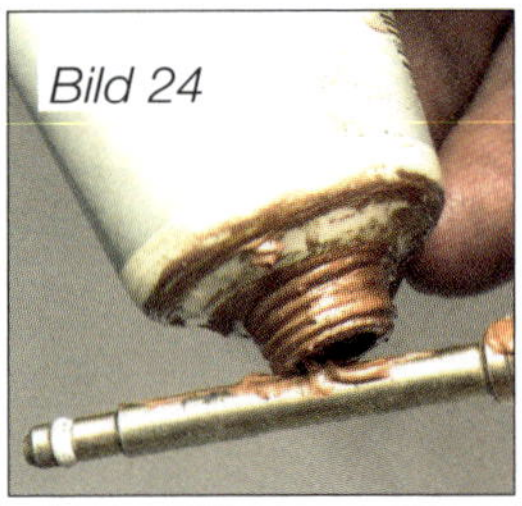

Bild 24: Kupferpaste ganz dünn auf Rückseite der Bremsbelag-Trägerplatte, ihre Kanten und die Bremsklotz-Haltestifte, sorgt für Korrosionsschutz.

Wichtig 1: Muss mit bloßer Handkraft gehen, KEINE Zange zu Hilfe nehmen!
Wichtig 2: Stand der Bremsflüssigkeit im Vorratsbehälter beobachten, er darf nicht überlaufen!
2. Bremsbelagfeder einsetzen, siehe dazu die beiden Bilder 20 und 21.
3. Neue Bremsklötze einbauen:
3.1. Bild 24: Bremsklötze auf Rückseite und den Kanten ganz dünn mit Kupferpaste einschmieren, das verhindert Korrosion und Quietschen.
■ **NICHTS auf den Bremsbelag schmieren!**
3.2. Neue Bremsklötze mit den Belagseiten zueinander so in den Bremssattel einschieben, dass ihre vorderen Enden in das vordere Anlageblech eingreifen (Bilder 22 und 23).
4. Bild 24: Gereinigten Bremsklotz-Haltestift leicht mit Kupferpaste einschmieren.
4.1. Anschlagring vorne am Bremsklotz-Haltestift prüfen. Wenn er in Ordnung ist, ihn leicht mit Silikonpaste einschmieren.
■ Wenn beschädigt erneuern.
4.2. Enden der Bremsklötze gegen Bremsbelagfeder drücken, Bremsklotz-Haltestift durch Bohrungen von Bremssattel und Bremsklötzen einführen (Bild 19), eindrehen und handfest anziehen.

Bremssattel anbauen

1. Bremsscheibe mit Bremsenreiniger und sauberem Lappen reinigen.
2. Bremssattel-Befestigungsschrauben: Es sollen neue ALOC-Schrauben verwendet werden (siehe Textkasten weiter vorne). Oder: Schrauben mit Messingbürste reinigen, einen Tropfen Loctite »mittelfest« auf Gewinde geben.
3. Bild 18: Bremssattel auf Bremsscheibe schieben, Befestigungsschrauben eindrehen, mit 30 Nm festziehen.
4. Bremsklotz-Haltestift mit 17 Nm festziehen.
5. Bremsbeläge durch mehrmaliges Pumpen am Handbremshebel an die Bremsscheibe anlegen.
6. Stand Bremsflüssigkeit prüfen, ggf. auffüllen.
7. Rad von Hand durchdrehen und prüfen, ob es frei läuft oder etwas schleift. Handbremshebel zwei-, dreimal betätigen, loslassen und Rad drehen: Alles in Ordnung?

Hintere Bremsklötze wechseln

Nachstehend beschreiben wir den Wechsel der Bremsbeläge bei eingebautem Hinterrad, wobei die Bremsbelagfeder (Bilder 26, 27 und 28) nicht herausgenommen werden kann. Wenn allerdings der Einbau neuer Bremsbeläge mit einem Reifenwechsel zusammenfällt, bei dem das Hinterrad eh ausgebaut werden muss, sind Bremssattel, Bremsanker und Bremsscheibe bei ausgebautem Hinterrad gut zugänglich (Bild 30) und können sorgfältig gereinigt werden.

Bremsklötze ausbauen

1. Bremsklotz-Haltestift lösen und ausschrauben, aber noch nicht ausziehen (Bild 29).
2. Hintere Halteschraube (Bilder 7 und 26) lösen und ausschrauben.
3. Bremssattel hochschwenken.
4. Jetzt den Bremsklotz-Haltestift (Bild 29) ganz

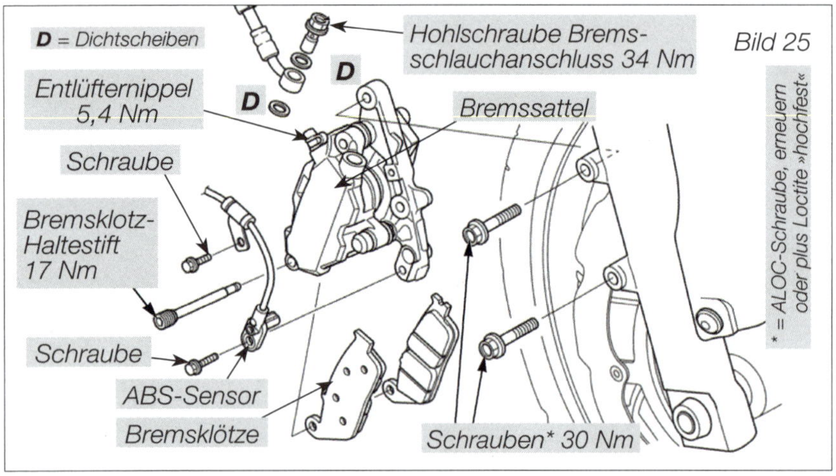

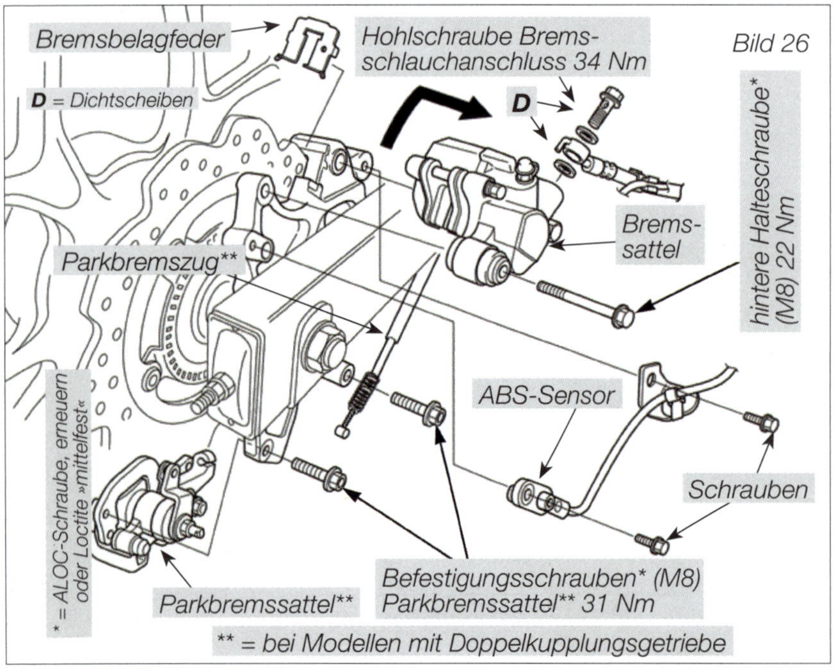

Bilder 25 und 26: Anbau-Explosionszeichnungen des vorderen und hinteren Bremssattels. Der Parkbremssattel in Bild 26 wird weiter hinten in diesem Kapitel behandelt.

herausziehen, dabei beide Bremsklötze an ihren Enden nach oben drücken.
5. Beide Bremsklötze aus dem Bremssattel nach hinten herausziehen.

Bremssattel reinigen, Gleitstifte prüfen
Hinteren Bremssattel reinigen. Gängigkeit der Gleitstifte prüfen (Bild 4): Bitte lesen Sie dazu im Text weiter vorne beim Kapitelabsatz »vorderer Bremssattel« nach.

Wenn sich der Bremssattel auf den Stiften nur schwer oder gar nicht verschieben lässt: Bremssattel abschrauben, von den Stiften abziehen (Bild 4), Manschetten, Stifte und Gleitbuchsen reinigen, gut mit Silikonfett einschmieren und sorgfältig zusammenbauen.

Neue Bremsklötze einbauen
1. Bremskolben zurückdrücken (wie vorne).
2. Wenn der Bremssattel ganz abgebaut war:
2.1. Kontrolle: Anlageblech vorne im Bremssattelhalter (Bilder 22 und 23) muss fest sitzen.
2.2. Bilder 27 und 28: Darauf achten, dass die Bremsbelagfeder innen-oben korrekt sitzt.
3. Bremsklötze an den vorderen Enden (die später in das Anlageblech eingesetzt werden) und den Bremsklotz-Haltestift dünn mit Kupferpaste einschmieren, das verhindert Korrosion und Quietschen (Bild 24). **NICHTS auf den Bremsbelag schmieren!**
3.1. Anschlagring vorne am Bremsklotz-Haltestift prüfen. Wenn in Ordnung, leicht mit Silikonfett einschmieren.
■ Wenn beschädigt erneuern.
4. Zuerst den äußeren Bremsklotz, dann den inneren von hinten in den Bremssattel einschieben, vordere Enden in Anlageblech einsetzen, wie in Bild 22 zu sehen.
5. Bremsklötze hinten nach oben gegen Federkraft der Bremsbelagfeder drücken, bis die Bohrungen am Ende der Bremsklötze mit den Bohrungen im Bremssattel fluchten (Bild 29). Bremsklotz-Haltestift einschieben und eindrehen.
6. Bremssattel-Befestigungsschraube: Es soll eine neue ALOC-Schraube verwendet werden (siehe Textkasten weiter vorne). Oder: Schraube mit Messingbürste reinigen und einen Tropfen Loctite »mittelfest« auf ihr Gewinde geben.
6.1. Bremssattel nach unten schwenken. Hintere Bremssattel-Befestigungsschraube eindrehen und mit 22 Nm festziehen.
7. Bremsklotz-Haltestift mit 17 Nm festziehen.
8. Wenn Hinterrad und Bremssattel eingebaut sind: Bremsbeläge durch Pumpen am Fußbremshebel an die Scheibe anlegen.
9. Stand Bremsflüssigkeit prüfen, ggf. auffüllen.
10. Fußbremshebel zwei-, dreimal betätigen, loslassen, Rad von Hand durchdrehen und prüfen, ob es frei läuft oder etwas schleift: Es dürfen entweder keine oder nur ganz leichte Schleifgeräusche zu hören sein.

Bremsflüssigkeit wechseln

Spätestens alle 24 Monate soll die Bremsflüssigkeit erneuert werden. Denn je älter Bremsflüssigkeit wird, desto mehr Wasser nimmt sie aus der Luft auf. Ihre Temperaturstabilität sinkt, sie beginnt entsprechend früher zu kochen, weil sich bei entspechender Hitze Dampfblasen in ihr bilden. Dann besteht die Gefahr, dass die Bremsen bei extremem Einsatz, wie er bei Passabfahrten oder Rennstreckenbetrieb auftritt, plötzlich versagen: Der Bremshebel fällt regelrecht durch, weil die auftretenden Dampfblasen kompatibel sind und der vom Bremshebel aufgebaute Druck nicht an die Bremskolben weitergegeben wird.

Schnelle Fahrer oder pässebegeisterte Biker wechseln die Bremsflüssigkeit alle 12 Monate (am besten im Frühjahr vor der Saison), weil sie wissen, dass durch den ständigen Wechsel von Erhitzen und Abkühlen die Bremsflüssigkeit besonders stark belastet wird.

Bilder 27 bis 31: Im Lauftext sind die zu den Bildern gehörenden Arbeitsschritte nummeriert beschrieben.

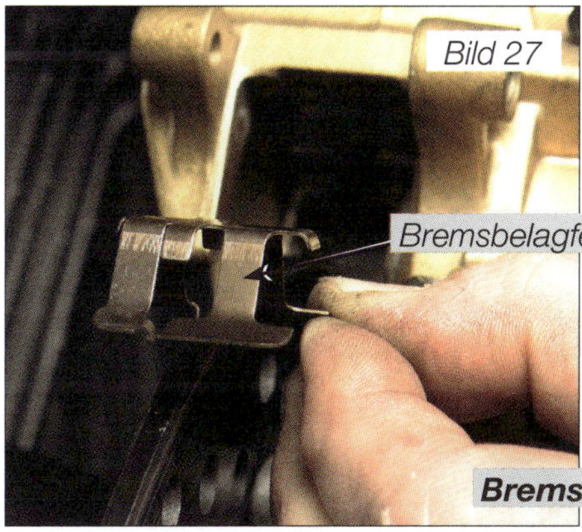
Bild 27

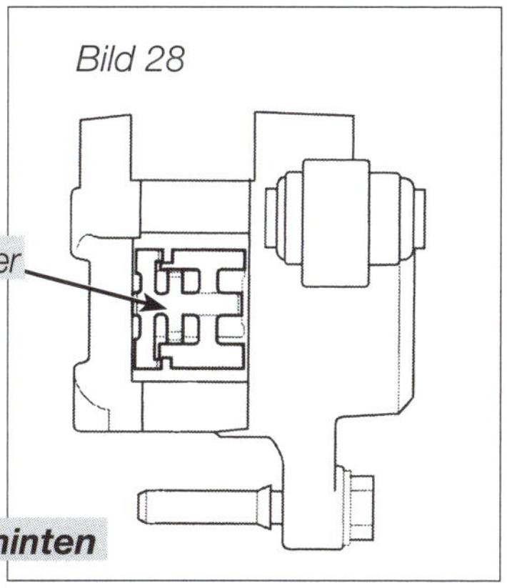

Bild 28

Bild 29

Bild 30

Bild 31

Sichtprüfung Messen

Bremsflüssigkeit wechseln, Bremsen entlüften

Bilder 32 und 33: Der folgende Text gilt für das Entlüften der vorderen und hinteren Bremse mit einfachen Mitteln; die Arbeitsschritte sind gleich.

⚠ **Achtung:** Sorgen Sie während des Entlüftens wie auch beim Wechsel der Bremsflüssigkeit dafür, dass keiner der Bremsflüssigkeits-Vorratsbehälter ganz leer wird, denn wenn eine Luftblase in eine Bremsleitung gelangt, ist es sehr schwierig, diese mit einfachen Hilfsmittel wieder aus dem Bremssystem zu bekommen.

Manchmal gelingt es mit folgendem Trick, die Luftbläschen wieder aus dem Bremssystem zu bekommen: Den Bremshebel langsam bis ganz zum Lenker ziehen (bzw. das Fussbremspedal weit niederdrücken) und den Hebel mit einem Gummiband in der Endposition fixieren. Diese Konstruktion mindestens eine halbe Stunde ruhen lassen und beobachten: Steigen jetzt Luftbläschen im offenen Behälter auf?

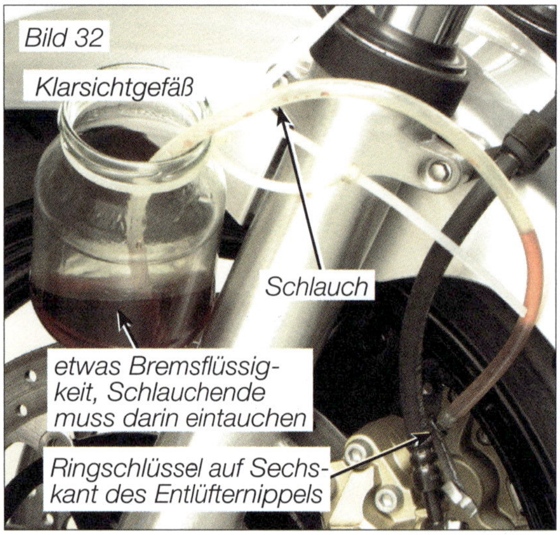

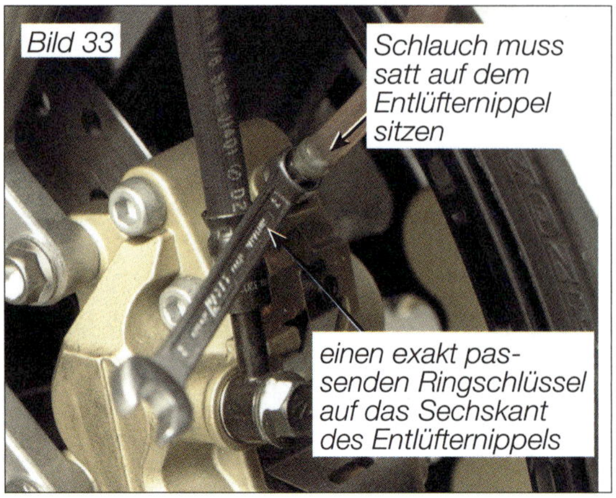

Bilder 32 und 33: Systemanordnung für die Bremsentlüftung ohne spezielles Gerät, also »per Hand« mit Glas, durchsichtigem Schlauch und Ringschlüsseln.
■ Den Schlauch auf dem Entlüfternippel mit einem schmalen Kabelbinder gegen Abrutschen sichern!
■ Bei Modellen mit Doppelscheibenbremse: Zuerst den linken Bremssattel entlüften, dann den rechten.

Wenn »ja« ist das prima. Wenn keine Luftbläschen mehr kommen: Den Bremshebel festhalten, das Gummiband abbauen, den Bremshebel langsam in seine Endposition zurückbewegen und mit dem Bremsflüssigkeitswechsel weitermachen.

Am Vorderrad: Bilder 12 und 13: Am Vorratsbehälter die Schrauben ausdrehen, Deckel abnehmen, Stützscheibe und Membran herausnehmen.
Am Hinterrad: Bild 14: Hinteren Bremsflüssigkeits-Vorratsbehälter abschrauben, Deckel abschrauben, Stützscheibe und Membran herausnehmen. Den jetzt offenen Vorratsbehälter provisorisch wieder anschrauben: Lasche des Behälters an der Aussparung des Behälterträgers ansetzen, Schraube durch Aufnahme am Behälter und das untere Loch des Behälterträgers stecken, M6-Mutter aufdrehen.

Vorne und hinten:
1. Die alte Bremsflüssigkeit aus dem Behälter absaugen, zum Beispiel mit einer Einwegspritze.
2. Den Bremsflüssigkeits-Vorratsbehälter innen, außen und seine Dichtflächen sowie die ausgebauten Teile mit einem sauberen, saugfähigen Lappen reinigen.
3. Frische Bremsflüssigkeit einfüllen und zwar ganz langsam.
4. Bilder 6 und 7: Am Bremssattel die Gummikappe des Entlüfternippels abziehen.
4.1. Bild 33: Auf das Sechskant des Entlüfternippels einen exakt passenden Ringschlüssel aufstecken.
4.2. Bild 32: Einen exakt passenden, durchsichtigen Schlauch über den Entlüfternippel stülpen.
4.3. Das auf dem Enlüfternippel übergestülpte Ende des Schlauchs mit einem schmalen Kabelbinder sichern, dass es nicht vom Entlüfternippel abrutschen kann.
4.4. Das andere Ende des Schlauchs in einem Klarsichtgefäß enden lassen.
5. Bild 32: Auffanggefäß mit einem Kabelbinder etwas oberhalb des Bremssattels aufhängen, damit das Niveau der Bremsflüssigkeit höher steht als der Entlüfternippel.
5.1. Etwas Bremsflüssigkeit in das Gefäß geben, Schlauchende in Bremsflüssigkeit eintauchen.
6. Bremshebel/Bremspedal ein paar Mal anziehen bzw. runterdrücken, bis Widerstand spürbar ist. Schön langsam pumpen und den Hebel/das Pedal zwischendurch immer einige Sekunden in Ruhestellung lassen, damit Bremsflüssigkeit luftfrei nachlaufen kann.

7. Bremshebel/Bremspedal betätigen und am Widerstandspunkt gezogen/gedrückt halten.
8. Entlüfternippel 1/4 bis 1/3 Umdrehung öffnen, Bremshebel/Bremspedal ganz durchziehen/durchdrücken: Bremsflüssigkeit kommt jetzt durch den Schlauch, sie ist durchsetzt mit kleinen Luftbläschen: Entlüfternippel schließen.
9. Hebel langsam (!) wieder loslassen. Einige Male pumpen, Hebel in Druckposition halten, Entlüfternippel aufdrehen und schließen.
10. Schritte 6. bis 9. so lange wiederholen, bis nur noch saubere Bremsflüssigkeit ohne Luftbläschen aus dem Schlauch kommt.
Wichtig: Dazwischen immer wieder nachsehen, ob im Vorratsbehälter noch genügend Bremsflüssigkeit ist: Der Pegelstand darf nicht unter LOWER fallen. Rechtzeitig nachfüllen, damit keine Luft ins System gelangt.
11. Tritt am Entlüftungsschlauch nur frische Bremsflüssigkeit ohne Luftbläschen aus: Bremshebel/Bremspedal nochmals durchziehen/durchdrücken, Entlüfternippel zudrehen und mit 5,4 Nm festziehen.
11.1. Die im Entlüfternippel zurückgebliebene Bremsflüssigkeit trocken austupfen, eine kleine Menge Silikonfett in den Entlüfternippel geben und die Gummikappe aufdrücken.
12. Abschließend den Bremsflüssigkeitsstand prüfen, bis zur Markierung auffüllen. Bremsflüssigkeits-Vorratsbehälter verschließen.
■ Eventuell verspritzte Bremsflüssigkeit mit warmem Wasser, in das ein Schuss Geschirrspülmittel gegeben wurde, abwaschen und trocknen.

Bremspedal, Bremslichtschalter

Bremspedal einstellen

Das Bremspedal sollte sich auf gleicher Höhe wie der Fußschalthebel befinden. Zum Feststellen der Schalthebelhöhe eine Wasserwaage auf Fußraste anlegen und Maß zum Schalthebel abnehmen. Fußbremshebel ebenso messen.

Bilder 34 und 35: Die Einstellung des Bremspedals wird über Ein- oder Ausdrehen der Druckstange zwischen Fußbremspedal und Bremskolben des Bremszylinders vorgenommen.
1. Kontermutter unten auf Druckstange lockern.
2. Zum Verdrehen der Druckstange einen 10er-Gabelschlüssel am Sechskant ansetzen und damit die Druckstange ein- oder ausdrehen, bis die Lage des Fußbremshebels stimmt.
3. Kontermutter unten mit 17 Nm festziehen.

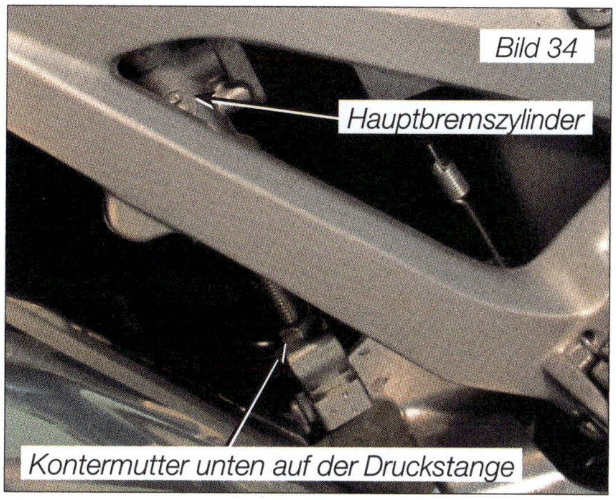

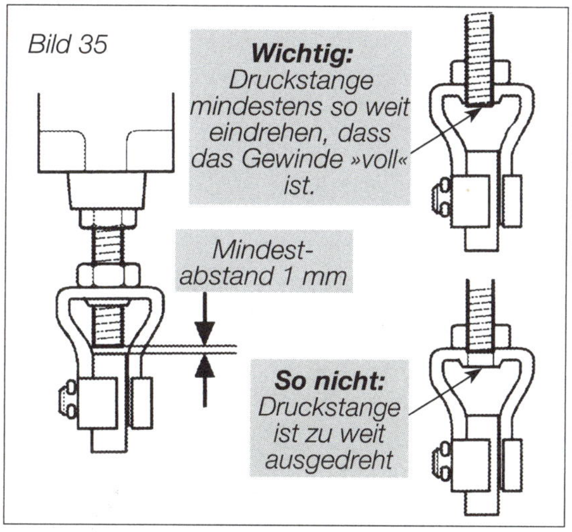

Bilder 34 und 35: Fußbremshebel durch Ein- oder Ausdrehen der Druckstange einstellen. Danach Ansprechverhalten des Bremslichtschalters kontrollieren und ggf. korrigieren.

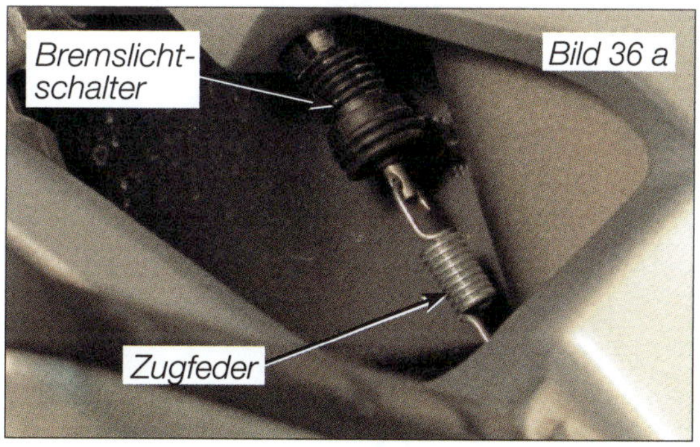

Bild 36 a: Bremslichtschalter und Fußbremshebel sind durch eine Zugfeder verbunden.

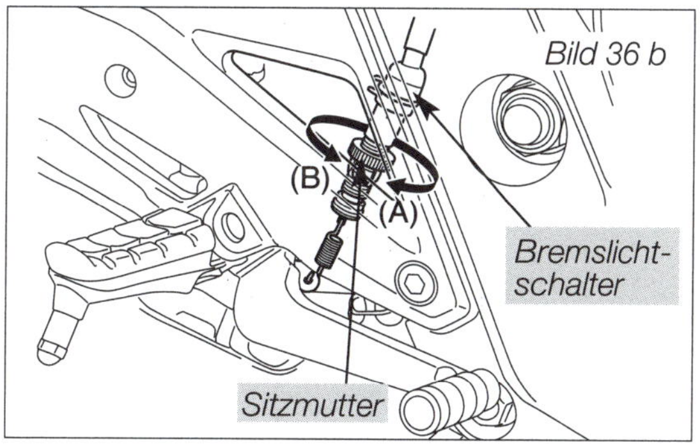

Bild 36 b: Zum Einstellen des Bremslichtschalters muss man die Sitzmutter drehen und den Bremslichtschalter dabei festhalten.

Sichtprüfung
Messen

Wichtig: Die Druckstange darf weder zu weit eingedreht noch zu weit ausgedreht werden, siehe dazu die Zeichnung in Bild 35.

⚠ **Achtung:** Nach Abschluss der Bremspedal-Einstellarbeiten prüfen, ob das Bremslicht richtig funktioniert: Bei 1/2 bis 2/3 Pedalweg muss das Bremslicht aufleuchten.

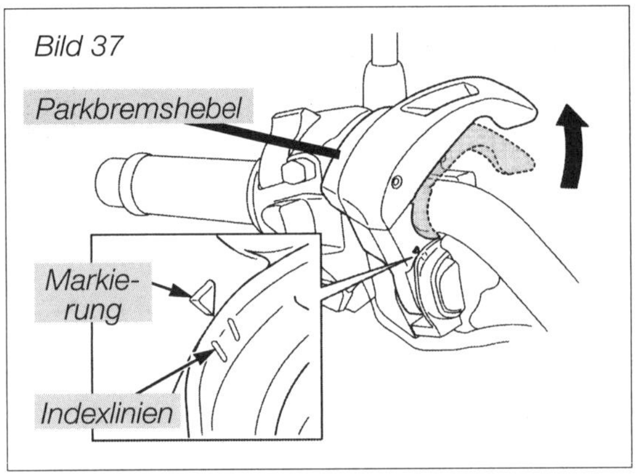

Die Parkbremse ist bei Modellen mit Doppelkupplungsgetriebe angebaut.

Bilder 37 und 38: Im Lauftext sind die zu den Bildern gehörenden Arbeitsschritte nummeriert beschrieben.

Bremslichtschalter einstellen

Bilder 36 a und 36 b: Der Bremslichtschalter sitzt hinter der Fußrastenplatte und ist durch die Öffnung in der Fußrastenplatte erreichbar. Er wird über eine kleine Feder, die zwischen Fußbremshebel und Bremslichtschalter eingesetzt ist, auf Zug betätigt. Bei halb bis zwei Drittel gedrücktem Bremspedal muss das Bremslicht aufleuchten.

Bild 36 b: Zum Einstellen des Bremslichtschalters wird die Sitzmutter, in der der Bremslichtschalter in seiner Haltebohrung gelagert ist, entsprechend aus- oder eingedreht. Dadurch wird der Bremslichtschalter nach unten oder oben verschoben.

⚠ **Achtung:** Verdrehen der Sitzmutter mit einer Hand (!), Bremslichtschalter mit der anderen Hand festhalten. NIE den Bremslichtschalter als Ganzes verdrehen! Sonst bricht die Feder ab und das Anschlusskabel verdrillt sich.

Parkbremse

Die Modelle mit Doppelkupplungsgetriebe haben eine Parkbremse am Hinterrad angebaut.

Einstellung prüfen

1. Motorrad auf Heckmontageständer abstellen, das Hinterrad muss frei sein.

2. Hinterrad von Hand durchdrehen und gleichzeitig langsam den Parkbremshebel ziehen.

2.1. Bild 37: Wenn das Hinterrad stehen bleibt, muss die »Δ«-Markierung am Bremshebel zwischen den beiden Strichmarkierungen (»Indexlinien«) am Hebelhalter stehen.

2.2. Wenn die »Δ«-Markierung nicht zwischen den Markierungen steht, Parkbremse einstellen.

Bild 39: Explosionszeichnung des Parkbremssattels mit Teilbezeichnungen und Anziehdrehmomentwerten.

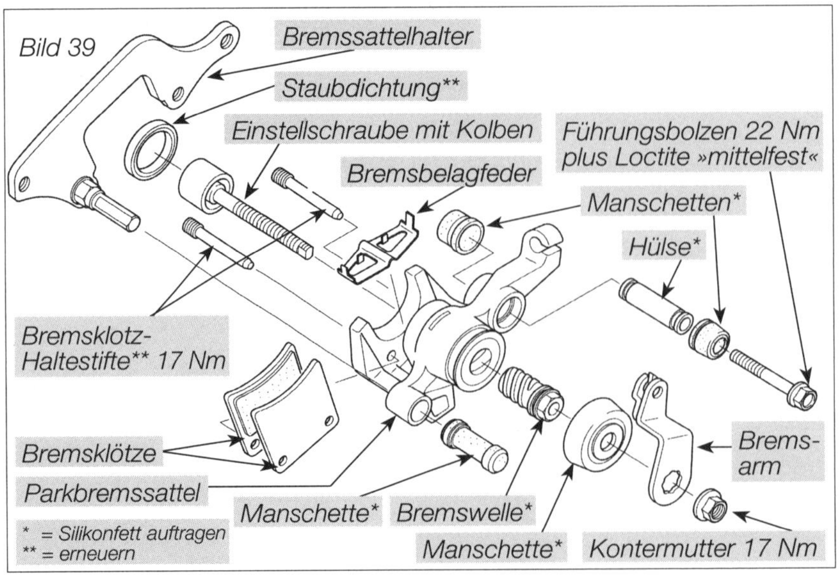

Parkbremse einstellen

Man kann sie am Einsteller oben im Bremszug und unten am Bremshebel am Bremssattel einstellen. Zuerst am oberen Einsteller einstellen.

Einstellen oben im Parkbremszug

1. Gummischutz vom Einsteller im Zug abschieben.

2. Mit zwei passenden Gabelschlüsseln die Kontermutter vom Einsteller lösen und den Einsteller verdrehen, bis die Einstellung stimmt.
3. Kontermutter festziehen, etwas Fett in die Gummitülle geben und diese aufschieben.

Einstellen unten am Bremshebel
Wenn die obere Einstellmöglichkeit erschöpft ist, weil der Einsteller zu weit ein- oder ausgedreht werden muss, am unteren Bremshebel am Bremssattel eine Grundeinstellung vornehmen.

1. Oberen Einsteller ganz eindrehen.
2. Bild 38: Kontermutter am unteren Bremshebel lösen.
3. Einstellschraube im Uhrzeigersinn drehen bis ein leichter Widerstand fühlbar wird: Die Bremsbeläge berühren jetzt die Bremsscheibe.
3.1. Einstellschraube 1/4 Umdrehung zurückdrehen und in dieser Stellung festhalten, Kontermutter mit 17 Nm festziehen (Bild 38).
4. Prüfen, ob Einstellung stimmt.

Bremsklötze ausbauen
Zum Ausbau der Bremsklötze muss der Bremssattel abgebaut werden.
1. Beide Bremsklotzhaltestifte lösen und etwas ausdrehen, aber noch nicht ausziehen.
2. Bremssattel-Befestigungsschrauben lösen und ausdrehen, Bremssattel von der Scheibe abziehen, in der Hand halten.
3. Enden der Bremsklötze gegen die Bremsbelagfeder drücken, Haltestifte ausschrauben und ausziehen. Bremsklötze herausnehmen.

Bremssattel reinigen, Gleitstifte prüfen
Parkbremssattel reinigen. Gängigkeit der Gleitstifte prüfen: Bitte lesen Sie dazu im Text weiter vorne beim vorderen Bremssattel nach. Wenn sich der Bremssattel auf den Stiften nur schwer oder gar nicht verschieben lässt: Bremssattel von Bremssattelhalter abschrauben. Führungsbolzen lösen und ausschrauben. Manschetten, Stifte und Gleitbuchsen reinigen, gut mit Silikonfett einschmieren und wieder zusammenbauen.

Neue Bremsklötze einbauen
1. Kontrolle: Die Bremsbelagfeder im Bremssattel muss richtig sitzen, siehe dazu Bild 39.
2. Bremsklötze auf der Rückseite und den vorderen Enden dünn mit Kupferpaste einschmieren, das verhindert Korrosion (Bild 24).
■ **NICHTS auf den Bremsbelag schmieren!**
2.1. Gereinigte Bremsklotz-Haltestifte ebenfalls leicht mit Kupferpaste einschmieren.
3. Neue Bremsklötze mit den Belagseiten zueinander in den Bremssattel einschieben.
4. Enden der Bremsklötze gegen Bremsbelagfeder drücken, Bremsklotz-Haltestifte durch Bohrungen von Bremssattel und Bremsklötzen einführen, eindrehen und handfest anziehen.

Bremssattel anbauen
1. Bremsscheibe mit Bremsenreiniger und Lappen reinigen.
2. Bremssattel-Befestigungsschrauben: Es sollen neue ALOC-Schrauben verwendet werden (Text weiter vorne). Oder: Schrauben mit Messingbürste reinigen, einen Tropfen Loctite »mittelfest« auf Gewinde geben.
3. Bremssattel auf Bremsscheibe schieben, Befestigungsschrauben eindrehen und mit 31 Nm festziehen (Bild 38).
4. Bremsklotz-Haltestifte mit 17 Nm festziehen.
5. Bremsbeläge durch Betätigen des Parkbremshebels an die Bremsscheibe anlegen.
6. Rad von Hand durchdrehen und prüfen, ob es frei läuft oder etwas schleift. Parkbremshebel zwei- bis dreimal betätigen, loslassen und Rad drehen: Alles in Ordnung?

ABS-Probleme und Lösungen

Wenn das ABS nicht funktioniert, wird der Fehler durch das Leuchten der ABS-Anzeige (Bilder 42 a und 42 b) im Cockpit angezeigt: Die Lampe geht nicht mehr aus.

Die Zeichnung in Bild 41 zeigt die Lage wichtiger ABS-Systembaugruppen. Für die Sicherungen »ABS-Hauptsicherung 7,5 A«, »ABS-Magnetventile 30 A« und »ABS-Motor 30 A« sehen Sie bitte in Kapitel 13 »Sicherungen · Relais · Stecker« nach:
■ Wenn also das ABS nicht funktioniert, zuerst diese Sicherungen püfen sowie ihre Steckverbindungen auf Korrosion.
■ Wenn das nichts bringt, checken Sie den Luftspalt der ABS-Sensoren zum ABS-Sensorring: Er darf zwischen 0,2 und 1,2 mm betragen.
■ Die Sensoren müssen sauber sein, ihre Kabelstecker ebenso.
■ Der 18-polige Zentralstecker muss sicher in die ABS-Zentraleinheit eingesteckt sein.

In den Bildern 45 a, 45 b und 45 c am Ende des Kapitels sind die ABS-Schaltpläne mit den mechanischen Komponenten abgebildet. Diese Schaltpläne helfen einem ABS-Elektronik-Spezialisten, fehlerhafte Bauteile zu lokalisieren.

Bilder 40 a: Spezialwerkzeug »Diagnose Signal Stecker SCS«, auch »Service Check Signalstecker«. Mit ihm werden die Klemmen in der DLC Diagnosebuchse überbrückt. Erst dann blinkt die ABS-Leuchte in der Instrumenteneinheit den Fehlercode.

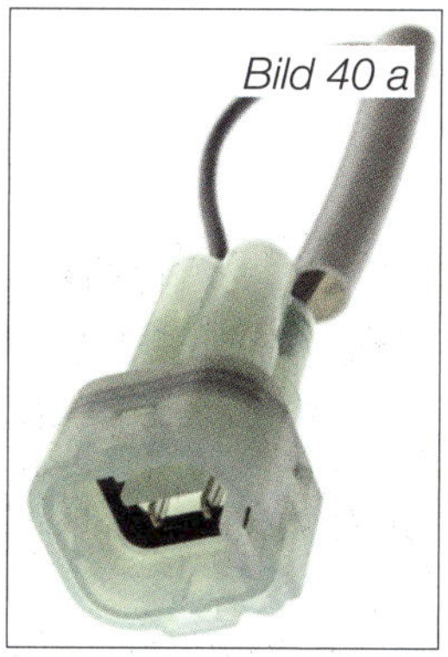

Bild 40 b: Die Steckdose »DLC Diagnosebuchse« sitzt versteckt über dem Pluspol der Batterie (Kreis in Bild 40 b) und muss zum Anschluss des SCS-Steckers dort herausgeholt werden.

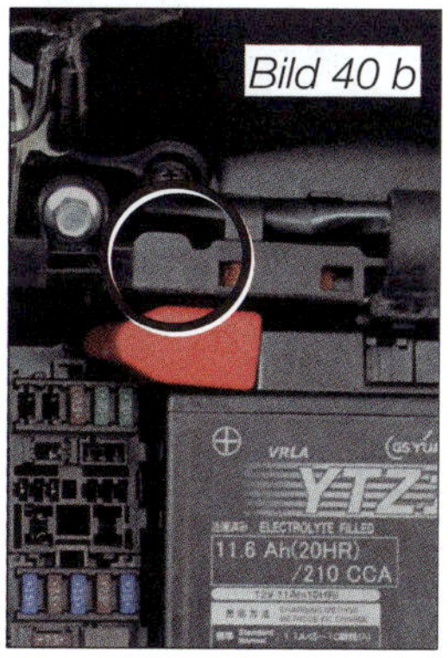

Sichtprüfung Messen

Wenn das alles nichts hilft, gibt es zur Fehlerfeststellung zwei Möglichkeiten:

Möglichkeit 1: Maschine zum Honda-Händler bringen. Dieser schließt seine Honda-eigenen Prüf- und Diagnosegeräte an. Er kann damit Fehler auslesen und Fehlerquellen eingrenzen.

Möglichkeit 2: Um den Fehler selbst zu suchen braucht man das Honda-Spezialwerkzeug »SCS-Überbrückungsstecker« (Bestellnummer 070MZ-0010300, Preis ca. 45 Euro; siehe Bild 40 a) um die Fehlercodes durch Blinkzeichen anzuzeigen.

Fehleranalyse mit Möglichkeit 2

1. Maschine sicher auf dem Seitenständer abstellen. Motor AUSschalten, Zündung ausschalten, Leerlauf einlegen.

2. Batterie freilegen (siehe Kapitel 14 »Batterie«), DLC-Diagnosebuchse über der Batterie herausziehen (Bild 40 b). Blindstecker von der Diagnosebuchse abnehmen und den SCS-Überbrückungsstecker (Bild 40 a) in die Diagnosebuchse einstecken.

3. Zündung einschalten, Killschalter rechts am Lenker muss auf ON stehen.

4. Die ABS-Anzeigenleuchte (Bilder 42 a und 42 b) leuchtet 2 Sekunden auf, geht dann für 3,6 Sekunden aus und blinkt dann den DTC-Diagnosefehlercode, der in der Tabelle »DTC-Diagnosefehlercodes, ABS-Blink- zeichen, Fehler, Symptome« zu finden ist.

Dieser Diagnosefehlercode besteht aus Ziffern für den Hauptcode sowie für den Untercode: Die Ziffern vor dem Trennstrich sind der Hauptcode, der die fehlerhafte Komponente bzw. die Fehlerart anzeigt. Die Ziffer nach dem Trennstrich ist der Untercode und bezeichnet das Symptom bzw. die Fehlerart.

Diese Codes sind in der Tabelle »DTC-

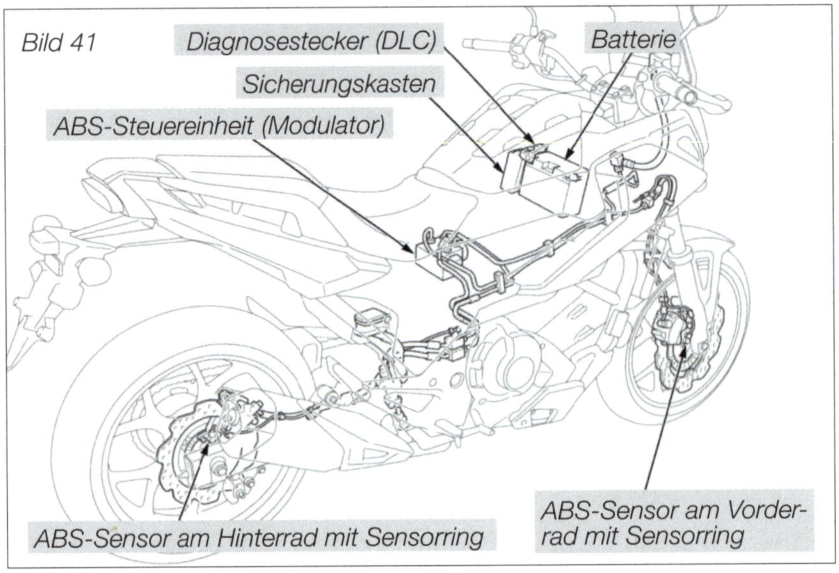

Bild 41: Schaubild der ABS-Baugruppen und Lage der Bauteile.

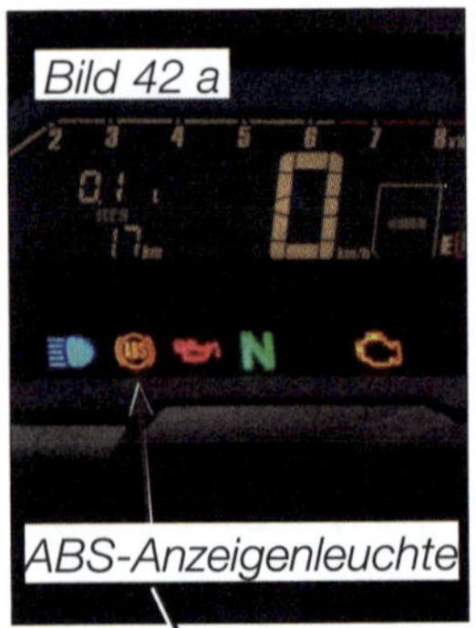

Bild 42 a: ABS-Anzeigenleuchte in den Modelljahren 2014 bis 2020.

Bild 42 b: ABS-Anzeigenleuchte ab Modeljahr 2021.

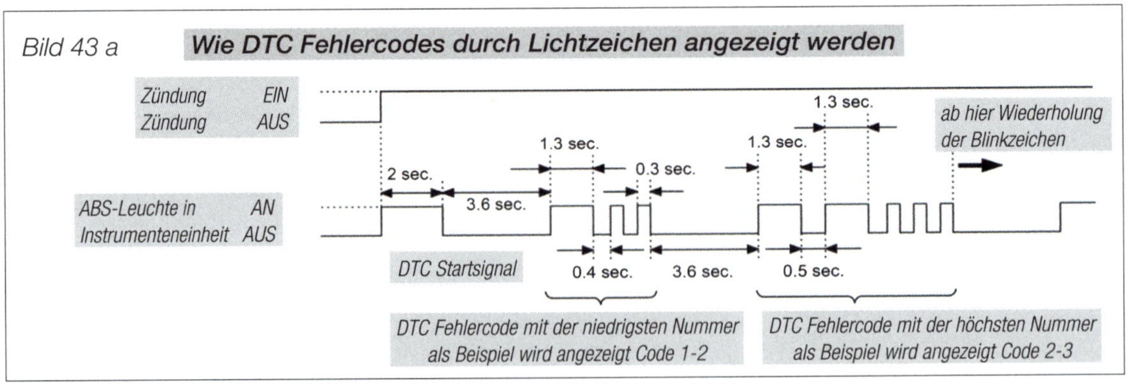

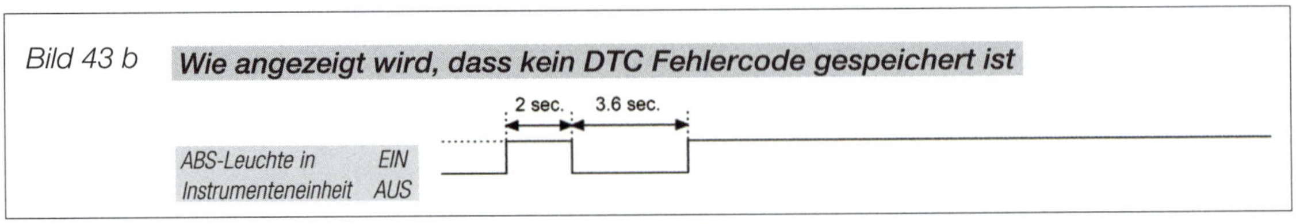

Bilder 43 a und 43 b: Blinkmuster und Leuchtzeichen.

Diagnosefehlercodes, ABS-Blinkzeichen, Fehler, Symptome« auf der nächsten Seite aufgelistet.

Die DTC-Diagnosefehlercodes werden von der ABS-Anzeigenleuchte (Bilder 42 a und 42 b) in der Instrumenteneinheit mit langen und kurzen Blinkzeichen angezeigt (siehe Bild 43 a):

- Ein langes Blinkzeichen bezeichnet den Hauptcode, es leuchtet 1,3 Sekunden.
- Ein kurzes Blinkzeichen bezeichnet den Untercode, es leuchtet 0,3 Sekunden.
- Eine Pause zwischen zwei langen Blinkzeichen dauert 0,5 Sekunden.
- Eine Pause zwischen einem langen und einem kurzen Blinkzeichen dauert 0,4 Sekunden.
- Eine Pause zwischen zwei kurzen Blinkzeichen dauert 0,3 Sekunden.

Wenn im ABS-Steuergerät mehrere Fehlercodes gespeichert sind, dann zeigt die ABS-Anzeigenlampe in der Instrumenteneinheit (Bilder 42 a und 42 b) die Fehlercodes in aufsteigender Reihenfolge an, sie beginnt also mit dem Fehlercode mit der niedrigsten Nummer.

Praktische Beispiele zur Fehlerfindung

- Schauen Sie auf das erste Blinkmuster im Bild 43 a, dieses zeigt den Code 1-2 an. In der Tabelle »DTC-Diagnosefehlercodes, ABS-Blinkzeichen, Fehler, Symptome« sehen Sie, dass es ein Fehler an der Baugruppe »ABS-Sensor vorne« ist, und zwar am ABS-Sensor selbst oder am Sensorring.
- Das zweite Blinkmuster im Bild 43 a zeigt den Code 2-3 an. Das ist ein Fehler an der Baugruppe »ABS-Sensorring hinten« (siehe Anfang des Abschnitts »ABS-Probleme und Lösungen).

Noch einmal zur Übung

1. Die ABS-Anzeigenleuchte blinkt 1,3 Sekunden lang für den Hauptcode.
1.1. Dann zweimal je 0,3 Sekunden lang für den Untercode.
2. Ein langes und zwei kurze Blinkzeichen bedeuten »Fehlercode 1-2«, der ist zu finden in Zeile 2 der Tabelle »DTC-Diagnosefehlercodes, ABS-Blinkzeichen, Fehler, Symptome« und ist eine »Störung im ABS-Sensor, Sensorring oder im Kabel«, das vom ABS-Sensor wegführt.
3. Noch ein anderer Fehler: Die ABS-Anzeigenleuchte blinkt drei lange und zwei kurze Blinkzeichen, das ist »Fehlercode 3-2«, laut Tabelle eine »Störung im Magnetventil 2 (im ABS-Modulator)«. Einen solchen Fehler kann man nicht beheben, weil sich der im ABS-Modulator (Bild 44) eingebaute Motor nicht öffnen lässt. Es muss also ein neuer ABS-Modulator eingebaut werden.

Tipp: Bevor jedoch ein neuer teurer ABS-Modulator eingebaut wird, sollte man die Bremsanlage »spülen« und zwar mit frischer Bremsflüssigkeit. Wie das geht steht weiter vorne im Kapitelabschnitt »Bremsflüssigkeit wechseln, Bremsen entlüften«. Vielleicht wird dadurch das Magnetventil im ABS-Motor wieder frei beweglich!

Fehlercodes löschen

1. SCS-Stecker in die DLC-Diagnosebuchse einstecken.
2. Handbremshebel ziehen.
2.1. Zündung einschalten, Killschalter muss auf ON stehen.
2.2. Die ABS-Anzeigenlampe leuchtet 2 Sekunden lang auf und geht dann aus.
3. Wenn die ABS-Anzeigenlampe aus ist, sofort den Handbremshebel loslassen. Die ABS-Anzeigenlampe leuchtet wieder auf.
4. Sobald die ABS-Anzeigenlampe leuchtet, den Handbremshebel ziehen, die ABS-Anzeigelampe geht aus.
5. Wenn die ABS-Anzeigenlampe aus ist, sofort den Handbremshebel loslassen.
- Der DTC-Fehlercode wird jetzt gelöscht.

6. Als Zeichen, dass der Fehlercode gelöscht ist, blinkt die ABS-Anzeigenlampe zwei Mal und bleibt dann aus.
Hinweis: Wenn die ABS-Anzeigenlampe nicht zweimal blinkt, wurde der Fehlercode nicht gelöscht. Dann die Punkte 2. bis 6. wiederholen.
7. Wenn der Fehlercode gelöscht ist: Zündung AUSschalten und den SCS-Stecker aus der DLC-Diagnosebuchse ziehen.

Ein extra Tipp bleibt uns noch: Wenn das ABS partout nicht funktioniert und die Fahrzeugbatterie mehr als drei Jahre alt ist, versuchen Sie Ihr Glück mit einer neuen, voll geladenen Batterie. Reinigen Sie auch die Anschlusspole der Kabel (siehe dazu Kapitel 14 »Batterie«).

Bild 44

Bild 44: So sieht der ABS-Modulator aus.

Sichtprüfung Messen

ABS-Blinkzeichen, DTC-Fehlercodes, Fehler, Symptome		
DTC – ABS-Blinkzeichen	**Funktionsfehler**	**Symptom Ausfallsicherheitsfunktion**
1-1 [1), 2)]	Störung im Schaltkreis des ABS-Sensors vorne – Störung im ABS-Sensor oder im Kabel	– ABS-Funktion fällt aus
1-2 [2)]	Störung im ABS-Sensor vorne – Störung im ABS-Sensor, Sensorring oder im Kabel – Elektromagnetische Beeinflussung	– ABS-Funktion fällt aus
1-3 [1), 2)]	Störung im Schaltkreis des ABS-Sensors hinten – Störung im ABS-Sensor oder im Kabel	– ABS-Funktion fällt aus
1-4 [2)]	Störung im ABS-Sensor hinten – Störung im ABS-Sensor, Sensorring oder im Kabel – Elektromagnetische Beeinflussung	– ABS-Funktion fällt aus
2-1 [2)]	Fehler am Sensorring vorne – Fehler am Sensorring oder Störung im Kaber des ABS-Sensors	– ABS-Funktion fällt aus
2-3 [2)] *	Fehler am Sensorring hinten – Fehler am Sensorring oder Störung im Kaber des ABS-Sensors	– ABS-Funktion fällt aus
3-1 [1), 2)]	Störung im Magnetventil 1 (im ABS-Modulator)	– ABS-Funktion fällt aus
3-2 [1), 2)]	Störung im Magnetventil 2 (im ABS-Modulator)	– ABS-Funktion fällt aus
3-3 [1), 2)] *	Störung im Magnetventil 3 (im ABS-Modulator)	– ABS-Funktion fällt aus
3-4 [1), 2)] *	Störung im Magnetventil 4 (im ABS-Modulator)	– ABS-Funktion fällt aus
3-7 [1), 2)] **	Störung im Magnetventil 3 (im ABS-Modulator)	– ABS-Funktion fällt aus
3-8 [1), 2)] **	Störung im Magnetventil 4 (im ABS-Modulator)	– ABS-Funktion fällt aus
4-1 [2)] *	Vorderrad blockiert – Fahrbedingung	– ABS-Funktion fällt aus
4-2 [2)]	Vorderrad steht (Wheelie) – Fahrbedingung	– ABS-Funktion fällt aus
4-3 [2)] *	Hinterrad blockiert – Fahrbedingung	– ABS-Funktion fällt aus
5-1 [1), 2)]	ABS-Motor blockiert (im ABS-Modulator) – Störung im ABS-Motor oder im Kabel – Störung in der Sicherung ABS-Motor 30A	– ABS-Funktion fällt aus
5-2 [1), 2)]	ABS-Motor bleibt in AUS-Stellung hängen (im ABS-Modulator) – Störung im ABS-Motor oder im Kabel – Störung in der Sicherung ABS-Motor 30A	– ABS-Funktion fällt aus
5-3 [1), 2)]	ABS-Motor bleibt in EIN-Stellung hängen (im ABS-Modulator) – Störung im ABS-Motor oder im Kabel – Störung in der Sicherung ABS-Motor 30A	– ABS-Funktion fällt aus
5-4 [1), 2)]	Störung im Spannungsversorgungs-Relais – Störung im Spannungsversorgungs-Relais oder im Kabel – Störung in der Sicherung ABS-Motor 30A	– ABS-Funktion fällt aus
6-1 [1), 2)]	Leistungsstromkreis, Unterspannung – Eingangsspannung zu niedrig – Störung in der ABS-Hauptsicherung 7,5 A	– ABS-Funktion fällt aus
6-2 [1), 2)]	Leistungsstromkreis, Überspannung – Eingangsspannung zu hoch	– ABS-Funktion fällt aus
7-1 [2)] *	Reifenfehler – falsche Reifengröße	– ABS-Funktion fällt aus
8-1 [1), 2)]	Störung im ABS-Steuergerät (im ABS-Modulator)	– ABS-Funktion fällt aus

1) = Störung tritt vor dem Start auf

2) = Störung tritt während der Fahrt auf

* = ab Modelljahr 2018

** = in den Modelljahren 2014 bis 2017

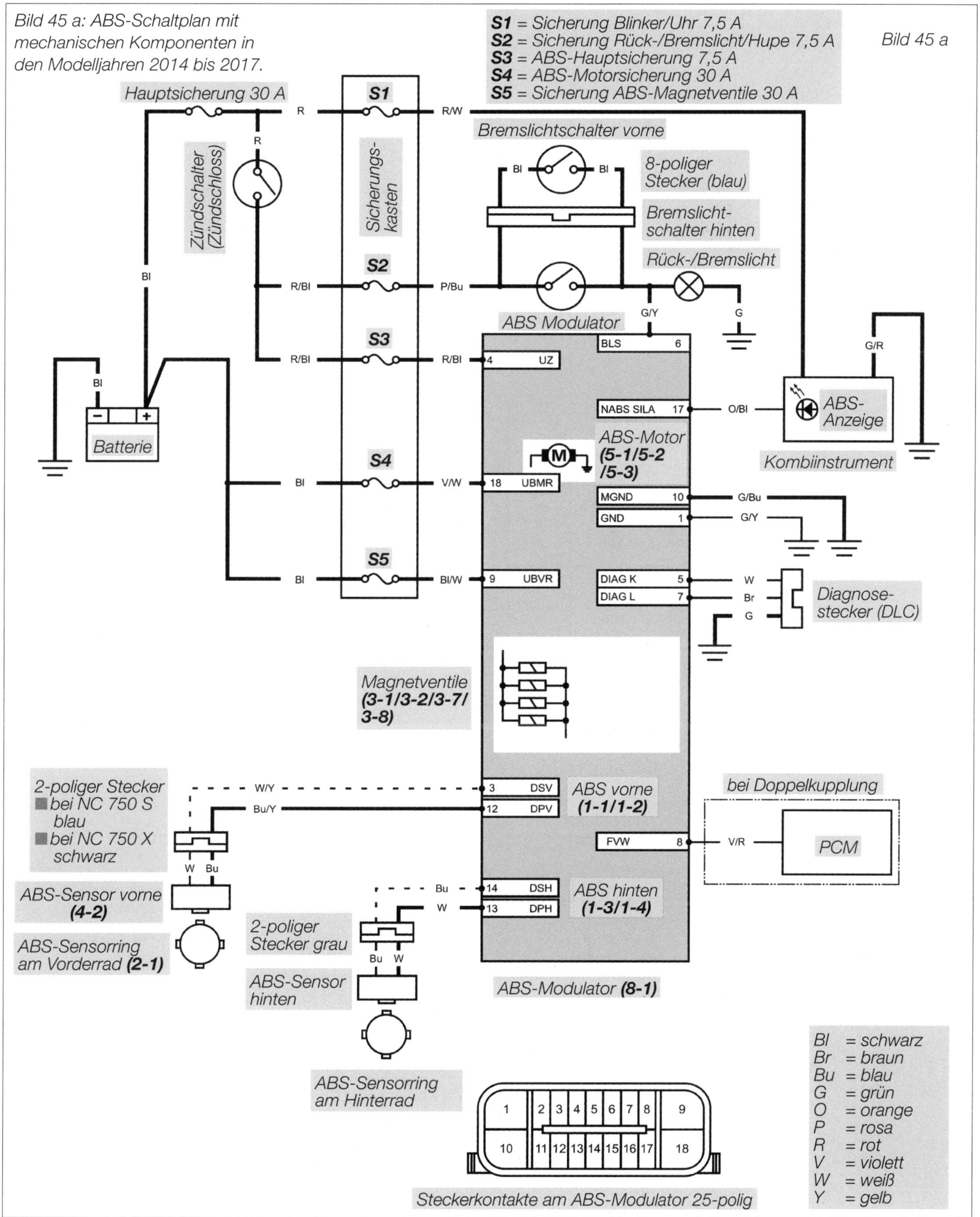

Bild 45 a: ABS-Schaltplan mit mechanischen Komponenten in den Modelljahren 2014 bis 2017.

Bild 45 b

Bild 45 b: ABS-Schaltplan mit mechanischen Komponenten in den Modelljahren 2018 bis 2020.

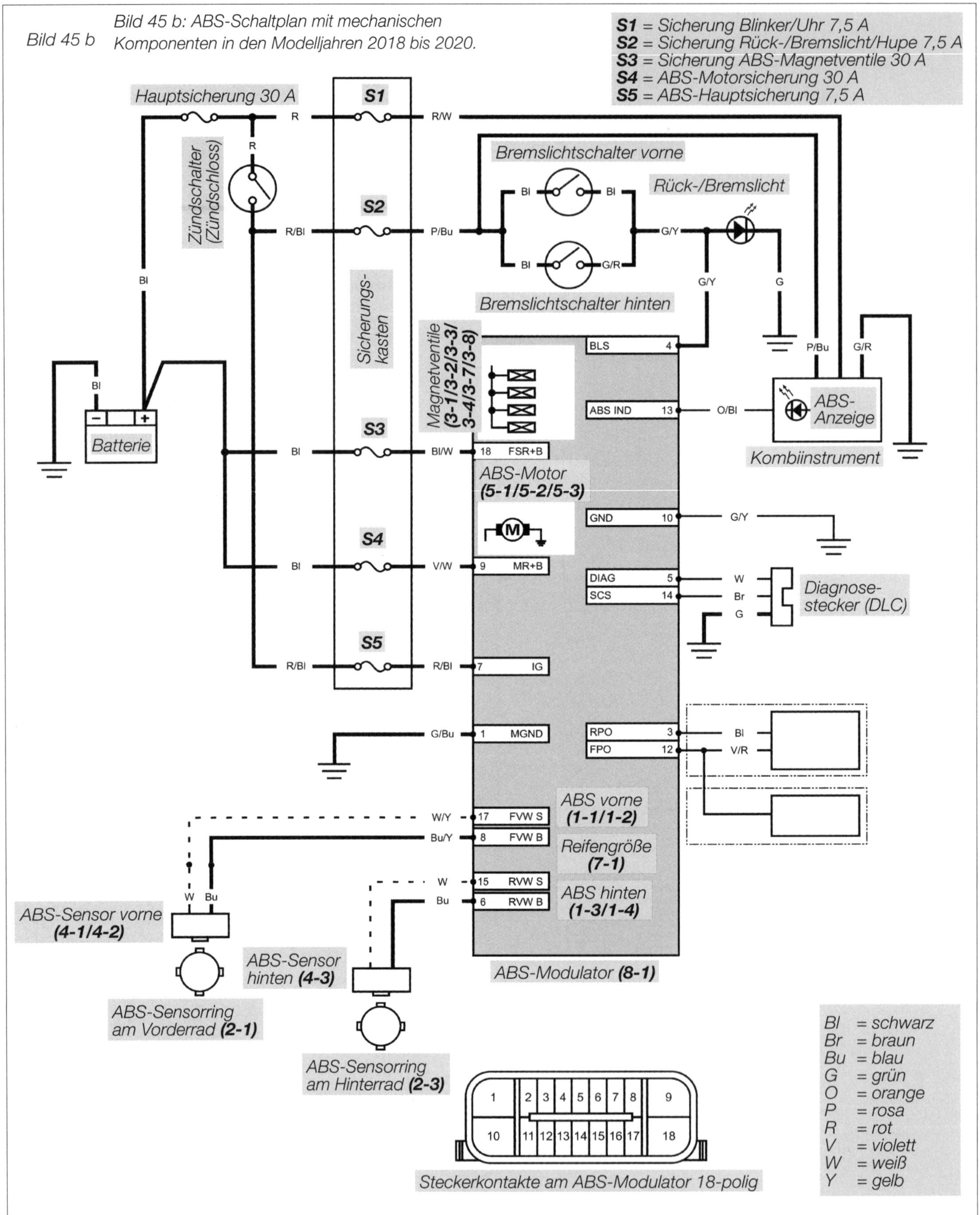

Bild 45 c: ABS-Schaltplan mit mechanischen Komponenten ab Modelljahr 2021.

Bild 45 c

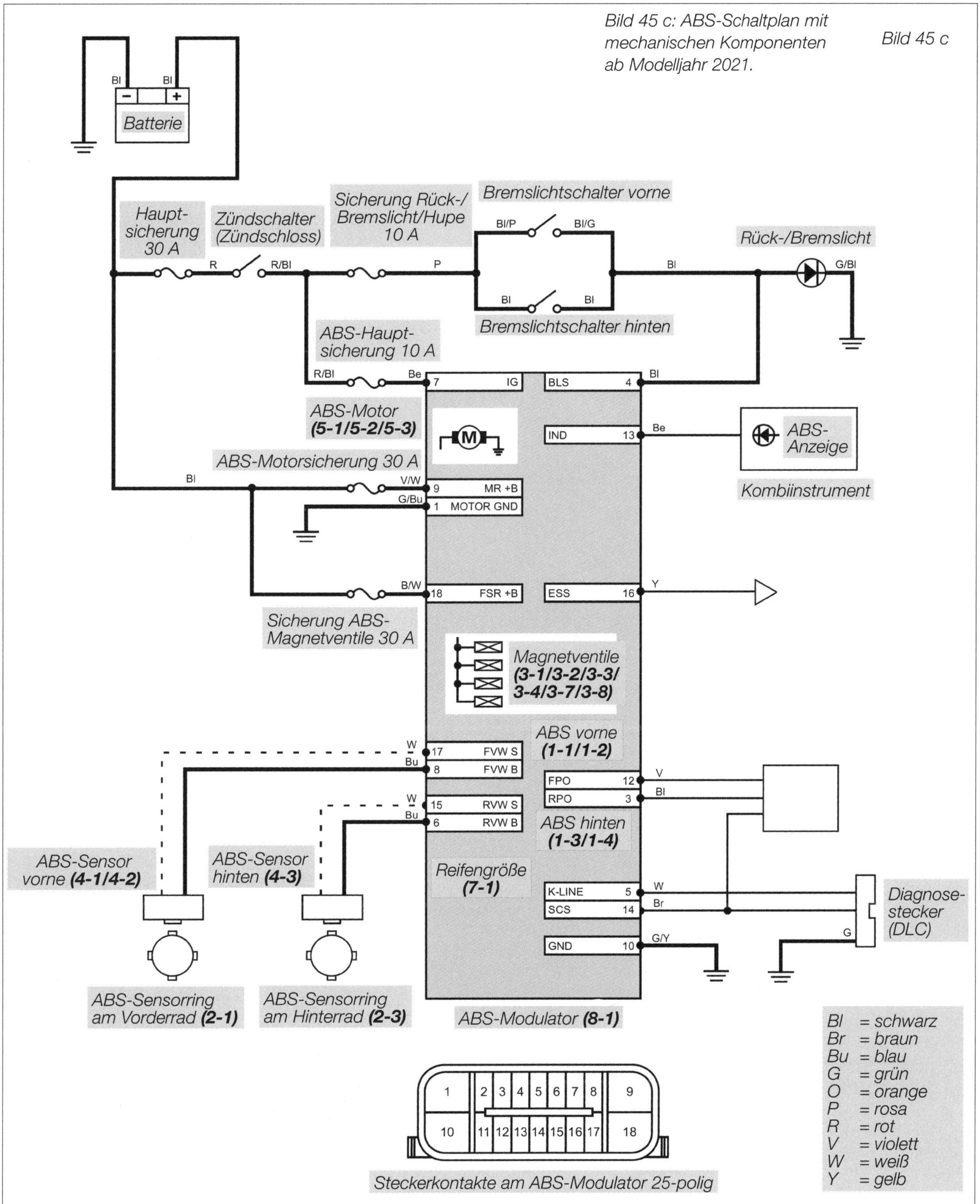

Bl = schwarz
Br = braun
Bu = blau
G = grün
O = orange
P = rosa
R = rot
V = violett
W = weiß
Y = gelb

Sichtprüfung · Messen

Kette

In diesem Kapitel: Hinterrad-Antriebskette · Kettenverschleiß · Werkzeuge · Kette und Kettenräder reinigen, kontrollieren, schmieren · Kettenspannung messen und einstellen · Kettenräder und Kette wechseln, vernieten.

Bilder 1 und 2: Aufbau einer Hinterrad-Antriebskette (Enuma) mit O- oder X-Ringen zwischen den Laschen. Eine X-Ring-Kette ist teurer als eine O-Ring-Kette.

Hinterrad-Antriebskette

Die serienmäßige Hinterrad-Antriebskette ist eine endlose Rollenkette mit X-Ringen zwischen den Laschen. Bei der NC 750 hat sie 114 Rollen.

- Serie ist entweder eine DID 520V0-114LE
- oder eine RK 520MKO-114LE

Bei Maschinen mit Doppelkupplungsgetriebe ist die Kette 112 Rollen lang.

- Serie ist entweder DID 520V0-112LE
- oder eine RK 520MKO-112LE

Eine Kette kann bei normaler Belastung und sehr guter Pflege eine Lebensdauer von rund 40 000 km haben. Entscheidend für eine lange Lebensdauer von Kette, Kettenritzel und Kettenrad ist, dass diese Bauteile immer gut und richtig gepflegt werden, was nicht nur regelmäßige Reinigung und Schmierung bedeutet, sondern auch, dass die Kette immer korrekt gespannt ist.

Laut Honda-Wartungsplan soll die Kette alle 1000 km geprüft, geschmiert und, falls es notwendig sein sollte, gespannt werden. Bei Einsatz unter großer Motorbelastung oder bei schlechtem Wetter soll die Kette öfter gewartet werden.Dagegen genügt es bei normaler Belastung und Fahrt bei schönem Wetter die Kette einmal täglich anzusehen, ob sich noch Schmier-

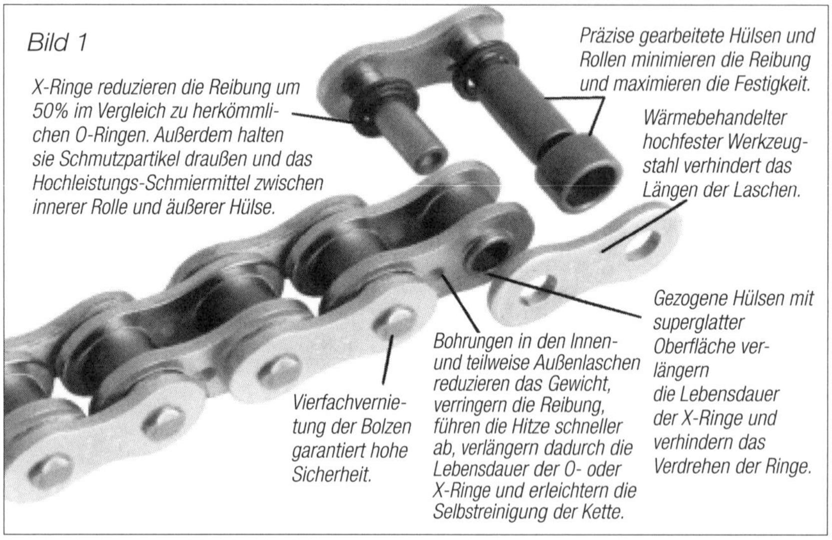

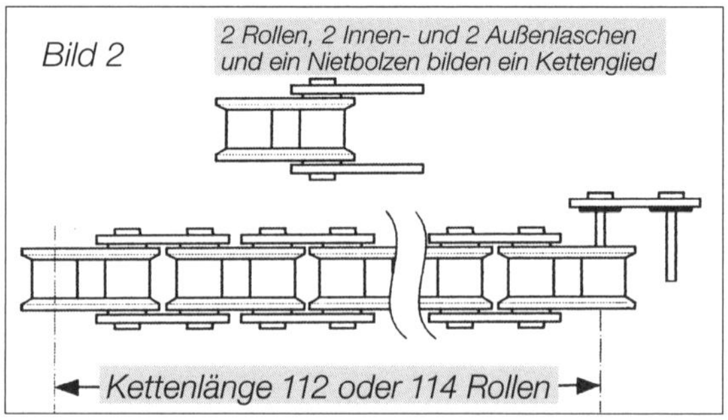

Sicherheitshinweise Achtung und Tipps für dieses Kapitel

⚠ Bei allen Arbeiten an der Kette gilt:

- Motor ist ausgeschaltet, Zündschlüssel am besten abgezogen.
- Leerlauf einlegen.
- Maschine auf Heckmontageständer aufbocken, so lässt sich besser daran arbeiten, als wenn sie schräg nach links geneigt auf dem Seitenständer abgestellt ist.

☞ Im vorderen Bereich der Kette unter der Abdeckung sammelt sich abgeschleudertes Kettenfett vermischt mit Straßendreck, das zu festen Klumpen zusammenbäckt. Bei jeder größeren Reinigung der Maschine mit anschließender Kettenpflege ist es zu empfehlen, die vordere Kettenritzelabdeckung und den Kettenschutz komplett abzubauen, um den darin sitzenden Dreck herausputzen und alles gut reinigen zu können.

⚠ Beim Aufflexen der Kette unbedingt folgende Sicherheitsmaßnahmen beachten:

- Schutzbrille aufsetzen.
- Genügend Sicherheitsabstand zu Behältern mit brennbaren Flüssigkeiten oder Materialien einhalten (eventuell abgebauten Tank weit weg legen!).
- Weiter Abstand von der Schleifstelle zu brennbaren Materialien (auch Sägespäne gehören dazu, nicht nur offenes Waschbenzin!).
- Schild gegen den Funkenflug aufstellen, speziell gegen Lack- und Verkleidungsteile des Motorrads, damit diese durch Funkenflug oder herumfliegende Teile der aufgeflexten Kette nicht beschädigt werden.

☞ Von der Kettenmarke Enuma (Importeur alpha Technik, *www.alphatechnik.de*) gibt es Ketten mit Niet- oder Schraubschloss (Bild 3) für

Bild 3: Schraubschloss von Enuma.

die Honda NC 750-Modelle sowie Kettenräder und Ritzel in Erstausrüstungsqualität. Das Enuma-Schraubschloss kann ohne Spezialwerkzeug montiert werden, es gilt in Fachkreisen als sehr betriebssicher und langlebig. Das qualitativ hochwertige Spezialwerkzeug zum Trennen und Vernieten von Ketten nennt sich »WHALE Roller Chain Cutter/Reviter«. Enuma- und WHALE-Produkte sind ausschließlich im Motorrad-Fachhandel erhältlich.

mittel auf den Rollen befindet und die Kettenspannung (»Durchhang«) in Ordnung ist.

Als Kettenspannung (»Durchhang«, Bild 16) sind vorgeschrieben:

- bei NC 750 S .... 30 mm
- bei NC 750 X...................................... 35 mm

Wenn er größer ist, muss er korrigiert werden.

Zu allen Arbeiten an der Kette das Motorrad auf einen Heckmontageständer aufbocken. Wenn es auf dem Seitenständer abgestellt ist, werden Reinigen, Schmieren und Spannen der Kette zu mühseligen Angelegenheiten.

Kettenverschleiß

Das Lebensende der Kette deutet sich an, wenn die Zähne der Kettenräder stark verschlissen sind und übermäßig »spitz« werden (Bild 4) und sich die Kette am hintersten Punkt des hinteren Kettenrads mit den Fingern um mehr als eine halbe Zahnhöhe vom Kettenrad abheben lässt.

Ein weiteres Indiz für das Ende der Kettenlebensdauer ist auch, wenn die Hinterradachse schon sehr weit hinten steht und die Kettenspann-Möglichkeit damit nahezu erschöpft ist.

Bild 5: Am Ende des linken Schwingenholms über dem Achslangloch ist ein kleiner Aufkleber mit einem grünen und roten Feld angebracht. Korrekte Kettenspannung vorausgesetzt, kann der Verschleiß auf einen Blick festgestellt werden:

- Steht die Pfeilmarkierung auf der Achsaufnahme unterhalb des grünes Felds des Klebers, ist die Kettenlänge in Ordnung.
- Steht die Pfeilmarkierung auf der Achsaufnahme dagegen in Deckung zum roten Feld, ist die Kette verschlissen und muss zusammen mit den Kettenrädern erneuert werden.

Werkzeuge

Werkzeuge zum Spannen der Kette, Bild 6:

- 27er-Nuss für die Hinterachsmutter
- 22er-Ringschlüssel zum Gegenhalten am Achskopf
- großer Drehmomentschlüssel
- 12er- und 14er-Gabelschlüssel
- Eine Empfehlung ist der Laser-Kettenfluchttester »Laser CAT« (Bild 7)

Wenn Kette und Kettenräder erneuert werden müssen, braucht man zusätzlich:

- 8er-Schlüssel für die Abdeckung des Kettenritzels
- 5er-Inbusschlüssel für die Schrauben des Kettenschutzes
- 10er-Schlüssel für die Schraube des kleinen Schalthebels
- 14er-Nuss mit Verlängerung für Ritzelschraube

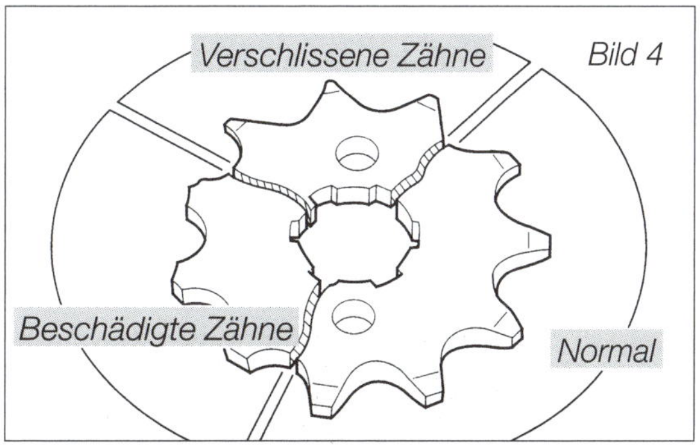

Bild 4: Normale und Verschleißzustände am Kettenritzel.

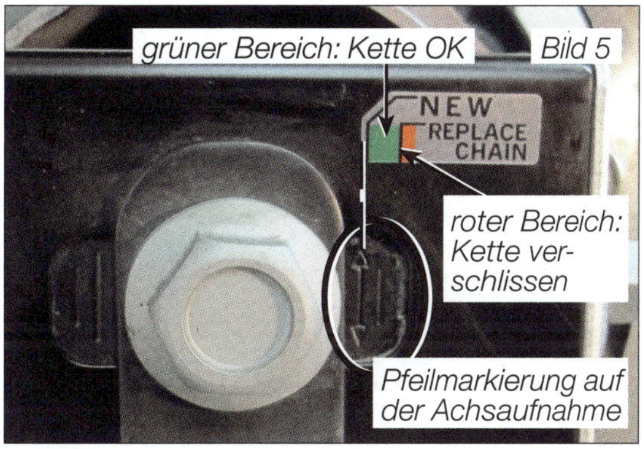

Bild 5: Grün-rote Verschleißmarkierung links an der Schwinge und Pfeilmarkierung auf der Achsaufnahme.

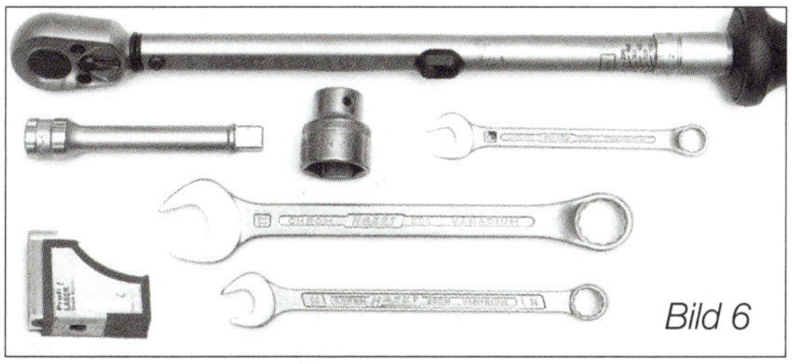

Bild 6: Benötigte Werkzeuge zum Spannen der Kette.

Bild 7: Lasermessgerät »Laser CAT« zur Einstellung der korrekten Kettenflucht (www.profiproducts.de).

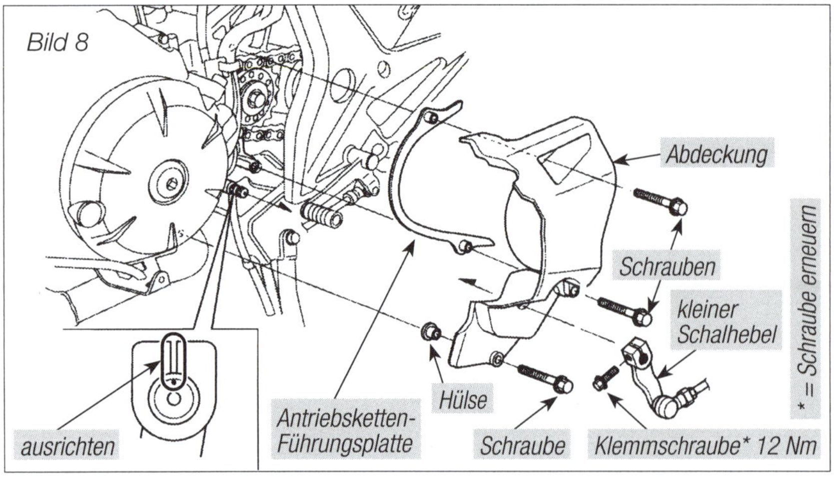

Bilder 8 bis 11: Zur intensiven Kettenreinigung die vordere Ritzelabdeckung abbauen.

■ Reifen zur Kette hin mit einem Stück Pappe abdecken.

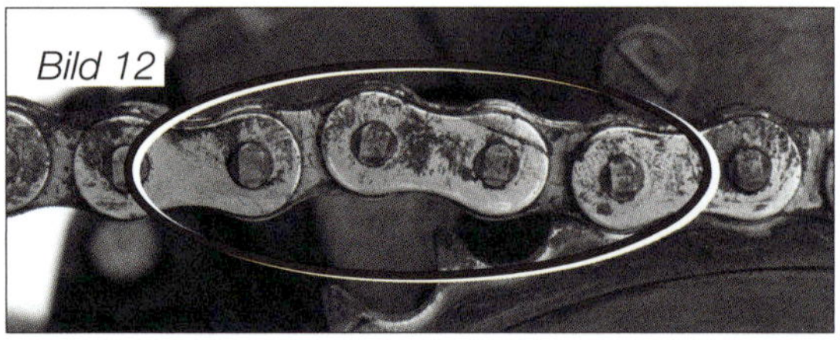

Bild 12: Festes Kettenglied.

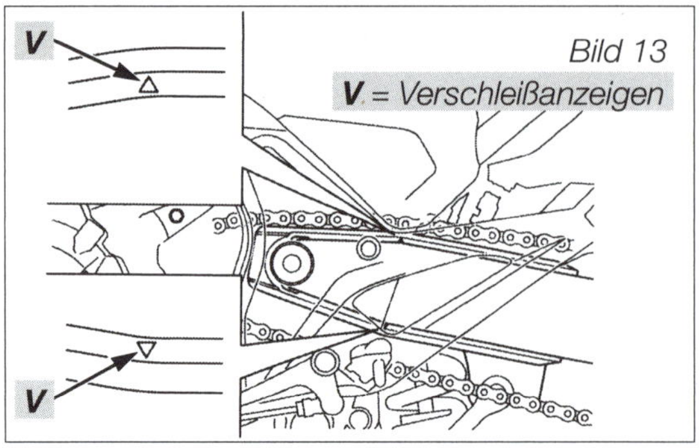

Bild 13: Verschleißanzeiger am Kettenschleifschutz.

■ 19er-Nuss für die selbstsichernden Muttern am hinteren Kettenrad
■ kombiniertes Kettentrenn- und Vernietwerkzeug plus 250-Gramm-Hammer
■ Reinigungsmittel (Bremsenreiniger), reichlich Lappen und dickes Wälzlagerfett zum Einfetten der Keilnuten in der Getriebausgangswelle

Kette reinigen und schmieren

Kette reinigen

1. Bild 8: Bei einer intensiven Kettenreinigung sollte auch die Abdeckung über dem vorderen Kettenritzel abgenommen und aller Dreck sorgfältig herausgeputzt werden.

1.1. Kleinen Schalthebel auf Schaltwelle abbauen: Schraube ausdrehen, Hebel von Schaltwelle abziehen.

1.2. Deckel abschrauben: Schrauben ausdrehen, Deckel abnehmen.

2. Bilder 9 und 10: Kette mit Kettenreiniger (Dieselöl geht auch) und einem hartem Pinsel reinigen, gut mit nicht fusselndem Lappen abputzen und trocknen lassen.

Wichtig: Zwischen Kette und Reifen ein Stück feste Pappe einstecken, damit weder Reinigungsmittel, Dreck oder Kettenfett auf den Reifen gerät.
■ Kein zu scharfes Reinigungsmittel verwenden, dieses kann die O-Ringe in der Kette zerstören.

3. Bild 11: Wenn Sie Zeit und Muße haben, dann reinigen Sie auch sorgfältig die Zähne von Ritzel und Kettenrad sowie die Kettenrollen mit Lappenstreifen oder alten Schuhbändeln. Das mag zwar mühsam erscheinen, aber aller Dreck in den Zähnen der Kettenräder und auf den Rollen der Kette muss ab, denn wenn frisches Kettenfett auf alten Dreck kommt, vermengt sich dies und wird zur verschleißfördernden Schmirgelpaste.

Kette kontrollieren

1. Kette sorgfältig Glied für Glied auf lockere Nieten, beschädigte Rollen, trockene, verrostete, geknickte, verklemmte Glieder (Bild 12), übermäßige Abnutzung und fehlende X-Ringe überprüfen.

2. Kettenräder auf übermäßig abgenutzte, z. B. spitz zulaufende, abgebrochene oder beschädigte Zähne kontrollieren (Bild 4).

3. Muttern am hinteren Kettenrad und Schraube am vorderen Kettenritzel an der Getriebewelle auf festen Sitz prüfen. Im Normalfall lösen sich diese Schraubverbindungen nicht.
■ »Normalfall« bedeutet: Kettenritzel und Kettenrad sind noch serienmäßig (Erstausrüstung) oder

beim letzten Wechsel der Kette und Kettenräder wurde sorgfältig gearbeitet.

4. Prüfen, ob der Kettenschleifschutz links vorne auf der Schwinge noch genügend dick ist. Er hat zwei Verschleißanzeigen (Bild 13).

■ Wenn der Kettenschleifschutz verschlissen ist, muss er unbedingt erneuert werden, sonst besteht die Gefahr, dass die Kette die Schwinge an- oder gar durchschleift!

Kette schmieren

Zur Schmierung der Kette eignet sich ein dickes Motoren- oder Getriebeöl (ca. SAE 80), üblich ist Motorrad-Kettenspray (Bild 17), wie man es überall kaufen kann. Seltener ist Kettenfett in der Dose (Bild 14), das Rolle für Rolle mit Pinsel oder Flasche mit Auslaufpipette aufgebracht wird. Zwar dauert dies länger als Aufsprühen des Schmiermittels, aber ein solches Kettenschmiermittel ist preiswert und überaus effektiv.

Bilder 14 und 15: Beispielhaft erwähnen wir die »HKS Hochleistungs-Ketten-Schmiere« von Ing. Czech (*www.hks-czech.de*). HKS ist ein synthetisches Schmiermittel, das Festschmierstoffe enthält. Es erzeugt auf den Rollen einen nahezu dauerhaft dicken, wasserfesten Schmierfilm ähnlich einer Kunststoffversiegelung.

Wichtig ist sowohl beim Schmieren mit Öl, Kettenspray oder Kettenfett, dass die Kette nach dem Reinigen frei von Reinigungsmittelrückständen und absolut trocken ist.

■ Schmiermittel immer von innen auf die Kette auftragen (Bilder 15 und 17).

■ Alles auf der Außenseite der Kette aufgebrachte Schmiermittel sauber abputzen – denn es nutzt nichts, sondern fliegt davon und versaut die Maschine!

■ Nach dem Schmieren nicht gleich losfahren, sondern gut zehn Minuten warten, denn die Lösungsmittel müssen sich erst verflüchtigen.

Kettenspannung

Als Kettenspannung wird der Durchhang der Kette an der straffsten Stelle bezeichnet (Bild 16). Maßangaben auf dem Kleber auf dem linken Schwingenholm:

■ bei NC 750 S .... 30 mm
■ bei NC 750 X....................................... 35 mm

In der Praxis bedeutet dies einen tolierierten Durchhang von 25 bis 35 mm bei der NC 750 S und 30 bis 40 mm bei der NC 750 X.

Bild 14

Bild 15

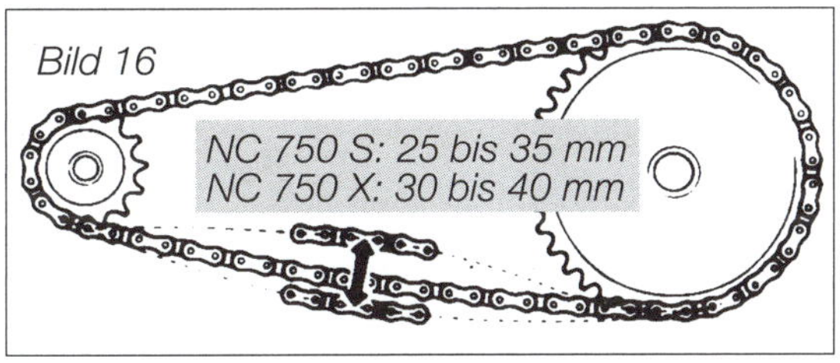

Bild 16

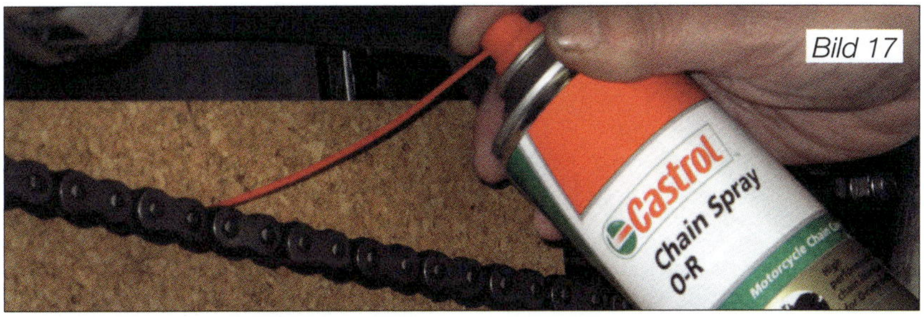

Bild 17

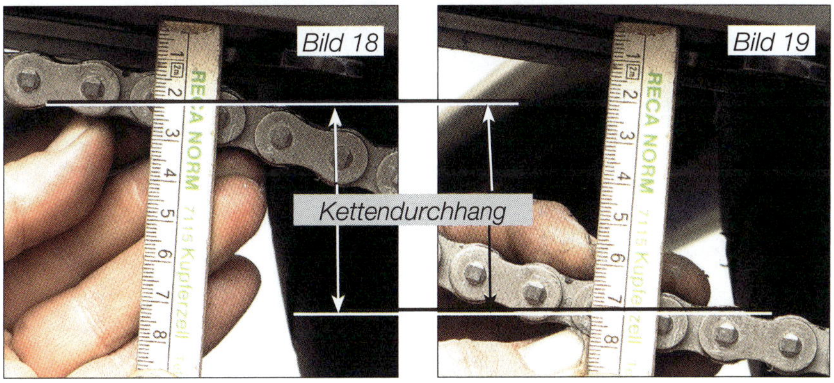

Bild 18 Bild 19

Bilder 14 und 15: HKS-Kettenschmiermittel in Vorratsdose und Plastikflasche mit Spitze.

Bild 16: Vorgeschriebene Kettenspannung.

Bild 17: Kettenspray innen auf die Kette auftragen.

Bilder 18 und 19: Messen der Kettenspannung:
■ Kette nach oben drücken, Maß nehmen (ca. 23 mm in Bild 18).
■ Kette nach unten ziehen, Maß nehmen (ca. 72 mm in Bild 19).
■ Die Differenz (ca. 49 mm) ist der Kettendurchhang.
■ Dieser muss jetzt auf den vorgeschriebenen Wert gebracht werden.

Sichtprüfung Messen

Wichtig: Ab einem Kettendurchhang von 45 mm bei der NC 750 S bzw. 50 mm bei der NC 750 X besteht die Gefahr, dass der Rahmen beschädigt wird.

Kettenspannung messen
Bilder 16, 18 und 19: Die Kettenspannung wird am unteren Kettentrum zum Schwingenholm gemessen, ungefähr in der Mitte zwischen vorderem Kettenritzel und hinterem Kettenrad. Motor ist abgeschaltet, Leerlauf eingelegt, Maschine steht auf Heckmontageständer:

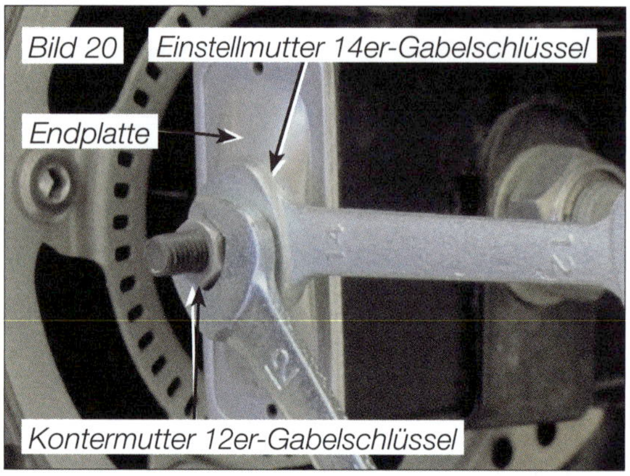

Bilder 20 und 21: Einstellmarkierungen und wichtige Bauteile zum Spannen der Kette.

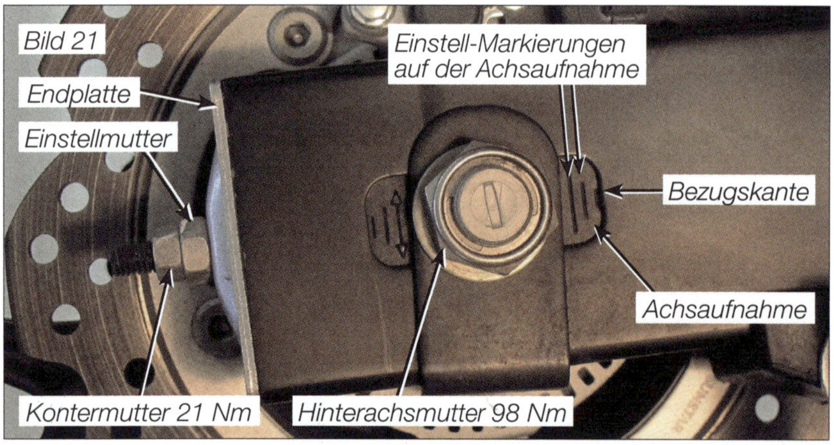

Bild 22: Spezialwerkzeug »Laser-CAT« zum Einstellen und Überprüfen der Kettenflucht wird auf dem hinteren Kettenrad angelegt.

■ Hinterrad mit einer Hand drehen und gleichzeitig mit der anderen Hand die Kette am unteren Kettentrum wippend leicht nach oben drücken. Damit wird die straffste Stelle gesucht, denn eine Kette verzieht sich im Laufe ihres Lebens unregelmäßig.

Kettenspannung einstellen
1. Achsmutter zwei Umdrehungen lösen, damit sich die Hinterachse leicht verschieben lässt.
2. Bilder 20 und 21: Kettenspann-Kontermuttern auf beiden Seiten um zwei Umdrehungen lösen.
3. Bilder 20 und 21: Einstellmuttern gegen die Endplatten der Schwingenholme drehen.
3.1. In Vierteldrehungen rechte Einstellmutter – linke Einstellmutter – rechte Einstellmutter – linke Einstellmutter vorgehen, bis die Kette den korrekten Durchhang erreicht.
3.2. Bild 21: Dabei kann man sich grob an den Einstell-Markierungen orientieren, die auf den Achsaufnahmen angebracht und durch das Achslangloch zu sehen sind. Bezugskante ist die Vorderkante des Achslanglochs.
3.3. Einstell-Markierungen rechts und links müssen zum jeweiligen Ende des Achslanglochs fluchten.
4. Achsmutter mit 98 Nm festziehen.
5. Bild 20: Einstellmutter mit 14er-Gabelschlüssel in ihrer Einstellposition halten und die Kontermutter mit 12er-Schlüssel gegen die Einstellmutter festziehen mit 21 Nm (ist »gut handfest«).
■ Kettendurchhang erneut prüfen.

Tipp: Damit nach dem Spannen der Kette die Kettenflucht stimmt, empfehlen wir das kleine, pfiffige Spezialwerkzeug Laser CAT *(www.profi-products.de)*. Bilder 7 und 22: Laser CAT ist klein, leicht und passt prima ins Bordwerkzeug. Mit ihm kann die Kettenflucht während des Spannvorgangs exakt überprüft und eingestellt werden. Übrigens ist eine exakte Kettenflucht auch die erste Voraussetzung, dass Hinter- und Vorderrad in einer Spur laufen.

Kette wechseln

Falls wegen übermäßiger Längung oder anderer Beschädigung eine neue Kette erforderlich ist, müssen auch die Kettenräder erneuert werden. Bei normalem Verschleiß sind Kettenräder und Kette zugleich verschlissen. Wenn man einen extrem billigen Kettensatz montiert, verschleißen die Kettenräder schneller als die Kette. Deswegen raten wir dazu, einen originalen bzw. qualitativ hochwertigen Kettensatz zu montieren.

Wichtig: Nie Neu- und Altteile kombinieren, sie nutzen sich gegenseitig extrem schnell ab.

Neue Kette kaufen
Wenn eine neue Kette notwendig wird und Sie sich keine Honda-Originalkette kaufen können (oder möchten), haben Sie im Zubehörhandel die Wahl zwischen drei verschiedenen Ketten: endlos vernietete Kette, offene Kette mit Nietschloss oder mit Federclipschloss.

■ **Kaufen Sie in keinem Fall eine Billigkette mit Federclipschloss!**
■ Am besten eine **offene Kette mit Nietglied** kaufen. Zum Vernieten ist allerdings ein Spezialwerkzeug erforderlich.
■ Als Alternative zum Nietschloss kann man auch ein Schraubschloss (Bild 3) verwenden!

Bei einem neuen Kettensatz sind auch neue O- oder X-Ringe, ein neues Nietglied (»Kettenschloss«) und eine kleine Menge Kettenfett für das neue Nietglied dabei. Eine mit Nietglied montierte Kette ist sicherer als eine Kette mit Federclipschloss. Falls Sie keine Möglichkeit haben, eine neue Kette mit Nietglied fachgerecht zu vernieten, können Sie die neue Kette auch mit einem Schraubschloss montieren (siehe dazu Bild 3 und den zugehörigen Textabsatz in »Achtung und Tipps« am Anfang dieses Kapitels).

Wichtig: Nie alte O- oder X-Ringe oder gar gebrauchte Laschen bei der Montage einer neuen Kette verwenden!

Kettentrenn-Vernietwerkzeug: Sowohl zum Trennen der alten Kette wie auch zum fachgerechten Zusammenbau und Vernieten der neuen arbeiten wir beispielhaft in den Bildern 27, 28 und 33 mit dem kombinierten Kettentrenn-Vernietwerkzeug von Enuma. Sollte dieses Spezialwerkzeug nicht zur Hand sein, kann man die Kette auch an den Laschen oder den Nietköpfen mit einer Flex durch- bzw. aufschleifen (»aufflexen«). Das nach dem Aufziehen der neuen Kette nötige »freihändige« Vernieten der Niet-Überstände der Kettengliedbolzen verlangt allerdings eine geübte Hand, die den Hammer zielsicher führen kann, was nicht jedermanns Sache ist. Deswegen ist ein Kettentrenner-Vernietwerkzeug immer die beste Wahl.

Alte Kette abnehmen
1. Motorrad steht sicher aufgebockt auf dem Mittelständer oder Heckmontageständer.

2. Kettenabdeckung über dem vorderen Ritzel abbauen. Dreck herausspulen und sauber putzen.

Kette trennen
1. Bilder 23 bis 25: Kettenritzel-Befestigungsschraube öffnen.
Wichtig: Eine exakt passende 14er-Sechskantnuss mit einer halblangen Verlängerung und einer Rohrverlängerung auf dem T-Griff verwenden, siehe Bild 25. **NICHT** versuchen, die Ritzelschraube mit einem Gabelschlüssel öffnen zu wollen, das geht schief und ist sehr gefährlich, was Verletzungen der Hände angeht!

1.1. Hinterrad durch Druck auf den Fußbremshebel blockieren. KEINEN Gang einlegen und die Ritzelschraube bei blockiertem Motor öffnen!
1.2. Falls sich das Hinterrad mitdreht, weil die Schraube extrem fest ist und die Bremskraft zum Gegenhalten beim Öffnen der Schraube nicht ausreicht, einen Hammerstiel oder ein Holzstück durch das Rad stecken (Bilder 24 und 25) und zusätzlich zur Hinterradbremse eine Radspeiche gegen die Schwinge blockieren.
1.3. Man kann die Schraube auch mit einem Schlagschrauber öffnen, das spart Gegenhalten!
2. Nach dem Öffnen der Ritzelschraube das Ritzel auf der Getriebeausgangswelle stecken

Bilder 23, 24 und 25: Im Lauftext sind die zu den Bildern gehörenden Arbeitsschritte nummeriert beschrieben.

Bild 23

Bild 24

Bild 25

Sichtprüfung Messen

Bilder 26 bis 31: Siehe Lauftext.

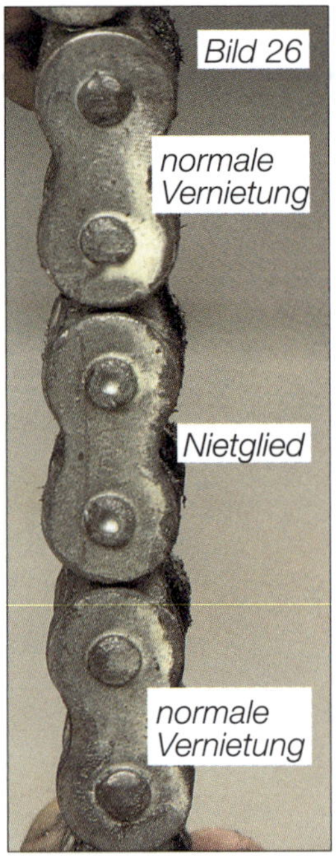

Bild 26

Bild 28

lassen, Hinterradbremse betätigen und die Kettenrad-Befestigungsmuttern am Hinterrad lösen und zwei Umdrehungen öffnen.

3. Nun wird die Kette mit dem Kettentrennwerkzeug durchtrennt:

3.1. Nietglied suchen (Bild 26), daran lässt sich die Kette am leichtesten trennen.

3.2. Bild 27: Kettentrenner ansetzen, Gewindebuchse mit einer Zange festziehen, Durchschlag einsetzen, Kettentrenner mit einer Hand festhalten und mit dem Hammer in der anderen Hand kräftig auf den Durchschlag klopfen.

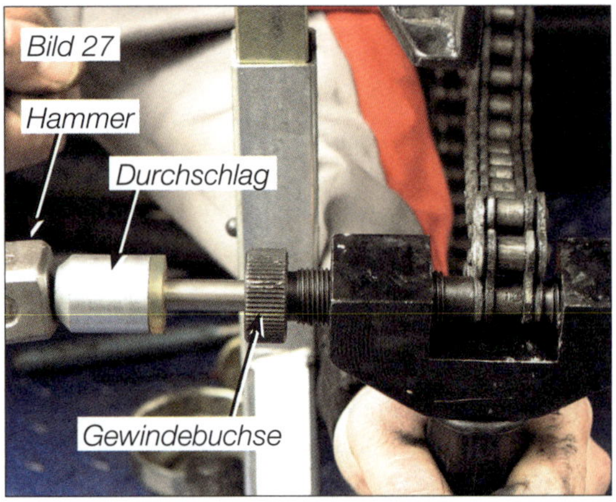

Bild 27

Bild 29

3.3. Bild 29: Bolzen wird ausgenietet.

4. Entnietete Kette trennen (Bild 28) und von den Kettenrädern abziehen.

5. Altes Kettenritzel vorne abziehen.

Neue Kette und Kettenräder montieren

1. Getriebeabtriebswelle mit Ölspray reinigen. Keilnuten mit Fett schmieren (z. B. Shell RETINAX, ein spezielles Fett, das hohen Druck aushält).

2. Neues Ritzel aufschieben. Gereinigte, leicht eingeölte Ritzelschraube handfest eindrehen.

3. Kettenrad hinten wechseln:

3.1. Hinterrad ausbauen, Kettenradmuttern abdrehen, altes Kettenrad abnehmen.

3.2. Anlageflächen und Gewinde der Bolzen gut reinigen (Bremsenreiniger), neues Kettenrad mit der Zahl nach außen hin aufsetzen, Muttern einölen, handfest anziehen.

3.3. Konter- und Kettenspannmuttern auf dem Gewinde nach hinten drehen, Achsaufnahmen tief in die Schwinge einschieben, Hinterrad einbauen, Hinterachsmutter lose aufdrehen.

4. Neue Kette auf die Kettenräder aufziehen, neue X-Ringe aufschieben (Bild 31), Kettenschloss gut mit Kettenfett einfetten, in beide Enden der Kette einstecken.

5. Neue Lasche mit der Beschriftung nach außen aufschieben und mit dem Kettenwerkzeug etwas aufpressen.

■ Die neue Kette sieht jetzt schon fast fertig montiert aus, ist es aber noch nicht!

6. Bild 32: Abstandslehren auf beiden Seite der Kette einstecken. Damit werden die O- oder X-Ringe fixiert und gleichzeitig verhindert, dass die Kettenlasche zu weit aufgepresst wird.

Wichtig: Bei den Original-Honda-Ketten sind keine Abstandslehren beigelegt. Das Maß für den Überstand der Nietbolzen steht in Bild 34. Bei Nachrüstketten ohne beigelegte Abstandslehren ist das Maß für den Überstand der Nietbolzen im Beipackzettel vermerkt.

Bild 30

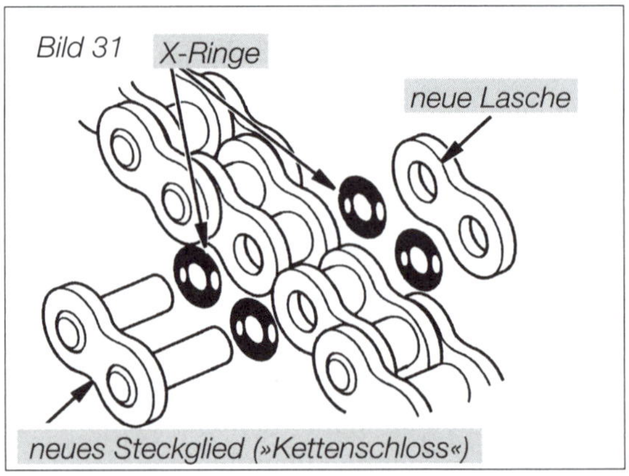

Bild 31

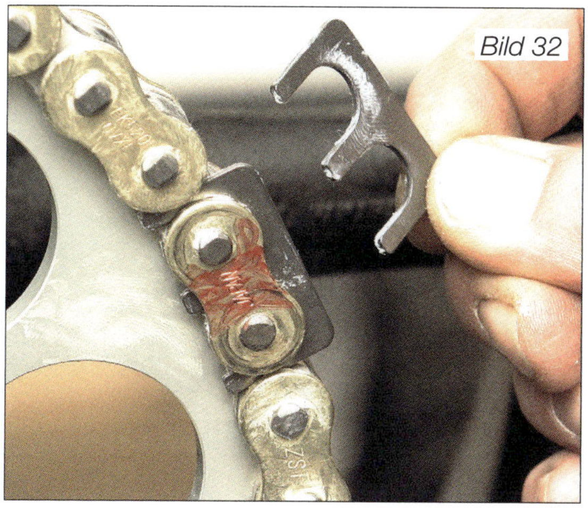
Bild 32

Bild 33

Bilder 32 bis 37: Im Lauftext sind die zu den Bildern gehörenden Arbeitsschritte nummeriert beschrieben.

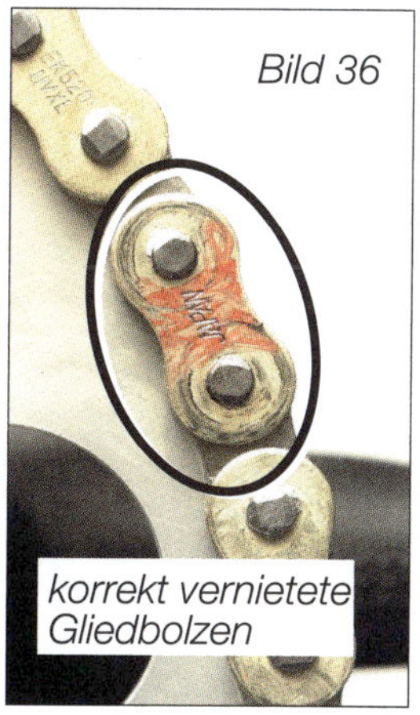
Bild 36

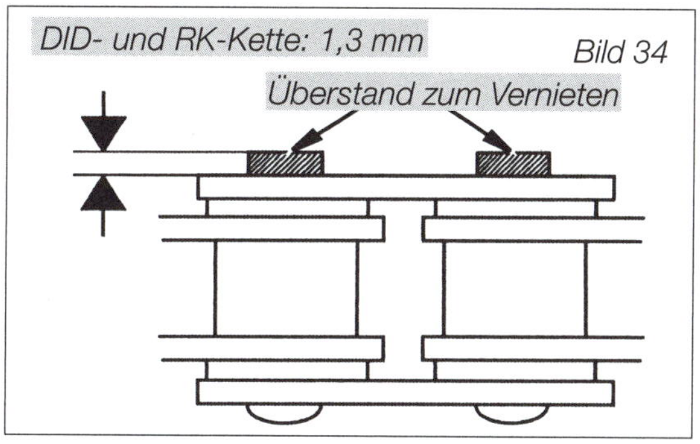
Bild 34

6.1. Kettentrenner ansetzen und mit seiner Gewindebuchse die Kettenlasche sorgfältig auf beide Bolzen aufpressen, bis sie auf der Abstandslehre ansteht.
6.2. Bilder 33 bis 37: Mit dem Nietwerkzeug die Bolzenüberstände vernieten. Abstandslehren herausziehen.
7. Ritzelschraube mit 54 Nm festziehen. Dabei wieder die Hinterradbremse betätigen und/oder einen Hammerstiel durch das Rad stecken und unten an der Schwinge anlegen.
8. Bilder 38 und 39: Selbstsichernde Muttern der hinteren Kettenblatt-Befestigung festziehen.
Wichtige Anmerkung: Honda gibt ein Anziehdrehmoment von 108 Nm für die selbstsichernden Muttern des hinteren Kettenrads an. Dies ist nach Erfahrungen von Honda-Spezialisten zu hoch, denn es besteht die Gefahr, dass die Stehbolzen aus dem Aluminium-Kettenblattträger herausgezogen werden!
Empfehlung: Muttern mit 80 Nm festziehen und mit einer Farbmarkierung zum Kettenrad hin versehen. Nach 100 bis 250 km den Festsitz aller Muttern überprüfen, ggf. nachziehen.
9. Kette spannen. Abdeckungen von Kette und Ritzel und Schalthebel montieren.

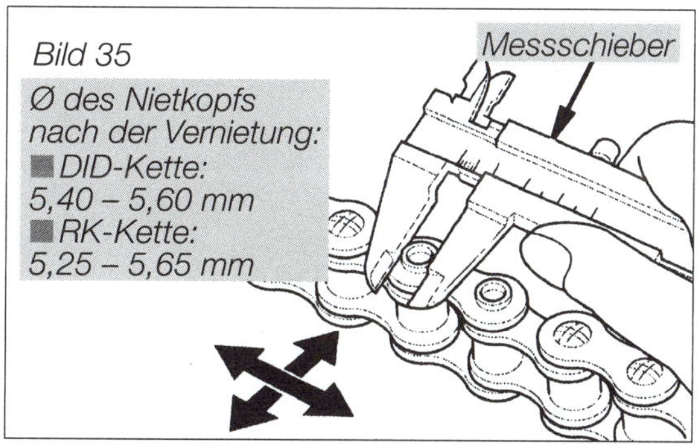
Bild 35

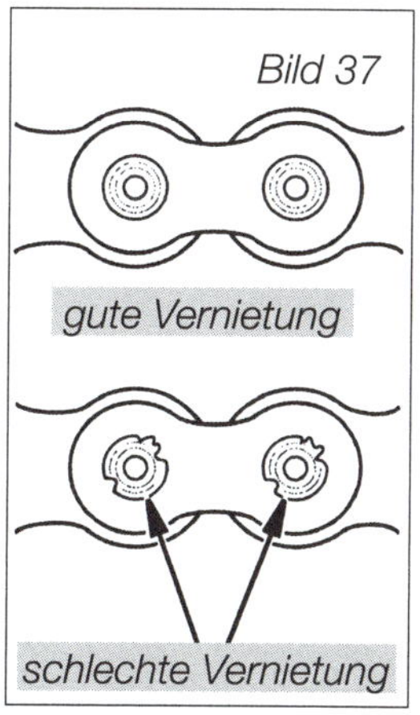
Bild 37

Bild 39

Bild 38

Bilder 38 und 39:
- Das von Honda vorgeschriebene Anziehdrehmoment der Kettenblatt-Muttern beträgt 108 Nm. Dies erscheint als zu hoch.
- Empfehlung: Muttern mit 80 Nm festziehen und mit Farbmarkierungen versehen.
- Wichtig: Festsitz der Muttern nach einigen Kilometern überprüfen, ggf. nachziehen.

Lenkung

In diesem Kapitel: Lenkerstellung · Lenker verstellen, ab-/anschrauben · Lenklagerung · Lenklagerung prüfen · Lenklagerung einstellen · Lenklager reinigen, schmieren · Lenklager erneuern.

Lenker

Bilder 1 und 3: Der Lenker sitzt in zwei Halbschalen (»untere Lenkerhalter«), die zusammen mit der oberen Gabelbrücke ein Bauteil sind. Die obere Lenkerklemmschale ist ein Bauteil und wird mit vier Klemmschrauben an den unteren Halbschalen verschraubt.

⚠ **Achtung:** Die Lenkerklemmschrauben müssen fest angezogen sein (22 Nm). Wenn sie locker sind, kann sich der Lenker nach hinten wegdrehen, wenn das Motorrad stark beschleunigt wird oder nach vorne wegdrehen, wenn stark gebremst wird.

Lenkerstellung: Hinten links am Lenker ist ein Körnerpunkt (Bild 1) angebracht, der sich mit der Oberkante der linken Halbschale decken soll.

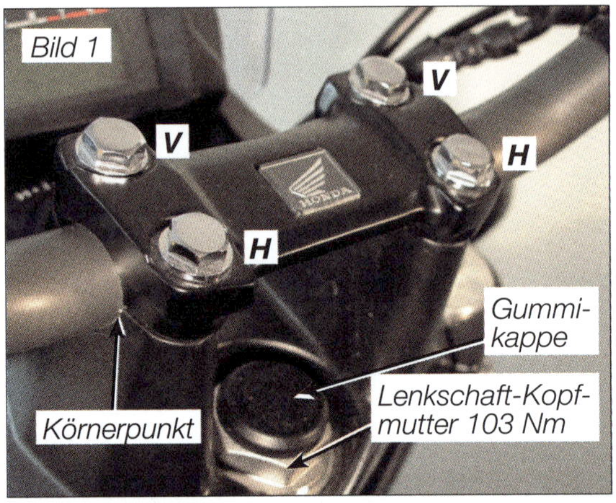

Bild 1: Zuerst werden die vorderen (V) Lenker-Klemmschrauben und dann die hinteren (H) mit 22 Nm festgezogen. ■ Es bleibt also rechts und links hinten ein kleiner Spalt zwischen den unteren Halbschalen der Lenkeraufnahme und der oberen Lenkerklemmschale. ■ Wenn der Körnerpunkt auf dem Lenker zum Spalt links hinten eingestellt ist, dann steht der Lenker in opitmaler Position.

Bild 2: Die Klemmhalbschale der Handbremsarmatur so anbringen, dass Pfeil und »UP« nach oben zeigen. ■ Zuerst die obere Schraube festziehen mit 12 Nm, dann die untere ebenfalls mit 12 Nm.

Lenker verstellen

Je nach Länge der Arme des Fahrers bzw. seiner Körpergröße kann man den Lenker so einstellen, dass die Lenkerenden mit den Handgriffen etwas weiter hinten oder vorne sind. Die Lenkerenden sollen allerdings weder sehr schräg nach oben oder unten stehen, sondern möglichst waagerecht. Wenn die Lenkerstellung korrigiert werden soll, müssen alle vier Lenkerklemmschrauben (***V*** und ***H*** in Bild 1) gelöst werden.
Beim Festziehen: Zuerst die vorderen Schrauben (***V*** in Bild 1) mit 22 Nm festziehen, dann die hinteren (***H*** in Bild 1), ebenfalls mit 22Nm.

Lenker abschrauben

1. Rückspiegel abbauen (siehe Kapitel 4 »Verkleidung · Tank · Rahmen«).
2. Lenkergewichte rechts und links abbauen (siehe Kapitel 20 »Einspritzung«).
3. Brems- und Kupplungshebel (wenn vorhanden) abschrauben: Schrauben ausdrehen, Halbschalen abnehmen, Baugruppen nach vorne ablegen.
Beachten: Hauptbremszylinder senkrecht ablegen, damit keine Luft in das Hydrauliksystem gelangt.
3.1. Bei Doppelkupplungsgetriebe Parkbremshebel abbauen: Schalterstecker trennen, Schrauben ausdrehen, Halter mit Hebelarmatur abnehmen.
4. Linke Lenkerarmatur abschrauben: Schrauben sind im Schaltergehäuse von vorne erreichbar, sie ganz ausschrauben, Schaltergehäusehälften vorsichtig voneinander trennen.
5. Bilder 1 und 3: Lenkerklemmschrauben lösen und ausdrehen, obere Lenkerklemmschale abnehmen. Lenker aus unteren Aufnahmen nehmen.
6. Gasgriff und rechtes Schaltergehäuse abbauen (siehe Kapitel 20 »Einspritzung«) und sicher ablegen.

Lenker anschrauben

1. Lenkerrohr außen und Innenrohr des Gasgriffs mit Ölspray reinigen. Etwas leichtes Fett daran geben.
2. Gasgriff zusammen mit rechter Lenkerarmatur halten, Lenker einstecken.
2.1. Lenker so in die Lenkeraufnahme auf der Gabelbrücke einsetzen, dass die Riffelung auf dem Lenkerrohr mittig sitzt.
3. Obere Lenkerklemmschale aufsetzen: Honda-Emblem muss nach hinten weisen (Bild 1).
4. Lenkerklemmschrauben lose eindrehen.
5. Bild 1: Körnerpunkt links hinten auf dem Lenker auf die untere Halbschale ausrichten.

■ Lenker mit einer Hand festhalten, damit er sich nicht wieder verdreht.

6. Bilder 1 und 3: Vordere Lenkerklemmschrauben mit 22 Nm festziehen, dann hintere Lenkerklemmschrauben mit 22 Nm festziehen.

7. Linke Lenkerarmatur ansetzen.

Beachten: An der vorderen Hälfte der Lenkerarmatur sind kleine Nasen, die in die entsprechenden Bohrungen im Lenker eingreifen müssen.

7.1. Schrauben eindrehen und mit 2,5 Nm (= »leicht handfest«) festziehen.

8. Bild 2: Brems- und Kupplungsarmatur montieren: Klemm-Halbschale so anbringen, dass Pfeil und »UP« nach oben zeigen.

Beachten: Kanten der Hebelhalterungen auf die Körnerpunkte oben auf dem Lenker ausrichten.

8.1. Schrauben eindrehen. Obere Schraube mit 12 Nm festziehen, bis die Halbschale anliegt, dann die untere Schraube, ebenfalls mit 12 Nm.

8.2. Beim Doppelkupplungsgetriebe die Parkbremsarmatur montieren: Der Führungsstift muss in die Bohrung im Lenker eingreifen. Halter ansetzen, Schrauben eindrehen und »gut handfest« anziehen. Schalterstecker verbinden.

9. Lenkergewichte anbauen siehe Kapitel 20 »Einspritzung«.

Lenklagerung, Einstellung

Die Lenklagerung setzt sich zusammen aus dem unteren und oberen Lenklager, dem Lenkschaftrohr sowie dem rahmenfesten Lenkkopf (siehe dazu Bild 4). Sie wird laut Wartungsplan bei jeder Inspektion alle 12 000 km überprüft und ggf. eingestellt.

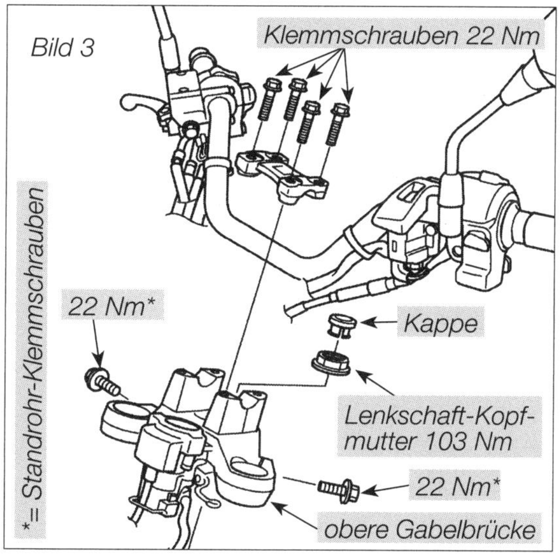

Bild 3: Explosionszeichnung der Lenkerklemmung und Standrohr-Klemmungen in der oberen Gabelbrücke mit Teilebezeichnungen und Anziehdrehmomentwerten.

Bild 4: Explosionszeichnung der Lenklagerung mit Teilebezeichnungen und Anziehdrehmomentwerten.

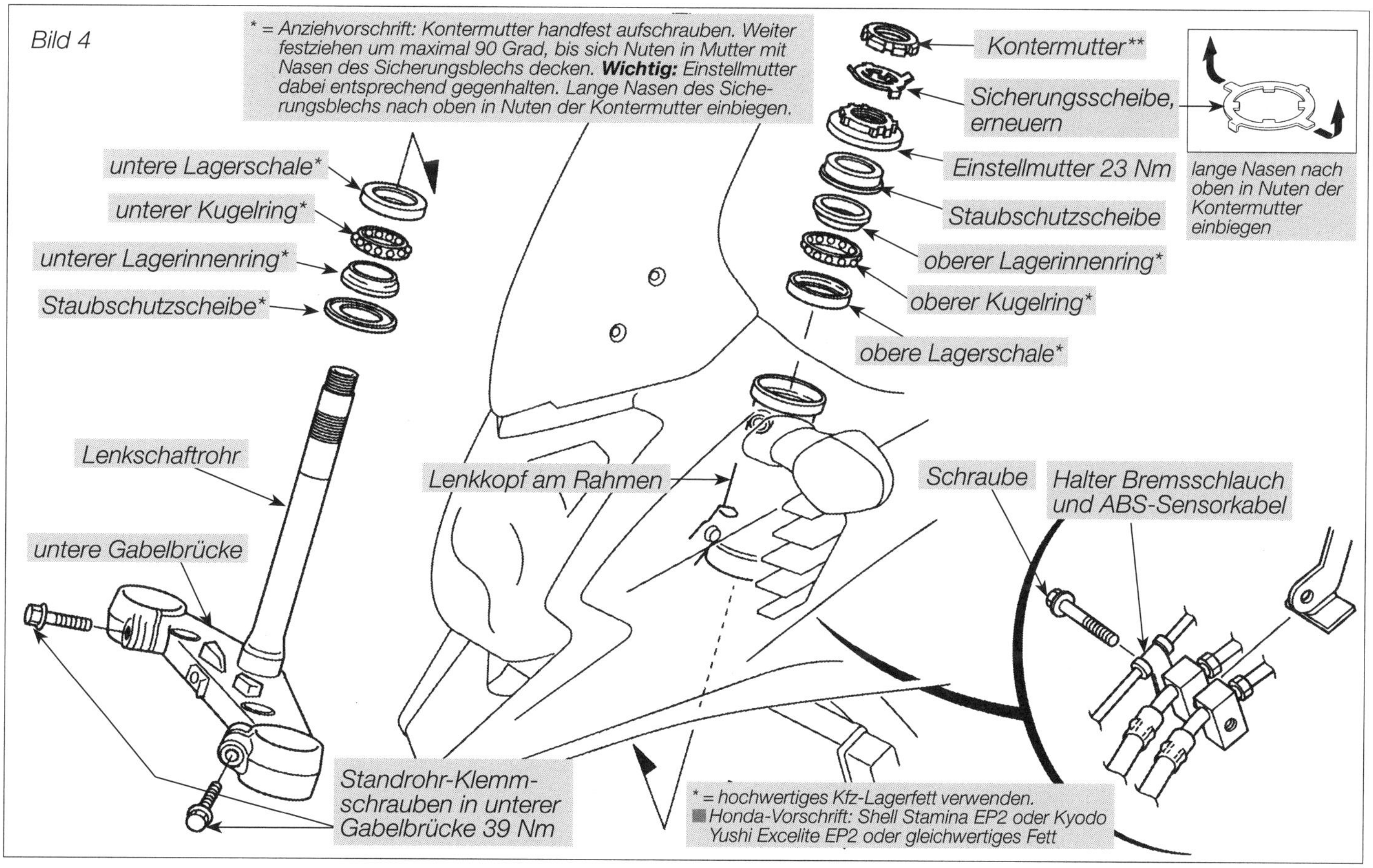

Sichtprüfung Messen

Einstellung der Lenklagerung

Die Lenklagerung muss so eingestellt sein, dass leichtes Schwenken und sicheres Fahren gewährleistet sind. Wenn die Maschine in lang gezogenen Kurven nicht mehr die gewohnt saubere Linie halten will (sofern die Reifen vom Profil her in Ordnung sind und der Luftdruck stimmt!) und es beim kurzen Anziehen der Vorderradbremse verdächtig in der Lenkung knackt, hat meist die Lenklagerung zu viel Spiel.

■ Eine zu lockere Einstellung der Lenklagerung führt zu instabilem Fahrverhalten bei niedrigen Geschwindigkeiten, und bei höheren Geschwindigkeiten flattert das Vorderrad.

■ Eine zu straffe Einstellung der Lenklagerung verursacht Pendelbewegungen der Maschine bei niedrigen und hohen Geschwindigkeiten und erschwert Lenkbewegungen. Vor allem die Zielgenauigkeit bei Kurvenfahrten leidet beträchtlich, man »trifft« die Kurven nicht mehr richtig.

Lenklagerung prüfen

Zur Überprüfung der Lenklagerung müssen Vorderrad und Lenkung frei beweglich sein.

Grundprüfung der Beweglichkeit

1. Maschine hinten auf Heckmontageständer aufbocken, Motor mit Wagenheber und Hölzern so unterbauen, dass das Vorderrad frei kommt.
2. Lenkung von Anschlag zu Anschlag schwenken und dabei auf ungleichmäßige Bewegung, Rastung oder Knacken im Bereich des oberen und unteren Lenklagers achten. Seilzüge und Kabel dürfen den Lenkeinschlag nicht behindern.
3. Falls die Schwenkbewegung der Lenkung ungleichmäßig verläuft und die Lenklagerung Spiel hat, muss sie nachgestellt werden.
4. Rastet die Lenkung in verschiedenen Stellungen ein, sind die Lenklager defekt und müssen erneuert werden. Dann haben sich die Kugeln so in die Oberflächen der Lagerschalen eingedrückt, dass Vertiefungen entstanden sind.

Lenklagerung prüfen

Falls die Lenklagerung Spiel aufweist, sich die Lenkung aber dennoch von Lenkanschlag zu Lenkanschlag bewegen lässt, ohne dass die Lager knacken oder an einem Punkt einrasten, muss die Lenklagerung nachgestellt werden.

Nachstehend zwei populäre Prüfmethoden.

Mechaniker-Methode 1:

1. Motorrad ist so aufgebockt, dass der Vorderbau frei ist.
2. Bild 5: Mechaniker steht vor dem Vorderrad, packt bei gerader Radstellung beide Gabelholme unten und bewegt die Telegabel ruckartig nach vorne und hinten.
■ Wenn das Lenklager Luft hat, spürt man das ganz deutlich.

Mechaniker-Methode 2:

1. Bild 6: Motorrad steht abgebockt auf dem Boden. Mechaniker stellt sich im Bereich des Sitzes neben die Maschine.
2. Rechte Hand betätigt die Vorderradbremse.
3. Linke Hand: Daumen liegt auf der linken Seite der oberen Gabelbrücke, Zeigefinger am Rahmen in Höhe des oberen Lenklagers.
4. Maschine mit gezogener Bremse kräftig mehrmals nach vorne stoßen und zurückziehen.
■ Wenn das Lenklager Luft hat, spürt man dieses Spiel in Daumen und Zeigefinger der linken Hand. Es muss dabei nicht unbedingt hörbar knacken!

Bild 5: Prüfen der Lenklagerung durch Hin- und Herrütteln der Telegabel.

■ Das Motorrad muss so aufgebockt sein, dass die Lenkung frei ist und das Vorderrad keinen Bodenkontakt hat.

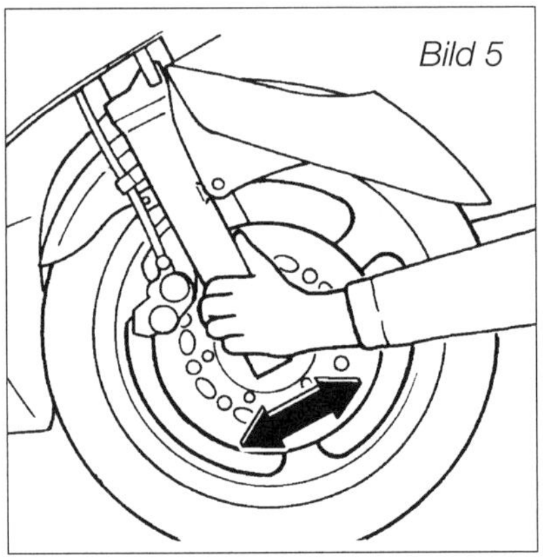

Bild 6: Prüfen der Lenklagerung bei abgebocktem Motorrad: Vorderradbremse betätigen, Zeigefinger und Daumen der linken Hand an Lenkkopf und obere Gabelbrücke, einige Male kräftig einfedern, eventuelles Spiel ist zu spüren.

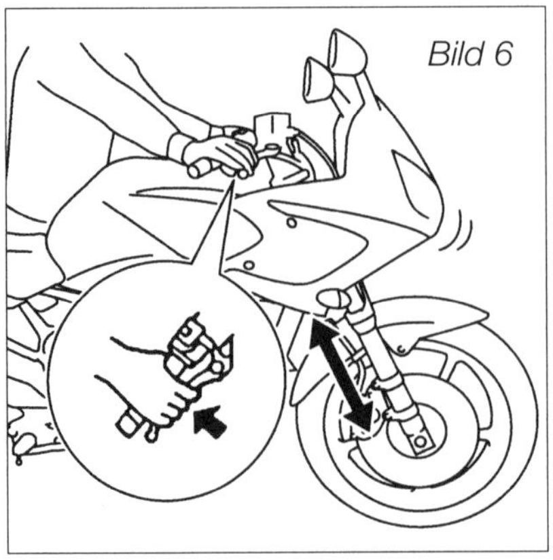

Hinweis: Das »Erspüren« des Lenklagerspiels ist nicht nur Erfahrungssache, sondern auch von Maschine zu Maschine verschieden. Wichtig ist, dass das Spiel beseitigt wird, die Lenklagerung nicht zu fest angezogen wird, also gleichzeitig spielfrei und leichtgängig bleibt.

Lenklagerung einstellen

Lenklager nachstellen

Honda empfiehlt zum Einstellen der Lenklager das Honda-Spezialwerkzeug »Steuerkopfschaft-Steckschlüssel« (Nr. 07916-3710101): Das ist ein Steckschlüssel mit vier Zapfen und Vierkantaufnahme für einen Drehmomentschlüssel (Bild 10), damit kann die untere Nutmutter (»Lenklager-Einstellmutter«) entsprechend der Honda-Vorschrift drehmomentgenau angezogen werden. Steht dieses Werkzeug nicht zur Verfügung, kann man sich auch mit zwei Hakenschlüsseln helfen (Bild 9): einer zum Einstellen der Einstellmutter, der zweite zum Kontern und Entkontern der Kontermutter.

Nachstehend beschreiben wir das Nachstellen der Lenklager nach Honda-Vorschrift.

1. Bei NC 700 S ausbauen: Scheinwerfer und Scheinwerferhalter (Kapitel 12 »Licht · Blinker · Hupe«), Scheinwerferverkleidung (Kapitel 4 »Verkleidung · Tank · Rahmen«), Instrumenteneinheit (Kapitel 12 »Licht · Blinker · Hupe«).
1.1. Bei NC 700 X ausbauen: Vordere rechte und linke Seitenverkleidung (Kapitel 4 »Verkleidung · Tank · Rahmen«).
2. Den 2-poligen braunen Stecker im Kabel vom Zündschloss und den 4-poligen schwarzen Stecker im Kabel vom Wegfahrsperrenempfänger trennen.
■ Bei der NC 700 S sitzen beide Stecker vorne unterhalb der Instrumenteneinheit.
■ Bei NC 700 X sitzt der 2-polige braune Stecker links unterhalb der Zündspule und der 4-polige schwarze Stecker rechts auf gleicher Höhe.
2.1. Kabel aus den Halterungen nehmen.
3. Lenker abbauen und nach vorne ablegen (siehe weiter vorne in diesem Kapitel).
4. Bei NC 700 X: Halter für Kabel der Schaltergehäuse, des Kupplungs- bzw. Parkbremszugs, der Gaszüge und des Bremsschlauchs von oberer Gabelbrücke abschrauben.
5. Obere Gabelbrücke abmontieren:
5.1. Bild 1: Kappe aus Lenkschaft-Kopfmutter aushebeln.
5.2. Lenkung nach links gegen den Lenkanschlag drehen, Lenkschaft-Kopfmutter mit exakt passender Sechskantnuss lösen und abdrehen.
5.3. Standrohr-Klemmschrauben in oberer Gabelbrücke lösen und mindestens zwei Umdrehungen aufdrehen.
5.4. Obere Gabelbrücke nach oben abziehen.
■ Bild 7: Zur Unterstützung leicht mit einem Plastikhammer von unten nach oben klopfen.
■ Wenn die Gabelbrücke fest sitzen sollte, die Kontaktstellen mit Kriechöl einsprühen, kurz einwirken lassen und die Gabelbrücke mit leichten Schlägen mit dem Plastikhammer von unten nach oben abtreiben.
6. Bilder 4 und 8: Laschen der Sicherungsscheibe, die in die obere Nutmutter (»Kontermutter«) eingreifen, aufbiegen.
7. Kontermutter mit dem Vierzapfen-Steckschlüssel lösen und abschrauben.
8. Sicherungsscheibe abziehen.

Jetzt beginnt die Nachstellung:
1. Untere Nutmutter (»Lenklager-Einstellmutter«) etwas lösen, dann handfest anziehen und mit 23 Nm festziehen.
2. Lenkung hin und her bewegen: Prüfen, ob sie sich leicht und ohne sperren bewegen lässt.
■ Falls »ja«, mit 3. fortfahren.
2.1. Falls »nein«: Einstellmutter wieder etwas lösen und erneut mit 23 Nm festziehen.
2.2. Jetzt die Lenkung wieder hin und her bewegen. Falls sie sich jetzt immer noch nicht leicht und ohne zu sperren bewegen lässt, sollte das Lenklager zerlegt und kontrolliert

Bild 7: Obere Gabelbrücke nach Öffnen der Klemmschrauben mit einem Plastikhammer nach oben ausbauen.

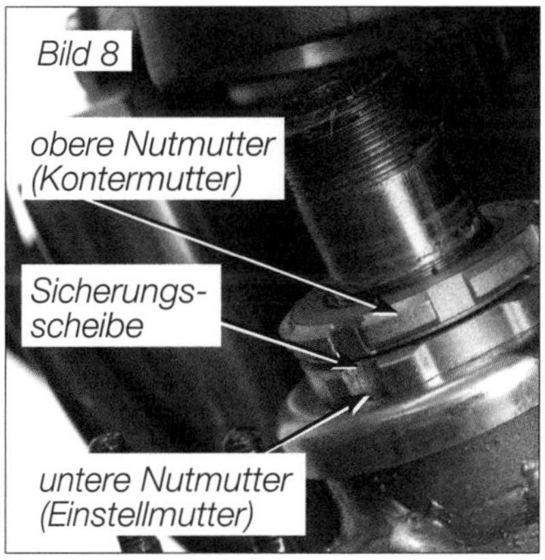

Bild 8: Bauteile der oberen Lenklager-Einstellung. Bevor die obere Nutmutter entkontert wird, muss das Sicherungsblech aus der Nut gebogen werden.

Bild 9: Zum Beschrauben der Nutmuttern einen korrekt sitzenden Hakenschlüssel verwenden.

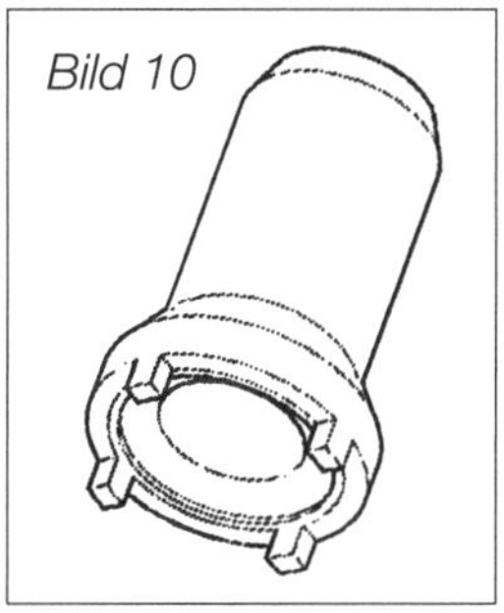

Bild 10: Honda-Spezialwerkzeug »Steuerkopfschaft-Steckschlüssel« (Nr. 07916-3710101).

Sichtprüfung Messen

werden, ob es noch in Ordnung ist (siehe weiter hinten in diesem Text unter »untere Gabelbrücke aus- und einbauen«). Gegebenenfalls müssen neue Lenklager eingebaut werden.
3. Neue Sicherungsscheibe so aufsetzen, dass die kürzeren Laschen nach unten weisen und in die Nuten der Einstellmutter eingreifen.
3.1. Kontermutter aufdrehen und handfest anziehen. Dann um maximal 90 Grad weiterdrehen, bis sich die Nuten von Konter- und Einstellmutter zueinander decken (Bild 8).
■ Einstellmutter dabei mit einem Hakenschlüssel gegenhalten.
4. Längere Laschen nach oben in den Nuten der Kontermutter einbiegen.
5. Gabelbrücke aufstecken, Lenkschaft-Kopfmutter aufdrehen und handfest anziehen.
6. Standrohr-Klemmschrauben in oberer Gabelbrücke mit 22 Nm festziehen.
7. Lenkung nach rechts gegen den Lenkanschlag drehen und die Lenkschaft-Kopfmutter mit 103 Nm festziehen.
8. Lenker aufbauen und einstellen siehe Text weiter vorne in diesem Kapitel.

Bild 11

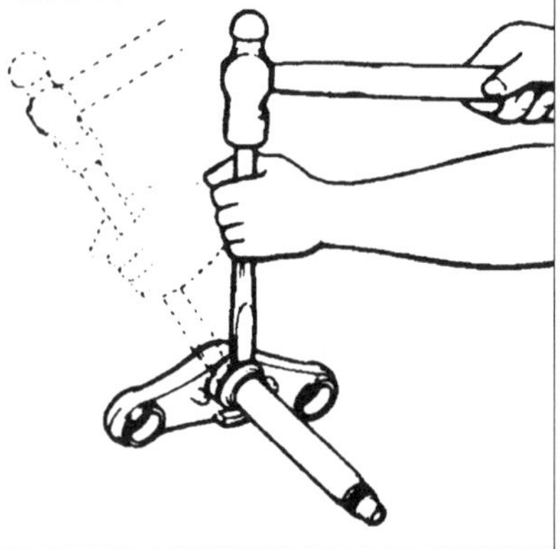

Bild 11: Unteren Lagerinnenring mit einem Föhn ringsum erwärmen und mit einem Meißel vorsichtig vom Lenkschaftrohr abtreiben.

Bild 12

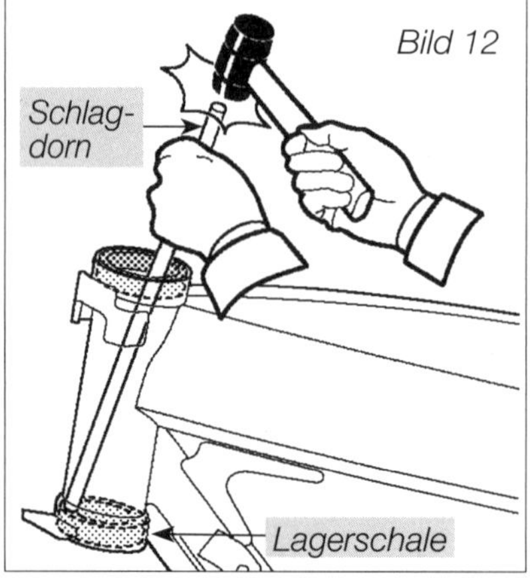

Bild 12: Austreiben der Lagerschalen des Lenkkopfs über Kreuz mit Hilfe eines langen Schlagdornes.

Bild 13

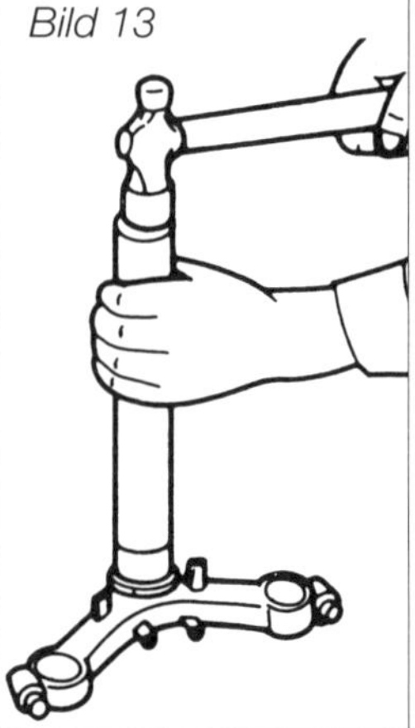

Bild 13: Neues unteres Lager mit einem passenden Rohrstück auf Lagerstelle treiben.

9. Die unteren Gabelbrücken-Klemmschrauben wurden zwar nicht geöffnet, sollten zur Sicherheit allerdings gelöst und erneut mit 39 Nm festgezogen werden.
10. Jetzt die Lenkung einige Male hin und her schwenken und prüfen, ob sie sich leicht und ohne zu »sperren« drehen lässt.
10.1. Wenn alles in Ordnung ist, abgebaute Teile wieder anbauen.

Lenklager reinigen und schmieren

Von Honda gibt es keine km- oder zeitabhängige Vorschrift, wann die Lenklager neu geschmiert werden sollen. Dies liegt vor allem daran, dass die Abdichtung des unteren und oberen Lenklagers gegen Staub und Schmutz mit je einer Staubdichtscheibe sehr gut ist. Dennoch kann es im Laufe der Zeit vorkommen, dass das Fett im Lenklager hart wird und dadurch seine Schmierfähigkeit verliert oder sich das Fett verflüchtigt (wenn z. B. bei einer Dampfstrahl-Reinigung mit dem Dampfwasserstrahl das Lenkkopflager direkt angestrahlt wird!). Dann laufen die Lager trocken, also ungeschmiert.

Ein guter Mechaniker spürt trockene Lenklager, wenn er die Lenkung entsprechend hin und her bewegt. Ab einer Laufleistung von ca. 50 000 km kann eine Reinigung und Neueinfettung der Lenklagerung notwendig werden, wozu die Lenklagerung zerlegt werden muss.

Untere Gabelbrücke mit Lenkschaftrohr ausbauen

Sollte es notwendig sein, die Lenklager zu reinigen und neu einzufetten, oder müssen sie gar erneuert werden, müssen zum Ausbau des Lenkschaftrohres die Gabelbeine ausgebaut werden (siehe Kapitel 10 »Telegabel«).

Motorrad so aufbocken, dass der Vorderbau frei ist. Ab- und ausgebaut sind Scheinwerfer, Scheinwerferhalter, Scheinwerferververkleidung und Instrumenteneinheit (bei NC 700 S), vordere rechte und linke Seitenverkleidung (bei NC 700 X), Lenker, Vorderrad, Kotflügel, Bremssättel, Bremsschläuche und ABS-Sensorkabel unter der unteren Gabelbrücke, Gabelbeine, obere Gabelbrücke. **Wichtig:** Anschlüsse der Bremshydraulik nicht trennen!

1. Obere Laschen der Sicherungsscheibe aufbiegen, Konter-Nutmutter lösen und abdrehen, Sicherungsscheibe abnehmen.
2. Mit einer Hand die untere Gabelbrücke nach oben halten, mit der anderen Hand die Einstellmutter vom Lenkschaftrohr abdrehen.
3. Untere Gabelbrücke mit Lenkschaftrohr nach unten herausziehen.
4. Obere Staubschutzscheibe, Lagerinnenring und oberen Kugelring herausnehmen.
5. Vom Lenkschaftrohr den unteren Kugelring abziehen. Alle Teile sorgfältig reinigen.

Zerlegte Lenkkopflager prüfen

1. Lager begutachten: Sie dürfen nicht beschädigt, eingelaufen, punktuell eingedrückt oder anderweitig beschädigt sein (z. B. durch Korrosion).

1.1. Auch dann, wenn die Laufbahn der Lagerkugeln in den Lagerschalen matt ist, was ein Zeichen ist für Verschleiß der Hartschicht, sollten die Lager erneuert werden.
2. Lagersitzringe und Lagerinnenringe müssen fest und spielfrei in ihren Passbohrungen oben und unten im Rahmen bzw. auf dem Lenkschaftrohr sitzen.
3. Alle Lagerkugeln müssen rund sein und dürfen weder flache Stellen, Vertiefungen (»Krater«), Materialausbrüche, eingelaufene oder eingeschlagene Stellen haben.
3.1. Die Kugelkäfige müssen zur Gänze vorhanden sein, dürfen nirgendwo ausgebrochen oder gerissen sein und müssen alle Kugeln so halten, dass diese sich leicht bewegen, aber nicht herausfallen können.

Lenklager fetten und einbauen
1. Alle Lagerbauteile satt mit schwerem Wälzlagerfett einfetten.
2. Unteren Kugelring über das Lenkschaftrohr fädeln und auf den unteren Lagerinnenring setzen.
2.1. Lenkschaftrohr von unten in Lenkkopf einführen, Gabelbrücke mit der Hand nach oben halten!
3. Oberen Kugelring einsetzen, Lagerinnenring und Staubschutzscheibe aufschieben, gereinigte Einstellmutter einölen, aufschrauben und handfest anziehen.
4. Lenklager einstellen siehe Text weiter vorne in diesem Kapitel.
4.1. Gabelbeine, Kotflügel, Vorderrad, Bremsen und Verkleidungsteile ein- bzw. anbauen.

Lenklager erneuern

Wenn die Lagerschalen Riefen oder eingelaufene Stellen haben, müssen sie ausgebaut und durch neue ersetzt werden. **Sehr wichtig:** Auch Lagerinnenringe, Kugelringe und Staubschutzscheiben erneuern, also immer komplette Lagersätze verwenden.

Honda bietet Spezialwerkzeuge zum Aus- und Einbau der Lenklager an. Diese arbeiten auf Gewindespindelbasis, also ohne Erwärmung (und damit Ausdehnung) des Materials. Nachstehend erklären wir den Aus- und Einbau der Lenklager mit konventionellen Werkzeugen nach üblicher Mechanikerart.

Lager ausbauen
1. Bild 11: Den unteren Lagerinnenring auf dem Lenkschaftrohr fettfrei reinigen, mit Heißluftföhn anwärmen, ganzes Teil auf einer stabilen Holzunterlage ablegen und den Lagerring mit Hammer und Meißel von seinem Sitz treiben.
2. Mit Heißluftföhn, auf dessen Spitze eine runde Düse aufgesteckt ist, oberen und unteren Lagersitz des Rahmens auf ca. 80 °C erwärmen. Dann lassen sich die Lagerschalen leichter austreiben als bei kaltem Rahmen.
3. Bild 12: Obere und untere Lagerschale mit einem langen Dorn unter leichten Schlägen mit einem Stahlhammer schrittweise über Kreuz aus ihren Sitzbohrungen im Rahmen treiben.

Lager einbauen
Ausgangslage für den Lagereinbau: Alle Lagerstellen sind penibel gereinigt und haben keine mechanischen oder korrosionsbedingten Schäden oder Verformungen. Lagerschalen sind neu.

1. Neue Lagerschalen eine Stunde lang ins Tiefkühlfach von Mutters Kühlschrank legen; sie ziehen sich in der Kälte zusammen.
2. Mit Heißluftföhn (oder auf Heizplatte oder im Ölbad) den unteren Lagerinnenring so weit erwärmen, dass man ihn gerade eben nicht mehr in die Hand nehmen kann. »Spuckprobe« machen, es zischt bei ca. 90 bis 100 °C. **Achtung, nur mit Hitzehandschuhen anfassen!**
3. Untere Staubschutzscheibe über das Lenkschaftrohr bis ganz nach unten schieben und satt aufsetzen.
4. Bild 13: Erwärmten unteren Lagerinnenring auf das kalte Lenkschaftrohr auffädeln, nach unten auf den Sitz schieben, mit passendem Rohrstück und kurzen Hammerschlägen in den Sitz drücken.
5. Kurz bevor die Lagerschalen aus dem Kühlschrank geholt werden, die Außenseiten des Lenkkopfs am Rahmen im Bereich der Lagersitze ringsum gleichmäßig erwärmen (max. 80 °C).
6. Bilder 14 und 15: Jetzt die eiskalten Lagerschalen oben in den Lagersitz des Lenkkopfs einfallen lassen, bzw. von unten nach oben einschieben.
6.1. Wie in den Bildern 15 und 16 zu sehen die Lagerschalen zentrisch ansetzen und in kleinen Schritten eintreiben, einen Aluminuimblock zu Hilfe nehmen wie in Bild 16.
6.2. Wie in Bild 17 zu sehen mit einer Nuss, deren Außendurchmesser etwas kleiner ist als der Innendurchmesser des Lenkkopfs, die Lagerschalen in ihren Sitz satt einklopfen.
7. Untere Gabelbrücke einbauen siehe Text »Lenkkopflager fetten und einbauen« weiter vorne in diesem Kapitel.

Bild 14

Bild 15

Bilder 14 bis 17: Im Lauftext sind die zu den Bildern gehörenden Arbeitsschritte beschrieben.

Bild 16

Bild 17

Korrespondenzkapitel:
■ 9 »Lenkung«

Tipps

Verbogene Gabelstandrohre können bis zu einem gewissen Verbiegungsgrad wieder gerichtet werden. Spezialist: Roadrunner Bikeshop GmbH, Johannes-Kepler-Str. 1, D-55129 Mainz-Hechtsheim *www.roadrunner-bikeshop.de*

Gabelsimmerringe vor dem Zusammenbau gut mit Silikonfett einreiben, das hält sie geschmeidig, lässt sie leicht gleiten, verbessert das Ansprechverhalten der Gabel enorm und sichert auf lange Zeit ihre Dichtfunktion.

Bild 1: Im abgelassenen Gabelöl ist Abrieb in Form von kleinen Metallpartikeln zu sehen.

Telegabel

In diesem Kapitel: Warum Gabelöl gewechselt werden muss? · Gabelbeine aus- und einbauen · Gabelöl wechseln · Gabelbeine zerlegen, prüfen, zusammenbauen · Gabelsimmerringe und Gabelbuchsen wechseln.

Gabelöl wechseln?

Von Honda gibt es keine Vorschrift oder Empfehlung, ob überhaupt bzw. bei welchem km-Stand das Gabelöl gewechselt werden muss, weil die Ölfüllungen in den Gabelbeinen als Dauerfüllung ausgelegt sind. Allerdings verschleißt Gabelöl mit der Zeit, weil es feinste Abriebpartikel von den aufeinander gleitenden Oberflächen der Gabelbauteile aufnehmen muss (»Abrieb« in Bild 1) und mit zunehmendem Alter immer dünnflüssiger wird.

Zum Verlust der spezifischen Eigenschaften gehört auch, dass »verbrauchtes« Gabelöl einen großen Teil seiner Schmierfähigkeit verloren hat, was erhöhten Verschleiß der an- und aufeinander gleitenden Gabelbauteile nach sich zieht.

Nach Erfahrungen von Honda-Spezialisten behält das serienmäßig eingefüllte Gabelöl ungefähr drei bis vier Jahre bzw. 30 000 bis 40 000 km seine Eigenschaften und braucht während dieser Zeit nicht gewechselt zu werden. Nach ca. 40 000 km Fahrstrecke kann die Dämpfkraft der Telegabel nachlassen und das Fahrverhalten sich verschlechtern: Spätestens dann muss das Gabelöl erneuert werden.

Zum Wechsel des Gabelöls muss die Telegabel teilweise zerlegt werden, was ein gerütteltes Maß an Schraubererfahrung plus sorgfältigem Arbeiten (!) erfordert. Für Leute mit wenig Erfahrung ist es besser, dies einer Fachwerkstatt zu überlassen.

Gabelbeine aus- und einbauen

Die beiden Gabelbeine müssen sowohl zum Wechsel des Gabelöls wie auch zum Austausch undichter Simmerringe oder ausgelaufener Gabelbuchsen ausgebaut werden.

1. Motorrad so aufbocken, dass Vorderrad und Gabelbeine komplett frei zugänglich sind.
Entweder: Motorrad vorne an einem Werkstattkran aufhängen.
Oder: Einen Ständer verwenden, der von unten in das Lenkschaftrohr eingreift (siehe Kapitel 3 »Werkstatt«). Vor dem Einsetzen des Ständerbolzens von unten in das Lenkschaftrohr müssen der Halter für die Bremsschläuche und das ABS-Sensorkabel abgeschraubt werden (siehe dazu Kapitel 9 »Lenkung«, Bild 4).
2. Ab- bzw. ausbauen: Bremssattel, Vorderrad, Halterungen der Bremsschläuche am Gabelbein, Vorderradkotflügel.
3. Bild 5: Standrohr-Klemmschrauben in der oberen Gabelbrücke lösen und ca. drei Umdrehungen öffnen.
Wichtig: Wenn das Gabelöl gewechselt oder die Gabelbeine zerlegt werden sollen:
3.1. Bilder 3 und 5: Gabeldeckel in beiden Standrohren lösen, aber noch nicht ausdrehen.
4. Bild 4: Standrohr-Klemmschrauben in der unteren Gabelbrücke lösen und ca. drei Umdrehungen öffnen.
■ Dabei das Gabelbein mit einer Hand halten, damit es nicht herausfällt. Wenn die Schrauben gelöst sind, das Gabelbein nach unten ausziehen.

Einbau in umgekehrter Reihenfolge, dabei Folgendes beachten:
1. Bild 2: Standrohr-Klemmstellen in oberer und unterer Gabelbrücke reinigen und leicht einfetten.
2. Bild 5: Gabelbein so weit in die obere Gabelbrücke einschieben, bis die Oberkante des Standrohres bündig mit der Oberfläche der Gabelbrücke abschließt (Bild 5).
Kontrolle: Der Bund des Gabeldeckels steht über der Oberfläche der Gabelbrücke (Bild 5).
3. Mit einem Drehmomentschlüssel festziehen:
3.1. Bilder 3 und 4: Standrohr-Klemmschrauben in *unterer* Gabelbrücke mit 39 Nm festziehen.
3.2. Bilder 3 und 5: Wenn die Gabeldeckel gelöst sind: Beide mit 22 Nm festziehen.
3.3. Bilder 3 und 5: Standrohr-Klemmschrauben in der *oberen* Gabelbrücke mit 22 Nm festziehen.
4. Abgebaute Teile an- und einbauen. Bremsschläuche und ABS-Kabel exakt verlegen.

Gabelöl wechseln

Gabelöl ablassen

Gabelbein muss dazu ausgebaut sein. Der Gabeldeckel wurde schon vor dem Ausbau gelöst (Bilder 3 und 5).

1. Gabelbein an der Achsaufnahme senkrecht in Schraubstock spannen, Alubacken und Lappen dazwischen legen.
2. Gabelstandrohr mit der Hand fest halten, Gabeldeckel aus dem Standrohr ausdrehen.

2.1. Standrohr in Gabeltauchrohr einschieben.
3. Bild 12: Distanzhülse, Federsitzscheibe und Gabelfeder entnehmen.
4. Gabelbein aus dem Schraubstock nehmen und kopfüber in Ölauffangbehälter kippen (Bild 6).
5. Standrohr einige Male im Tauchrohr hin und her bewegen, damit alles Gabelöl herausgepumpt wird.
5.1. Gabelbein mit eingeschobenem Standrohr auf dem Kopf abstellen, Gabelöl lange genug auslaufen und austropfen lassen.

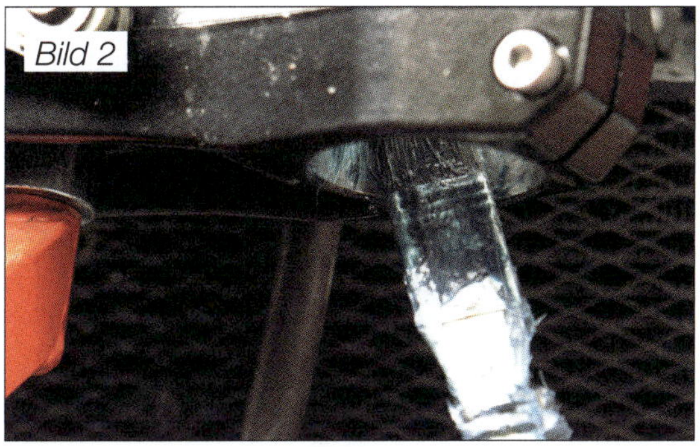

Bild 2: Standrohr-Klemmstellen in den Gabelbrücken reinigen und einfetten.

Bilder 3, 4 und 5: Schraubstellen beim Aus- und Einbau der Gabelbeine.

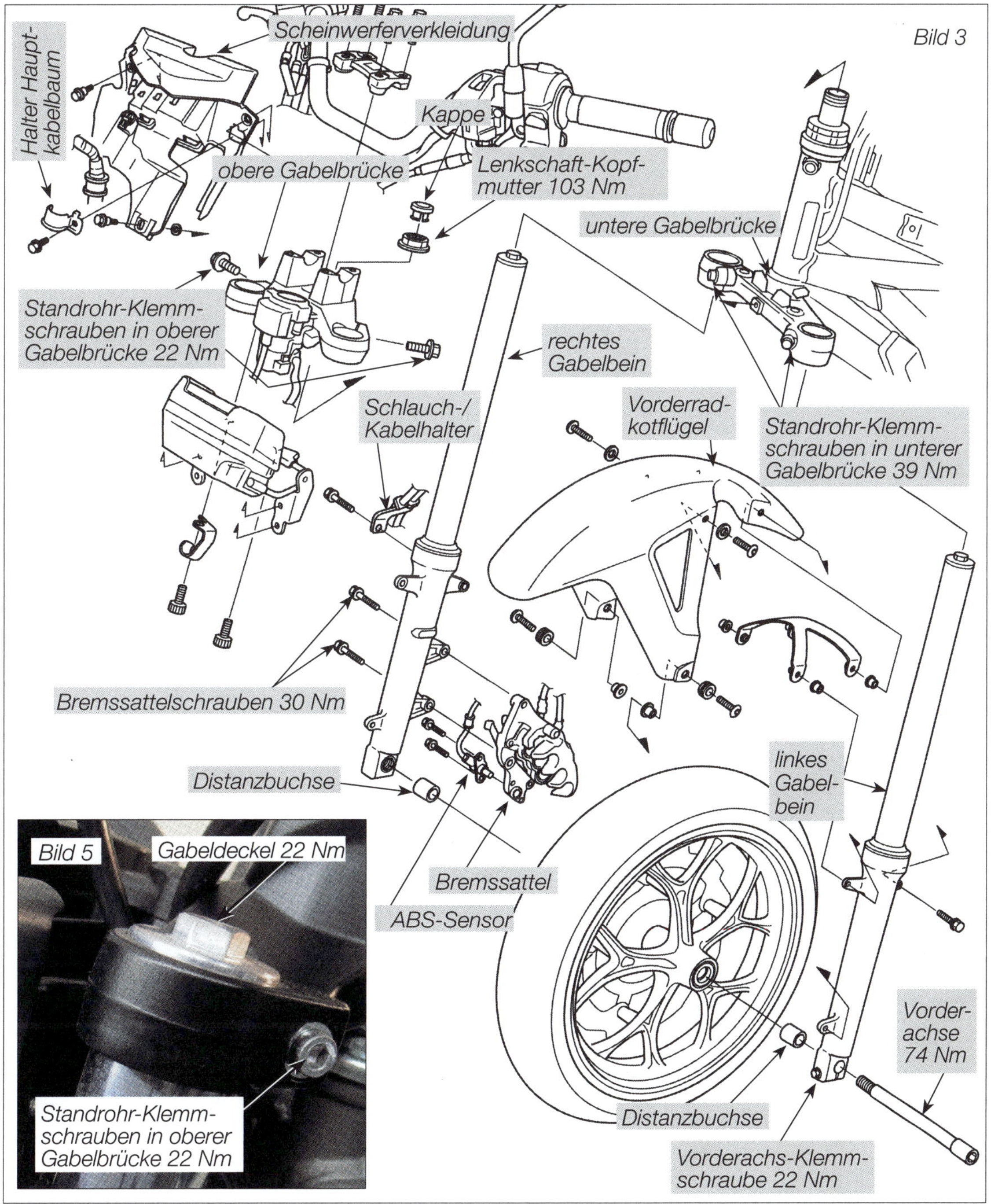

Sichtprüfung | Messen

Bilder 6 bis 10: Wechsel des Gabelöls mit Einstellen des Ölstands.

6. In das Gabelbein einen Schuss (ca. 100 cm³) Benzin oder Waschbenzin einfüllen und damit gründlich ausspülen.
7. Gabelbein auf den Kopf stellen und einige Zeit trocknen lassen.

Bild 6

Bild 7

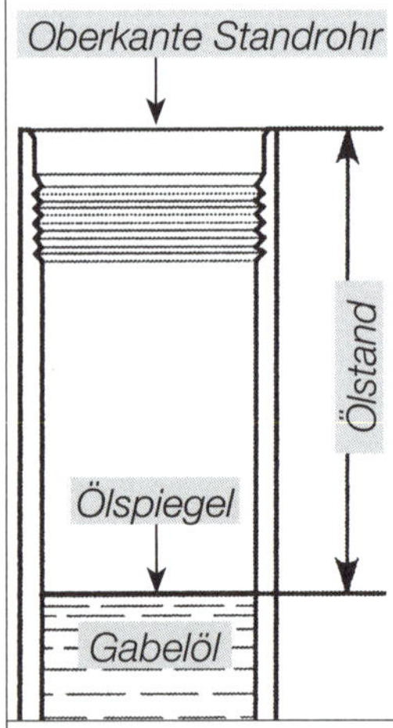

Bild 8

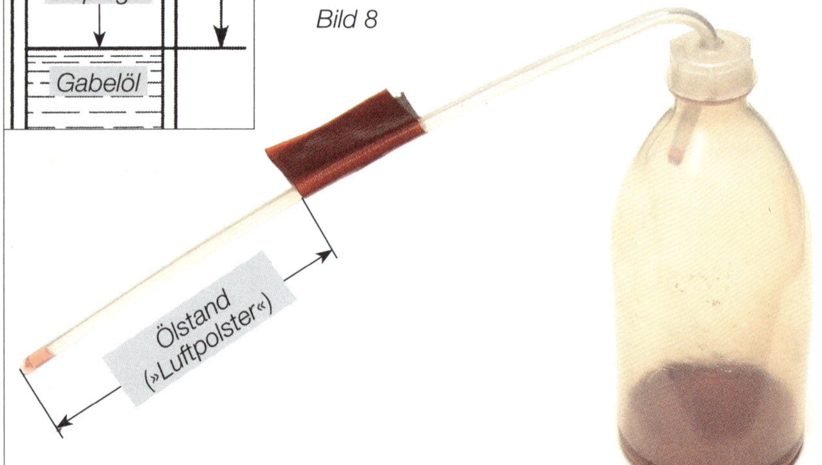

■ Ölstand 149 mm
■ Füllmenge 457 cm³ (± 2,5 cm³)

Bild 9

Bild 10

Gabelöl
Vorgeschrieben ist »Honda Ultra Cushion Oil SS 47 (10W)«. Es kann aber auch ein anderes Gabelöl eines Markenölherstellers in der Viskosität SAE 10 verwendet werden. Zu einem Gabelölwechsel wird etwas mehr als 1 Liter benötigt.

Für die einzufüllende Menge des Gabelöls pro Gabelbein gibt es zwei Bezugsgrößen, nämlich Gabelölmenge und Gabelölstand:
- NC 750 S Gabelölmenge 518 cm³ (± 2,5 cm³)
  Gabelölstand 103 mm
- NC 750 X Gabelölmenge 517 cm³ (± 2,5 cm³)
  Gabelölstand 101 mm

Bild 7: Der Gabelölstand wird von der Oberkante des Gabelstandrohres aus nach unten zum Ölstand gemessen. Dabei ist das Gabelstandrohr in das Tauchrohr ganz eingeschoben. Die Gabelfeder ist nicht eingebaut.

Tipp: Zum Einstellen des Ölstands kann man einen Maßstab benutzen und mit ihm von der Oberkante des Standrohrs nach unten auf den Ölspiegel messen. Bild 8: Besser ist es, wenn Sie sich eine Absaugflasche besorgen und an deren Schlauch das entsprechende Maß mit Klebeband markieren.

Gabelöl einfüllen, Gabel zusammenbauen
1. Gabelbein an der Achsaufnahme senkrecht in Schraubstock spannen, Alubacken und Lappen dazwischen legen.
1.1. Gabelstandrohr aus Tauchrohr ganz nach oben ziehen.
2. Bild 9: Frisches Gabelöl in der vorgeschriebenen Menge langsam (!) einfüllen; modellbezogene Menge siehe weiter vorne.
2.1. Während des Einfüllens das Standrohr einige Male langsam ganz einschieben und ausziehen. Dadurch wird das frische Gabelöl gleichmäßig im Gabelbein verteilt und eventuell eingeschlossene Luft herausgedrückt.
3. Bilder 7, 8 und 10: Gabelölstand messen. Gabelstandrohr ganz in das Gabeltauchrohr einschieben und mit einem Maßstab nach unten auf den Ölspiegel fahren.
4. Maß bis Oberkante des Gabelstandrohres nehmen: Maße siehe Text weiter vorne.
- Bild 10: Wenn sich zu viel Öl im Gabelbein befindet, mit der Ölabsaugflasche absaugen.
- Zu geringen Ölstand auffüllen.

5. Gabelfeder mit engen Windungen nach unten einschieben. Federsitzscheibe und Distanzhülse auf die Feder setzen.

6. O-Ring auf dem Gabeldeckel kontrollieren:
Wenn er in Ordnung ist, kann er weiterhin verwendet werden.
■ Wenn er beschädigt ist, neuen O-Ring aufziehen und ihn mit frischem Gabelöl einstreichen.
7. Das Gabelstandrohr bis zum Anschlag aus dem Tauchrohr ziehen.
7.1. Den Gabeldeckel auf die Distanzhülse setzen, das Gabelstandrohr fest mit einer Hand packen und nach oben halten. Jetzt den Gabeldeckel gegen den Widerstand der Gabelfeder nach unten drücken und in sein Gewinde im Standrohr einschrauben.
8. Einbau der Gabelbeine finden Sie im Text weiter vorne. Dabei besonders beachten:
■ Klemmschrauben der Gabelbeine in der unteren Gabelbrücke mit 39 Nm festziehen.
■ Gabeldeckel mit 22 Nm festziehen.
■ Jetzt die Klemmschrauben der Gabelbeine in der oberer Gabelbrücke mit 22 Nm festziehen.

Gabelsimmerringe wechseln

Gabelbein ganz zerlegen

Gabelbein ist teilzerlegt, wie weiter vorne »Gabelöl wechseln« beschrieben, das Öl ist abgelassen.
1. Bilder 11 und 16: Rechtes Gabelbein am Bremssattelhalter, linkes Gabelbein an der oberen vorderen Nase für die Kotflügelaufnahme waagrecht in Schraubstock spannen, Alubacken und Lappen dazwischen legen.
2. Bild 11: Inbussteckschlüssel durch Achsfaust einfahren, Inbusschraube lösen, ausdrehen.
Schraubertipp 1: Wenn sich die Dämpfereinheit mitdreht und die Inbusschraube deswegen nicht ausschrauben lässt, benutzen Sie einen Schlagschrauber (wie in Bild 11).
Schraubertipp 2: Wenn sich die Dämpfereinheit jetzt immer noch mitdreht, bauen Sie Gabelfeder mit Distanzhülse und Gabeldeckel provisorisch wieder ein: Jetzt steht das Gabelbein innen unter Druck und die Schraube müsste sich ausschrauben lassen.
3. Dämpfereinheit mit Feder herausnehmen.

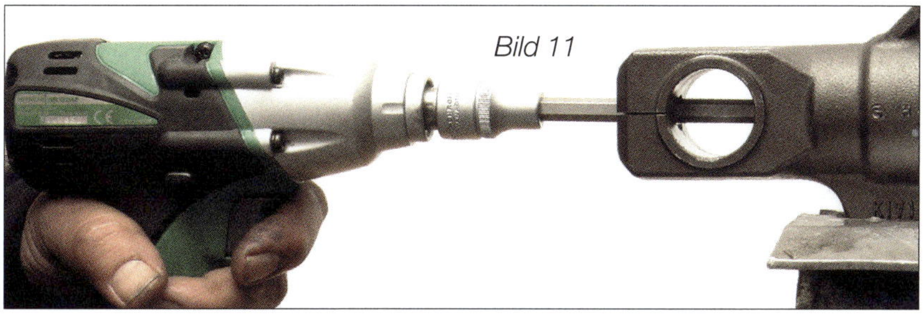

Bild 11: Ausschrauben der Inbusschraube mit einem Schlagschrauber.

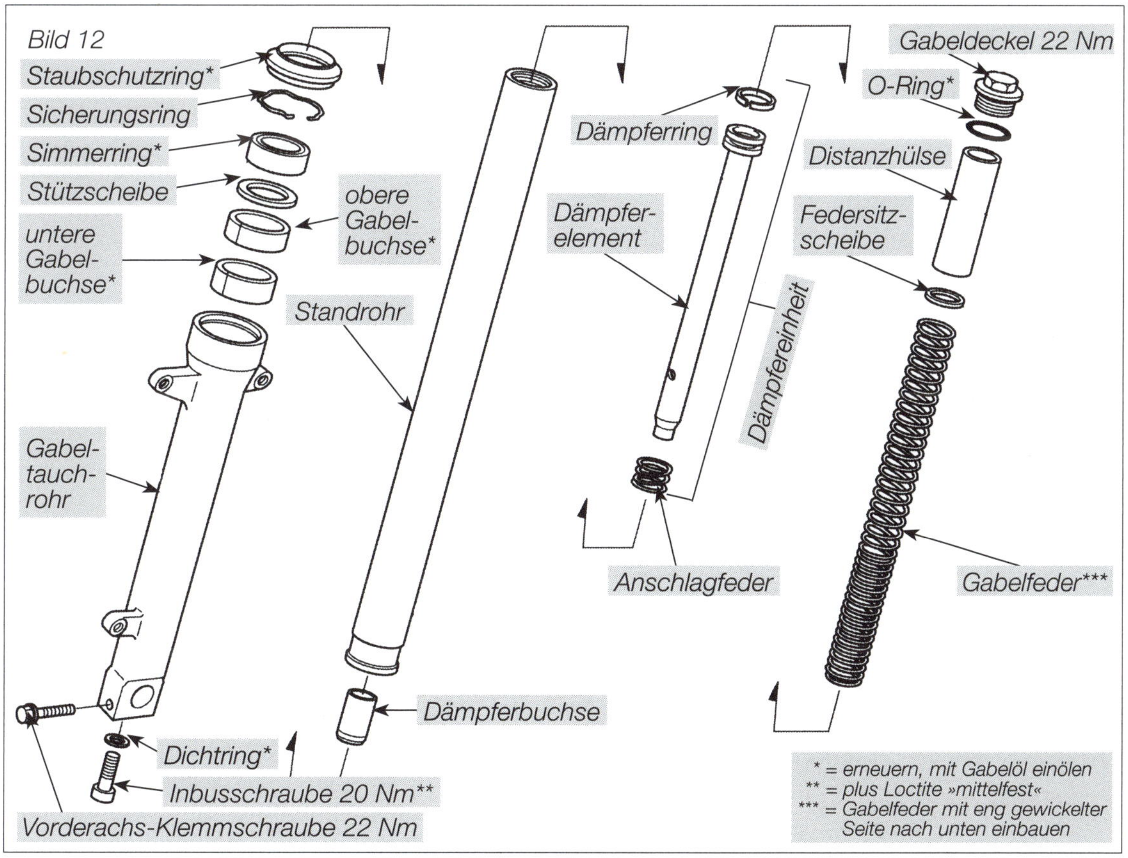

Bild 12: Explosionszeichnung eines Gabelbeins.

Gabelöl NC 750 X ab Modelljahr 2021: Ab diesem Modelljahr hat die Telegabel 120 mm Federweg. Geändert haben sich die Füllmengen und zwei Maße:
■ Gabelölmenge im rechten und linken Gabelholme: 484 cm³ (± 2,5 cm³)
■ Gabelölstand 135 mm
■ Länge einer neuen Gabelfeder 403 mm
■ Verschleißgrenze 394,9 mm

Sichtprüfung Messen

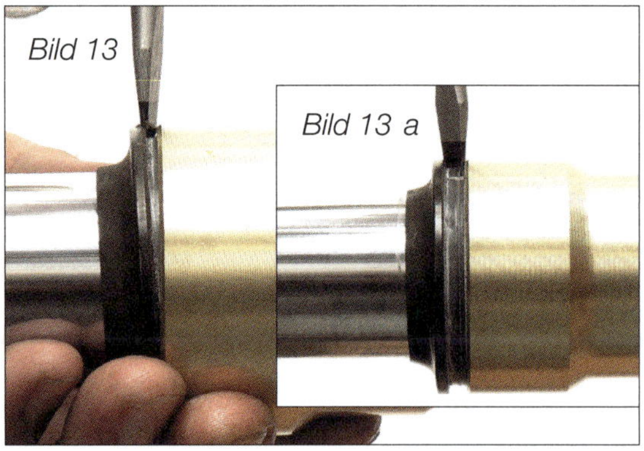

Bilder 13 und 13 a: Staubschutzring aus seinem Sitz aushebeln.

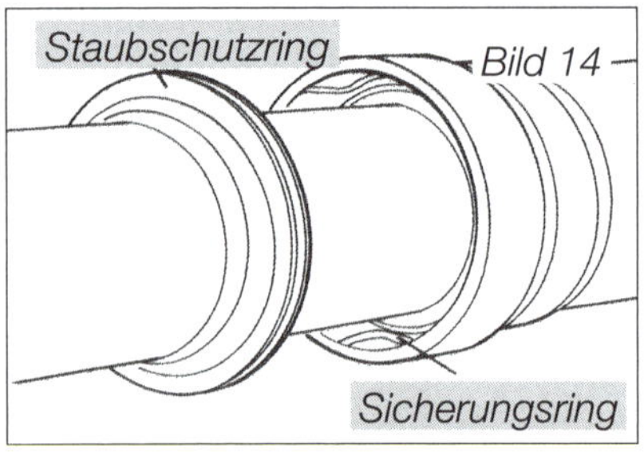

Bilder 14 und 15: Mit einem kleinen Schraubenzieher den Sicherungsring aus seiner Nut herausnehmen.

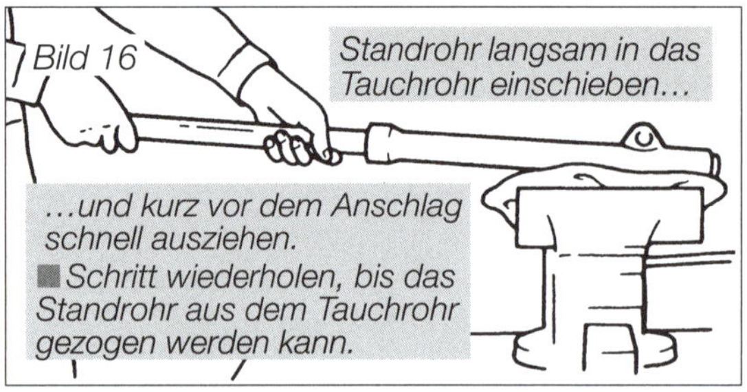

Bilder 16 und 17: Mit kurzen harten Ruckbewegungen das Standrohr mit Gabelsimmerring, Stützscheibe und oberer Gabelbuchse austreiben.

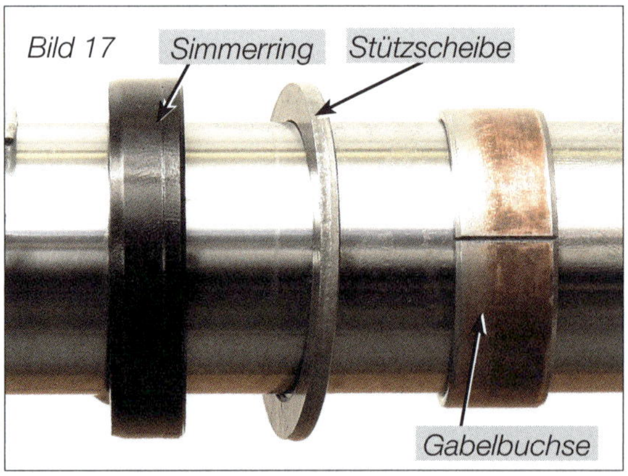

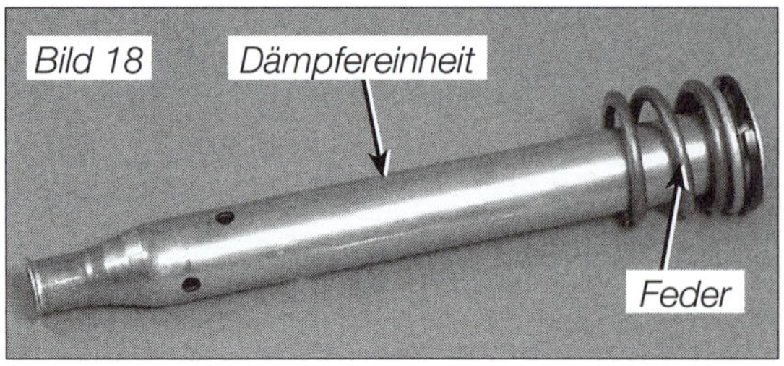

Bild 18: Sitz der Dämpferanschlagfeder auf der Dämpfereinheit.

4. Bilder 13 und 13 a: Staubschutzring mit kleinem Schraubenzieher aushebeln und abziehen.
5. Bilder 14 und 15: Sicherungsring mit kleinem Schraubenzieher herausholen.
6. Bild 16: Standrohr mit beiden Händen packen, Gabelbein ruckartig ganz auseinanderziehen.
6.1. Bild 17: Es kommen heraus: Simmerring, Stützscheibe, obere Gabelbuchse.
7. Gabelstandrohr ganz herausziehen.

Hinweis: Wenn die Gabelbuchsen erneuert werden, die untere folgendermaßen aus ihrer Sitznut im Gabelstandrohr ausbauen:
■ Bilder 19 und 20: Offene Enden mit den Fingernägeln oder einem kleinen Schraubenzieher etwas aufziehen bzw. aufbiegen und gleichzeitig die Buchse aus der Nut nehmen und abziehen.

Zum Einbau die Gabelbuchse vorsichtig aufbiegen (Bild 20), aufschieben (Bild 19) und korrekt in ihre Nut einsetzen.

Gabelbauteile prüfen

■ Gabelstandrohr außen und Gabeltauchrohr innen auf Riefen, Kratzer, Druckstellen und Verschleiß prüfen.
■ Dämpfereinheit auf Verschleiß oder Beschädigungen prüfen. Wenn sie beschädigt ist, muss sie erneuert werden.
■ Gabelstandrohr in Prismenböcke legen und mit einer Messuhr den Schlag messen. Beachten, dass der tatsächliche Schlag nur halb so groß ist wie der von der Messuhr angezeigte Wert. Verschleißgrenze: 0,2 mm.
■ Entspannte Länge der Gabelfedern prüfen:
Neue Feder bei NC 750 S ist 357,0 mm lang
Verschleißgrenze liegt bei 349,9 mm
Neue Feder bei NC 750 X ist 394,9 mm lang
Verschleißgrenze 387,0 mm
■ Bild 21: Gabelbuchsen besonders dahingehend prüfen, ob sie ein normales Tragbild zeigen. Buchse muss erneuert werden, wenn ihre Oberfläche angekratzt, riefig oder großflächig abgeschabt ist. Richtwert: Verschleiß mehr als ein Fingernagel groß.

■ **Beachten:** Immer nur einen Satz neuer Buchsen (obere und untere Buchse) in die Gabelbeine einbauen.

Gabelbein zusammenbauen

Vor dem Zusammenbau alle Gabelteile gut mit Lösungsmittel reinigen, z. B. mit Bremsenreiniger oder Aceton. Teile trocknen lassen.

Gabeltauchrohr und Gabelstandrohr zusammenbauen

1. Rechtes Gabeltauchrohr an Befestigungen des Bremssattels, linkes Gabeltauchrohr an der oberen vorderen Nase für die Kotflügelaufnahme senkrecht in den Schraubstock spannen.
2. Kontrollieren, ob die Dämpferanschlagfeder korrekt auf dem Dämpferelement sitzt: Normalerweise löst sie sich nicht, wenn doch: Auf Dämpferelement schieben, Position siehe Bild 18.
3. Dämpfereinheit von oben in Gabelstandrohr einfallen lassen, ihr Unterteil hängt unten heraus.
4. Bild 12: Untere Dämpferbuchse auf Dämpfereinheit aufsetzen.
5. Gabelstandrohr in Gabeltauchrohr einführen, dabei die Dämpferbuchse am Grund im Gabeltauchrohr zentrisch ansetzen.
6. Die untere Inbusschraube mit neuem Dichtring bestücken und einen Tropfen Loctite »mittelfest« an ihr gereinigtes Gewinde geben.
6.1. Inbusschraube eindrehen und mit 20 Nm festziehen.
■ Wenn sich die Inbusschraube nicht korrekt festziehen lässt, weil sich die Dämpfereinheit mitdreht, sie erst nach dem Zusammenbau des Gabelbeins festziehen. Dann drückt nämlich die Gabelfeder auf die Dämpfereinheit.

Simmerring und obere Gabelbuchse einbauen

Zum Einpressen von der oberen Gabelbuchse und dem Simmerring empfiehlt Honda die beiden Spezialwerkzeuge »Eintreibwerkzeug für Gabeldichtring« (Nr. 07947-KA50100) und »Treibervorsatz für Öldichtring« (Nr. 07947-KF00100). Mit etwas Geschick kann man sich solche Werkzeuge selbst machen, siehe Bilder 23 und 24.

1. Gabelbuchse mit frischem Gabelöl gut einschmieren, auf das Gabelstandrohr schieben und am Sitzbund des Gabeltauchrohres ansetzen.
1.1. Gabelbuchse mit Spezialwerkzeug einpressen, sie muss bis ganz nach unten auf Anschlag in ihrem Sitzbund eingedrückt werden.
2. Stützscheibe auf das Standrohr aufschieben.
2.1. Bild 22: Simmerring mit reinem Silikonfett einschmieren, seine Dichtlippen von innen mit den Fingern aufbiegen (vorsichtig!) und so auf das Standrohr aufschieben, dass seine Beschriftung oben ist.
2.2. Simmerring mit Spezialwerkzeug in mehreren Schritten einschlagen.
2.3. Sitz des Simmerrings mit Taschenlampe kontrollieren: Die Nut für Sicherungsring muss ringsum ganz zu sehen sein.
3. Bilder 14 und 15: Den Sicherungsring in seine Nut einsetzen. Dabei beachten: Der Sicherungsring muss ringsum exakt sitzen.
4. Den Staubschutzring auf das Gabelstandrohr schieben und in den Sitzbund eindrücken.
5. Gabelöl einfüllen. Gabelbein komplett zusammenbauen. Für den Einbau siehe Texte und Bilder weiter vorne in diesem Kapitel.

Bilder 19, 20 und 21: Ab- und Aufbau der unteren Gabelbuchse.

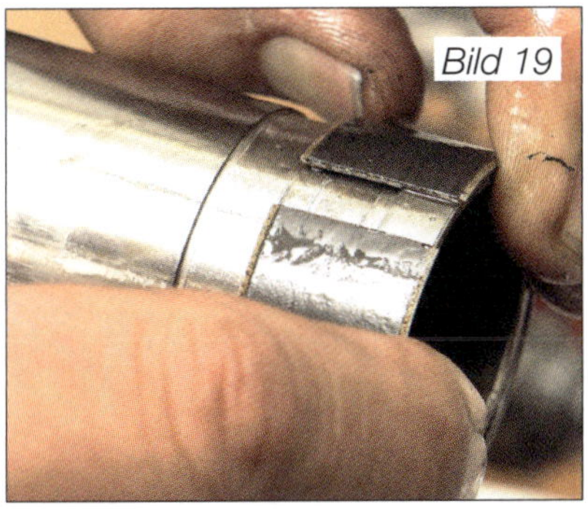
Bild 19

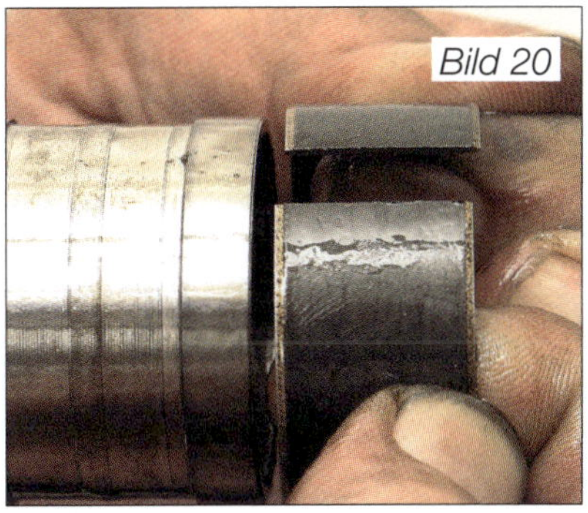
Bild 20

Bild 21

Bild 22: Neuen Simmerring gut einfetten.

Bilder 23 und 24: Eigenbau-Spezialwerkzeug zum Eintreiben von Gabelbuchse und Simmerring.

Bild 22

Bild 23

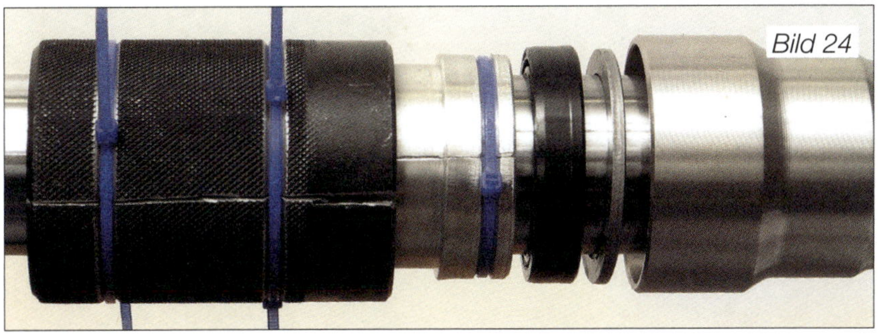
Bild 24

Korrespondenzkapitel:
- 4 »Verkleidung · Tank · Rahmen«
- 6 »Räder«
- 7 »Bremsen«
- 21 »Auspuffanlage«
- 25 »Schaltung«

Federbein · Schwinge

In diesem Kapitel: Federbein prüfen, aus-/einbauen · Schwinge ausbauen, prüfen, einbauen.

Federbein prüfen

1. Sichtprüfung: Das Federbein muss absolut trocken sein. Die Dämpferkolbenstange darf keine Riefen haben. Das Gummi der Buchse im oberen Federbeinkopf muss formstabil vorhanden sein. Es darf weder brüchig noch aufgequollen sein. Das Nadellager im unteren Federbeinkopf darf nicht schwer gehen, nicht quietschen, nicht rubbeln und kein Spiel haben.

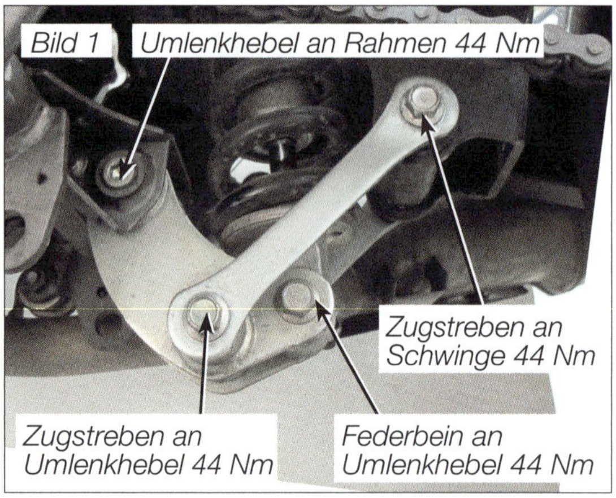

Bild 1: Untere Schraubstellen des Federbeins und der Umlenkung.

Bilder 2 a und 2 b: Zum Aus- und Einbau des Federbeins sowie des Umlenkhebels ordentlich aufgebockte Maschine.

Sicherheitshinweise Achtung und Tipps

Bei Einbau von Federbein und Schwinge nur originale Honda-Schrauben und Muttern verwenden! Nie irgendwelche Schrauben undefinierbarer Herkunft aus einer typischen Werkstatt-Schraubenkiste verwenden!

Defekte Serienfederbeine können nur vom Spezialisten instand gesetzt werden. Ein neues Serienfederbein ist teurer als ein spezielles Nachrüstfederbein. Die gibt es von verschiedenen Herstellern für Honda NC 750-Modelle (Adressen am Ende des Kapitels).

2. Dynamische Prüfung: Das Heck mehrmals einfedern und dabei beobachten, ob es »saugend« wieder ausfedert. Dazu muss das Motorrad senkrecht frei stehen, darf also weder auf dem Seitenständer noch auf dem Heckmontageständer abgestellt sein. Der Fahrer steht dabei mit gespreizten Beinen über der Maschine und lässt sein Körpergewicht immer wieder langsam in den Sitz fallen.

Tipp: Defekte Originalfederbeine können nur von Spezialisten repariert werden. Wenn das Originalfederbein defekt ist, kann man auch den Einbau eines Nachrüstfederbeines in Betracht ziehen. Adressen sind am Ende dieses Kapitels.

Federbein aus- und einbauen

Schraubanweisung 1: Zum Lösen und Festziehen der Schraubverbindungen exakt passende Werkzeuge verwenden; mit Sechskantnuss und Inbusschlüssel arbeiten.

Schraubanweisung 2: Nur originale Schrauben und Muttern verwenden! Niemals irgendwelche Schrauben undefinierbarer Festigkeit und Herkunft aus einer typischen Werkstatt-Schraubenkiste verwenden!

Reinigen: Zum Reinigen des Kugellagers in der Schwinge und der Nadellager in Schwinge, Umlenkhebel und Federbein sowie der Lager-

und Distanzbuchsen keinen Bremsenreiniger verwenden, sondern Waschbenzin oder Petroleum; Dieseltreibstoff geht auch. Pinsel und Flaschenbürste zu Hilfe nehmen. Die Putzstellen mit weicher Pressluft trocken blasen.

Zum Aus- und Einbau des Federbeins muss das Heck frei sein, das Hinterrad darf also keinen Bodenkontakt haben:

- Bilder 2 a und 2 b: Entweder eine lange Stahlstange durch das hohle Rahmenquerrohr stecken, Motorrad hinten anheben und zwei Böcke mit U-Auflagen unter die freien Enden der Stahlstange rechts und links unterstellen.
- Oder die Maschine über Riemen, die um die oberen Rahmenrohre geschlungen werden, an einem Werkstattkran aufhängen.

Zum Aus- und Einbau des Federbeins kann das Hinterrad eingebaut bleiben. Damit man die entsprechenden Schrauben leichter ausziehen kann, empfehlen wir, die Schwinge mit einem Montageständer bzw. den Reifen gegen den Boden mit einem Stück Holz abzustützen.

1. Seitenabdeckungen abbauen, damit man die obere Federbeinbefestigung erreichen kann (siehe Kapitel 4 »Verkleidung · Tank · Rahmen«).

2. Bild 1: Mutter der Schraube, die den Umlenkhebel mit Rahmen verbindet, lösen und abschrauben.

3. Bild 1: Mutter von Schraube am Federbein unten lösen und abdrehen.

3.1. Beide Schrauben ausziehen. Die

Bild 3

Durch diese Öffnung rechts im Rahmen erreicht man die Mutter der oberen Federbeinschraube

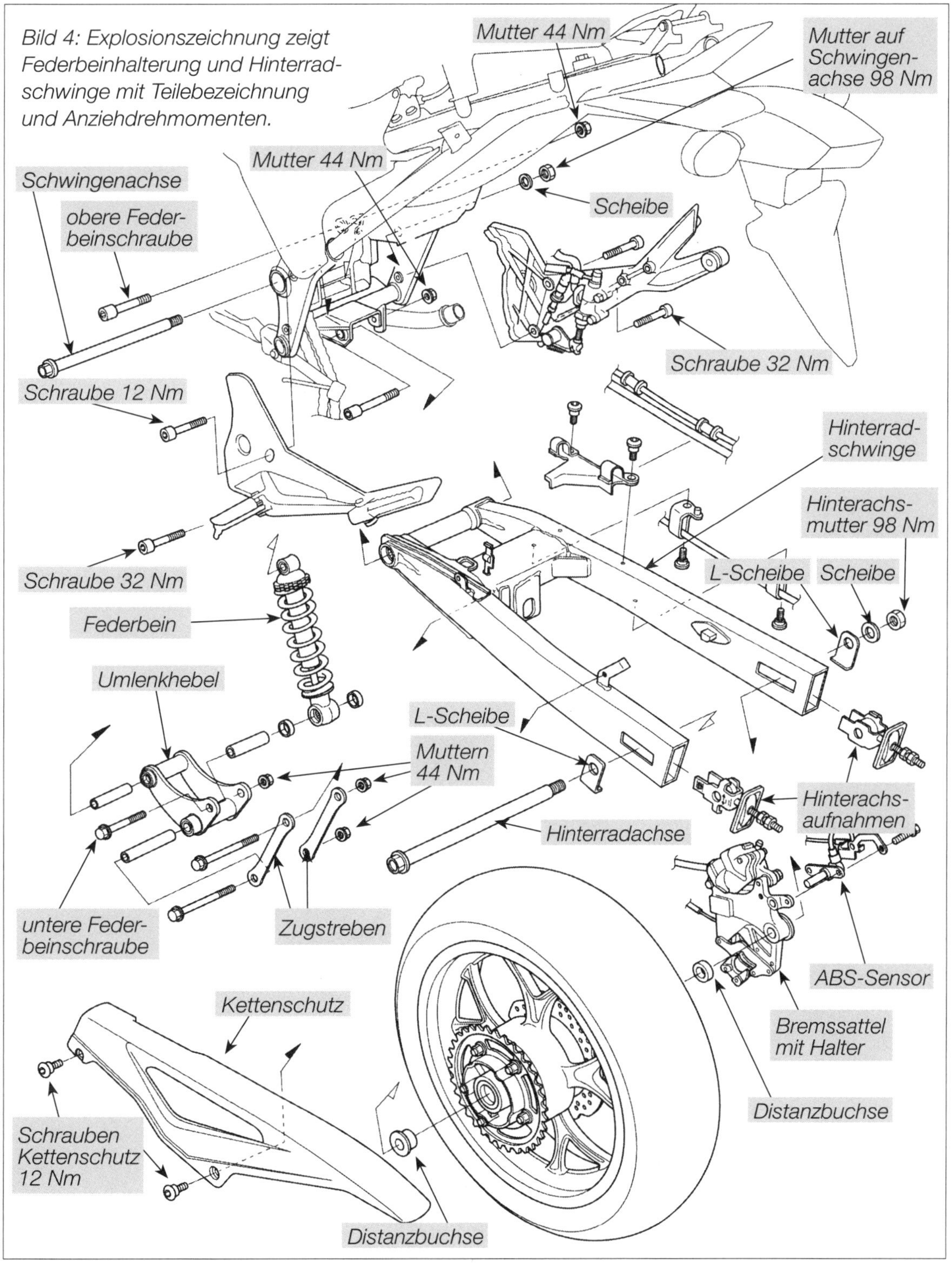

Bild 4: Explosionszeichnung zeigt Federbeinhalterung und Hinterradschwinge mit Teilebezeichnung und Anziehdrehmomenten.

Schwinge dabei etwas nach oben und unten bewegen, so lassen sie sich leichter ausziehen.
3.2. Umlenkhebel nach unten wegklappen.
4. Bild 3: Durch die Öffnung im Rahmen die Mutter von der oberen Federbeinschraube lösen und abdrehen.
5. Federbein mit der Hand halten, Schraube ausziehen, Federbein nach unten herausnehmen.

Schwingenlager prüfen

Wenn das Federbein ausgebaut ist, unbedingt vor dem Einbau des Federbeins die Schwingenlager auf Spielfreiheit und gute Beweglichkeit prüfen. Wenn bei dieser Prüfung das Hinterrad eingebaut ist, nicht am Rad anpacken, sondern die Schwinge an ihren Enden fest anfassen und hin und her bewegen.

1. Eingebaute Schwinge muss sich gleichmäßig weich auf und ab bewegen lassen.
2. Schwinge hinten an ihren Enden packen und hin und her bewegen. Es darf kein Spiel fühl- oder messbar sein.
Hinweis: Wenn sich zeigt, dass die Schwinge in eingebautem Zustand kein Spiel hat, kann man sicher sein, dass ihre Lager nicht verschlissen sind und noch gut gefettet.

Federbein einbauen

Einbau des Federbeins in umgekehrter Reihenfolge des Ausbaus. Dabei Folgendes beachten:
1. Reinigen: Nadellager und Dichtscheiben im unteren Federbeinauge und im Umlenkhebel mit Lagerbuchsen reinigen.
2. Lager prüfen: Gereinigte Lagerbuchsen in die ebenfalls gereinigten Nadellager einsetzen und das Spiel »erfühlen« – das setzt Erfahrung voraus! Wenn das Spiel zu groß ist oder die Nadellager beschädigt sind, die Lager ersetzen (wozu eine Presse benötigt wird - deswegen beim Honda-Händler einbauen lassen).
3. Wenn die Lager in Ordnung sind, sie mit schwerem Wälzlagerfett satt einfetten.
■ Honda schreibt Molybdändisulfidfett vor.
4. Lagerbuchsen einschieben und (die neuen!) Dichtscheiben exakt einsetzen.
5. Federbein zuerst oben einbauen, dann unten.
5.1. Umlenkhebel in Montageposition bringen, Schrauben einstecken, Muttern lose aufdrehen.
6. Bilder 1 und 4: Muttern mit vorgeschriebenem Anziehdrehmoment von 44 Nm festziehen.

Umlenkhebel und Zugstreben aus- und einbauen

Zum Aus- und Einbau des Umlenkhebels arbeiten Sie bitte nach dem Textabschnitt »Aus- und Einbau des Federbeins« weiter vorne.
Zum Abbau des Umlenkhebels muss man noch die Schraubverbindung der Zugstreben zur Schwinge lösen und ausbauen. Die Zugstreben am Umlenkhebel werden ebenfalls durch Lösen und Ausbau der einen Schraube abgebaut.
■ Vor dem Einbau des Umlenkhebels und der Zugstreben ihre Lager sorgfältig reinigen und

Bild 5: Das Nadellager auf der linken Seite wird 4 bis 5 mm tief eingepresst.

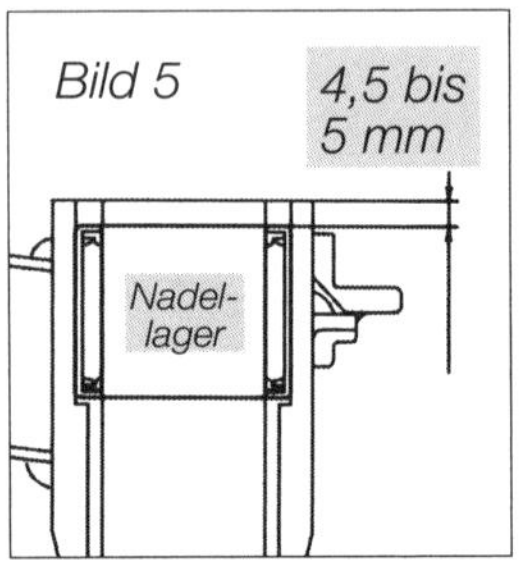

Bild 6: Explosionszeichnung der Schwingenlagerung mit Teilebezeichnung und Anziehdrehmomenten.

■ Kugel- und Nadellager auf der rechten Seite werden bis zum Aufsitzen eingepresst.

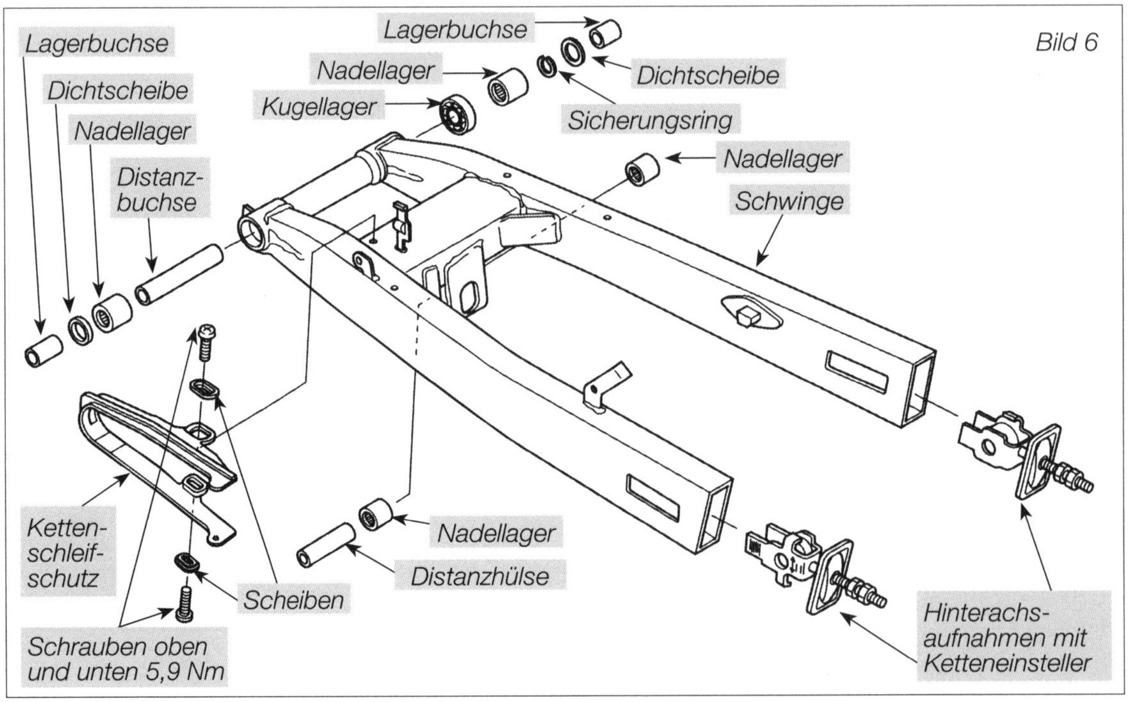

auf Beschädigung ansehen (siehe weiter vorne in diesem Kapitel). Mit schwerem Lagerfett satt einschmieren.

Hinterradschwinge

Zum Aus- und Einbau der Schwinge kann das Federbein an der oberen Befestigung im Rahmen eingebaut bleiben.

Hinterradschwinge ausbauen

1. Hinterrad und Auspufftopf aus- und abbauen.
2. Den kleinen Schalthebel und die linke Fußrastenplatte abschrauben.
3. Kettenschutz und Halteklammern der Bremsleitung und des ABS-Sensorkabels von der Schwinge abschrauben.
3.1. Bremssattel sicher zur Seite hängen. Bremsleitung weder stark verdrehen noch knicken!
■ Auf das ABS-Sensorkabel achten, nicht daran ziehen und nicht knicken!
3.2. Beim Doppelkupplungsgetriebe die Halteklammern der Parkbremsleitung von der Schwinge abschrauben.
4. Mutter von der Schraube, welche die Zugstreben mit der Schwinge verbindet, lösen und abschrauben, Bolzen ausziehen.
■ Schwinge etwas nach oben und unten bewegen, damit er sich leichter ausziehen lässt.
5. Untere Federbeinschraube ausbauen.
6. Rechte Fußrastenplatte abschrauben.
■ Bremsleitung weder stark verdrehen noch knicken!
7. Mutter der Schwingenachse auf der rechten Seite lösen und abnehmen, Scheibe herausnehmen (mit Magnet nachhelfen!).
8. Schwingenachse nach links herausziehen. Dabei die Schwinge mit einer Hand festhalten, damit sie nicht plötzlich herunterfällt.
■ Wenn die Schwingenachse fest sitzen sollte, was bei einem sehr alten Motorrad vorkommen kann, die Kontaktstellen mit Rostlöser einsprühen und einige Zeit einwirken lassen. Zum Austreiben der Schwingenachse NICHT mit einem Eisenhammer auf das Gewinde klopfen, sondern einen Kupfer- oder Messingdorn zu Hilfe nehmen! Wenn die Schwingenachse herausgeklopft werden muss, sind die Schwingenlager defekt.
9. Schwinge nach hinten herausziehen.

Ausgebaute Hinterradschwinge prüfen

1. Schwinge auf Verzug und Risse untersuchen, speziell die Anlenkung der Zugstreben, die Bohrungen auf Rundheit kontrollieren.
2. Lagerbuchsen auf Fressstellen untersuchen, reinigen und in die (ebenfalls gereinigten) Nadellager einsetzen und das Spiel erfühlen.
■ Lager am besten mit Petroleum oder Dieselöl reinigen, nicht mit aggressivem Bremsenreiniger!
■ Nadel- und Kugellager nicht mit einem harten Pressluftstrahl ausblasen!
3. Nadel- und Kugellager dürfen nicht schwer gehen, nicht rubbeln und kein Spiel haben. Falls ein Nadel- oder Kugellager defekt ist, alle Kugel- und Nadellager erneuern.
4. Kettenschleifschutz auf ungewöhnliche Abnutzung und Beschädigung untersuchen. Falls abgeschürft oder zerfleddert, ersetzen.
5. Schwingenachse auf Schlag überprüfen, Verschleiß ab 0,2 mm.
6. Schwingenachse, Buchsen, Dichtscheiben, Lager und auch die Hinterachsaufnahmen mit deren Kettenspanngewinde gut reinigen.

Hinterradschwinge einbauen

1. Wenn abgebaut: Kettenschleifschutz anbringen, Schrauben mit 5,9 Nm festziehen.
2. Lager, Dichtscheiben, Lager- und Distanzbuchsen mit schwerem Fett satt einfetten. Buchsen einschieben (siehe Bild 6).
3. Schwinge von hinten anschieben und in Montageposition bringen. Das obere Kettentrum muss über der Schwinge liegen.
3.1. Schwingenachse leicht einfetten, von links einführen und ganz durchstecken.
4. Scheibe auf Schwingenachse aufstecken, Mutter aufdrehen und mit 98 Nm festziehen.
■ Nach dem Einbau die Schwinge auf Beweglichkeit nach oben und unten prüfen, sie muss sich leicht und ohne zu haken bewegen lassen.
5. Federbein mit Umlenkhebel verbinden, Mutter mit 44 Nm festziehen.
6. Zugstreben mit Schwinge verbinden, Mutter mit 44 Nm festziehen.
7. Restliche Teile in umgekehrter Reihenfolge des Ausbaus ein- und anbauen.
■ Anziehdrehmoment aller Schrauben der Fußrastenhalterungen an den Rahmen 32 Nm.

Lager selbst wechseln?

Wenn die Lager in Schwinge, Umlenkhebel und Federbein unten defekt sind und erneuert werden müssen, sind eine Presse und Honda-Spezialwerkzeuge erforderlich. Deswegen raten wir, Lagerwechsel beim Honda-Händler machen zu lassen, weil das Risiko, dass neue Kugel- und Nadellager beim Einbau ohne Spezialwerkzeuge beschädigt werden, sehr groß ist.

Wichtige Adressen:

■ **Öhlins** (Federelemente)
Zupin Moto-Sport GmbH
Trostberger Straße 26
D-83301 Traunreut
www.zupin.de
www.ohlins.eu
www.öhlins.ch

■ **Wilbers Products** (Federelemente, Lenkungsdämpfer)
Wilbers Products GmbH
Frieslandstraße 10
D-48527 Nordhorn
www.wilbers.de
www.wilbers.at
www.urechproducts.ch

■ **WP** (Federelemente, Lenkungsdämpfer)
WP Germany GmbH
Hohenburger Straße 55
D-92289 Ursensollen
www.wp-germany.com
www.haslacher.at
www.motocenterschwyz.ch

Sichtprüfung Messen

Licht · Blinker · Hupe

In diesem Kapitel: Beleuchtung kontrollieren · Scheinwerfer einstellen · Lampen wechseln in Scheinwerfer, Blinkern, Brems-/Rücklicht und Kennzeichenleute · Scheinwerfer bei NC 750 X · Leuchteinheit innen feucht? · Instrumenteneinheit · Lichthupe prüfen · Hupe einstellen.

Bilder 1 a und 1 b: Scheinwerfereinheiten in den Modelljahren 2014 und 2015.

Bilder 2 a und 2 b: LED-Scheinwerfereinheiten ab Modelljahr 2016.

Beleuchtung kontrollieren

Die Kontrolle der Beleuchtungs- und Signalanlage ist keine Wartungsarbeit starr nach Wartungsplan, sondern gehört zu den sicherheitsrelevanten Tätigkeiten, die vom Fahrer leicht selbst erledigt werden können. Ein Check der Beleuchtung ist schnell gemacht, Aufwand und Nutzen stehen in günstiger Relation und bringen ein unverzichtbares Maß an Fahrsicherheit.

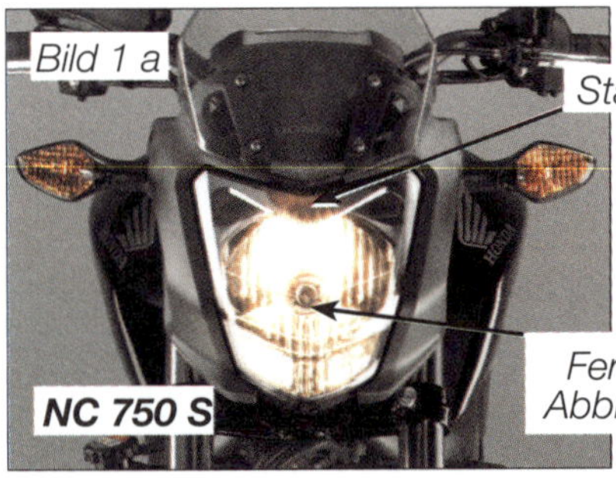

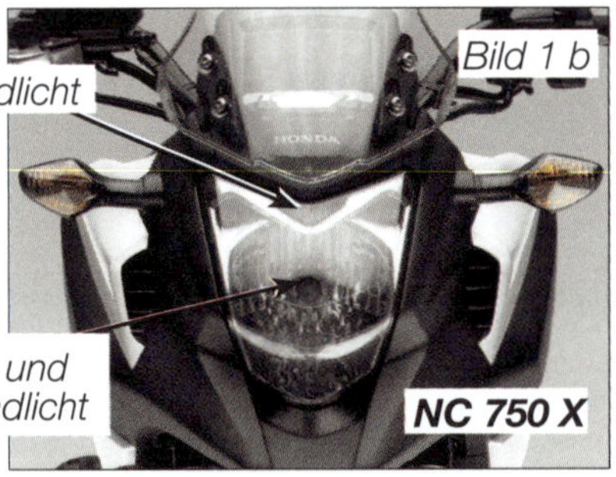

Lampen in den Modelljahren 2014 und 2015

Fern-/Abblendlicht... 12 V 60/55 W (H4, 1 Stück)
Standlicht .... 12 V 5 W (1 Stück)
Blinklampen......................... 12 V 21 W (4 Stück)
Brems-/Rücklicht, Kennzeichenleuchte .... 12 V 21/5 W (1 Stück)

Lampen in den Modelljahren 2016 bis 2020

Fern-/Abblendlicht, Standlicht..................... LED
Blinklampen......................... 12 V 21 W (4 Stück)
Brems-/Rücklicht....................................... LED
Kennzeichenleuchte .... 12 V 5 W (1 Stück)

Lampen ab Modelljahr 2021

Fern-/Abblendlicht, Standlicht, Blinklampen, Brems-/Rücklicht, Kennzeichenleuchte ... LED

Scheinwerfereinstellung

Fachbegriff »Vertikale Einstellung«: Lichtstrahl mehr oder weniger nach oben oder unten, genannt »Leuchtweite«. Die Straße wird weiter oder weniger weit ausgeleuchtet.

Auswirkungen:
- **Zu *niedrig* eingestellter Lichtstrahl:** Fahrer verliert entscheidende Meter an Sichtweite.
- **Zu *hoch* eingestellter Lichtstrahl:** Motorrad wird zum gefährlichen Blender – und zwar sowohl für den Gegenverkehr als auch für den Vorausfahrenden: Blendung erfolgt über Spiegel; bei Autos besonders durch deren Innenspiegel.

Fachbegriff »Horizontale Einstellung«: Der Lichtstrahl leuchtet mehr oder weniger nach rechts oder links, Straße oder Straßenrand werden mehr oder weniger hell ausgeleuchtet.

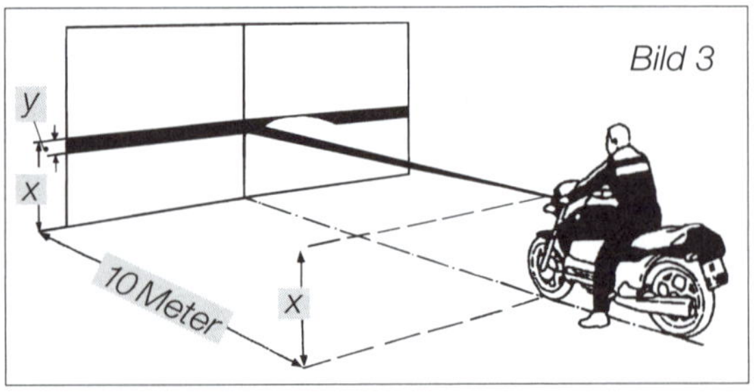

Bild 3: Schemazeichnung zur Scheinwerfereinstellung. x = Mitte des Scheinwerfers, y = 10 cm.

Sicherheitshinweise ⚠ Achtung und ☞ Tipps

☞ Wenn Sie an einer roten Ampel zufällig vor einem Schaufenster stehen und Ihr Spiegelbild darin betrachten, betätigen Sie abwechselnd die Hand- und Fußbremse und checken das Bremslicht.

⚠ Wenn Lampen ersetzt werden, müssen grundsätzlich Motor und Zündung ausgeschaltet sein! Dies gilt auch für alle anderen Arbeiten an der Lichtanlage.

⚠ Brennende Halogenlampen werden bis einschließlich Metallsockel sehr heiß. Bevor eine Lampe herausgenommen wird, immer sicherstellen, dass sie genügend abgekühlt ist.

☞ Beim Einbau einer Lampe beachten:
- Glaskörper und Steckkontakte nicht mit bloßen Fingern anfassen, sonst setzen sich Hautfette ab und brennen sich ins Glas ein, was Leuchtkraft und Lebensdauer mindert.
- Schmutz oder Fingerabdrücke mit Spiritus abwischen!

Auswirkungen:
■ **Zu *weit nach links* eingestellter Lichtstrahl:** Der Gegenverkehr kann geblendet werden, auch wenn die vertikale Einstellung stimmt.
■ **Zu *weit nach rechts* eingestellter Lichtstrahl:** Die Straße vor der Maschine wird zu wenig ausgeleuchtet, der Straßengraben dafür umso mehr (»Licht schielt«).

Voraussetzungen zu Prüfung und Einstellung
Prüfung und Einstellung des Scheinwerfers muss mit korrektem Reifenluftdruck erfolgen sowie mit der Federeinstellung am hinteren Federbein, mit der meistens gefahren wird.
■ Vor der Einstellung einige Male kräftig auf die Maschine setzen und sie wieder ausfedern lassen: Das Fahrergewicht über die Füße also nur leicht aus dem Sitz nehmen.
■ Auch die Zuladung mit zwei Personen und Gepäck hat großen Einfluss auf die Leuchtweite, weil die Maschine hinten tiefer in die Federung sinkt als vorne. Deswegen sollte die Leuchtweite vor einer Urlaubsfahrt mit der Zuladung des Urlaubs-Gepäcks und dem Sozius auf der Sitzbank (!) überprüft und ggf. eingestellt werden, damit die Straße gut ausgeleuchtet und eine Blendung des Gegenverkehrs vermieden wird.

Einstellung prüfen (Bild 3)
1. Motorrad in 10 Metern Abstand vor einer Wand auf ebenem Boden aufstellen: Maschine steht abgebockt auf den Rädern, Fahrer hat sein Gewicht im Sitz, er stützt sich mit den Füßen nur leicht auf dem Boden ab.
2. Abstand vom Boden zur Mitte des Scheinwerfers messen. Dieses Maß mit einem Kreidekreuz auf die Wand übertragen.
3. Unter dieses Kreuz im Abstand von 10 cm ein weiteres Kreuz anzeichnen.
4. Motor starten, Abblendlicht einschalten.
5. Die Hell-/Dunkelgrenze soll in der Mitte des unteren Kreuzes beginnen, bis zur Höhe des oberen Kreuzes nach rechts ansteigen und dann wieder abfallen. Falls nicht, einstellen.

Tipp: Wenn Sie zu Hause nicht genug Platz und keine geeignete Wand haben, gehen Sie in ein Parkhaus: Ein idealer Ort, um die Scheinwerfer zu überprüfen und ggf. einzustellen; mit ebenen Böden, dunklen Wänden und es herrscht genau das diffuse Licht, um das Motorradlicht auf der Wand und die Einsteller am Motorrad sehen zu können.

Scheinwerfer einstellen bei NC 750 S
Bilder 4 a und 4 b: Der Zahnradeinsteller (***V***) für die vertikale Einstellung ist rechts hinten-unten am Scheinwerfer (Bild 4 a): Durch Drehen nach links wird der Lichtkegel nach oben verstellt, durch Drehen nach rechts nach unten. Die horizontale Einstellung erfolgt durch den Zahnradeinsteller (***H***) links hinten-oben am Scheinwerfer (Bild 4 b). Durch Drehen nach links wird der Lichtkegel nach links verstellt, durch Drehen nach rechts nach rechts.

Scheinwerfer einstellen bei NC 750 X
Bilder 5 a und 5 b: Der Zahnradeinsteller (***V***) für die vertikale Einstellung befindet sich rechts hinten-unten an der Scheinwerfereinheit (Bild 5 a). Durch Drehen nach links wird der Lichtkegel nach oben

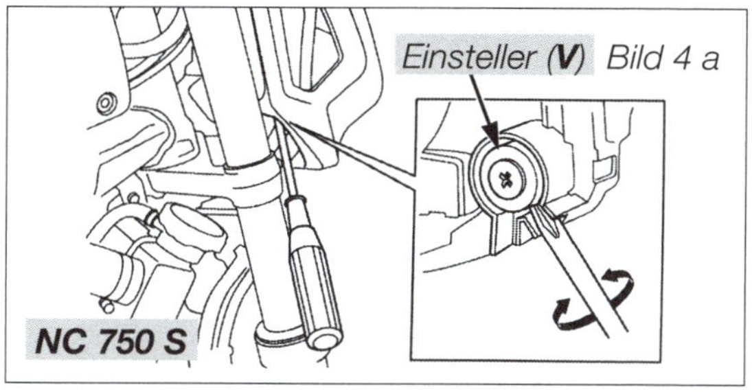

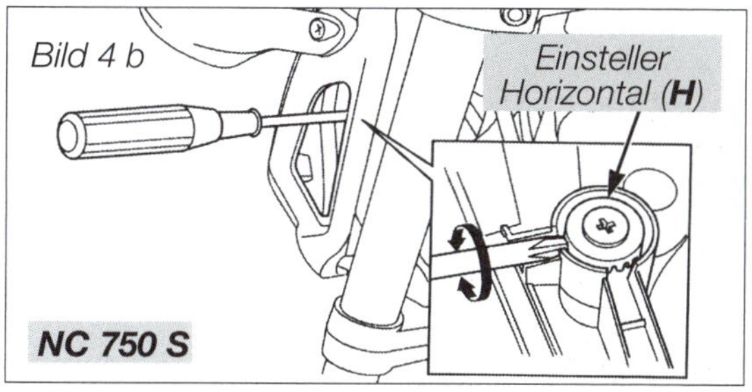

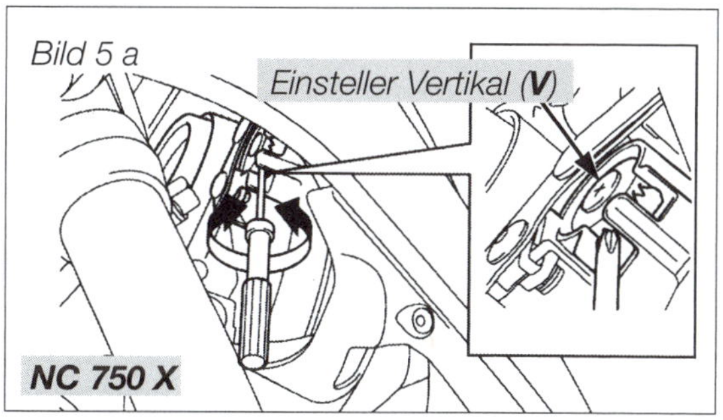

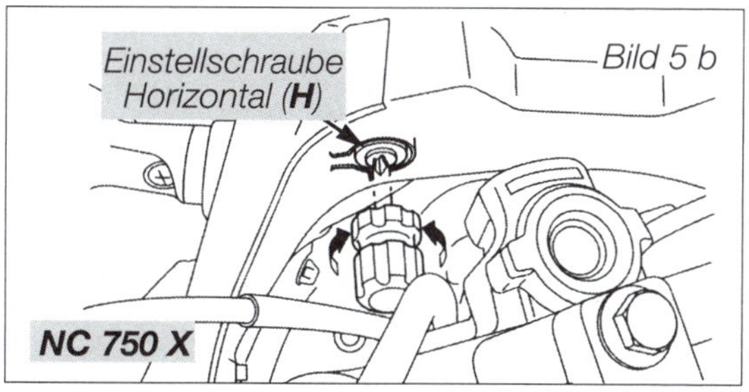

Bilder 4 a bis 5 b: Lage der Einsteller bei S- und X-Modellen.

Bilder 6 und 7: Zum Lampenwechsel muss der Scheinwerfer abgebaut werden. Hier wird die Montage gezeigt an der NC 750 S.

Bild 8: Haltebolzen an der Scheinwerfereinheit der NC 750 S.

verstellt, durch Drehen nach rechts nach unten. Die horizontale Einstellung erfolgt durch eine Einstellschraube (***H***) oben mittig im Scheinwerfergehäuse (Bild 5 b). Durch Drehen nach links wird der Lichtkegel nach links verstellt, durch Drehen nach rechts nach rechts.

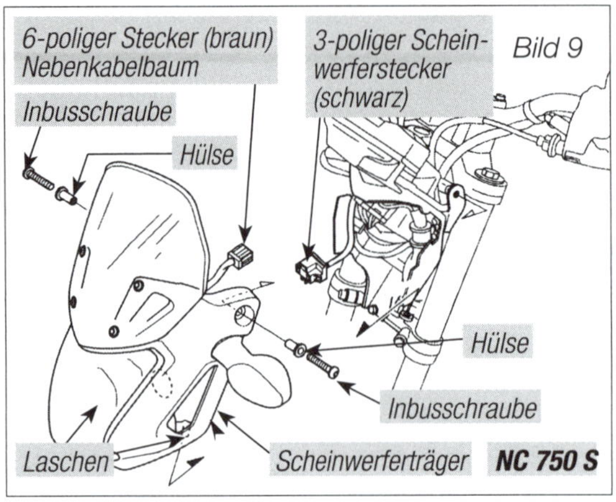

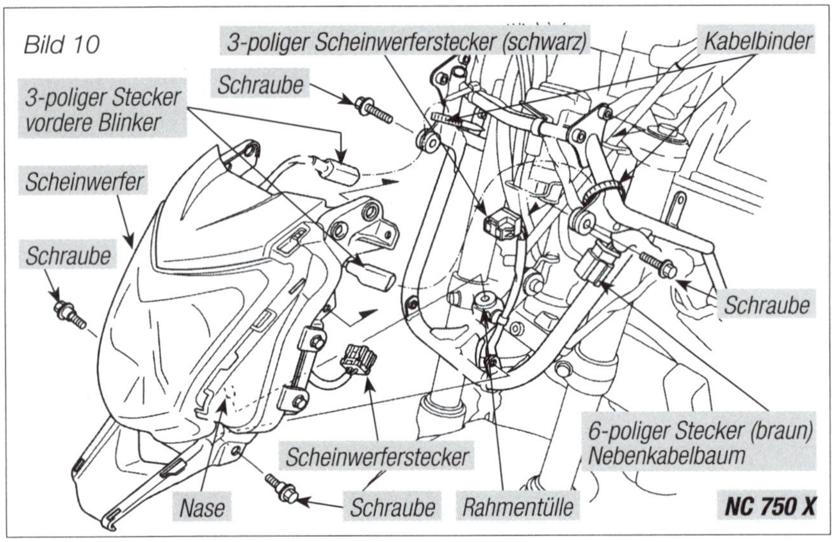

Bilder 9 und 10: Explosionszeichnungen der Scheinwerfer von NC 750 S und NC 750 X.

Bilder 11 und 12: Ausbau der Scheinwerferlampen bei NC 750 S und NC 750 X in den Modelljahren 2014 und 2015.

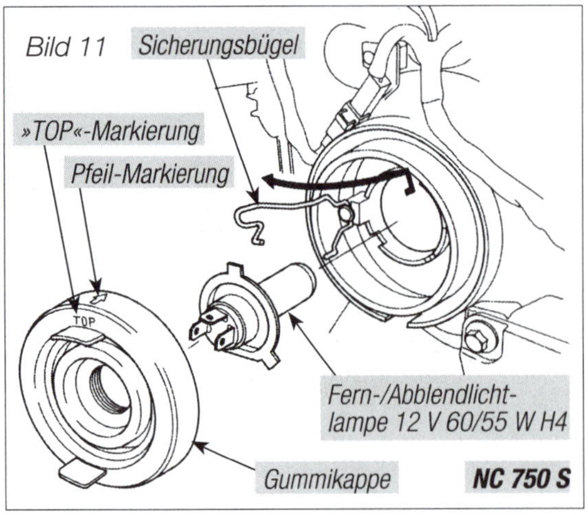

Lampen wechseln

Bilder 6 bis 10: Bei NC 750 S und NC 750 X muss zum Wechseln der Scheinwerferlampe der Scheinwerfer abgebaut werden.

Scheinwerfer ab- und anbauen bei NC 750 S

1. Bilder 6 und 9: Inbusschrauben ausschrauben, Hülsen herausnehmen.

2. Bilder 7 und 8: Scheinwerfereinheit unten leicht nach vorne ziehen, dann nach oben drücken und die Haltebolzen aus den Gummibuchsen ziehen.

3. Bild 9: Den 3-poligen, schwarzen Scheinwerferstecker und den 6-poligen, braunen Stecker des vorderen Nebenkabelbaums (unter den Kabeln für die Standlichtlampe) trennen.

4. Bild 7: Scheinwerfereinheit abnehmen.

■ Anbau in umgekehrter Reihenfolge.

Scheinwerfer ab- und anbauen bei NC 750 X

1. Luftkanal, Seitenabdeckung, Frontunterverkleidung und obere Innenverkleidung abbauen. Nehmen Sie zu diesen Arbeiten dazu bitte die entsprechenden Explosionszeichnungen in Kapitel 4 »Verkleidung · Tank · Rahmen« zu Hilfe: Luftkanal (Bild 41), Seitenabdeckung (Bild 16), Frontunterverkleidung (Bild 32) und obere Innenverkleidung (Bild 33).

2. Bild 10: Kabelbinder aufzwicken. Die 3-poligen Stecker der vorderen Blinker herausnehmen.

3. Bild 10: Die beiden Schrauben links und rechts ausschrauben.

4. Bild 10: Scheinwerfereinheit unten leicht nach vorne ziehen, dann nach oben drücken und die Haltebolzen aus den Gummibuchsen ziehen.

5. Bild 10: Den 3-poligen schwarzen Scheinwerferstecker, beide 3-poligen Stecker der vorderen Blinker und den 6-poligen braunen Stecker des Nebenkabelbaums trennen.

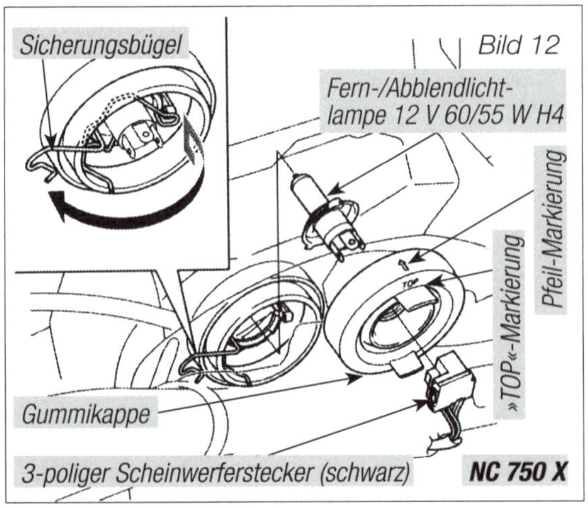

6. Bild 10: Scheinwerfereinheit abnehmen.

■ Anbau in umgekehrter Reihenfolge.

Lampe aus- und einbauen
1. Bilder 11 und 12: Gummikappe abziehen.
2. Sicherungsbügel gleichzeitig nieder- und ausdrücken, dann kann man die defekte Lampe herausnehmen.

Einbau einer neuen Lampe in umgekehrter Reihenfolge. Dabei besonders beachten:
■ Laschen am Lampensockel müssen in die zugehörigen Nuten eingesetzt werden.
■ Sicherungsbügel sicher einrasten lassen.
■ Bilder 11 und 12: Gummikappe so aufsetzen, dass sie fest auf der Lampe sitzt. Markierung »TOP« und der Pfeil müssen nach oben zeigen.

Standlichtlampe wechseln
Bei der NC 750 S muss auch zur Montage der Standlichtlampe die Scheinwerfereinheit abgebaut werden, siehe Kapitelabschnitt »Scheinwerfer ab- und anbauen bei NC 750 S«, bei der NC 750 X kann der Scheinwerfer angebaut bleiben.

1. Bilder 13 und 14: Standlichtfassung aus dem Scheinwerfergehäuse ausbauen: Es handelt sich um eine Gummifassung, die einfach aus der Sitzbohrung ausgezogen wird.
■ Nicht an den Kabeln ziehen!
2. Die Lampe ist in die Fassung eingesteckt: Zum Ausbau wird sie mit einem kräftigen Ruck aus der Fassung gezogen.
3. Neue Lampe in Fassung einstecken - nicht drehen! Fassung einbauen.
4. Bei der NC 750 S den Scheinwerfer anbauen.

Bilder 16 bis 18: Explosionszeichnungen von Befestigung und Kabelverlegung der Blinker vorne und hinten bei NC 750 S und NC 750 X.

Blinkerlampe wechseln (Bilder 15 bis 18)
1. Bild 15: Befestigungsschraube des Blinkerglases lösen und ausdrehen. Nehmen Sie einen exakt in den Kreuzschlitz passenden Schraubenzieher oder eine Nuss in PH1.
2. Bild 15: Lampe leicht eindrücken und nach links drehen, aus der Fassung herausnehmen.

Zusammen- und Einbau: Laschen am Lampensockel in die zugehörigen Nuten einsetzen, Lampe eindrücken und leicht drehen. Nase des Blinkerglases in Aussparung des Blinkers einsetzen, Blinkerglas korrekt eindrücken. Befestigungsschraube (Bild 15) nicht zu fest anziehen, sonst reißt das Blinkerglas ein.

Lampe in Brems-/Rücklicht/Kennzeichenleuchte wechseln der Modelljahre 2014 und 2015
1. Bild 19: Soziussitz mit dem Zündschlüssel öffnen und die Stange einrasten lassen.
2. Bild 19: 3-poligen schwarzen Stecker der Rücklichteinheit trennen.
3. Bild 19: Muttern der Rücklichteinheit lösen und abschrauben, Muttern und Scheiben abnehmen.
4. Rücklichteinheit abnehmen.

Bilder 13 und 14: Standlichtlampe bei NC 750 S und NC 750 X der Modelljahre 2014 und 2015.

Bild 15: Montage der Blinkerlampen bei NC 750 S und NC 750 X der Modelljahre 2014 bis 2020.

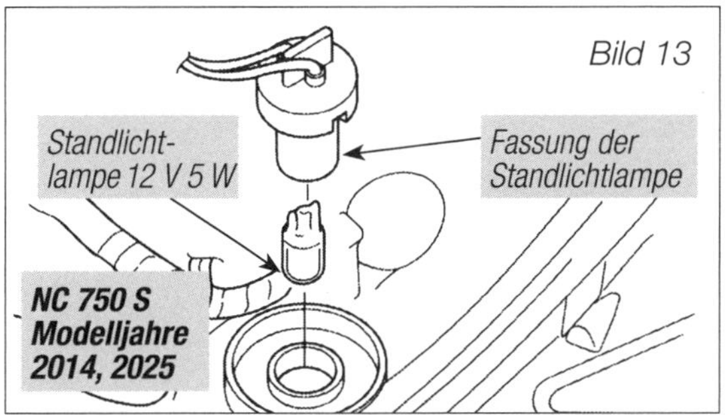

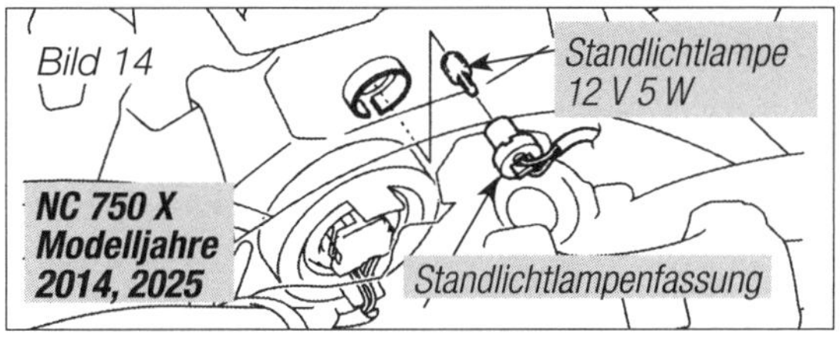

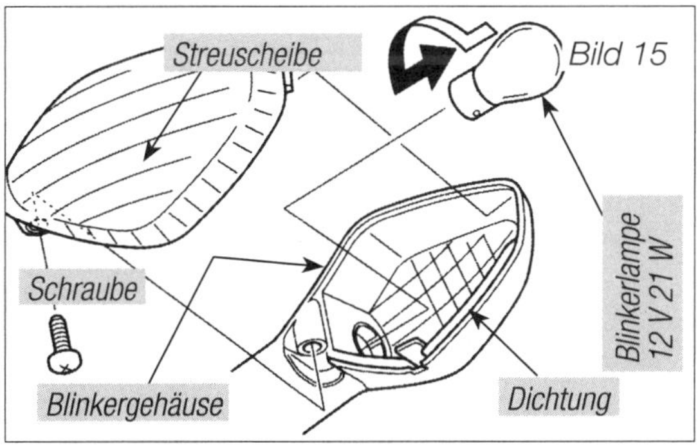

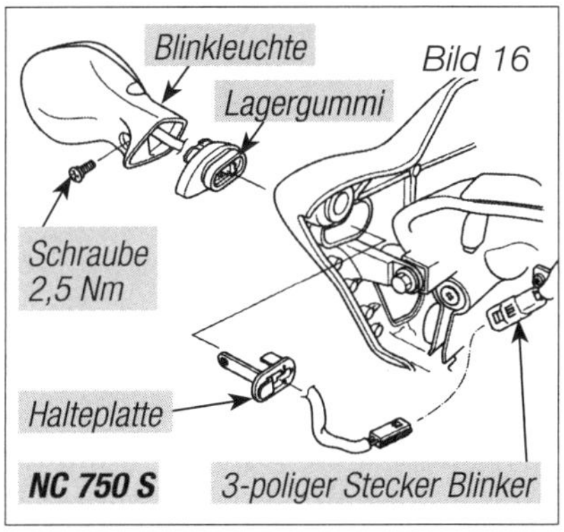

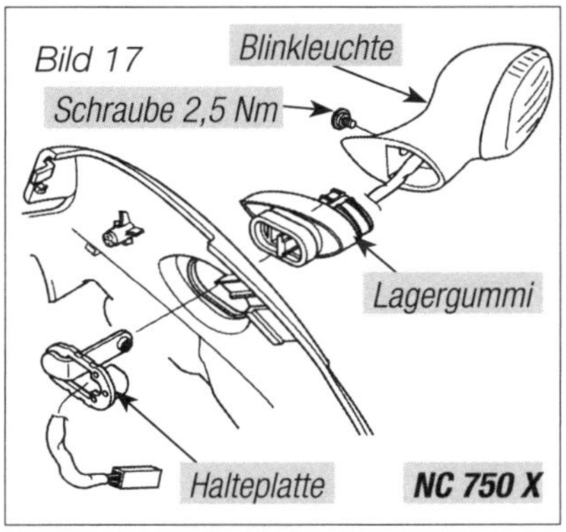

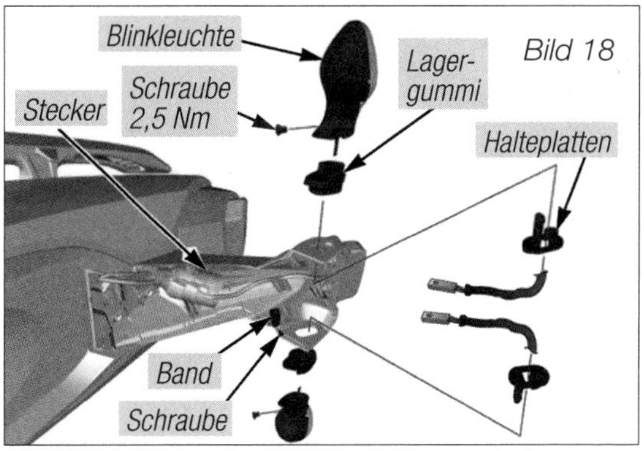

Sichtprüfung | Messen

Wechsel der Lampe:

1. Bild 20: Fassung bis zum Anschlag nach links drehen und herausziehen.

2. Lampe in ihre Bajonettfassung eindrücken, bis ihre Haltenippel entriegelt sind, nach links drehen und herausziehen.

■ Einsetzen der neuen Lampe und Zusammenbau in umgekehrter Reihenfolge.

Bilder 19 bis 21: Montagezeichnungen von Brems-/Rücklicht- und Kennzeichenleuchte

Lampe der Kennzeichenleuchte wechseln in den Modelljahren 2016 bis 2020

1. Bild 21: Befestigungsschrauben der Streuscheibe ausschrauben.

2. Streuscheibe und Dichtung abnehmen.

3. Lampe aus der Fassung ziehen.

4. Zustand der Dichtung kontrollieren, bei Bedarf erneuern.

■ Einsetzen der neuen Lampe und Zusammenbau in umgekehrter Reihenfolge.

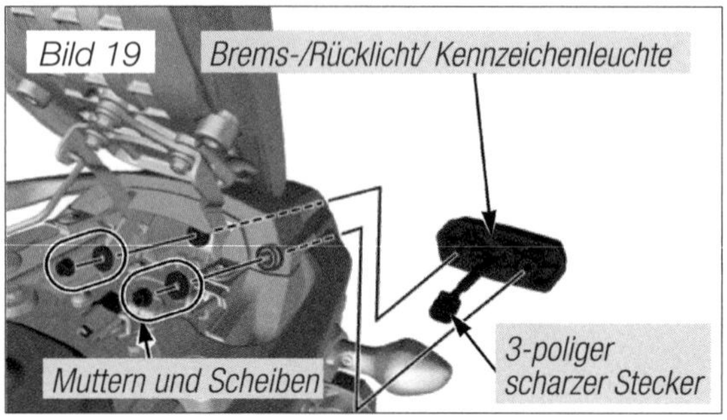

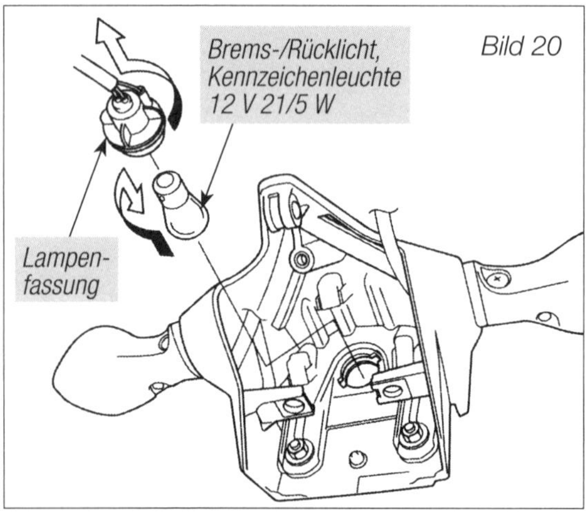

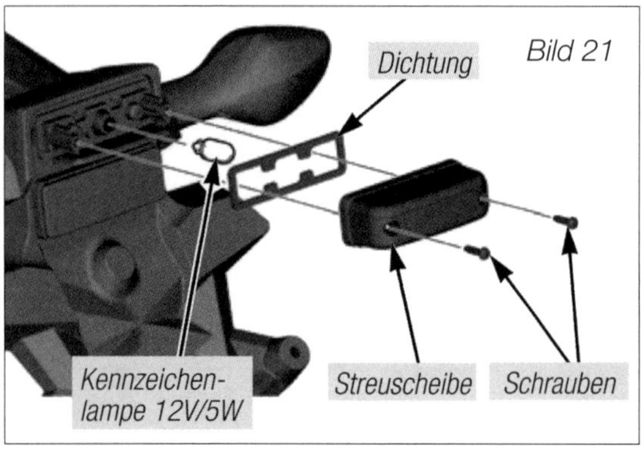

LED's

Ab Modelljahr 2016 sind der Scheinwerfer sowie das Brems-/Rücklicht jeweils als LED-Einheit ausgeführt. Ab Modelljahr 2021 gilt dies auch für Blinker und die Kennzeichenleuchte. Diese LED-Einheiten bestehen aus mehreren einzelnen LEDs. LEDs besitzen im normalen Betrieb eine sehr lange Lebensdauer, teilweise über die gesamte Nutzungsdauer des Motorrads hinweg. Fällt dennoch eine LED oder ein Teil der LED-Einheit aus, kann diese nicht einzeln ersetzt werden. Ein Austausch oder eine Prüfung der kompletten Einheit sollte in diesem Fall durch Ihren Honda-Händler erfolgen.

Leuchteinheit innen feucht?

Feuchtigkeit in Blinkern, Brems-/Rücklicht oder in der Kennzeichenleuchte mit Glühlampen entsteht normalerweise nicht, weil die Gehäuse belüftet sind. Wenn aber die Belüftungsschlitze verdreckt oder anderweitig verstopft sind, beschlagen die Gläser von innen durch Schwitzwasser: Dieses bildet sich, wenn die Lampe brennt, deswegen heiß ist und am Ende der Fahrt beim Ausschalten des Lichts wieder abkühlt.

⚠ Schwitzwasser ist gefährlich, es kriecht in jede Ritze und sorgt für Korrosion der Kontakte: Im Laufe der Zeit wird das Licht immer dunkler und erlischt schließlich ganz, obwohl die in die Fassung eingesteckte Lampe nicht defekt ist. Bei Schwitzwasserbefall müssen die Lampengläser abgebaut und ausgetrocknet werden.

Kontrollieren Sie dann auch, ob die Entlüftung der Leuchte frei ist: Im unteren Rand der Blinkergehäuse sind kleine Entlüftungsbohrungen: Wenn diese zugesetzt sind, sorgfältig reinigen und »freilegen«.

Instrumenteneinheit

Instrumenteneinheit ab-/anbauen bei NC 750 S

1. Scheinwerfer und Scheinwerferträger abbauen.

2. Bild 22: Befestigungsschrauben der Abdeckung der Instrumenteneinheit lösen und ausschrauben. Abdeckung abnehmen.

3. Bild 23: Gummikappe abziehen.

4. 16-poligen grauen Stecker der Instrumenteneinheit trennen.

5. Bild 23: Befestigungsschrauben mit Scheiben ausschrauben, Instrumenteneinheit abnehmen.

Instrumenteneinheit ab-/anbauen bei NC 750 X

1. In den Modelljahren 2014 bis 2020 die Windschutzscheibe abbauen, ab Modelljahr 2021 die Frontverkleidung.

2. Bild 24: Gummikappe abziehen.

3. Bild 24: 16-poligen grauen Stecker der Instrumenteneinheit trennen.

■ Ab Modelljahr 2021 ist der Stecker 24-polig.

4. Bild 24: Befestigungsschrauben mit Scheiben ausschrauben, Instrumenteneinheit abnehmen.

Wichtig: Instrumentenblock IMMER mit der Oberseite nach oben ablegen. Wird er seitlich abgelegt, kann es später zu Fehlfunktionen kommen!

■ Der Einbau erfolgt in umgekehrter Reihenfolge. Befestigungsschrauben mit 1,0 Nm, Schrauben der unteren Abdeckung mit 0,3 Nm festziehen.
■ Der Instrumentenblock kann auch bei einem Defekt einzelner Teile nicht zerlegt, sondern nur komplett gewechselt werden.

Lichthupe, Hupe

Lichthupe prüfen: Die Lichthupe wird betätigt durch Drücken des Flügelschalters (»PASS«) an der linken Lenkerschaltereinheit (Bild 25): Fernlicht muss so lange aufleuchten, wie der Schalter gedrückt bleibt.

Falls das Fernlicht nicht aufleuchtet, zuerst die Lampe überprüfen: Am Lenkerschalter auf Fernlicht schalten und nachsehen, ob die Lichthupe jetzt brennt.

Ist die Lampe in Ordnung, Kabel und Steckverbindungen kontrollieren.

Sind Kabel und Steckverbindungen in Ordnung, die Lenkerschaltereinheit öffnen und nachsehen, ob beim Drücken des Schalters innen in der Schaltereinheit überhaupt ein Kontakt hergestellt wird.

Hupe prüfen: Die Hupe, auch »Signalhorn« genannt, ist unter dem Kühler vorne rechts am Rahmen befestigt (Bild 26). Wenn sie nicht ordnungsgemäß funktioniert, liegt dies meist an defekten Kabeln oder Steckverbindungen.

1. Kabel zwischen Hupenschalter und Hupe auf Bruch und durchgescheuerte Stellen kontrollieren.
2. Steckverbindungen säubern, Kontakte mit feinem Schleifpapier von Korrosionsschicht befreien, ggf. mit Kontaktspray behandeln.
3. Steckverbindung der Hupe prüfen: Spannungsmesser an kabelbaumseitige Kontakte anlegen. Bei Betätigung des Hupenschalters muss Batteriespannung anliegen.
4. Falls die Hupe trotz funktionierender Stromversorgung keinen Laut von sich gibt, die Hupe ersetzen: den Stecker abziehen, die Befestigungsschraube lösen, die Hupe abnehmen.
■ Einbau in umgekehrter Reihenfolge.

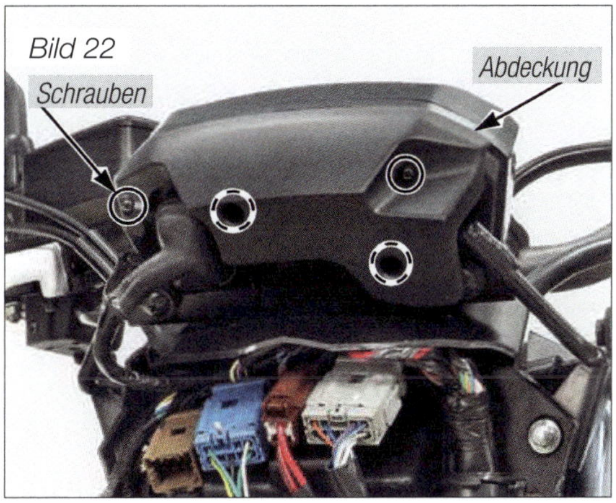

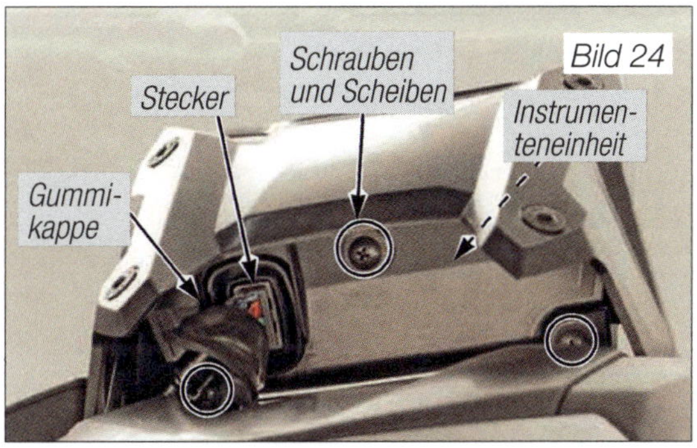

Bilder 22 und 23: Befestigung der Abdeckung und der Instrumenteneinheit bei NC 750 S.

Bild 24: Befestigungspunkte der Instrumenteneinheit am Instrumententräger bei NC 750 X.

Bild 25: Die Lichthupe wird über den »PASS«-Schalter betätigt.

Bild 26: Die Hupe ist unterhalb des Kühlers vorne rechts angebracht.

Bild 27: Mit dieser Schraube (Kreis) kann man die Hupenlautstärke einstellen.

Korrespondenzkapitel:
- 12 »Licht · Blinker · Hupe«
- 14 »Batterie«
- 15 »Ladesystem«
- 18 »Zündanlage«
- 20 »Einspritzung«

Bild 1: Einbaulage der elektrischen Bauteile.

Sicherungen · Relais · Stecker

In diesem Kapitel: Elektrische Bauteile · Sicherungen · Relais · Zündschloss und Zündschlüssel mit Tipps zum sicheren Gebrauch · HISS-Wegfahrsperre · Stecker, Kabel, Kabelanschlüsse · Kabelverbindungen und Drähte · Aufgescheuerte Kabel und ihre Reparatur · Tipps und Tricks zur Überprüfung der elektrischen Anlage · Einbaulage verschiedener Stecker an Font und Heck · Einbaulage elektrischer Bauteile auf Bild-Doppelseiten.

Elektrische Bauteile

In diesem Kapitel zeigen und beschreiben wir die elektrischen Bauteile und ihre Einbauorte. Im Textkasten auf der nächsten Seite sind alle elektrischen Bauteile genannt; sie werden in den verschiedenen Bildern dieses Kapitels gezeigt, die Einbaulage finden Sie in den Bildern 1, 21 a bis 24 p. Ergänzungen und weitere Elektrikbauteile siehe »Korrespondenzkapitel« ganz links auf dieser Seite. Bitte beachten Sie, dass zur Überprüfung und Fehlersuche der meisten Bauteile elektronische Honda-Spezialwerkzeuge nötig sind – und die hat nur der Honda-Händler.

Bild 1

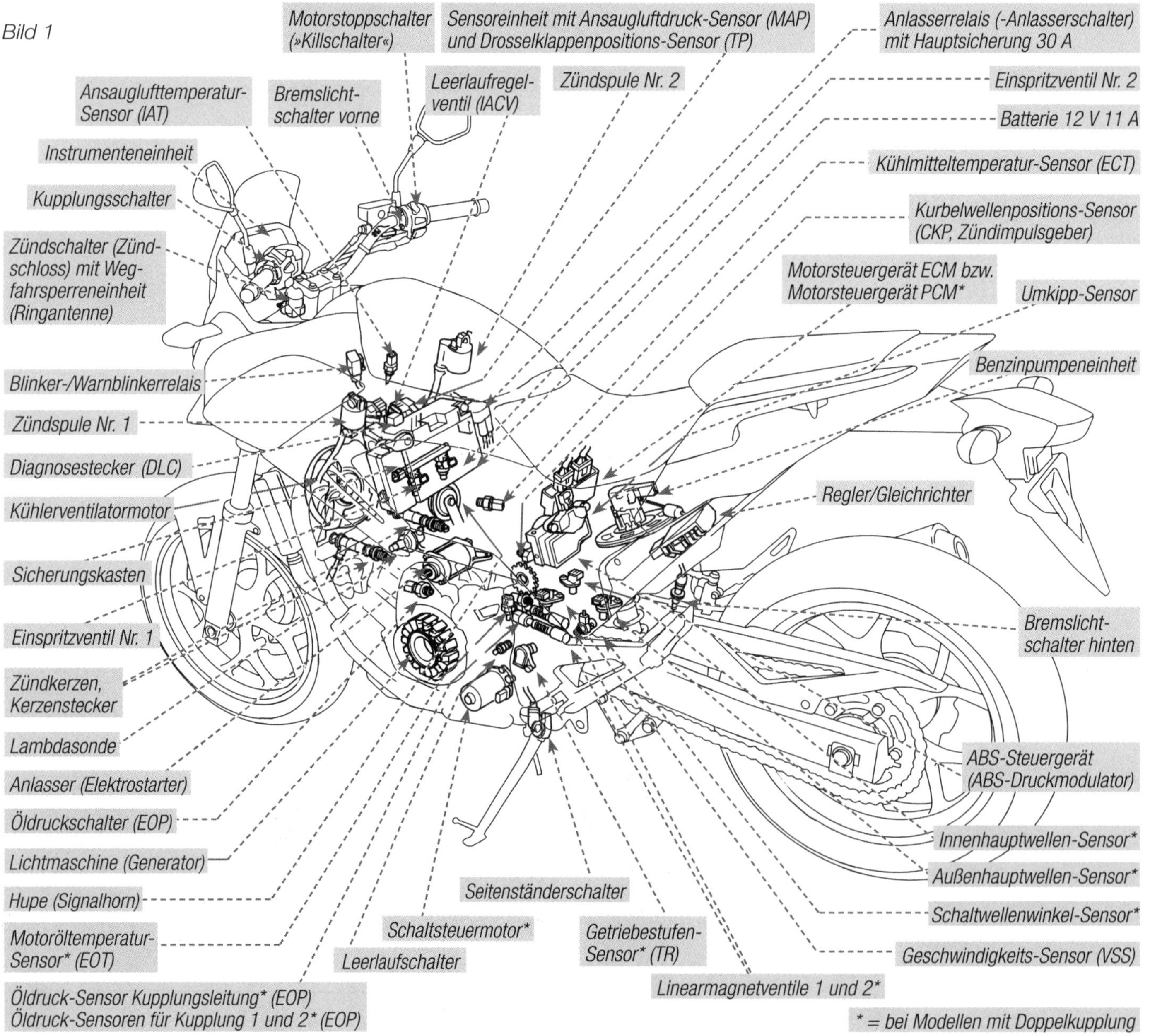

Sicherungen

Sicherungskasten: Der Sicherungskasten ist vor der Gepäckbox unter dem Batteriefachdeckel direkt links neben der Batterie eingebaut. Deckel des Sicherungskastens mit Inhalt und Belegung der Sicherungen siehe Bild 3. Bild 4 zeigt den dazugehörenden Sicherungskasten mit Sicherungen, Relais und Dioden ab Modelljahr 2021 mit Schaltgetriebe.

Die Sicherungsbelegung in allen Modelljahren mit Schalt- und Doppelkupplungsgetriebe sehen Sie in den vier grauen Kästen weiter hinten in diesem Kapitel. Alle Sicherungen außer der Hauptsicherung sitzen im Sicherungskasten.

ABS-Hauptsicherung (10 in Bild 4) mit 7,5 Ampere in den Modelljahren 2014 bis 2020. 10 Ampere hat sie ab Modelljahr 2021. Sie sichert das ABS-Steuergerät ab.
Sicherung ABS-Magnetventile (2 in Bild 4) mit 30 Ampere, sie sichert die ABS-Magnetventile im ABS-Modulator ab.
Sicherung ABS-Motor (1 in Bild 4) mit 30 Ampere, sie sichert den ABS-Motor im ABS-Modulator ab.
Sicherung Bremslicht, Rücklicht, Hupe (9 in Bild 4) mit 7,5 Ampere in den Modelljahren 2014 bis 2020. 10 Ampere hat sie ab Modelljahr 2021. Sie sichert Bremslicht, Rücklicht und Hupe ab.
Fahrtlicht-Sicherung (11 in Bild 4) mit 15 Ampere in den Modelljahren 2014 und 2015. 7,5 Ampere hat sie in den Modelljahren 2016 bis 2020 und 10 Ampere ab Modelljahr 2021. Sie sichert das Fahrtlicht ab.
FI-Sicherung mit 15 Ampere ist in den Modelljahren 2014 bis 2020 verbaut. Ab Modelljahr 2021 gibt es zwei **FI-Sicherungen** mit je 10 Ampere (12 und 13 in Bild 4). Sie sichern die Einspritzanlage ab.
Hauptsicherung mit 30 Ampere (Bilder 5 a bis 5 c), sie ist im Anlasser-Relaisschalter eingebaut. Dieser sitzt vor der Gepäckbox rechts neben der Batterie. Zum Ausbau der Sicherung den Stecker vom Anlasser-Relaisschalter abziehen.
Sicherung Kühlerventilator mit 15 Ampere (5 in Bild 4), sie sichert den Kühlerventilator-Motor ab.
Motorstopp-Sicherung mit 7,5 Ampere in den Modelljahren 2014 bis 2020, sie sichert den Motorstoppschalter (»Killschalter«) ab.
PVB-Sicherung mit 30 Ampere ist beim Doppelkupplungsgetriebe für den Schaltsteuermotor verbaut.
SUB-VB-Sicherung mit 7,5 Ampere beim Doppelkupplungsgetriebe in den Modelljahren 2014 bis 2020, sie sichert den Nebenversorgungseingang am PCM ab.
TBW-Sicherung mit 30 Ampere ab Modelljahr 2021 (3 in Bild 4), sie sichert die TBW-Einheit ab, die für die Steuerung des elektronischen Gas-

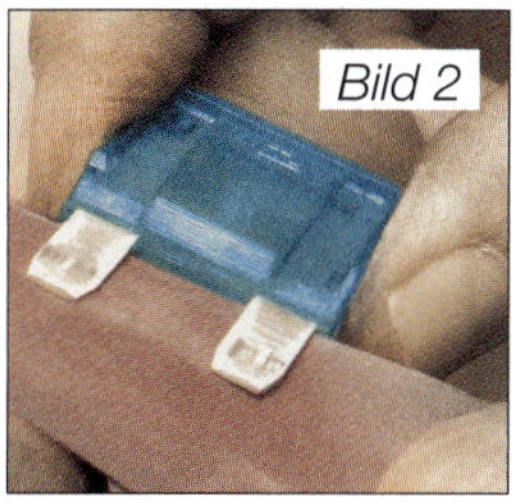

Bild 2: Für sicheren Kontakt einer gebrauchten Sicherung deren Zungen mit feinem Schmirgelpapier abziehen.

Sensoren, Relais, Schalter, Steuerventile und anderer elektrischer Bauteile (siehe Bild 1, und Übersichtsbilder 21 a bis 24 p am Ende dieses Kapitels)***

Sensoren
- Sensoreinheit mit Ansaugluftdruck-Sensor (MAP) und Drosselklappenpositions-Sensor (TP, beide Bild 21 i)
- Umkipp-Sensor (Bilder 20 und 23 e)
- Ansauglufttemperatur-Sensor (IAT, Bild 21 f)
- Benzinstand-Sensor (an Benzinpumpeneinheit, Bild 22 h)
- Gangpositions-Sensor (siehe Kapitel 13)
- Geschwindigkeits-Sensor (VSS, Bild 21 n)
- Kühlmitteltemperatur-Sensor (ECT, Bild 24 l)
- Kurbelwellenpositions-Sensor (CKP, Zündimpulsgeber, Bild 24 a)
- Lambdasonde (Bild 24 n)
- Raddrehzahl-Sensor (ABS) am Hinterrad (Bild 23 g)
- Raddrehzahl-Sensor (ABS) am Vorderrad (Bild 24 p)
- Außenhauptwellen-Sensor* (Bild 1, siehe Kapitel 26)
- Innenhauptwellen-Sensor* (Bild 1, siehe Kapitel 26)
- Getriebestufen-Sensor* (TR, Bild 1, siehe Kapitel 26)
- Motoröltemperatur-Sensor* (EOT, Bild 1, siehe Kap. 26)
- Öldruck-Sensoren für Kupplung 1 und 2* (EOP, Bilder 1 und 23 d, siehe Kapitel 26)
- Öldruck-Sensor Kupplungsleitung* (EOP, Bilder 1 und 23 d, siehe siehe Kapitel 26)
- Schaltwellenwinkel-Sensor* (Bilder 1, 23 d, s. Kap. 26)
- Schalthebelwinkel-Sensor* (bei Maschinen, die mit einem Fußschalthebel ausgerüstet sind, siehe Kapitel 26)

Relais
- ABS-Ausfallsicherheits-Relais (im ABS-Steuergerät)
- Anlasser-Relaisschalter, Bilder 5 a, 5 b, 5 c und 24 c)
- Anlasser-Relais (siehe Kapitel 26 »Doppelkupplung«)*
- Benzinpumpen-Relais, Bilder 4, 21 g
- Blinker-/Warnblinkerrelais (Bilder 6 a, 6 b und 21 c)
- DCT-Relais (siehe Text Seite 106)
- ECM-Power-Relais (siehe Text Seite 106)
- Kühlerventilator-Relais (im Sicherungskasten, Bilder 4, 21 g)
- OP-Relais (Zubehör-Relais, siehe Text Seite 106)
- SUB-VB-Relais, siehe Kapitel 13, Bild 4)
- TBW-Relais (Throttle-by-Wire-Relais, siehe Bild 4)
- Zündhalte-Relais* (im PCM, siehe Kapitel 26)

Steuerventile
- Einspritzventile 1 und 2 (Bild 24 i)
- Leerlaufregelventil (IACV, Bilder 1 und 21 i)
- Linearmagnetventile 1 und 2* (Bilder 1, 23 d , s. Kap. 26)

Schalter
- Anlasserknopf (Starterschalter, Bilder 23 b und 24 d)
- Anlasserrelaisschalter (Bilder 5 a, 5 b, 5 c und 24 c)
- Bremslichtschalter hinten (Bild 23 h)
- Bremslichtschalter vorne (Bild 24 e)
- Fern-/Abblendlicht-, Warnblinker-, Blinker-, Lichthupen- und Hupenschalter (Bilder 21 a und 23 a)
- Gangschalter »Auf- und Abwärts«* (Bild 23 a)
- Kupplungsschalter (Bild 21 c)
- Leerlaufschalter (Neutralschalter, Bild 22 e)
- Mode-Schalter* (Schalter für Fahrmodus AT/MT, Bild 23 a)
- Motorstoppschalter (»Killschalter«, Bild 23 b und 24 d)
- N-D-Schalter* (Gangwahlschalter für manuellen Fahrmodus, Bild 23 a)
- Öldruckschalter** (EOP, Bild 24 m)
- Parkbremsschalter* (Bild 23 a)
- Seitenständerschalter (Bild 22 f)
- Wegfahrsperreneinheit (Ringantenne, HISS, Bild 21 b)
- Zündschalter (Zündschloss, Bild 21 b)

Elektrische Bauteile
- ABS-Steuergerät (ABS-Druckmodulator, Bild 23 k)
- Anlasser (Elektrostarter, Bild 21 l)
- Batterie (12 V 11 A, Bild 24 b)
- Benzinpumpeneinheit (Bild 22 h)
- Diagnosestecker zur Datenübertragung (DLC, Bild 24 b)
- Diode (im Sicherungskasten, Bilder 4 und 21 g)
- Hauptsicherung 30 A (Bilder 5 a, 5 b, 5 c und 24 c)
- Hupe (Signalhorn, Bild 24 o)
- Instrumenteneinheit (Bild 24 f)
- Kühlerventilatormotor (Bild 21 h)
- Lichtmaschine (Generator, Bild 21 m)
- Masse Rahmen, Motor (Bild 22 c)
- Masse Auspuffkrümmer (Bild 23 i)
- Motorsteuergerät ECM (Bild 23 f)
- Motorsteuergerät PCM* (statt ECM, Bild 23 d, s. Kap. 26)
- Regler/Gleichrichter (Bild 22 d)
- Schaltsteuermotor* (siehe Kapitel 26)
- Sicherungskasten (Bilder 3, 4 und 21 g)
- Zündkerzen, Kerzenstecker (Bild 21 k)
- Zündspulen 1 und 2 (Bilder 21 a und 24 h)

* = Bei Modellen mit Doppelkupplungsgetriebe; ergänzende Darstellung der Bauteile siehe Kapitel 26 »Doppelkupplung«.
** = Bei Modellen mit Schaltgetriebe

*** = Stand der Recherche zum Redaktionsschluss dieses Buchs im Mai 2026

griffs verantwortlich ist. In ihr sitzen der TBW-Motor und der TP-Sensor (Drosselklappenpositions-Sensor).
Sicherung für Uhr, Blinker mit 7,5 Apere in den Modelljahren 2014 bis 2020. Ab Modelljahr 2021 wird mit 10 Ampere nur noch die Uhr abgesichert (4 in Bild 4).
Sicherung Zusatzgeräte mit 7,5 Ampere (14 in Bild 4) in den Modelljahren 2014 bis 2020. Ab Modelljahr 2021 hat sie 10 Ampere. Wie ihr Name schon sagt, sichert sie zusätzlich angebrachte Geräte ab.

⚠ **Achtung:** Falls eine Sicherung wiederholt durchbrennt, den Fehler suchen und beheben. Auf keinen Fall eine Sicherung mit einem höheren Ampere-Wert einsetzen.

Beim Arbeiten an Sicherungen beachten:
- Vor einem Sicherungswechsel die Zündung sicher ausschalten, Zündschlüssel abziehen.
- Defekte Sicherungen nicht reparieren, etwa mit alubeschichtetem Papier aus der Zigarettenschachtel: Die Gefahr, dass die Maschine anfängt zu brennen, ist ziemlich hoch!
- Verbrauchte Reservesicherungen (7,5 A, 10 A, 15 A oder 30 A) umgehend ersetzen.
- Nur vorgeschriebene Sicherungen verwenden, auf keinen Fall eine mit einem anderen Ampere-Wert!
- Die Zungen einer gebrauchten Sicherung können zur Kontaktsicherung auch mit feinem Schmirgelpapier abgezogen werden (Bild 2).

Defekte Sicherung auswechseln:
- Verriegelung seitlich am Deckel mit leichtem Fingerdruck lösen, Deckel aufklappen.
- Defekte Sicherung mit dem Sicherungszieher aus dem Bordwerkzeug oder einer Spitzzange aus der Steckklemme ziehen.
- Neue Sicherung mit identischem Ampere-Wert einsetzen.

Relais

ABS-Ausfallsicherheits-Relais: Gibt es ab Modelljahr 2016, ist in den ABS-Modulator eingebaut. Es steuert die Stromzufuhr zum ABS-Steuergerät und zur ABS-Hydraulikpumpe.
Anlasser-Relaisschalter (Bilder 5 a bis 5 c) mit der Hauptsicherung 30 A befindet sich vor der Gepäckbox direkt rechts neben der Batterie.
Anlasser-Relais: Nur bei Doppelkupplung. Ist in den Modelljahren 2014 bis 2020 in den Sicherungskasten eingebaut, ab Modelljahr 2021 sitzt es unter der linken vorderen Seitenverkleidung.
Benzinpumpen-Relais (Bilder 3 und 4): Einbaulage im Sicherungskasten.
Blinker-/Warnblinker-Relais (Bilder 6 a und 6 b): Einbaulage links oben an der Gepäckbox.
DCT-Relais: Gibt es ab Modelljahr 2021, sitzt unter der linken vorderen Seitenverkleidung im Relaiskasten B. Es schaltet den Strom der kompletten Elektrik und Elektronik des Doppelkupplungsgetriebes.
ECM-Power-Relais: Gibt es ab Modelljahr 2021, sitzt im Motorsteuergerät.
Kühlerventilator-Relais (Bilder 3 und 4): Einbaulage im Sicherungskasten.
Magnetventil-Relais: Gibt es in den Modelljahren 2014 bis 2020, ist in den ABS-Modulator eingebaut.
Motorstopp-Relais: Gibt es ab Modelljahr 2021, sitzt unter der linken vorderen Seitenverkleidung.
OP-Relais: In den Modelljahren 2014 bis 2020 im Sicherungskasten, ab Modelljahr 2021 unter der linken vorderen Seitenverkleidung. Es steuert die Stromzufuhr zu zusätzlich angebrachten Geräten.
SUB-VB-Relais: Gibt es ab Modell-

Bild 3
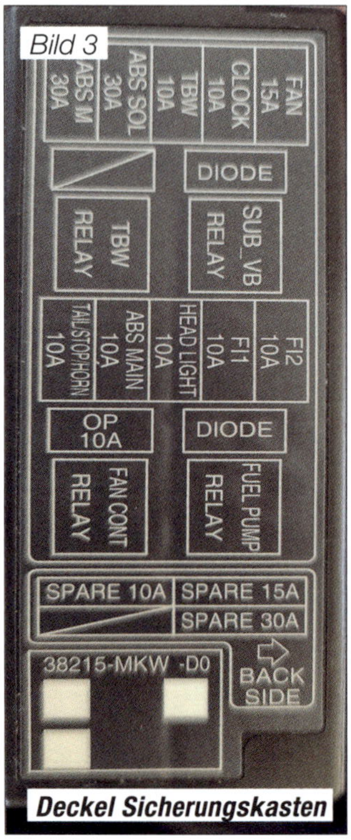

Deckel Sicherungskasten

Bild 3: Deckel des Sicherungskastens mit Lage und Bezeichnungen der Sicherungen und Angabe der Sicherungsstärke. Auch Lage und Bezeichnung der Relais (7, 8, 16 und 17) vermerkt.

Bild 4
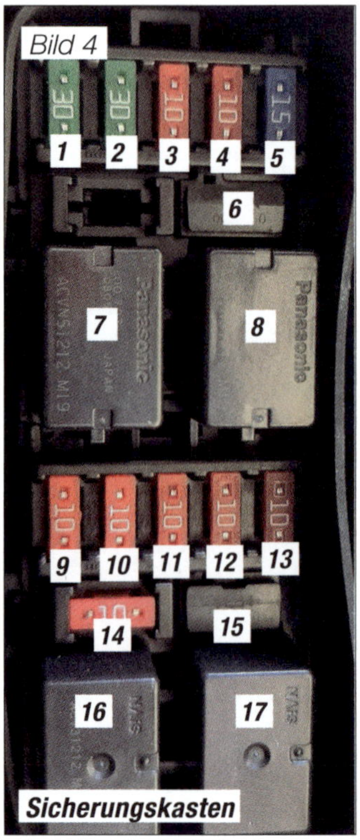

Sicherungskasten

Bild 4: Blick in den Sicherungskasten ab Modelljahr 2021 mit Schaltgetriebe.

Bauteile in Bild 4
1 Sicherung ABS-Motor 30 A
2 Sicherung ABS Magnetventile 30 A
3 Sicherung Throttle-by-Wire 10 A
4 Sicherung Uhr 10 A
5 Sicherung Kühlerventilator 15 A
6 Diode
7 Throttle-by-Wire-Relais
8 SUB-VB-Relais
9 Sicherung Bremslicht, Rücklicht, Hupe 10 A
10 ABS-Hauptsicherung 10 A
11 Sicherung Fahrlicht 10 A
12 FI-Sicherung 1 10 A
13 FI-Sicherung 2 10 A
14 Sicherung Zusatzgeräte 10 A
15 Diode
16 Kühlerventilator-Relais
17 Benzinpumpen-Relais

jahr 2021, es sitzt im Sicherungskasten. Schaltet die Stromzufuhr zum Nebenversorgungseingang am Getriebesteuergerät.
TBW-Relais (Throttle-by-Wire-Relais): Ab Modelljahr 2021, sitzt im Sicherungskasten. Es steuert die Stromzufuhr zum TBW-Motor, der zusammen mit dem Drosselklappenpositions-Sensor in der TBW-Einheit an der Drosselklappe sitzt.

Tipp zur Fehlersuche: Falls eine elektrische Baugruppe nicht funktioniert, die zugehörige Sicherung jedoch in Ordnung ist und die stromzuführenden Kabel ebenfalls, kann es sein, dass das Relais »hängt«: Mit einem Finger oder dem Knauf eines Schraubenziehers leicht gegen das Relais klopfen und erneut versuchen. Falls immer noch nichts geht, testweise ein erwiesenermaßen funktionstüchtiges Relais einsetzen.

Zündschloss, Zündschlüssel

Das Zündschloss kann Wurzel vieler elektrischer Übel sein:

- Zündschloss wurde nie geschmiert,
- Maschine stand immer draußen, wo sich Umweltschmutz, Regenwasser und Schnee darauf abgelegt haben und mit der Zeit ins Zündschloss eingedrungen sind,
- der Zündschlüssel ist verschlissen und kann die Schlüsselstellungen im Zündschloss nicht mehr richtig betätigen, weswegen auch die elektrischen Kontakte nicht korrekt zueinander finden,
- der Zündschlüssel wurde immer mit einem schweren Bund anderer Schlüssel ins Zündschloss eingesteckt und die Maschine wurde dann auch so gefahren.

Gebrauchs- und Behandlungstipps für den Zündschlüssel

- Zündschlüssel immer nur alleine ins Zündschloss stecken, keinen schweren Schlüsselanhänger und schon gar keinen Schlüsselbund an den Zündschlüssel anbringen.
- Bild 7 b: Zündschlüssel immer exakt in Flucht des Schlitzes im Zündschloss einstecken.
- Zündschlüssel immer bis ganz nach unten in das Zündschloss einstecken.
- Zündschloss mit dem Zündschlüssel aus der »Abschließposition« (Lenker steht dabei nach links) nicht hart oder mit roher Gewalt nach rechts aufdrehen, um das Lenkschloss zu entsperren. Wenn es klemmt, den Lenker hin und her bewegen und gleichzeitig versuchen, den Zündschlüssel im Zündschloss in korrekte ON-Position zu bringen.

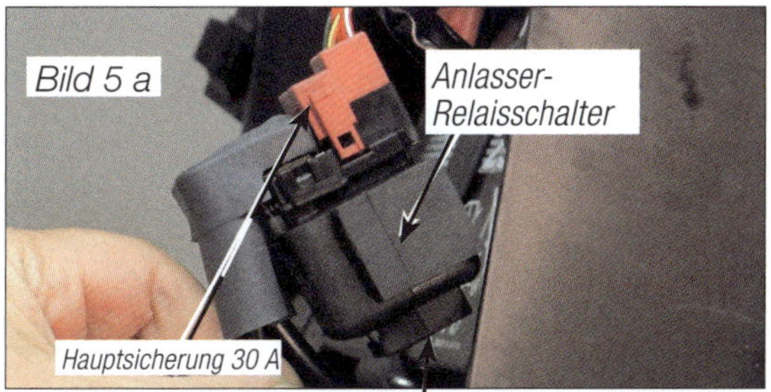

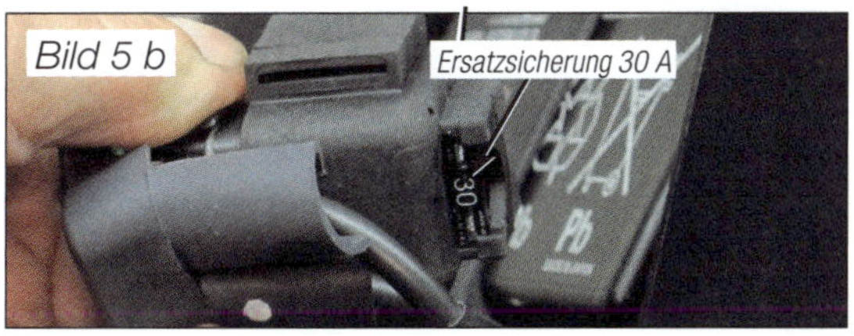

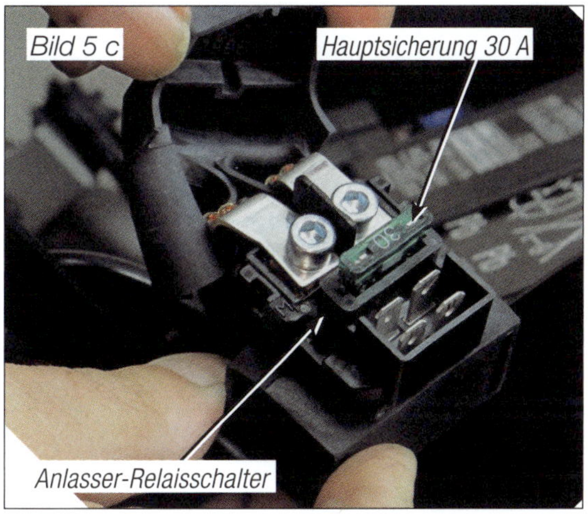

Bilder 5 a bis 5 c: Einbaulage Anlasser-Relaisschalter mit Haupt- und Ersatzsicherung mit jeweils 30 Ampere.

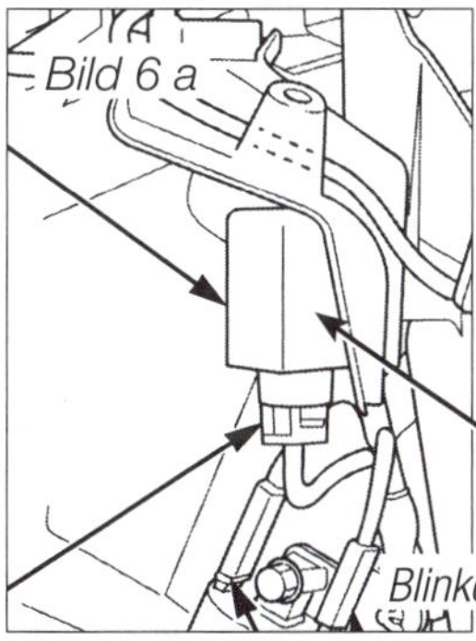

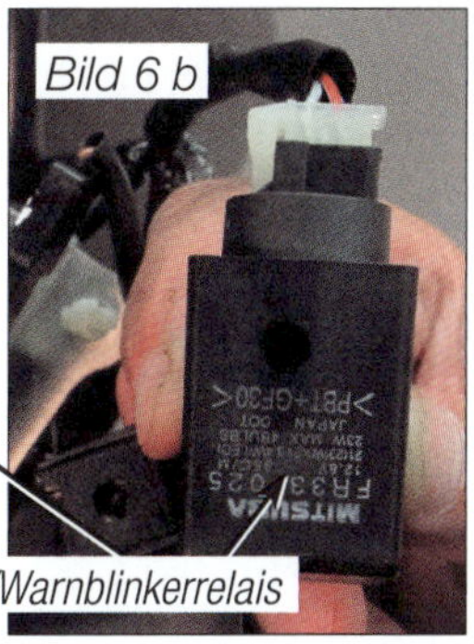

Bilder 6 a und 6 b: Einbaulage Blinker-/Warnblinkerrelais.

Bilder 7 a und 7 b: Zündschlüssel immer exakt in Flucht des Schlitzes im Zündschloss einstecken.

- Zündschlüssel nicht fallen lassen, vor Druck und harten Schlägen schützen.
- Wenn der Zündschlüssel im Zündschloss haken sollte oder wenn man spürt, dass er sich nicht mehr wie gewohnt leicht bewegen lässt: Zündschloss und Zündschlüssel NICHT mit Motoröl oder Fett schmieren, sondern nur spezielles Schlossspray auf Graphitbasis benutzen.

Zündschüssel

Zum Fahrzeug gehören zwei schwarze Zündschlüssel, die zum normalen Betrieb gedacht sind, und ein Schlüsselnummernschild. Welcher der beiden Zündschlüssel benutzt wird, ist egal. Wenn einer der beiden Zündschlüssel verloren gegangen ist, kann man sich einen neuen Zündschlüssel machen lassen, wozu unbedingt der »Ersatzschlüssel« benötigt wird. In diesem Zusammenhang ist es also sehr wichtig, den Ersatz-Zündschlüssel sicher (und wieder auffindbar!) aufzubewahren. Nur so kann man jederzeit einen neuen Zündschlüssel nachfertigen lassen. Gehen beide Zündschlüssel und das Schlüsselnummernschild verloren, muss das PGM-FI-

Sicherungen bei NC 750 X und NC 750 S mit Schaltgetriebe in den Modelljahren 2014 bis 2020

Sicherungen im Sicherungskasten

(1) Sicherung Zusatzgeräte	7,5 Ampere
(2) ABS-Hauptsicherung	7,5 Ampere
(3) Sicherung ABS-Magnetventile	30 Ampere
(4) Sicherung ABS-Motor	30 Ampere
(5) Sicherung Bremslicht, Rücklicht, Hupe	7,5 Ampere
(6) FI-Sicherung Einspritzsystem	15 Ampere
(7) Sicherung-Motorstopp	7,5 Ampere
(8) Sicherung Fahrlicht Mj. 2014 und 2015	15 Ampere
(8) Sicherung Fahrlicht Mj. 2016 bis 2020	7,5 Ampere
(9) Sicherung Uhr, Blinker	7,5 Ampere
(10) Sicherung Kühlerventilator	15 Ampere
Ersatzsicherung	7,5 Ampere
Ersatzsicherung	15 Ampere
Ersatzsicherung	30 Ampere

Sicherung im Anlasser-Relaisschalter

Hauptsicherung	30 Ampere
Ersatzsicherung	30 Ampere

Sicherungen bei NC 750 X mit Schaltgetriebe ab Modelljahr 2021

Sicherungen im Sicherungskasten

(1) Sicherung TBW (Throttle by Wire)	10 Ampere
(2) Sicherung Uhr	10 Ampere
(3) Sicherung ABS-Motor	30 Ampere
(4) Sicherung ABS-Magnetventile	30 Ampere
(5) Sicherung Kühlerventilator	15 Ampere
(6) Sicherung Bremslicht, Rücklicht, Hupe	10 Ampere
(7) ABS-Hauptsicherung	10 Ampere
(8) Sicherung Zusatzgeräte	10 Ampere
(9) Sicherung Fahrlicht	10 Ampere
(10) FI-Sicherung 1 Einspritzsystem	10 Ampere
(11) FI-Sicherung 2 Einspritzsystem	10 Ampere
Ersatzsicherung	10 Ampere
Ersatzsicherung	15 Ampere
Ersatzsicherung	30 Ampere

Sicherung im Anlasser-Relaisschalter

Hauptsicherung	30 Ampere
Ersatzsicherung	30 Ampere

Sicherungen bei NC 750 X und NC 750 S mit Doppelkupplungsgetriebe in den Mj. 2014 bis 2020

Sicherungen im Sicherungskasten

(1) Sicherung Zusatzgeräte	7,5 Ampere
(2) Sicherung SUB VB	7,5 Ampere
(3) Sicherung PVB	30 Ampere
(4) ABS-Hauptsicherung	7,5 Ampere
(5) Sicherung ABS-Magnetventile	30 Ampere
(6) Sicherung ABS-Motor	30 Ampere
(7) Sicherung Bremslicht, Rücklicht, Hupe	7,5 Ampere
(8) FI-Sicherung Einspritzsystem	15 Ampere
(9) Sicherung-Motorstopp	7,5 Ampere
(10) Sicherung Fahrlicht Mj. 2014 und 2015	15 Ampere
(10) Sicherung Fahrlicht Mj. 2016 bis 2020	7,5 Ampere
(11) Sicherung Uhr, Blinker	7,5 Ampere
(12) Sicherung Kühlerventilator	15 Ampere
Ersatzsicherung	7,5 Ampere
Ersatzsicherung	15 Ampere
Ersatzsicherung	30 Ampere

Sicherung im Anlasser-Relaisschalter

Hauptsicherung	30 Ampere
Ersatzsicherung	30 Ampere

Sicherungen bei NC 750 X mit Doppelkupplungsgetriebe ab Modelljahr 2021

Sicherungen im Sicherungskasten

(1) Sicherung TBW (Throttle by Wire)	10 Ampere
(2) Sicherung Uhr	10 Ampere
(3) Sicherung PVB	30 Ampere
(4) Sicherung ABS-Motor	30 Ampere
(5) Sicherung ABS-Magnetventile	30 Ampere
(6) Sicherung Kühlerventilator	15 Ampere
(7) Sicherung Bremslicht, Rücklicht, Hupe	10 Ampere
(8) ABS-Hauptsicherung	10 Ampere
(9) Sicherung Zusatzgeräte	10 Ampere
(10) Sicherung Fahrlicht	10 Ampere
(11) FI-Sicherung 1 Einspritzsystem	10 Ampere
(12) FI-Sicherung 2 Einspritzsystem	10 Ampere
Ersatzsicherung	10 Ampere
Ersatzsicherung	15 Ampere
Ersatzsicherung	30 Ampere

Sicherung im Anlasser-Relaisschalter

Hauptsicherung	30 Ampere
Ersatzsicherung	30 Ampere

Motorsteuergerät beim Honda-Händler ausgetauscht werden – eine kostspielige Angelegenheit!

Wichtig: Neue Zündschlüssel können in der Regel nur über einen autorisierten Honda-Händler bezogen werden. Wenn dieser kein Zündschlüsselschleifgerät hat, muss man Zündschlüssel-Rohlinge als Originalersatzteile von Honda kaufen und unter Vorlage des Ersatzschlüssels bei einem Schlüsseldienst anfertigen lassen. Der Ersatzschlüssel muss anschließend im Wegfahrsperrensystem HISS des Motorrades registriert werden. Dazu benötigt der Honda-Händler den Schlüssel, das Schlüsselnummernschild, das Motorrad und die KFZ-Papiere.

Wegfahrsperre

Die NC 750-Modelle sind mit der elektronischen Wegfahrsperre »**HISS**« = **H**onda **I**gnition **S**ecurity **S**ystem ausgerüstet, die Dieben das Leben schwer macht: Mit einem Schraubenzieher das Lenkschloss knacken, Kabel abzwicken und Zündung kurzschließen funktioniert nicht. Die Sicherheits-Zündschlüssel (Bild 7 a) sind mit einem Code so programmiert, dass nur durch Einstecken des Schlüssels die Wegfahrsperreneinheit entriegelt und der Motor gestartet werden kann. Der Schlüssel schickt dabei codierte Signale an den Empfänger (Ringantenne) am Zündschloss. Von dort aus werden sie an das Motorsteuergerät ECM/PCM weitergeleitet. Wird der Zündschlüssel auf »OFF« gestellt, beginnt die Kontollleuchte (Bild 8) nach 30 Sekunden kontinuierlich zu blinken. Nach Abstellen des Motors blinkt die Kontrollleuchte im Bereitschaftsmodus alle zwei Sekunden bis zu 24 Stunden weiter.

Stecker, Kabel, Kabelanschlüsse

Stecker trennen: Bei Wartungsarbeiten oder Auswechseln elektrischer Bauteile müssen Stecker getrennt werden, z. B. beim Ausbau des Tanks.

⚠ **Achtung:** Niemals versuchen, durch Ziehen an den Kabeln einen Stecker zu trennen, sonst reißen die Kabel aus!

Beim Trennen von Steckern beachten:

■ Bild 9: Bei einfachen Steckern sind Kabelschuhe auf Kontakte aufgeschoben: Gummikappe anheben, Kabelschuh packen und abziehen.

■ Bilder 10, 11 und 12: Bei den meisten Steckern sind Zapfen oder Bügel angebracht, diese eindrücken, entriegeln, Stecker auseinanderziehen.

■ **Generell gilt:** Jeden Stecker vor dem Trennen genau ansehen, wie er zusammengesteckt ist, dann sorgsam trennen.

Kabel, Kabelanschlüsse und Stecker prüfen

Bilder 13, 16 a und 16 b: Ein korrodierter oder loser Anschluss eines Kabels an Batterie, am Rahmen oder in einem Stecker ist oft auf den ersten Blick nicht festzustellen, der Anschluss scheint korrekt, ist aber korrodiert.

Bild 8: HISS-Kontrollleuchte im Kreis.

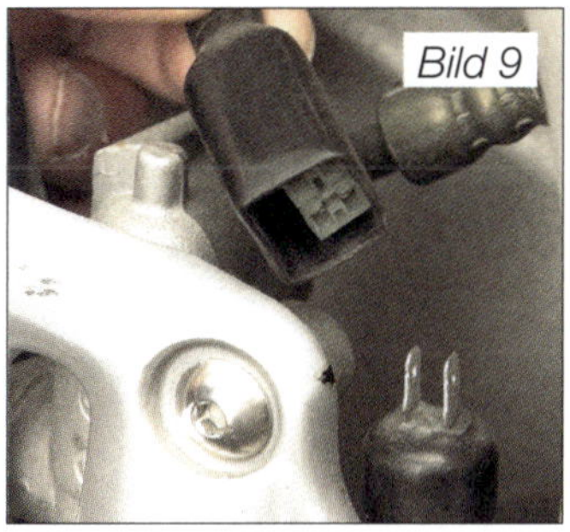

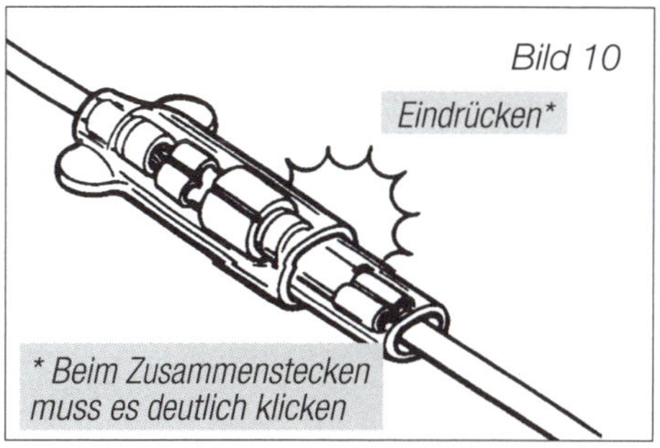

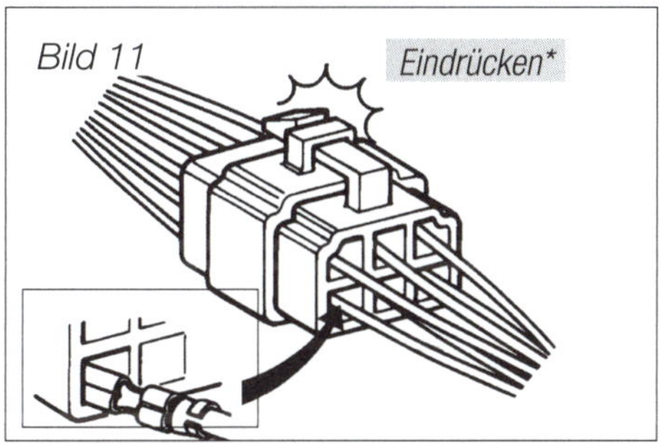

Wenn ein Anschluss so aussieht, geht kein Strom mehr durch. Da hilft nur abschrauben, sauber putzen, wieder anschrauben.

Bilder 9 bis 12: Verschiedene Stecker und ihre Verriegelungen.

Bilder 13 und 14: Beispiele von Korrosion.

Bild 15: Einsatz von Kontaktspray.

Sichtprüfung Messen

Ein sicherer Anschluss des Massekabels am Rahmen (»Fahrzeugmasse«, Bild 22 c) kann schon durch eine dünne Korrosionsschicht, die kaum zu sehen ist, negativ beeinflusst sein: Kontakt abschrauben, abschmirgeln und wieder sicher anschrauben wirkt meist Wunder!

■ Bild 14: Wenn Sie ein Bauteil als Fehlerquelle in Verdacht haben, ziehen Sie zuerst den betreffenden Stecker am Bauteil ab und kontrollieren ihn auf Korrosion, Nässe und Schmutz.

■ Bild 15: Zum Reinigen von Steckern Kontaktspray benutzen und eine Messingbürste mit sehr feinen Borsten oder eine harte (trockene!) Zahnbürste, dazu Druckluft, diese jedoch nur »leicht«, zielgerichtet und sorgfältig anwenden. Harte Korrosion mit einer kleinen Feile (»Schlüsselfeile«) entfernen.

■ Batterieanschlüsse müssen sauber und die Kontaktflächen fest mit den Polen der Batterie verbunden sein. Die Verwendung von Polfett bietet Schutz vor Korrosion.

■ Sorgen Sie auch dafür, dass kein Kabel gequetscht oder geknickt am Fahrzeug montiert ist. Wenn Sie bei der Suche nach einem Problem auf ein solches Kabel stoßen, ist der Grund meist fehlerhafte Montage.

Bilder 16 a und 16 b: Fehlerquellen an Steckverbindungen.

Bild 16 a

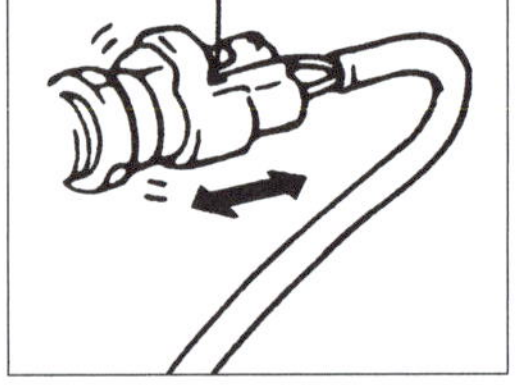

Bild 16 b

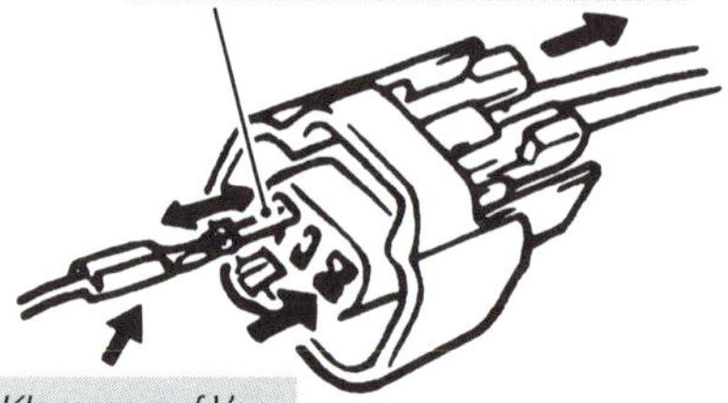

Bilder 17 a und 17 b: Durch die beschädigte Isolierung ist die blanke Kupferlitze zu sehen. Ein so aufgescheuertes Kabel kann man mit Isolierband reparieren.

Bild 17 a

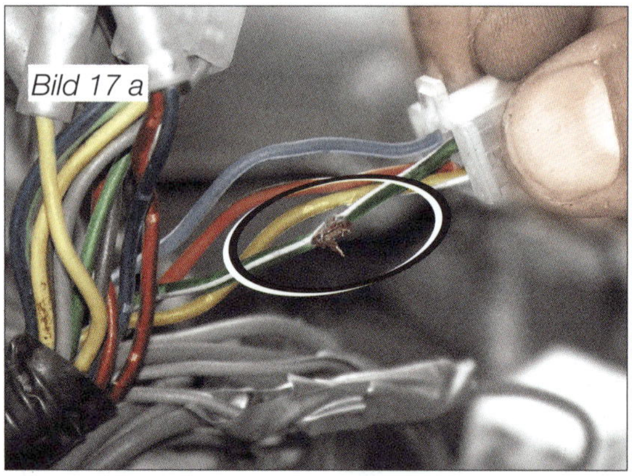

Bild 17 b

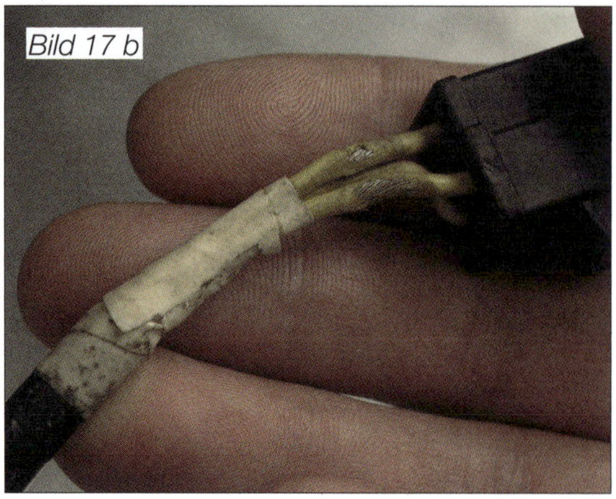

Kabelverbindungen und Drähte: Elektrische Drähte, im Volksmund »Kabel«, sind entweder ein- oder zweifarbig und in der Regel mit Drähten der gleichen Farbe verbunden. Bei zweifarbigen Drähten überwiegt eine der beiden Farben.

Ein zweifarbiger Draht wird zuerst mit seiner Hauptfarbe bezeichnet, dann mit der Zweitfarbe. So wird ein gelber Draht mit dünnen roten Streifen als »gelb/rot«bezeichnet. Wenn die Farbverteilung umgekehrt ist, lautet die Bezeichnung »rot/gelb«.

Fehlerhafte **Kabelverbindungen** und ihre Anschlüsse (Stecker) sind eine häufige Ursache von Verdrahtungsfehlern. Kabelverbindungen werden dort hergestellt, wo zwei oder mehr Drähte zusammenlaufen und sich normalerweise zur Versorgung eines anderen Stromkreises in verschiedene Richtungen verzweigen.

Zur Lokalisierung einer defekten Kabelverbindung die Isolierung zurückziehen und die Kabelverbindung auf ihre Unversehrtheit bzw. aufgescheuerte Kabel untersuchen. Häufigster Fehler: Einer der Drähte ist aus der Verbindung herausgerissen, weswegen der von ihm versorgte (geerdete) Stromkreis »stillgelegt« ist.

Aufgescheuerte Kabel

Problem: Elektrische Kabel sind mit einem Gummimantel überzogen (»Isolierung«). Falls ein Kabel mal eingeklemmt war oder unglücklich an einem Bauteil gescheuert hat, kann es vorkommen, dass die Isolierung beschädigt und der blanke Draht zu sehen ist (Bild 17 a). Wenn das Kabel noch in der Gänze vorhanden, also nicht ganz durchgescheuert und nur blank gelegt ist, muss man solche Stellen mit einem

Isolierband abkleben (Bild 17 b), damit kein Kurzschluss entstehen kann, der sonst zum Durchbrennen der Sicherung führt.

Lösung: Isolierband so weit um Scheuerstelle herum kleben, bis es ca. zwei Zentimeter davor und dahinter anliegt, das Kabel ist jetzt gut geschützt. Es kann kein Wasser mehr eindringen oder bei Kontakt an einem Metallteil wie Rahmen oder Motor keinen Kurzschluss auslösen.

Wichtig: Ursache der Beschädigung herausfinden und abstellen, denn der Einsatz von Isolierband ist keine Dauerlösung.

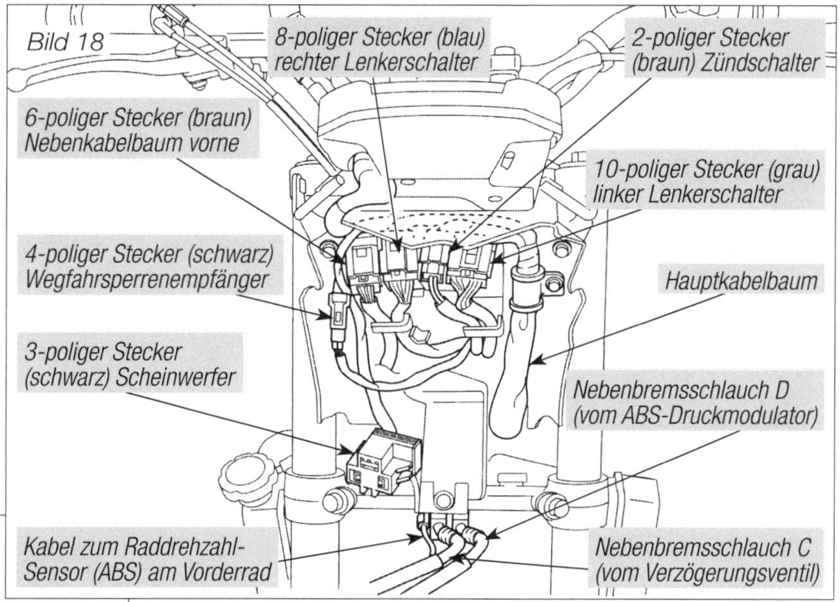

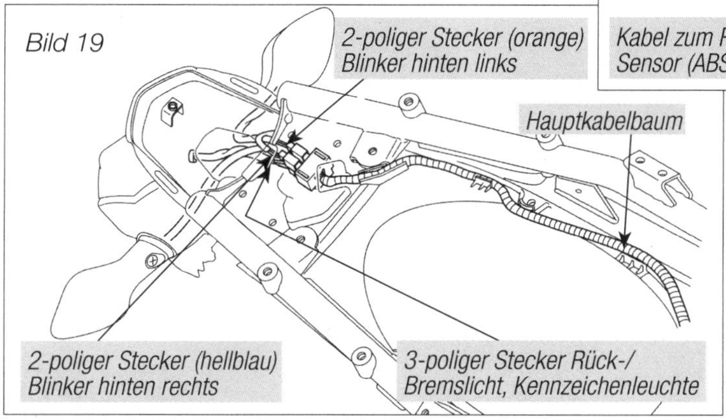

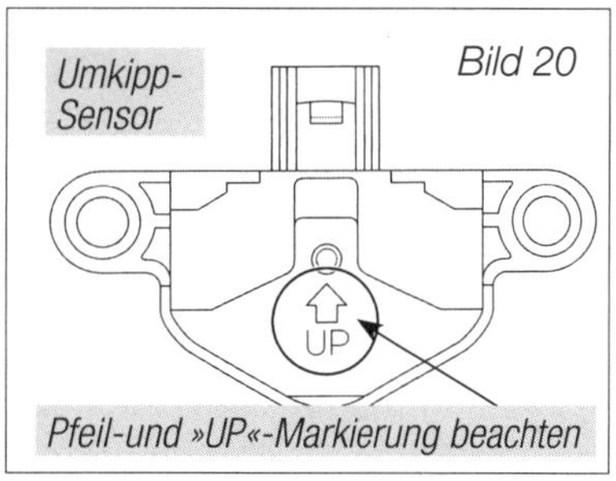

Bilder 18 und 19: Einbaulage verschiedener Stecker.

Bild 20: Bei Montage des Umkipp-Sensors den Pfeil und die »UP«-Markierung beachten.

Tipps und Tricks zur Überprüfung der elektrischen Anlage

Hinweise Fehlersuche und Messungen:

■ Zündung immer AUSschalten, bevor Sie Anschlüsse der elektrischen Anlage bearbeiten oder Kabelverbindungen unterbrechen (Stecker ziehen). Andernfalls kann dies zu Überspannungen führen, die elektronische Komponenten beschädigen können.

■ Hände und Arbeitsflächen müssen sauber und frei von Fett, Metallspänen usw. sein, da Fett Schmutz anzieht, der dann zu Kriechströmen oder hohen Kontaktwiderständen führen kann.

■ Berühren Sie vor Beginn eines Tests einen geeigneten Erdleiter, um die statische Elektrizität Ihres Körpers zu entladen, und wiederholen Sie diesen Schritt während des Tests in regelmäßigen Abständen. Ist erforderlich, weil einige elektronische Komponenten anfällig auf statische Elektrizität reagieren.

■ Wenn an einem elektrischen Bauteil oder an der Einspritzung wiederholt ein Fehler auftritt und/oder eine Sicherung immer wieder durchbrennt, raten wir Ihnen ganz generell, umgehend eine Honda-Fachwerkstatt aufzusuchen. Denn diese ist in der Lage, mit dem Honda-eigenen Diagnose-System die Motor- und Bordelektrik nach Fehlern zu durchsuchen, Fehlerquellen zu finden und zu beheben.

Elektrische Prüfungen: Damit das elektrische System funktioniert, muss der elektrische Strom von der Spannungsquelle (Batterie) über die Komponenten und wieder zurück zur Batterie durch einen geschlossenen Stromkreis fließen können. Ohne geschlossenen Stromkreis kein Stromfluss. Wenn der elektrische Strom die Batterie am Pluspol verlassen und die jeweilige Komponente passiert hat, muss er anschließend zum Minuspol der Batterie (»Masse« oder »Erde«) zurückgelangen. Um Kabel, Stecker und Platz zu sparen, wird der Minuspol der Batterie direkt mit dem Rahmen oder Motor verbunden. Rund um den Rahmen und den Motor gibt es verschiedene weitere Erdungspunkte, an denen Anschlusskabel von Komponenten angeschlossen werden. Der Anlassermotor dagegen ist direkt mit dem Motor verschraubt, der wiederum mit dem Rahmen verschraubt ist. So bilden Rahmen und Motor ebenfalls einen Teil der Masseleitung.

Ohmsches Gesetz: Das Verhältnis zwischen Spannung, Stromstärke und Widerstand ist im »ohmschen Gesetz« festgelegt:

■ Die **Spannung** einer Batterie wird in **Volt (V)** gemessen (bzw. angegeben).

■ Die **Stärke** des in einem Stromkreis fließenden Stroms **(I)** wird in **Ampere** gemessen.

■ Die **Leistung** eines Verbrauchers wird in **Watt (W)** gemessen.

■ Der **Widerstand** (R) eines Stromkreises wird in Ohm (Ω) gemessen.

Das ohmsche Gesetz lautet wie folgt:

$$\frac{\textbf{Spannung}}{\textbf{Stromstärke}} = \textbf{Widerstand}$$

Die Leistung errechnet sich durch Multiplikation von Spannung und Stromstärke:

Watt = Volt x Ampere

Durch Umformen einer dieser Gleichungen kann der Wert jeder Größe berechnet werden, wenn die beiden anderen Werte bekannt sind. Wird zum Beispiel eine Glühbirne mit 60 W an eine Batterie mit 12 V angeschlossen, dann…

■ kann der im Stromkreis fließende Strom mit Hilfe der folgenden Gleichung berechnet werden:

$$\frac{W}{V} = I \quad (60 : 12 = 5)$$

■ kann der Widerstand der Glühbirne wie folgt berechnet werden:

$$\frac{V}{I} = R \quad (12 : 5 = 2,4)$$

Verwendung der Dreiecke: Gesuchten Wert mit dem Finger abdecken. Die verbleibenden Werte multiplizieren, wenn sie nebeneinander liegen, oder den oberen durch den unteren Wert dividieren, wenn sie übereinander liegen.

21 a
Zündspule Nr. 1
21 b
H·I·S·S
OFF
ON
IGNITION
LOCK
Zündschloss mit Wegfahrsperreneinheit (Ringantenne)
21 c
Kupplungsschalter
21 d
Fern-/Abblendlicht-, Lichthupenschalter
Warnblinkerschalter
Hupenschalter (Hupenknopf)
Blinkerschalter
Lenkerschalter links
21 e
Blinker-/Warnblinkerrelais
21 f
Ansauglufttemperatur-Sensor (IAT)
21 g
SUB-VB-Relais
Diode
Benzinpumpen-Relais
Diode
Throttle-by-Wire-Relais
Kühlerventilator-Relais
Sicherungskasten mit Sicherungen (siehe auch Bild 4), Diode und Relais
21 h
Kühlerventilatormotor
21 i
Leerlaufregelventil (IACV)
Einspritzventil
Sensoreinheit: Ansaugluftdruck-Sensor (MAP) und Drosselklappenpositions-Sensor (TP)
Drosselklappengehäuse
21 k
Zündkerzen mit Zündkerzenstecker
21 l
Anlasser (Elektrostarter)
21 m
Lichtmaschine (Generatorstator)
21 n
Geschwindigkeits-Sensor (VSS)

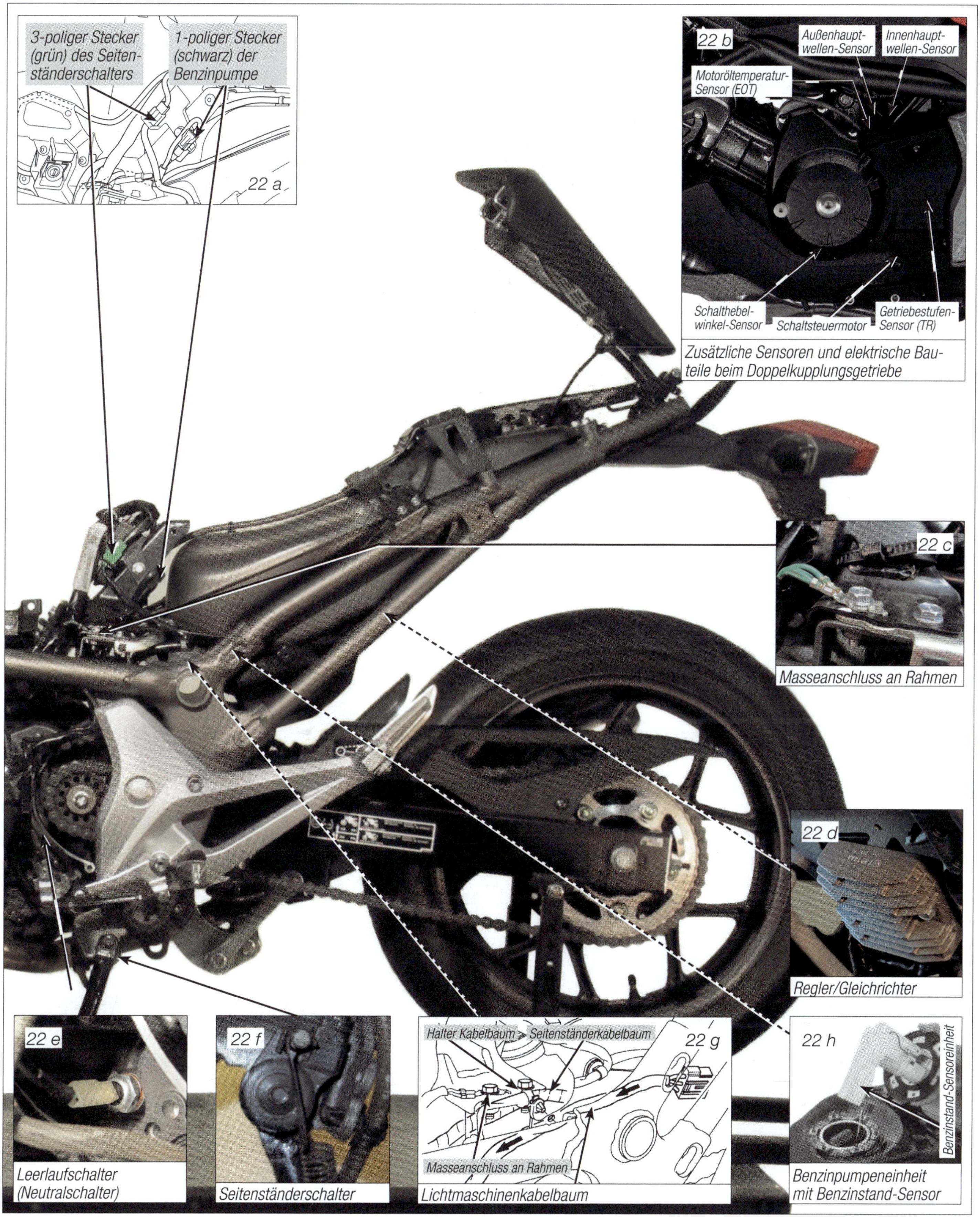

Zusätzliche Sensoren und elektrische Bauteile beim Doppelkupplungsgetriebe

Masseanschluss an Rahmen

Regler/Gleichrichter

Leerlaufschalter (Neutralschalter)

Seitenständerschalter

Lichtmaschinenkabelbaum

Benzinpumpeneinheit mit Benzinstand-Sensor

23 a
Parkbremsschalter
Mode-Schalter Schalter für Fahrmodus
SEL-Schalter Schalter Displaybedienung
Hupenschalter (Hupenknopf)
Blinkerschalter
Gangschalter »Abwärts«
Gangschalter »Aufwärts«
Fern-/Abblendlicht-, Lichthupenschalter
Lenkerschalter links beim Doppelkupplungsgetriebe
23 b
Motorstoppschalter (»Killschalter«) und Anlasserknopf (Starterschalter)
N-D-Schalter (zum Umschalten zwischen Neutral und AT-Modus oder MT-Modus)
Warnblinkerschalter
Lenkerschalter rechts beim Doppelkupplungsgetriebe
23 e
Umkipp-Sensor
23 f
Motorsteuergerät ECM
3-poliger Stecker (schwarz) des Hinterradbremslichtschalters
2-poliger Stecker (grau) Raddrehzahl-Sensor (ABS) am Hinterrad
23 d
Motorsteuergerät PCM
Schaltwellenwinkel-Sensor
Linearmagnetventile 1 und 2 im Motordeckel
Öldruck-Sensor der Kupplung 1 (EOP)
Öldruck-Sensor Kupplungsleitung (EOP)
Öldruck-Sensor der Kupplung 2 (EOP)
Zusätzliche Sensoren und elektrische Bauteile beim Doppelkupplungsgetriebe
23 g
Raddrehzahl-Sensor (ABS) am Hinterrad
23 h
Bremslichtschalter hinten
23 i
Masseanschluss an Auspuff
23 k
ABS-Steuergerät (ABS-Druckmodulator)

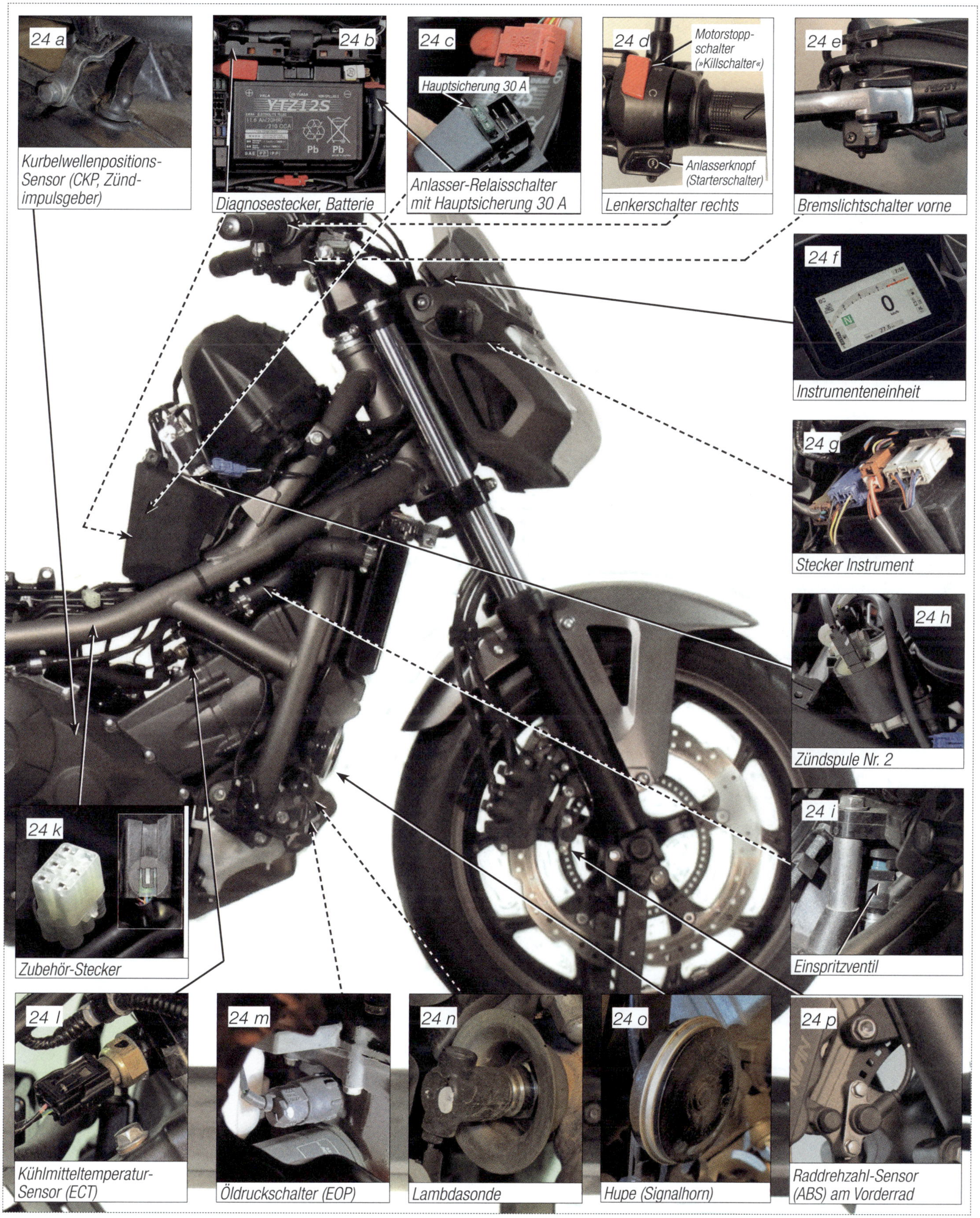

24 a Kurbelwellenpositions-Sensor (CKP, Zündimpulsgeber)

24 b Diagnosestecker, Batterie

24 c Anlasser-Relaisschalter mit Hauptsicherung 30 A

24 d Lenkerschalter rechts

24 e Bremslichtschalter vorne

24 f Instrumenteneinheit

24 g Stecker Instrument

24 h Zündspule Nr. 2

24 i Einspritzventil

24 k Zubehör-Stecker

24 l Kühlmitteltemperatur-Sensor (ECT)

24 m Öldruckschalter (EOP)

24 n Lambdasonde

24 o Hupe (Signalhorn)

24 p Raddrehzahl-Sensor (ABS) am Vorderrad

Bilder 1 a und 1 b: Serienmäßige Batterie in den Modelljahren 2014 bis 2020 (Bild 1 a) und ab 2021 (Bild 1 b).

Bild 1 a

Bild 1 b

Batterie

In diesem Kapitel: Batterie prüfen, ausbauen, laden, einbauen · Neue MF-Batterie befüllen und erstladen.

Batterie

Die Batterie muss immer in bestem Zustand sein, damit sie auch bei kalter Witterung ausreichend Energie für den Startvorgang liefert. Serienmäßig ist in den Modelljahren 2014 bis 2020 eine wartungsfreie MF-Batterie Yuasa YTZ12S (Bild 1 a) eingebaut, ab Mj. 2021 eine MF-Batterie Yuasa YTZ14S (Bild 1 b).

»MF« bedeutet »Maintenance Free« (wartungsfrei). Doch total wartungsfrei ist die Batterie nicht, sondern nur »wartungsarm«: Bei einer großen Inspektion soll sie ausgebaut, gereinigt und mit einem elektronischen Ladegerät geladen werden (Bild 2).

Wichtig: Bei einer MF-Batterie die Stopfenleiste (Bild 2) nicht entfernen, weil der Säurestand nicht überprüft werden muss. Und auch das Nachfüllen von destilliertem Wasser entfällt.

Bild 2: Beim Laden auf richtige Polung achten:
■ rote Zange an Pluspol
■ schwarze Zange an Minuspol

Bei normaler Ladung der MF-Batterie entsteht nur Sauerstoff. Dieser reagiert an der Minusplatte mit dem dort gebundenen Wasserstoff und verwandelt sich wieder in Wasser, der Flüssigkeitsstand in der Batterie bleibt immer konstant. Weil eine MF-Batterie keinen Flüssigkeitsverlust hat, braucht sie auch keinen Entlüftungsschlauch, der bei einer Blei-Säurebatterie nötig ist.

Sitz der Batterie: Vorne im Gepäckfach. Siehe dazu Bild 30 im Kapitel 4 »Verkleidung · Tank · Rahmen« und das Bild 24 b im Kapitel 13 »Sicherungen · Relais · Stecker«.

Batteriespannung messen

Eine schwache Batterie ist vor allem am »müden« Elektrostarter zu spüren, der den Motor nicht richtig durchdreht. Der Motor soll vor der Messung der Batteriespannung mindestens 30 Minuten nicht gelaufen sein. Zur Spannungsmessung wird ein herkömmliches Mutimeter benötigt.

1. Zündung AUSschalten, Gepäckbox öffnen, Deckel der Batteriebox öffnen bzw. abbauen.
■ Ab Modelljahr 2021 ist der Deckel mit fünf Verbindungsnippeln befestigt.
1.1. Kabel bleiben an der Batterie angeschlossen.
2. Messspitzen des Multimeters an Plus- und Minuspol fest anlegen.
3. Spannung der Batterie messen:
■ 13,0 bis 13,2 Volt: Die Batterie ist gut geladen.
■ Weniger als 12,4 Volt: Batterie ist nicht ausreichend geladen, sie muss nachgeladen werden.
Hinweis: Dies sind Honda-Werksangaben. Nach unserer Erfahrung ist eine Batterie mit 12,3 bis 12,5 Volt noch so »ausreichend geladen«, dass das Motorrad anspringt und einwandfrei läuft.

Batterie ausbauen

1. Zündung AUSschalten. Gepäckbox öffnen Siehe Text weiter oben.
2. Batteriehaltegummi lösen.
3. Batteriepole abschrauben: Zuerst den Minus-

Sicherheitshinweise ⚠ Achtung und ☞ Tipps für dieses Kapitel

⚠ Zu allen Arbeiten an der Batterie muss die Zündung ausgeschaltet sein! Zündschlüssel am besten abziehen.

⚠ Beim Laden der Batterie können aus der Batterie explosive Gase entweichen. Offenes Feuer, Funkenflug und brennende Zigaretten in weitem Umkreis von der am Ladegerät hängenden Batterie fern halten. Für ausreichende Belüftung des Raumes sorgen, in dem die Batterie geladen wird!

⚠ Hängen Sie die Batterie der NC 750 über Winter nicht an ein »Batterie-Frischhaltegerät«, bei dem die Batterie fortwährend im Wechsel geladen und entladen wird. Das schadet der Batterie mehr als ihr gut tut.

⚠ Beim Überwintern Ihrer Maschine die Batterie ausbauen, mit 1,1 Ampere maximal 10 Stunden laden und in kühlem, trockenem Raum lagern. Im Frühjahr vor dem ersten Start Batterie unter fließendem Wasser reinigen, trocknen, vorschriftsmäßig laden und sorgfältig einbauen.

pol abschrauben (Bild 3), dann den Pluspol .
4. Jetzt kann man die Batterie aus ihrem Fach herausziehen.

Batterie laden

Batterie unter fließendem Wasser mit einer Bürste reinigen. Plus- und Minuspol der Batterie mit Messingbürste oder Schmirgelleinen reinigen.

1. Bild 2: Batterie an Ladegerät anschließen. Zuerst Pluspol anklemmen, dann Minuspol.
2. Die auf der Batterie angegebenen Ladeströme und Ladezeiten nicht überschreiten, sonst kann die Batterie beschädigt werden:
- Ladestrom maximal 1,1 Ampere.
- Ladezeit 5 bis 10 Stunden.
- Maximal zulässige Ladespannung 15,5 Volt.

3. Schnellladung: Soll nicht vorgenommen werden. Wenn es doch sein muss, weil es nicht anders geht: 1 Stunde mit maximal 5,5 Ampere. **Wichtig:** Eine schnell geladene Batterie soll bei nächster Gelegenheit noch einmal langsam geladen werden!
4. Wenn die Batterie geladen ist:
- Ladegerät ausschalten.
- Zuerst die Kabelkemme am schwarzen Kabel vom Minuspol abklemmen, dann die vom Pluspol.
- Ladedatum auf der Batterie vermerken.

Wichtig: Geladene Batterie vor dem Einbau eine halbe Stunde ruhen lassen.

Batterie einbauen

1. Batterie in die Batteriebox stellen.
2. Etwas Batteriefett an die Pole geben.
3. Bild 4: Pluskabel an Batterie anschrauben.
3.1. Minuskabel anschrauben.
4. Rote Kappe über den Pluspol schieben.
5. Batteriehaltegummi befestigen.
6. Deckel der Batteriebox anbauen, Gepäckbox abschließen.

Neue Batterie

Wenn eine neue Batterie notwendig wird, kaufen Sie im Motorrad-Fachhandel eine für die Honda NC 750 passende MF-Motorradbatterie guter Qualität – NIEMALS eine Billigbatterie aus dem Baumarkt oder Kaufhaus einbauen!

Eine neue MF-Batterie ist zwar trocken vorgeladen und nach der Erstbefüllung mit Säure sofort einsatzbereit, doch je sorgsamer die neue Batterie vorbereitet wird, desto länger lebt sie!

1. Klebestreifen über den Einfüllöffnungen der Batterie (Bild 5) entfernen.
2. Schutzfolie vom Säurebehälter abziehen. Säurebehälter exakt auf die Einfülllöcher der Batterie ansetzen und gleichmäßig eindrücken (Bild 6). **Wichtig:** Den Behälter NICHT anstechen in dem Glauben, dass nur dann die Säure fließt! Wenn der Säureabfluss stockt, den Behälter leicht mit einem Finger anstoßen.
3. Nach ca. 30 Minuten ist alle Säure in die Batterie eingelaufen: Leeren Säurebehälter von der Batterie abziehen.
3.1. Stopfenleiste fest aufdrücken, ggf. mit einem Gummihammer leicht nachklopfen.
4. Batterie vorschriftsmäßig laden. 30 Minuten ruhen lassen, damit sich die Batteriesäure beruhigen und verteilen kann. Dann einbauen.

Hersteller des Batterieladegeräts in Bild 2:
fritec Friedrich & Hitschfel GmbH
Schlehenstrasse 26
D-90542 Eckental
www.fritec.de

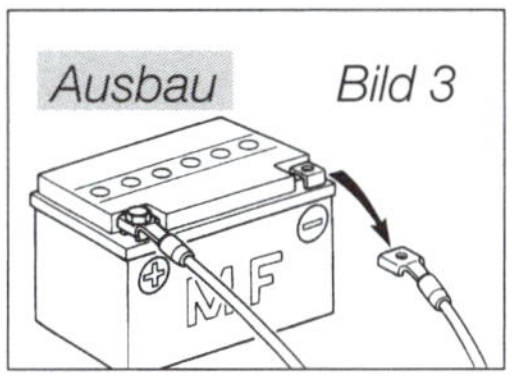

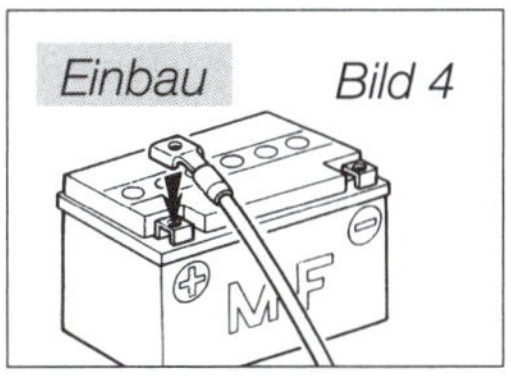

Bilder 3 bis 6: Texte zu den Bildern siehe Lauftext.

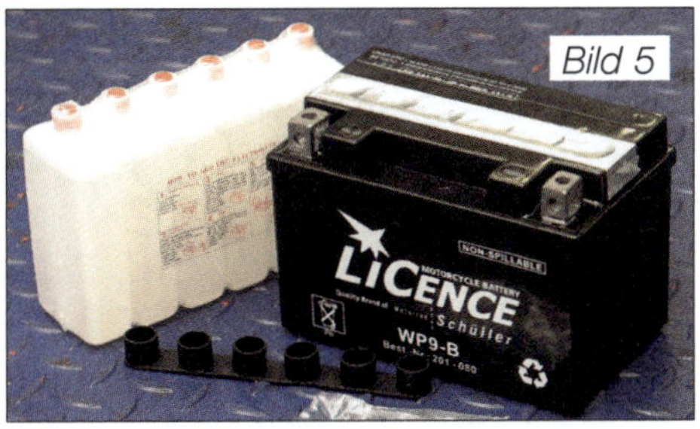

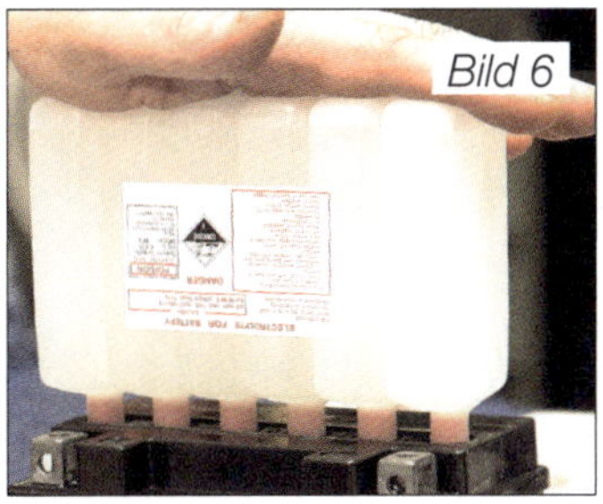

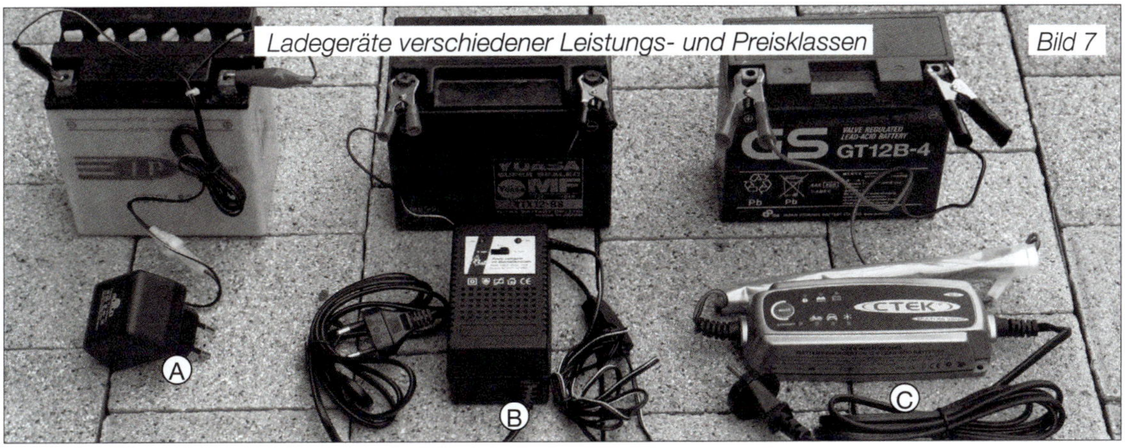

Bild 7: ■ *Gerät* ***A*** *(ca. 10 Euro), lädt mit 0,3 Ampere. Geeignet für langsames Laden.*
■ *Gerät* ***B*** *(ca. 25 Euro), lädt mit 1,6 Ampere und entlädt im Wechsel – nicht zu empfehlen.*
■ *Mit dem High-Tech-Gerät* ***C*** *(ca. 80 Euro), kann man eine tiefentladene Batterie wieder regenerieren.*

Sichtprüfung Messen

Korrespondenzkapitel:
- 13 »Sicherungen · Relais · Stecker«
- 14 »Batterie«
- 16 »Anlasser«

Ladesystem

In diesem Kapitel: Ladesystem prüfen · Ladespannung prüfen · Elektrik auf Kriechstrom prüfen · Generatorstator prüfen und auswechseln.

Ladesystem überprüfen

Wenn die Batterie nicht richtig geladen wird, liegt das meistens an einer Störung im Ladesystem. Zur Überprüfung ist ein Multimeter notwendig; die Messtemperatur beträgt 20 °C.

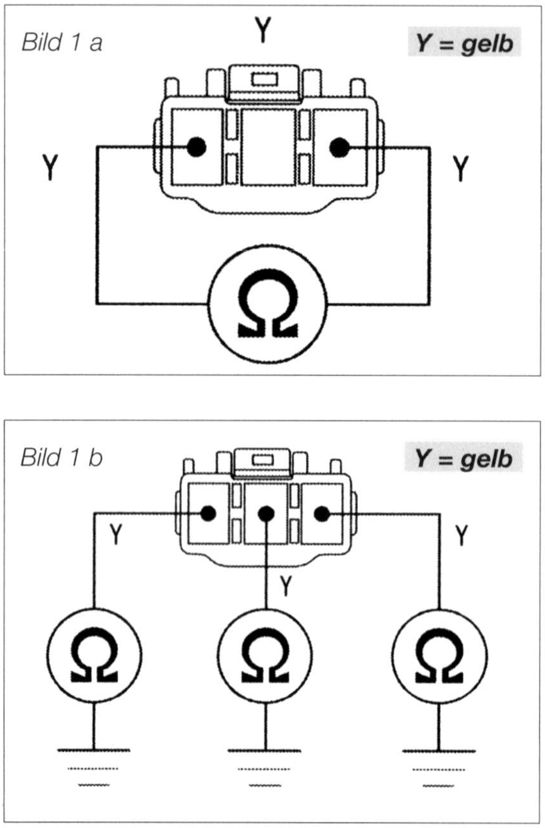

Bilder 1 a und 1 b: Im 3-poligen Stecker am Kabel der Lichtmaschine mit Multimeter prüfen:

■ Widerstand der Statorwicklung, muss zwischen 0,1 und 0,5 Ω liegen.

■ Zwischen gelben Klemmen und Masse darf kein Durchgang bestehen.

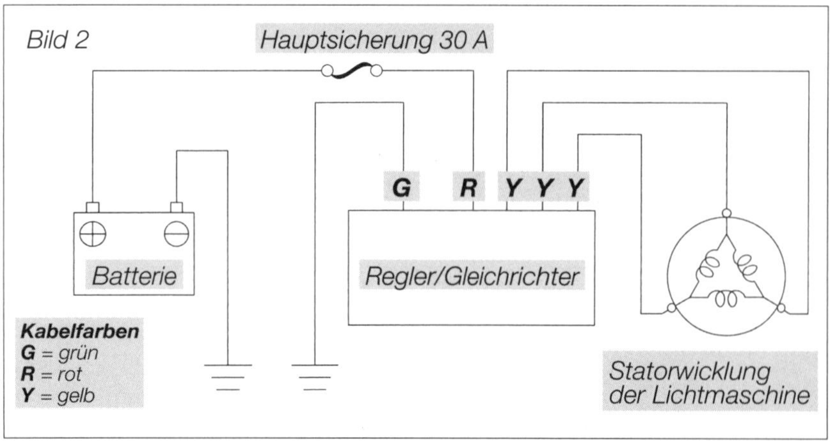

Bild 2: Blockschaltbild Lichtmaschine, Regler/Gleichrichter, Batterie. ■ Der Regler/Gleichrichter sitzt oberhalb der Schwinge unter der Hinterradabdeckung.

Ladespannung prüfen

Batterie und Hauptsicherung müssen in Ordnung sein. Plus- und Minuskabel bleiben an die Batterie angeschlossen. Wenn die Batterie leer ist, weil es ein Problem mit der Ladespannung gibt, muss man zur Prüfung eine geladene Batterie einbauen, die mindestens 13,0 Volt liefert.

1. Motor starten und auf Betriebstemperatur bringen (ca. 80 °C Öltemperatur).
2. Motor ausschalten, Batteriebox öffnen, Multimeter anschließen: Plusklemme auf Pluspol der Batterie, Minusklemme auf Minuspol.
3. Batteriespannung ablesen (Beispiel: 13,0 Volt).
4. Motor starten, Fernlicht einschalten, Motor auf 5000/min hochdrehen: Die vom Multimeter angezeigte Spannung muss 14 bis 14,8 Volt betragen.
5. Liegt sie im Bereich von 14 bis 14,8 Volt, ist die Ladespannung in Ordnung und damit auch die Lichtmaschine sowie der Regler/Gleichrichter.
5.1. Ist die angezeigte Spannung kleiner oder gleich der Batteriespannung, können Lichtmaschine oder Regler/Gleichrichter defekt sein.
5.2. Ist die angezeigte Spannung viel höher als 15,5 Volt, können folgende Störungen vorliegen: Masseanschluss am Regler schlecht, Batterie defekt, Regler/Gleichrichter defekt.
6. Ein Defekt in den Kabeln oder Kabelsteckern kann ebenfalls vorliegen. Diese Teile auf Bruch und einwandfreie Kontakte überprüfen!
6.1. Kontakte der Steckverbindungen auf lose Anschlüsse und Korrosion prüfen: Lockere Kontakte beseitigen, Stecker der Kabel richtig befestigen (z. B. anlöten).
6.2. Korrosion beseitigen: korrodierte Steckkontakte mit feinem Schmirgelpapier abziehen.
6.3. Zwischen jeder der gelben Klemmen und Masse darf kein Stromdurchgang bestehen.
7. Sind alle Komponenten des Ladesystems in Ordnung, die Steckkontakte nicht locker oder korrodiert, den Regler/Gleichrichter gegen ein erwiesenermaßen funktionierendes Teil austauschen und die Ladespannung erneut prüfen.

Elektrik auf Kriechstrom prüfen

Wenn sich die Batterie »wie von selbst« entlädt, wenn der Motor einige Tage nicht in Betrieb ist, oder sie nicht richtig geladen wird, wenn der Motor läuft, überprüfen Sie als Erstes die Steckverbindung des Kabels von der Lichtmaschine zum Regler/Gleichrichter (Bilder 1 a und 1 b) und checken Sie auch die Hauptsicherung (Bild 2), reinigen Sie ihre Kontakte.

Es kann aber auch ein Leckstrom (Kriechstrom) vorliegen oder eine Störung im Ladesystem. Zu den beschriebenen Überprüfungen ist ein Multimeter nötig; die Messtemperatur beträgt 20 °C.

Bordnetz auf Leckstrom prüfen

1. Zündung AUSschalten.
2. Zugang zu den Batteriepolen schaffen (siehe Kapitel 14 »Batterie«).
2.1. Massekabel von der Batterie abschrauben.
3. Bild 4: Multimeter auf Amperemessung einstellen und anschließen:
3.1. Schwarzes Kabel (–) des Multimeters an Minuspol der Batterie.
3.2. Rotes Kabel (+) des Multimeters an die von der Batterie abgeschraubte Anschlussöse des Massekabels.
Wichtig 1: Weil Leckstrom sehr stark sein kann, das Multimeter zuerst auf hohen Bereich einstellen und während der Messung herunterregeln.
Wichtig 2: Zündung am Zündschloss während der Leckstromprüfung NICHT einschalten. Das heißt also, Zündschlüssel am besten abziehen.
4. Leckstrom ist vorhanden, wenn das Multimeter folgende Werte anzeigt:
- mehr als 9,6 mA in den Mj. 2014 bis 2020,
- mehr als 3,5 mA ab Mj. 2021.

5. Wenn Leckstrom festgestellt wird, nach dem defekten Bauteil suchen: Stecker im Kabelbaum der Reihe nach abtrennen und messen, bis weniger als die oben angegebenen Werte angezeigt werden.
- Bitte nehmen Sie dazu auch das Kapitel 13 »Sicherungen · Relais · Stecker« zu Hilfe.

Generatorstator prüfen

Zur Prüfung des Kabels, das vom Stator zum Regler/Gleichrichter führt, den Stecker trennen. Wenn das Kabel in Ordnung ist, also kein sichtbarer Verdacht besteht, dass es geknickt oder gerissen ist, kann man die Wicklungen des Generatorstators über den Stecker in eingebautem Zustand prüfen.

1. 3-poligen Stecker des Kabels, das aus dem Lichtmaschinendeckel unten am Motor herauskommt und nach oben zum Regler-Gleichrichter führt, trennen.
2. Bild 1 a: Widerstand zwischen allen drei Klemmen der gelben Drähte im Stecker messen. Sollwert 0,1 bis 0,5 Ohm (Ω).
3. Bild 1 b: Stromdurchgang zwischen jeder Klemme eines jeden gelben Drahtes und Masse prüfen.
- Es darf kein Stromdurchgang bestehen.

4. Wenn die Messwerte außerhalb der Toleranz liegen oder Stromdurchgang zur Masse besteht, ist wahrscheinlich der Generatorstator defekt und muss erneuert werden.

Hinweis: Der Lichtmaschinenrotor (Bild 6) ist grundsätzlich ein zuverlässiges Bauteil und geht normalerweise nicht kaputt. Wenn doch, werden zum Abbau folgende Honda-Spezialwerkzeuge benötigt: Schwungradhalter (Nr. 07725-0040001) und Rotorabzieher (Nr. 07933-3290001). Zum Reparieren des Anlasserfreilaufs, der auf dem Lichtmaschinenrotor sitzt, muss der Lichtmaschinenrotor abgezogen werden. Wir gehen im nächsten Kapitel 16 »Anlasser« darauf ein.

Generatorstator aus-/einbauen

Bild 5: Der Generatorstator ist in den linken Motorgehäusedeckel (»Lichtmaschinendeckel«) eingesetzt und mit vier Schrauben befestigt. Vor dem Abbau des Deckels das Öl ablassen. Oder die Maschine schräg nach rechts geneigt abstellen (bzw. auf den Boden legen), dann läuft beim Schrauben kein bzw. nur wenig Öl aus.

1. Deckel abschrauben: Schrauben über Kreuz in 1/3-Schritten lösen und dann ausdrehen.
1.1. Wenn sich der Deckel nicht löst, klebt er am Gehäuse fest: Leichte (!) Schläge mit einem Plastikhammer auf (auf!) den Deckel lösen ihn.
2. Deckel abnehmen, auf die Passhülsen achten.
2.1. Bitte beachten Sie Bild 6: Hier sind die Achsen von Anlasserzwischenrad und Anlasserritzel zu sehen, diese sind auf der einen Seite in

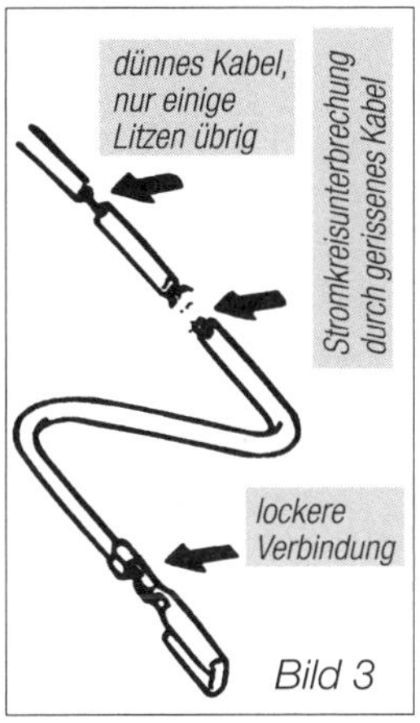

Bild 3: Bei Verdacht auf Leckstrom alle Stecker auf festen Sitz und alle Kabel auf Bruch prüfen.

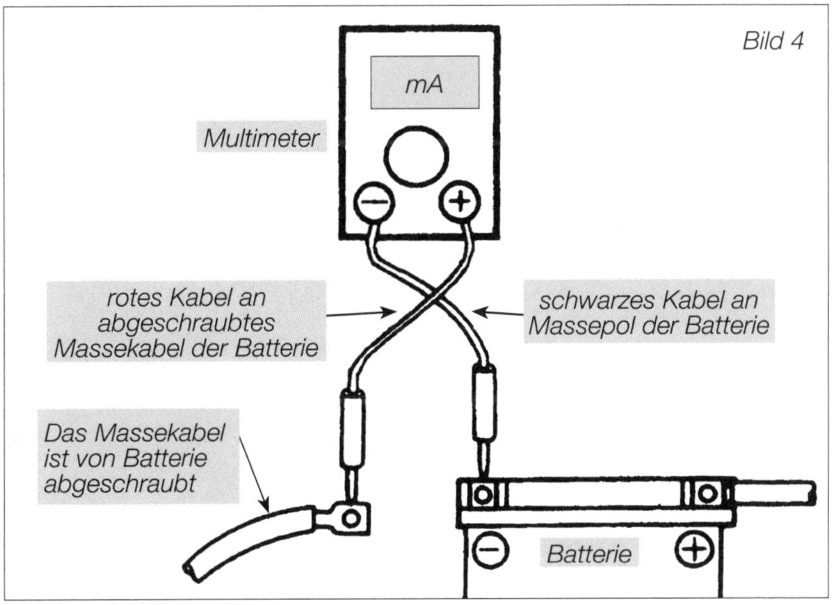

Bild 4: Anschlussbild zur Prüfung der Elektrik auf Leckstrom.

Sichtprüfung Messen

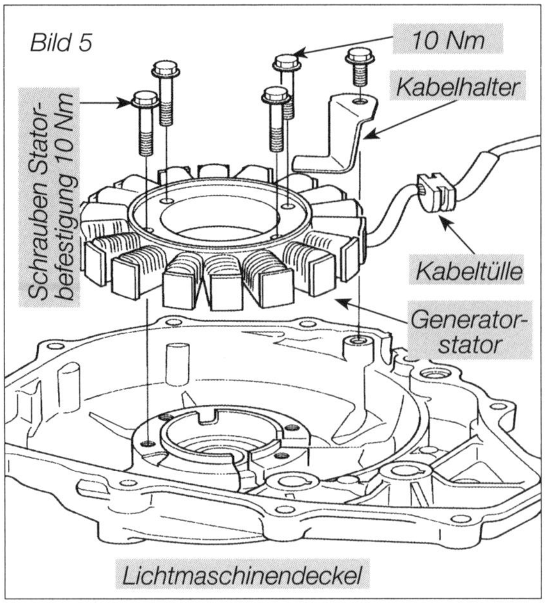

Bild 5

Bild 5: Der Generatorstator ist im linken Motordeckel eingebaut.

Bild 6: Explosionszeichnung der Lichtmaschine im linken Motordeckel mit Teilebezeichnungen und Anziehdrehmomenten.

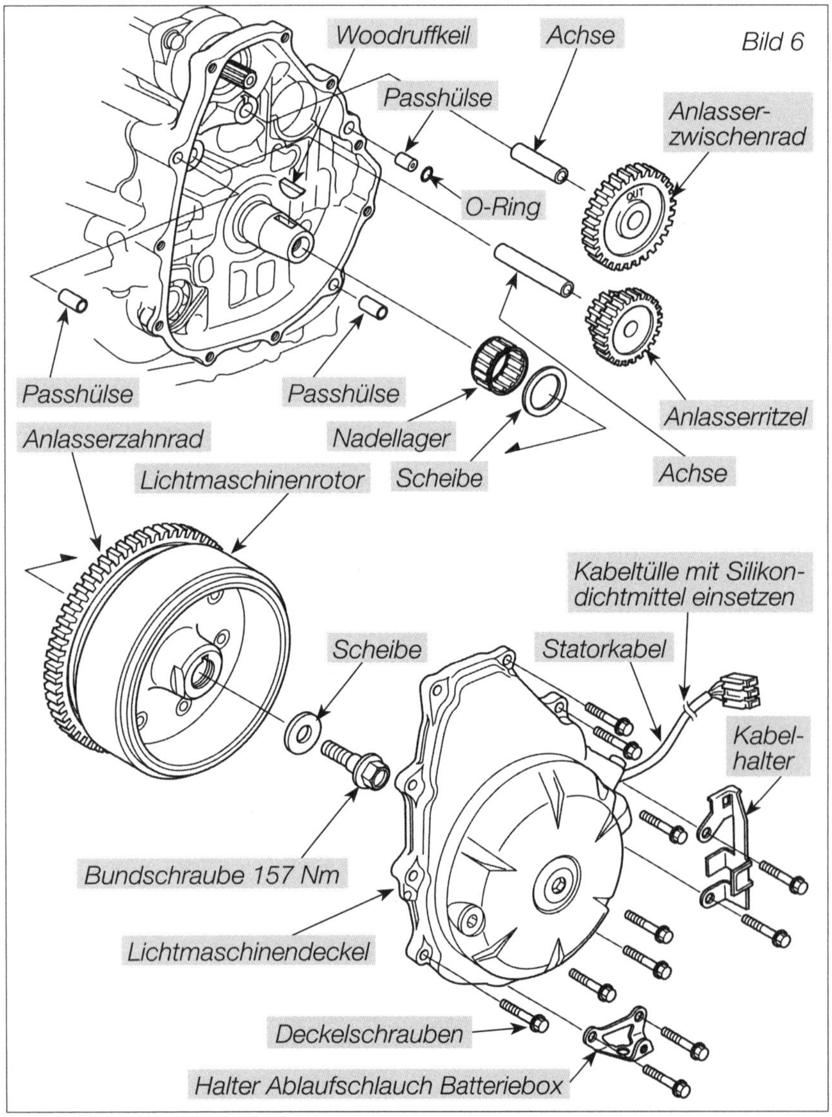

Bild 6

das Motorgehäuse eingesteckt und auf der anderen Seite in den Lichtmaschinendeckel. Ziehen Sie bitte den Lichtmaschinendeckel so vorsichtig wie nur möglich ab und achten Sie darauf, dass die Achsen möglichst im Motorgehäuse stecken bleiben und die Zwischenräder auf den Achsen.

3. Wenn der Lichtmaschinendeckel abgenommen ist, ihn umdrehen und auf einem dicken sauberen Lappen ablegen, Statorkabelhalter abschrauben, Kabel herausnehmen.

3.1. Bild 5: Schrauben des Stators lösen und ausdrehen, Stator herausnehmen. Befestigungsstellen gut abputzen.

4. Den neuen Stator einsetzen, die Schraubenlöcher müssen mit den Gewindebohrungen fluchten. Das Kabel exakt verlegen.

5. Schrauben reinigen, Loctite »mittelfest« auf die Schraubengewinde auftragen, Schrauben eindrehen und über Kreuz Schritt für Schritt erst handfest, dann mit 10 Nm festziehen.

6. Kabelhalter ansetzen, Loctite »mittelfest« auf Schraubengewinde auftragen, Schraube eindrehen und mit 10 Nm festziehen.

7. Kabeltülle mit etwas Silikondichtmittel bestreichen und in den Ausschnitt des Deckels eindrücken.

8. Deckel anbauen:

8.1. Dichtflächen an Deckel und Motorgehäuse reinigen.

8.2. Auf Dichtfläche des Deckels ringsum eine feine Raupe Silikondichtmittel aufbringen und fein verstreichen (Bild 7).

■ Silikondichtmittel 10 Minuten ablüften lassen.

9. Passhülsen einsetzen. Achten Sie bitte auf den O-Ring, der auf Passhülse sitzt bei »14 Uhr«.

10. Beim Aufsetzen des Deckels die Achsen in ihre Bohrungen einfädeln. Schrauben eindrehen und über Kreuz Schritt für Schritt bis auf 10 Nm festziehen.

11. Lichtmaschinenkabel sauber verlegen, Stecker in Steckdose am Regler/Gleichrichter einstecken.

12. Motorölstand kontrollieren, ggf. nachfüllen!

Bild 7

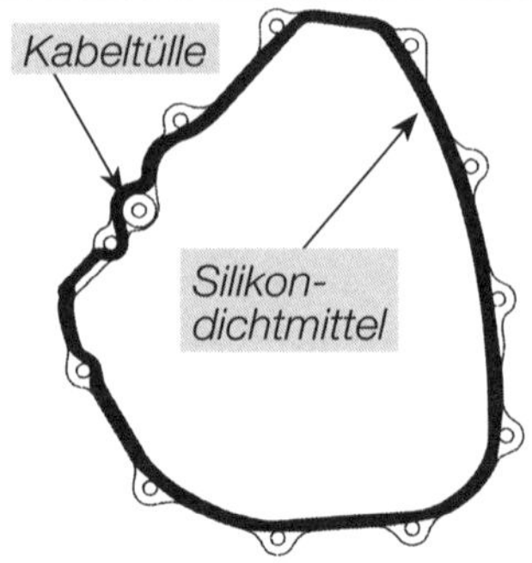

Eine dünne Raupe Silikondichtmittel auf die Dichtfläche des Deckels aufbringen.

Anlasser

In diesem Kapitel: Anlasser auf Funktion prüfen · Motor durch Anschieben starten · Fremdstarten · Anlasser-Relaisschalter und Diode prüfen · Anlasser ausbauen, zerlegen, prüfen, zusammenbauen und einbauen · Anlasserfreilauf ausbauen, prüfen, einbauen.

Anlasser

Anlasser auf Funktion prüfen

Falls der Anlasser nicht reagiert, wenn der Starterknopf betätigt wird, zuerst Folgendes prüfen:

- Steht der Motorabstellschalter (»Killschalter«) oben am Lenker auf ON?
- Ist der Leerlauf sicher eingelegt?
- Ist der Seitenständer hochgeklappt?
- Kupplungsschalter: Wenn der Anlasser beim Betätigen des Starterknopfes nicht reagiert, noch einmal mit ganz gezogenem Kupplungshebel versuchen, vielleicht hat der Kupplungsschalter eine Macke.
- Batterie defekt? Wenn der Motor gestern noch problemlos ansprang und heute nicht mehr will, kann möglicherweise die Batterie hinüber sein. Das kann ziemlich plötzlich passieren.

Es kann aber auch sein, dass der Strom irgendwo auf seinem Weg von der Batterie über den Anlasserschalter schlechten Kabelkontakt hat: deswegen alle entsprechenden Steckverbindungen auf satten Sitz, Korrosion an den Kontaktzungen und Steckverbindungen, Kabelanschlüsse an Batterie, sichere Verbindung der Massekabel zum Rahmen sowie Sicherungen überprüfen.

Motorrad anschieben

Ein Motor mit »normaler« Schaltung und Kupplung kann durch Anschieben gestartet werden; einer mit Doppelkupplung nicht. Wenn die Batterie noch etwas Restspannung hat, kann man den Motor möglicherweise durch Anschieben zum Laufen bringen. Wichtig ist dabei, dass eine 12-Volt-Batterie eingebaut ist, und sei diese noch so schwach, denn ohne Batterie lässt sich der Motor auch durch Anschieben nicht starten.

- Zündung ein, Motorabstellschalter auf ON.
- Zweiten Gang einlegen, Kupplung ziehen und das Motorrad etwas zurückschieben, um sicherzugehen, dass die Kupplung auch wirklich trennt.
- Fahrer am Lenker, Kupplung gezogen halten, hinten hilft ein Freund: Gleichzeitig schieben!
- Fahrer springt in den Sitz und lässt gleichzeitig die Kupplung los – Motor müsste kommen.
- Falls »ja«, Motor mit kurzen Gasstößen am Leben halten und nicht unter 2000/min kommen lassen. Falls »nein«: nochmals versuchen!

Motor fremdstarten

Wenn die Batterie nicht genügend Strom zum Starten liefert, kann man den Motor mit Hilfe einer externen Stromquelle fremdstarten, zum Beispiel mit der Batterie eines anderen Motorrades oder der eines Autos.

Wichtig ist, dass die Stromquelle eine Spannung von 12 Volt liefert. Ein Lkw mit 24-Volt-System taugt also nicht zum Fremdstarten. Der Strom wird mittels Startkabel an die eigenen Batterieanschlüsse übertragen. Die Zangen der Fremd-

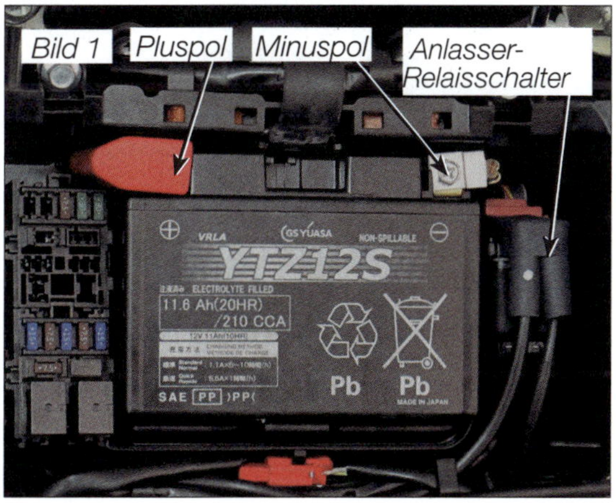

Bild 1: Zum Anklemmen von Fremdstartkabeln muss die Batterie freigelegt werden. Zu den richtigen Fremdstartkabeln siehe Text oben.

Korrespondenzkapitel:
- 13 »Sicherungen · Relais · Stecker«
- 14 »Batterie«
- 15 »Ladesystem«
- 28 »Störungssuche«

Richtige Fremdstartkabel verwenden!

- Verwenden Sie zum Fremdstarten Ihrer Maschine niemals Auto-Fremdstartkabel mit dicken Zangen, sondern spezielle Motorrad-Starthilfekabel mit kleinen Zangen.
- Achten Sie darauf, dass ein Überspannungsschutz eingebaut ist; er nennt sich »Z-« oder »Zener-Diode«. Dieser schützt die elektronischen Bauteile der Maschine vor Überspannung.

Sicherheitshinweise Achtung und Tipps für dieses Kapitel

Achtung: Beim Fremdstarten mit den Pluszangen keine metallischen Bauteile von einem der Fahrzeuge oder gar die Minuszangen berühren: Kurzschluss ist die Folge.

Tipp: Maximal 10 Sekunden den Starterknopf betätigen! Und der Motor des Starthilfe gebenden Fahrzeugs muss laufen, sonst ist bald auch dessen Batterie leer.

Achtung: Wenn der Anker überdreht, ausgeschabt oder mit Schleifpapier abgezogen wurde, unbedingt ganz sauber putzen! Es dürfen keine Metallspäne am Anker zurückbeiben! Beim Putzen NICHT mit Benzin oder anderen aggressiven Lösungsmitteln nachhelfen.

Tipp: Wenn die Isolierscheiben der Pluspolklemme in einwandfreiem Zustand und die Bürsten nicht verschlissen, d. h. länger als 6,5 mm sind, braucht die Bürstenhaltereinheit nicht ausgebaut werden (siehe Bild 10).

Sichtprüfung Messen

startkabel dürfen nicht zu groß sein, sonst ist es schwierig, die Batterieanschlüsse an der NC 750 sicher anzuschließen. Beim Motorradhändler gibt es Kabel mit entsprechend kleinen Zangen.

1. Batterie freilegen (siehe Kapitel 14 »Batterie«).
2. Minuspole der fremden Stromquelle und der NC 750-Batterie mit dem schwarzen Startkabel verbinden.
3. Gummikappen über den Pluspolanschlüssen der Batterien zurückschieben. Mit dem anderen roten Startkabel beide Pluspole verbinden.
4. Motor der Starthilfe gebenden Maschine mit 3000 bis 4000/min laufen lassen.
5. Motor der NC 750 starten. Wenn der Motor läuft, die Starthilfekabel abnehmen: Zuerst Pluskabel abklemmen, dann Minuskabel.
■ Gummikappen wieder auf die Batterie-Pluspolanschlüsse schieben.
Wichtig: Motor der NC 750 mit erhöhter Leerlaufdrehzahl laufen lassen, also nicht sofort ausschalten, denn die Batterie bringt noch nicht genug Strom auf, um den Motor starten zu können.

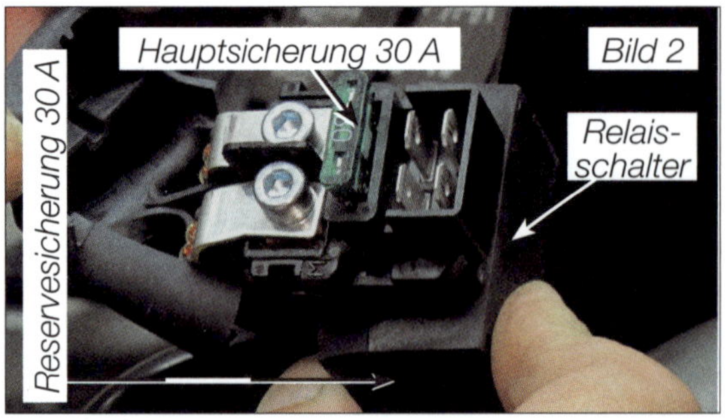

Bild 2: Der 4-polige Stecker ist hier vom Anlasser-Relaisschalter abgezogen. Oben ist die Hauptsicherung eingesteckt, unten die Reservesicherung.

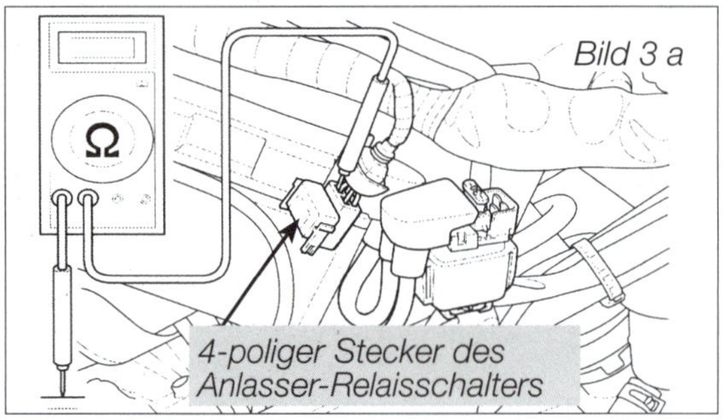

Bilder 3 a: Masseleitung prüfen.

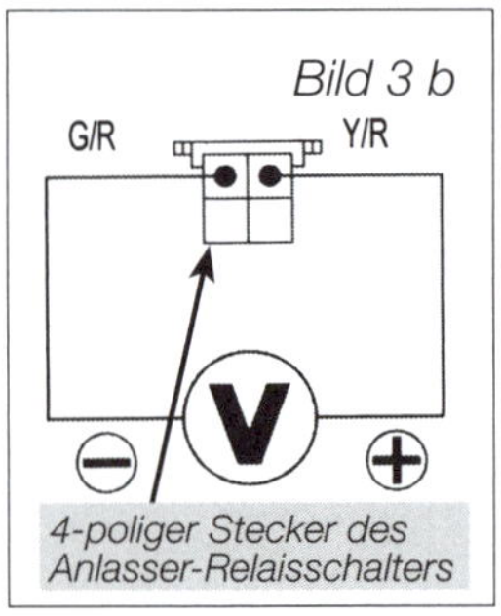

Bild 3 b: Masseleitung prüfen bei Modellen mit Doppelkupplung.

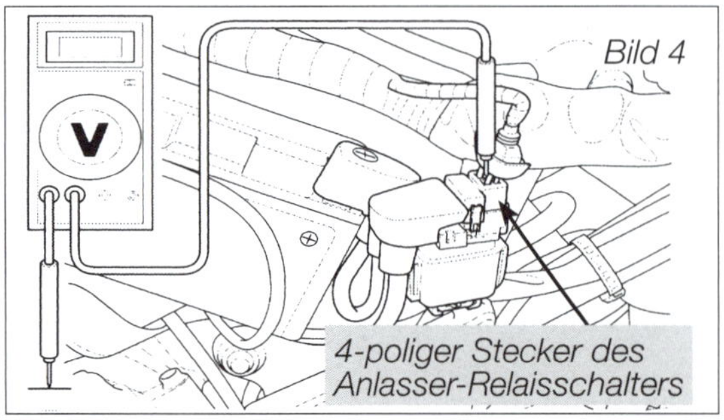

Bild 4: Spannung am Anlasser-Relaisschalter prüfen.

Wenn die Batterie nur leer war, aber noch funktionstüchtig ist, wird sie von der Lichtmaschine geladen. Dennoch sollte die Batterie bei nächster Gelegenheit mit einem Ladegerät fachgerecht geladen werden (siehe Kapitel 14 »Batterie«).

Anlasser-Relaisschalter

Anmerkung: Honda bezeichnet das Anlasser-Relais als »Anlasser-Relaisschalter«, wohl deshalb, weil ein zusätzliches Relais zwischen Anlasser-Relaisschalter und Motorsteuergerät verbaut ist, Honda bezeichnet dieses Relais als »Anlasser-Relais«.

Hörprobe: Der Anlasser-Relaisschalter sitzt rechts neben der Batterie (Bild 1). Bei eingeschalteter Zündung den Anlasserknopf betätigen und genau darauf achten, ob ein Klicken aus dem Relais zu hören ist. Falls »ja«, ist das Relais in Ordnung, falls »nein«, ist es entweder defekt oder bekommt keinen Strom.

Sicherung: Die 30-Ampere-Sicherung sitzt im Anlasser-Relaisschalter (Bild 2). Wenn sie defekt ist, muss man sie eneuern.
■ Auf korrosionsfreie Steckkontakte achten!

Masseleitung prüfen (Bilder 3 a und 3 b)
Prüfvoraussetzungen: Leerlauf muss sicher eingelegt sein, Seitenständer hochgeklappt, Motorstoppschalter am Lenker auf ON.
1. 4-poligen Stecker vom Anlasserrelais abziehen.
2. Bei Schaltgetriebe Multimeter auf »Ω« stellen, Prüfspitzen wie folgt anlegen (Bild 3 a):
■ eine Spitze an grün/rotes Kabel (Masseleitung),
■ andere Spitze an sichere Fahrzeugmasse.
2.1. Wenn Stromdurchgang angezeigt wird, ist der Massestromkreis in Ordnung. Aufgrund der Diode ist ein leichter Widerstand vorhanden.
3. Bei Doppelkupplung Multimeter auf »**V**« stellen. Prüfspitzen des Multimeters wie folgt anlegen (Bild 3 b):
■ Plus-Spitze an gelb/rotes Kabel,
■ Minus-Spitze an grün/rotes Kabel.
3.1. Massestromkreis ist in Ordnung: Zündung eingeschaltet, Motorstoppschalter steht auf ON, wird Starterknopf gedrückt, Spannung angezeigt wird.
4. Wenn keine Spannung messbar Ist, gibt es keinen Durchgang. Dann die Kabel und alle Anschlüsse im Massestromkreis überprüfen.

Ankommende Spannung prüfen (Bild 4)
Prüfvoraussetzungen: Batterie muss in gutem Zustand und das Getriebe sicher in den Leerlauf geschaltet sein. Seitenständer hochgeklappt, Stecker auf Anlasser-Relaisschalter aufgesteckt, Motorstoppschalter rechts am Lenker auf ON.
1. Prüfspitzen des Multimeters anlegen:
■ Eine Spitze an den gelb/roten Kabelkontakt (das ist die Plusleitung).
■ Andere Spitze an eine sichere Fahrzeugmasse.
■ Es darf kein Stromdurchgang sein.
2. Zündung EINschalten, Anlasserknopf betätigen:
■ Stromdurchgang muss angezeigt werden.
2.1. Falls »nein«, Kabel zum Anlasserknopf, Anlasserknopf und Kabel vom Anlasserknopf zum Anlasser-Relaisschalter prüfen.

Anlasser-Relaisschalter auf Durchgang prüfen (Bild 5)
Prüfvoraussetzungen: wie zuvor bei »Ankommende Spannung prüfen«.
1. Gummikappe über den großen Kabelanschlüssen des Anlasser-Relaisschalters zurückschieben. Prüfspitzen des Multimeters an die großen Kabelanschlüsse anlegen.
2. Zündung EINschalten, Anlasserknopf betätigen:
■ Stromdurchgang muss angezeigt werden.
2.1. Falls »nein«, Anlasser-Relaisschalter erneuern.

Vorher kann man zur Sicherheit noch einen weiteren Test durchführen.
1. Stecker vom Anlasser-Relaisschalter abziehen. Eine voll geladene 12-Volt-Batterie an die Kontakte des Anlasser-Relaisschalters anschließen:
■ Pluspolanschluss (+) an gelb/rot
■ Minuspolanschluss (–) an grün/rot
2. Wenn Durchgang

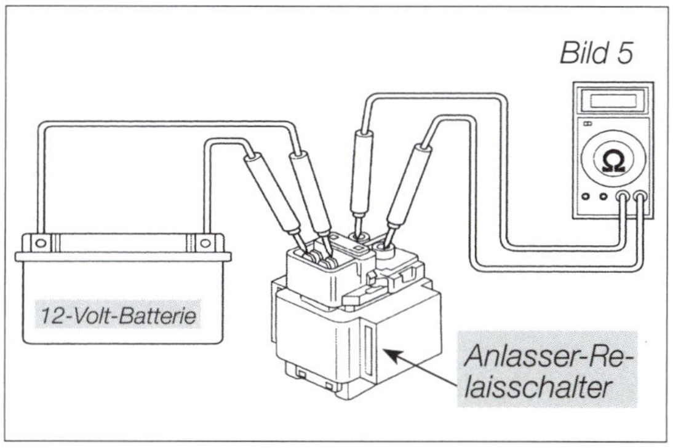

Bild 5: Anlasser-Relaisschalter auf Durchgang prüfen.

Bild 6: Einbaulage der Anlasserdiode.

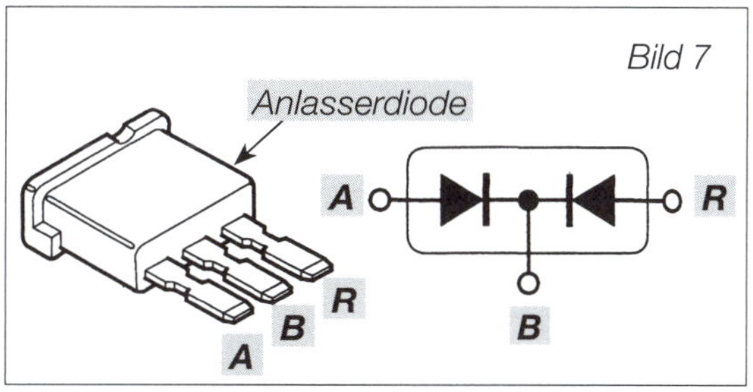

Bild 7: Diode prüfen:
■ Masse (–) an B, Plus (+) an A oder R.
■ In Durchlassrichtungen A – B und R – B muss Stromdurchgang bestehen.
■ In umgekehrte Richtungen B – A und B – R darf kein Stromdurchgang sein.

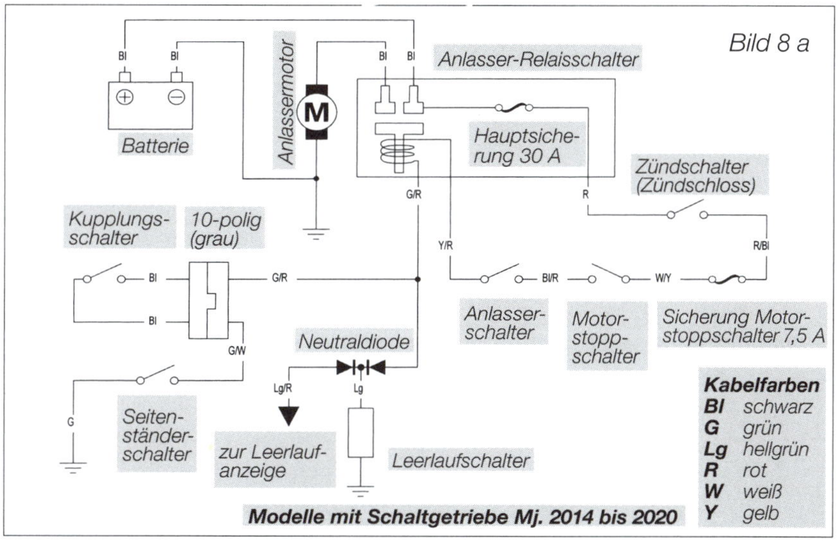

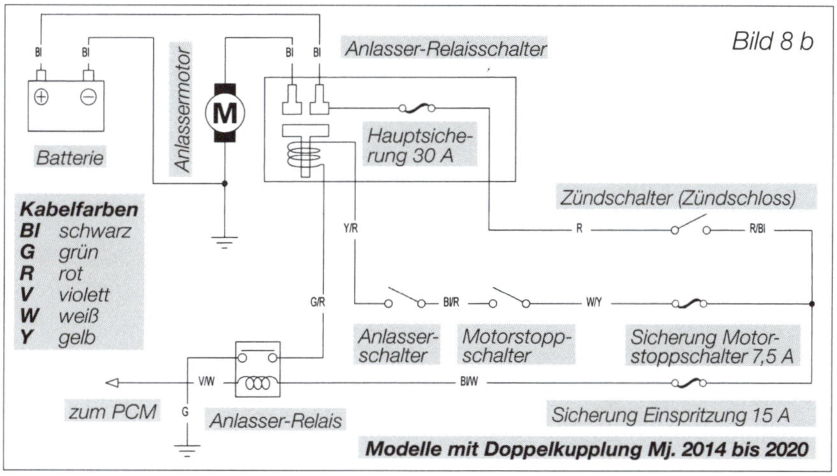

Bilder 8 a und 8 b: Blockschaltbilder der Anlasserelektrik mit Schalt- und Doppelkupplungsgetriebe, Mj. 2014 bis 2020.

zwischen den großen Kontakten gemessen wird, ist der Anlasser-Relaisschalter in Ordnung, aber der Strom von der Fahrzeugbatterie gelangt nicht zum Anlasser-Relaisschalter: Prüfen, wo die Leitung unterbrochen ist.
3. Wenn kein Durchgang angezeigt wird, ist der Anlasser-Relaisschalter defekt: Probehalber einen neuen einbauen und testen.

Anlasserdiode prüfen (Bilder 6 und 7)
Die Anlasserdiode sitzt im Sicherungskasten.
1. Zum Ausbau den Deckel des Sicherungskastens öffnen und die Anlasserdiode herausziehen.
2. Multimeter auf Ohm (Ω) einstellen, Messspitzen Minus (–) an Steckkontakt B, Plus (+) an ***A*** und später an ***R*** der Anlasserdiode anlegen:
■ In diese Richtungen muss Stromdurchgang bestehen (geringer Widerstand).
■ In andere Richtung von ***B*** (+) nach ***A*** (–) oder ***R*** (–) darf kein Strom fließen (»Diode sperrt«).

Weitere Prüfungen (Bilder 8 a, 8 b, 9 a, 9 b)
Folgende Schalter auf Durchgang überprüfen: Zündschloss, Starterschalter (»Anlasserknopf«), Motorstoppschalter, Leerlaufschalter, Seitenständerschalter, Kupplungsschalter am Kupplungshandgriff. Defekte Bauteile erneuern.

Anlasser

Wenn der Anlasser defekt ist, kann man ihn zerlegen und reparieren. Die Explosionszeichnung in Bild 10 zeigt den Anlasser in Einzelteilen.

Anlasser ausbauen
1. Der Anlasser sitzt unten am Motor hinter dem Zylinderblock und ist gut zugänglich.
2. Massekabel von der Batterie abschrauben und sicher zur Seite hängen.
3. Gummikappe über der Pluskabelbefestigung am Anlasser abziehen, Mutter abdrehen, Kabelklemme abnehmen, Mutter wieder lose auf das Anschlussgewinde aufdrehen.
4. Befestigungsschrauben des Anlassers lösen und ausdrehen, das ebenfalls gelöste Massekabel sicher zur Seite schieben.
5. Anlasser aus dem Motorgehäuse ziehen.

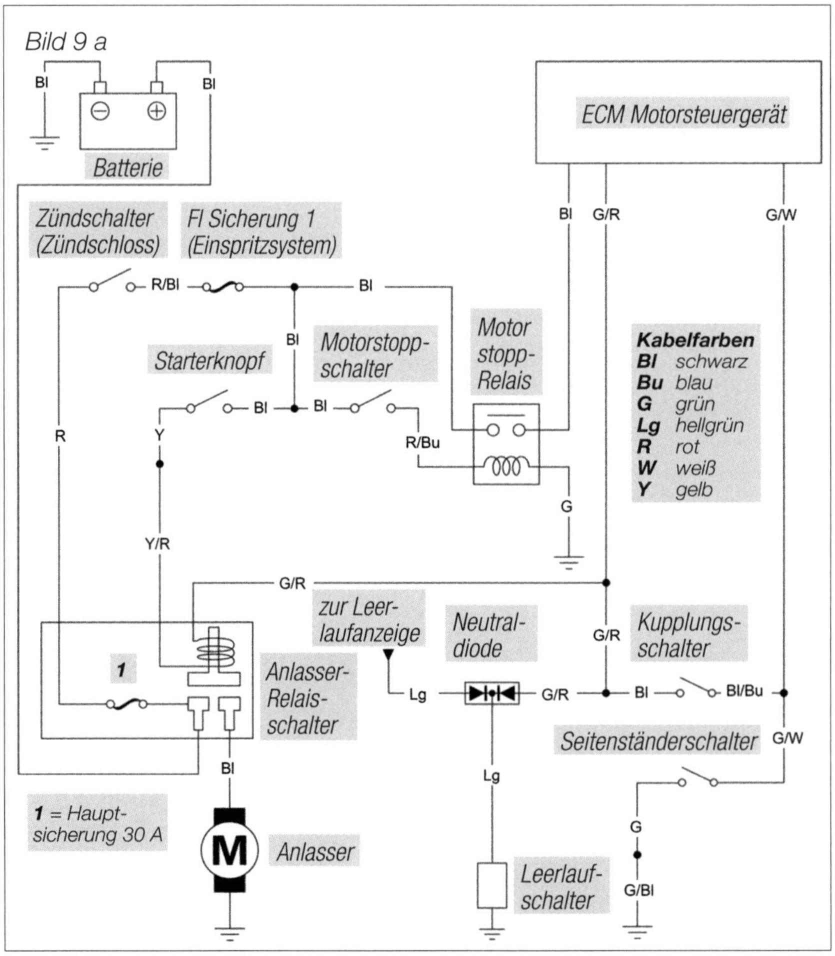

Bild 9 a: Blockschaubild der Anlasserelektrik der NC 750 X mit Schaltgetriebe ab Modelljahr 2021.

Anlasser zerlegen
1. Die langen Gehäuseschrauben ausdrehen.
2. Vorderen Gehäusedeckel abziehen.
3. Hinteren Gehäusedeckel abziehen.
4. Anker aus dem Gehäuse herausziehen.
5. Bürstenhaltereinheit herausnehmen.

Anlasser prüfen
Die nachfolgende Prüfung des Anlassers bezieht auch Prüfpunkte ein, die bei nur teilweise zerlegtem Anlasser vorgenommen werden.

1. Am Gehäuse zwischen Anschluss des Anlasserkabels und positiven Bürsten auf Stromdurchgang prüfen:
■ Es muss Stromdurchgang bestehen.

2. Am Gehäuse zwischen Anschluss des Anlasserkabels und Gehäuse auf Stromdurchgang prüfen.

■ Es darf kein Stromdurchgang bestehen.

3. Stromdurchgang zwischen positiver und negativer Bürstenklemme prüfen:

■ Es darf kein Stromdurchgang bestehen.

4. Die großen Rechteck-Dichtringe, die auf dem Anlassergehäuse aufgezogen sind, sowie den O-Ring im Bund auf Form, Risse, poröse Stellen, Quetsch- und Druckstellen prüfen.

Wenn defekt: Neue Ringe verwenden!

5. Buchse im hinteren Gehäusedeckel auf ausgelaufene, blanke oder riefige Stellen (Fressspuren) untersuchen, Lagerzapfen der Kollektorwelle ebenfalls. Wenn defekt, Bauteile erneuern!

6. Kollektor auf Verfärbung und ungewöhnliche Abnutzung überprprüfen. Die Spalttiefe zwischen den einzelnen Kollektoren (»Glimmerunterschneidung«) sollte 0,7 mm betragen.

■ Gegebenenfalls mit einem Metallsägeblatt ausschaben. Anschließend (oder auch dann, wenn die Oberfläche des Kollektors etwas verfärbt ist), mit 400er-Schleifpapier sauber abziehen und einem trockenen Tuch säubern.

7. Anker auswechseln, sofern der Kollektor über Gebühr abgenutzt ist, aber dann ist wahrscheinlich ein komplett neuer Anlasser die bessere Wahl!

8. Kollektor muss ringsum zylindrisch rund und darf nur sehr wenig eingelaufen sein.

9. Die Kollektorlamellen dürfen keine Verfärbungen aufweisen. Paarweise Verfärbung deutet auf geerdete Ankerwicklungen hin (Masseschluss): Bauteile erneuern!

10. Zwischen Kollektorstegen und Ankerwelle auf Stromdurchgang prüfen:

■ Es darf kein Stromdurchgang bestehen.

11. Bürsten aus Halterung herausziehen,

Bürsten auf ungewöhnliche Abnutzung, Risse und Unebenheit im Bürstenhalter überprüfen.

12. Bürstenlänge messen: Verschleißgrenze 6,5 mm (eine neue Bürste ist 12 mm lang). Wenn auch nur eine der Bürsten die Verschleißgrenze erreicht hat oder nur noch geringfügig länger ist, alle Bürsten erneuern.

Anlasser zusammenbauen

1. Große Dichtringe leicht einfetten und auf ihre Sitze am Anlassergehäuse schieben.

2. Bürsten in Bürstenhaltereinheit einsetzen und in hinteren Gehäusedeckel einsetzen.

3. Ankerwelle in leicht eingefettete Buchse einsetzen, Bürsten mit Kollektor zurückdrücken.

4. Anlassergehäuse aufsetzen: Dabei den Anker gut festhalten, damit er durch den Gehäusemagneten nicht plötzlich gegen das Anlassergehäuse schlägt und beschädigt wird.

■ Nut am Gehäuse und Vorsprung (= kleiner Zapfen) am Deckel aufeinander ausrichten.

5. Dichtring im vorderen Deckel leicht einfetten.

6. Vorderen Gehäusedeckel aufsetzen: Markierungen am vorderen und hinteren Deckel aufeinander ausrichten (in Flucht zueinander bringen).

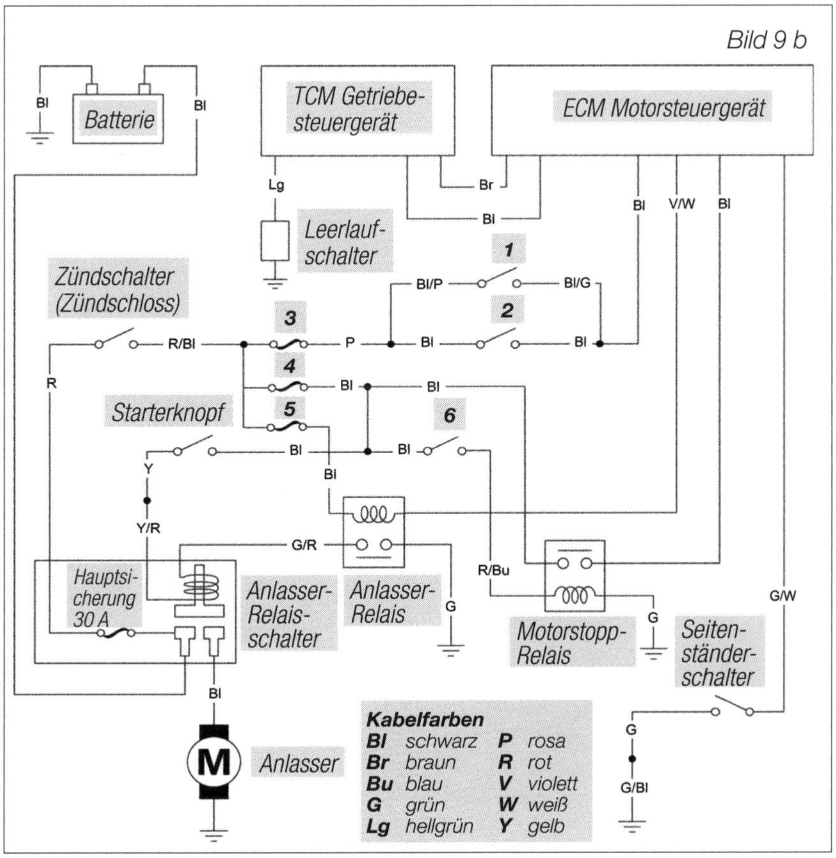

Bild 9 b: Blockschaubild der Anlasserelektrik der NC 750 X mit Doppelkupplungsgetriebe ab Modelljahr 2021.

Bauteile in Bild 9 b

1 = Bremslichtschalter vorne
2 = Bremslichtschalter hinten
3 = Sicherung Bremslicht, Rücklicht, Hupe 10 A
4 = FI-Sicherung 1 (Einspritzanlage)
5 = FI-Sicherung 2 (Einspritzanlage)
6 = Motorstoppschalter (Killschalter)

Sichtprüfung Messen

7. Gehäuseschrauben einschrauben und handfest anziehen (ca. 4 Nm).

Anlasser einbauen
1. Neuen O-Ring eingeölt in die Nut im vorderen Gehäusedeckel einsetzen.
2. Anlassermotor in das Motorgehäuse schieben.
3. Schrauben eindrehen und »gut handfest« anziehen (ca. 10 Nm). Klemme des Minuskabels mit der hinteren Schraube befestigen.
4. Anlasserkabel an Anlasser, Mutter mit 10 Nm festziehen, Gummikappe satt aufsetzen. Minuskabel an Batterie anschließen.

Anlasserfreilauf

Der Anlasserfreilauf sitzt im Motor hinter dem linken Seitendeckel, er ist am Lichtmaschinenrotor (»Schwungrad«) befestigt. Unter normalen Umständen geht am Anlasserfreilauf und den Übertragungsteilen der Drehbewegung des Anlassermotors zum Anlasserfreilauf nichts kaputt.
Falls doch etwas am Anlasserfreilauf kaputt gehen sollte, kündigt sich dies durch unregelmäßiges Hohldrehen des Anlassers an: Wenn der Starterknopf gedrückt wird, dreht der Anlasser alleine durch; erst einmal leer, dann greift er wieder, dann zwei- bis dreimal leer, dann greift er wieder, bis bald darauf überhaupt nichts mehr geht und der Anlasser nur noch hohl dreht.

Dies ist ein deutliches Indiz dafür, dass der Anlasserfreilauf defekt ist, weil sich die Freilaufrollen in die Oberfläche des am großen Anlasserzahnrad angebrachten, dicken Mitnehmerbundes eingearbeitet haben, es haben sich so genannte »Rattermarken« gebildet.

Es gibt alle Einzelteile des Anlasserfreilaufs als Ersatzteile, doch in den meisten Fällen ist es besser, eine komplett neue Anlasserkupplung einzubauen als z. B. nur den Freilaufring zu erneuern, denn die Gleitflächen am inneren Bund des Anlasserzahnrads oder im großen Innendurchmesser des Freilaufrings sind durch defekte Freilaufrollen meistens beschädigt.

Anlasserfreilauf ausbauen (Bild 11)
Hinweis: Zum Ausbau des Anlasserfreilaufs muss das Schwungrad abgezogen werden, dazu sind folgende Honda-Spezialwerkzeuge nötig:
- Schwungradhalter (Nr. 07725-0040001)
- Rotorabzieher (Nr. 07933-3290001)

1. Motoröl ablassen. Lichtmaschinenkabel am Stecker trennen. Linken Motordeckel abschrauben (siehe dazu Kapitel 15 »Ladesystem«).
2. Schwungradhalter ansetzen, Bundschraube

Bild 10: Explosionszeichnung des Anlassers.

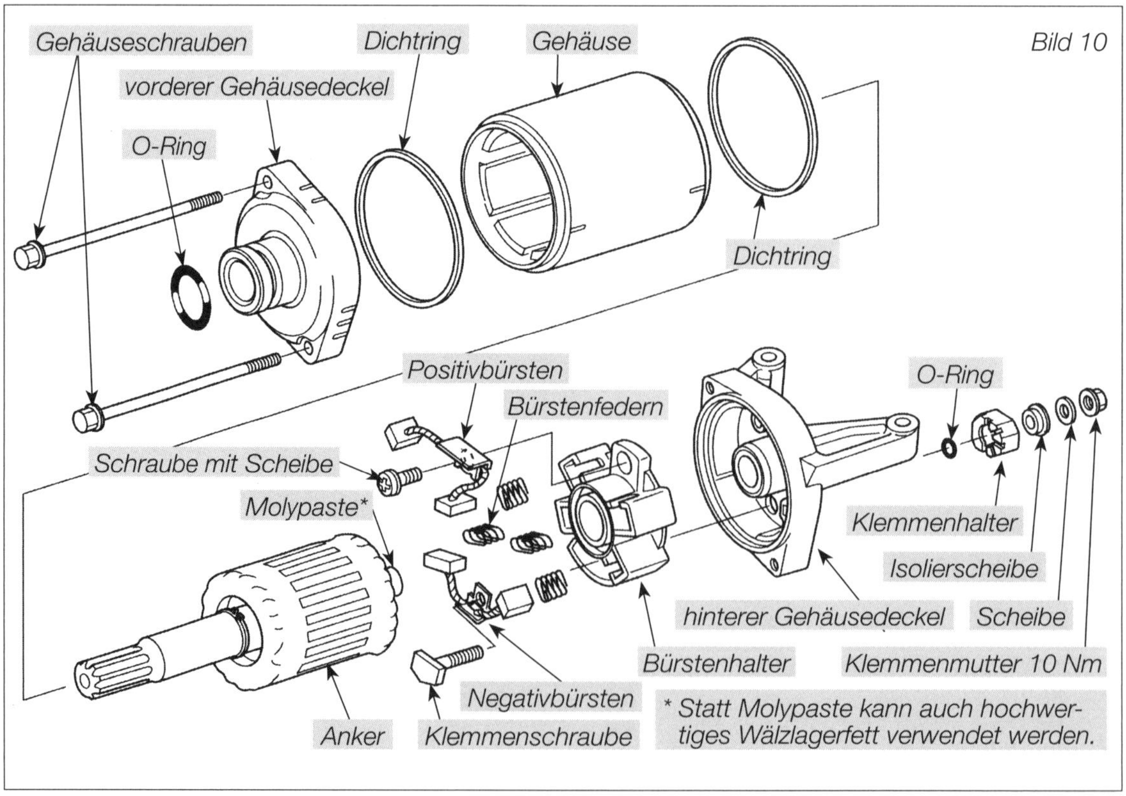

mit Sechskantnuss und langem Hebelarm öffnen und ausdrehen.

■ Bundschraube hat Linksgewinde!

3. Schwungrad mit Schwungradabzieher abziehen. Die Scheibenfeder (»Woodruff-Keil«) aus ihrer Nut nehmen.

4. Schwungrad ablegen, mit Schwungradhalter festhalten, Inbusschrauben lösen und ausdrehen. Anlasserfreilauf vom Schwungrad abnehmen.

Anlasserfreilauf prüfen

1. Wenn das große Anlasserzahnrad mit dem Bund in den Anlasserfreilauf von oben eingesetzt wird, muss sich das Zahnrad...

■ ...im Uhrzeigersinn (rechts herum) sperren und

■ ...entgegen dem Uhrzeigersinn (links herum) gleichmäßig drehen lassen (Bild 14). Wenn nicht, Teile ersetzen.

2. Bund des großen Zahnrads und Rollen des Freilaufs (Bild 13) auf Abnutzung, eingelaufene Druckstellen, Bruch, verfärbte (blaue) Stellen kontrollieren, gegebenenfalls ersetzen.

Anlasserfreilauf einbauen

1. Rollen des Freilaufs gut mit Motoröl einölen.

2. Freilauf so in den Außenring einsetzen, dass der Flansch nach außen zeigt.

3. Freilaufring an das Schwungrad ansetzen, Gewinde der Inbusschrauben mit Loctite »mittelfest« bestreichen und eindrehen.

■ Schwungradhalter auf Schwungrad spannen, Inbusschrauben mit 30 Nm festziehen.

4. Konus der Kurbelwelle ölfrei reinigen, Scheibenfeder in ihre Nut einsetzen.

5. Innenkonus des Schwungrads ölfrei reinigen, Schwungrad auf den Konussitz ansetzen, Nut im Innenkonus auf die Scheibenfeder ausrichten und das Schwungrad unter leichtem Druck auf den Konus aufschieben.

6. Wenn es möglich ist, neue Bundschraube und neue Unterlagscheibe verwenden, mit frischem Motoröl einölen, Scheibe aufschieben, eindrehen.

7. Schwungrad mit aufgesetztem Schwungradhalter gut festhalten und die Bundschraube (Linksgewinde!) mit 157 Nm festziehen.

■ Benutzen Sie dazu unbedingt einen Drehmomentschlüssel.

8. Deckel anbauen:

8.1. Dichtflächen am Deckel und dem Motorgehäuse reinigen.

8.2. Auf die Dichtfläche des Deckels ringsum etwas Silikondichtmittel aufbringen und es fein verstreichen.

■ Das Silikondichtmittel unbedingt 10 Minuten ablüften lassen.

9. Passhülsen einsetzen, Deckel aufsetzen, Schrauben eindrehen, über Kreuz Schritt für Schritt bis auf 10 Nm festziehen.

10. Lichtmaschinenkabel sauber verlegen, Stecker in Steckdose an Regler/Gleichrichter einstecken.

11. Öl wieder einfüllen und Ölstand kontrollieren.

Bilder 11, 12 und 13: Explosionszeichnung und Details des Anlasserfreilaufs.

Bild 14: Prüfung des Anlasserfreilaufs.

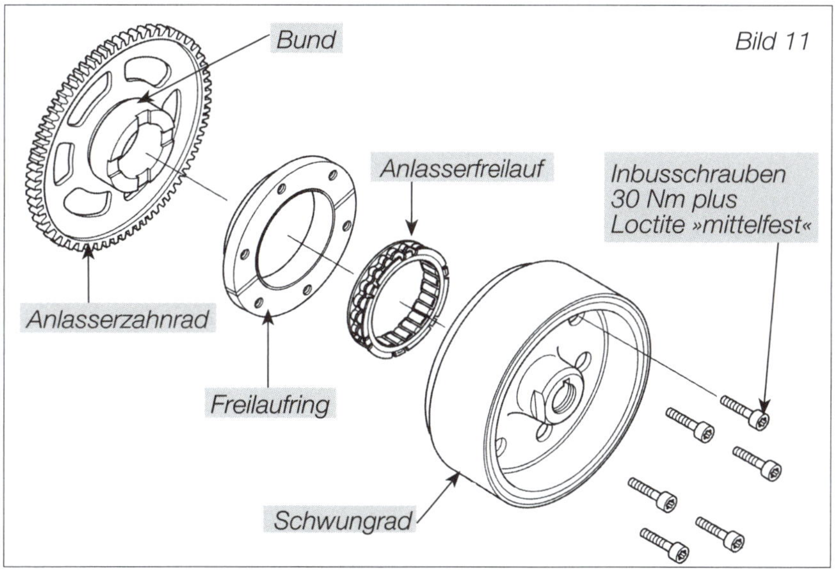

Bild 11

Bild 12

Bild 13

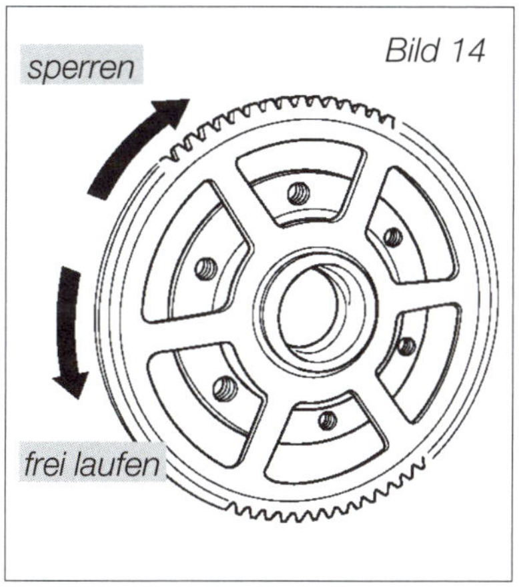

Bild 14

Korrespondenzkapitel
- 2 »Wartung«
- 4 »Verkleidung · Tank · Rahmen«
- 13 »Sicherungen · Relais · Stecker«
- 14 »Batterie«
- 18 »Zündanlage«

Zündkerzen

In diesem Kapitel: Zündkerzen für die NC 750-Modelle · Zündkerzen ausbauen, reinigen, einbauen · Elektrodenabstand messen und korrigieren.

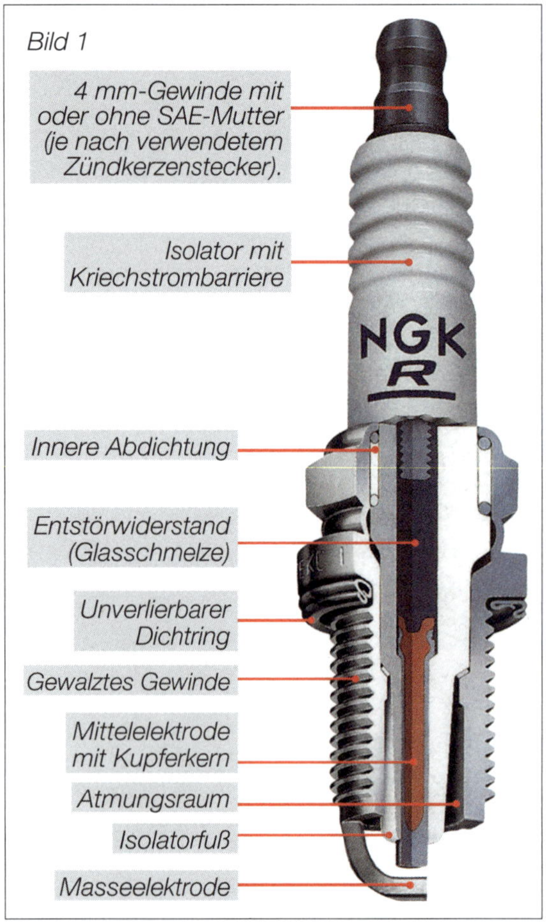

Bild 1: Aufbau einer modernen Motorrad-Zündkerze.

Bild 2: Die serienmäßige Zündkerze NGK IFR6G-11K hat eine sehr dünne Mittelelektrode aus Iridium. Diese Iridiumkerze gilt als qualitativ hochwertige Zündkerze; es gibt momentan keine besseren.

Zündkerzen

Die beiden Zündkerzen sollen alle 24 000 km ausgebaut, auf Beschädigungen untersucht und gereinigt werden. Wenn sie in Ordnung sind, kann man sie wieder einbauen. Der Einbau neuer Zündkerzen ist alle 48 000 km vorgeschrieben. Übrigens ist das Alter einer Zündkerze nicht ausschlaggebend, ob sie erneuert werden muss; es zählt in erster Linie die Laufleistung. Serienmäßig sind folgende Zündkerzen eingebaut:
- NGK IFR6G-11K
- Elektrodenabstand 1,0 bis 1,1 mm
- Anziehdrehmoment 22 Nm

Diese serienmäßigen Zündkerzen haben eine Mittelelektrode aus Iridium (Bild 2); sie sind qualitativ hochwertig und betriebssicher und für alle Betriebsbedingungen bestens geeignet. Die Elektrode wird bei normalen Verbrennungstemperaturen (ca. 400 bis 800 °C) so heiß, dass etwaige Rußablagerungen stets verbrennen, bleiben aber auch so kühl, dass Motor und Kerze nicht beschädigt werden.

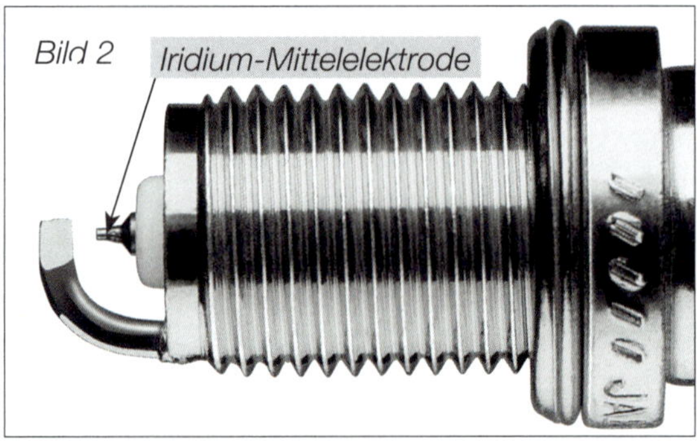

Sicherheitshinweise ⚠ Achtung und ☞ Tipps für dieses Kapitel

⚠ Bei Prüfungen von Bauteilen der Zündanlage keine Stecker bei laufendem Motor abziehen, weil dadurch die elektronischen Bauteile beschädigt werden können.

⚠ Zu allen Montagearbeiten an der Zündanlage muss die Zündung zuverlässig ausgeschaltet sein! Zündschlüssel am besten abziehen.

⚠ Zum Abziehen des Zündkerzensteckers keine Zange zu Hilfe nehmen! Auch nicht mit Reifenmontiereisen, Schraubenzieher oder Flacheisen am Zündkerzenstecker herumhebeln, denn dadurch kann er beschädigt werden.

⚠ Kerzenstecker und Zündkerzen nicht fallen lassen oder hart anschlagen! Dadurch können Teile innen oder außen brechen bzw. Risse bekommen, was Stromkreisunterbrechungen bzw. Kurzschlüsse zur Folge hat.

⚠ Zündkerzenstecker nicht mit Hammer auf Zündkerze auftreiben!

☞ Zündkerzengewinde vor dem Einbau mit einem kleinen Tropfen Kupferpaste hauchdünn einschmieren, dies verhindert Festbacken des Gewindes.

⚠ Beim Einbau der Zündkerze unbedingt darauf achten, dass schon der erste Gewindegang richtig greift, das Außengewinde der Kerze also richtig am Innengewinde im Zylinderkopf angesetzt ist. Eine schräg angesetzte Kerze ruiniert mit ihrem harten Stahlgewinde das Alugewinde im Zylinderkopf bereits nach einer halben Umdrehung.

⚠ Halten Sie bei einer Funkenprüfung der Zündkerze bei ausgebauter Zündkerze einen Feuerlöscher betriebsbereit; unterwegs genügt ein großer Eimer Wasser! Falls der Motor »ersoffen« war, kann sich das aus dem Zündkerzenloch austretende Gemisch entzünden und die ganze Maschine steht sofort in Flammen.

* = Stand der Recherche zum Redaktionsschluss dieses Buchs im Mai 2026

Eine Iridium-Zündkerze kostet rund 20 Euro und ist damit mehr als doppelt so teuer wie eine »normale« Zündkerze mit Mittelelektrode aus Stahl (wie in Bild 1); sie bietet aber auch viele Vorteile wie sicherere Funkenbildung und geringere Empfindlichkeit gegen Verschmutzungen, wie sie z. B. bei überwiegender Stadt- und Kurzstreckenfahrt auftreten können. Außerdem hat die NGK-Iridium eine doppelt so hohe Lebenserwartung im Vergleich zu einer Zündkerze mit Stahlelektrode.

Zündkerzen prüfen

Benötigte Werkzeuge
Im Bordwerkzeug ist ein Zündkerzenschlüssel vorhanden. Wenn Sie sich einen Profizündkerzenschlüssel kaufen wollen, nehmen Sie einen, der innen einen Haltegummi hat und außen einen Vierkantansatz für den Drehmomentschlüssel (Bilder 4 und 7).

Zündkerzen ausbauen
Damit man beide Zündkerzen aus- und einbauen kann, muss die Motorverkleidung abgebaut werden (siehe Kapitel 4 »Verkleidung · Tank · Rahmen«). Das Motorrad sollte dazu auf einem Montageständer aufgebockt sein, damit man sicher daran schrauben kann.

1. Bild 5: Zündkerzenstecker von Hand abziehen. Vorher den Stecker etwas drehen, damit er sich löst, denn er sitzt ziemlich fest!
2. Zündkerzenschächte mit weicher Druckluft ausblasen, dadurch werden sie von eventuell darin angesammeltem Schmutz gereinigt.
3. Zündkerzenschlüssel ganz tief in den Schacht einstecken, entsprechende Verlängerung aufsetzen, Zündkerze lösen und herausdrehen.
4. Die offene Zündkerzenbohrung mit nicht fusselndem, kleinem Lappen verstopfen, damit Schmutz oder Fremdteile wie Schrauben, Muttern oder Unterlegscheiben nicht in den Motor gelangen und dort Beschädigungen verursachen können.

Zündkerzen reinigen
Zündkerze niemals mit einer Stahldrahtbürste reinigen! Besser (und billiger) ist eine harte Zahnbürste (Bild 8). Empfehlenswert ist auch, die Zündkerze mit Bremsenreiniger einzusprühen und mit Druckluft auszublasen.
■ Das Prüfen des Elektrodenabstands finden Sie auf der nächsten Seite unter »Elektrodenabstand«.

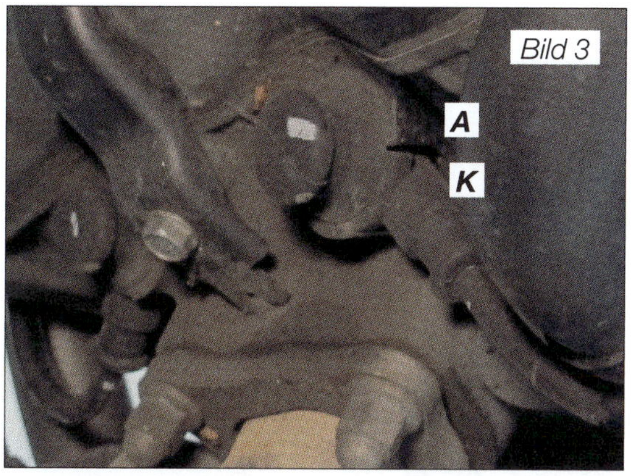

Zum Festziehen der Zündkerze einen Drehmomentschlüssel benutzen. Das Anziehdrehmoment der Zündkerze beträgt 22 Nm

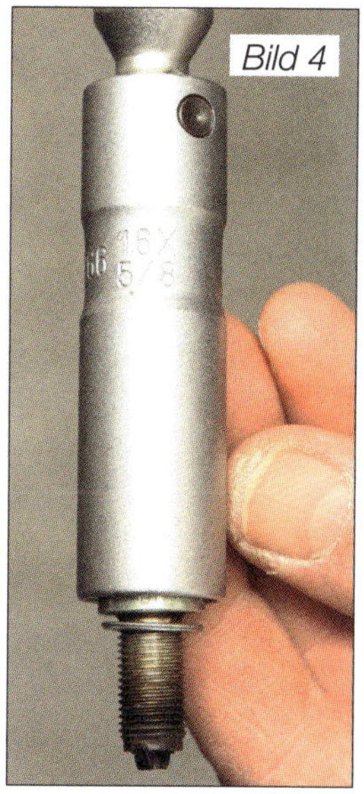

Bilder 3 und 5: Die Zündkerzenstecker müssen fest auf den Zündkerzen sitzen.
■ *Den Kerzenstecker so montieren, dass der abgewinkelte Ansatz »**K**« am Kerzenstecker im Ausschnitt »**A**« sitzt.*

Bild 4: Dieser Profizündkerzenschlüssel hat innen einen Gummi-Haltering, der die Zündkerze am »Hals packt« und somit am herausfallen hindert.

Bilder 6 und 7: Zündkerze vorsichtig in Zündkerzenschacht einführen, von Hand eindrehen und dann mit einem Drehmomentschlüssel bis auf 22 Nm festziehen.

Sichtprüfung Messen

Zündkerzen einbauen

1. Bild 9: Eine sehr kleine Menge Kupferpaste auf das Gewinde der Zündkerze geben, dies vermeidet ein »Festbacken« des Gewindes.

2. Bild 7: Zündkerze in Zündkerzenschlüssel einstecken und ohne mit der Masseelektrode irgendwo anzuschlagen in den Schacht einführen, von Hand gefühlvoll ansetzen und einschrauben.

3. Zündkerze festziehen:

■ **Gebrauchte Zündkerze:** Wenn eine bereits benutzte Zündkerze wieder montiert wird, bei der sich der Dichtring schon gesetzt hat, wird sie mit 22 Nm festgezogen.

■ **Neue Zündkerze:** Wenn eine neue Zündkerze mit einem neuen Dichtring montiert wird: Zündkerze nach Aufsitzen des Gewindebundes um 1/4 bis 1/2 Umdrehung anziehen, wieder lösen und endgültig mit 22 Nm festziehen.

4. Bild 5: Zündkerzenstecker in Bohrung einschieben und aufstecken, es muss hör- und fühlbar klicken.

5. Motorverkleidung anbauen.

Elektrodenabstand

Bild 11 a: Wichtig für die ordnungsgemäße Funktion der Zündkerze ist vor allem der korrekte Elektrodenabstand von 1,0 bis 1,1 mm.

Elektrodenabstand messen

Bild 11 b: Zum Messen des Elektrodenabstands eine Rundfühlerlehre (Ø 1,0 mm) verwenden.

■ **Verschleiß:** Die Zündkerze muss erneuert werden, wenn Masse- oder Mittelelektrode starken Abbrand haben (Bild 10) und ihr Abstand mehr als 1,1 mm beträgt.

Elektrodenabstand korrigieren

Wenn man aus irgendwelchen Gründen keine neue Zündkerze kaufen kann, besteht die Möglichkeit, den Elektrodenabstand gefühlvoll zu korrigieren. **Doch Vorsicht**: Die Masseelektrode sollte eigentlich nicht nachgebogen werden, weil die Gefahr groß ist, dass sie abbricht. Für eine gefühllos oder zu oft hin und her gebogene Elektrode besteht im Betrieb höchste Bruchgefahr!

1. Bilder 11 a und 11 b: Elektrodenabstand mit Rundfühlerlehre messen, Sollwert 1,0 bis 1,1 mm.

2. Ist der Elektrodenabstand zu weit, was bei einer alten Zündkerze meistens der Fall ist, die Masseelektrode nachbiegen:

2.1. Zündkerze kopfüber in einer Hand halten.

2.2. Mit der anderen Hand einen Schraubenzieher verkehrt herum nehmen und mit dem Griff des Schraubenziehers gaaaanz leicht auf die Elektrode klopfen. Gaaaanz leicht heißt: Lieber einen Hau zu wenig als einen zu viel!

3. Wenn die Masseelektrode aus Versehen zu stark zusammengeklopft wurde und der Elektrodenabstand zu eng ist (weniger als 1,0 mm),

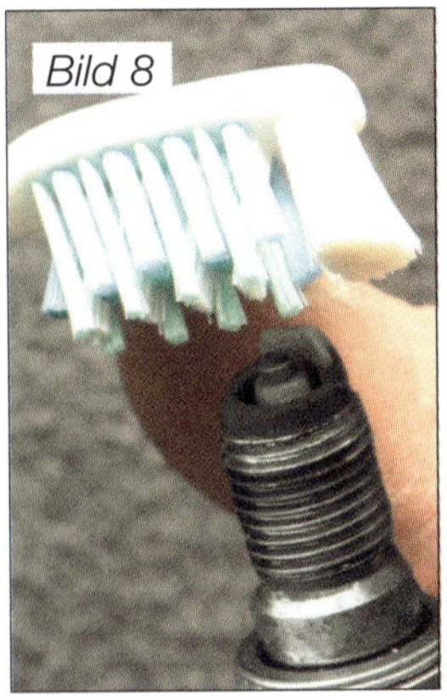

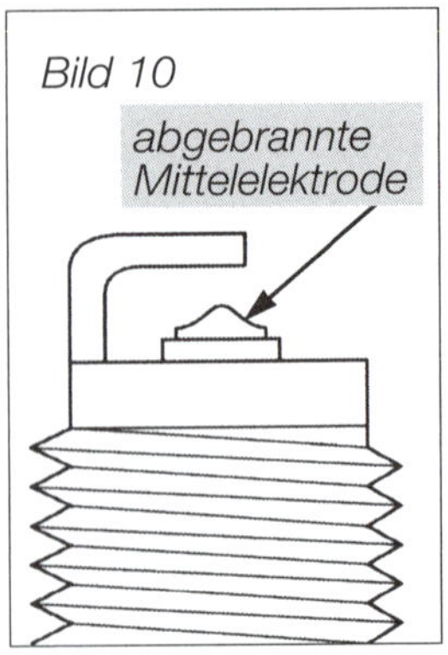

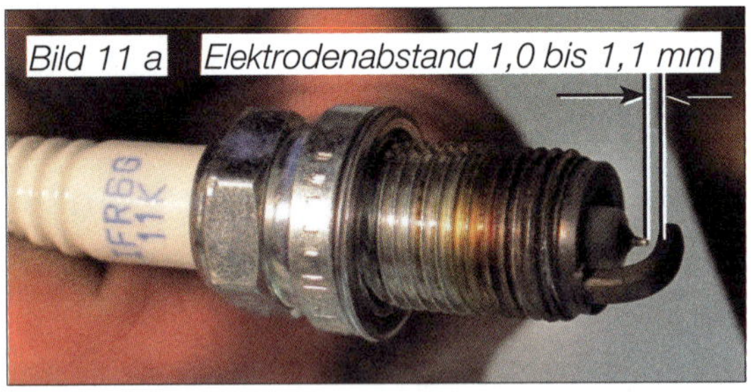

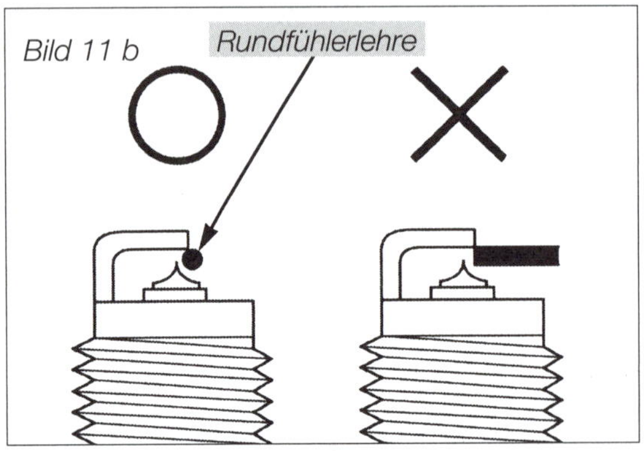

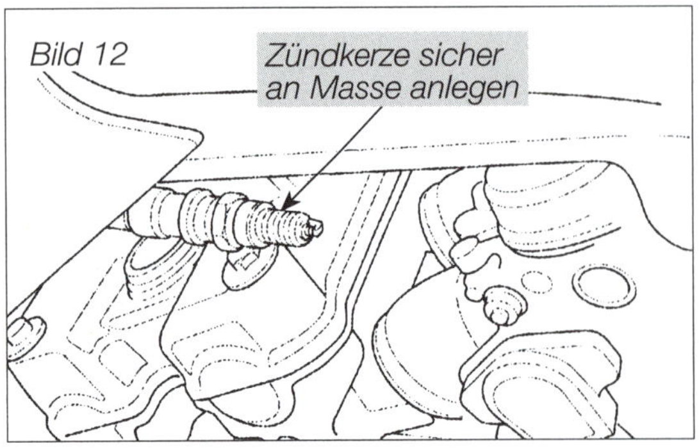

Bilder 8 und 9: Reinigen der Zündkerze, Kupferpaste an Gewinde geben.

Bild 10: Bei abgebrannter Mittelelektrode Zündkerze erneuern.

Bilder 11 a und 11 b: Elektrodenabstand mit einer Rundfühlerlehre messen.

Bild 12: Funkenprüfung bei ausgebauter Zündkerze. Sie muss sicher an Masse angelegt werden.

kann man die Masseelektrode vorsichtig mit einer kleinen Spitzflachzange aufbiegen.

■ In jedem Falle gilt: Beim Einstellen des Elektrodenabstandes sehr viel Gefühl walten lassen!

Kein Zündfunke?

Wenn die Zündkerzen keinen oder nur einen schwachen Funken abgeben, kann man folgende Hausmittel-Prüfung durchführen. **Wichtig:** Halten Sie bei nachfolgender Prüfung einen Feuerlöscher bereit – siehe dazu auch die Warnhinweise am Anfang dieses Kapitels.

1. Zündung ausschalten.
2. Beide Zündkerzen ausdrehen.
3. Beide Zündkerzen nacheinander auf Funkenbildung überprüfen:
3.1. In den zum jeweiligen Zylinder gehörenden Kerzenstecker einstecken.
3.2. Bild 12: Mit dem Sechskant sicher und fest an Masse des Zylinders anlegen.
3.3. Zündung einschalten, Elektrostarter betätigen und nachsehen, ob die Zündkerze funkt. **Wichtig:** Dabei KEIN Gas geben!
4. Zeigt eine Zündkerze keinen Funken, das Spiel mit dem anderen Zündkerzenstecker wiederholen. Funkt's dann, ist der zuvor getestete Zündkerzenstecker defekt.

■ Bevor ein neuer Zündkerzenstecker gekauft wird, den Sitz des Zündkabels im Kerzenstecker und im Anschluss der Zündspule prüfen (siehe dazu Bilder 13, 14 a und 14 b).

Weitere einfache Prüfungen:

■ Alle Kabel und Anschlüsse der Zündanlage auf einwandfreie Isolierung und korrekten Sitz überprüfen. Schon ein kleiner Fehler in der Isolierung eines (durchgescheuerten) Kabels kann das gesamte Zündsystem lahmlegen.

■ Besonders die Steckverbinder auf den Zündspulen auf Korrosion und festen Sitz überprüfen (Bilder 13, 14 a und 14 b).

■ Etwaige Korrosion an den Steckverbindungen mit feinem Schmirgelpapier beseitigen.

■ Dabei auch prüfen, ob Feuchtigkeit im Zündkabelanschluss des Kerzensteckers (Bild 13) und der Zündspulen (Bilder 14 a und 14 b) sitzt: Es muss staubtrocken sein, schon die geringste Feuchtigkeit bringt Zündprobleme.

■ Seitenständerschalter prüfen (siehe Kapitel 2 »Wartung«): Ist dieser defekt, ist die Zündung dauerhaft unterbrochen. Dann dreht sich weder der Anlasser beim Druck auf den Starterknopf, noch springt der Motor durch Anschieben an.

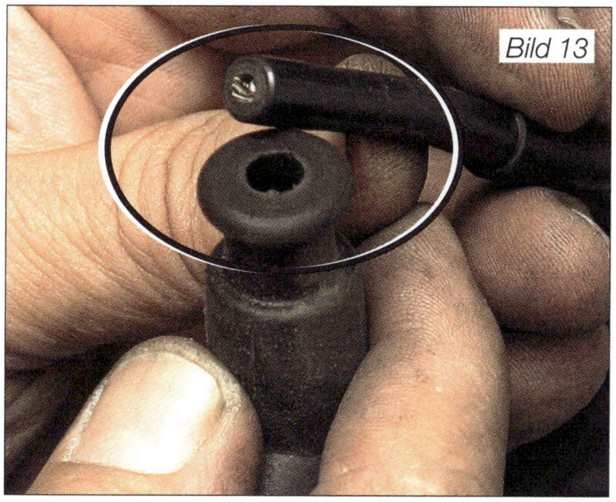

Bild 13: Das Zündkabel muss fest im Zündkerzenstecker eingeschraubt sein.

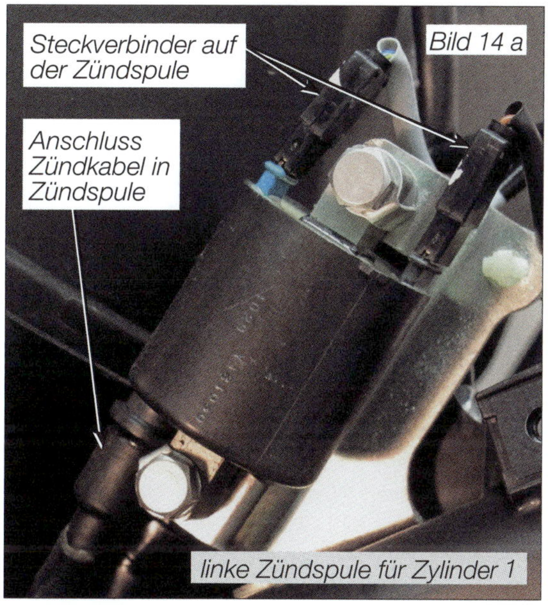

Bilder 14 a und 14 b: Die beiden Zündspulen sind rechts und links am Luftfiltergehäuse über dem Motor angebracht.

Als Erste Hilfe bei Zündproblemen empfiehlt es sich alle Kabelanschlüsse und Steckverbinder auf festen Sitz, Nässe und Korrosion prüfen.

Sichtprüfung Messen

Korrespondenzkapitel:
- 13 »Sicherungen · Relais · Stecker«
- 14 »Batterie«
- 17 »Zündkerzen«
- 31 »Schaltpläne«

Bild 1: Darauf achten, dass die vorgeschriebenen Zündkerzen eingebaut sind.

Bilder 2, 3 a und 3 b: Das Zündkabel muss fest im Zündkerzenstecker und in der Zündspule eingeschraubt sein, alle Anschlüsse müssen trocken sein.

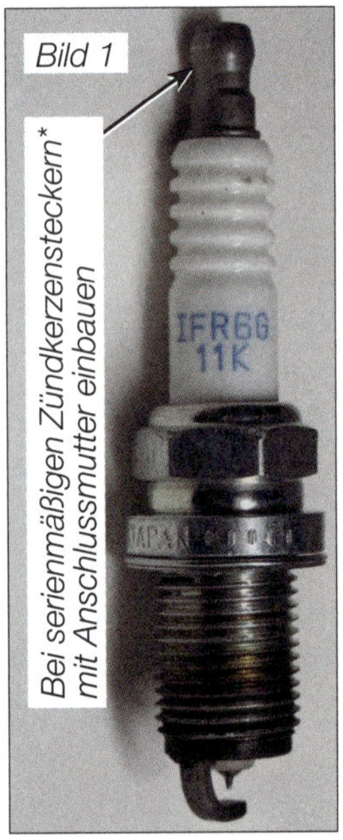

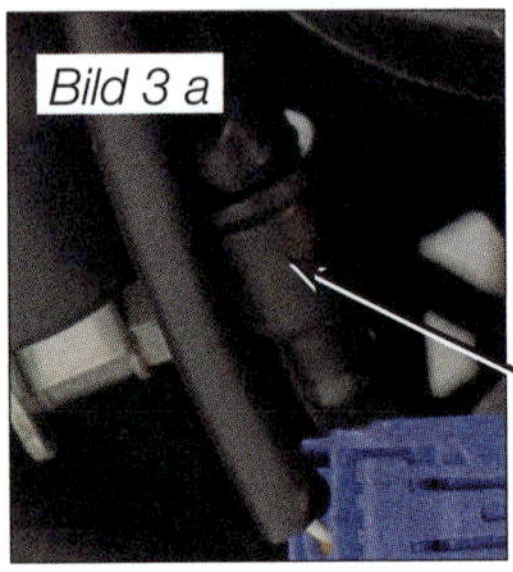

Zündanlage

In diesem Kapitel: Zündanlage prüfen: Zündkerzen, Zündkabel, Zündspule und Stecker prüfen und vermessen · Zündzeitpunkt.

Zündanlage prüfen

Einfache Prüfungen, mit denen getestet werden kann, ob die Zündkerzen keinen oder einen nur schwachen Funken abgeben, haben wir im Kapitel 17 »Zündkerzen« schon beschrieben. Honda-Spezialisten wissen aufgrund von Langzeiterfahrungen, dass der weitaus größte Teil von Zündproblemen nicht an defekten Bauteilen liegt, sondern an schadhaften Kabeln und Steckverbindungen: Dreck oder Nässe drin, Kabel angescheuert und deshalb Massekurzschluss oder gar gebrochen, weil falsch montiert.

⚠ **Achtung:** Zu allen Montagearbeiten an der Zündanlage muss die Zündung zuverlässig ausgeschaltet sein! Zündschlüssel abziehen.

⚠ **Achtung:** Bei Prüfungen von Bauteilen der Zündanlage keine Stecker bei laufendem Motor oder eingeschalteter Zündung abziehen, weil dadurch elektronische Bauteile beschädigt werden können.

Zündkabel und Zündspule

Bilder 2, 3 a und 3 b: Die Zündkabel müssen fest in den Anschlüssen der Kerzenstecker und Zündspulen sitzen. Wenn ein Zündkabel rissig oder an seinen Anschlüssen abgeknickt oder ausgefranst ist, muss es erneuert werden. Man sollte dann gleich beide Zündkabel und Zündkerzenstecker erneuern!

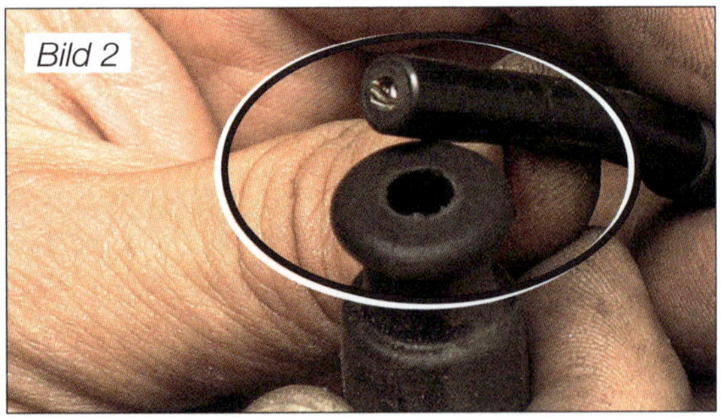

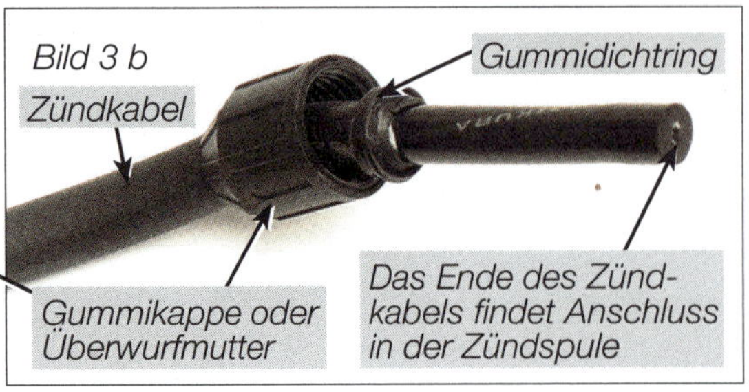

Sollte die Zündanlage in irgendeiner Form nicht funktionieren, z. B. dass sich kein oder ein unregelmäßiger Funke an der Zündkerze zeigt und der Motor deswegen nicht läuft oder patscht und ruckelt, müssen einzelne Bauteile bzw. Baugruppen der Zündanlage Schritt für Schritt durchgeprüft werden. Das einfachste Hausmittel (vor allen aufwändigen Prüfungen) ist allerdings, neue Zündkerzen, neue Zündkerzenstecker und neue Zündkabel zu montieren – das wirkt oft Wunder!

Einzelteile der Zündanlage

1. Alle Kabel und Anschlüsse der Zündanlage auf einwandfreie Isolierung und korrekten Sitz überprüfen. Schon ein kleiner Fehler in der Isolierung eines an- oder durchgescheuerten Kabels kann das gesamte Zündsystem lahmlegen.

2. Prüfen, ob die flachen Stecker auf den Zündspulen fest sitzen. Sicherheitshalber abziehen und wieder aufstecken. Etwaige Korrosion mit feinem Schmirgelpapier beseitigen.

3. Sitzen die Zündkabel fest eingeschraubt in den Zündkerzensteckern? Zündkabel fest in die Hand nehmen, mit der anderen Hand am Stecker leicht ziehen und drehen und somit prüfen, ob das Kabel wirklich satt im Zündkerzenstecker eingeschraubt ist.

4. Dabei auch prüfen, ob es am Zündkabelanschluss feucht ist. Dort muss es staubtrocken sein, schon geringe Feuchtigkeit bringt Zündprobleme.

4.1. Dazu den Zündkerzenstecker abschrauben: Zündkabel mit der einen Hand festhalten, mit der anderen den Zündkerzenstecker abschrauben. Durch Ausblasen trocknen.

5. Sind die Zündkabel fest in den Zündspulen? Dazu Gummikappe (Bild 3 a) abziehen; es kann auch eine Überwurfmutter sein (Bild 3 b), Zündkabel ausziehen und das Ende des Zündkabels prüfen: Wenn es ausgefranst ist, ein kleines Stück abschneiden und wieder einbauen.

5.1. Der kleine Gummidichtring (Bild 3 b) muss vorhanden sein und im Bund der Zündspule sitzen.

6. Seitenständerschalter prüfen: Ist dieser defekt, ist die Zündung unterbrochen. Dann dreht sich weder der Anlasser, noch springt der Motor durch Anschieben an.

7. Wenn sich kein Funke zeigt: Motorsteuergerät beim Honda-Händler überprüfen lassen: Dazu muss man die komplette Maschine hinbringen.

* = Stand der Recherche zum Redaktionsschluss dieses Buchs im Mai 2026

Zündbauteile durchmessen

Für die im nachfolgenden Text erklärten Prüfschritte werden entsprechende Prüf- und Messgeräte benötigt. Dazu ist ordentliches Elektrofachwissen zwingend notwendig.

1. Hauptsicherung prüfen siehe Kapitel 13 »Sicherungen · Relais · Stecker«.
2. Batterie prüfen, Mindest-Ruhespannung muss über 12,4 Volt betragen (Kapitel 14 »Batterie«).
3. Zündkerzen prüfen: Sind die vorgeschriebenen Zündkerzen eingebaut? Nur die von Honda empfohlenen und freigegebenen Zündkerzen garantieren einwandfreien Motorlauf (siehe Kapitel 17 »Zündkerzen«).
4. Zündkerzenstecker: Sind originale Zündkerzenstecker aufgebaut? Mit anderen kann es Probleme geben.
5. Primärspitzenspannung der Zündspulen mit Multimeter prüfen, sie muss mindestens 100 Volt betragen. Dazu die Plus- und Minusprüfspitze an die Kabelkontakte an der Zündspule anlegen:

- Zündspule für Zylinder 1: Plusprüfspitze an:
- blau/gelb in den Modelljahren 2014 bis 2020
- gelb/blau ab Modelljahr 2021
- Minusprüfspitze an Fahrzeugmasse
- Zündspule für Zylinder 2: Plusprüfspitze an gelb/blau in allen Modelljahren, Minusprüfspitze an Fahrzeugmasse

5.1. Getriebe im Leerlauf, Zündschloss auf ON, Motorabstellschalter auf RUN: Es muss volle Batteriespannung anliegen.
5.2. Motor mit dem Anlasser durchdrehen und gleichzeitig messen: mindestens 100 Volt.
6. Spitzenspannung Kurbelwellenpositions-Sensor (»Zündgeber«) messen:
6.1. 33-poligen Stecker vom Motorsteuergerät abziehen.
6.2. Prüfspitzen des Diagnosegeräts wie in Bild 5 gezeigt an gelb (Y) und grün/orange (G/O) im Stecker anschließen.

- Stecker ist bei Schaltgetriebe schwarz
- Stecker ist beim Doppelkupplungsgetriebe grau

6.3. Messung durchführen: Motor mit dem Anlasser durchdrehen, Spitzenspannung muss mindestens 0,7 Volt betragen.

- Wenn das Messergebnis nicht in Ordnung ist, die Spitzenspannung am roten Stecker des Kurbelwellenpositions-Sensors (Bild 4) messen.

7. Spitzenspannung am Stecker des Kurbelwellenpositions-Sensors (Bild 4) messen. Den 2-poligen Stecker findet man bei ausgebautem Gepäckfach und geöffnetem Batteriegehäuse und damit Blick auf die Batterie, unten an der Batterie (siehe Kapitel 14 »Batterie«).
7.1. Prüfspitzen des Diagnosegeräts anschließen: Plusprüfspitze an gelb, Minusprüfspitze an weiß/gelb.
7.2. Messung durchführen: Motor mit dem Anlasser durchdrehen, Spitzenspannung muss mindestens 0,7 Volt betragen.
Ergebnisse von 6. und 7. werten: Liegen die Messergebnisse weit auseinander, kann ein Defekt in den Kabeln vorliegen oder der Kurbelwellenpositions-Sensor ist defekt.
8. Folgende Bauteile mit Multimeter auf Durchgang prüfen: **Zündschloss**, **Motorstoppschalter**, **Leerlaufschalter**, **Seitenständerschalter**, **Kupplungsschalter**.

- Einbaulage der Teile siehe Kapitel 13 »Sicherungen · Relais · Stecker« und Kapitel 28 »Elektrische Bauteile«.

Zündzeitpunkt

Zur Prüfung des Zündzeitpunkts wird eine »Zündlichtpistole« benötigt. **Bitte beachten Sie die Gebrauchsanleitung des Geräts.** Damit kann man einem falschen Zündzeitpunkt sowie einer defekten Zündspule auf die Spur kommen.

1. Bild 6: Schraubdeckel (»Einstell-Schaulochkappe«) unten im rechten Motordeckel ausschrauben (siehe dazu Kapitel 27 »Ventilspiel«).
2. Zündlichtpistole nach Vorschrift des Geräteherstellers anschließen.
3. Motor starten und im Leerlauf laufen lassen.
3.1. Zündlichtpistole in die Kontrollbohrung richten: »F«-Markierung auf Rotor und Indexkerbe im rechten Motordeckel müssen zueinander stehen.
3.2. Wenn der Motor läuft, der Zündzeitpunkt aber stark schwankt, kann der Kurbelwellenpositions-Sensor (Zündgeber) defekt sein. Vor dem Auswechseln durchmessen, wie weiter vorne im Text unter Punkt 6. beschrieben.

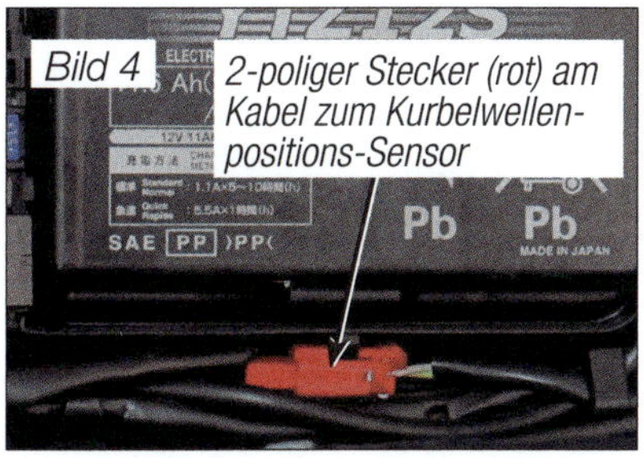

Bild 4: Einbaulage des Steckers an Kabel des Kurbelwellenpositions-Sensors.

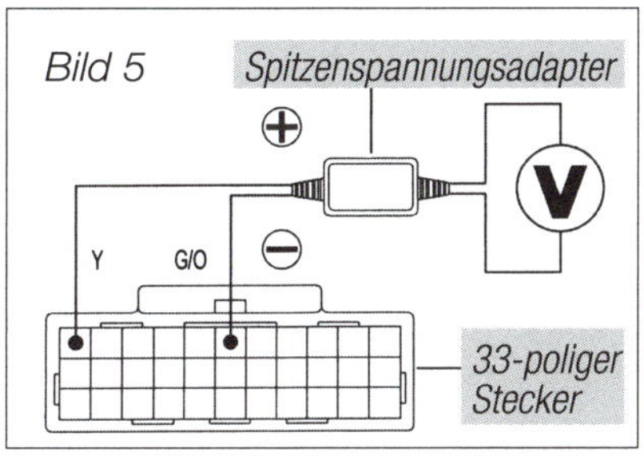

Bild 5: Anschlussmuster zum Durchmessen des Kurbelwellenpositions-Sensors (»Zündgeber«).

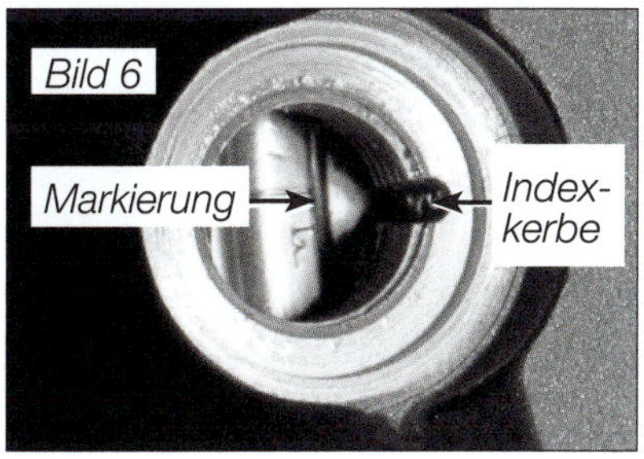

Bild 6: Bei korrektem Zündzeitpunkt müssen die »F«-Markierung auf Rotor und die Indexkerbe im Gewinde des rechten Motordeckels miteinander fluchten.

Luftfilter

In diesem Kapitel: Luftfilter ausbauen, reinigen, einbauen.

Luftfilter

Die Bilder 1, 2 und 3 zeigen den Einbau des Luftfilters in den Modelljahren 2014 bis 2020 quer auf dem Motor. Bild 4: Ab 2021 ist er senkrecht hinter dem Lenkkopf eingebaut. Aus- und Einbau sind nahezu gleich. Der Luftfilter muss laut Honda alle 24 000 km erneuert werden. Feiner Schmutz wird im ölgetränkten Filterpapier gebunden, weswegen dieses mit der Zeit »verstopft« und der Filter erneuert werden muss. Nach langen Fahrten durch Regen oder staubige Gebiete soll man den Luftfilter reinigen, indem man ihn ausbaut und groben Schmutz auf Holz sanft abklopft. Honda-Spezialisten empfehlen, den Luftfilter auch bei Normalbetrieb bei jeder Inspektion alle 12 000 km zu reinigen und mit scharfem Blick auf Beschädigungen zu untersuchen.

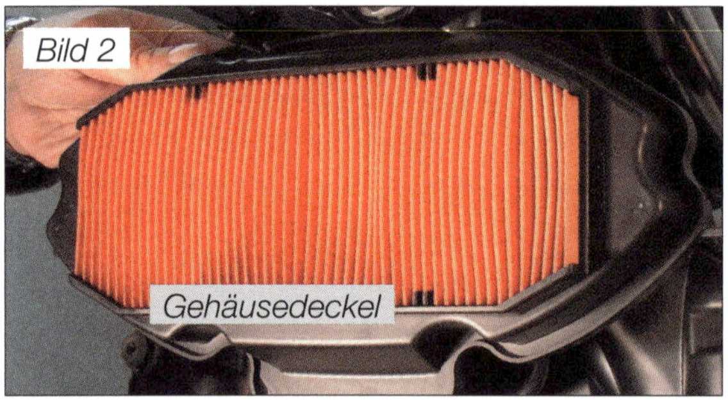

Bilder 1 und 2: Schrauben des Luftfilterkastendeckels lösen und ausdrehen, Deckel abnehmen, Luftfilter herausnehmen.

Luftfilter ausbauen

1. Hilfe gibt Kapitel 4 »Verkleidung · Tank · Rahmen« mit den Bildern 12, 14, 23 a, 23 b, 24 und 26.
1.1 Bei NC 750 S: Seitenverkleidung abbauen.
1.2 Bei NC 750 X: Mittlere Verkleidung abbauen
2. Gepäckbox öffnen, Abdeckung ausbauen. Stecker vom Ansauglufttemperatur-Sensor trennen (Kreis in Bild 1).
3. Bild 1: Schrauben im Deckel des Luftfilterkastens lösen, ausdrehen und herausnehmen.
4. Gehäusedeckel abnehmen, auf die Laschen (Bilder 3 und 4) achten.
5. Bilder 2, 3, 4: Luftfilter herausnehmen.

Luftfilter reinigen

1. Luftfilter mit der Gummikante vorsichtig auf einer Holzunterlage abklopfen, damit der grobe Schmutz vom Filterpapier abfällt.
2. Filterpapier auffächern, Schmutz mit weicher Druckluft abblasen, mit einem auf »schwache Leistung« eingestellten Staubsauger vorsichtig absaugen oder von hinten durchblasen.
3. Luftfilterkasten mit einem mit Motorradreiniger getränkten Lappen ausreiben, trocken putzen.
4. Bild 5: Ablagerungen im Ablaufschauch ablaufen lassen.
■ **Einbau** des Luftfilters in umgekehrter Reihenfolge des Ausbaus (siehe dazu Bilder 3 und 4).

Luftfilterkasten

Der Luftfilterkasten muss abgebaut werden zu Arbeiten am Drosselklappenkörper. Montagestellen siehe Explosionszeichnung in Bild 5.

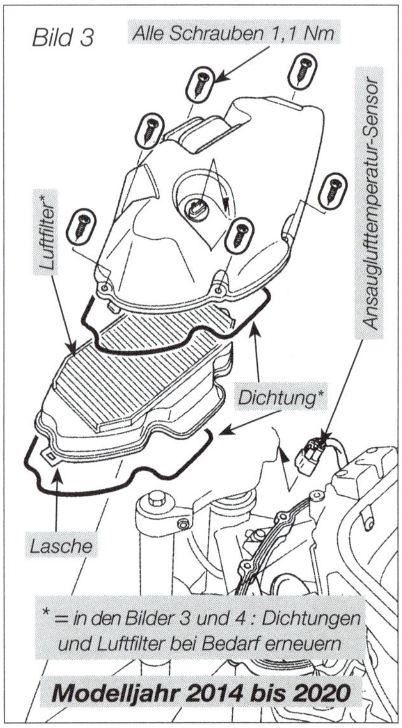

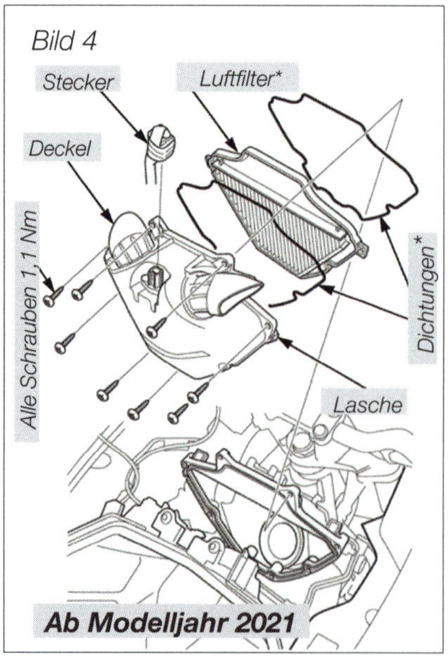

Bilder 3, 4: Bis Modelljahr 2020 ist der Luftfilter quer eingebaut, ab Mj. 2021 senkrecht hinterm Lenkkopf.

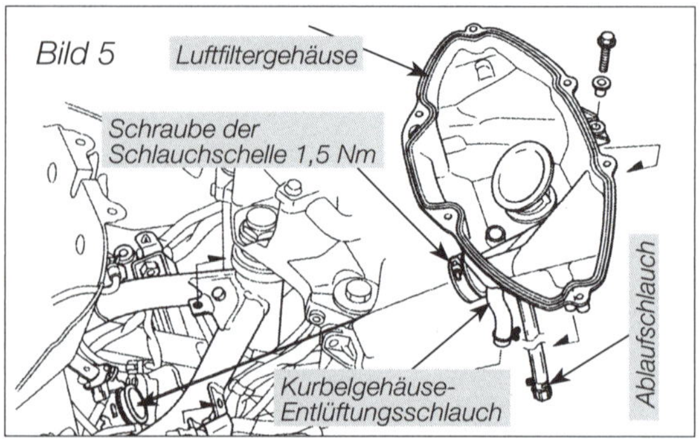

Bild 5: Kurbelgehäuse-Entlüftungsschlauch und Ablaufschlauch sollten beim Reinigen und Ersetzen des Luftfilters sorgfältig gereinigt werden.

Einspritzung

In diesem Kapitel: Einspritzanlage · Mögliche Störungen · Fehlersuche · Umkipp-Sensor und Benzinpumpe überprüfen · Benzinpumpe aus- und einbauen · Gasgriff, Gaszüge, E-Gas · Fehlercodes, Blinkzeichen · Einspritz-Schaltpläne.

Einspritzanlage

Gasgriff, Drosselklappe, Einspritzung
Mit dem Gasgriff gibt der Fahrer mehr oder weniger Gas. Entsprechend der Stellung des Gasgriffs wird die Drosselklappe betätigt. Diese ist zentrales Bauelement im Drosselklappengehäuse. Dieses wiederum hat seinen Platz am Ansaugtrakt hinten am Zylinderkopf gegenüber vom Auslass.

Je weiter die Drosselklappe geöffnet ist, desto höher dreht der Motor. Je nachdem welcher Gang eingelegt ist, nimmt die Fahrgeschwindigkeit zu. Umgekehrt gesehen: Wenn der Gasgriff in Richtung »zu« gedreht wird und damit »Gas geschlossen«, wird damit die Drosselklappe geschlossen: Der Motor senkt seine Drehzahl, das Motorrad wird langsamer – das nennt man »Schiebebetrieb«. Merke: Der Öffnungswinkel der Drosselklappe bestimmt den Öffnungsquerschnitt für die Ansaugluft, und je weiter die Drosselklappe geöffnet wird, desto höher dreht der Motor.

Entsprechend der Menge der angesaugten Luft organisiert die vollelektronische Benzineinspritzung, genannt »PGM-FI« (Programmed Fuel Injection), alles weitere völlig selbstständig. Abhängig von der Gasgriffstellung, der momentanen Fahrgeschwindigkeit, dem Fahrwiderstand und weiterer aktueller Fahrzeugdaten (siehe nächste Seite bei »Motorsteuergeräte ECM/PCM«) berechnet das Motorsteuergerät in Echtzeit (also wirklich blitzschnell) die momentan benötigte Menge an Benzin und spritzt diese in das Ansaugrohr, wo es sich mit der angesaugten Luft vermischt und weiter an den Einlassventilen vorbei in den Brennraum eingesaugt wird.

Auch die Leerlaufdrehzahl von 1200 Umdrehungen pro Minute (Toleranz ± 100/min) wird von der Einspritzung geregelt; eine Leerlaufeinstellschraube gibt es nicht. Die PGM-FI wird zusammen mit der Zündung durch das Motorsteuergerät »ECM« (Engine Control Module) gesteuert.

Zur Überprüfung der Einspritzung muss der Mortor laufen. Bei Arbeiten mit laufendem Motor in geschlossenen Räumen für ausreichende Belüftung sorgen! Abgase enthalten giftiges und geruchloses Kohlenmonoxid, das Bewusstlosigkeit verursachen und zum Tod führen kann. Fenster und Türen weit öffnen! Am sichersten ist eine Abgas-Absauganlage, die die giftigen Abgase ins Freie führt. Wenn keine Be- und Entlüftungsmöglichkeit der Werkstatträume gegeben ist, im Freien arbeiten!

Bauteile in Bild 1
- ***1*** *Benzinpumpe im Tank*
- ***2*** *Einspritzventil*
- ***3*** *Motorsteuergerät*
- ***4*** *Gasgriffpositions-Sensor*
- ***5*** *Drosselklappen-positions-Sensor*
- ***6*** *Geschwindigkeits-Sensor*
- ***7*** *IMU Trägkeitsmess-Sensor*
- ***8*** *Ansauglufttemperatur-Sensor*
- ***9*** *Lambdasonde*
- ***10*** *Katalysator*
- ***11*** *Kühlmitteltemperatur-Sensor*
- ***12*** *Kurbelwellenpositions-Sensor (»Zündgeber«)*
- ***13*** *Ansaugluftdruck-Sensor*
- ***14*** *Drosselkappen-Baugruppe*
- ***15*** *Luftfiltergehäuse*
- ***16*** *Drosselkappen-Stellmotor beim E-Gas*

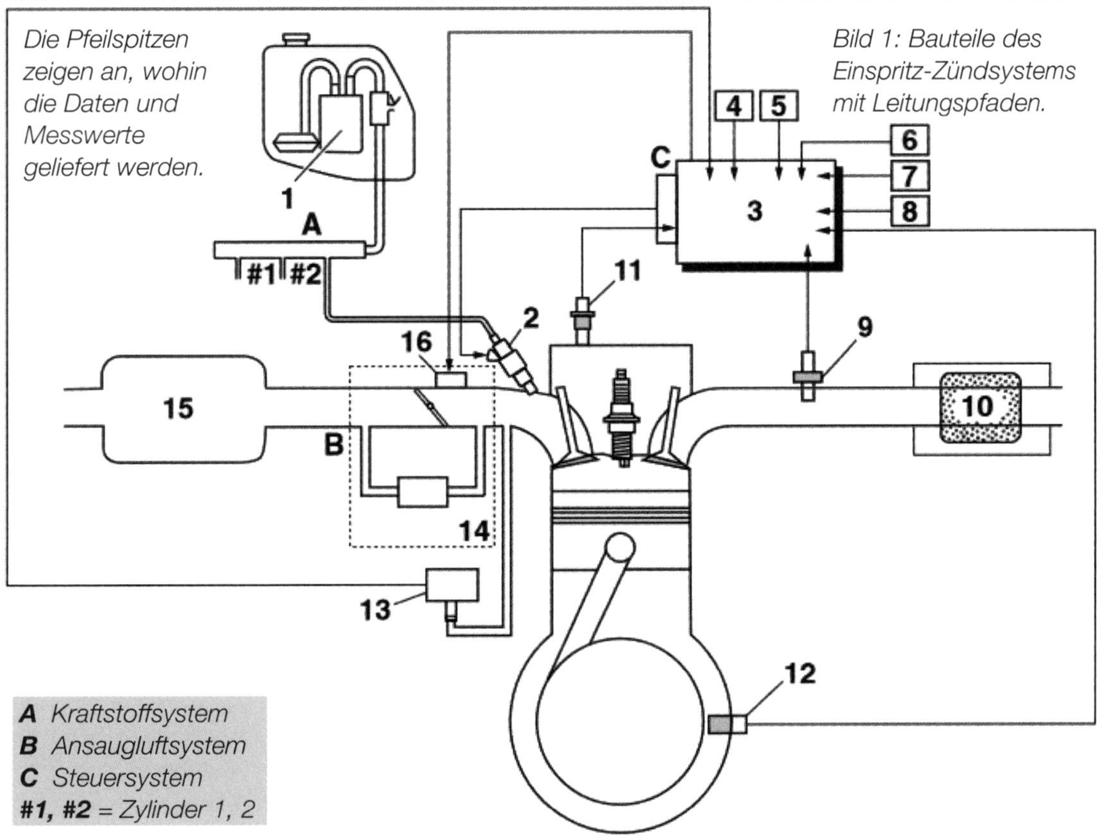

Bild 1: Bauteile des Einspritz-Zündsystems mit Leitungspfaden.

* = Stand der Recherche zum Redaktionsschluss dieses Buchs im Mai 2026

Sichtprüfung Messen

Bilder 2 a: und 2 b Lage der Einspritz-Bauteile bei NC 750 S und NC 750 X in den Modelljahren 2014 bis 2020.

Modelle der Modelljahre 2014 bis 2020 mit Gaszügen: Vom Gasgriff am Lenker führen je ein Öffner- und Schließergaszug zur Seilzugrolle, die an der Drosselklappenwelle angebracht ist (siehe dazu Bilder 4 a und 7).

E-Gas ab Modelljahr 2021: E-Gas bedeutet, dass es vom Gasgriff am Lenker keine Gaszüge gibt, sondern die Übertragung der Gasgriffbewegungen beim Beschleinigen oder Verzögern und natürlich auch der Gasgriffstellungen bei Konstantfahren elektrisch erfolgt: Im Gasgriff ist ein Sensor eingebaut namens »APS-Sensor« (= **A**ccelerator **P**osition **S**ensor = Gasgriffstellungs-Sensor). Dieser gibt die aktuelle Stellung des Gasgriffs an das Motorsteuergerät weiter. Von dort aus wird der am Dosselklappengehäuse angebaute elektrische Stellmotor aktiviert, welcher die Drosselklappe einstellt, also öffnet oder schließt.

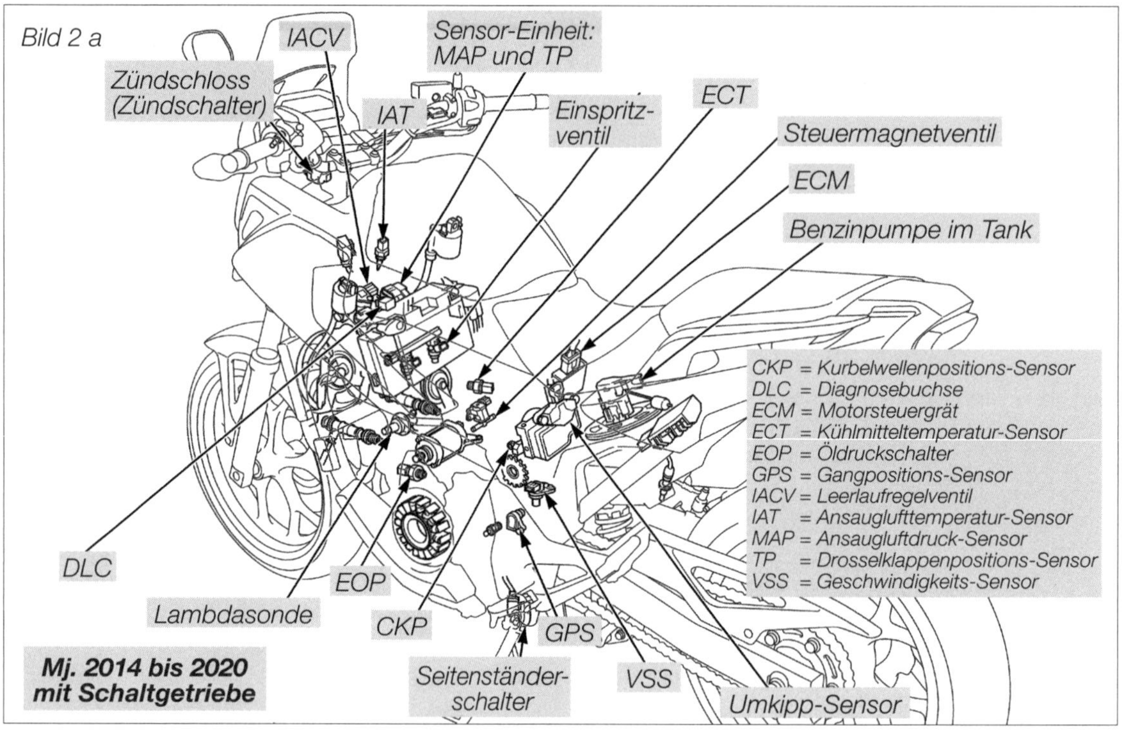

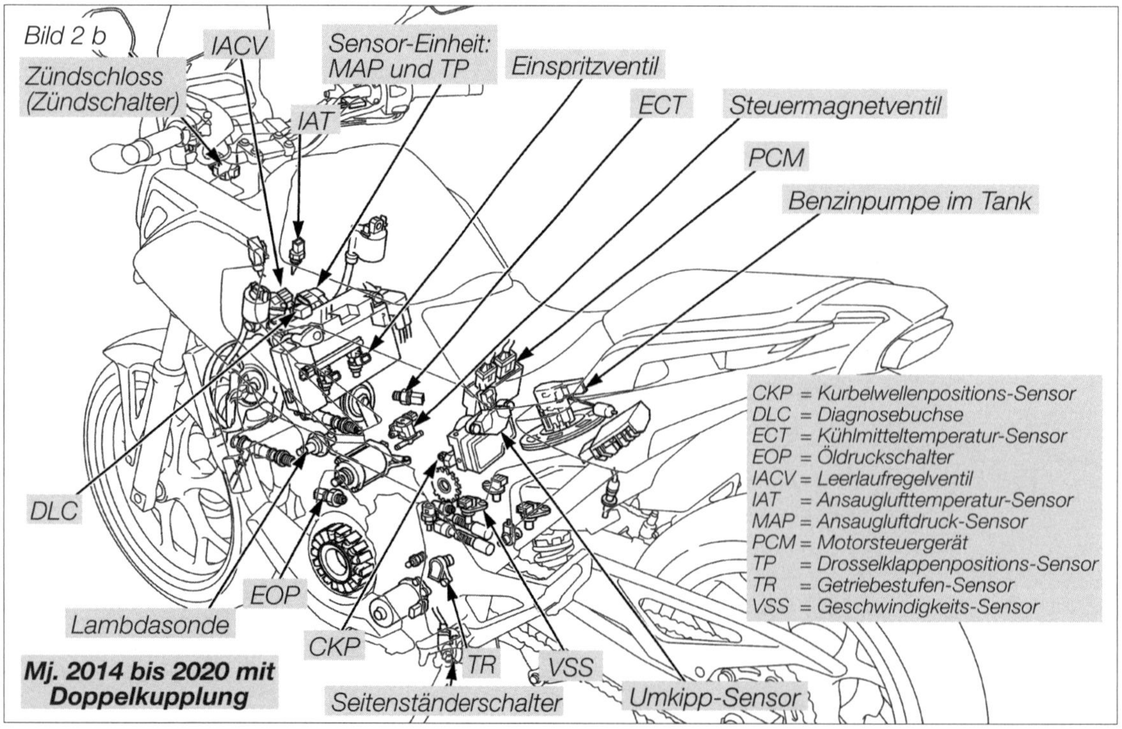

Motorsteuergeräte ECM/PCM

Bei den Modellen mit Doppelkupplungsgetriebe wird das Motorsteuergerät als »**PCM**« (= **P**owertrain **C**ontrol **M**odule) bezeichnet. ECM sowie PCM sind unter der Fahrersitzbank neben der Gepäckbox eingebaut (Bilder 2 a, 2 b, 3 a, 3 b und 6).

Aus einer Vielzahl von Daten errechnet das Motorsteuergerät die optimale Benzinmenge sowie den richtigen Zündzeitpunkt. Die zur Berechnung nötigen Daten, z. B. Gasgriffstellung (und damit Stellung der Drosselklappe), Temperatur des Motorkühlmittels, Ansaugluftdruck, Ansauglufttemperatur, Kurbelwellenstellung sowie die gefahrene Geschwindigkeit, bezieht das Motorsteuergerät von Sensoren, deren Einbaulage in den Bildern 2 a, 2 b, 3 a und 3 b zu sehen ist. Ja, es geht sehr eng her zwischen den einzelnen Bauteilen!

Weitere Hauptfunktionen des Motorsteuergeräts sind Eigendiagnose und Prüfung der einwandfreien Funktion von Einspritzung und Zündung.

Wie Sie die Fehlercodes selbst auslesen können, beschreiben wir weiter hinten in diesem Kapitel.

Ausfallsicherung: Das Einspritzsystem PGM-FI ist mit einer Ausfallsicherung ausgestattet, die bei nahezu allen Störungen ein Weiterfahren ermöglicht, auch wenn dies nicht dem optimalen

Bilder 3 a und 3 b: Lage der Einspritz-Bauteile bei der NC 750 X ab Modelljahr 2021.

Zu den Hauptvorteilen dieser modernen Technik zählen Wartungsfreiheit, hohe Zuverlässigkeit und exakte Zünd- und Einspritzzeitpunkte, wodurch beste Leistungsentfaltung und günstiger Kraftstoffverbrauch erreicht werden.

Fehlermeldung
Tritt im Einspritzsystem ein Fehler auf, wird vom Motorsteuergerät die Fehleranzeigeleuchte »PGM-FI-MIL« in der Instrumenteneinheit eingeschaltet und mit einem Blinkcode auf den Fehler hingewiesen (Bild 25).

Für alle Modelljahre gilt: Der Fehlercode wird im Speicher des Motorsteuergerätes ECM/PCM als »DTC« (**D**iagnostic **T**rouble **C**ode) abgelegt. Der Fehler kann mit einem HDS-Pocket-Tester ausgelesen werden, dabei wird das fehlerhafte Bauteil gefunden. Danach kann die Fehlermeldung gelöscht werden. Der HDS-Pocket-Tester ist ein Honda-Spezialwerkzeug, das nicht an Privatleute abgegeben wird und in der Regel nur beim Honda-Händler verfügbar ist.

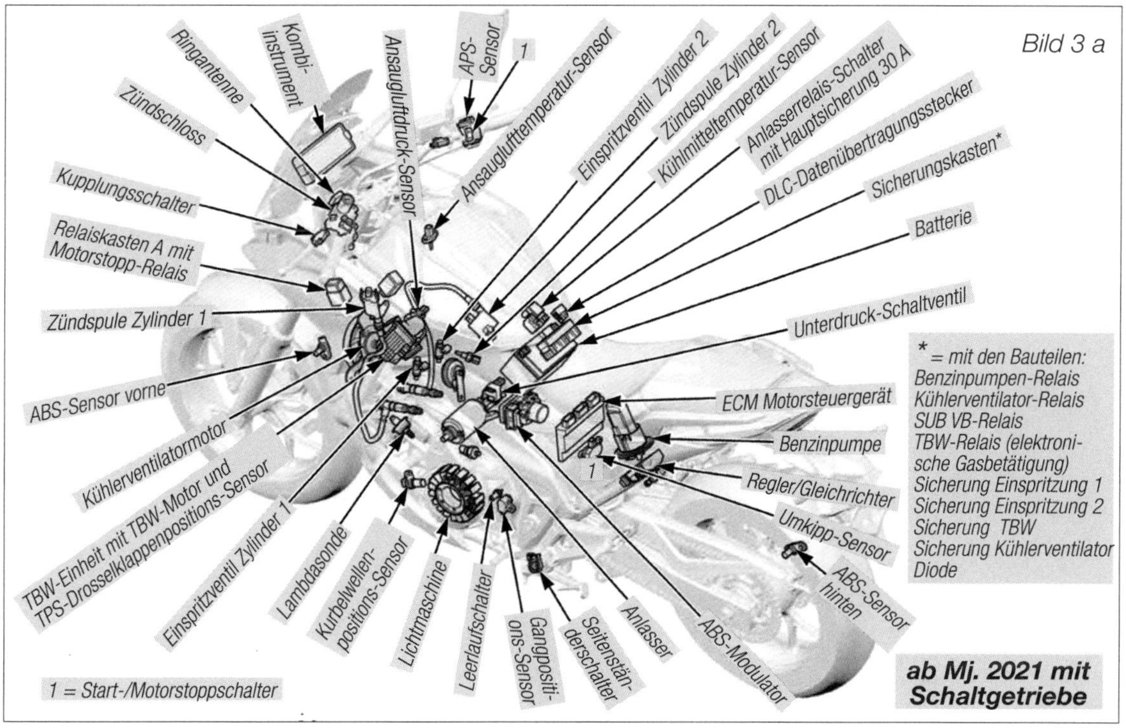

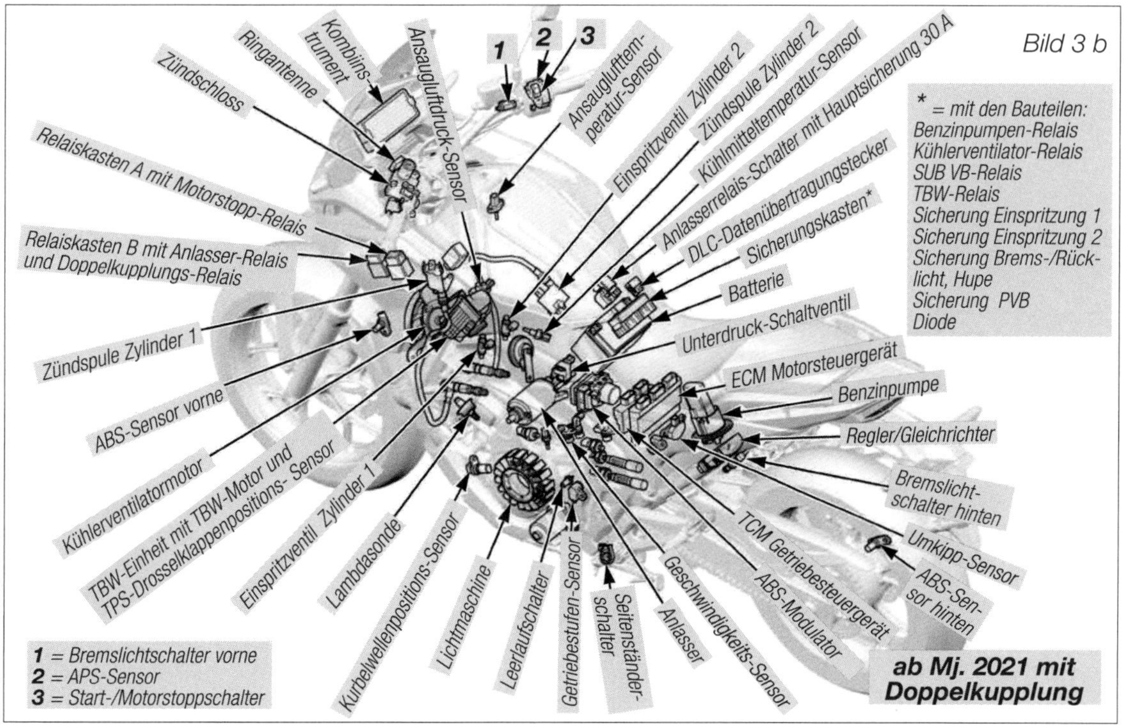

Sichtprüfung Messen

Bilder 4 a, 4 b, 4 c: Explosionszeichnungen von Drosselklappenkörper und Luftfilterkasten mit Gaszügen und elektronischer Betätigung.

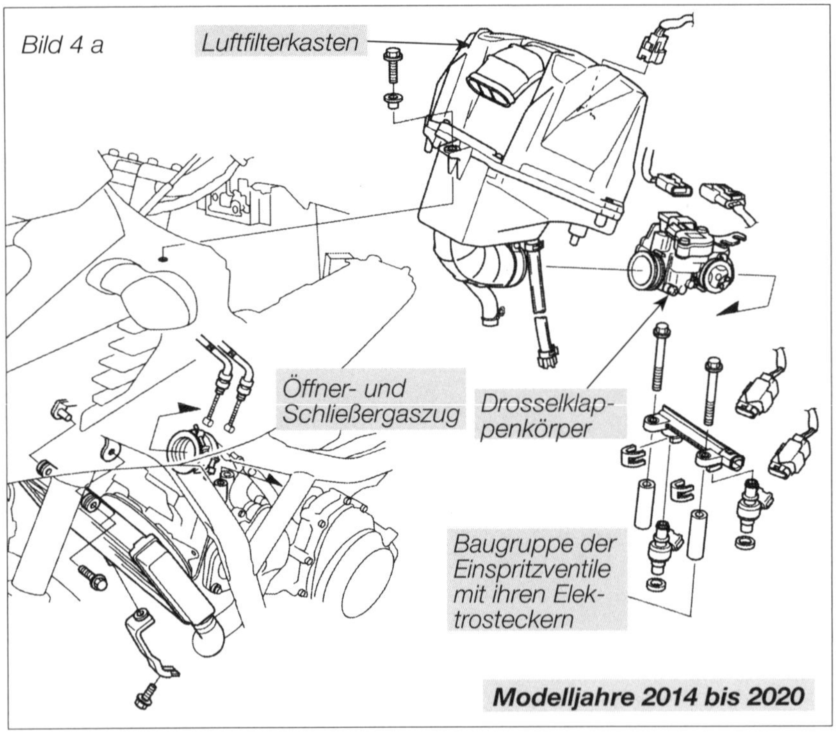

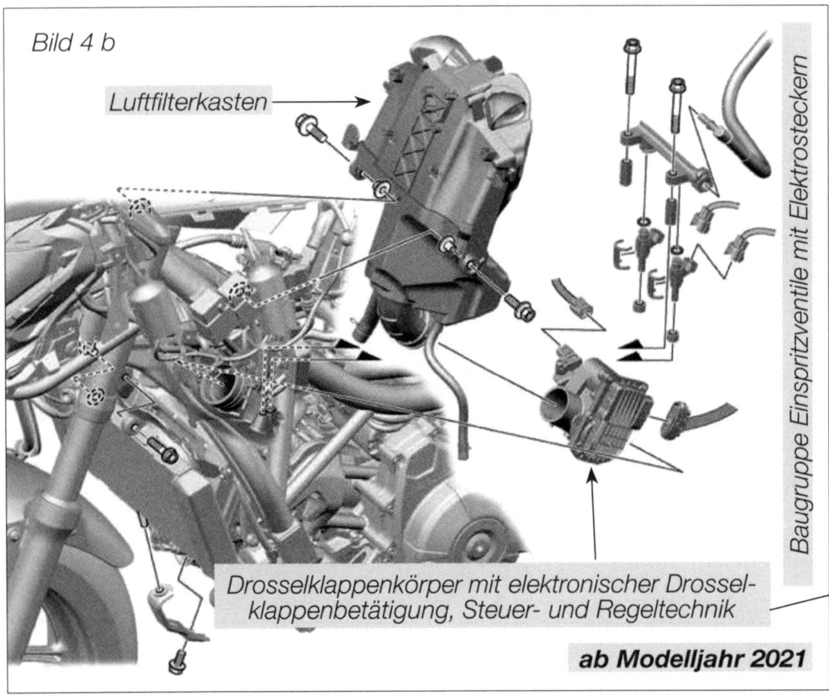

Normalzustand entspricht. Nur bei einer Störung an den Einspritzventilen wird der Motor aus Sicherheitsgründen abgeschaltet.

Störungen an der Einspritzung?

Wenn eine Störung am PGM-FI-System auftritt, Sie das Spezialwerkzeug »SCS-Überbrückungsstecker« zum selber Auslesen nicht dabei haben und auch kein Honda-Händler in greifbarer Nähe ist, suchen Sie als Erstes nach möglichen Wackelkontakten in den elektrischen Leitungen und Steckern und beheben diese. **Wichtig:** An den mit weißem Siegellack lackierten Muttern und Schrauben am Drosselklappenkörper (Bilder 4 c und 7) NIEMALS herumdrehen, sonst wird die Grundeinstellung verstellt. Falls an Ihrem Motorrad doch daran herumgedreht wurde, was am zerstörten Siegellack erkenntlich ist, bringen Sie das komplette Motorrad zum Honda-Händler, denn nur dieser kann mit Honda-Spezialmessgeräten eine neue Grundeinstellung vornehmen.

Fehlersuche mit einfachen Mitteln

- Alle in Frage kommenden Stecker checken, ob sie korrekt zusammengesteckt sind.
- Einen Stecker nach dem anderen auseinanderziehen, Kontakte mit Zahnbürste und Kontaktspray reinigen, ausblasen, sicher zusammenstecken.
- Alle in Frage kommenden Schläuche und Leitungen auf Brüche, Knicke oder Quetschungen kontrollieren! Wenn auch nur einer der Schläuche gequetscht oder eingerissen ist oder nicht richtig auf seinem Stutzen sitzt, hat dies negative Auswirkungen auf das gesamte Ansaug- und Einspritzsystem.

Schmutz in der Einspritzanlage

Wenn der Motor garantiert in Ordnung ist und die zugehörige Elektrik auch, aber auf einem oder beiden Zylindern nicht richtig läuft, besteht der dringende Verdacht, dass der Drosselklappenkörper innen verdreckt bzw. Kanäle zugestopft sind. Bauen Sie dann den kompletten Drosselklappenkörper ab (Bild 5), bringen ihn zum Honda-Händler und geben eine intensive Reinigung im Ultraschallbad in Auftrag. Das kostet zwar Geld, wirkt aber Wunder!
Wichtig 1: NIEMALS harte Stahldrähte in

scheinbar verschmutzte oder tatsächlich zugestopfte Bohrungen einführen!
Wichtig 2: Am besten ist es allerdings, wenn Sie das komplette Motorrad zum Händler bringen, denn die Einspritzung besteht ja nicht nur aus dem Drosselklappenkörper, sondern auch aus Schläuchen, Kabeln, Schaltern und Sensoren, die ebenfalls defekt sein können. Honda-Mechaniker wurden beim Importeur speziell auf die Einspritzung geschult. Außerdem stehen sie mit den Servicespezialisten beim Importeur in Verbindung, sie haben daher raschen Zugriff zu aktuellen Messtechniken und können deswegen einen möglichen Fehler viel schneller einkreisen, erkennen und das defekte Bauteil auswechseln.
Wichtig 3: NIEMALS den Drosselklappenkörper zerlegen: Dieser wurde im Werk grundeingestellt, und diese Einstellung würde bei einer Zerlegung verloren gehen.

Fehlersuche

In diesem Kapitelabsatz listen wir verschiedene Fehlersymptome mit zugehörigen Diagnoseverfahren und Prüfpunkten auf. Um herauszubekommen, welcher Fehler vorliegt, müssen Sie die Fehleranzeigeleuchte MIL dazu bringen, den entsprechenden Diagnose-Fehlercode durch Blinkzeichen anzuzeigen. Wie das geht, erklären wir weiter hinten in diesem Kapitel im Absatz »Fehlercodes«. Danach ermitteln Sie aus den Tabellen 1 bis 5 mit der Überzeile »MIL-Blinkzeichen, DTC-Fehlercodes, Fehler, Symptome« die zugehörigen Funktionsfehler und Symptome.

Wenn ECM oder PCM keine MIL-Codes gespeichert haben, führen Sie eine symptombezogene Diagnose durch. Gehen Sie dazu Schritt für Schritt in der nun beschriebenen Reihenfolge vor.

Symptom A: Motor dreht sich beim Betätigen des Elektrostarters, springt aber nicht an. Es ist kein Diagnose-Fehlercode gespeichert und die MIL blinkt nicht.

Diagnoseverfahren A
1. Zündkerzen kontrollieren.
2. Zündsystem überprüfen.
3. Zylinderkompression prüfen.
4. Leerlaufregelventil kontrollieren.
5. Kraftstoffversorgung überprüfen.

Weitere Prüfpunkte A
- Benzin gelangt nicht zu den Einspritzventilen:
  - Benzinfilter verstopft
  - Benzinförderschlauch gequetscht/verstopft
  - Benzinpumpe defekt
  - Fehler in Stromversorgung der Benzinpumpe
- Luftverlust durch Leckstelle im Einlasstrakt
- Benzin verunreinigt oder schlechte Qualität
- Einspritzventil defekt

Symptom B: Motor dreht sich beim Betätigen des Elektrostarters, springt aber nicht an. Beim Einschalten der Zündung auf »ON« ist kein Betätigungsgeräusch von der Benzinpumpe zu hören.

Diagnoseverfahren B
1. Fehlersuche in den Spannungs- und/oder Massestromkreisen des ECM/PCM.
2. Kraftstoffversorgung überprüfen.

Weitere Prüfpunkte B
- Hauptsicherung 30 A durchgebrannt.
- In den Modelljahren 2014 bis 2020: FI-Sicherung Einspritzanlage 15 A durchgebrannt.
- Ab Modelljahr 2021: FI-Sicherung 1 Einspritzanlage und/oder FI-Sicherung 2 (sie haben beide 10 A) durchgebrannt.
- In den Modelljahren 2014 bis 2020: Sicherung Motorstopp 7,5 A durchgebrannt.
- Unterbrechung im Spannungsversorgungs- und/oder Massekabel des ECM/PCM.

Symptom C: Motor springt schlecht an, stirbt immer wieder ab, hat unrunden Leerlauf.

Bild 5: Drosselklappenkörper mit Sensoreinheit.

Bild 5 a: Anbau der Schelle in allen Modelljahren.

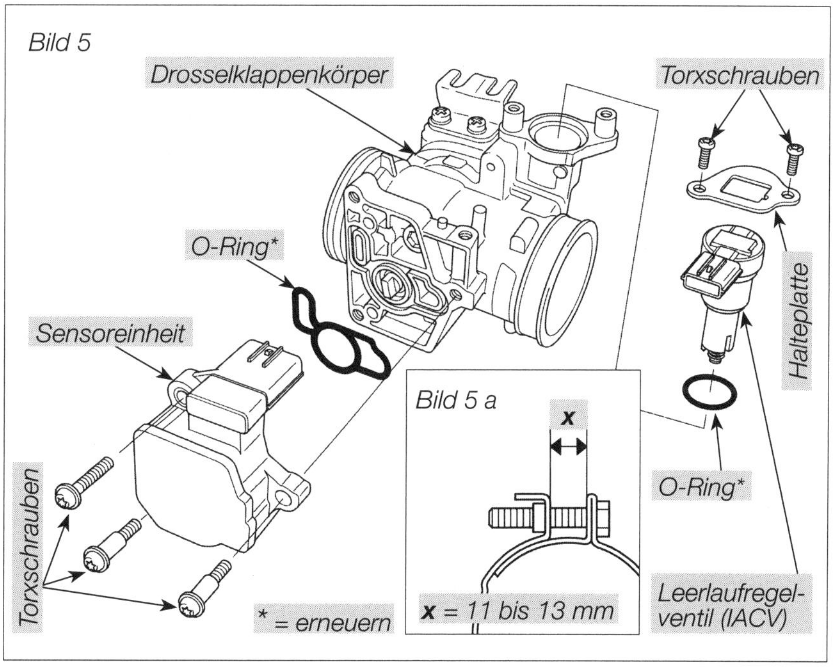

Sichtprüfung Messen

Bild 6: Das Motorsteuergerät ECM/PCM ist unter der Gepäckbox eingebaut.

Bild 7: Die versiegelten Schrauben und Muttern am Drosselklappenkörper dürfen weder gelöst noch verdreht werden.

Bilder 8 a und 8 b: Bei Problemen an der Einspritzung muss man auch die Zündkerzen und Zündspulen genau ansehen. ■ *Siehe dazu auch Kapitel 17 »Zündkerzen« und Kapitel 18 »Zündanlage«.*

Bild 9: Anbau- und Prüfstellungen des Umkipp-Sensors.

Bild 10: Prüfbild des Benzinpumpen-Relais.

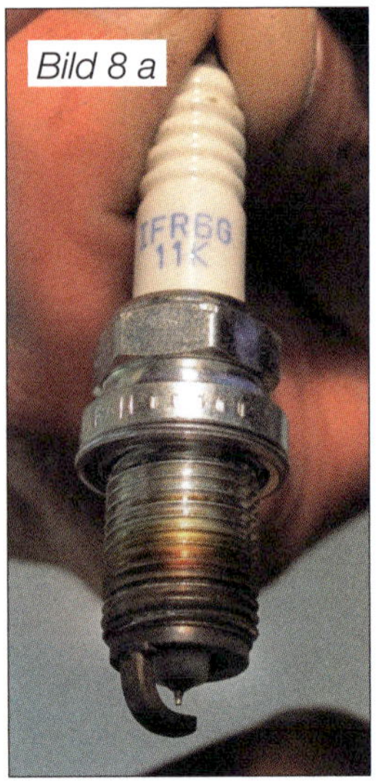

Diagnoseverfahren C

1. Leerlaufdrehzahl prüfen.
2. Leerlaufregelventil überprüfen.
3. Kraftstoffversorgung überprüfen.
4. Batterieladesystem überprüfen.
5. Zündsystem überprüfen.

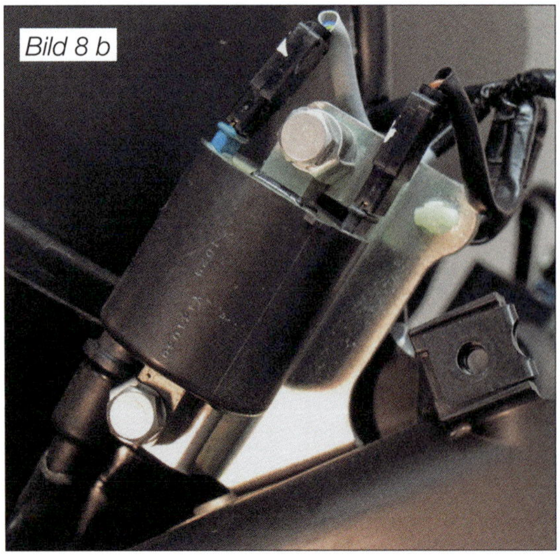

Weitere Prüfpunkte C

- Tankentlüftungsschlauch verengt.
- Benzin verunreinigt oder schlechte Qualität.
- Benzinförderschlauch verengt.
- Luftverlust im Einlasstrakt.
- Ansaugluftdruck-Sensor defekt.

Symptom D: Motor patscht bei »Gas zu« aus dem Auspuff, deutet auf eine Nachverbrennung bei Motorbremse.

Diagnoseverfahren D: Zündsystem überprüfen, insbesondere festen Sitz der Zündkerzen und Zündkerzenstecker.

Symptom E: Fehlzündungen und damit Motorstottern beim Beschleunigen.

Diagnoseverfahren E: Zündsystem überprüfen.

Symptom F: Schlechte Leistung, unrunder Motorlauf, hoher Kraftstoffverbrauch.

Diagnoseverfahren EF

1. Luftfilter überprüfen.
2. Kraftstoffversorgung überprüfen.
3. Zündsystem überprüfen.

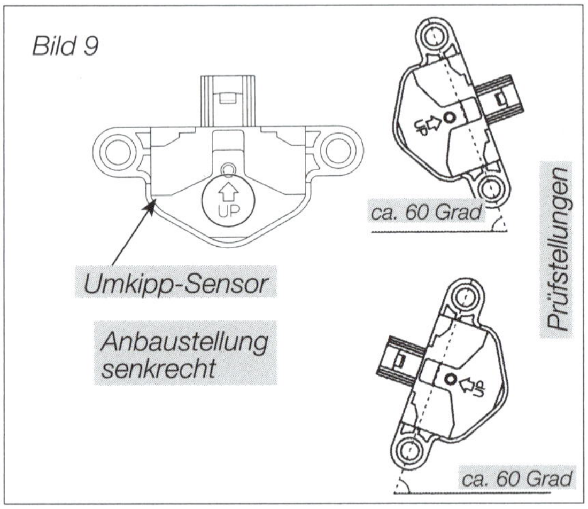

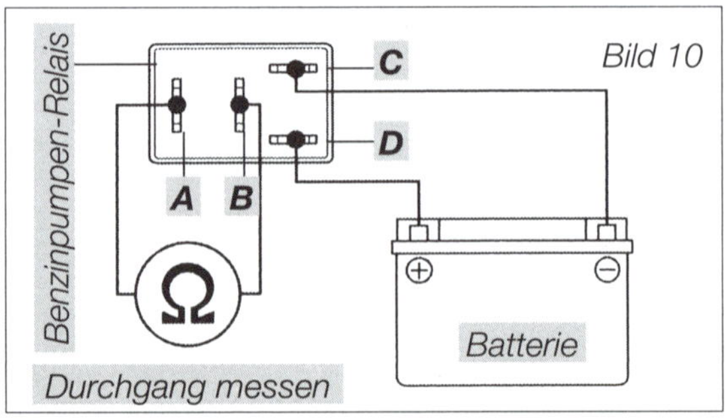

Weitere Prüfpunkte F
- Druckregler defekt (Benzinpumpe)
- Einspritzventil defekt
- Ansaugluftdruck-Sensor defekt
- Ansaugluftdruck-Sensorschlauch defekt

Symptom G: Leerlaufdrehzahl unter dem Sollwert oder schnelle Leerlaufdrehzahl zu niedrig. Es ist kein Diagnose-Fehlercode gespeichert bzw. die MIL blinkt nicht.

Diagnoseverfahren G
1. Leerlaufdrehzahl prüfen.
2. Leerlaufregelventil überprüfen.
3. Zündsystem überprüfen.

Symptom H: Leerlaufdrehzahl unter dem Sollwert oder schnelle Leerlaufdrehzahl zu niedrig. Es ist kein Diagnose-Fehlercode gespeichert bzw. die MIL blinkt nicht.

Diagnoseverfahren H:
1. Leerlaufdrehzahl prüfen.
2. Gasbetätigung und Gaszugspiel prüfen.
3. Leerlaufregelventil überprüfen.
4. Zündsystem überprüfen.

Weitere Prüfpunkte H:
- Luftverlust im Einlasstrakt
- Mechanisches Problem im Zylinderkopf
- Luftfilterzustand schlecht

Symptom I: MIL geht nicht aus, aber es ist kein Diagnose-Fehlercode gespeichert, oder die MIL leuchtet überhaupt nicht auf.

Diagnoseverfahren I:
Schaltkreis der MIL überprüfen.

Einzelne Bauteile überprüfen

Umkipp-Sensor (Bild 9): Erfassung von Magnetströmen mit einem Erfassungswinkel von mehr als 60 Grad für jede Schräglage. Erfassungszeit innerhalb von 0,5 bis 1,0 Sekunde.

Anbauvorschrift: Pfeil auf Sensorgehäuse muss nach oben zeigen. Schrauben 10 Nm.

Überprüfung
1. Umkipp-Sensor abschrauben: Dazu Gepäckbox und ECM-Kasten abbauen.
2. Zur Prüfung wird ein HDS-Pocket-Tester benötigt, den es normalerweise nur in Honda-Werkstätten gibt.
2.1 Den 2-poligen Umkipp-Sensorstecker mit dem HDS-Pocket-Tester verbinden.
2.2. Umkipp-Sensor in die Horizontale bringen.
2.3. Zündung ein, Motorabstellknopf auf »RUN«.
2.4. Sollwert Spannung 7,0 bis 8,8 Volt.
2.5. Umkipp-Sensor bei eingeschalteter Zündung um 60 Grad nach rechts oder links neigen.
2.6. Sollwert Spannung 0,40 bis 0,84 Volt.

Benzinpumpe überprüfen
Wenn der Motor nicht anspringt oder während der Fahrt ausgeht und der Verdacht besteht, dass die in den Tank eingebaute Benzinpumpe keinen Sprit fördert, sie folgendermaßen überprüfen:
1. Zündung AUSschalten.
2. Ein Ohr seitlich rechts oder links nahe an den Tank unter der Sitzbank halten, das andere Ohr zuhalten wegen der Umweltgeräusche.

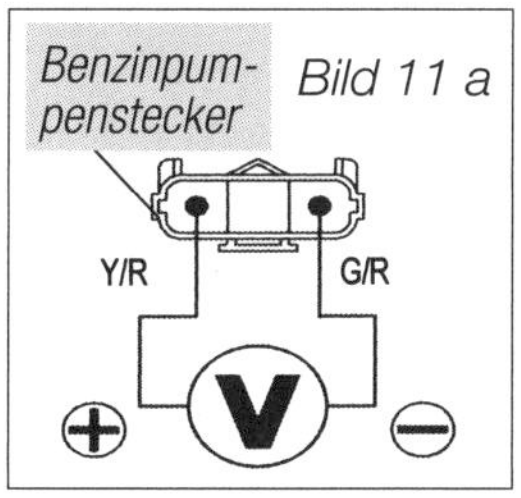

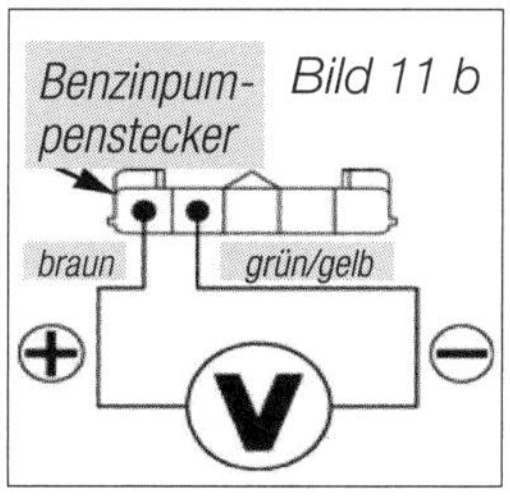

Bild 11 a: Überprüfen des Benzinpumpenkabels in den Modelljahren 2014 bis 2020.

Bild 11 b: Überprüfen des Benzinpumpenkabels ab Modelljahr 2021.

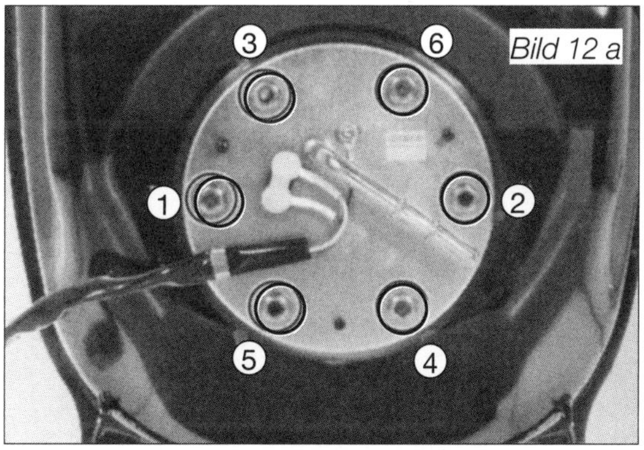

Bild 12 a: Anziehreihenfolge der Benzinpumpenmuttern am Tank in den Modelljahren 2014 bis 2020.

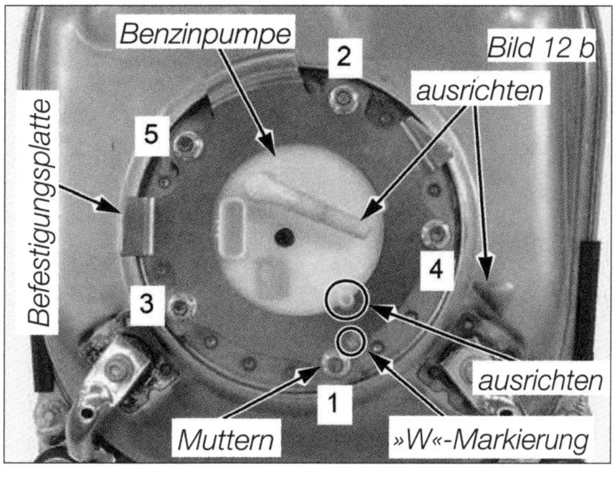

Bild 12 b: Ausrichten der Benzinpumpe zum Tank und Anziehreihenfolge der Benzinpumpenmuttern am Tank ab Modelljahr 2021.

Sichtprüfung Messen

3. Zündung EINschalten, nun muss die Benzinpumpe anlaufen, was durch ein »Summen« zu hören ist.
4. Die Benzinpumpe stoppt nach ca. 2 Sekunden selbsttätig.
5. Zündung AUSschalten.

Wenn nichts zu hören war, wiederholen Sie die Überprüfung. Wenn auch beim zweiten und dritten Mal nichts zu hören ist, überprüfen Sie als Erstes, ob der 3-polige schwarze Benzinpumpenstecker einen Wackelkontakt hat und richtig sitzt.

Benzinpumpenkabel überprüfen
1. Zündung AUSschalten. schwarzen Stecker der Benzinpumpe trennen.
2. Bilder 11 a und 11 b: Messspitzen eines Multimeters an die Kabelklemmen anlegen.
2.1. Bild 11 a: In den Modelljahren 2014 bis 2020:
- Plus (+) an gelb/rotes Kabel.
- Minus (–) an grün/rotes Kabel.

2.2. Bild 11 b: Ab Modelljahr 2021:
- Plus (+) an braunes Kabel.
- Minus (–) an grün/gelbes Kabel.

3. Zündung EINschalten.
4. Multimeter muss einige Sekunden lang die Batteriespannung anzeigen, danach 0.

Ergebnis werten:
- Wenn Batteriespannung für 3 Sekunden angezeigt wird, sind Stromzufuhr und Benzinpumpen-Relais in Ordnung. Wenn der Motor dennoch nicht läuft, ist wahrscheinlich die Benzinpumpe defekt und muss ersetzt werden.
- Wenn die Batteriespannung länger als 3 Sekunden angezeigt wird, also niemals 0, das Benzinpumpen-Relais und das Motorsteuergerät (ECM/PCM) überprüfen.
- Wenn nichts angezeigt und damit »0« gemessen wird, ein anderes Benzinpumpen-Relais einbauen, das erwiesenermaßen funktioniert.

Weiterhin folgende Bauteile überprüfen:
- 3-poliger schwarzer Benzinpumpenstecker auf Wackelkontakt
- Hauptsicherung 30 Ampere
- In den Modelljahren 2014 bis 2020: FI-Sicherung Einspritzanlage 15 Ampere
- Ab Modelljahr 2021: FI-Sicherung 1 Einspritzanlage und FI-Sicherung 2 mit je 10 Ampere
- In den Modelljahren 2014 bis 2020: Sicherung Motorstopp mit 7,5 Ampere
- Zündschalter
- Motorabstellschalter
- Unterbrechung in gelb/rotem oder grün/rotem Kabel
- Motorsteuergerät ECM/PCM

Benzinpumpe aus- und einbauen
1. Bild 13: Tank ausbauen (siehe dazu auch Kapitel 3 »Verkleidung Tank Rahmen«).
2. Bilder 12 a und 12 b: Befestigungsschrauben der Benzinpumpe lösen, Pumpeneinheit mit Dichtung herausnehmen.
3. Pumpenkammer von Benzinpumpe abnehmen und auf Beschädigungen oder Verschleiß überprüfen.
4. Wenn Ablagerungen im Benzinfilter sind, diesen mit Lösungsmittel reinigen.
5. Ausgebaute Pumpe mit externer Batterie prüfen, ob sie anläuft.
6. Einbau in umgekehrter Reihenfolge: Pumpenkammer aufsetzen, Lasche in die Öffnung der Benzinpumpe einsetzen. Neue Dichtung verwenden.
7. Bild 12 a: In den Modelljahren 2014 bis 2020 die Muttern in vorgeschriebener Reihenfolge in mehreren Schritten bis auf 12 Nm festziehen. Tank einbauen.
7.1. Bild 12 b: Ab Modelljahr 2021 beim Einsetzen der Benzinpumpe in den Tank die Benzinleitung auf die Dreiecksmarkierung auf dem Tank ausrichten. Befestigungsplatte montieren, dabei die »W«-Markierung auf der Platte auf die Lasche an der Benzinpumpe ausrichten. Die Muttern in vorgeschriebener Reihenfolge in mehreren Schritten bis auf 12 Nm festziehen. Tank einbauen.

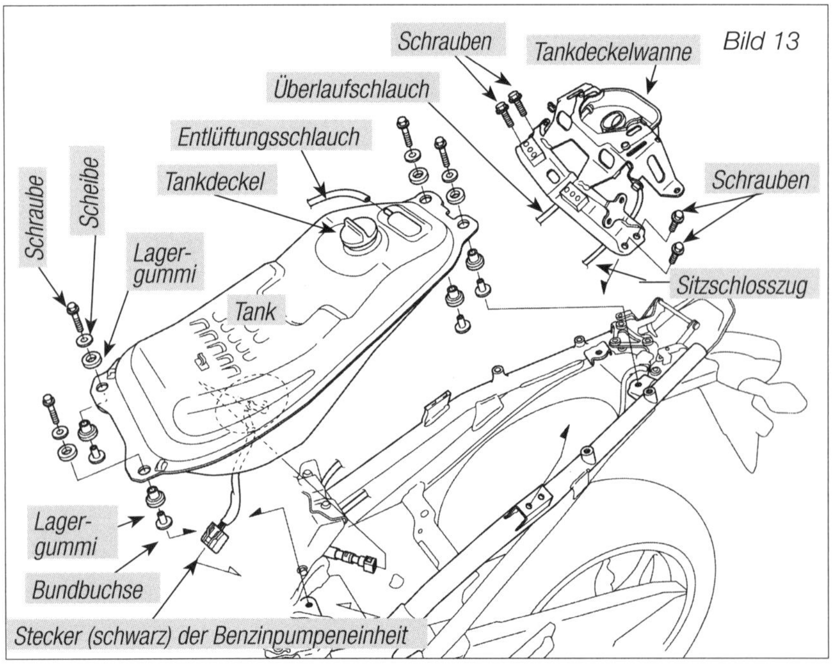

Bild 13: Explosionszeichnung des Einbaus des Benzintanks.

Benzinpumpen-Relais überprüfen

1. Benzinpumpen-Relais aus Sicherungskasten ausbauen.
2. Bild 10: Multimeter auf Ohm einstellen, an Steckerkontakte ***A*** und ***B*** des Relais anschließen.
3. Eine gut geladene 12-Volt-Batterie an Steckerkontakte ***C*** und ***D*** anschließen.
4. Nur bei angeschlossener 12-Volt-Batterie darf Durchgang gegeben sein. Benzinabschaltrelais austauschen, wenn kein Durchgang besteht.

Gasgriff und Gaszüge

Der Gasgriff muss jederzeit leichtgängig sein: »Gas geben« muss mit wenig Handkraft gehen, bei »Gas zu« muss der Gasgriff von alleine in die »zu«-Stellung schnappen.

Leerweg am Gasgriff

Bild 14: Der Leerweg am Gasgriff muss 2 bis 6 mm betragen und wird am Umfang des Gasgriffgummis zum Abschlussstopfen im Lenkerende gemessen. Die richtige Einstellung des Leerwegs ist wichtig für die Gasdosierung und bestimmt entscheidend das Gefühl beim Gas geben. Bei einem ordentlich gepflegten Motorrad verändert sich das Spiel in den Gaszügen und damit der Leerweg am Gasgriff kaum.

Gasgriff und Gaszüge prüfen

Vor einer Einstellung des Leerwegs am Gaszug bei ausgeschaltetem Motor (!) den Gasgriff einige Male auf Vollgas drehen und loslassen, der Gasgriff muss von alleine in die Nullstellung zurückschnappen. So wird geprüft, ob Gasgriff, Öffner- und Schließergaszug leichtgängig sind. Dann den Motor starten und im Leerlauf laufen lassen. Lenkung einige Male ganz nach links und rechts einschlagen und dabei prüfen, ob der Leerlauf gleich bleibt.

1. »JA«: Gasgriff ist leichtgängig. Die Verlegung der Gaszüge ist in Ordnung.
2. »NEIN«: Der Gasgriff ist schwergängig und schnappt nicht von alleine zurück.
2.1. Gaszüge überprüfen, sie dürfen sich nicht an einem anderen Bauteil spannen. Sie dürfen auch nirgends geknickt sein.
2.2. Leichtgängigkeit des Gasgriffs überprüfen: Wenn er schwer geht, muss er zerlegt, gereinigt und geschmiert werden.
2.3. Wenn sich beim vollen Lenkeinschlag die Leerlaufdrehzahl verändert, ist wahrscheinlich das Leerspiel im Öffnergaszug zu gering und muss überprüft und ggf. vergrößert werden.
3. Es kann auch sein, dass eine der beiden Gaszughüllen geknickt oder der innere Zug aufgespleißt ist und »hakt«, also nicht mehr leicht genug läuft. Dann muss der Gaszug erneuert werden.
4. Beachten: Zwischen vibrationshemmendem Gewicht im rechten Lenkerende und Rand des Gasgriffgummis muss ein Spalt von mindestens 2 mm vorhanden sein (Bild 14), sonst reibt das Gasgriffgummi am Gewicht und der Gasgriff lässt sich nur schwer bewegen.

Leerweg am Gasgriff einstellen

1. Gummitülle vom oberen Gaszugeinsteller abziehen: Wenn sie auf dem Zug verklebt ist, an einem Ende etwas Kriechöl einsprühen, das löst die Verklebung.
2. Bild 15: Kontermutter vom Einsteller lösen,

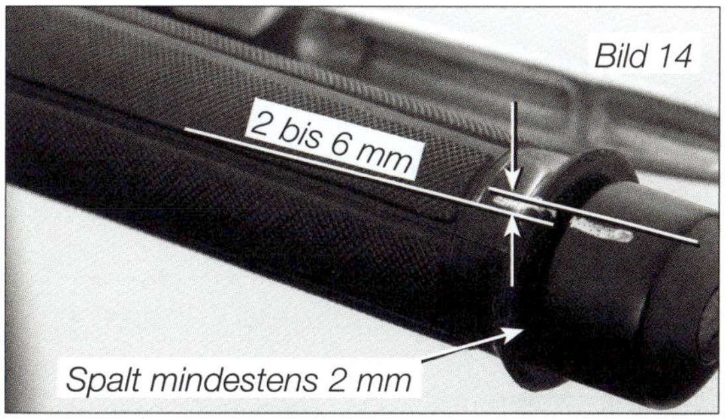

Bild 14: Der Leerweg am Gasgriff muss zwischen 2 und 6 mm betragen, gemessen vom Gasgriffgummi zum Lenkerende hin.

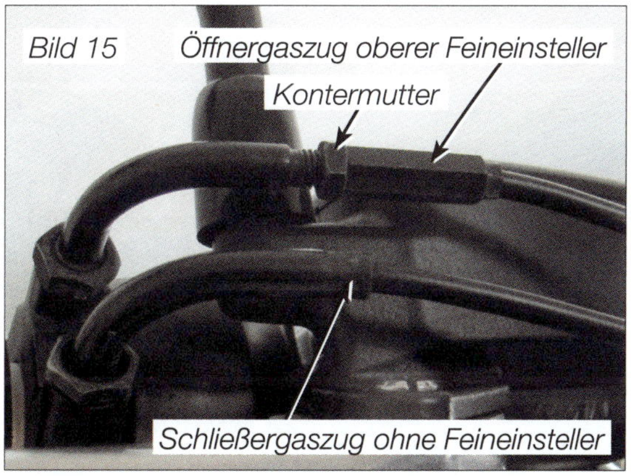

Bild 15: Zum Einstellen des Gaszugspiels den oberen Gaszugeinsteller entsprechend ein- oder ausdrehen.

Bild 16: Im Oval der Eisteller für den Öffnergaszug unten am Drosselklappengehäuse.

Bilder 17 bis 19: Explosionszeichnung und Montagebild zum Aus- und Einbau der »Vibrationskiller«.

■ Zum Ausbau mit 21er-Gabelschlüssel und Hammer nachhelfen, dann kommt die Innerei aus dem Lenkerrohr heraus.

■ Beim Einbau etwas Fett an die Innereien geben und darauf achten, dass der Zapfen am inneren Sicherungsblech in die Bohrung im Lenker einrastet. Schraube mit Loctite »mittelfest« einschrauben.

Bild 20: Zerlegung des Gasgriffs zum Ein- und Ausbau neuer Züge.

Einsteller mit einem 10er-Schlüssel gegenhalten.
3. Einsteller entsprechend aus- oder eindrehen, bis das Spiel 2 bis 6 mm beträgt.
4. Kontermutter gegen den Einsteller handfest anziehen, Einsteller dabei gegenhalten.
5. Gummitülle überschieben.
6. Jetzt noch einmal prüfen, ob sich der Gasgriff leicht öffnet und selbstständig schließt, Motor laufen lassen und erneut prüfen, ob bei vollem Lenkeinschlag das Standgas gleich bleibt.

Beim Einstellen beachten: Wenn sich das Gaszugspiel am oberen Einsteller nicht mehr einstellen lässt, dieser also entweder zu weit aus- oder eingedreht werden muss, dann muss eine Einstellung am Drosselklappenkörper erfolgen (Bild 16). Allerdings ist eine Einstellung unten kaum nötig, sofern serienmäßige Gaszüge eingebaut sind.

Gaszüge am unteren Einsteller
1. Oval in Bild 16: Am unteren Gaszugeinsteller die Kontermutter lösen.
1.1. Den Einsteller so verdrehen, dass das Gaszugspiel einigermaßen stimmt.
1.2. Kontermutter gegen den Halter des Gaszugs handfest anziehen, Einsteller dabei gegenhalten.
2. Motor starten und im Leerlauf laufen lassen.

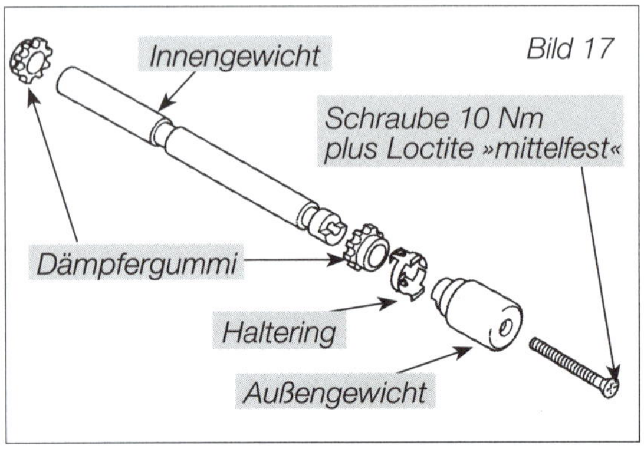

Bild 17

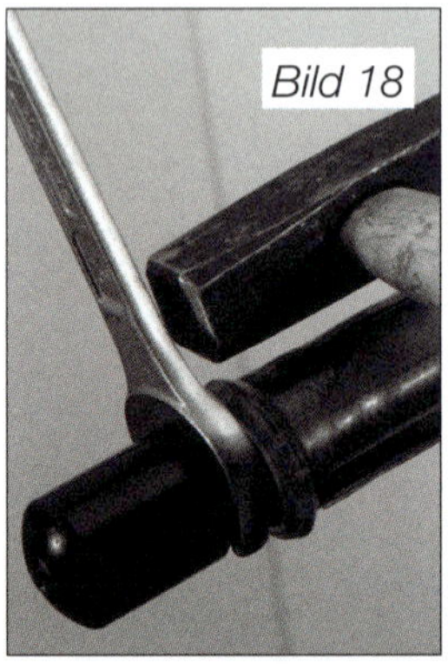
Bild 18

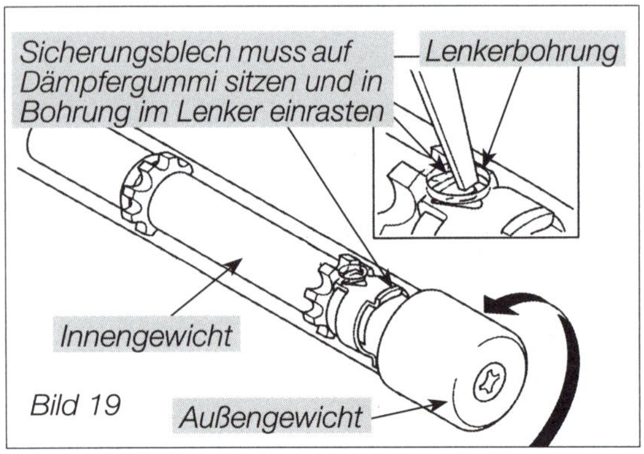

Bild 19

Bild 20

Lenkung einige Male ganz nach links und rechts einschlagen und dabei prüfen, ob der Leerlauf gleich bleibt. Falls »ja«, ist alles in Ordnung.
2.1. Wenn sich der Leerlauf verändert, muss die Verlegung der Gaszüge überprüft und ggf. korrigiert werden: Sie dürfen an keinem anderen Bauteil spannen oder sich knicken.
Wichtig: Der Gasgriff muss leichtgängig sein, er muss von selbst in seine Nulllage »Gas zu« zurückgehen. Bewegt sich der Gasgriff dagegen schwer, lassen sich Gaszugspiel und Leerlaufdrehzahl nicht mehr korrekt einstellen.
3. Bild 15: Am oberen Feineinsteller eine eventuell notwendige Feineinstellung vornehmen.

Wenn der Gasgriff schwer geht, muss er abgebaut, gereinigt und geschmiert werden. Wenn man spürt, dass einer der Gaszüge »reibt« und sich der Gasgriff deswegen nur ungleichmäßig oder gar schon hart bewegen lässt, ist einer der beiden Gaszüge eben dabei kaputt zu gehen. Dann müssen umgehend zwei neue Gaszüge eingebaut werden, wozu der Gasgriff zerlegt werden muss.

Gasgriff zerlegen, neue Gaszüge ausbauen
1. Gepäckbox, Batterieabdeckung und Luftfilterkasten abbauen (siehe Kapitel 4 »Verkleidung · Tank · Rahmen« und Kapitel 19 »Luftfilter«).
2. Bilder 17, 18 und 19: Das außen im rechten Lenkerrohr angesetzte Außengewicht abbauen:
2.1. Kreuzschlitzschraube außen im Lenkergewicht lösen und ausdrehen.
■ Weil sie eingeklebt ist, dreht sich wahrscheinlich das Innengewicht mit: Lenkergewicht mit der Hand festhalten und die Schraube mit einem Schlagschrauber ausdrehen.
2.2. Lenkergewicht abnehmen und etwas Ölspray in den Lenker einspritzen.
2.3. Lenkergewicht wieder ansetzen, Schraube eindrehen und handfest anziehen.
2.4. In kleinen Schritten am Lenkergewicht sehr fest nach links und rechts drehen und dabei kräftig ziehen: Zapfen von Sicherungsblech müsste sich aus Bohrung im Lenker (Bild 19) drehen und das Innengewicht nun Stück für Stück nach außen kommen.
■ Wenn es doch nicht will, wie in Bild 18 vorgehen: 21er-Gabelschlüssel über den Bund des Außengewichts schieben und dieses mit einem 250-Gramm-Hammer austreiben.
2.5. Zentralschraube lösen, Gewicht abnehmen. Ausgebaute Teile gut reinigen.
3. Kontermuttern der Gaszug-Führungsrohre oben und Kontermuttern der Gaszüge unten am

Widerlager des Drosselklappenkörpers lösen, Einsteller ganz eindrehen, damit die Gaszüge maximales Spiel bekommen (= »lose« sind).
4. Nun die beiden Schrauben, welche die Gasgriff-Gehäusehälften zusammenhalten, ausschrauben und die Gehäusehälften vorsichtig voneinander trennen.
5. Bild 20: Nippel der Gaszüge aushängen.
6. Gasgriff vom Lenkerrohr abziehen, reinigen.
Wichtig: Zur Reinigung des Gasgriffs keine aggressiven Lösungsmittel wie z. B. Bremsenreiniger verwenden, denn diese können die Verklebung des Gasgriffgummis lösen! Am besten Gasgriff und Lenkerrohr mit Ölspray (WD-40) und sauberen Lappen reinigen.
7. Wenn neue Gaszüge eingebaut werden, die alten Gaszüge ausbauen: Kontermuttern der Gaszug-Führungsrohre lösen, Führungsrohre ausdrehen, Gaszüge aus Gasgriff-Halbschale ausziehen.
■ Die alten Gaszüge noch nicht aus dem Rahmen ziehen!

Neue Gaszüge einbauen, Gasgriff zusammenbauen
1. Die Gaszug-Führungsrohre der neuen Gaszüge in die obere Gasgriff-Halbschale eindrehen. Die Kontermuttern noch nicht festziehen.
2. Neue Gaszüge neben den alten verlegen.
3. Alte Gaszüge unten am Drosselklappengehäuse aushängen, neue Gaszüge einhängen.
■ Etwas hochwertiges Fett in die Bohrungen von Nippel und Nut in der Gaszugrolle geben.
3.1. Beide Muttern am Gaszug-Widerlager kontern.
4. Gasgriff schmieren: Dazu sehr hochwertiges, leichtes Fett verwenden und dieses dünn auf Lenkerrohr und im Gasgriff auftragen. Gasgriff auf den Lenker schieben.
5. Bild 20: Gaszugnippel in Bohrungen im Gasgriff einhängen, Gasgriffschalen passgenau zusammensetzen. Schrauben eindrehen und mit 2,5 Nm festziehen.
5.1. Alte Gaszüge ausziehen.
6. Kontermuttern an den Gaszug-Führungsrohren handfest anziehen. Gaszugspiel einstellen siehe Textabschnitt »Leerweg am Gasgriff« weiter hinten in diesem Kapitel.

Lenkergewicht einbauen
1. Bild 17: Lenkergewicht provisorisch zusammenbauen. Mit schwerem Fett einschmieren und in den Lenker einschieben.
2. Nun das Außengewicht ansetzen, Schraube eindrehen und handfest anziehen.
3. Außengewicht mit der Hand fest packen und damit das Innengewicht unter leichtem Drehen und Drücken in den Lenker einschieben.
Wichtig: Zapfen am Sicherungsblech muss in Bohrung im Lenker einrasten (Bild 19).
■ Zwischen Gasgriffgummi und Lenkergewicht muss ein Spalt von mindestens 2 mm bleiben!
4. Wenn das Lenkergewicht sicher eingeschoben ist: Die Schraube wieder ausdrehen und das Gewicht abnehmen.
5. Gewinde der Schraube gut reinigen und einen dicken Tropfen Loctite »mittelfest« daran geben.
6. Lenkergewicht exakt ansetzen, Schraube eindrehen und mit 10 Nm festziehen.

E-Gas

Die NC 750 X ab Modelljahr 2021 hat keine Gazüge vom Gasgriff am Lenker zur Drosselklappe der Einspritzung am Motor. »Gas geben« erfolgt über einen Sensor, der im Gasgriff installiert ist und »APS-Sensor« = **A**ccelerator **P**osition **S**ensor = Gasgriffstellungs-Sensor heißt. Dieser gibt die Stellung des Gasgriffs (und somit der Wunsch des Fahrers nach mehr oder weniger Gas) an das Motorsteuergerät weiter. Von dort aus wird der elektrische Stellmotor an der Drosselklappe aktiviert, der die gewünschte Stellung herstellt – übrigens ohne Zeitverlust und damit in »Echtzeit«. Dieses System nennt sich »Elektronischer Gasgriff«, »E-Gas« oder »Drive-by-Wire«.

E-Gasgriff ab- und anbauen
Wenn der Gasgriff schwer geht, muss er abgebaut und geschmiert werden.

Bild 21: Zum Abnehmen des Gasgriffs muss der APS-Sensor abgebaut werden.

Bild 22: Wenn sich der Gasgriff schwer bewegen lässt, muss er abgebaut, gereinigt und an diesen Stellen Fett aufgetragen werden.

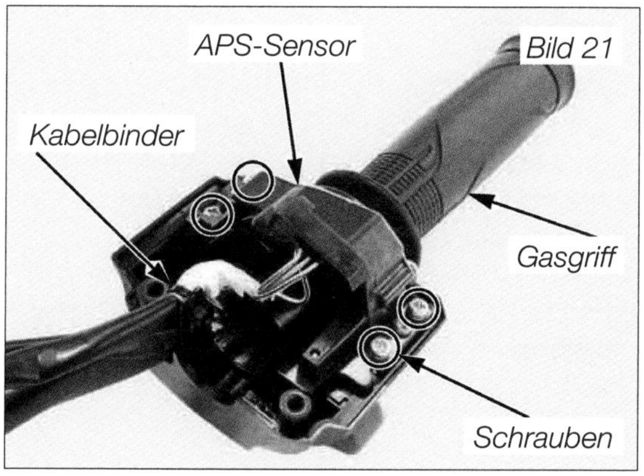

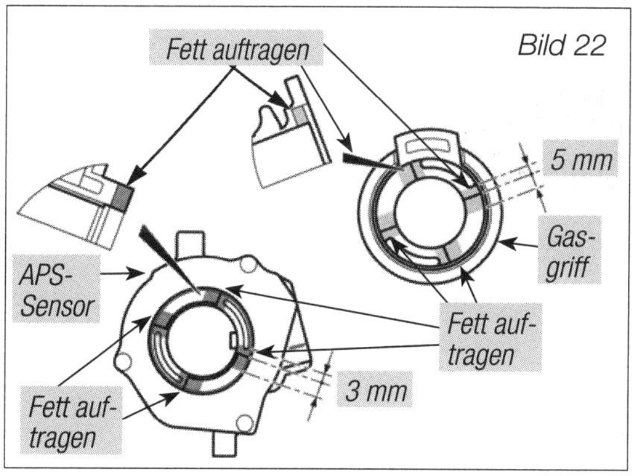

Bilder 23 und 24: Honda Spezialwerkzeug »SCS-Überbrückungsstecker«. Er wird in die DLC-Diagnosebuchse über der Batterie eingesteckt.

Bild 25: Die Fehlercodes der Einspritzung werden durch Blinken der Fehleranzeigenleuchte MIL angezeigt.

Bild 23

Bild 24

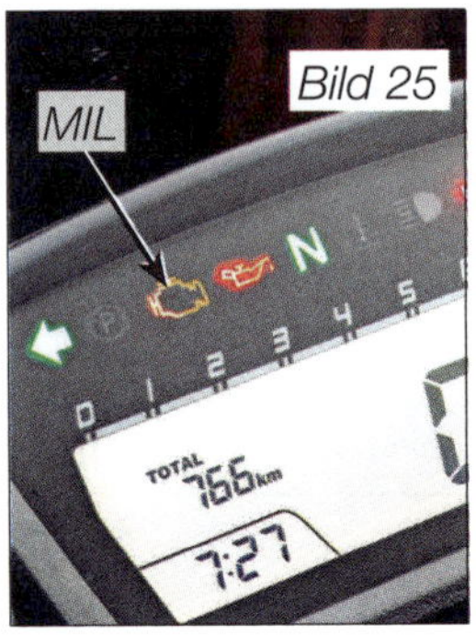

Bild 25

E-Gasgriff abbauen
1. Lenkergewicht abbauen wie bei den Modellen mit Gaszügen.
2. Die Stecker des Bremslichtschalters trennen.
3. Handbremszylinder abbauen und nach vorne ablegen. Dabei darauf achten, dass er waagerecht abgelegt wird, damit keine Luft in das Bremssystem kommt.
4. Jetzt sind die Schrauben des rechten Schaltergehäuses freigelegt und können ausgeschraubt weren.
5. Das rechte Schaltergehäuse trennen.
6. Schraube des Haltebügels ausschrauben und den Haltebügel öffnen.
6.1. Das Schaltergehäuse abnehmen.
7. Bild 21: Den Kabelbinder aufzwicken. Die vier Schrauben des APS-Sensors ausschrauben und den APS-Sensor abnehmen.
7.1. Gasgriff abnehemen.

E-Gasgriff schmieren und anbauen
Hochwertiges leichtes Fett dünn auf die in Bild 22 gezeigten Flächen am Gasgriff und am APS-Sensor auftragen. Auch auf das Lenkerrohr etwas von dem guten Fett auftragen.

Anbau des Gasgriffs in umgekehrter Reihenfolge des Abbaus.

Fehlercodes

Tritt in der Einspritzanlage ein Fehler auf, leuchtet die Fehleranzeigenleuchte MIL beim Einschalten der Zündung. Um herauszubekommen, welcher Fehler vorliegt, gibt es zwei Möglichkeiten:

Möglichkeit 1: Man liest den Fehlercode an der Fehleranzeigenleuchte MIL selber aus. An der MIL wird allerdings nur der Hauptcode angezeigt.

Möglichkeit 2: Sie bringen die Maschine zum Honda-Händler Ihres Vertrauens. Der wird den bzw. die Fehler mit dem MCS auslesen.

MCS ist das Honda-eigene »**M**otorcycle **C**ommunication **S**ystem«, es besteht aus dem HDS-Pocket Tester und einem Laptop, auf den Honda-eigene Programme aufgespielt sind. Mit MCS kann der Honda-Händler auch die Untercodes bzw. die 5-stelligen DTC Fehlercodes auslesen.

Fehleranalyse selbst durchführen
Wir erklären jetzt die Möglichkeit 1 und führen die Fehleranalyse selbst durch. Bild 23: Dazu braucht man das Honda Spezialwerkzeug »SCS-Überbrückungsstecker«. Dieses hat die Bestellnummer 00MZ-0010300 und kostet ca. 45 Euro.
1. Maschine sicher auf dem Seitenständer abstellen. Motor AUSschalten, Zündung ausschalten, Leerlauf einlegen.
2. Batterie freilegen (siehe Kapitel 14 »Batterie«). DLC-Diagnosebuchse über der Batterie herausziehen (Bild 24). Blindstecker von der Diagnosebuchse abnehmen und den SCS-Überbrückungsstecker in die Diagnosebuchse einstecken.
3. Killschalter muss auf ON stehen. Zündung einschalten.
4. Fehleranzeigenleuchte MIL beobachten, sie blinkt dann den Hauptcode des DTC-Diagnose-Fehlercodes.

Der DTC-Diagnosecode besteht aus Ziffern für Hauptcode und Untercode:
- Die Ziffern vor dem Trennstrich sind der Hauptcode, der die fehlerhafte Komponente bzw, die Fehlerart anzeigt.
- Die Ziffer nach dem Trennstrich ist der Untercode und bezeichnet das Symptom bzw. die Fehlerart.
- Ab Modelljahr 2021 ist nur noch der Hauptcode angegeben (z. B. »Fehlercode 66«), weil dem Honda-Händler nicht mehr Haupt- und Untercode angezeigt werden, sonder der 5-stellige Fehlercode (im Beispiel »Fehlercode 66 P2158«) Diese Codes sind in der Tabelle »MIL-Blinkzeichen, DTC-Fehlercodes, Fehler, Symptome« von Teil 1 bis 5 im Anschluss aufgelistet.

Bild 25: Die Fehlercodes werden von der MIL-Anzeige in der Instrumenteneinheit mit langen und kurzen Blinkzeichen angezeigt:
- Lange Blinkzeichen leuchten 1,3 Sekunden.
- Kurze Blinkzeichen leuchten 0,5 Sekunden.
- Ein langes Blinkzeichen entspricht der Zehnerstelle des Fehlercodes, ein kurzes Blinkzeichen der Einerstelle.

Beispiel: Die MIL-Anzeige blinkt zweimal lang und einmal kurz, das bedeutet Fehlercode 21.
- Eine Pause zwischen zwei Blinkzeichen dauert 0,4 Sekunden.
- Eine Pause zwischen zwei Fehlercodes dauert 2,5 Sekunden.

Wenn im Steuergerät mehrere Fehler gespeichert sind, dann zeigt die MIL-Anzeige in der Instrumentenenheit (Bild 25) die Fehlercodes nacheinander in aufsteigender Reihenfolge an.

Praktisches Beispiel zur Fehlerfindung

1. Die Ganganzeige blinkt einmal 1,3 Sekunden lang für die Zehnerstelle.
2. Dann zweimal 0,5 Sekunden lang für die Einerstelle.
3. Ein langes Blinkzeichen und zwei kurze bedeuten »Fehlerhauptcode 12«, der ist zu finden in der Tabelle »MIL-Blinkzeichen, DTC-Fehlercodes, Fehler, Symptome« Teil 2 am Anfang der 26. Zeile »12-1→ **BLZ 12«**. Es ist eine »Störung im Schaltkreis des Einspritzventils Nr 1«.

Wenn es nur ein schlechter Kontakt oder ein Wackelkontakt am Stecker des Einspritzventils ist, kann man das selbst beheben. Es kann aber auch ein Fehler am Einspritzventil sein. Das ist dann ein Fall für den Honda-Händler.

Noch ein Beispiel zur Übung

■ Die Ganganzeige blinkt achtmal kurz, das bedeutet »Fehler mit Hauptcode 8«. Das steht für einen Fehler im Droselklappenpositions-Sensor (IAT-Sensor). Die Spannung kann entweder zu niedrig sein (unter 0,122 V) oder zu hoch (über 4,966 V).

Fehlercodes löschen

Dazu braucht man ebenfalls das Honda-Spezialwerkzeug »SCS-Überbrückungsstecker«.
1. Zündung ausschalten.
2. SCS-Überbrückungsstecker in die DLC-Diagnosebuchse einstecken.
3. Killschalter steht auf ON. Zündung einschalten.
4. Den SCS-Überbrückungsstecker aus der DLC-Diagnosebuchse ziehen.
5. Die MIL-Anzeige leuchtet jetzt 5 Sekunden lang.
5.1. Während dieser Zeit muss man den SCS-Überbrückungsstecker wieder in die DLC-Diagnosebuchse stecken: Der DTC-Fehlercode wird jetzt gelöscht.
6. Als Zeichen, dass der Fehlercode gelöscht ist, geht die MIL-Anzeige aus und fängt dann an zu blinken.
7. Wenn der Fehlercode gelöscht ist: Zündung AUSschalten und den SCS-Stecker aus der DLC-Diagnosebuchse ziehen.

Hinweis 1: Der Fehlercode muss gelöscht werden, während die MIL-Anzeige leuchtet. Sonst beginnt die MIL-Anzeige nicht zu blinken.

Hinweis 2: Der Fehlercode kann nicht gelöscht werden, wenn die Zündung ausgeschaltet wird, bevor die MIL-Anzeige zu blinken beginnt.

Teil 1: MIL-Blinkzeichen, DTC-Fehlercodes, Fehler, Symptome

MIL-Blinkzeichen, DTC-Fehlercodes	Funktionsfehler	Symptom Ausfallsicherheitsfunktion
→ **BLZ 1**** P0105	Schaltkreis des Ansaugluftdruck-Sensors, Sensorwert niedrig – Störung im Ansaugluftdruck-Sensor oder im zugehörigen Schaltkreis – Ansaugluftdruck-Sensorschlauch locker oder fehlerhaft angeschlossen – Ansaugluftdruck-Sensorschlauch verstopft	– Unrunder Motorlauf – Verschlechtertes Fahrverhalten
→ **BLZ 1**** P0106	Schaltkreis des Ansaugluftdruck-Sensors, Bereichsstörung – Störung im Ansaugluftdruck-Sensor oder im zugehörigen Schaltkreis – Ansaugkrümmer oder Drosselklappenbohrung verunreinigt	– Unrunder Motorlauf – Verschlechtertes Fahrverhalten
1-1 → **BLZ 1** P0107	Schaltkreis des Ansaugluftdruck-Sensors, Spannung niedrig (unter 0,029 V) – Störung im Ansaugluftdruck-Sensor oder im zugehörigen Schaltkreis	– Motor läuft normal
1-2 → **BLZ 1** P108	Schaltkreis des Ansaugluftdruck-Sensors, Spannung hoch (über 3,809 V) – schlechter Kontakt oder Wackelkontakt am Ansaugluftdruck-Sensorstecker – Störung im Ansaugluftdruck-Sensor oder im zugehörigen Schaltkreis	– Motor läuft normal
→ **BLZ 7**** P115	Schaltkreis des Kühlmitteltemperatur-Sensors, Sensorwert hängt – Störung im Kühlmitteltemperatur-Sensor oder im zugehörigen Schaltkreis	– Schlechtes Anspringen bei niedrigen Temperaturen – Abgas zu mager oder zu fett – Erhöhter Benzinverbrauch – Verschlechtertes Fahrverhalten

* = Modelljahre 2014 bis 2020 II ** = ab Modelljahr 2021

Teil 2: MIL-Blinkzeichen, DTC-Fehlercodes, Fehler, Symptome		
MIL-Blinkzeichen, DTC-Fehlercodes	**Funktionsfehler**	**Symptom** **Ausfallsicherheitsfunktion**
7-1 → **BLZ 7** P117	Schaltkreis des Kühlmitteltemperatur-Sensors, Spannung niedrig (unter 0,049 V) – Störung im Kühlmitteltemperatur-Sensor oder im zugehörigen Schaltkreis	– Schlechtes Anspringen bei niedrigen Temperaturen – Kühlerventilator schaltet sich ein
7-2 → **BLZ 7** P118	Schaltkreis des Kühlmitteltemperatur-Sensors, Spannung hoch (über 4,946 V) – schlechter Kontakt oder Wackelkontakt am Kühlmitteltemperatur-Sensor – Störung im Kühlmitteltemperatur-Sensor oder im zugehörigen Schaltkreis	– Schlechtes Anspringen bei niedrigen Temperaturen – Kühlerventilator schaltet sich ein
→ **BLZ 7**** P125	Kühlmitteltemperatur zu niedrig für Kraftstoffregelung im geschlossenen Regelkreis – Störung im Kühlmitteltemperatur-Sensor oder im zugehörigen Schaltkreis – zu wenig Kühlflüssigkeit – Thermostat defekt – Kühlmittelleitung vertopft	– Schlechtes Anspringen bei niedrigen Temperaturen – Abgas zu mager oder zu fett – Erhöhter Benzinverbrauch – Verschlechtertes Fahrverhalten
8-1 → **BLZ 8** P0122	Schaltkreis des Drosselklappenpositions-Sensors, Spannung niedrig (unter 0,122 V) – schlechter Kontakt oder Wackelkontakt am Drosselklappenpositions-Sensor – Störung im Drosselklappenpositions-Sensor oder im zugehörigen Schaltkreis	– Schlechte Motorbeschleunigung
8-2 → **BLZ 8** P0123	Schaltkreis des Drosselklappenpositions-Sensors, Spannung hoch (über 4,966 V) – Störung im Drosselklappenpositions-Sensor oder im zugehörigen Schaltkreis	– Schlechte Motorbeschleunigung
→ **BLZ 9**** P0111	Schaltkreis des Ansauglufttemperatur-Sensors, Bereichsstörung – Störung im Ansauglufttemperatur-Sensor oder im zugehörigen Schaltkreis	– Motor läuft normal
9-1 → **BLZ 9** P0112	Schaltkreis des Ansauglufttemperatur-Sensors, Spannung niedrig (unter 0,049 V) – Störung im Ansauglufttemperatur-Sensor oder im zugehörigen Schaltkreis	– Motor läuft normal
9-2 → **BLZ 9** P0113	Schaltkreis des Ansauglufttemperatur-Sensors, Spannung hoch (über 4,946 V) – schlechter Kontakt oder Wackelkontakt am Ansauglufttemperatur-Sensor – Störung im Ansauglufttemperatur-Sensor oder im zugehörigen Schaltkreis	– Motor läuft normal
11-1 → **BLZ 11** P0500* P0722**	Störung im Geschwindigkeitssensor, gibt kein Signal ab – schlechter Kontakt oder Wackelkontakt am Geschwindigkeitssensor-Stecker – Störung im Geschwindigkeits-Sensor oder im zugehörigen Schaltkreis	– Motor läuft normal
12-1 → **BLZ 12** P0201	Störung im Schaltkreis des Einspritzventils Nr. 1 – schlechter Kontakt oder Wackelkontakt am Einspritzventilstecker – Störung im entsprechenden Einspritzventil oder zugehörigen Schaltkreis	– Motor springt nicht an – Abschaltung aller Einspritzventile, Benzinpumpe und Zündung
13-1 → **BLZ 13** P0202	Störung im Schaltkreis des Einspritzventils Nr. 2 – schlechter Kontakt oder Wackelkontakt am Einspritzventilstecker – Störung im entsprechenden Einspritzventil oder zugehörigen Schaltkreis	– Motor springt nicht an – Abschaltung aller Einspritzventile, Benzinpumpe und Zündung
21-1 → **BLZ 21*** P0131	Störung in der Lambdasonde, Spannung niedrig – Störung in der Lambdasonde oder im zugehörigen Schaltkreis	– Motor läuft normal
21-2 → **BLZ 21*** P0132	Störung in der Lambdasondenheizung, Spannung hoch – schlechter Kontakt oder Wackelkontakt am Lambdasondenstecker – Störung im Heizelement der Lambdasonde oder im zugehörigen Schaltkreis	– Motor läuft normal
29-1 → **BLZ 29*** P0511	Störung am Leerlaufregelventil IACV – schlechter Kontakt oder Wackelkontakt am Leerlaufregelventilstecker – Störung im Leerlaufregelventil oder im zugehörigen Schaltkreis	– Motor stirbt ab, springt schlecht an, unrunder Leerlauf
33-2 → **BLZ 33** P062F	Fehler im EEPROM des ECM / PCM – ECM/PCM defekt	– unruhiger Leerlauf
→ **BLZ 36**** P0131	Schaltkreis der Lambdasonde, Eingangsspannung niedrig – Störung in der Lambdasonde oder im zugehörigen Schaltkreis	– erhöhter Kraftstoffverbrauch – Unterbrechung der Meldung erfasster Werte
→ **BLZ 36**** P0132	Schaltkreis der Lambdasonde, Eingangsspannung hoch – Störung in der Lambdasonde oder im zugehörigen Schaltkreis	– erhöhter Kraftstoffverbrauch – Unterbrechung der Meldung erfasster Werte
→ **BLZ 36**** P0133	Schaltkreis der Lambdasonde, träges Verhalten – Störung in der Lambdasonde oder im zugehörigen Schaltkreis – Störung in der Lambdasondenheizung oder im zugehörigen Schaltkreis – Undichtigkeit in der Auspuffanlage	– erhöhter Kraftstoffverbrauch – Abgase zu mager oder zu fett – Fahrbarkeit beeinträchtigt – Unterbrechung der Meldung erfasster Werte

* = Modelljahre 2014 bis 2020 ll ** = ab Modelljahr 2021

Teil 3: MIL-Blinkzeichen, DTC-Fehlercodes, Fehler, Symptome		
MIL-Blink-zeichen, DTC-Fehlercodes	**Funktionsfehler**	**Symptom Ausfallsicherheitsfunktion**
→ BLZ 36** P0134	Schaltkreis der Lambdasonde, keine Aktivität erfasst – Störung in der Lambdasonde oder im zugehörigen Schaltkreis – Störung in der Lambdasondenheizung oder im zugehörigen Schaltkreis – Undichtigkeit in der Auspuffanlage	– erhöhter Kraftstoffverbrauch – Abgase zu mager oder zu fett – Fahrbarkeit beeinträchtigt – Unterbrechung der Meldung erfasster Werte
→ BLZ 36** P2195	Signal der Lambdasonde immer mager – Störung in der Lambdasonde oder im zugehörigen Schaltkreis – Einspritzventil defekt oder Benzindruck zu niedrig – Kühlmitteltemperatur-Sensor defekt	– schlechtes Anspringen bei niedrigen Temperaturen – Abgase zu mager oder zu fett – Unterdruckverlust im Einlass oder Motor – erhöhter Kraftstoffverbrauch – Fahrbarkeit beeinträchtigt
→ BLZ 36** P2196	Signal der Lambdasonde immer fett – Störung in der Lambdasonde oder im zugehörigen Schaltkreis – Einspritzventil defekt oder Benzindruck zu niedrig – Kühlmitteltemperatur-Sensor defekt	– schlechtes Anspringen bei niedrigen Temperaturen – Abgase zu mager oder zu fett – Unterdruckverlust im Einlass oder Motor – erhöhter Kraftstoffverbrauch – Fahrbarkeit beeinträchtigt
→ BLZ 36** P2A00	Schaltkreis der Lambdasonde, Bereichsstörung – Störung in der Lambdasonde oder im zugehörigen Schaltkreis – Undichtigkeit in der Auspuffanlage	– schlechtes Anspringen bei niedrigen Temperaturen – Abgase zu mager oder zu fett – Unterdruckverlust im Einlass oder Motor – erhöhter Kraftstoffverbrauch – Fahrbarkeit beeinträchtigt
→ BLZ 38** P0031	Steuerschaltkreis der Lambdasondenheizung, Eingangsspannung niedrig – Störung in der Lambdasondenheizung oder im zugehörigen Schaltkreis	– erhöhter Kraftstoffverbrauch – Lambdasondenwerte werden nicht übermittelt
→ BLZ 38** P0032	Steuerschaltkreis der Lambdasondenheizung, Eingangsspannung hoch – Störung in der Lambdasondenheizung oder im zugehörigen Schaltkreis	– erhöhter Kraftstoffverbrauch – Lambdasondenwerte werden nicht übermittelt
→ BLZ 38** P00D1	Steuerschaltkreis der Lambdasondenheizung, Funktionsstörung – Störung in der Lambdasondenheizung oder im zugehörigen Schaltkreis	– erhöhter Kraftstoffverbrauch – Lambdasondenwerte werden nicht übermittelt
41-1 **→ BLZ 41** P1702 nur MT	Schaltkreis des Gangpositions-Sensors, Spannung niedrig (unter 0,117 Volt) – Störung im Gangpositions-Sensor oder im zugehörigen Schaltkreis – schlechter Kontakt oder Wackelkontakt am Stecker des Gangpositions-Sensors	– Motor läuft normal, nur MT = nur bei Schaltgetriebe
41-2 **→ BLZ 41** P1703 nur MT	Schaltkreis des Gangpositions-Sensors, Spannung hoch (über 4,976 Volt) – Störung im Gangpositions-Sensor oder im zugehörigen Schaltkreis	– Motor läuft normal, nur MT = nur bei Schaltgetriebe
54-1 **→ BLZ 54** P1000	Schaltkreis des Umkipp-Sensors, Spannung niedrig (unter 0,020 Volt) – Störung im Umkipp-Sensor oder im zugehörigen Schaltkreis	– Motor läuft normal – Abstellfunktion funktioniert nicht
54-2 **→ BLZ 54** P1001	Schaltkreis des Umkipp-Sensors, Spannung hoch (über 4,986 Volt) – schlechter Kontakt oder Wackelkontakt am Stecker des Umkippsensors – Störung im Umkipp-Sensor oder im zugehörigen Schaltkreis	– Motor läuft normal – Abstellfunktion funktioniert nicht
→ BLZ 66** P2158	Störung im hinteren ABS-Sensor – schlechter Kontakt oder Wackelkontakt am ABS-Sensorstecker – ABS-Sensor defekt oder Störung im zugehörigen Schaltkreis	– Motor läuft normal – Traktionskontrolle funktioniert nicht
→ BLZ 67** P0500	Störung im vorderen ABS-Sensor – ABS-Sensor defekt oder Störung im zugehörigen Schaltkreis – Störung im ABS-Modulator	– Motor läuft normal
→ BLZ 71** P0121	Schaltkreis des Drosselklappenpositions-Sensors 1, Bereichsstörung – Drosselklappenpositions-Sensor defekt	– Fahrbarkeit beeinträchtigt – Geschwindigkeit begrenzt auf 120 km/h – Traktionskontrolle funktioniert nicht
→ BLZ 71** P0122	Schaltkreis des Drosselklappenpositions-Sensors 1, Spannung niedrig (unter 4,75 V) – Drosselklappenpositions-Sensor defekt oder Störung im zugehörigen Schaltkreis	– Motor läuft nur mit Leerlaufdrehzahl – Traktionskontrolle funktioniert nicht
→ BLZ 71** P0123	Schaltkreis des Drosselklappenpositions-Sensors 1, Spannung hoch (über 5,25 V) – Drosselklappenpositions-Sensor defekt oder Störung im zugehörigen Schaltkreis	– Motor läuft nur mit Leerlaufdrehzahl – Traktionskontrolle funktioniert nicht

***** = Modelljahre 2014 bis 2020 II ****** = ab Modelljahr 2021

Teil 4: MIL-Blinkzeichen, DTC-Fehlercodes, Fehler, Symptome

MIL-Blink-zeichen, DTC-Fehlercodes	**Funktionsfehler**	**Symptom Ausfallsicherheitsfunktion**
→ **BLZ 72**** P0221	Schaltkreis des Drosselklappenpositions-Sensors 2, Bereichsstörung – Drosselklappenpositions-Sensor defekt	– Fahrbarkeit beeinträchtigt – Geschwindigkeit begrenzt auf 120 km/h – Traktionskontrolle funktioniert nicht
→ **BLZ 72**** P0222	Schaltkreis des Drosselklappenpositions-Sensors 2, Spannung niedrig (unter 4,75 V) – Drosselklappenpositions-Sensor defekt oder Störung im zugehörigen Schaltkreis	– Motor läuft nur mit Leerlaufdrehzahl – Traktionskontrolle funktioniert nicht
→ **BLZ 72**** P0223	Schaltkreis des Drosselklappenpositions-Sensors 2, Spannung hoch (über 5,25 V) – Drosselklappenpositions-Sensor defekt oder Störung im zugehörigen Schaltkreis	– Motor läuft nur mit Leerlaufdrehzahl – Traktionskontrolle funktioniert nicht
→ **BLZ 73**** P2135	Drosselklappenpositions-Sensoren 1 und 2, Spannungkorrelationsfehler – Störung im Drosselklappenpositions-Sensor oder im zugehörigen Schaltkreis	– Motor läuft nur mit Leerlaufdrehzahl
→ **BLZ 73**** P2135	Drosselklappenpositions-Sensoren 1 und 2, Kurzschluss – Störung im Drosselklappenpositions-Sensor oder im zugehörigen Schaltkreis	– Motor läuft nur mit Leerlaufdrehzahl
→ **BLZ 74**** P2121	Schaltkreis des Gasgriffstellungs-Sensors 1, Bereichsstörung – Gasgriffstellungs-Sensor 1 defekt	– Motor läuft nur mit Leerlaufdrehzahl
→ **BLZ 74**** P2122	Schaltkreis des Gasgriffstellungs-Sensors 1, Spannung zu niedrig – Gasgriffstellungs-Sensor 1 defekt	– Motor läuft nur mit Leerlaufdrehzahl
→ **BLZ 74**** P2123	Schaltkreis des Gasgriffstellungs-Sensors 1, Spannung zu hoch – Gasgriffstellungs-Sensor 1 defekt	– Motor läuft nur mit Leerlaufdrehzahl
→ **BLZ 75**** P2126	Schaltkreis des Gasgriffstellungs-Sensors 2, Bereichsstörung – Gasgriffstellungs-Sensor 2 defekt	– Motor läuft nur mit Leerlaufdrehzahl
→ **BLZ 75**** P2127	Schaltkreis des Gasgriffstellungs-Sensors 2, Spannung zu niedrig – Gasgriffstellungs-Sensor 2 defekt	– Motor läuft nur mit Leerlaufdrehzahl
→ **BLZ 75**** P2128	Schaltkreis des Gasgriffstellungs-Sensors 2, Spannung zu hoch – Gasgriffstellungs-Sensor 2 defekt	– Motor läuft nur mit Leerlaufdrehzahl
→ **BLZ 76**** P2138	Gasgriffstellungs-Sensoren 1 und 2, Spannungkorrelationsfehler – Gasgriffstellungs-Sensor defekt oder Fehler im zugehörigen Schaltkreis	– Motor läuft nur mit Leerlaufdrehzahl
→ **BLZ 77**** P1684	Fehler an der Rückzugfeder des E-Gasgriffs – Rückzugfeder defekt	– Geschwindigkeit begrenzt auf 120 km/h
→ **BLZ 78**** P2118	Störung im Drosselklappen-Stellmotor – Drosselklappen-Stellmotor defekt oder Fehler im zugehörigen Schaltkreis	– Motor läuft nur mit Leerlaufdrehzahl – Traktionskontrolle funktioniert nicht
→ **BLZ 79**** P2101	Drosselklappen-Stellmotor, Fehler in der Steuerungskorrelation – Drosselklappen-Stellmotor defekt oder Fehler im zugehörigen Schaltkreis	– Motor läuft nur mit Leerlaufdrehzahl – Traktionskontrolle funktioniert nicht
84-1 → **BLZ 84*** P0606	CPU-Fehler im PCM (Motorsteuergerät bei Doppelkupplungsgetriebe) – PCM defekt	– Getriebe ist blockiert
→ **BLZ 84**** P0606	CPU-Fehler im ECM (Motorsteuergerät) – ECM defekt	– Startschwierigkeiten
→ **BLZ 84**** P1712	CPU-Fehler im TCM (Getriebesteuergerät) – TCM defekt	– Getriebe ist blockiert
→ **BLZ 85**** P1658	Fehler an der EIN-Seite des TBW-Relais (E-Gas-Relais) – Störung im TBW-Relais oder im zugehörigen Schaltkreis – TBW-Sicherung durchgebrannt	– Fahrgeschwindigkeitsbegrenzung auf ca. 120 km/h
→ **BLZ 85**** P1659	Fehler an der AUS-Seite des TBW-Relais (E-Gas-Relais) – Störung im TBW-Relais oder im zugehörigen Schaltkreis – TBW-Sicherung durchgebrannt	– Motor läuft nur mit Leerlaufdrehzahl
86-1 → **BLZ 86*** P0600	Störung in der Kommunikation mit der Instrumenteneinheit – Bruch oder Kurzschluss in den Datenübertragungskabeln – Instrumenteneinheit defekt	– Motor läuft normal

* = Modelljahre 2014 bis 2020 II ** = ab Modelljahr 2021

Teil 5: MIL-Blinkzeichen, DTC-Fehlercodes, Fehler, Symptome		
MIL-Blinkzeichen, DTC-Fehlercodes	**Funktionsfehler**	**Symptom Ausfallsicherheitsfunktion**
87-1 → **BLZ 87** P0523	Schaltkreis des Öldruckschalters, Spannung hoch (1,001 V) – schlechter Kontakt oder Wackelkontakt am Stecker des Öldruckschalters – Störung im Öldruckschalter oder im zugehörigen Schaltkreis	– Motor läuft normal – Öldruckanzeige leuchtet dauerhaft
88-1 → **BLZ 88** P0443	Störung im EVAP-Spülluft-Steuermagnetventil – schlechter Kontakt oder Wackelkontakt am Stecker des Steuermagnetventils – Störung im Steuermagnetventil oder im zugehörigen Schaltkreis	– Motor läuft normal
91-1 → **BLZ 91** P0351	Störung im Schaltkreis der Zündspule Nr. 1 (Zündspule Zylinder 1) – schlechter Kontakt oder Wackelkontakt am Zündspulenstecker – Störung in der Zündspule oder im zugehörigen Schaltkreis	– Abschaltung von Einspritzventil Nr. 1 und Zündspule Nr. 1
92-1 → **BLZ 92** P0352	Störung im Schaltkreis der Zündspule Nr. 2 (Zündspule Zylinder 2) – schlechter Kontakt oder Wackelkontakt am Zündspulenstecker – Störung in der Zündspule oder im zugehörigen Schaltkreis	– Abschaltung von Einspritzventil Nr. 2 und Zündspule Nr. 2
→ **BLZ 103**** U0001	Störung in der CAN-Kommunikation – Fehler in CAN-Leitung(en) – Ein oder mehrere Geräte am CAN defekt	– CAN-Kommunikation gestört
→ **BLZ 103**** U0155	Störung in der CAN-Kommunikation mit der Instrumenteneinheit – Fehler in CAN-Leitung(en) – Fehler in der Instrumenteneinheit	– CAN-Kommunikation gestört
→ **BLZ 112**** U019E nur DCT	Störung in der CAN-Kommunikation des Antriebsstrangs – Fehler in der CAN-Leitung zwischen ECM und Getriebesteuergerät TCM – Getriebesteuergerät TCM und/oder ECM defekt	– CAN-Kommunikation gestört nur DTC = nur bei Doppelkupplungsgetriebe
→ **BLZ 126**** P0562	Störung im SUB VB-Relais – SUB VB-Relais defekt oder Störung im zugehörigen Schaltkreis – TBW-Sicherung 10 A durchgebrannt	– Motor läuft normal
→ **BLZ 126**** P0686	Zündhalte-Relais immer AUS – SUB VB-Relais defekt oder Störung im zugehörigen Schaltkreis – TBW-Sicherung 10 A durchgebrannt	– Motor läuft normal
→ **BLZ 126**** P0687	Zündhalte-Relais immer EIN – SUB VB-Relais defekt oder Störung im zugehörigen Schaltkreis – TBW-Sicherung 10 A durchgebrannt	– Motor läuft normal
→ **BLZ 131**** P064D	Funktionsstörung in der integrierten Schaltung der Lambdasonde – Lambdasonde defekt oder Störung im zugehörigen Schaltkreis	– erhöhter Benzinverbrauch – verschlechtertes Fahrverhalten
→ **BLZ 132**** P011B	Störung in der Korrelation von Ansaugluft- und Kühlmitteltemperatur – zu wenig Kühflüssigkeit – Thermostat oder Wasserpumpe defekt – Kühlerleitung verstopft – Kühlmitteltemperatur-Sensor defekt – Ansauglufttemperatur-Sensor defekt	– schlechtes Anspringen bei niedrigen Temperaturen – Abgas zu mager oder zu fett – erhöhter Benzinverbrauch – verschlechtertes Fahrverhalten
→ **BLZ 133**** P0300	Fehlzündungen an einem oder beiden Zylindern – Störung im Zündsystem, in der Benzinversorgung, im Luftzufuhrsystem – nicht ausreichende Kompression – Ansaugluftdruck-, Ansauglufttemperatur-, Kühlmitteltemperatur-, Kurbelwellenpositions-, Gasgriffstellungs-, Drosselklappenpositions-Sensor und/oder Lambdasonde defekt	– Motor läuft mit gedrosselter Drehzahl
→ **BLZ 142**** P0315	Kurbelwellenpositions-Sensor, Abweichung nicht angelernt – Kurbelwellenpositions-Sensor defekt – Kurbelwellenimpuls falsch angelernt	– Motor läuft normal

* = Modelljahre 2014 bis 2020 II ** = ab Modelljahr 2021

Einspritz-Schaltplan NC 750 S/X mit Schaltgetriebe in den Modelljahren 2014 bis 2020

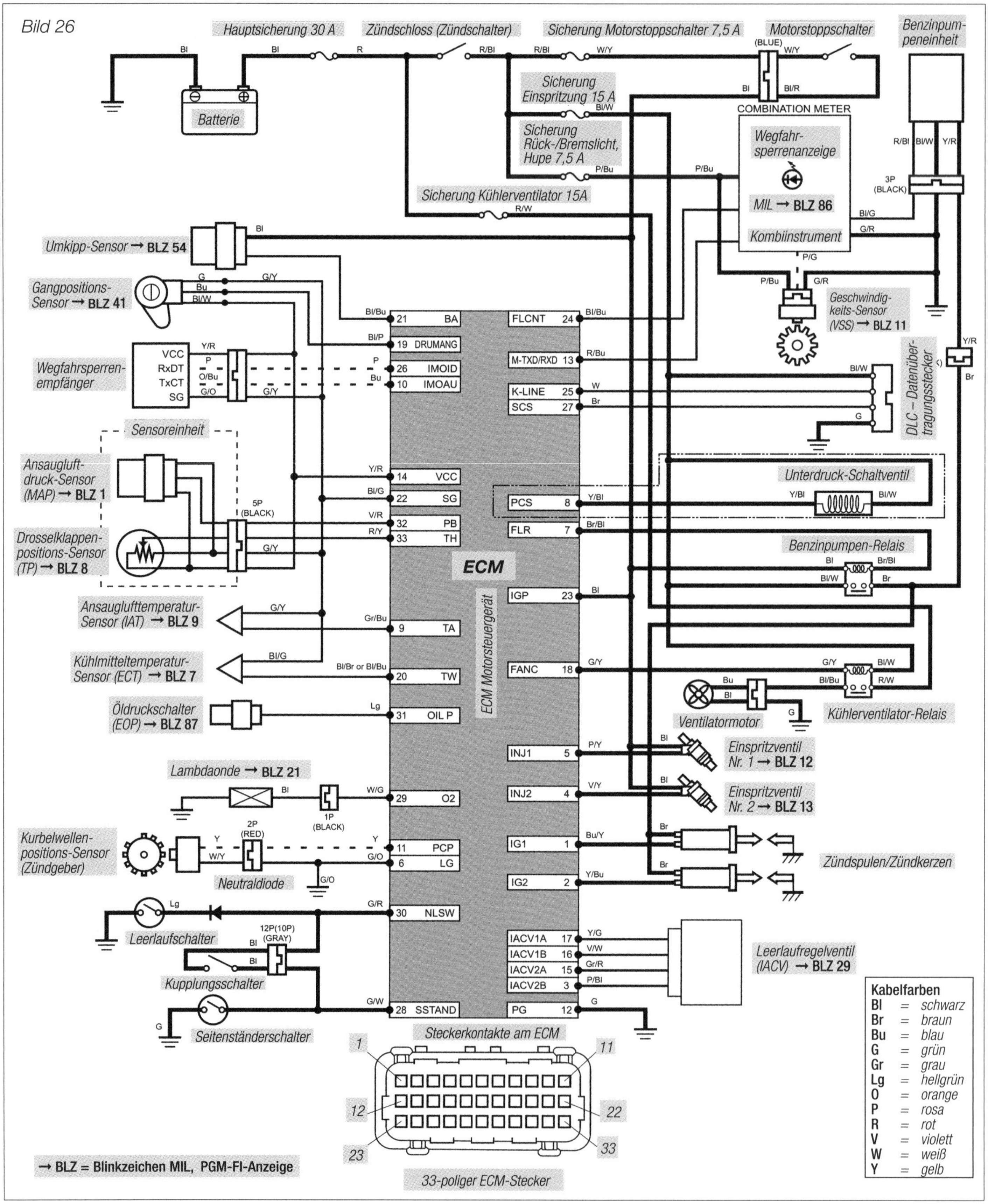

Einspritz-Schaltplan NC 750 S/X mit Doppelkupplung in den Modelljahren 2014 bis 2020

Bild 27

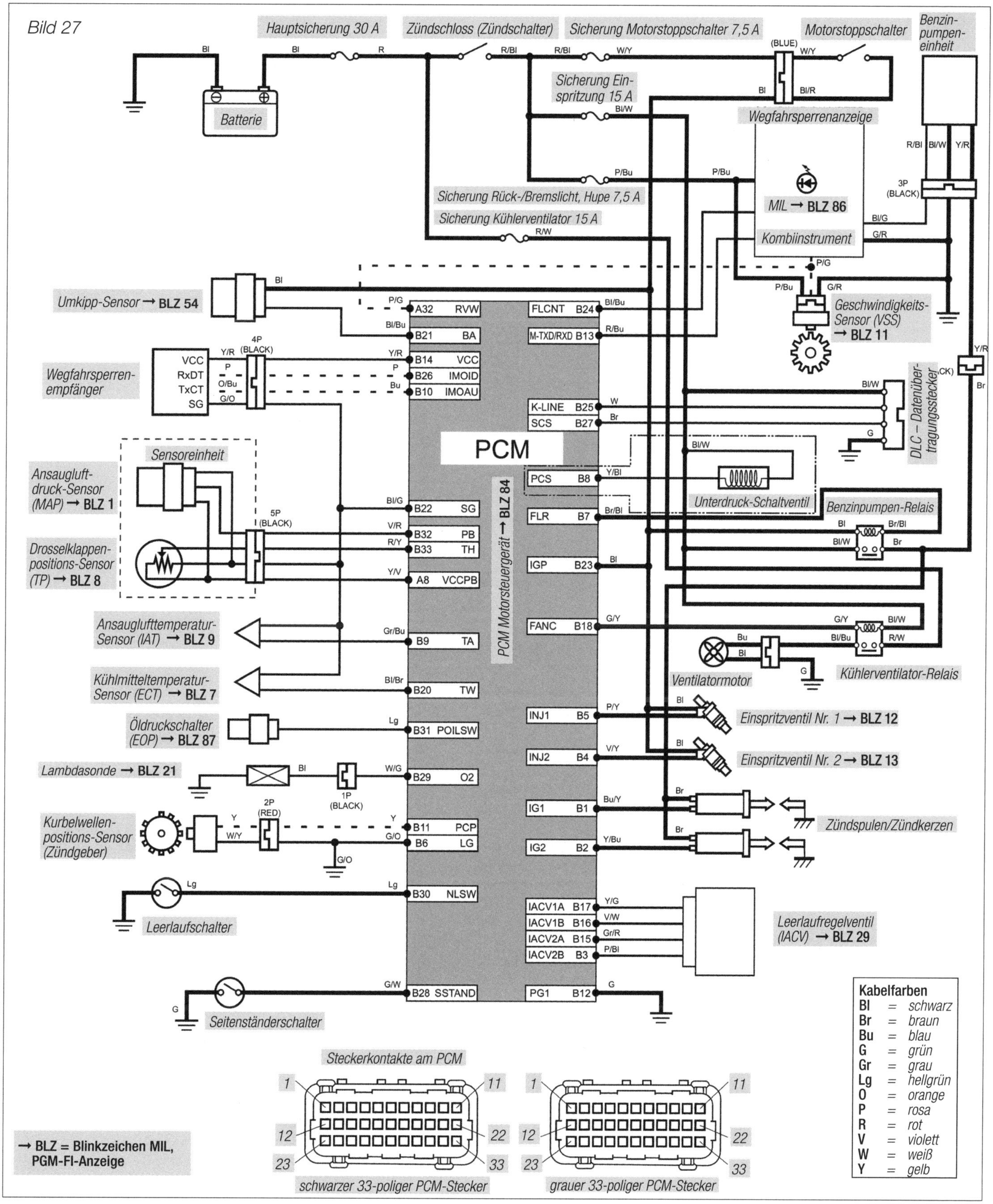

Einspritz-Schaltplan NC 750 X mit Schaltgetriebe ab Modelljahr 2021

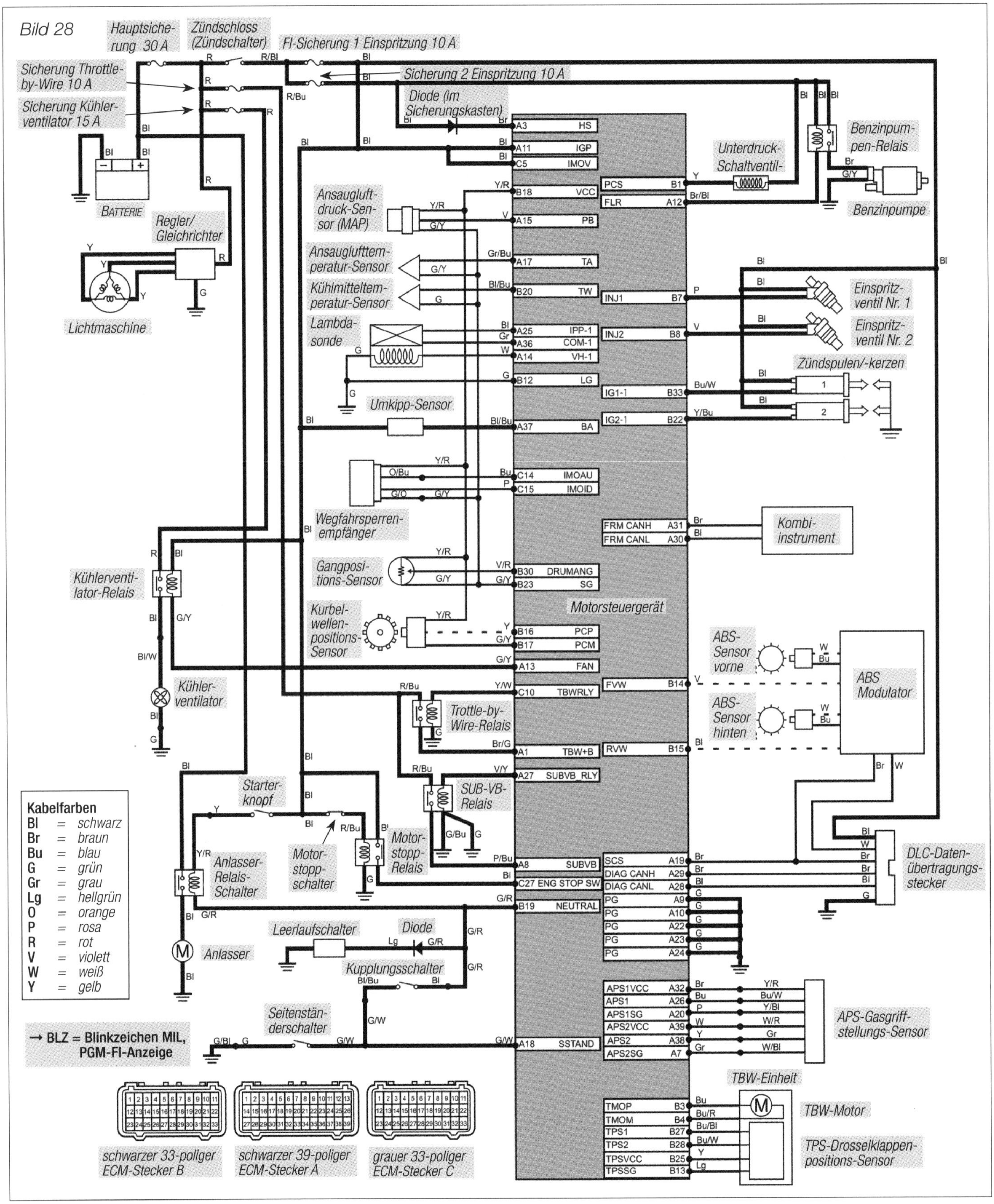

Einspritz-Schaltplan NC 750 X mit Doppelkupplung ab Modelljahr 2021

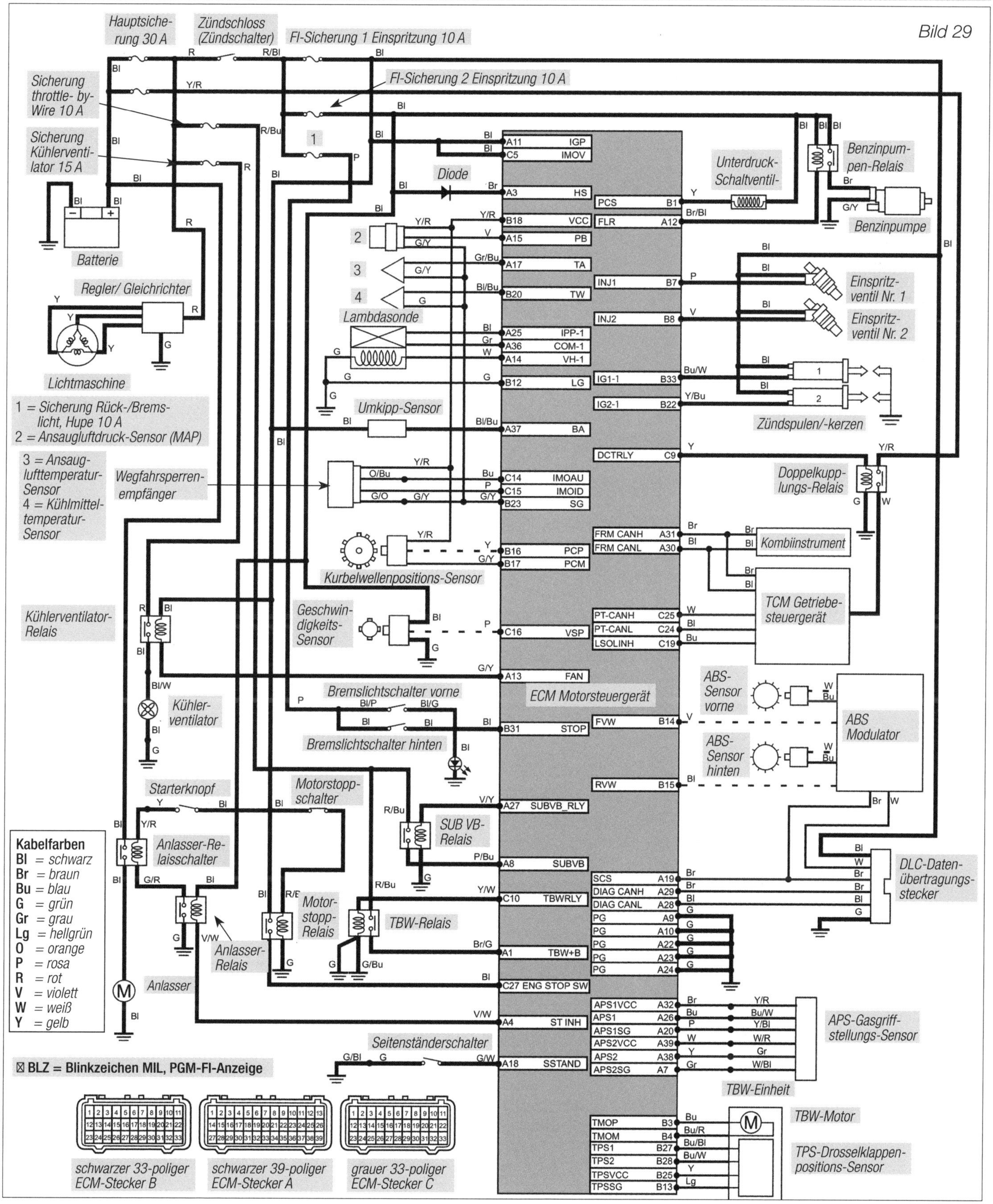

Sichtprüfung Messen

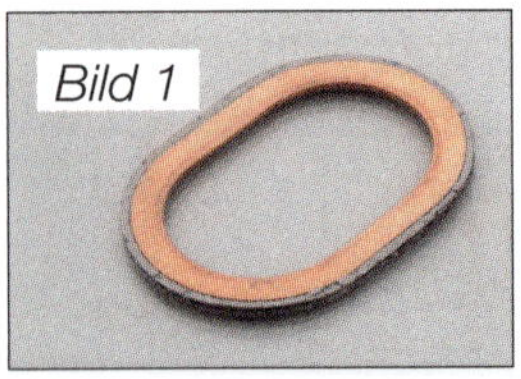

Bilder 1 und 2: Dichtung zwischen Auspuffkrümmer und Zylinderkopf (1) und Paketdichtung in der Klemmstelle von Auspufftopf zum Krümmer (2).

Bild 3: Hitzefeste Montagepaste.

Auspuffanlage

In diesem Kapitel: Dichtungen prüfen · Auspufftopf ab- und anbauen · Krümmer ab- und anbauen · Zubehör-Auspuffanlagen.

Dichtungen

In der Auspuffanlage sind drei Dichtungen verbaut: Zwei ovale Kupferdichtungen (Bild 1) zwischen den beiden Auspuffkrümmern und den Auslasskanälen am Zylinderkopf und eine rohrförmige Paketdichtung (Bild 2) in der Klemmstelle des Auspufftopfs zum Auspuffkrümmer. Diese Dichtungen müssen wirklich abdichten, sonst blasen Abgase unkontrolliert ins Freie ab und zieht die Auspuffanlage Falschluft an.

Dichtungen prüfen

Achtung heiß: Motor laufen lassen, Hand zwei Zentimeter vor die jeweilige Dichtstelle halten. Wenn eine Dichtung defekt ist, spürt man die durchblasenden Abgase an der Hand.

Sichtprüfung: Undichte Auspuffdichtungen erkennt man auch an der Schwarzfärbung entsprechender Stellen.

Wichtig: Defekte und deswegen durchblasende Dichtungen kann man nicht durch ein stärkeres Anziehen der Muttern auf den Stehbolzen (Bild 12) oder der Schraube in der Klemmschelle (Bild 8) beheben, dadurch werden die Bauteile dauerhaft verzogen. Wenn eine Dichtung defekt ist, muss sie ersetzt werden.

Auspufftopf ab- und anbauen

Abbau

1. Schrauben und Muttern an der Auspuffanlage sind meist schmutzig und korrodiert. Deswegen vor dem Lösen mit einer Drahtbürste den gröbsten Dreck abputzen, mit Rostlöser einsprühen und einige Minuten wirken lassen.
2. Bild 8: Schraube in der Klemmschelle der Verbindung von Auspufftopf zu Krümmer lösen.
2.1. Bild 8: Mutter von der Auspuff-Halteschraube am Fußrastenausleger lösen und abdrehen. Schraube herausziehen.
3. Auspufftopf abbauen: Wenn die Paketdichtung zerbröselt ist, lässt er sich leicht abziehen.
3.1. Wenn die Paketdichtung älter ist, dann ist sie in ihrem Sitz verklebt. Mit Rostlöser einsprühen, Auspufftopf mit beiden Händen packen, mit leichten Drehbewegungen und etwas Hin- und Herwackeln nach hinten abziehen.

Auspufftopf kontrollieren

- Sichtprüfung: Alle Schweißnähte dicht?
- Oberfläche ohne Dellen, Löcher und/oder Korrosion?

Hörprobe, wenn der Auspufftopf abgebaut ist: Auspufftopf schütteln, es darf nichts klappern. Wenn doch, hat sich innen ein Prallblech gelöst und der Auspufftopf muss ersetzt werden.

Anbau

1. Bild 2: Neue Paketdichtung besorgen, sie ist ähnlich einer Mullbinde aufgebaut. Vorsichtig behandeln: Nicht drücken oder knicken!
2. Bilder 4 und 5: Alte Paketdichtung aus- bzw. abbauen, ggf. kleine Säge und Schraubenzieher zu Hilfe nehmen.
2.1. Bilder 6 und 7: Kontaktstellen der Auspuffdichtung auf dem Auspuffkrümmerrohr und in der Klemmstelle gut reinigen. Korrosion und alte Dichtungsreste mit Stahlbürste, Dreikantschaber und Schmirgelpapier ab- und herausputzen.
3. Neue Paketdichtung innen und außen mit Kupferpaste einschmieren.
4. Bild 8: Paketdichtung in die Klemmstelle am Auspufftopf einschieben, ihr Innenbund muss nach vorne weisen.

Sicherheitshinweise ⚠ Achtung und ☞ Tipps für dieses Kapitel

⚠ Zu allen Arbeiten an der Auspuffanlage diese kalt werden lassen, nicht in heißem Zustand anfassen.

☞ Bei allen Montagearbeiten an der Auspuffanlage reichlich hitzefeste Paste (Bild 3) an Gewinde von Muttern und Schrauben geben, ein Festbacken der Gewinde wird damit verhindert. KEIN Motoren- oder Schmieröl, Kettenspray oder Fett verwenden, das brennt sich ein und backt fest!

☞ Bei älteren Maschinen können die Krümmermuttern so fest sitzen, dass sich beim Versuch, die Mutter zu öffnen, der Stehbolzen aus dem Zylinderkopf herausdreht. Wenn keine Möglichkeit zur Reparatur des Gewindes besteht (z. B. mit Heli-Coil) und das Gewinde von Stehbolzen und Zylinderkopf in Ordnung ist, kann man den Stehbolzen mitsamt der darauf verklemmten Mutter wieder einschrauben. Gut mit Kupferpaste einschmieren. Das Gewinde sollte jedoch bei nächster Gelegenheit repariert werden. Vor dem Einschrauben darauf achten, dass keine herausgerissenen Teile des Zylinderkopfgewindes am Stehbolzen hängen. Wenn doch, gleich reparieren.

■ Muss leicht gehen! Wenn es schwer geht, Dichtung vorsichtig wieder herausziehen und die Klemmstelle leicht aufweiten.

5. Wenn die Klemmschelle abgenommen war, sie in Montageposition bringen.

6. Auspufftopf in Linie zum Krümmerrohr ansetzen und mit leichten Drehbewegungen aufschieben, bis seine Halterung auf der Schraubstelle am Fußrastenausleger anliegt. NICHT verkanten (sonst geht Dichtung zu Bruch).

7. Klemmschelle positionieren (kleines Bild im Bild 8), Schraube leicht festziehen.

8. Bild 8: Schraube mit Scheibe bestücken, in die Halterung des Auspufftopfs und in die Bundbuchse am Fußrastenausleger einstecken, Mutter aufdrehen und mit 27 Nm festziehen.

Wichtig: In die Auspuffhalterung am Fußrastenausleger ist eine vibrationshemmende Gummibuchse eingesetzt. Diese muss vorhanden und formstabil sein: Wenn sie defekt ist, unbedingt erneuern, denn sonst leidet die Paketdichtung und der Auspuff hält nicht richtig.

9. Schraube mit 18 Nm festziehen.

Auspuffkümmer ab-/anbauen

Abbau (Der Auspuffopf ist schon abgebaut)

1. Motorverkleidung abbauen (siehe Kapitel 4 »Verkleidung · Tank · Rahmen«).

2. Bild 10: Stecker Lambdasondenkabel trennen.

2.1. Bild 10: Kabel aus Halter und Führung am Kühlflüssigkeits-Ausgleichsbehälter nehmen.

3. Bild 11: Schraube des Massekabels ausschrauben, Massekabel abnehmen.

4. Bild 11: Mutter auf der Schraube der unteren Krümmerhalterung lösen und abdrehen.

5. Bild 12: Muttern auf den Stehbolzen am Zylinderkopf lösen und abschrauben,

6. Schraube der unteren Krümmerhalterung ausziehen, mit Scheibe abnehmen. Dabei den Krümmer mit einer Hand hochhalten.

Bilder 4 bis 7: Abbau der alten Paketdichtung und Vorbereitung für den Einbau einer neuen.

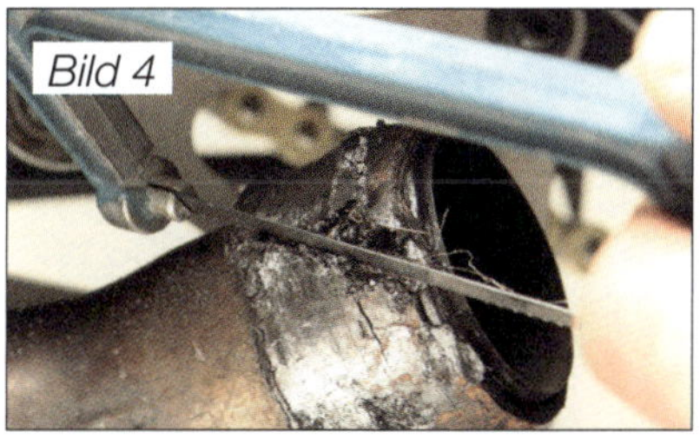

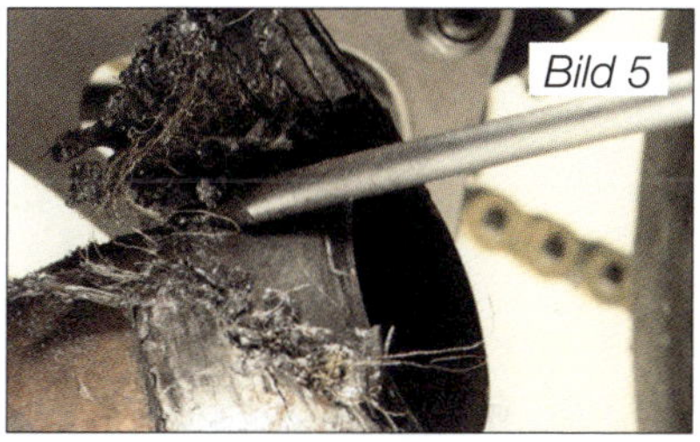

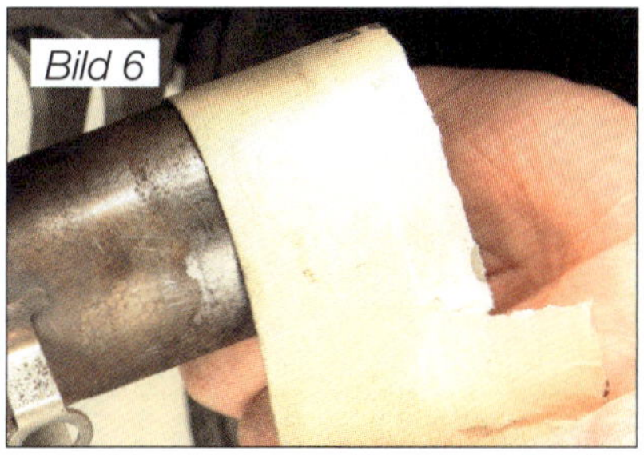

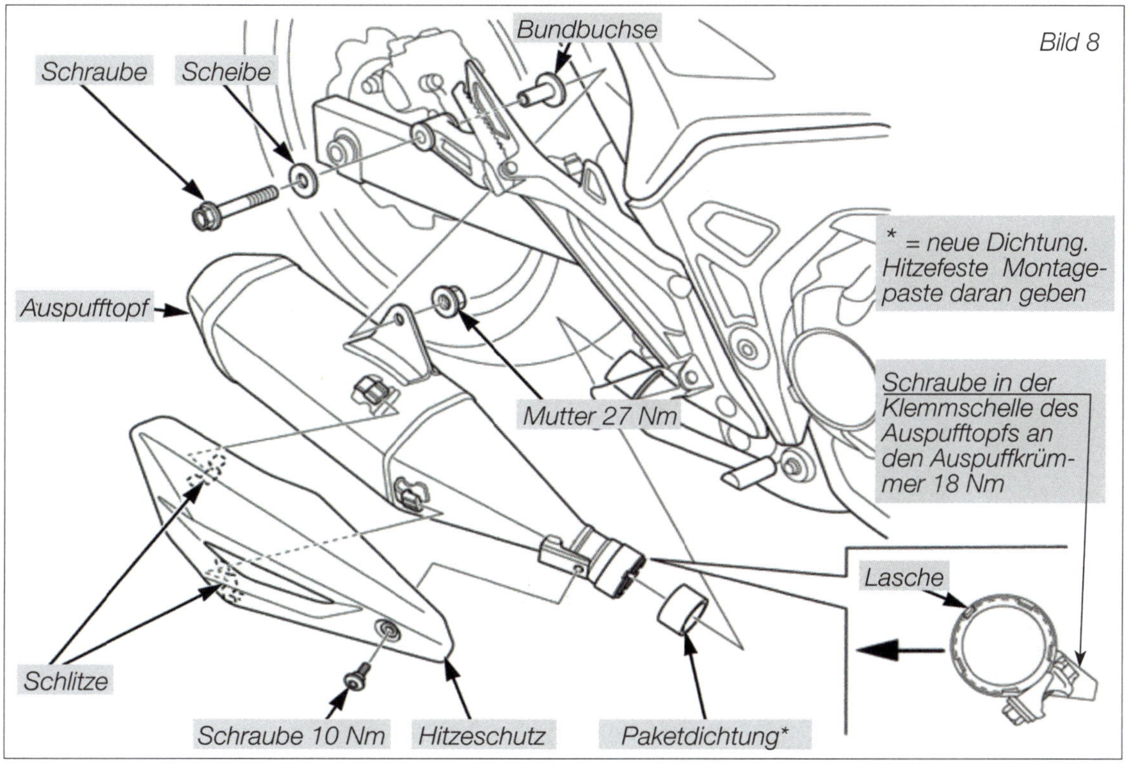

Bild 8: Montagezeichnung des Auspufftopfs mit Teilebezeichnungen und Anziehdrehmomentwerten.

Auspuff-Montagepaste

Bei allen Montagearbeiten an der Auspuffanlage reichlich hitzefeste Paste (Kupferpaste, Bild 3. Auch Keramikpaste ist geeignet) an die Gewinde von Muttern und Schrauben geben, dies verhindert Festbacken der Gewinde. KEIN Motorenöl, kein Schmieröl, kein Kettenspray oder Radlagerfett verwenden, denn all das brennt sich ein und backt die Bauteile fest!

Bilder 9 und 12: Anziehreihenfolge der Muttern auf den Stehbolzen des Auspuffflansches am Zylinderkopf.

Bild 11: Befestigung des Auspuffkrümmers.

Bilder 10 und 13: Lambdasonde und Stecker.

Bild 14: »db-Killer« und ABE-Nummer.

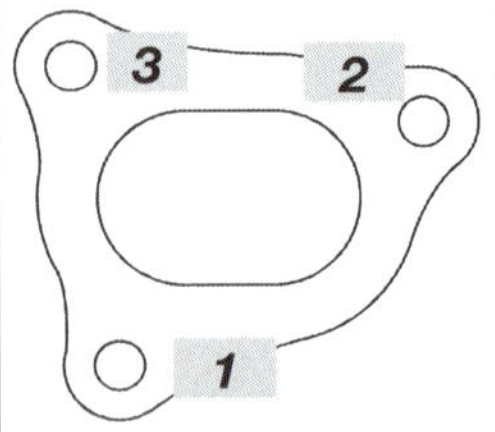

7. Auspuffkrümmer oben packen, etwas daran wackeln und herausziehen.
8. Alte Dichtung aus dem Auslasskanal im Zylinderkopf herausziehen, ggf. Schraubenzieher zu Hilfe nehmen.

Anbau

■ Anbau umgekehrt zum Abbau.
■ Neue Dichtung verwenden, mit Kupferpaste einschmieren.
■ Folgende Anziehreihenfolge einhalten, um Verzug zu vermeiden:
1. Leicht anziehen: Muttern auf Stehbolzen am Zylinderkopf, Mutter auf Schraube der unteren Krümmerhalterung, Schraube des Massekabels.
2. Bild 12: Muttern auf ihren Stehbolzen am Zylinderkopf in der in Bild 9 gezeigten Reihefolge mit 28 Nm festziehen.
3. Bild 11: Mutter auf Schraube der unteren Krümmerhalterung mit 22 Nm festziehen.
4. Kabel der Lambdasonde in Halter und Führung einlegen, Stecker verbinden.

Lambdasonde

Bild 13: Die Lambdasonde ist im Auspuffkrümmer oben seitlich eingeschraubt. Wenn bei Maschinen der Modelljahre 2014 bis 2020 der Fehlercode »21« durch Blinkzeichen auftaucht, ist etwas nicht in Ordnung mit der Lambdasonde. Ab Modelljahr 202 wird Fehlercode »36« angezeigt. Zu den Fehlern sehen Sie bitte in Kapitel 20 »Einspritzung« im Text »Fehlercodes« nach.

Zubehör-Auspuffanlagen

Wichtig 1: Beim Kauf einer Auspuffanlage für Straßenbetrieb muss eine vom Hersteller erstellte »Allgemeine Betriebs-Erlaubnis« (ABE) dabei sein. Diese wird vom Auspuffhersteller erstellt und ist EU-weit gültig. Bild 14: Am Auspufftopf ist die Nummer der ABE aufgebracht. Wenn bei einer Polizeikontrolle der Nachrüstauspuff auffällt, genügt es normalerweise, dass man den kontrollierenden Polizisten auf die Nummer hinweist.

Das Mitführen der ABE-Bescheinigung ist nicht zwingend notwendig; es ist jedoch sinnvoll, die Bescheinigung dabei zu haben, um möglichen Stress mit dem Auge des Gesetzes zu vermeiden. In der Schweiz (kein EU-Land) gelten andere Bestimmungen.

Wichtig 2: Besonders Schweizer (und oft auch österreichische!) Polizisten gehen manchmal sehr rigide mit Ausländern um, die eine ihrer Meinung nach »zu laute Auspuffanlage« an ihrer Maschine haben, egal ob mit oder ohne EU-ABE.

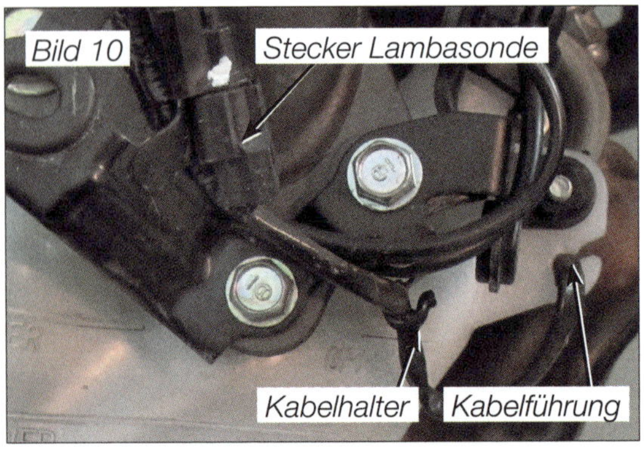

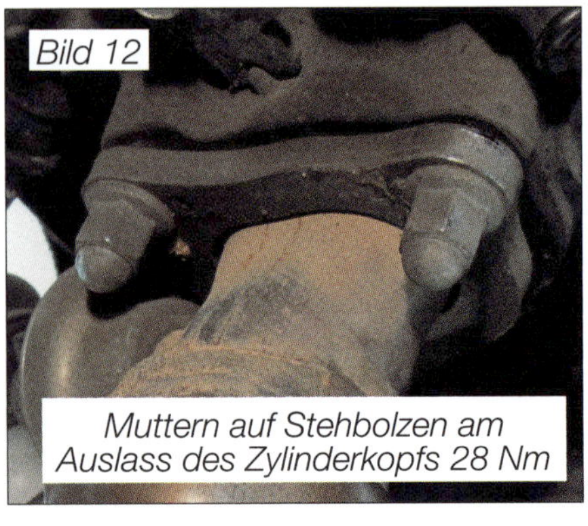

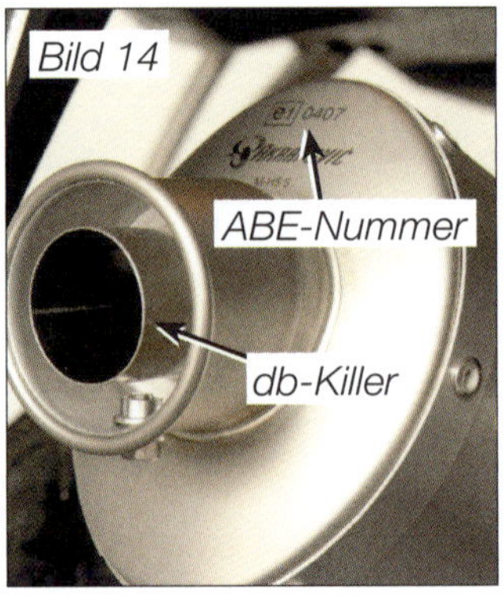

Wichtig 3: Bei Montage einer »lauten« Auspuffanlage für Rennstreckenbetrieb (z. B. bei einem Fahrertraining) sollte man sich dennoch um deren Lautstärke kümmern. Auf vielen Trainingsgeländen und Rennstrecken gelten strenge Lärmbestimmungen. Maschinen, die zu laut unterwegs sind, werden von der Strecke genommen. Viele Auspuffanlagen sind mit so genannten »db-Killern« (Bild 14) ausgerüstet, die je nach gewünschter (oder erlaubter) Lautstärke aus- oder eingebaut werden können.

Schmiersystem

In diesem Kapitel: Schmiersystem · Motoröl · Füllmengen · Ölstand · Ölwechsel · Öldruckschalter und Öldruck · Öldruck messen, Messung bewerten · Öldruckregler, Ölsieb · Kupplungsölfilter.

Schmiersystem

Nasssumpf-Druckumlaufschmierung, Trochoidenölpumpe, Öldruckregler, Ölsieb, Feinstölfilter (das ist die auswechselbare Ölfilterpatrone). Beim Doppelkupplungsgetriebe gibt es zusätzlich eine Kupplungsölpumpe mit einem Kupplungsölfilter.

Bild 3: Sobald der Motor läuft, befindet sich das Öl in ständigem Kreislauf vom Ölsumpf durch den Ölfilter zu allen Motorschmierstellen, tropft von dort wieder zurück in den Ölsumpf, um dann erneut durch den Filter zu den Schmierstellen gedrückt zu werden. Der Ölfilter fängt feinste Schmutzpartikel auf und verhindert das Vordringen in die Lagerstellen, um dort möglicherweise irreparable (Lager-)Schäden anzurichten.

Motoröl

Honda schreibt folgende Motoröle vor: *»Honda 4-Takt-Motorradöl API-Serviceklasse SG oder höher, außer als »energiesparend« gekennzeichnete Öle, SAE 10W-30, JASO T 903-Standard MA.«*

Vorschrift ist also ein Mehrbereichs-Motorrad-Motoröl der Viskositätsklasse SAE 10W-30. Wenn dieses nicht greifbar ist, kann auch SAE 10W-40 eingefüllt werden. Der Temperaturbereich beider Öle reicht von –10 bis über 40 °C, was die durchschnittlichen Temperaturen in Mitteleuropa abdeckt.

Bild 1: Eine solche Ölauffang-Transportwanne eignet sich prima zum Ölwechsel.

Sicherheitshinweise Achtung und Tipps für dieses Kapitel

Tipp: Zur Kontrolle des Ölstands das Motorrad nicht schräg nach links geneigt auf dem Seitenständer abstellen, sondern es soll waagerecht und senkrecht stehen.

Achtung: Am Ende des Gewindes am Ölmessstab ist ein kleiner O-Ring eingesetzt (Bild 4). Diesen kontrollieren, ob er in Ordnung ist, also keine geklemmte oder ausgerissene Stelle hat. Sollte er beschädigt sein, unbedingt erneuern, sonst drückt es hier Öl heraus. Keine Zange benutzen, um damit den Stopfen besonders fest eindrehen zu wollen – nur handfest anziehen!

Tipp: Vor einer längeren Fahrt zu Hause den Ölstand kontrollieren und ggf. mit dem richtigen Öl auffüllen. Wer auf mehrtägige Fahrt geht, sollte sich eine flache, 0,5 bis 0,75 Liter fassende, ölfeste Plastikflasche mit öldichtem Verschluss mit dem Motoröl auffüllen, das garantiert im Motor drinnen ist, und die Flasche ins Gepäcksystem packen. Entsprechende Flaschen gibt es z. B. im Chemiefachhandel.

Tipp: Motoröl nur in betriebswarmem Zustand wechseln, also vorher den Motor mindestens zehn Kilometer warm fahren. Damit wird sichergestellt, dass Metallabriebteile, die sich noch nicht abgesetzt haben, sondern noch in der Schwebe sind, vom heißen Öl aufgenommen und beim Ablassen mit herausgespült werden.

Achtung: Altöl niemals wegschütten, sondern an einer Sammelstelle oder Tankstelle abliefern. Jeder Ölverkäufer ist zur Rücknahme einer entsprechenden Menge Altöls verpflichtet! Beim Kauf von neuem Öl die Quittung aufbewahren und bei der Rückgabe des Altöls vorzeigen!

Achtung: Keine Getränkeflaschen als Altölbehälter verwenden! Besser sind etwa alte Benzinkanister, die mit einem dauerhaften Etikett »Altes Motoröl« versehen werden.

Achtung: Dem Altöl keine anderen Flüssigkeiten beimischen, wie z. B. Brems- oder Kühlflüssigkeit. Diese extrem giftigen und wenig umweltfreundlichen Betriebsstoffe müssen in extra Behältern aufgefangen und zu Problemstoff-Sammelstellen gebracht werden.

Achtung: Zum Ölablassen ein so großes Gefäß verwenden, das den Bereich von Ölablassöffnung und Ölfilter unterm Motor nicht nur abdeckt, sondern allseitig um mindestens zehn Zentimeter übersteht. Es gibt im Motorrad-Zubehörhandel kombinierte Ölfangwannen-Behälter (Bild 1), bei denen das Öl in eine Wanne und von dort direkt in den Sammelbehälter läuft. Dieser ist verschließbar und mit einem Tragegriff versehen, also leicht transportabel. Das Altöl zur Ölsammelstelle bringen, wo es umweltgerecht entsorgt wird.

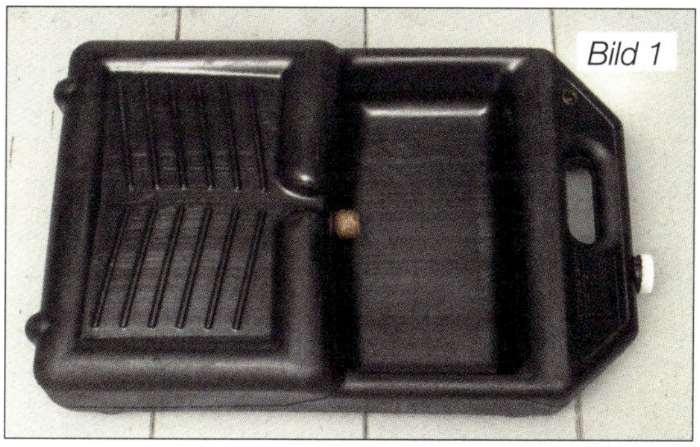
Bild 1

Achtung: Wenn die Ölablassschraube ihren letzten Gewindegang erreicht hat, beginnt das Öl bereits zu laufen. Finger rasch wegziehen! Es ist besser, die Ölablassschraube mit dem ersten Schuss Öl ins Auffanggefäß fallen zu lassen, als sich am heißen Öl die Finger zu verbrühen! Öl läuft erst im Strahl, nach einiger Zeit nur noch tropfenweise. Also geduldig warten, bis auch der letzte Tropfen im Auffanggefäß gelandet ist.

Sichtprüfung Messen

Bilder 2 a und 2 b: Zwei sehr gut geeignete Öle: Castrol Power 1 Ultimate ist ein halbsynthetisches, Castrol Power 1 Racing ein vollsynthetisches Öl.

Bild 3: Schematische Darstellung des Ölkreislaufs.

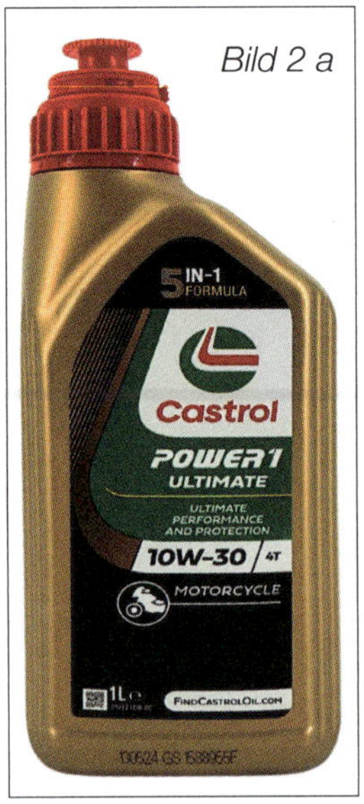

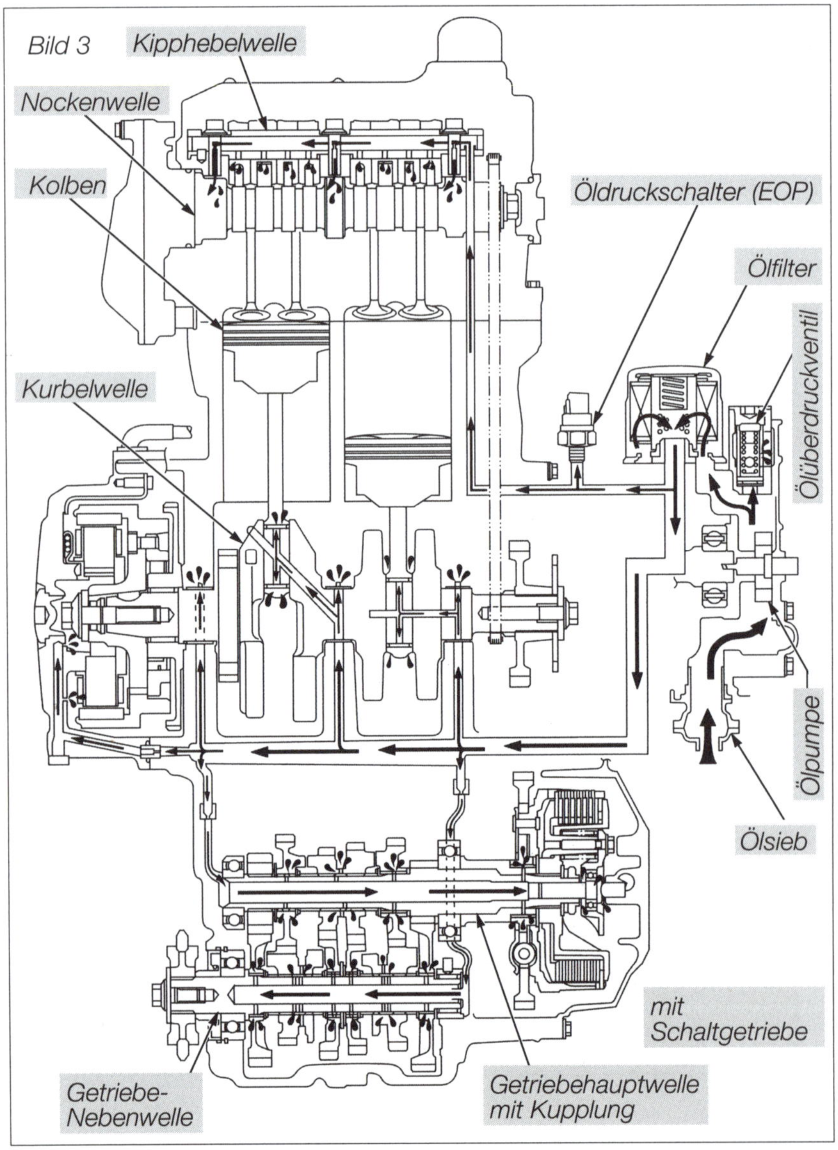

Weiterhin sagt Honda zum Motoröl:

- Es sollen ausschließlich herkömmliche Motorrad-Motoröle verwenden werden.
- Keine Öle mit Graphit- oder Molybdänzusatz verwenden, sonst besteht die Gefahr, dass die Kupplung rutscht.
- Keine Ölzusätze dem Motoröl zugeben! Wir raten sogar dringend davon ab.
- Nicht verwenden sollte man die so genannten »Leichtlauföle« ab SAE 5 oder Ultra-Mehrbereichsöle wie z. B. SAE 0W50. Diese sind für Automotoren entwickelt worden, wo ja weder Kupplung noch Getriebe im Motorölbad laufen.
- Nicht verwendet werden dürfen Dieselöle mit der Spezifikation »CD« oder höher und Öle der Spezifikation »Energy Conserving« bzw. »energiesparend«.

Mineralöl oder Synthetiköl?

Es gibt zwei verschiedene Motorölsorten: Mineralöl und synthetisches Öl. Mineralöl ist billiger, halb- oder vollsynthetisches Öl teurer. Der Motor der NC 750 kann mit beiden Ölen betrieben werden.

Für die NC 750, deren Motor sowohl im Alltag auf Kurzstrecken mit niedrigen als auch sportlich mit hohen Drehzahlen gefahren werden kann, empfehlen wir halb- oder vollsynthetisches Öl. Im Zweifelsfall fragen Sie Ihren Honda-Motorradhändler, der ist immer gut informiert, welche Ölmarken und Ölsorten von Honda freigegeben bzw. empfohlen werden.

Honda arbeitet auf dem Schmiermittelsektor seit vielen Jahren mit verschiedenen Ölherstellern zusammen. Beispielhaft sei die Marke Castrol erwähnt. Aus dem Castrol-Programm sind zwei Motoröle besonders geeignet: Halbsynthetisches Öl »Power 1 Ultimate« (Bild 2 a) und vollsynthetisches Öl »Power 1 Racing« (Bild 2 b).

Füllmengen in den Modelljahren 2014 bis 2020

Beim Schaltgetriebe:

- 3,1 Liter ohne Filterwechsel
- 3,4 Liter mit Filterwechsel
- 3,7 Liter, wenn der Motor nach einer Zerlegung wieder befüllt wird.

Beim Doppelkupplungsgetriebe:

- 3,2 Liter ohne Filterwechsel
- 3,4 Liter mit Filterwechsel
- 4,1 Liter, wenn der Motor nach einer Zerlegung wieder befüllt wird.

Füllmengen ab Modelljahr 2021

Beim Schaltgetriebe:

- 3,4 Liter ohne Filterwechsel
- 3,6 Liter mit Filterwechsel
- 4,0 Liter, wenn der Motor nach einer Zerlegung wieder befüllt wird.

Beim Doppelkupplungsgetriebe:

- 3,1 Liter ohne Filterwechsel
- 3,4 Liter mit Filterwechsel
- 4,0 Liter, wenn der Motor nach einer Zerlegung wieder befüllt wird.

Ölstand kontrollieren

Bild 4: Der Ölmessstab ist unten im rechten Motordeckel eingeschraubt.

1. Motor einige Minuten warm laufen lassen.
2. Motor AUSschalten. Maschine waage- und senkrecht abstellen, eine bis zwei Minuten warten, damit alles Motoröl nach unten in die Ölwanne ablaufen kann.
3. Bild 4: Den Ölmessstab herausdrehen und abwischen.
4. Messstab einstecken (NICHT eindrehen), bis sein Gewinde aufsitzt, Ölmessstab ausziehen und den Ölstand ablesen.

- Bild 4: Der Ölstand sollte knapp unterhalb der oberen Füllstandmarkierung auf dem Messstab liegen.
- Auf keinen Fall darf er unter der unteren Markierung sein – dann ist zu wenig Öl im Motor.
- Auf keinen Fall darf er über der oberen Markierung sein – dann ist zu viel Öl im Motor.

Motoröl nachfüllen

Bild 5: Ist der Motorölstand zu niedrig, muss Öl durch die Gewindebohrung im Motordeckel nachgefüllt werden. In kleinen Schritten auffüllen, sonst leert man schnell einmal zu viel Öl ein, denn die Füllmenge zwischen Minimal- und Maximalmarkierung beträgt nur ca. 0,4 Liter.

Falls Sie kein Öl zum Nachfüllen dabei haben, lassen Sie sich vom Tankwart nicht einen Liter vom teuersten Öl aufschwatzen, sondern verlangen exakt die Ölsorte, die Sie im Motor drin haben, also entweder halb- oder vollsynthetisches Öl oder eben Mineralöl in SAE 10W-30 oder 10W-40. Wenn es keines von beiden gibt, kann man auch SAE 15W-40 verwenden.

Zum Nachfüllen können Sie folgende Motoröle miteinander mischen:

- Mineralöl im Motor: Man kann mit halbsynthetischem Öl auffüllen.
- Halbsynthetisches Öl im Motor: Man kann mit vollsynthetischem oder Mineralöl auffüllen.
- Vollsynthetisches Öl im Motor: Man kann mit halbsynthetischem Öl auffüllen.

Ölwechsel machen

Ölwechsel ist erstmals bei 1000 km, danach alle 12 000 km oder einmal jährlich vorgeschrieben. Warum einmal im Jahr? Wenn man keine 12 000 km im Jahr schafft, sollte dennoch ein Öl- mit Filterwechsel durchgeführt werden (bei der »Jahresinspektion«). Ölwechsel nur bei warmem Motor durchführen. Selbst wenn der Motor einige Monate nicht mehr gelaufen ist, sollte man das Motoröl nicht kalt ablassen, sondern den Motor vorher 10 bis 15 Minuten warm laufen lassen.

Bilder 4 und 5: Wenn der Motorölstand nahe an der unteren Markierung oder gar darunter ist, muss Öl nachgefüllt werden:

- *Öl mit Hilfe eines Trichters durch die Bohrung im rechten Motordeckel nachfüllen.*

- *Der O-Ring im Messstab muss unbeschädigt sein.*

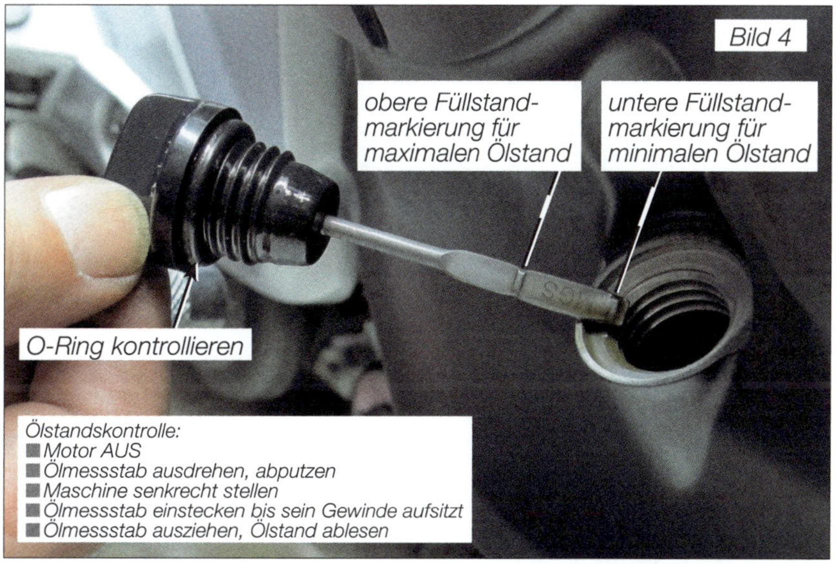

Bild 6: Bei Montage von Ölablassschraube und neuem Ölfilter alle Gewinde, Flansch- und Dichtflächen mit frischem Motoröl einölen.

■ Neuen Dichtring für die Ölablassschraube verwenden.

Motoröl ablassen

Bild 7: Zum Aus- und Anschrauben des Ölfilters ist ein spezieller Ölfilterschlüssel nötig (Honda-Ersatzteilnummer 07HAA-PJ70101). Passende Schlüssel sind auch im Zubehörhandel erhältlich.

1. Maschine auf Heckmontageständer senkrecht abstellen
2. Motorverkleidung abbauen (Kapitel 4 »Verkleidung · Tank · Rahmen«).
3. Geeignetes Auffanggefäß (siehe Bild 1) mit mindestens 5 Litern Fassungsvermögen unter den Motor schieben.
4. Bild 4: Ölmessstab ausdrehen.
5. Bild 6: Ölablassschraube öffnen. Dazu am besten eine Sechskantnuss oder einen exakt passenden Ringschlüssel verwenden.
5.1. Ölablassschraube ausdrehen.
6. Bild 7: Ölfilter mit Ölfilterschlüssel abschrauben.

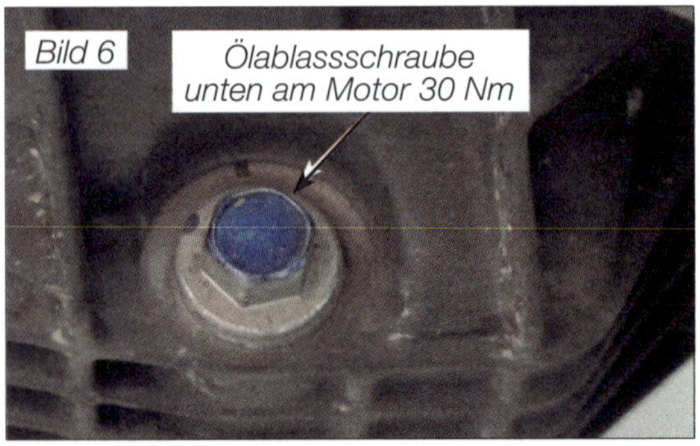

Achtung: Auspuffrohr ist heiß! Altöl auch aus dieser Öffnung lange genug auslaufen und abtropfen lassen.

Neuen Ölfilter anschrauben, Öl einfüllen

1. Anlageflächen des Ölfilters und der Ölablassschraube mit einem sauberen, nicht fusselnden Lappen abwischen.
2. Ölablassschraube mit neuem Dichtring versehen, eindrehen, mit 30 Nm festziehen.
3. Bild 8: Dichtring und Einschraubgewinde des neuen Ölfilters mit frischem Motoröl bestreichen.
4. Ölfilter exakt am Gewinde des Motors ansetzen, von Hand andrehen, bis der Dichtring an der Dichtfläche am Motorgehäuse anliegt.
5. Bild 7: Ölfilter mit Ölfilterschlüssel und Drehmomentschlüssel mit 26 Nm festziehen.
6. Bild 5: Durch die Einfüllöffnung im Motordeckel knapp 3 Liter frisches Öl einfüllen.
7. Ölmessstab in die Einfüllöffnung eindrehen und handfest anziehen.
8. Motor starten und zwei bis drei Minuten im Leerlauf laufen lassen: Der Ölfilter muss sich füllen. Ölfilterrand und Ölablassschraube auf Dichtheit prüfen.
9. Motor abstellen. Nach einigen Minuten den Ölstand kontrollieren. Wahrscheinlich muss man jetzt etwas Öl auffüllen, bis sich der Ölstand am Ölmessstab knapp unterhalb der Maximalstandmarkierung befindet (Bild 4).
10. Motorverkleidung anbauen.

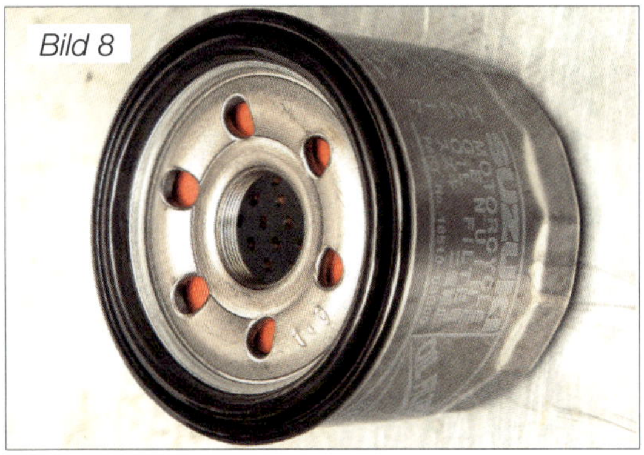

Bilder 7 und 8: Zum Ab- und Anschrauben des Ölfilters wird ein spezieller Ölfilterschlüssel benötigt.

Öldruckschalter, Öldruck

Öldruckschalter: Beim Einschalten der Zündung leuchtet eine Öldruck-Kontrollleuchte im Cockpit auf, die Leuchte mit dem Ölkännchen-Symbol (Bild 9). Nach dem Starten des Motors erlischt sie, wenn sich genügend Öldruck aufgebaut hat.

Erlischt die Öldruck-Kontrollleuchte nicht nach dem Starten oder leuchtet sie während der Fahrt plötzlich auf, ist Alarm angesagt:
1. Wenn der Motor abnormale Geräusche von sich gibt, also z. B. laut klappert, Motor SOFORT ABSTELLEN, dann hat er einen Lagerschaden und wird ein Fall für die Honda-Fachwerkstatt.
2. Auch wenn er normal läuft, umgehend abstellen und den Motorölstand überprüfen.
2.1. Leuchtet die Lampe trotz korrektem Motorölstand weiterhin, deutet dies auf einen defekten Öldruckschalter hin.
3. Leuchtet die Öldruck-Kontrollleuchte schon

Bild 9: Öldruck-Kontrollleuchte im Armaturenbrett.

beim Einschalten der Zündung nicht auf, die Kabelverbindung der Öldruck-Kontrollleuchte und das am Öldruckschalter aufgesteckte Kabel prüfen. Sind Kabel und Anschlüssel einwandfrei, ist wahrscheinlich der Öldruckschalter defekt.

- Das Nicht-Aufleuchten der Öldruck-Kontrollleuchte wird durch MIL-Blinkzeichen (BLZ) 87 im Instrument angezeigt (siehe dazu Kapitel 20 »Einspritzung«).

Öldruckschalter aus- und einbauen

1. Motorverkleidung abbauen (Kapitel 4 »Verkleidung · Tank · Rahmen«).
2. Kühlflüssigkeits-Ausgleichsbehälter abbauen (Kapitel 23 »Kühlsystem«).
3. Bild 10: Kabelstecker vom Öldruckschalter abziehen.
4. Öldruckschalter ausdrehen.
5. Neuen Öldruckschalter einbauen:
5.1. Bild 11: Etwas Silikondichtmittel an das Gewinde des Öldruckschalters geben.
KEIN Dichtmittel an die vorderen Gewindegänge bringen.
5.2. Öldruckschalter eindrehen und mit 18 Nm festziehen. Kabelstecker aufschieben.
6. Abgebaute Teile wieder anbauen.

Wir empfehlen auch dann, wenn der Öldruckschalter als defekt erkannt und ausgewechselt wird, eine Messung des Öldrucks durchzuführen – denn wenn dieser in Ordnung ist, kann man damit sein Gewissen beruhigen.

Öldruck: Ab einer Laufleistung von ca. 50 000 km sollte man den Öldruck bei jeder großen Inspektion überprüfen. Daraus lassen sich Rückschlüsse auf den Zustand des Schmiersystems und der Kurbelwellenlager ziehen.

Öldruck messen

Wenn die Öldruck-Kontrollleuchte bei laufendem Motor trotz korrektem Ölstand und Ölviskosität nicht ausgeht, Motor sofort abschalten und den Öldruck messen. Dazu werden folgende Honda-Spezialwerkzeuge benötigt:

- »Vorsatz für Öldruckmesser« zum Anschluss an den Motor (Nr. 070MJ-0010101)
- »Öldruckmesskit« (Nr. 07506-3000001)
- »Vorsatz für Öldruckmesser« zum Anschluss an das Messgerät (Nr. 07406-0030000)

1. Maschine auf Heckmontageständer senkrecht abstellen.
2. Motorverkleidung abbauen (Kapitel 4 »Verkleidung · Tank · Rahmen«).
3. Geeignetes Gefäß unter den Motor schieben.
4. Ölfilter abschrauben.
5. Honda-Spezialwerkzeuge anbauen, Ölfilter anschrauben, mit 26 Nm festziehen.
6. Ölstand kontrollieren, ggf. korrigieren.
7. Motor warm laufen lassen, bis das Motoröl ca. 80 °C warm ist. Motor abschalten. Alle Anschlüsse kontrollieren.
8. Motor starten und mit Standgas laufen lassen. Öldruck am Manometer: Der Zeiger muss sich bewegen. Es gibt keinen vorgeschriebenen Wert für den Öldruck bei Standgas.
9. Gas geben bis auf 5000/min: Der Öldruck muss bis auf 4,7 bar steigen (die Werksangabe nennt 470 kPa).

Öldruckmessung bewerten

Öldruck liegt bei 4,7 bar

- Motorinnereien sind in Ordnung.

Öldruck viel niedriger als 4,7 bar

Es können folgende Ursachen vorliegen:

- Ölfilter und/oder Ölsieb verstopft
- Öldruckregler hängt auf »offen«
- Ölpumpe oder Ölpumpenantrieb defekt
- Schadhafte Dichtung im Motorölsystem
- Kurbelwellenlager defekt

Eventuell auch Kombination mehrerer Fehler.

Öldruck viel höher als 4,7 bar

Es können folgende Ursachen vorliegen:

- Ölviskosität zu hoch (zu dickes Öl im Motor)
- Öldruckregler hängt auf »geschlossen«
- Ölkanal verstopft
- Ölfilter beschädigt

Finish: Wenn der Öldruck in Ordnung ist, die Spezialwerkzeuge wieder abschrauben und einen neuen Ölfilter anbauen, wie weiter vorne beim Ölwechsel beschrieben.

Öldruckregler, Ölsieb

Wenn der Öldruck zu niedrig ist, können der Öldruckregler (auch »Ölüberdruckventil« genannt) festhängen oder das Ölsieb verstopft sein. Dieser Schaden ist bei einem normal gepflegten Motor nicht zu erwarten. Er kann auftreten, wenn grober Schmutz in das Motoröl hineingekommen ist. Der Öldruckregler sitzt in der Ölpumpe, Einzelteile sind nicht lieferbar. Bei Verdacht auf einen Schaden an Ölpumpe oder Öldruckregler raten wir, vor Kauf einer neuen Ölpumpe einen Honda-Händler zu Rate zu ziehen, der beurteilen kann,

Bilder 10: Einbaulage des Öldruckschalters über dem Ölfilter.

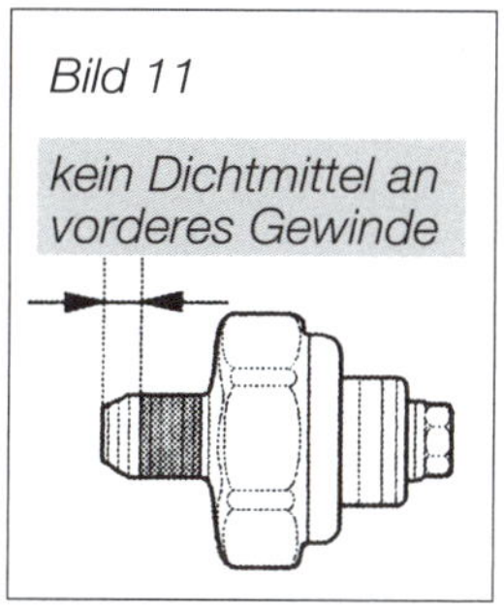

Bild 11: Beim Einbau eines neuen Öldruckschalters Silikondichtmittel an das Gewinde geben.

Sichtprüfung Messen

Bild 12: Schematische Darstellung des Ölkreislaufs bei Modell mit Doppelkupplungsgetriebe.

Bild 13: Explosionszeichnung und Montageanweisung des Kupplungsölfilters.

ob die Teile weiter verwendet werden können. Wenn geprüft werden soll, ob das Ölsieb verstopft ist, muss die Ölwanne abgebaut werden.

1. Auspuffendtopf und Krümmer abbauen (Kapitel 21 »Auspuffanlage«).
2. Schrauben der Ölwanne über Kreuz in zwei bis drei Schritten lösen und abschrauben. Ölwanne abnehmen.
3. Ölsieb aus dem Kurbelgehäuse ziehen.
4. Ölsieb mit Waschbenzin reinigen.
5. Neuen O-Ring mit Motoröl einölen, auf Ölsieb aufschieben.
6. Ölsieb in Kurbelgehäuse einsetzen: Darauf achten, dass Nase am Ölsieb in der Nut sitzt.
7. Dichtfläche der Ölwanne sorgfältig reinigen. Silikondichtmittel (Three Bond 1207b) auf die Dichtfläche der Ölwanne dünn auftragen.
8. Ölwanne an Kurbelgehäuse ansetzen, Schrauben eindrehen und in zwei bis drei Schritten über Kreuz bis auf 10 Nm festziehen.

Kupplungsölfilter

Bilder 12 und 13: Bei Doppelkupplungsgetriebe ist zusätzlich zum Motorölfilter ein Kupplungsölfilter verbaut. Dieser muss bei jedem zweiten Ölwechsel erneuert werden. Wir raten jedoch dazu, den Kupplungsölfilter bei jedem Ölwechsel zu erneuern. Denn der Kupplungsölfilter soll auch kleinste Schmutzpartikel von Kupplung und Getriebe fern halten, was für die Funktion der Antriebseinheit sehr wichtig ist.

Bitte beachten Sie, dass der Kupplungsölfilter nach dem Ablassen des Motoröls abgeschraubt wird; ob vor oder nach dem Motorölfilter ist grundsätzlich egal. Angeschraubt wird er im Rahmen der Motorölfilter-Montage und damit vor dem Einfüllen des frischen Motoröls.

Kupplungsölfilter aus- und einbauen

1. Motoröl ist abgelassen wie im entsprechenden Absatz weiter vorne beschrieben.
2. Deckel des Kupplungsölfilters abbauen: Schrauben ausdrehen, Deckel abnehmen.
3. Feder und Ölfilter herausnehmen.
4. O-Ring vom Motorgehäuse abziehen.

Einbau in umgekehrter Reihenfolge und beachten:
- Bild 13: Ölfilter mit der Aufschrift »Outside« nach außen einbauen.
- Neuen O-Ring verwenden und diesen vor dem Einbau leicht einölen.

Bild 12

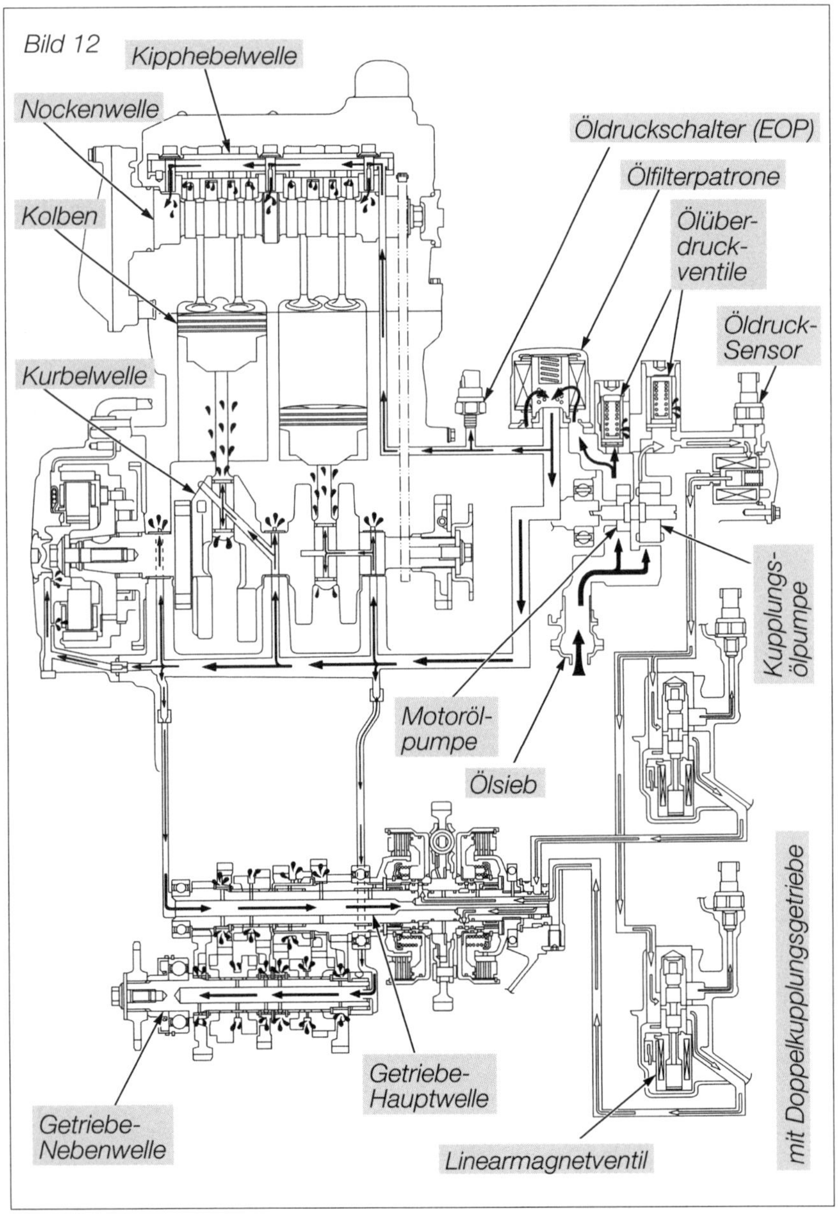

Bild 13

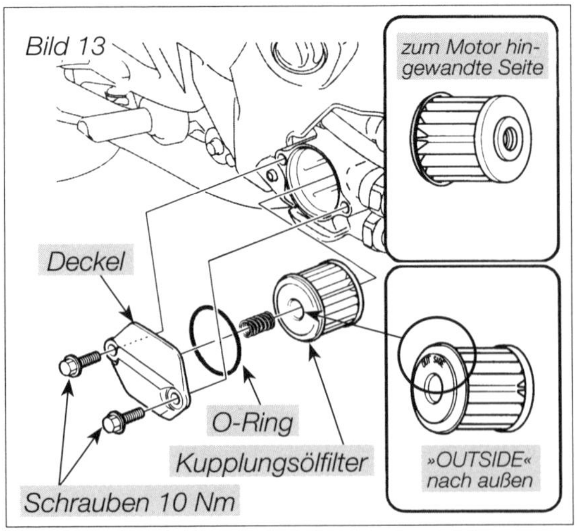

Kühlsystem

In diesem Kapitel: Motorkühlung · Kühlflüssigkeit prüfen, ergänzen, wechseln · Thermostat aus- und einbauen, prüfen · Öffnungsdruck Kühlerdeckel prüfen · Kühlerventilator und Kühlmitteltemperatur-Sensor prüfen · Wasserpumpe aus- und einbauen, prüfen.

Motorkühlung

Im Kühlsystem zirkuliert eine Flüssigkeit, die aus einer Mischung verschiedener chemischer Komponenten besteht. Kühlflüssigkeit wird fertig gemischt angeboten, sie bleibt bis ca. – 35 °C flüssig. Wenn Sie neue Kühlflüssigkeit kaufen, entweder zum Nachfüllen oder Wechsel, achten Sie darauf, dass diese für Aluminiummotoren und Alukühler geeignet ist, denn Kühlflüssigkeit für (Auto-) Graugussmotoren ist nicht geeignet! Kühlflüssigkeit verhindert Korrosion und schmiert die Wasserpumpe. Deswegen sollte sie immer eingefüllt sein, auch wenn man nur im Sommer fährt, wo keine Minustemperaturen zu erwarten sind. Die Kühlflüssigkeit muss laut Wartungsplan alle drei Jahre erneuert werden.

Kühlflüssigkeit prüfen

Der Kühlflüssigkeits-Ausgleichsbehälter ist rechts unter der seitlichen Motorverkleidung am Rahmen angebaut. Bild 1: Der Stand der Kühlflüssigkeit ist beim Blick auf den transparenten Behälter zu erkennen, er muss zwischen unterer (LOWER) und oberer (UPPER) Markierungslinie sein. Ab und zu mal hinsehen beruhigt das Gewissen. **Beachten:** Der Stand der Kühlflüssigkeit im Ausgleichsbehälter ist bei heißem Motor etwas höher als bei kaltem.

Wenn die Kühlflüssigkeit im Ausgleichsbehälter unter die untere Markierungslinie absinkt, ist entweder ein Teil davon verdunstet oder das Kühlsystem hat ein Leck. Bevor jedoch der Kühlkreislauf umgekrempelt wird, zuerst den Ausgleichsbehälter bis zur oberen Markierungslinie mit Kühlflüssigkeit auffüllen, weiterfahren und beobachten, wo das Zeug bleibt: Vielleicht war nur der Deckel lose und es ist eine kleine Menge

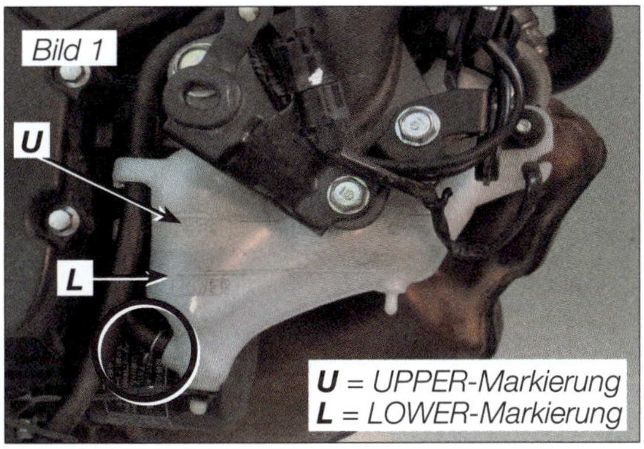

Bilder 1, 1 a und 1 b: Der Ausgleichsbehälter des Kühlsystems ist rechts unten eingebaut. Der Stand der Kühlflüssigkeit sollte zwischen den Markierungen U und L sein.

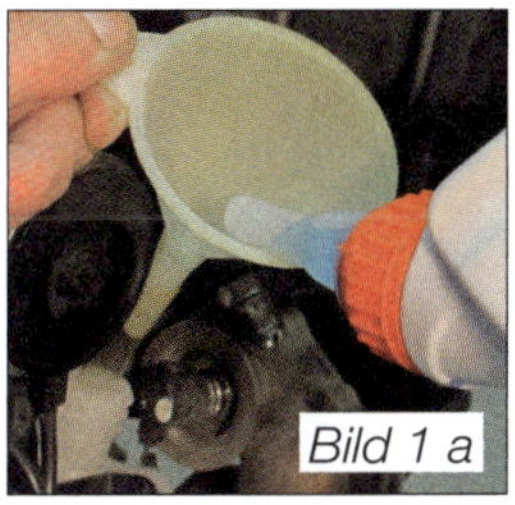

Sicherheitshinweise Achtung und Tipps für dieses Kapitel

Bild 2: Verkalkter, defekter Thermostat.

Ist der Thermostat defekt und Sie haben keine Möglichkeit, einen neuen zu kaufen, können Sie den Motor eine gewisse Zeit lang auch ohne Thermostat betreiben (zumindest im Sommer). Noch ein Tipp: Falls der Thermostat verkalkt ist, deswegen klemmt und nicht mehr öffnet, legen Sie ihn zwei Stunden lang in Kaffeemaschinen-Entkalker, Haushaltsessig oder Zitronensaft: Der Kalk löst sich, Thermostat wird freigängig.

Kühlflüssigkeit kann Lack beschädigen und auf Metall Flecken hinterlassen. Nichts verschütten, altes Kühlmittel umweltgerecht entsorgen!

Kaufen Sie neue Kühlflüssigkeit NICHT im Baumarkt oder gar in der Kfz-Abteilung eines Lebensmittel-Supermarktes, auch wenn das Preisangebot scheinbar noch so verlockend ist! Kaufen Sie Kühlflüssigkeit entweder beim Honda-Händler oder im Motorrad- bzw. Kfz-Zubehör-Fachhandel!

Motorkühlmittel kann Haut und Augen sowie innere Organe schädigen. Jeglichen Körperkontakt vermeiden, keinesfalls trinken. Falls Haut oder Augen damit in Berührung kommen, mit reichlich klarem Wasser ab- bzw. ausspülen. Nach Verschlucken KEIN Erbrechen herbeiführen, sondern sofort Arzt bzw. Giftnotzentrale anrufen.

Deckel des Kühlsystems nicht bei heißem Motor öffnen: Heißes Kühlmittel steht unter Druck und schießt beim Öffnen des Deckels heraus – Verbrühungen wären die Folge.

Bei Arbeiten mit laufendem Motor in geschlossenen Räumen für ausreichende Belüftung sorgen! Abgase enthalten giftiges und geruchloses Kohlenmonoxid, das Bewusstlosigkeit verursachen und zum Tod führen kann. Alle Fenster und Türen öffnen! Am sichersten ist eine Abgasabsauganlage ins Freie. Dieser Warnhinweis gilt z. B. für die Prüfung des Kühlerventilators, wobei der Motor laufen muss. Wenn keine oder ungenügende Belüftungs- und Entlüftungsmöglichkeit der Werkstatträume gegeben ist, im Freien arbeiten!

Bei einer Dichtprüfung des Kühlsystems den maximal zulässigen Prüfdruck von 1,4 bar nicht überschreiten: Zu hoher Druck kann Bauteile des Kühlsystems beschädigen!

Sichtprüfung Messen

Kühlflüssigkeit ausgetreten – wenn aufgefüllt wird, ist wieder alles in Ordnung.

Bei den Inspektionen den Kühlflüssigkeitsstand, alle Schläuche, Anschlüsse und die Schlauchschellen kontrollieren.

Kühlflüssigkeit wechseln

Vorbereitung

- 2 Liter Kühlflüssigkeit kaufen.
- Einen geeigneten Kühlmittel-Auffangbehälter organisieren, z. B. Waschschüssel. Man kann auch einen alten Plastikkanister aufschneiden.
- Motor muss kalt sein, höchstens handwarm.

Kühlflüssigkeit ablassen

1. Motorrad auf Heckmontageständer stellen. rechte seitliche Verkleidung und Motorverkleidung abbauen.
2. Bild 1 b: Deckel vom Kühlflüssigkeits-Ausgleichsbehälter abschrauben.
3. Bild 1: Ausgleichsbehälter abschrauben und herausnehmen: Dazu den Stecker im Kabel der Lambdasonde trennen, Kabel und Überlaufschlauch aus ihrer Halterung ziehen.
- Dabei NICHTS verschütten, denn Kühlflüssigkeit hinterlässt hässliche Flecken!

3.1. Alte Kühlflüssigkeit aus dem Ausgleichsbehälter ausgießen, diesen mit heißem Wasser reinigen.
4. Bild 3: Sicherungsschraube aus dem Kühlerdeckel ausdrehen.
4.1. Kühlerdeckel abschrauben: Links herum bis zum Anschlag aufdrehen, eindrücken, weiterdrehen und herausnehmen.
5. Auffangbehälter unter den Motor stellen.
5.1. Bild 4: Ablassschraube neben dem Auspuffkrümmer lösen und ausdrehen, Kühlmittel auslaufen und austropfen lassen. Kühlwasserschläuche durchwalken.
6. Ablassschraube mit neuer Dichtscheibe versehen, eindrehen und festziehen.
6.1. Bild 1: Kühlflüssigkeits-Ausgleichsbehälter wieder anbauen, Schläuche aufstecken. Kreis in Bild 1: Sicherungsklammer anbringen. Behälter offen lassen, also den Deckel noch nicht anbringen.

Bild 3: Der Kühlerdeckel ist mit einer Schraube gegen Verdrehen gesichert.

Bild 4: Die Ablassschraube für die Kühlflüssigkeit sitzt unten im Zylinderblock hinter dem Auspuffstutzen.

Kühlflüssigkeit einfüllen

1. Durch den Einfüllstutzen des Kühlers langsam frische Kühlflüssigkeit einfüllen. Zwei bis drei Minuten warten, dann bis zur unteren Kante des Einfüllstutzens auffüllen.
- Kühlerdeckel noch nicht einbauen.

2. Kühlwasserschläuche von Hand durchwalken, damit evtl. vorhandene Luft entweicht.
3. In den Einfüllstutzen schauen und nachsehen, wo die Kühlflüssigkeit steht: Sie muss an der unteren Kante des Stutzens sein.
3.1. Meistens ist sie nach dem Durchwalken der Schläuche zu niedrig, deswegen mit Kühlflüssigkeit auffüllen.
4. Kühlerdeckel in Stutzen einsetzen, eindrücken, rechts drehen: Muss fühl- und hörbar einrasten.
4.1. Sicherungsschraube eindrehen, festziehen.
5. Bild 1 a: In den Ausgleichsbehälter mit Hilfe von Trichter und Schlauch frische Kühlflüssigkeit bis zur oberen Markierungslinie »UPPER« einfüllen.
5.1. Bild 1 b: Deckel auf Stutzen aufschrauben.
6. Getriebe in Leerlauf schalten, Motor starten und mit Standgas so lange laufen lassen, bis der Kühlerventilator anläuft. Motor abstellen.
7. Kühlflüssigkeitsstand im Ausgleichsbehälter prüfen, ggf. auffüllen.
Wichtig: Alle Stellen, die mit Kühlflüssigkeit in Berührung gekommen sind, mit reichlich klarem (warmem) Wasser abspülen. In das Spülwasser vorher einen Schuss Spülmittel (»Pril«) geben.
8. Verkleidungsteile montieren.

Thermostat

Bilder 5 und 13: Der Thermostat sitzt im Thermostatgehäuse, dieses ist hinten am Motor unterhalb des Drosselklappenkörpers angebaut. Wenn der Motor zu heiß wird und Kühlflüssigkeit herausdrückt, liegt der Grund meist darin, dass der Thermostat durch Kalkablagerungen fest ist (Bild 2) und den großen Kreislauf nicht aufmacht. Er muss ausgebaut und gereinigt werden; siehe dazu Text am Kapitelanfang im Kasten und in diesem Text weiter hinten. Besser ist es aber, einen neuen Thermostat einzubauen.

Tipp: Bei einer gebraucht gekauften Maschine empfehlen wir, beim ersten Kühlflüssigkeitswechsel den Thermostat auszubauen, ihn gut zu reinigen und auch zu prüfen. Damit kann man einem überraschenden Defekt am Thermostat vorbeugen.

Thermostat aus- und einbauen

1. Batteriefach (siehe Kapitel 14 »Batterie«) ausbauen. Den 2-poligen Kühlmitteltemperatur-Sensorstecker trennen.
1.1. Kühlflüssigkeit ablassen.
2. Es ist am besten, das Thermostatgehäuse mit dem Thermostat abzubauen: Schlauchschellen weit genug öffnen, Schläuche am Thermostatgehäuse fest anpacken, drehen und ziehen.
3. Bild 5: Muttern am Gehäusedeckel abdrehen, Deckel abnehmen, Thermostat herausnehmen.
4. Den Thermostat und sein zerlegtes Gehäuse einige Zeit in Haushalts-Reinigungsmittel (z. B. Essigsäure) legen. Das löst die Verkalkung.

Bild 5: Einbau in umgekehrter Reihenfolge, dabei besonders beachten:
1. O-Ring kontrollieren, ob er ringsum in Ordnung ist. Im Zweifelsfall besser einen neuen O-Ring einbauen als einen defekten!
2. O-Ring mit etwas Fett in seine Nut einsetzen.
3. Bild 5 a: Thermostat mit dem gefederten Teil nach innen in das Gehäuse einsetzen, die kleine Bohrung muss nach oben weisen.
4. Deckel aufsetzen, Muttern aufdrehen und festziehen mit 10 Nm.
5. Kühlerschläuche montieren: Klemmschrauben in den Schellen »handfest« anziehen, die Schelle darf sich maximal 1 mm in den Schlauch eindrücken (siehe Maßangaben in Bild 6).
6. Kühlflüssigkeit einfüllen wie weiter vorne in diesem Text beschrieben.

Thermostat prüfen

Ein defekter Thermostat kann für zwei gegensätzliche Motorprobleme sorgen:
■ Wenn der Motor zu heiß wird, klemmt der Thermostat in geschlossener Position.
■ Wenn der Motor zu kalt bleibt und trotz normaler Motordrehzahlen nicht warm werden will, klemmt der Thermostat in geöffneter Position.

Wenn kein neuer Thermostat zur Hand ist, kann man ihn ausbauen und prüfen (Bild 7). Dazu werden benötigt: Heizplatte, Gasherd oder Campingkocher, mittelgroßer Topf mit 5 Liter Fassungsvermögen, der zur Hälfte mit Kühlflüssigkeit gefüllt wird, ein Stück stabile Schnur, Reifenmontiereisen, Thermometer bis mindestens 100 °C.

1. Thermostat auf Risse, Klemmstellen, Kalkablagerungen und defekte Feder untersuchen (Bild 5 a). Wenn der Thermostat sichtbar defekt ist (z. B. sehr stark verkalkt oder verbogen), kann man sich die Prüfung sparen!
2. Bild 7: Schnur durch den Flansch des Thermostats ziehen und ihn daran frei schwebend in den Wassertopf hängen.
■ Thermostat und Thermometer dürfen das Metallgefäß nicht berühren, sonst werden die Messergebnisse verfälscht!
3. Kühlflüssigkeit erwärmen und den Temperaturanstieg am Thermometer verfolgen: Der Thermostat muss beginnen zu öffnen bei 80 bis 84 °C und muss bei 95 °C ganz geöffnet sein mit einem Hub von 8 mm.
4. Bevor der fehlerhaft arbeitende Thermostat erneuert wird, ihn versuchen zu reinigen: Einige Zeit in Essigwasser legen (siehe dazu »Tipps« am Anfang des Kapitels und den Text weiter vorne).

Bilder 5, 5 a, 6 und 7: Im Lauftext sind die zu den Bildern gehörenden Arbeitsschritte nummeriert beschrieben.

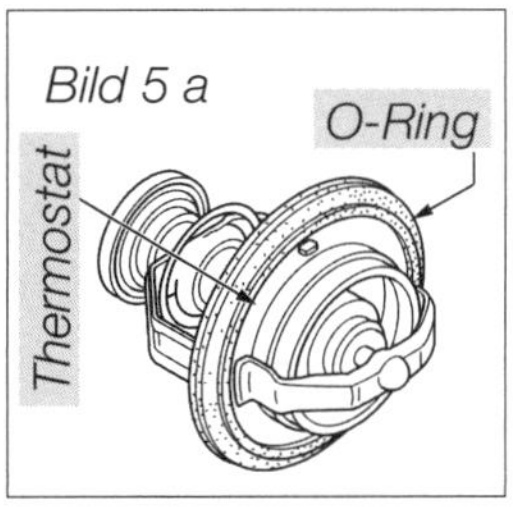

Druckprüfung

Kühlerdeckel prüfen

Falls Kühlflüssigkeit oben aus dem Einfüllstutzen des Kühlers herausgedrückt wird, kann der Kühlerdeckel (Bild 3) entweder nicht richtig eingebaut oder auch defekt sein. Er wird in abgebautem Zustand mit einem Kühlerdruck-Prüfgerät geprüft.

1. Bild 8: Dichtflächen des Kühlerdeckels anfeuchten, Deckel am Prüfgerät befestigen.
2. Druck langsam aufbauen, Manometer beobachten: Der Deckel muss zwischen 1,1 und 1,4 bar öffnen.
3. Wenn der Deckel früher öffnet und der Prüfdruck nicht mindestens 6 Sekunden lang gehalten wird, muss man den Deckel erneuern.

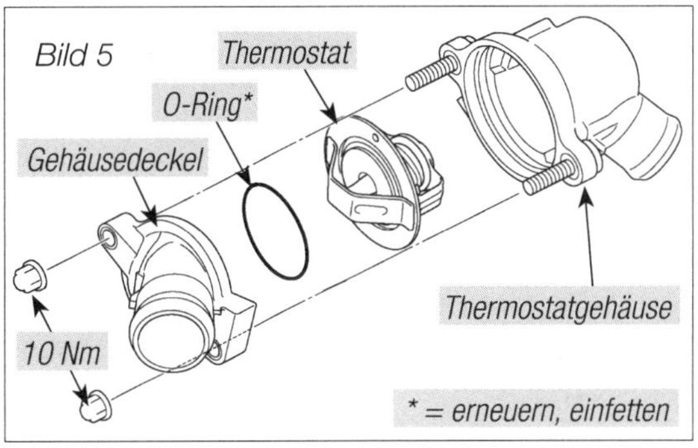

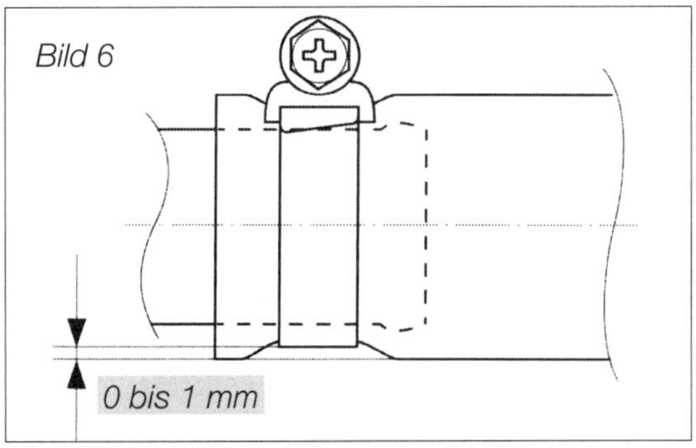

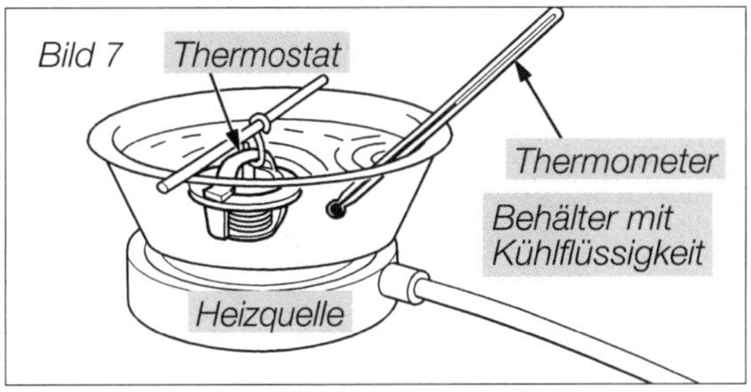

Sichtprüfung Messen

Wichtig: Wenn der Kühlerdeckel erneuert werden muss, unbedingt einen originalen Honda-Deckel für die NC 750 kaufen. Keinen Deckel einer anderen Maschine oder von einem Autokühler montieren, sonst besteht die Gefahr, dass der Austausch der Kühl-flüssigkeit im Kühlkreislauf vom Kühlerstutzen zum Ausgleichsbehälter und zurück nicht funktioniert.

Druckprüfung des Kühlsystems

Wenn der Kühlerdeckel in Ordnung ist und weiterhin Kühlflüssigkeit austritt, die Leckstelle durch eine Druckprüfung suchen.

1. Kühlerdruck-Prüfgerät am Einfüllstutzen des Kühlers anschließen.

2. Druck aufbauen bis auf 1,4 bar. Dieser Prüfdruck muss mindestens 6 Sekunden gehalten werden.

3. Wird der Druck nicht gehalten, das Leck (oder die Lecks) lokalisieren und beheben.

Kühlerventilator und Kühlmitteltemperatur-Sensor

Kühlerventilator läuft nicht an

Wenn der Kühlerventilator nicht anläuft und der Motor deswegen überhitzt:

1. Steckverbindungen der Kabel vom Kühlerventilator zum Kabelbaum und am Relais auf festen Sitz prüfen.

2. Wenn Korrosion festgestellt wird: Mit Hilfe von Kontaktspray und harter Zahnbürste entfernen. Stecker sicher zusammenstecken.

3. Sicherung »Kühlerventilator« prüfen (Kapitel 13 »Sicherungen · Relais · Stecker«).

4. Kühlerventilatorrelais prüfen.

Kühlerventilator-Relais prüfen

Das Kühlerventilator-Relais befindet sich im Sicherungskasten (Bild 9).

1. Sicherungskasten öffnen, Kühlerventilator-Relais herausziehen.

2. Bild 10: Multimeter auf Ω einstellen, Messspitzen an Kontakte des Relais anlegen.

3. Bild 10: 12-Volt-Batterie an Kontakte anlegen.

4. Messen: Bei angeschlossener Batterie muss Durchgang angezeigt werden.

4.1. Wenn kein Durchgang besteht, Kühlerventilator-Relais erneuern.

Kühlerventilator-Motor prüfen

Wenn alle Steckverbindungen und die Sicherung in Ordnung sind und der Kühlerventilator sich immer noch nicht dreht, kann man den Motor des Kühlerventilators mit einer externen 12-Volt-Batterie prüfen.

1. Stecker im Kabel des Ventilatormotors trennen.

2. Batterie an den Kontakten im Stecker des Kabels zum Ventilatormotor provisorisch anschließen: Motor muss sich drehen.

3. Wenn er sich nicht dreht, ist er wahrscheinlich defekt und muss ersetzt werden.

4. Wenn er sich mit externem Strom dreht, aber dann nicht mehr, wenn der Stecker wieder am Kabel, das in den Kabelbaum führt, angeschlossen ist, ist wahrscheinlich das Relais defekt oder das Kabel irgendwo unterbrochen.

Kühlmitteltemperatur-Sensor

Bild 11: Der Kühlmitteltemperatur-Sensor sitzt rechts hinten am Zylinderkopf. Durch eine temperaturabhängige Spannungsänderung gibt der Kühlmitteltemperatur-Sensor eine zu hohe Temperatur des Kühlmittels an die Warnleuchte im Instrumentenblock weiter und die aktuelle Temperatur an das Motorsteuergerät (ECM/PCM) zur Bestimmung der benötigten Einspritzmenge (Diagnosecodes 7-1, 7-2, siehe Kapitel 20 »Einspritzung« und dort »Tabelle Fehlerdiagnosecodes mit zugehörigen MIL-Blinkzeichen«).

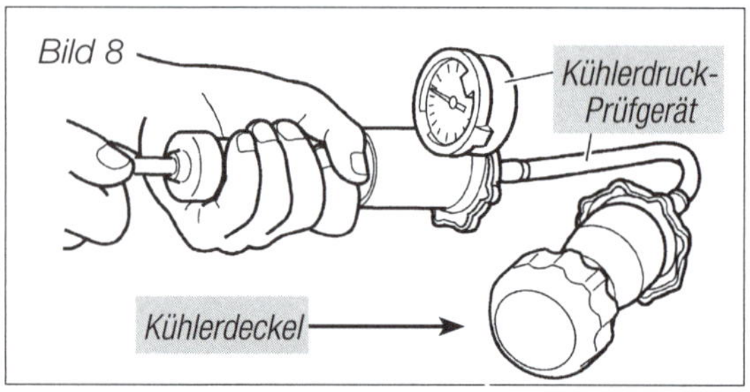

Bild 8: Der Kühlerdeckel muss bei einem Prüfdruck zwischen 1,1 und 1,4 bar öffnen.

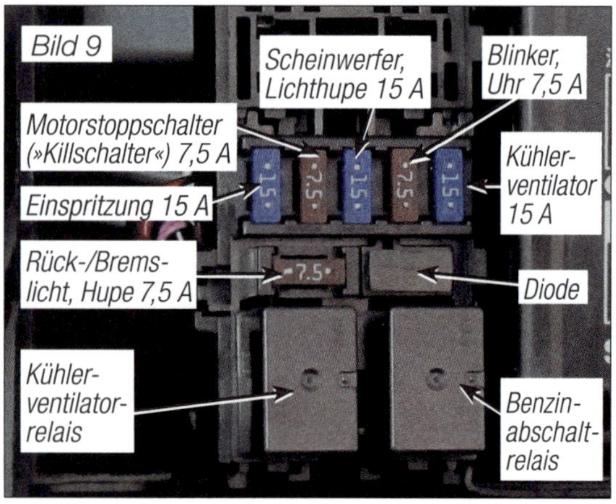

Bild 9: Kühlerventilatorrelais im Sicherungskasten mit Sicherung für Kühlerventilator.

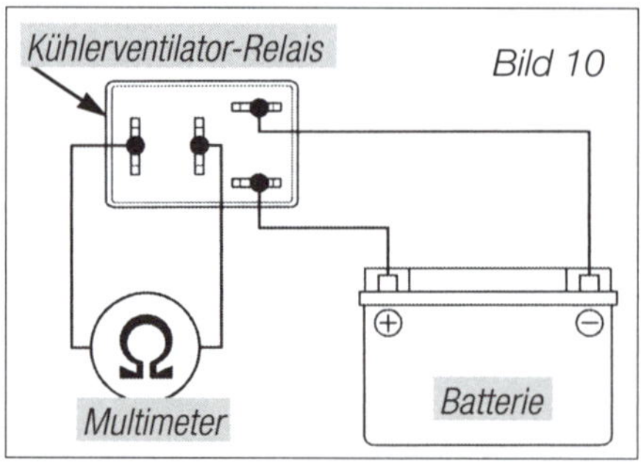

Bild 10: Kühlerventilatorrelais prüfen.

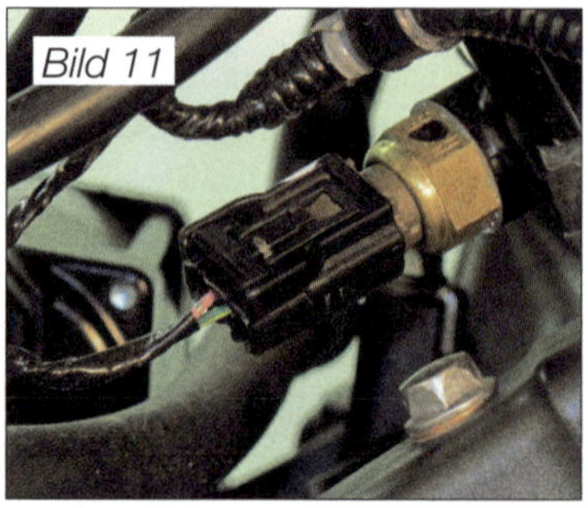

Bild 11: Kühlmitteltemperatur-Sensor am Zylinderkopf.

Wenn entweder der Verdacht auf einen defekten Kühlmitteltemperatur-Sensor fällt und/oder die Fehlercodes 7-1, 7-2 angezeigt werden, ist der Gang zum Honda-Händler nötig. Denn zur Feststellung, ob der Kühlmitteltemperatur-Sensor wirklich defekt ist oder gar andere Teile möglicherweise Fehlermeldungen produzieren, wie z. B. Kabel, Stecker, Motorsteuergerät etc., wird das Honda-Werkstatt-Diagnosegerät benötigt mit entsprechender Software.

Hier für Notfälle die Sollwerte. Messspitzen eines Multimeters werden an den Kontakten in der Steckdose des Sensors angelegt:

- Widerstand bei 40 °C .... 1,0 bis 1,3 kΩ
- Widerstand bei 100 °C .... 0,1 bis 0,2 kΩ
- Eingangsspannung .... 4,75 bis 5,25 Volt
- Ausgangsspannung bei 20 °C .. 2,7 bis 3,1 Volt

Wasserpumpe

Die Wasserpumpe gilt als zuverlässige Baugruppe; es sind keine typischen Defekte an Wasserpumpenantrieb, Wasserpumpenwelle oder Flügelrad bekannt. Es kann aber vorkommen, dass die mechanische Wasserpumpendichtung oder der Simmerring in der Wasserpumpe zum Motoröl hin undicht werden. Bei einem solchen Defekt ist entweder Öl in der Kühlflüssigkeit oder Kühlflüssigkeit im Öl:

- **Öl in der Kühlflüssigkeit** schwimmt als Schicht oder Fettaugen auf der Kühlflüssigkeit; man sieht das Öl im Kühlflüssigkeits-Ausgleichsbehälter und im Kühlerstutzen.
- Indizien für **Kühlflüssigkeit im Öl**: Der Kühlflüssigkeitsstand sinkt ab (siehe Bild 1), der Motorölstand steigt an und es hängt heller, wässriger Schaum am Ölmessstab und innen im Gewinde der Öleinfüllöffnung (im Kupplungsdeckel).

Wenn entweder Öl in der Kühlflüssigkeit oder Kühlflüssigkeit im Öl festgestellt wird, ist die Wasserpumpe defekt. Dann muss man sie komplett erneuern, denn es gibt keine Reparatur-Ersatzteile, also weder Wasserpumpendichtung noch Wasserpumpenwelle oder Lager.

Wasserpumpe ausbauen (Bilder 12, 13)

1. Linke seitliche Verkleidung und Motorverkleidung abbauen.
2. Kühlflüssigkeit ablassen.
3. Schellenschrauben aufdrehen und Schläuche von der Wasserpumpe abziehen.
4. Die Schrauben, mit denen die Wasserpumpe befestigt ist, lösen und abschrauben.

- Die mittlere Schraube hat eine Dichtscheibe.

5. Wasserpumpendeckel abnehmen.
6. Einsatz herausnehmen.
7. Am Flügelrad wackeln: Wenn sein Lager kaputt ist, spürt man das Spiel ganz deutlich.
8. Das Wasserpumpengehäuse wird mit dem Flügelrad abgezogen.

Wasserpumpe prüfen

1. Dreht sich die Wasserpumpenwelle leicht? Bei Undichtheit, Schwergängigkeit oder starken Laufgeräuschen Wasserpumpe erneuern.
2. Flügelrad und Wasserpumpengehäuse müssen frei sein von Kalk und Korrosion.

Wasserpumpe einbauen
(Bilder 12, 13)
Beim Einbau bitte beachten:
1. Die M6-Bundschrauben, mit denen die Wasserpumpe zusammengeschraubt und am Zylinderkopf befestigt ist, haben folgende Längen:

- 2 Stück 32 mm
- 2 Stück 35 mm
- 1 Stück 50 mm

Die mittlere Schraube hat eine Dichtscheibe (Bild 12).
1.1. Zuerst alle Schrauben einstecken, sie müssen gleichmäßig überstehen.
2. O-Ringe prüfen; wenn sie nicht gequetscht oder gerissen sind, kann man sie ein weiteres Mal verwenden. Mit dickem Fett einsetzen.
3. Beide Passstifte einsetzen, Einbaulage in Bild 12.
4. Die oben erwähnten (verschieden langen) M6-Schrauben gleichmäßig ringsum in mehreren Schritten festziehen bis auf 12 Nm.

Bild 12: Explosionszeichnung der Wasserpumpe mit Teilebezeichnungen.

Bild 13: Einbaulage von Wasserpumpe und Thermostat.

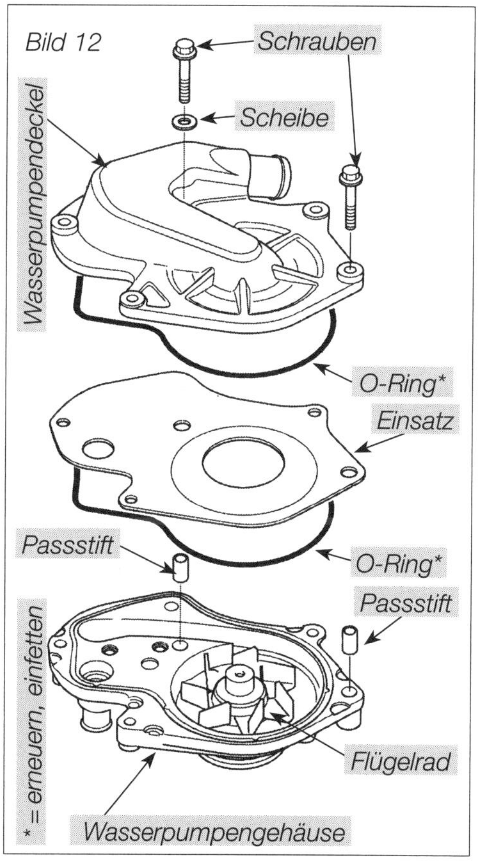

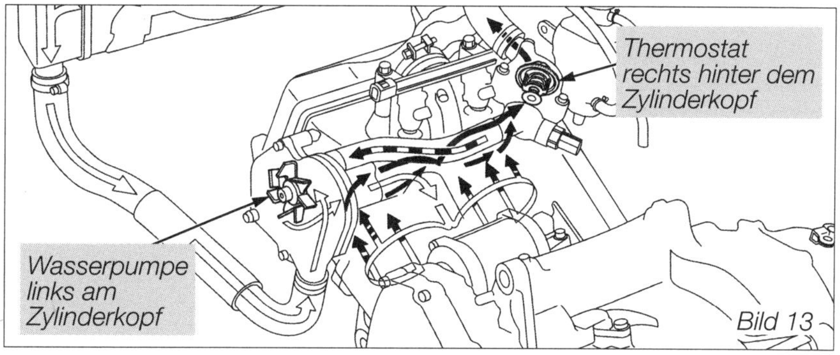

Kupplung

Korrespondenzkapitel:
- 22 »Schmiersystem«
- 25 »Schaltung«

In diesem Kapitel: Kupplungsspiel einstellen · Neuen Kupplungszug einbauen · Kupplungsscheiben aus- und einbauen · Bauteile prüfen und vermessen.

Kupplungsspiel

Die Kontrolle des Kupplungsspiels ist nicht an Inspektionen gebunden, sondern gehört zu den Arbeiten, die man leicht selbst machen kann. Am Kupplungshebel muss ein definiertes Sicherheitsspiel (»Leerweg«) eingestellt sein:

- Der Kupplungszug darf nicht in sich gespannt sein, sonst schleift die Kupplung.
- Das Spiel darf nicht zu groß sein, sonst trennt die Kupplung nicht richtig und es kracht beim Schalten.

Bilder 1 und 2: Das **Kupplungsspiel** beträgt 1 bis 3 mm zwischen Kupplungshebel und Hebelaufnahme, dies ergibt 10 bis 20 mm außen zwischen dem kugeligen Ende des Kupplungshebels und Lenkergriff.

Kupplungsspiel einstellen

1. Bild 3: Rändelkontermutter lösen und zwei bis drei Umdrehungen zurückdrehen.
2. Einstellschraube entsprechend aus- oder eindrehen, bis das Kupplungsspiel zwischen dem kugeligen Ende des Kupplungshebels und dem Lenkerende 10 bis 20 mm beträgt.
3. Einstellschraube festhalten und Rändelkontermutter gegen die Hebelaufnahme kontern.

Tipp: Schlitz in der Einstellschraube nach unten-hinten drehen, bevor die Rändelkontermutter festgezogen wird. Steht der Schlitz nach oben oder vorne, werden Schmutz und Regenwasser durch den Schlitz in den Zug gedrückt, was mit der Zeit den Kupplungszug immer schwerer gleiten lässt.

Beim Einstellen beachten:

- Einstellschraube nicht zu weit herausdrehen, sie soll immer mindestens sechs Gewindegänge eingeschraubt sein.
- Wenn sich das Kuppungsspiel am oberen Handeinsteller nicht mehr einstellen lässt, er also entweder zu weit aus- oder eingedreht werden muss, dann muss eine neue Grundeinstellung am Einsteller des Kupplungszugs unten am Motor erfolgen (Bild 5).

Kupplungsspiel unten einstellen

1. Bild 5: Am unteren Widerlager des Kupplungszugs die Konter- und Einstellmutter der Zugführung lösen.
2. Obere Einstellschraube am Handhebel nahezu ganz eindrehen.
3. Bild 3: Über die Einstell- und Kontermutter am unteren Widerlager eine Grundeinstellung vornehmen. Muttern »gut handfest« gegen das Widerlager festziehen.

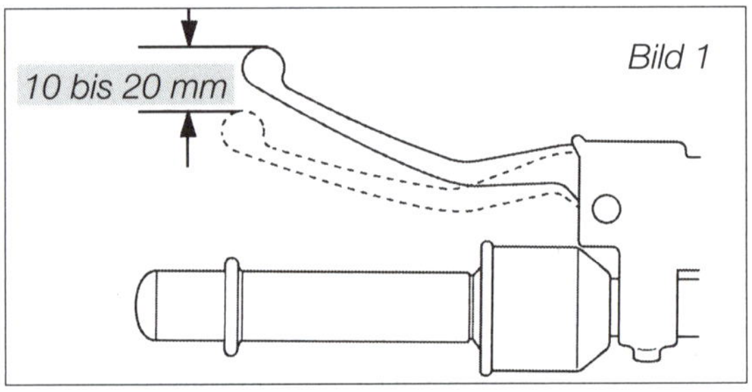

Bild 1

Bild 2

Bilder 1 und 2: Kupplungsspiel außen am Hebel. Das Spiel von ca. 10 bis 20 mm zwischen dem kugeligen Ende des Kupplungshebels und Lenkerende entspricht 1 bis 3 mm zwischen Hebel und Hebelaufnahme.

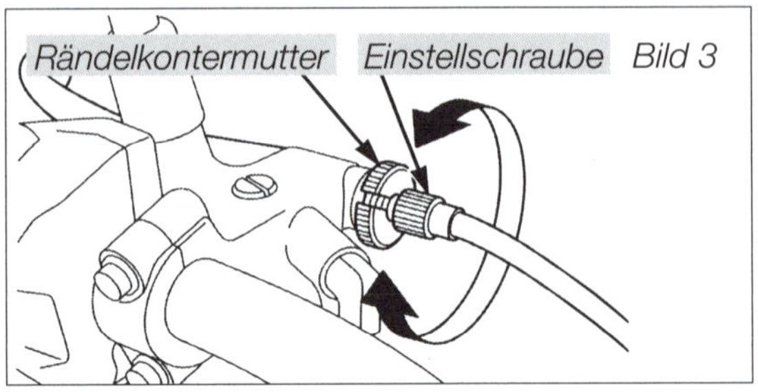

Bild 3

Bild 3: Einstellung des Kupplungsspiels an der Einstellschraube des Handhebels.

Sicherheitshinweise Achtung und Tipps

⚠ Kupplungsreibscheiben und Stahlscheiben immer im Satz auswechseln, wenn sie Riefen oder Verfärbung aufweisen. Keine gebrauchten Scheiben mit neuen mischen. Wenn die alten Kupplungs-Reib- und Stahlscheiben wieder eingebaut werden sollen, diese in der Reihenfolge der Entnahme ablegen. Zum Zusammenbau Zeichnung in Bild 8 zu Hilfe nehmen.

Tipp: Wenn zur Reparatur der Kupplung das Motoröl abgelassen wird und dieses noch nicht zu lange im Motor war (also weniger als ca. 6 Monate oder ca. 5000 km), kann es wieder eingefüllt werden. Wenn allerdings die Kupplung ausgebaut werden muss, weil ein Kupplungsschaden vorliegt, befinden sich Kupplungsabrieb und Bruchteile im Motor. Dann muss ein neuer Ölfilter angebaut und frisches Öl eingefüllt werden!

4. Nun an der Einstellschraube des Handhebels die Feineinstellung vornehmen.

Neuen Kupplungszug einbauen

Wenn der Kupplungszug reißt, liegt es meistens daran, dass er irgendwo einen Knick bekommen hat, schlecht gepflegt wurde oder falsch verlegt ist. Wir raten einen neuen Originalzug einzubauen. Im Notfall kann man einen Innenzug reparieren, indem entweder ein neuer Nippel an den alten Bowdenzug angeschraubt oder angelötet oder ein neuer Innenzug angefertigt wird.

In einem solchen Fall kontrollieren Sie die alte Bowdenzug-Außenhülle ganz genau auf Knicke und Reibstellen, wo sich der alte Innenzug aufgescheuert hat und deswegen gerissen ist:

- Wenn die Außenhülle geknickt ist, kann sie vorsichtig wieder in Form gebracht werden.
- Wenn die Außenhülle gerissen oder auseinandergezogen ist, kann sie nicht mehr repariert werden.

Alten Zug ausbauen

1. Bild 4: Einstellschraube am Handhebel ganz eindrehen. Schlitz so hindrehen, dass er sich mit dem Schlitz des Handhebels deckt.

2. Kontermutter des unteren Zugeinstellers lösen. Einstellmutter auf dem Gewinde des Einstellers vom Widerlager wegdrehen (Bild 5).

3. Bild 6: Nippel und Kupplungszug aus der Lasche des kurzen Kupplungshebels unten am Motor aushängen. Hebel dazu mit dem Finger gegen die Federkraft zum Kupplungszughalter hin drücken.

4. Nippel oben aus dem Handhebel nehmen und Kupplungszug NOCH NICHT herausziehen!

Neuen Zug einbauen

1. Bild 7: Neuen Zug parallel zum alten Zug verlegen.

2. Kupplungshandhebel: Nippel einhängen, Zug durch Schlitz des Handhebels und der Einstellschraube einführen, Ende der Außenhülle ganz in die Einstellschraube einsetzen (Bild 4).

3. Unteren Zugeinsteller in Widerlager einsetzen.

3.1. Bild 6: Nippel in die Lasche des kurzen Kupplungshebels einsetzen. Hebel dazu mit dem Finger gegen die Federkraft zum Kupplungszughalter hin drücken.

4. Alten Kupplungszug ausziehen. Kupplungsspiel einstellen.

5. Lenkung voll nach rechts und links einschlagen. Der Kupplungszug darf bei vollem Lenkeinschlag nirgendwo anstehen, spannen oder Kabel einquetschen.

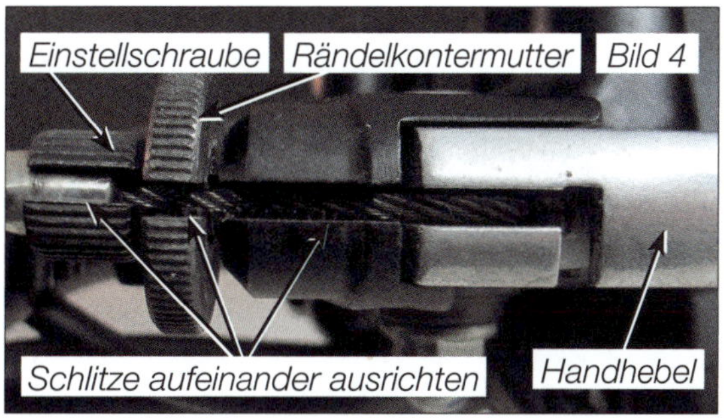

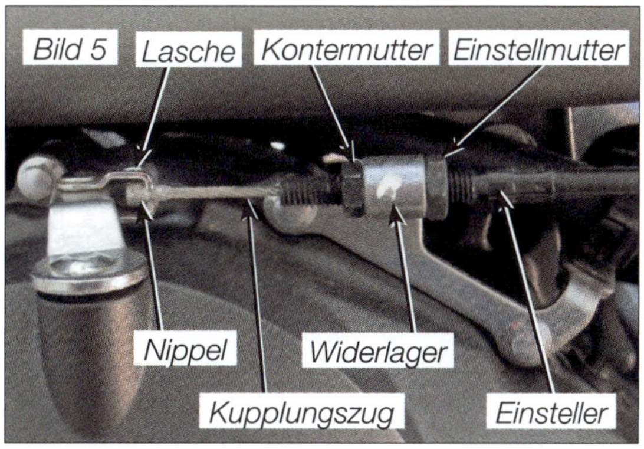

Bilder 4, 5 und 6: Aus- und Einbau des Kupplungszugs.
- *Schlitze oben am Handhebel zur Deckung bringen.*
- *Kontermutter unten lösen, Einstellmutter ganz zurückdrehen.*
- *Nippel und Kupplungszug aus der Lasche nehmen.*

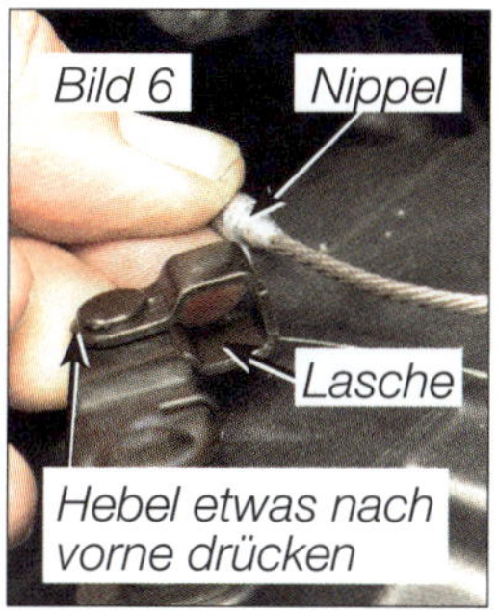

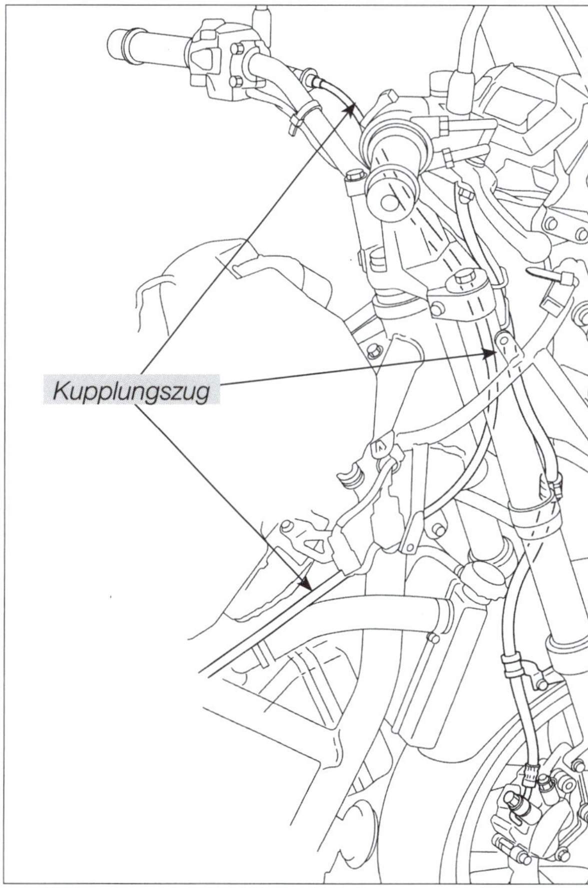

Bild 7: Verlegung des Kupplungszugs.

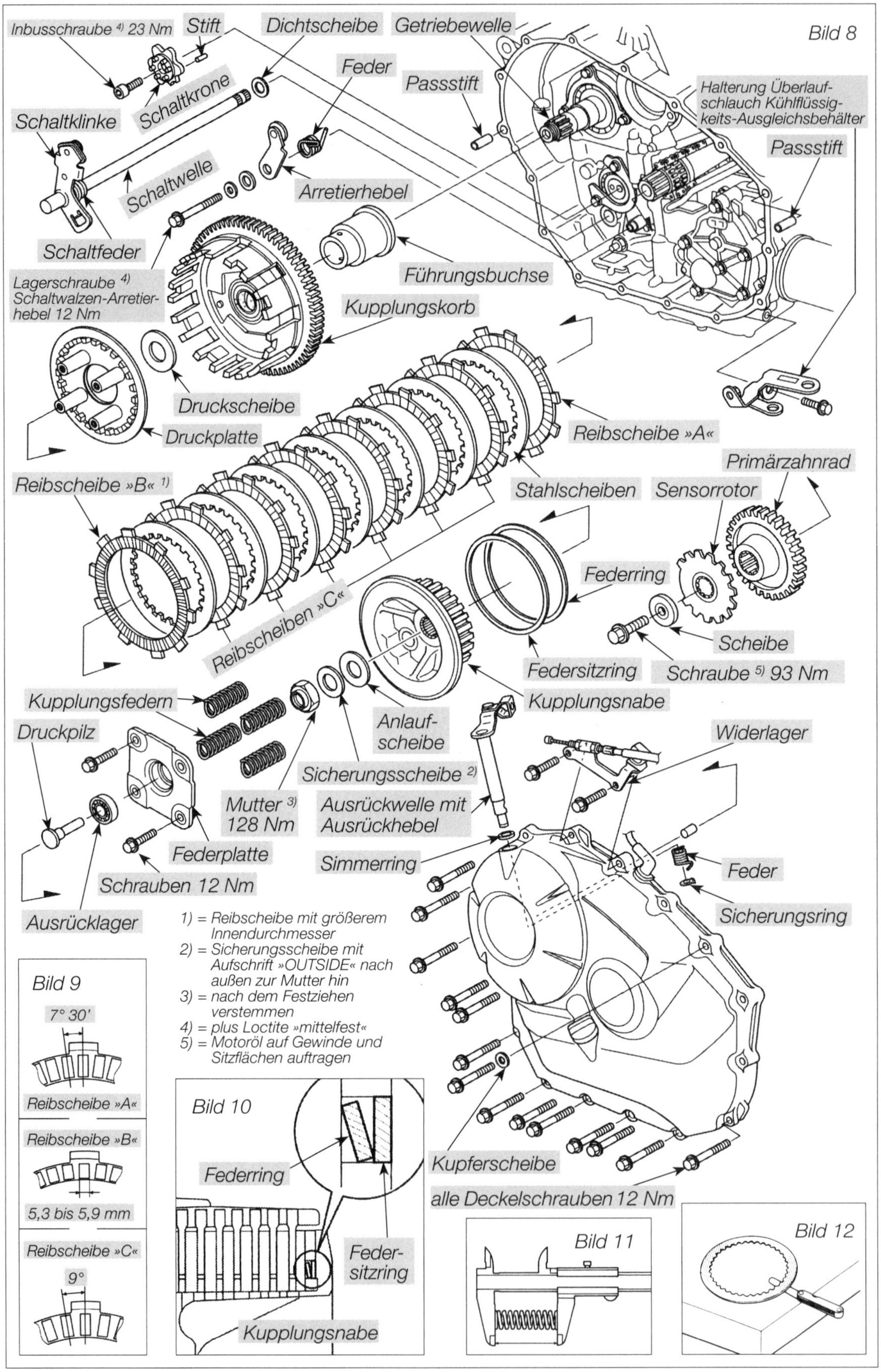

Bild 8: Explosionszeichnung der Kupplung. Zum Wechsel der Kupplungsscheiben muss die Kupplungsnabe ausgebaut werden.

Bild 9: Details der Reibscheiben »A«, »B« und »C«.

Bild 10: Beim Einbau der Reibscheiben beachten, dass Federsitzring und Federring so eingebaut werden, wie es die Zeichnung zeigt.

Bild 11: Verschleißgrenze der Kupplungsfedern messen.

■ *Ungespannte Länge mindestens 41,7 mm* ■ *Eine neue Feder ist 43,2 mm lang*

Bild 12: Stahlscheiben mit Fühlerlehre auf Richtplatte prüfen.

■ *Sind sie mehr als 0,3 mm verzogen oder an ihren Oberflächen blau verfärbt, müssen sie erneuert werden.*

Kupplung aus- und einbauen

Bilder 13 und 14 b: Zum Wechseln der Kupplungsscheiben ist das Spezialwerkzeug »Kupplungsnabenhalter« (Nr. 07JMB-MN50302) nötig.

Kupplung auseinanderbauen

1. Motoröl ablassen. Kupplungszug unten am kurzen Hebel aushängen (Bilder 5 und 6).
2. Schrauben im Gehäusedeckel über Kreuz Schritt für Schritt erst lösen, dann ausdrehen.
3. Gehäusedeckel abnehmen. Bei älteren Maschinen ist der Deckel meist auf dem Gehäuse verklebt. Gummihammer zu Hilfe nehmen, ringsum leicht auf den Deckel klopfen. Deckel, Kanten des Deckels und des Gehäuses nicht beschädigen!
4. Bild 8: Deckel abnehmen. Auf die beiden Passstifte links und rechts achten.
5. Kupplungsfeder-Schrauben über Kreuz öffnen, ausdrehen. Federplatte mit Federn herausnehmen.
6. Bild 13: Honda-Spezialwerkzeug »Kupplungsnabenhalter« aufbauen.
6.1. Bild 14 a: Rand der Mutter entstemmen.
6.2. Bild 14 b: Mutter öffnen und abdrehen. **Wichtig:** Eine exakt auf die Kupplungsnabenmutter passende Nuss verwenden!
7. Kupplungsnabe mit Stahl- und Reibscheiben herausziehen. Druckplatte herausnehmen.

Kupplung zusammenbauen

1. Neue Stahl- und Reibscheiben satt mit frischem Motoröl einölen.
2. Bild 10: Federsitzring und Federring auf Kupplungsnabe schieben, Reibscheibe »B« (die mit dem größeren Innendurchmesser) aufsetzen.
2.1. Stahl- und Reibscheiben »C« und »A« aufsetzten wie in Bild 8 gezeigt.
3. Druckplatte einsetzen. Wenn Körnermarkierungen vorhanden sind, müssen sie fluchten.
4. Klauen der Reibscheiben ausrichten. Baugruppe in Kupplungskorb einschieben: Innenverzahnung der Kupplungsnabe auf Außenverzahnung der Getriebewelle ausrichten, ganz aufschieben. Klauen der äußeren Reibscheibe versetzt einbauen.
5. Federscheibe mit Aufschrift »Outside« nach außen aufschieben, neue Mutter aufdrehen.
6. Bilder 13 und 14 b: Spezialwerkzeug »Kupplungsnabenhalter« aufbauen, Mutter mit 128 Nm festziehen. Spezialwerkzeug abbauen.
7. Bild 14 a: Mutter in eine Nut der Getriebewelle verstemmen.
8. Kupplungsfedern einsetzen, Federplatte ansetzen, Schrauben eindrehen, über Kreuz mit 12 Nm festziehen.
9. Gehäusedeckel aufbauen, Bild 5:
■ Dichtflächen an Motor und Deckel gut reinigen.
■ Passstifte in ihre Bohrungen einsetzen.
■ Dichfläche mit »Three Bond 1207B« bestreichen.
■ Druckpilz in Ausrücklager einsetzen.
10. Deckel aufsetzen, Schrauben eindrehen, ringsum bis auf 12 Nm festziehen.
11. Öl einfüllen! Kupplungsspiel einstellen.

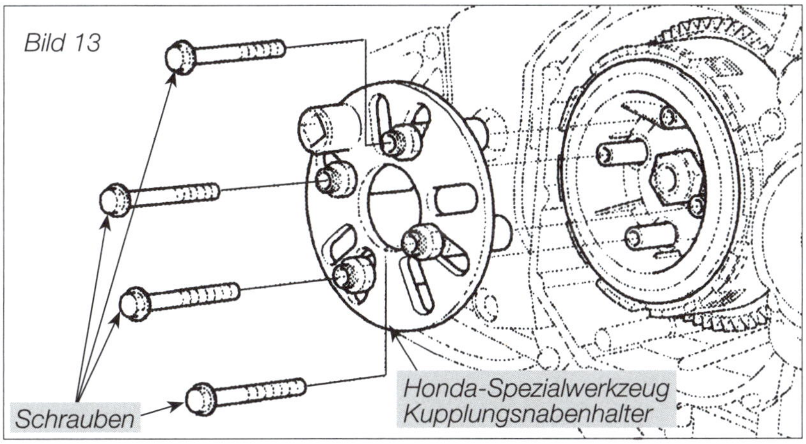

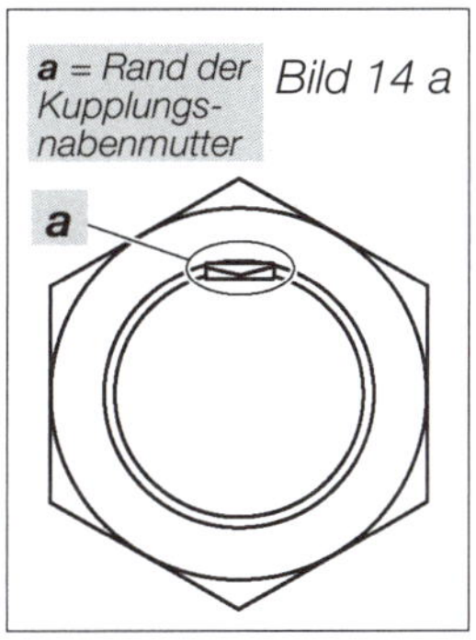

Bild 14 a: Vor Öffnen der Mutter ihren Rand entstemmen.

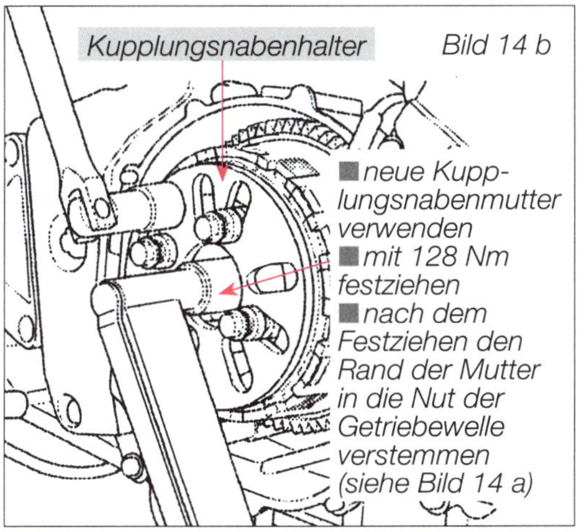

Bild 15: Dicke der Reibscheiben an mehreren Stellen messen. Verschleißgrenze 2,3 mm (neue Reibscheibe ist 2,62 bis 2,78 mm dick).

Bilder 16 und 17: Starker Verschleiß in Kupplungskorb und Kupplungsnabe.

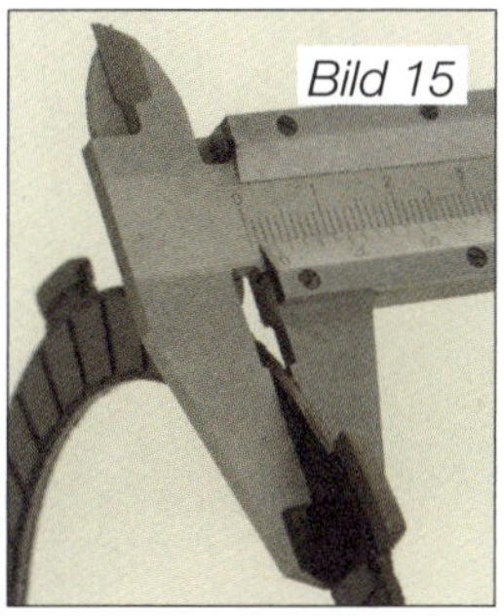

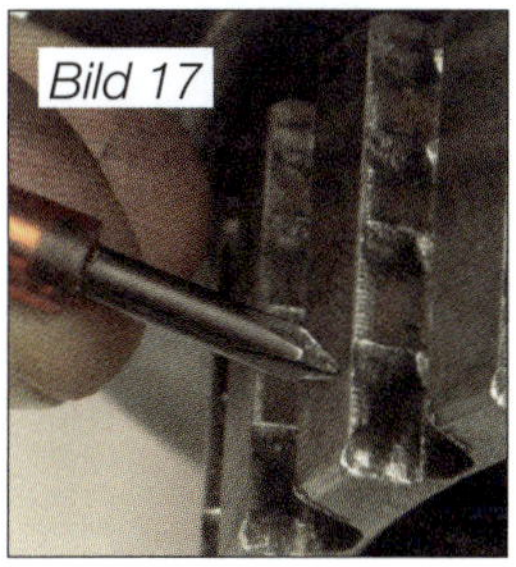

Bilder 13 und 14 b: Zum Zerlegen und Zusammenbau der Kupplung ist das Honda-Spezialwerkzeug »Kupplungsnabenhalter« nötig.

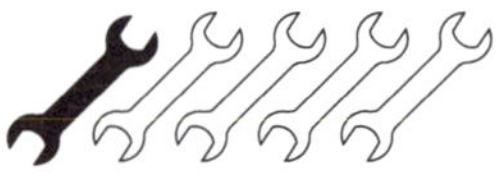

Korrespondenzkapitel:
■ 24 »Kupplung«

Schaltung

In diesem Kapitel: Schaltprobleme · Bauteile des Schaltgestänges prüfen.

Schaltprobleme?

Wenn die Schaltung nicht richtig funktioniert, kann dies an Störungen folgender Bauteile liegen: Schaltgestänge lose, Verzahnung des kleinen Schalthebels auf der Schaltwelle lose bzw. ausgeschlagen, Lagerung des Fußschalthebels schwergängig, Schaltwelle verbogen, Schaltklinke schwergängig oder abgenutzt, Schaltfeder oder Feder des Arretierhebels lahm oder gebrochen, Rolle am Arretierhebel defekt. Diese Probleme lassen sich bei eingebautem Motor beseitigen. Man muss dazu die Kupplung komplett abbauen; siehe dazu Kapitel 24 »Kupplung« und darin speziell das Bild 8. Liegen große Schäden an Schaltwalze, Schaltgabeln oder an Getriebezahnrädern und Getriebewellen vor, muss der Motor zerlegt werden.

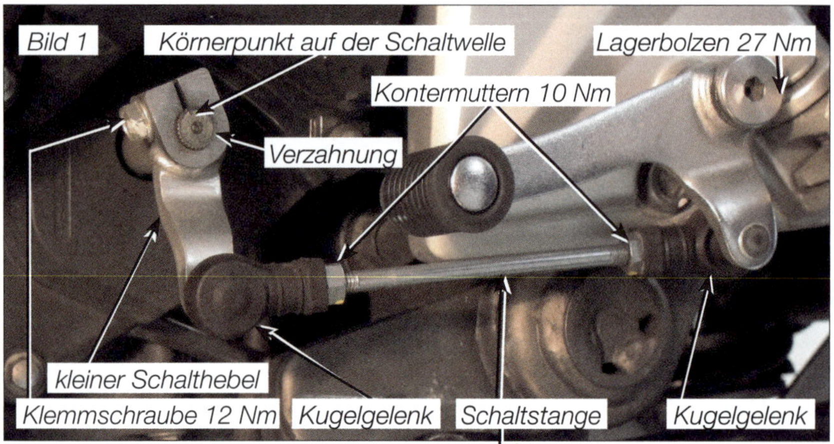

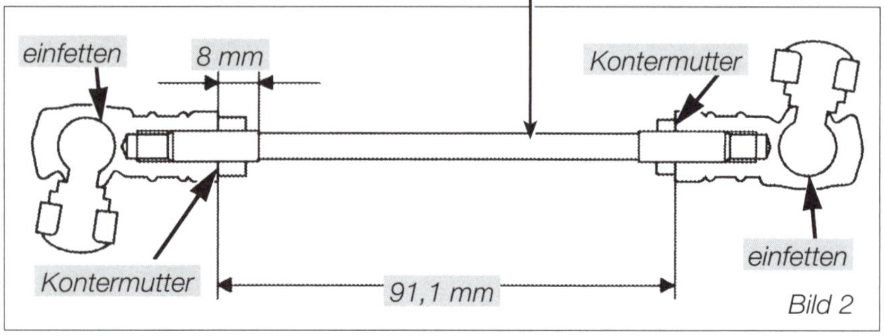

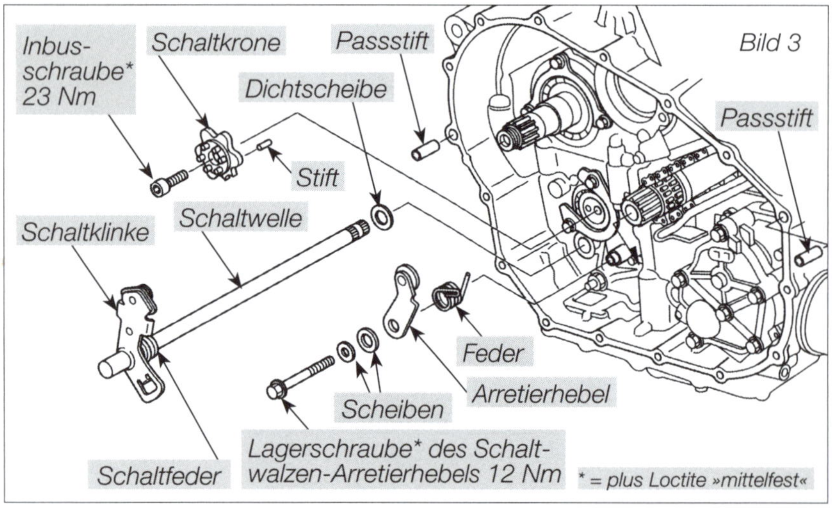

Bauteile des Schaltgestänges prüfen

Wenn sich die Gänge nicht exakt einlegen lassen, zuerst das Schaltgestänge prüfen:

■ **Prüfen:** Klemmschraube des kleinen Schalthebels festgezogen? Falls nicht: Festziehen mit 12 Nm, entspricht »gut handfest« (Bild 1).
■ **Prüfen:** Verzahnungen in Schalthebel und an Schaltwelle noch einwandfrei (Bild 1)? Wenn die Klemmschraube lose war, sind wahrscheinlich die Außenverzahnung der Schaltwelle sowie die Innenverzahnung des Schalthebels beschädigt.
■ **Problem beseitigen:** Schalthebel abziehen, Verzahnung mit einer Messingbürste putzen, etwas Fett an die Verzahnung geben, Schalthebel aufstecken, neue Klemmschraube verwenden!
■ **Beachten:** Klemmstelle des Schalthebels auf Körnerpunkt auf Schaltwelle ausrichten (Bild 1 a).
■ **Prüfen:** Fußschalthebel auf seinem Lagerbolzen freigängig bzw. korrodiert?
■ **Problem beseitigen:** Lagerbolzen ausdrehen. Korrosion mit Schmirgelpapier beseitigen. Lagerstelle gut einfetten, zusammenbauen.
■ **Prüfen:** Die Kugelgelenke an beiden Enden der Schaltstange in Ordnung (Bild 1)? Sie dürfen nicht zu viel »Luft« haben, müssen sich leicht bewegen.
■ **Problem beseitigen:** Kugelgelenke, Schaltstange, Lagerbolzen und Schaltstange ausbauen, Kugelgelenke reinigen und frisch einfetten. Wenn die Kugelgelenke defekt sind, erneuern.
■ **Prüfen:** Stimmen die Einstellungen der Schaltung? Zwischen den Gewindestücken der Kugelgelenke soll der Abstand 91,1 mm betragen (Bilder 1 und 2). Nach der Einstellung des Sollabstandes beide Kontermuttern auf der Schaltstange mit jeweils 10 Nm festziehen

Bilder 1, 1 a und 2: Schaltgestänge und Einstellmaße der Schaltstange.

Bild 3: Explosionszeichnung der Schaltung innen.

Doppelkupplung

In diesem Kapitel: Arbeitsweise des Doppelkupplungsgetriebes DCT · Weitere Bauteile · Fehlercodes · Fehlerbehebung · Schaltpläne.

Arbeitsweise des DCT

NC 750 S und NC 750 X können auch mit Doppelkupplungsgetriebe ausgerüstet sein und haben dann die Zusatzbezeichnung »D«. Die Abkürzung für das Doppelkupplungsgetriebe lautet »**DCT**«, abgeleitet aus der englischen Bezeichnung »**D**ual **C**lutch **T**ransmission«.

Beim DCT handelt es sich um ein elektronisch gesteuertes Schaltgetriebe. Die Betätigung der Kupplung und Drehung der Schaltwalze (und damit die Bewegung der Schaltgabeln, welche die Getriebezahnräder axial verschieben), geschieht beim DCT nicht über einen Fußschalthebel, sondern über eine elektronisch gesteuerte Stelleinheit, bestehend aus Stellmotor (Schaltsteuermotor), angebaut links unten außen am Motorgehäuse sowie Zahnrädern und Zahnsegmenten im Inneren des Getriebes. Weil die mit DCT bestückten Maschinen keinen Handkupplungshebel am Lenker haben, ist das Anfahren aus dem Stand problemlos möglich: Einfach Gas geben und die Maschine setzt sich in Bewegung.

Abhängig von der gewählten Grundeinstellung kommen die Signale zum Gangwechsel und der automatischen Kupplungsbetätigung…

- …von der Hand des Fahrers durch Betätigung eines Schalters links am Lenker,
- …automatisch entsprechend der Motordrehzahl,
- …oder über einen Fußschalthebel, der nachgerüstet werden kann zum Preis von ca. 250 Euro. Dieser gibt die Schaltbefehle »Hochschalten« oder »Herunterschalten« durch den Drehwinkel an den Schaltsteuermotor weiter.

Bilder 1 und 2: Zum DCT-Getriebe gehören zwei Mehrscheiben-Nasskupplungen, die beim Gangwechsel abwechselnd den Kraftschluss unterbrechen oder herstellen. Diese sitzen auf einer zweiteiligen Getriebeeingangswelle. Auf der inneren Welle sind die Zahnräder des 1., 3. und 5. Ganges zu finden, auf der äußeren Welle die des 2., 4. und 6. Ganges.

Die Kupplung wird elektronisch gesteuert und über zwei hydraulische Steuerventile betätigt. Sie haben einen eigenen Ölfilter, die Zuleitungen zu den Steuerventilen sind im rechten Motordeckel.

Beim Gangwechsel unterbrechen beide Kupplungen abwechselnd den Kraftschluss und stellen diesen wieder her. Zum Schaltvorgang gibt das Steuergerät das Signal für den nächsten Gang, löst die Kupplung des vorherigen und aktiviert die Kupplung für den nächsten Gangwechsel. Dieser Vorgang läuft blitzschnell ab und erfolgt bei jedem Lastzustand, auch bei Vollgas.

Gesteuert wird das Ganze in den Modelljahren

Probleme mit dem DTC?
Wenn das Doppelkupplungsgetriebe Probleme macht, sehen Sie zuerst nach Folgendem:

- PVB-Hauptsicherung 30 Ampere, siehe Kapitel 13 »Sicherungen · Relais · Stecker«.
- Motorölstand und Kupplungsölfilter, siehe Kapitel 22 »Schmiersystem · Ölwechsel«.
- Korrodierte oder lockere Steckverbindungen der Elektrik, siehe die folgenden Seiten sowie Kapitel 13 »Sicherungen · Relais · Stecker«.

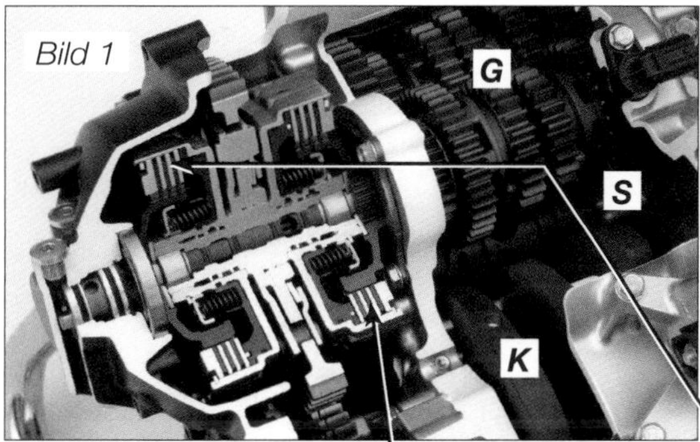

Bild 1: Blick auf die aufgeschnittene Doppelkupplung und in den Motor.
G *= Getriebezahnräder*
K *= Kurbelwelle*
S *= Schaltwalze*

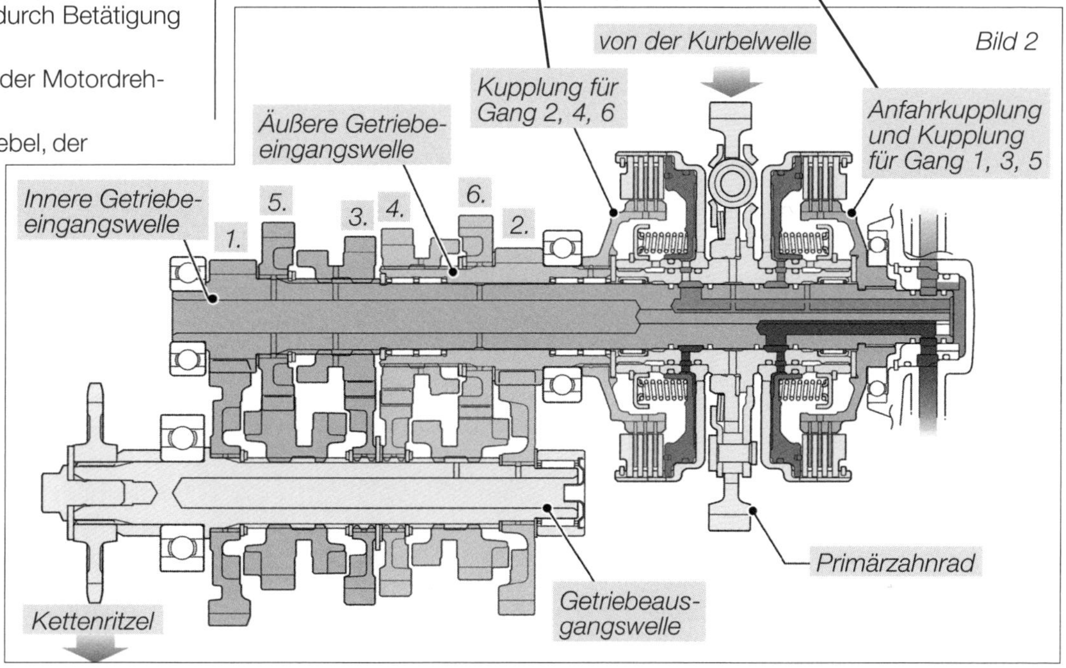

Bild 2: Schnitt durch das Doppelkupplungsgetriebe.

Sichtprüfung Messen

2014 bis 2020 über das Motorsteuergerät, das bei Doppelkupplungsgetriebe um die Getriebefunktionen erweitert ist und »PCM« genannt wird.

Ab Modelljahr 2021 ist ein eigenes Getriebesteuergerät vorhanden, das »TCM« heißt. Mehrere Sensoren erfassen verschiedene Parameter, wie zum Beispiel Motordrehzahl, Getriebewellendrehzahl, eingelegten Gang, Drosselklappenstellung oder den Öldruck in den Kupplungssteuerventilen, und leiten die Messwerte an das Steuergerät weiter, worin sie ausgewertet werden. Entsprechend den Anforderungen sendet das Steuergerät Signale an den Schaltsteuermotor und die »Linearmagnetventile« in der Betätigung der beiden Kupplungen. Wenn der Motor abgeschaltet wird, legt das DCT automatisch den Leerlauf ein. Maschinen mit DCT haben zusätzlich eine auf die hintere Bremsscheibe wirkende Feststellbremse. Der Betätigunghebel ist links am Lenker angebracht (siehe Kapitel 7 »Bremsen«).

Weitere Bauteile

Weil das Doppelkupplungsgetriebe ein elektronisch gesteuertes System ist, sind mehrere elektrische und elektronische Bauteile angebaut, die bei den Modellen mit normalem Getriebe nicht zu finden sind (siehe auch Kapitel 13 »Sicherungen · Relais · Stecker«). Dazu zählen die Sensoren für Außenhaupt- und Innenhauptwelle, Getriebestufen, Motoröltemperatur, Öldruck für Kupplungen und Kupplungsleitung, Schaltwellenwinkel und Schalthebelwinkel. Weiterhin zusätzlich eingebaut sind Starter-Relais, Zündhalte-Relais, Linearmagnetventile, Gangwahlschalter, Parkbremsschalter. In den Modelljahren 2014 bis 2020 kamen ein entsprechend umfangreich ausgestattetes Motorsteuergerät »PCM« und ab Modelljahr 2021 ein eigenes Getriebesteuergerät »TCM«; siehe dazu Bilder 3 a, 3 b,13 und 14.

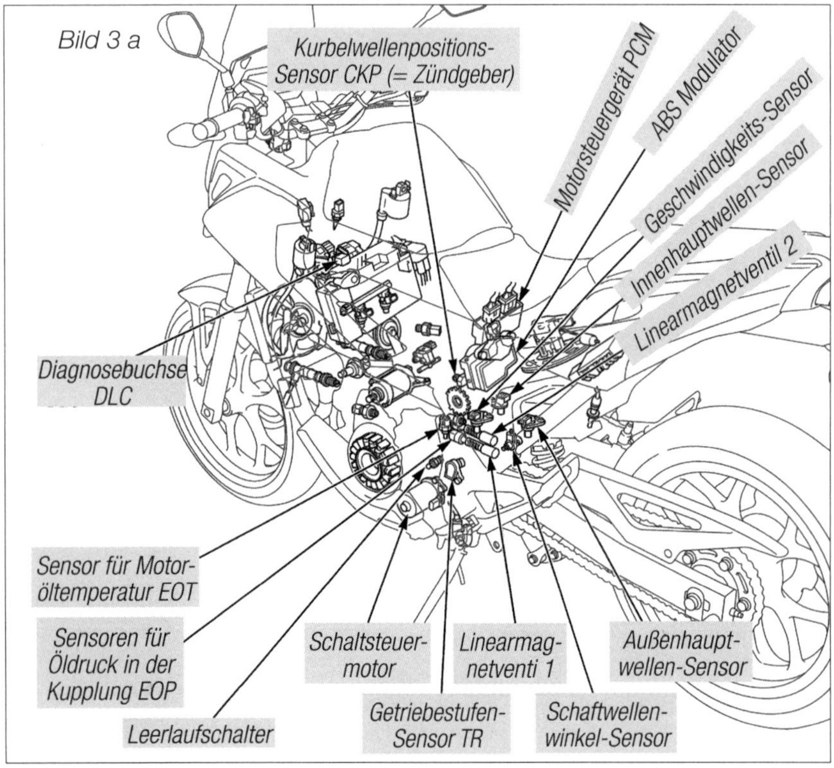

Bild 3 a: Einbaulage der elektrischen und elektronischen Bauteile des Doppelkupplungsgetriebes in den Modelljahren 2014 bis 2020.

Wie für die Einspritzung und das ABS-System gibt es auch für die Doppelkupplung ein Diagnosesystem mit kodierten Fehlermeldungen, womit eventuelle Fehler erkannt, lokalisiert und anschließend behoben werden können. Der Hauptcode kann über die Ganganzeige in der Instrumenteneinheit ausgelesen werden, siehe dazu den Kapitelabschnitt »Fehlercodes«. Die Fehlerbehebung kann jedoch nicht mit eigenen Mitteln gemacht werden, sondern ist einer Honda-Werkstatt mit der entsprechenden Ausstattung vorbehalten.

Sehr wichtig: Eine Reparatur am Doppelkupplungsgetriebe ist nicht möglich ohne Honda-Spezialwerkzeug und entsprechende interne Kenntnisse. In der originalen Honda-Werkstattanleitung umfassen Fehlerdiagnose, Behebung und Reparatur des DCT mehr als 120 Seiten. Deswegen raten wir Ihnen bei jedem Problem mit dem Doppelkupplungsgetriebe eine Honda-Motorradwerkstatt aufzusuchen, denn nur diese kann so nachhaltig weiterhelfen, dass das Problem dauerhaft behoben ist.

Fehlercodes

Tritt im Doppelkupplungsgetriebe ein Fehler auf, zeigt die Ganganzeige beim Einschalten der Zündung » — « an. Bei ausgeklapptem Seitenständer beginnt die Ganganzeige zu blinken. Um herauszubekommen, welcher Fehler vorliegt, gibt es zwei Möglichkeiten:

Möglichkeit 1: Man liest den Fehlercode an der Ganganzeige selber aus. An der Ganganzeige wird allerdings nur der Hauptcode angezeigt.

Möglichkeit 2: Sie bringen die Maschine zum Honda-Händler Ihres Vertrauens. Der wird den bzw. die Fehler mit dem MCS auslesen.

MCS ist das Honda-eigene »**M**otorcycle **C**ommunication **S**ystem«, es besteht aus dem HDS-

Pocket Tester und einem Laptop, auf den Honda-eigene Programme aufgespielt sind. Mit MCS kann der Honda-Händler auch die Untercodes bzw. die 5-stelligen DTC-Fehlercodes auslesen.

Fehleranalyse selbst durchführen
Wir erklären jetzt die Möglichkeit 1 und führen die Fehleranalyse selbst durch. Dazu braucht man das Honda Spezialwerkzeug »SCS-Überbrückungsstecker«. Dieses hat die Bestellnummer 00MZ-0010300 und kostet ca. 45 Euro; siehe dazu Bild 9.
1. Maschine sicher auf dem Seitenständer abstellen. Motor AUSschalten, Zündung ausschalten, Leerlauf einlegen.
2. Batterie freilegen (siehe Kapitel 14 »Batterie«). DLC-Diagnosebuchse über der Batterie herausziehen (Bild 10). Blindstecker von der Diagnosebuchse abnehmen und den SCS-Überbrückungsstecker (Bild 9) in die Diagnosebuchse einstecken.
3. Killschalter muss auf ON stehen. Den Gangschalter (+) links vorne am Lenker zum Schalten in einen höheren Gang drücken und gedrückt halten. Zündung einschalten.
4. Ganganzeige beobachten, sie leuchtet 2 Sekunden auf, geht dann 2,5 Sekunden aus und blinkt dann den Hauptcode des DTC-Diagnose-Fehlercodes.

Diese Codes sind in den Tabellen 1 bis 6 »Doppelkupplung DTC-Diagnose-Fehlercodes, Blinkzeichen, Fehler, Symptome« am Ende dieses Kapitels aufgelistet.

Bild 11: Die Fehlercodes werden von der Ganganzeige in der Instrumenteneinheit mit langen und kurzen Blinkzeichen angezeigt:
■ Lange Blinkzeichen leuchten 1,2 Sekunden.
■ Kurze Blinkzeichen leuchten 0,4 Sekunden.
■ Ein langes Blinkzeichen entspricht der Zehnerstelle des Fehlercodes, ein kurzes Blinkzeichen der Einerstelle.

Beispiel: Die Ganganzeige blinkt zwei mal lang und drei mal kurz, das bedeutet Fehlercode 23.
■ Eine Pause zwischen zwei Blinkzeichen dauert 0,4 Sekunden.
■ Eine Pause zwischen zwei Fehlercodes dauert 2,5 Sekunden.

Wenn im Steuergerät mehrere Fehler gespeichert sind, dann zeigt die Ganganzeige in der Instrumentenenheit (Bild 11) die Fehlercodes nacheinander in aufsteigender Reihenfolge an.

Praktisches Beispiel zur Fehlerfindung
1. Die Ganganzeige blinkt zweimal 1,2 Sekunden

Der DTC-Diagnose-Fehlercode besteht aus Ziffern für Hauptcode und Untercode:
■ Die Ziffern vor dem Trennstrich sind der Hauptcode, der die fehlerhafte Komponente bzw, die Fehlerart anzeigt.
■ Die Ziffer nach dem Trennstrich ist der Untercode und bezeichnet das Symptom bzw. die Fehlerart.
■ Ab Modelljahr 2021 ist nur noch der Hauptcode angegeben (z. B. Fehlercode 66), weil dem Honda-Händler nicht mehr Haupt- und Untercode angezeigt werden, sondern der 5-stellige Fehlercode (im Beispiel Fehlercode 66 P2158)

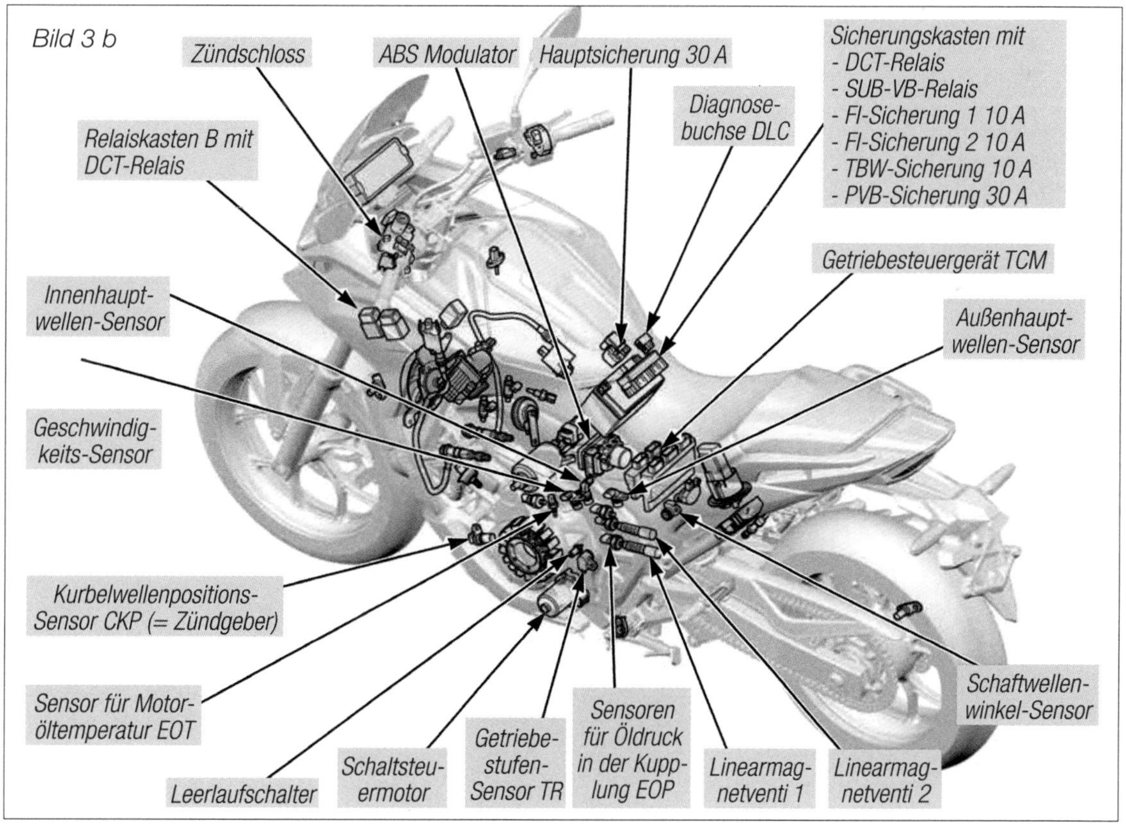

Bild 3 b: Einbaulage der elektrischen und elektronischen Bauteile des Doppelkupplungsgetriebes ab Modelljahr 2021.

Sichtprüfung Messen

lang für die Zehnerstelle.
2. Dann viermal je 0,4 Sekunden lang für die Einerstelle.
3. Das bedeutet: Zwei lange Blinkzeichen und vier kurze meinen »Fehlerhautcode 24«, der ist zu finden in der Tabelle »Teil 1: Doppelkupplung DTC-Diagnose-Fehlercodes, Blinkzeichen, Fehler, Symptome« am Anfang der 36. Zeile »24-1→ **BLZ 24**«. Es ist eine »Störung an der Schaltsteuermotor-Treiberschaltung«.

Es kann eine Störung im Schaltsteuermotor oder in seinem Schaltkreis sein, oder eine Störung in der Treiberschaltung des Schaltsteuermotors im Steuergerät. Egal was es ist, es ist vermutlich immer ein Fall für den Honda-Händler.

Noch ein Beispiel zur Übung
■ Die Ganganzeige blinkt neunmal kurz, das bedeutet »Fehler mit Hauptcode 9«, einen Fehler im Öldruck-Sensor (EOP-Sensor) der Kupplungsleitung. Die Spannung kann entweder zu niedrig (unter 0,298 V) oder zu hoch (über 4,702 V) sein.

Fehlercodes löschen
Dazu braucht man ebenfalls das Honda-Spezialwerkzeug »SCS-Überbrückungsstecker« (Bild 9).
1. Zündung ausschalten.
2. SCS-Überbrückungsstecker in die DLC-Diagnosebuchse (siehe Bild 10) einstecken.
3. Killschalter steht auf ON. Gangschalter vorne am linken Lenker (den mit dem +-Zeichen zum Schalten in einen höheren Gang) drücken und gedrückt halten. Zündung einschalten.
4. Gangschalter loslassen. Den Gangschalter hinten am linken Lenker (den mit dem (-) Zeichen zum Schalten in einen niedrigeren Gang) drücken.
5. Gangschalter (-) loslassen und Gangschalter (+) drücken.
■ Der DTC-Fehlercode wird jetzt gelöscht.
6. Als Zeichen, dass der Fehlercode gelöscht ist, geht die Ganganzeige aus und fängt dann an zu blinken im Blinkmuster »3 Sekunden aus – 2 Sekunden an – 3 Sekunden aus – 2 Sekunden an«.
7. Wenn der Fehlercode gelöscht ist: Zündung AUSschalten und den SCS-Stecker aus der DLC-Diagnosebuchse ziehen.

Hinweis: Der Fehlercode kann nicht gelöscht werden, wenn die Zündung ausgeschaltet wird, bevor die Ganganzeige zu blinken beginnt.

Bild 4: Explosionszeichnung der Schaltbetätigung und die Doppelkupplung-Baugruppe.

Bild 4

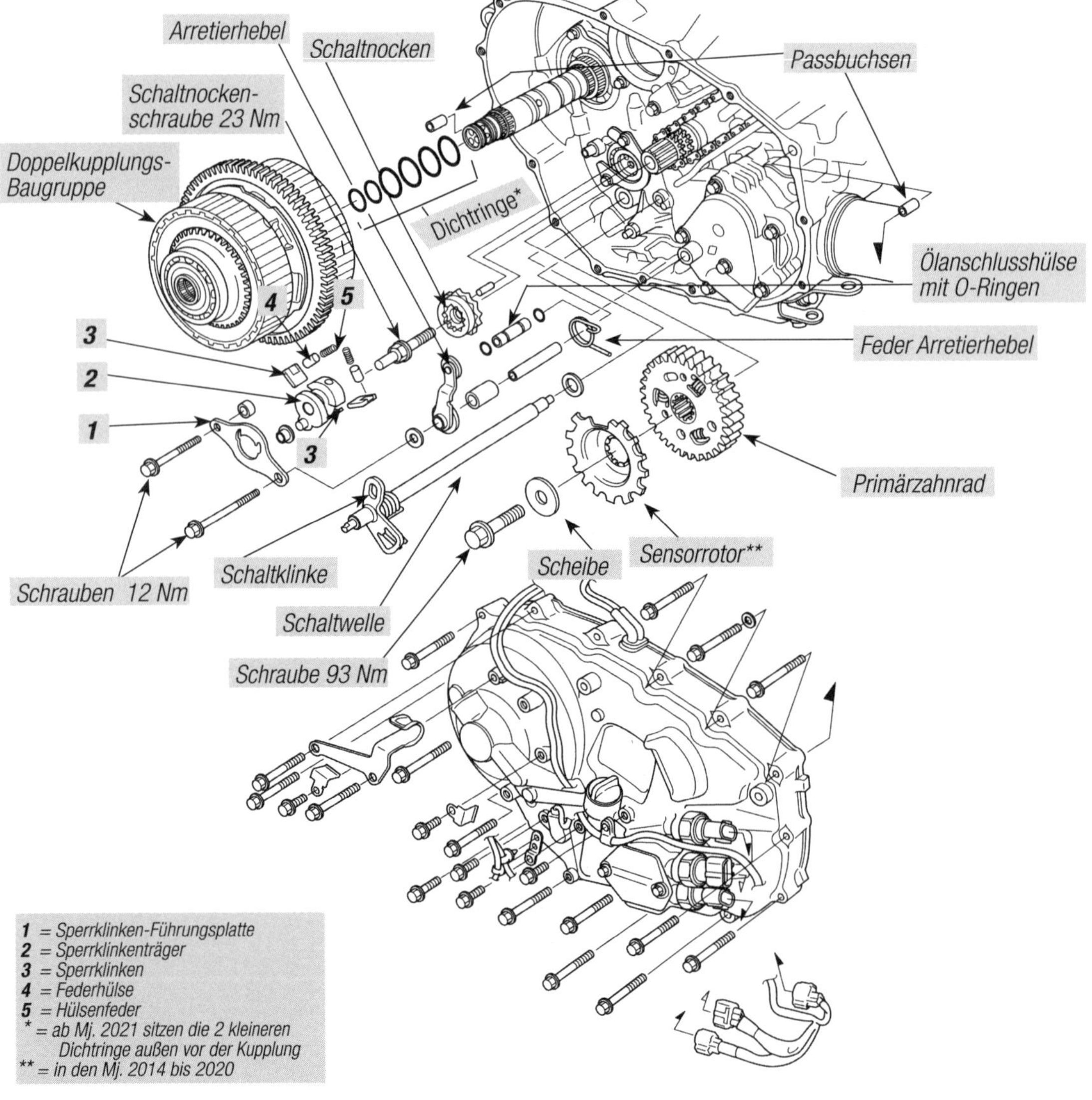

Bilder 5 bis 8: Die Bilder zeigen die Anbaulagen von Stecker und Sensoren beim Doppelkupplungsgetriebe.

Bild 10: Die DLC Diagnosebuchse sitzt versteckt über dem Pluspol der Batterie (Oval oben links im Bild) und muss zum Anschluss des SCS-Überbrückungssteckers (Bild 9) herausgeholt werden.

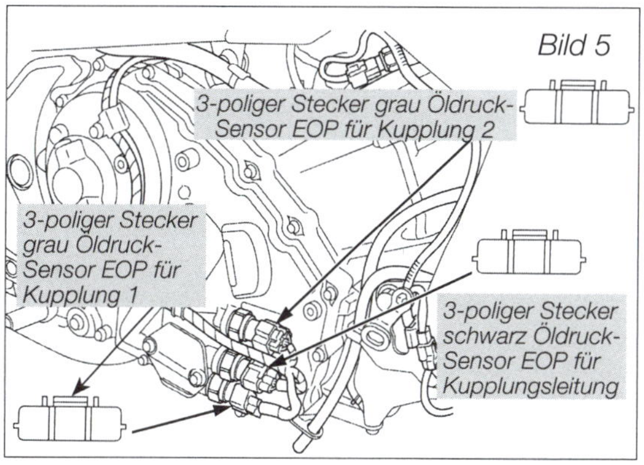

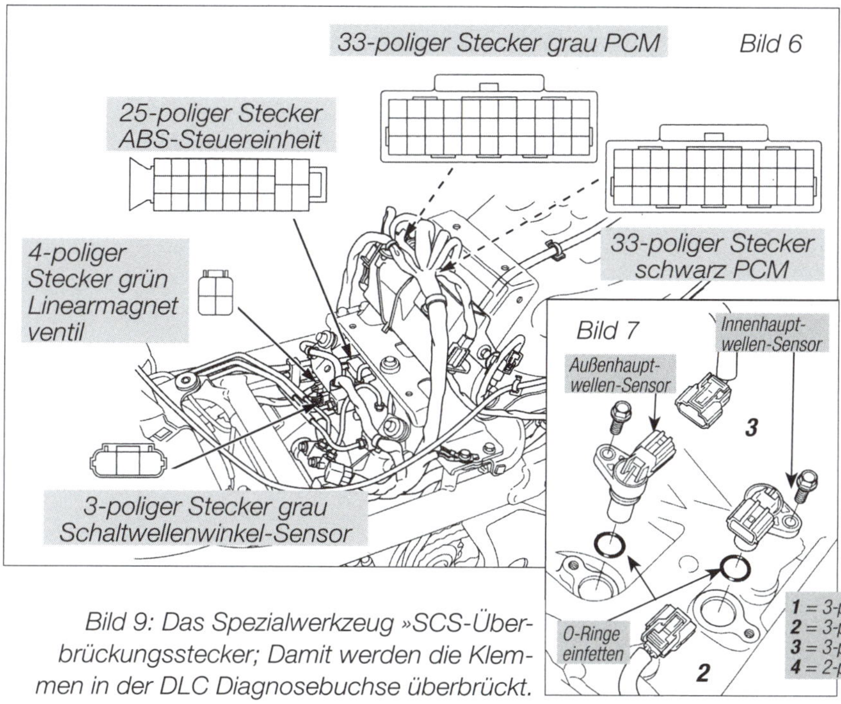

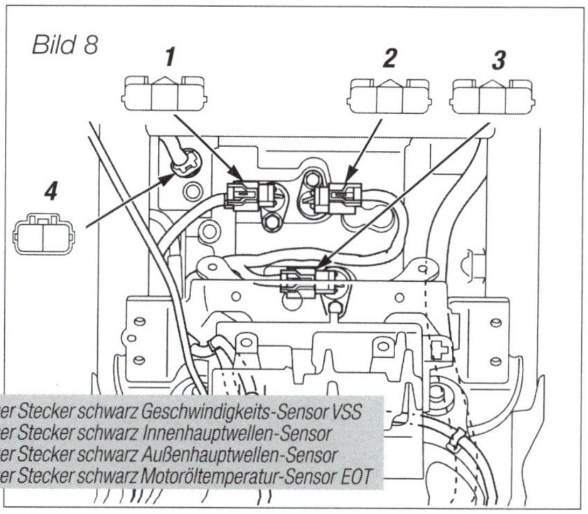

Bild 9: Das Spezialwerkzeug »SCS-Überbrückungsstecker; Damit werden die Klemmen in der DLC Diagnosebuchse überbrückt.

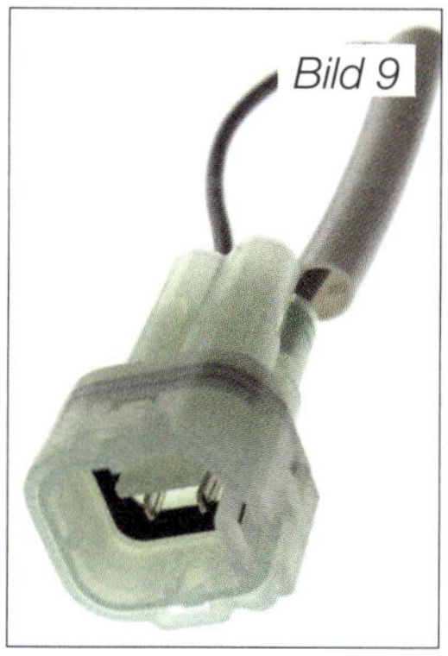

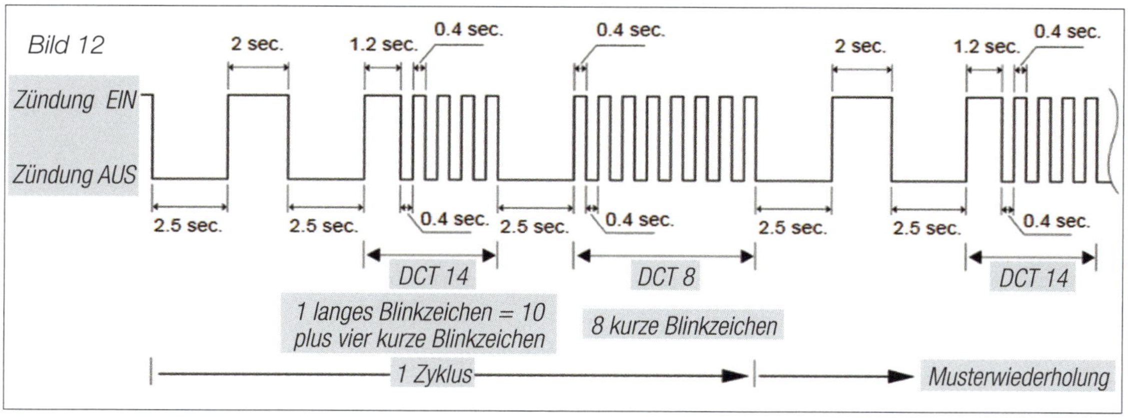

Kreis in Bild 11: Wenn ein Fehler im Doppelkupplungsgetriebe vorliegt, beginnt die Ganganzeige zu blinken.

Bild 12: Schaubild für Blinkmuster und Leuchtzeit.

Sichtprüfung Messen

Teil 1: Doppelkupplung DTC-Fehlercodes, Blinkzeichen, Fehler, Symptome		
DTC-Blinkzeichen, Fehlercode	**Funktionsfehler**	**Symptom Ausfallsicherheitsfunktion**
8-1 → **BLZ 8** Mj. 2014-2020	TP-Sensor Drosselklappenpositions-Sensor, Spannung niedrig (unter 0,112 V) – schlechter Kontakt oder Wackelkontakt am TP-Sensorstecker – Störung im TP-Sensor oder im zugehörigen Schaltkreis	– Gangschaltung funktioniert nicht
8-2 → **BLZ 8** Mj. 2014-2020	TP-Sensor Drosselklappenpositions-Sensor, Spannung hoch (über 4,971 V) – schlechter Kontakt oder Wackelkontakt am TP-Sensorstecker – Störung im TP-Sensor oder im zugehörigen Schaltkreis	– Gangschaltung funktioniert nicht
9-1 → **BLZ 9** P1716	EOP-Sensor d. Kupplungsleitung Öldruck-Sensor, Spannung niedrig unter 0,298 V – Störung im EOP-Sensor der Kupplungsleitung oder im zugehörigen Schaltkreis – Fehler im PCM (Motorsteuergerät)/Getriebesteuergerät	– Gangschaltung funktioniert normal
9-2 → **BLZ 9** P1717	EOP-Sensor d. Kupplungsleitung Öldruck-Sensor, Spannung hoch (über 4,702 V) – schlechter Kontakt oder Wackelkontakt am EOP-Sensorstecker der Kupplungsleitung – Störung im EOP-Sensor der Kupplungsleitung oder im zugehörigen Schaltkreis – Fehler im PCM Motorsteuergerät und / oder Getriebesteuergerät	– Gangschaltung funktioniert normal
11-1 → **BLZ 11** P1721 P1722	Störung im VSS Geschwindigkeits-Sensor – schlechter Kontakt oder Wackelkontakt am Geschwindigkeits-Sensorstecker – Störung im Geschwindigkeits-Sensor oder im zugehörigen Schaltkreis – Fehler im PCM Motorsteuergerät	– Gangschaltung funktioniert nicht
19-1 → **BLZ 19** Mj. 2014-2020	CKP-Sensor Kurbelwellenpositions-Sensor, kein Signal – schlechter Kontakt oder Wackelkontakt am CKP-Sensorstecker – Elektromagnetische Beeinflussung des CKP-Sensors – Störung im CKP-Sensor oder im zugehörigen Schaltkreis – Fehler im PCM Motorsteuergerät	– Gangschaltung funktioniert nicht – Motor läuft nicht
21-1 → **BLZ 21** P1708	Schaltwellenwinkel-Sensor, Spannung niedrig unter 0,308 V – schlechter Kontakt oder Wackelkontakt am Schaltwellenwinkel-Sensorstecker – Störung im Schaltwellenwinkel-Sensor oder im zugehörigen Schaltkreis – Fehler im PCM Motorsteuergerät	– Gangschaltung funktioniert nicht – es kann nur in den 1. Gang geschaltet werden
21-2 → **BLZ 21** P1709	Schaltwellenwinkel-Sensor, Spannung hoch über 4,976 V – Störung im Schaltwellenwinkel-Sensor oder im zugehörigen Schaltkreis	– Gangschaltung funktioniert nicht – es kann nur in den 1. Gang geschaltet werden
22-1 → **BLZ 22** P1713	Schaltwelle, Funktionsstörung nach Ansprechen des Schaltmechanismus – Fehler im Schaltmechanismus – Störung im Schaltwellenwinkel-Sensor	– Gangschaltung funktioniert nicht – es kann nur in den 1. Gang geschaltet werden
23-1 → **BLZ 23** P172F	Schaltwelle, Funktionsstörung beim Ansprechen des Schaltmechanismus – Fehler im Schaltmechanismus – Störung im Schaltwellenwinkel-Sensor	– Gangschaltung funktioniert nicht – es kann nur in den 1. Gang geschaltet werden
24-1 → **BLZ 24** P170A	Schaltsteuermotor-Treiberschaltung – Störung im Steuermotor oder im zugehörigen Schaltkreis – Störung in der Treiberschaltung des Schaltsteuermotors im PCM	– Gangschaltung funktioniert nicht – Motor läuft nicht
27-1 → **BLZ 27** P1714	Schaltwalzenpositionsfehler – Störung im TR-Sensor Getriebestufen-Sensor – Fehler im Schaltmechanismus – Fehler im PCM Motorsteuergerät und / oder TCM Getriebesteuergerät	– Gangschaltung funktioniert nicht – Motor läuft nicht
31-1 → **BLZ 31** P170B	Schaltsteuermotor, Spannung niedrig unter 9,016 V – Störung in der Zündhalte-Relaisschaltung des PCM – Sicherung Schaltsteuermotor 30 A durchgebrannt – schlechter Kontakt oder Wackelkontakt am 33-poligen schwarzen PCM-Stecker	– Gangschaltung funktioniert nicht – Motor läuft nicht
32-1 → **BLZ 32** P172E	Störung im Schaltkreis des Ausfallsicherheits-Relais – Störung in der Versorgungsspannung des PCM – DCT-Schaltsteuermotor 30 A durchgebrannt – Störung im Ausfallsicherheits-Relais im PCM	– Gangschaltung funktioniert nicht – Motor läuft nicht

Teil 2: Doppelkupplung DTC-Fehlercodes, Blinkzeichen, Fehler, Symptome

DTC- Blinkzeichen Fehlercode	Funktionsfehler	Symptom Ausfallsicherheitsfunktion
BLZ 33 P170F	Störung im Bereich der Lernwerte – Fehler im EEPROM des TCM – Fehler im TCM	– Gangschaltung funktioniert nicht
37-1 → **BLZ 37** P0562 Mj. 2014 - 2020	Störung im Zündhalte-Relais – Störung in der Nebenversorgungs-Eingangsspannung des PCM – SUB PVB-Sicherung durchgebrannt, 7,5 A	– Gangschaltung funktioniert nicht – Motor läuft nicht
BLZ 37 P0686 ab Mj. 2021	ECM-Power-Relais, Spannung niedrig – Störung im SUB VB-Relais – TBW-Sicherung durchgebrannt, 10 A	– Motor läuft normal
BLZ 37 P0687 ab Mj. 2021	ECM-Power-Relais, Spannung hoch – Störung im SUB VB-Relais – Fehler im ECM/TCM	– Gangschaltung funktioniert nicht – Motor läuft nicht
41-1 → **BLZ 41** Mj. 2014 - 2020	Störung im N-D-Schalter Neutral-Drive-Schalter – schlechter Kontakt oder Wackelkontakt am N-D-Schalterstecker – Störung im N-D-Schalter oder im zugehörigen Schaltkreis – Fehler im PCM Motorsteuergerät	– N-D-Schalter funktioniert nicht
42-1 → **BLZ 42** P0826 Mj. 2014 - 2020	Störung im Gangschalter – schlechter Kontakt oder Wackelkontakt am Gangschalterstecker – Störung im Gangschalter oder im zugehörigen Schaltkreis – Fehler im PCM Motorsteuergerät	– Gangschalter funktioniert nicht
44-1 → **BLZ 44** P0197	EOT-Sensor Motoröltemperatur-Sensor, Spannung niedrig (unter 0,088 V) – Störung im EOT-Sensor oder im zugehörigen Schaltkreis – Fehler im PCM Motorsteuergerät oder TCM Getriebesteuergerät	– Gangschaltung funktioniert normal
44-2 → **BLZ 44** P0198	EOT-Sensor Motoröltemperatur-Sensor, Spannung hoch (über 4,903 V) – schlechter Kontakt oder Wackelkontakt am EOT-Sensorstecker – Störung im EOT-Sensor oder im zugehörigen Schaltkreis – Fehler im PCM Motorsteuergerät oder TCM Getriebesteuergerät	– Gangschaltung funktioniert normal
BLZ 45 P172D ab Mj. 2021	Schalthebel schaltet nicht – Störung im Schalthebel oder im zugehörigen Schaltkreis – Fehler im TCM Getriebesteuergerät	– Schalthebel funktioniert nicht
BLZ 46 P172C ab Mj. 2021	Fehler im N-D-Schalter – Störung im N-D-Schalter oder im zugehörigen Schaltkreis – Fehler im TCM Getriebesteuergerät	– N-D-Schalter funktioniert nicht
47-1 → **BLZ 47** P1704	EOP-Sensor der Kupplung 1 Öldruck-Sensor, Spannung niedrig (unter 0,298 V) – Störung im EOP-Sensor der Kupplung 1 oder im zugehörigen Schaltkreis – Fehler im PCM Motorsteuergerät oder TCM Getriebesteuergerät	– Gangschaltung funktioniert nicht
47-2 → **BLZ 47** P1705	EOP-Sensor der Kupplung 1 Öldruck-Sensor, Spannung hoch (über 4,702 V) – schlechter Kontakt oder Wackelkontakt am EOP-Sensorstecker der Kupplung 1 – Störung m EOP-Sensor der Kupplung 1 oder im zugehörigen Schaltkreis – Fehler im PCM Motorsteuergerät oder TCM Getriebesteuergerät	– Gangschaltung funktioniert nicht
48-1 → **BLZ 48** P1706	EOP-Sensor der Kupplung 2 Öldruck-Sensor, Spannung niedrig (unter 0,298 V) – Störung im EOP-Sensor der Kupplung 2 oder im zugehörigen Schaltkreis – Fehler im PCM Motorsteuergerät oder TCM Getriebesteuergerät	– Gangschaltung funktioniert nicht
48-2 → **BLZ 48** P1707 Mj. 2016 - 2020	EOP-Sensor der Kupplung 2 Öldruck-Sensor, Spannung hoch (über 4,702 V – schlechter Kontakt oder Wackelkontakt am EOP-Sensorstecker der Kupplung 2 – Störung m EOP-Sensor der Kupplung 2 oder im zugehörigen Schaltkreis – Fehler im PCM Motorsteuergerät oder TCM Getriebesteuergerät	– Gangschaltung funktioniert nicht

Sichtprüfung Messen

Teil 3: Doppelkupplung DTC-Fehlercodes, Blinkzeichen, Fehler, Symptome

DTC- Blinkzeichen Fehlercode	Funktionsfehler	Symptom Ausfallsicherheitsfunktion
49-1 → **BLZ 49** Mj. 2014 - 2020	Kupplungsleitung, Öldruck niedrig beim Schließen der Kupplung – Motorölstand niedrig – Ölpumpe defekt – Fehler im Kupplungsölkreislauf – Störung im EOP-Sensor der Kupplungsleitung	– Gangschaltung funktioniert nicht
49-2 → **BLZ 49** Mj. 2014 - 2020	Kupplungsleitung, Öldruck niedrig bei laufendem Motor – Motorölstand niedrig – Ölpumpe defekt – Fehler im Kupplungsölkreislauf – Störung im EOP-Sensor der Kupplungsleitung	– Gangschaltung funktioniert nicht
BLZ 49 P1718 ab Mj. 2021	Kupplungsleitung, Öldruck niedrig – Motorölstand niedrig – Ölpumpe defekt – Kupplungs-Ölfilter defekt – Fehler im Kupplungsölkreislauf – Störung im EOP-Sensor der Kupplungsleitung	– Gangschaltung funktioniert nicht
51-1 → **BLZ 51** P1702	TR-Sensor Getriebestufen-Sensor, Spannung niedrig (unter 0,177 V) – schlechter Kontakt oder Wackelkontakt am TR-Sensorstecker – Störung im TR-Sensor oder im zugehörigen Schaltkreis – Fehler im PCM Motorsteuergerät oder TCM Getriebesteuergerät	– Gangschaltung funktioniert nicht – Motor läuft nicht
51-2 → **BLZ 51** P1703	TR-Sensor Getriebestufen-Sensor, Spannung hoch (über 4,976 V) – Störung im TR-Sensor oder im zugehörigen Schaltkreis – Fehler im PCM Motorsteuergerät	– Gangschaltung funktioniert nicht – Motor läuft nicht
52-1 → **BLZ 52** P0851	Neutralschalter im ausgeschalteten Zustand blockiert – schlechter Kontakt oder Wackelkontakt am Neutralschalterstecker – Störung im Neutralschalter oder im zugehörigen Schaltkreis – Fehler im PCM Motorsteuergerät oder TCM Getriebesteuergerät	– Gangschaltung funktioniert normal – Ganganzeige blinkt
52-2 → **BLZ 52** P0852	Neutralschalter im eingeschalteten Zustand blockiert – Störung im Neutralschalter oder im zugehörigen Schaltkreis – Fehler im PCM Motorsteuergerät und / oder TCM Getriebesteuergerät	– Gangschaltung funktioniert nicht – Motor läuft nicht
53-1 → **BLZ 53** P0715	Innenhauptwelle, Drehzahl niedrig – schlechter Kontakt oder Wackelkontakt am Innenhauptwellen-Sensorstecker – Störung im Innenhauptwellen-Sensor oder im zugehörigen Schaltkreis – Elektromagnetische Beeinflussung – Fehler im PCM Motorsteuergerät oder TCM Getriebesteuergerät	– Gangschalter funktioniert nicht
54-1 → **BLZ 54** P2765	Außenhauptwelle, Drehzahl niedrig – schlechter Kontakt oder Wackelkontakt am Außenhauptwellen-Sensorstecker – Störung im Außenhauptwellen-Sensor oder im zugehörigen Schaltkreis – Elektromagnetische Beeinflussung – Fehler im PCM Motorsteuergerät oder TCM Getriebesteuergerät	– Gangschalter funktioniert nicht
55-1 → **BLZ 55** P0745	Linearmagnetventil 1, Stromfehler – schlechter Kontakt oder Wackelkontakt am Stecker des Linearmagnetventil 1 – Störung im Linearmagnetventil 1 oder im zugehörigen Schaltkreis – Störung in der Treiberschaltung des Linearmagnetventil 1 im PCM – Fehler im PCM Motorsteuergerät	– Gangschaltung funktioniert nicht

Teil 4: Doppelkupplung DTC-Fehlercodes, Blinkzeichen, Fehler, Symptome

DTC-Blinkzeichen Fehlercode	Funktionsfehler	Symptom Ausfallsicherheitsfunktion
55-2 → **BLZ 55** P0745	Fehler im Treiber des Linearmagnetventil 1 im PCM oder TCM – schlechter Kontakt oder Wackelkontakt am Stecker des Linearmagnetventil 1 – schlechter Kontakt oder Wackelkontakt am 33-poligen PCM-Stecker – Störung im Linearmagnetventil 1 oder im zugehörigen Schaltkreis – Störung in der Treiberschaltung des Linearmagnetventil 1 im PCM – Fehler im PCM Motorsteuergerät oder TCM Getriebesteuergerät	– Gangschaltung funktioniert nicht
56-1 → **BLZ 56** P0775	Linearmagnetventil 2, Stromfehler – schlechter Kontakt oder Wackelkontakt am Stecker des Linearmagnetventils 2 – Störung im Linearmagnetventil 2 oder im zugehörigen Schaltkreis – Störung in der Treiberschaltung des Linearmagnetventil 2 im PCM – Fehler im PCM Motorsteuergerät oder TCM Getriebesteuergerät	– Gangschaltung funktioniert nicht
56-2 → **BLZ 56** P0775	Fehler im Treiber des Linearmagnetventil 2 im PCM und / oder TCM – schlechter Kontakt oder Wackelkontakt am Stecker des Linearmagnetventil 2 – schlechter Kontakt oder Wackelkontakt am 33-poligen PCM-Stecker – Störung im Linearmagnetventil 2 oder im zugehörigen Schaltkreis – Störung in der Treiberschaltung des Linearmagnetventil 2 im PCM – Fehler im PCM Motorsteuergerät oder TCM Getriebesteuergerät	– Gangschaltung funktioniert nicht
57-1 → **BLZ 57** P1728	Fehler im Schaltmechanismus – Fehler im Schaltmechanismus – Störung im TR-Sensor Getriebestufen-Sensor oder im zugehörigen Schaltkreis – Fehler im PCM Motorsteuergerät oder TCM Getriebesteuergerät	– Gangschaltung funktioniert nicht – Motor läuft nicht
57-2 → **BLZ 57** P1729	Gangpositionsfehler, Gang springt heraus – Fehler im Schaltmechanismus – Störung im TR-Sensor Getriebestufen-Sensor oder im zugehörigen Schaltkreis – Fehler im PCM Motorsteuergerät oder TCM Getriebesteuergerät	– Gangschaltung funktioniert nicht – Motor läuft nicht
58-1 → **BLZ 58** P171B	Kupplung 1 öffnet nicht beim Gangschalten – Kupplung 1 festgegangen – Fehler im Kupplungsölkreislauf	– Motor läuft nicht
59-1 → **BLZ 59** P171C	Kupplung 2 öffnet nicht beim Gangschalten – Kupplung 2 festgegangen – Fehler im Kupplungsölkreislauf	– Motor läuft nicht
61-1 → **BLZ 61** P171E	Kupplung 1, Öldruckfehler bei der Erstdiagnose der Kupplung – Störung im EOP-Sensor Öldruck-Sensor der Kupplung 1 – Fehler im Kupplungsölkreislauf – Fehler im PCM Motorsteuergerät oder TCM Getriebesteuergerät	– Gangschaltung funktioniert nicht
61-2 → **BLZ 61** P171F	Kupplung 1, kein Öldruck – Störung im EOP-Sensor Öldruck-Sensor der Kupplung 1 – Fehler im Kupplungsölkreislauf – Störung im Linearmagnetventil 1 oder im zugehörigen Schaltkreis – Fehler im PCM Motorsteuergerät oder TCM Getriebesteuergerät	– Gangschaltung funktioniert nicht
61-3 → **BLZ 61** P1720 Mj. 2016 - 2019	Kupplung 1, Öldruckabfall oder Öldruck zu niedrig – Störung im EOP-Sensor Öldruck-Sensor der Kupplung 1 – Fehler im Kupplungsölkreislauf – Störung im Linearmagnetventil 1 – Fehler im PCM Motorsteuergerät oder TCM Getriebesteuergerät	– Gangschaltung funktioniert nicht
61-4 → **BLZ 61** P171D	Kupplung 1, Fehler beim Öldruckausgleich – Störung im EOP-Sensor Öldruck-Sensor der Kupplung 1 – Fehler im Kupplungsölkreislauf – schlechter Kontakt oder Wackelkontakt an den Steckern von Linearmagnetventil 1 und EOP-Sensor Öldruck-Sensor der Kupplung – Störung im Linearmagnetventil 1 – Fehler im PCM Motorsteuergerät oder TCM Getriebesteuergerät	– Motor läuft nicht

Teil 5: Doppelkupplung DTC-Fehlercodes, Blinkzeichen, Fehler, Symptome

DTC-Blinkzeichen Fehlercode	Funktionsfehler	Symptom Ausfallsicherheitsfunktion
62-1 → **BLZ 62** P1721	Kupplung 1, Öldruck hoch – Störung im EOP-Sensor Öldruck-Sensor der Kupplung 1 – Fehler im Kupplungsölkreislauf – Störung im Linearmagnetventil 1 – Fehler im PCM Motorsteuergerät oder Getriebesteuergerät	– Gangschaltung funktioniert nicht – Motor läuft nicht
62-2 → **BLZ 62** Mj. 2014 - 2020	Kupplung 1, Öldruck hoch, Kriechverhinderung – Störung im EOP-Sensor Öldruck-Sensor der Kupplung 1 – Fehler im Kupplungsölkreislauf – Störung im Linearmagnetventil 1 – Fehler im PCM Motorsteuergerät	– Gangschaltung funktioniert nicht – Motor läuft nicht
63-1 → **BLZ 63** P1723	Kupplung 2, Öldruckfehler bei der Erstdiagnose der Kupplung – Störung im EOP-Sensor Öldruck-Sensor der Kupplung 2 – Fehler im Kupplungsölkreislauf – Fehler im PCM Motorsteuergerät oder TCM Getriebesteuergerät	– Gangschaltung funktioniert nicht
63-2 → **BLZ 63** P1724	Kupplung 2, kein Öldruck – Störung im EOP-Sensor Öldruck-Sensor der Kupplung 2 – Fehler im Kupplungsölkreislauf – Störung im Linearmagnetventil 2 oder im zugehörigen Schaltkreis – Fehler im PCM Motorsteuergerät oder TCM Getriebesteuergerät	– Gangschaltung funktioniert nicht
63-3 → **BLZ 63** P1725	Kupplung 1, Öldruckabfall oder niedriger Öldruck – Störung im EOP-Sensor Öldruck-Sensor der Kupplung 2 – Fehler im Kupplungsölkreislauf – Störung im Linearmagnetventil 2 – Fehler im PCM Motorsteuergerät oder TCM Getriebesteuergerät	– Gangschaltung funktioniert nicht
63-4 → **BLZ 63** P1722	Kupplung 2, Fehler beim Öldruckausgleich – Störung im EOP-Sensor Öldruck-Sensor der Kupplung 2 – Fehler im Kupplungsölkreislauf – schlechter Kontakt oder Wackelkontakt an den Steckern von Linearmagnetventil 2 und EOP-Sensor Öldruck-Sensor der Kupplung – Störung im Linearmagnetventil 2 oder im zugehörigen Schaltkreis – Fehler im PCM Motorsteuergerät oder TCM Getriebesteuergerät	– Motor läuft nicht
64-1 → **BLZ 64** P1726	Kupplung 2, Öldruck hoch – Störung im EOP-Sensor Öldruck-Sensor der Kupplung 2 – Fehler im Kupplungsölkreislauf – Störung im Linearmagnetventil 2 – Fehler im PCM Motorsteuergerät oder TCM Getriebesteuergerät	– Gangschaltung funktioniert nicht – Motor läuft nicht
64-2 → **BLZ 64** Mj. 2014 - 2020	Kupplung 2, Öldruck hoch wegen Kriechverhinderung – Störung im EOP-Sensor Öldruck-Sensor der Kupplung 2 – Fehler im Kupplungsölkreislauf – Störung im Linearmagnetventil 2 – Fehler im PCM Motorsteuergerät	– Motor läuft nicht
65-1 → **BLZ 65** P170C Mj. 2014 - 2020	Vorder- und Hinterrad-Drehzahlsignal, Störung – Störung im ABS-Sensor vorne oder im zugehörigen Schaltkreis – Störung im VSS-Sensor Geschwindigkeits-Sensor oder im zugehörigen Schaltkreis – ABS-Modulator defekt – Fehler im PCM Motorsteuergerät	– Gangschaltung funktioniert nicht

Teil 6: Doppelkupplung DTC-Fehlercodes, Blinkzeichen, Fehler, Symptome		
DTC-Blinkzeichen Fehlercode	**Funktionsfehler**	**Symptom Ausfallsicherheitsfunktion**
BLZ 66 P2158 ab Mj. 2021	ABS-Sensor hinten, kein Signal – Störung im ABS-Sensor hinten oder im zugehörigen Schaltkreis – schlechter Kontakt oder Wackelkontakt am Stecker vom ABS-Sensor hinten – Elektromagnetische Beeinflussung des ABS-Sensors hinten – ABS-Modulator defekt – ABS-Sensorring hinten defekt – Fehler im ECM Motorsteuergerät	– Motor läuft normal – Traktionskontrolle funktioniert nicht
67-1 → **BLZ 67** P1500 Mj. 2014 - 2020	ABS-Sensor vorne, kein Signal – Störung im ABS-Sensor vorne oder im zugehörigen Schaltkreis – schlechter Kontakt oder Wackelkontakt am Stecker vom ABS-Sensor vorne – Elektromagnetische Beeinflussung des ABS-Sensors vorne – ABS-Modulator defekt – ABS-Sensorring vorne defekt – Fehler im PCM Motorsteuergerät	– Gangschaltung funktioniert nicht
BLZ 67 P0501 ab Mj. 2021	Störung am ABS-Sensorring vorne – ABS-Sensorring vorne defekt – Verschmutzung des Sensorrings wg. Eisen oder anderes magnetisches Teil – Störung im ABS-Sensor vorne oder im zugehörigen Schaltkreis – ABS-Modulator defekt – Fehler im ECM Motorsteuergerät	– Gangschaltung funktioniert nicht
68-1 → **BLZ 68** P1719	Kupplung 1, Funktionsstörung Kupplung rutscht – Störung im VSS-Sensor Geschwindigkeits-Sensor – Kupplung 1 defekt – Fehler im PCM Motorsteuergerät und / oder TCM Getriebesteuergerät	– Gangschaltung funktioniert nicht
69-1 → **BLZ 69** P171A	Kupplung 2, Funktionsstörung Kupplung rutscht – Störung im VSS-Sensor Geschwindigkeits-Sensor – Kupplung 2 defekt – Fehler im PCM Motorsteuergerät und / oder TCM Getriebesteuergerät	– Gangschaltung funktioniert nicht
71-1 → **BLZ 71** P1700	Fehler im Drehzahlverhältnis Innenhauptwelle zur Nebenwelle – Störung im VSS-Sensor Geschwindigkeits-Sensor oder im zugehörigen Schaltkreis – Störung im Innenhauptwellen-Sensor oder im zugehörigen Schaltkreis – Fehler im PCM Motorsteuergerät und / oder TCM Getriebesteuergerät	– Gangschaltung funktioniert nicht
72-1 → **BLZ 72** P1701	Fehler im Drehzahlverhältnis Außenhauptwelle zur Nebenwelle – Störung im VSS-Sensor Geschwindigkeits-Sensor oder im zugehörigen Schaltkreis – Störung im Außenhauptwellen-Sensor oder im zugehörigen Schaltkreis – Fehler im PCM Motorsteuergerät und / oder TCM Getriebesteuergerät	– Gangschaltung funktioniert nicht
84-1 → **BLZ 84** P0606	CPU-Fehler Prozessor-Fehler im ECM / PCM Motorsteuergerät – Fehler im ECM / PCM Motorsteuergerät	– Gangschaltung setzt aus
BLZ 84 P1712 ab Mj. 2021	CPU-Fehler Prozessor-Fehler im TCM Getriebesteuergerät – Fehler im TCM Getriebesteuergerät – Fehler im ECM Motorsteuergerät	– Gangschaltung funktioniert nicht

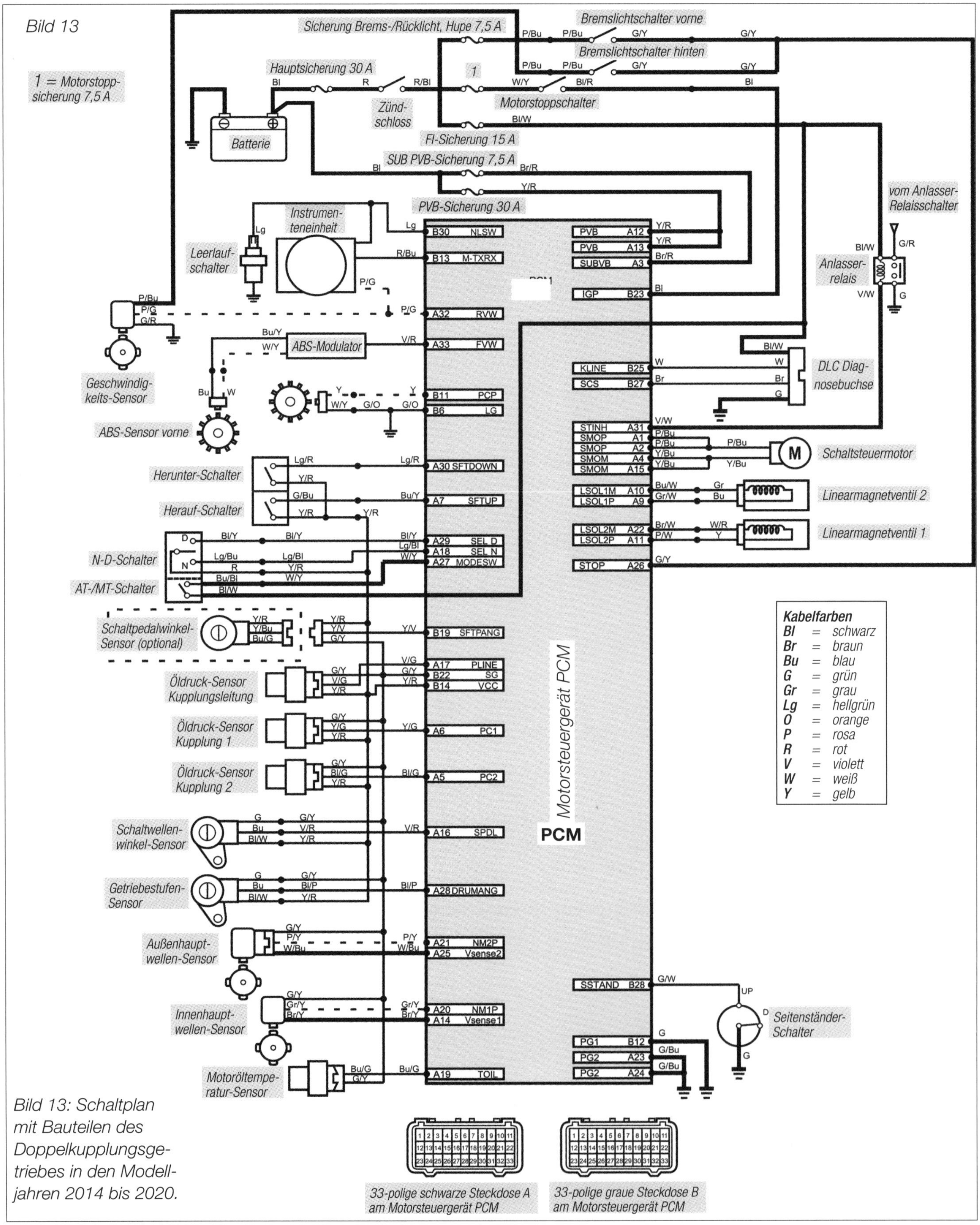

Bild 13: Schaltplan mit Bauteilen des Doppelkupplungsgetriebes in den Modelljahren 2014 bis 2020.

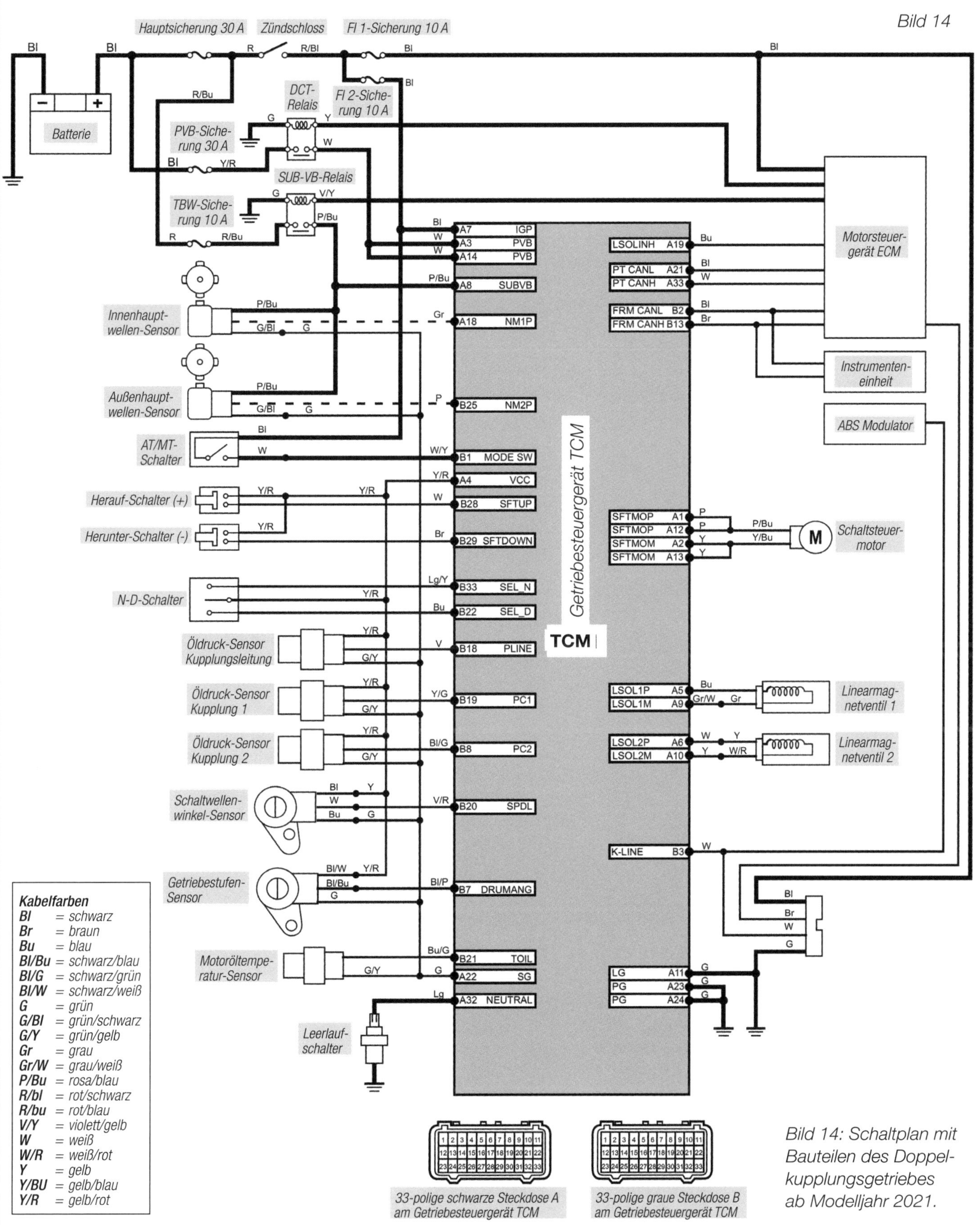

Bild 14: Schaltplan mit Bauteilen des Doppelkupplungsgetriebes ab Modelljahr 2021.

Sichtprüfung Messen

Ventilspiel

In diesem Kapitel: Ventiltrieb · Ventilspiel · Ventilspiel prüfen und einstellen.

Bilder 1 a und 1 b: Explosionszeichnung der Ventilbetätigung. Dichtscheiben auf den Inbusschrauben der Ventildeckelbefestigung mit »UP« nach oben montieren.

Bild 1 a UP = oben

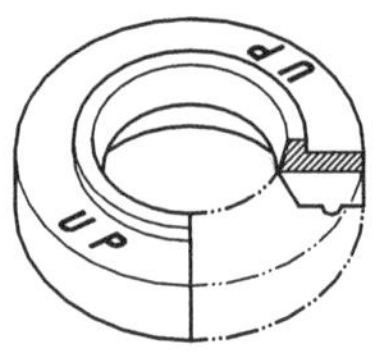

Ventiltrieb

Der NC 750-Motor arbeitet nach dem **OHC**-Prinzip: **O**ver **H**ead **C**amshaft, was übersetzt bedeutet »über Kopf Nockenwelle« (Bild 1 b), die Nockenwelle ist also oben im Zylinderkopf eingebaut. Sie wird von der Kurbelwelle über eine Zahnkette angetrieben:

- Unten auf der Kurbelwelle sitzt ein kleines Kettenritzel.
- Oben auf der Nockenwelle ist ein großes Kettenrad mit doppelt so vielen Zähnen aufgebaut, deswegen dreht sich die Nockenwelle mit halber Kurbelwellendrehzahl.

Bilder 1 b und 5: Jedes Ein- und Auslassventil hat einen eigenen Rollenkipphebel. Zur Einstellung des Ventilspiels dienen die Einstellschrauben an den Kipphebeln.

Bild 1 b

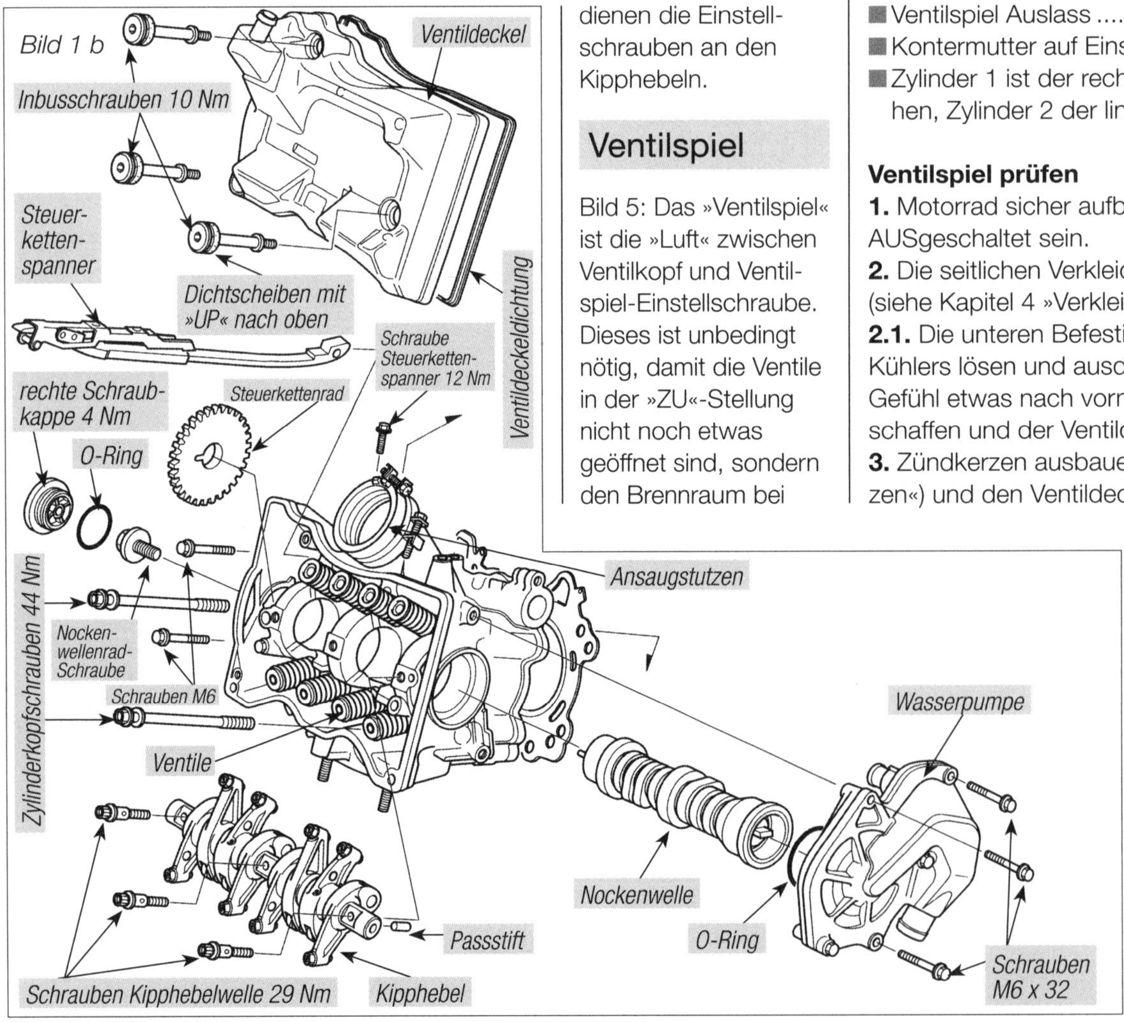

Ventilspiel

Bild 5: Das »Ventilspiel« ist die »Luft« zwischen Ventilkopf und Ventilspiel-Einstellschraube. Dieses ist unbedingt nötig, damit die Ventile in der »ZU«-Stellung nicht noch etwas geöffnet sind, sondern den Brennraum bei allen Betriebstemperaturen dicht abschließen, kein Gas unkontrolliert entweicht und die Wärme am Ventilsitz gut abgeleitet wird.

Von richtiger Wartung und Pflege hängt das Wohl und Wehe des Ventiltriebs entscheidend ab:

- Wenn das Ventilspiel zu weit ist, besteht die Gefahr der Pittingbildung auf der Nockenlaufbahn sowie des Einschlagens des Ventilsitzes und der Einstellschraube im Ventilkopf.
- Wenn das Ventilspiel zu eng ist, verbrennt der Ventilsitz.

Ventilspiel prüfen, einstellen

Prüf- und Einstellintervalle

Das Ventilspiel muss bei jeder Inspektion alle 12000 km überprüft und, wenn notwendig, eingestellt werden. Dazu muss der Motor kalt sein (höchstens 35 °C, entspricht »handwarm«).

Ventilspiel-Einstellwerte

- Ventilspiel Einlass .... 0,15 mm bis 0,19 mm
- Ventilspiel Auslass .... 0,26 mm bis 0,30 mm
- Kontermutter auf Einstellschraube .... 14 Nm
- Zylinder 1 ist der rechte in Fahrtrichtung gesehen, Zylinder 2 der linke.

Ventilspiel prüfen

1. Motorrad sicher aufbocken. Zündung muss AUSgeschaltet sein.
2. Die seitlichen Verkleidungsteile abschrauben (siehe Kapitel 4 »Verkleidung · Tank · Rahmen«).
2.1. Die unteren Befestigungsschauben des Kühlers lösen und ausdrehen. Den Kühler mit Gefühl etwas nach vorne ziehen um Platz zu schaffen und der Ventildeckel gut erreichbar ist.
3. Zündkerzen ausbauen (Kapitel 17 »Zündkerzen«) und den Ventildeckel abschrauben.
4. Bild 2 b: Beide Schraubkappen unten im Lichtmaschinendeckel ausschrauben.
4.1. Bild 1 b: Schraubkappe rechts oben am Zylinderkopf (Honda nennt sie »Nockenwellenschraubkappe«) abschrauben.
5. Bild 2 a: Auf den Kopf der Schraube eine exakt passende Stecknuss setzen mit kurzer Verlängerung und T-Griff.

6. Nun suchenwir den Oberen Totpunkt (»OT«) im Zylinder 1. Bild 2 a: Mit der Nuss auf dem Schraubenkopf drehen wir die Kurbelwelle langsam (!) links herum (!), bis die auf dem Lichtmaschinenrotor angebrachte »T«-Markierung des Zylinders 1 (»1T«) erscheint und sich mit der Gehäusemarkierung deckt (siehe Bilder 3 a, 3 b und 4).
7. Bild 4: Ein Blick nach oben auf die offene Bohrung am Zylinderkopf auf die Strichmarkierung auf dem Kettenrad der Nockenwelle: Die Strichmarkierung muss sich mit der unteren Markierung am Zylinderkopf decken.
8. Ventilspiel prüfen, Bilder 5 und 5 a: Fühlerlehre zwischen Einstellschraube und Ventilkopf durchziehen. Mit verschieden dicken Fühlerlehren prüfen, bis eine gefunden ist, die sich zwischen Ventilkopf und Einstellschraube satt durchziehen lässt. Dies nennt man »Ist-Ventilspiel«.
■ Wenn das Ist-Ventilspiel zu weit oder zu eng ist, muss es korrigiert werden.
9. OT suchen im Zylinder 2: Mit der Nuss auf dem Schraubenkopf im Bild 2 a die Kurbewelle linksherum drehen, bis die T-Markierung für Zylinder Nr. 2 (Bild 3 b) im Fenster erscheint.
9.1. Bild 4: Oben am Zylinderkopf muss sich die Markierung am Nockenwellenrad mit der oberen Markierung decken.

Ventilspiel einstellen
1. Kontermutter der Ventilspiel-Einstellschraube lösen. Ventilspiel-Einstellschraube etwas ein- oder ausdrehen, bis das Ventilspiel stimmt:
■ Fühlerlehre muss sich satt durch den Spalt zwischen Ventilspiel-Einstellschraube und Ventilkopf durchschleifen lassen.
2. Mutter auf Ventilspiel-Einstellschraube kontern.
■ Einstellschraube mit einem Schraubenzieher auf Zug in Position halten (Bild 5) und die Mutter gegen den Kipphebel kontern mit 14 Nm.
Wichtig: Weil man die Kontermutter mit einem Drehmomentschlüssel nur schlecht erreicht wird sie »nach Gefühl« festgezogen: Nicht zu fest anziehen, sonst reißt die Einstellschraube ab.

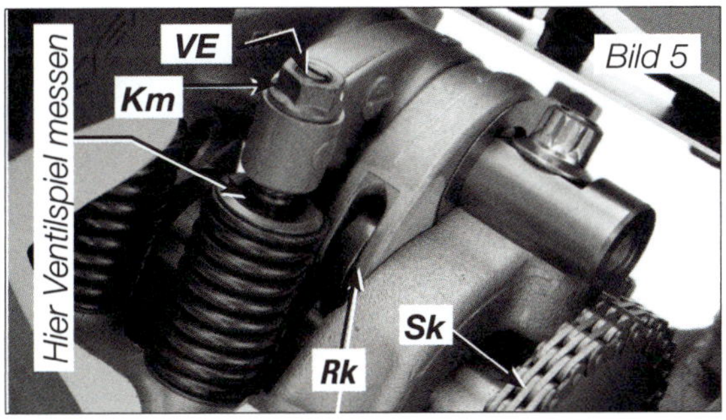

■ Aber auch nicht zu lose festziehen, sonst löst sie sich, wenn der Motor läuft!
3. Jetzt das Ventilspiel noch einmal prüfen.
4. Zündkerzen einschrauben. Ventildeckel aufschrauben (10 Nm), Dichtscheiben mit »UP« nach oben (Bilder 1 a und 1 b). Kühler festschrauben. Schraubkappen einschrauben siehe Bilder 2 b und 1 b. Verkleidungsteile anbauen.
Hinweis: Die Nockenwellenschraubkappe kann bei eingebautem Motor nur mit einer Fühlerlehre korrekt festgezogen werden: 0,1 mm-Fühlerlehre zwischen Kappenrand und Zylinder schieben, Kappe mit Gefühl leicht anziehen, Fühlerlehre entnehmen und die Kappe um weitere 30 Grad anziehen.

Bilder 2 a und 2 b: Schraubkappen im Seitendeckel.

Bilder 3 a, 3 b und 4: Markierungen müssen sich decken.

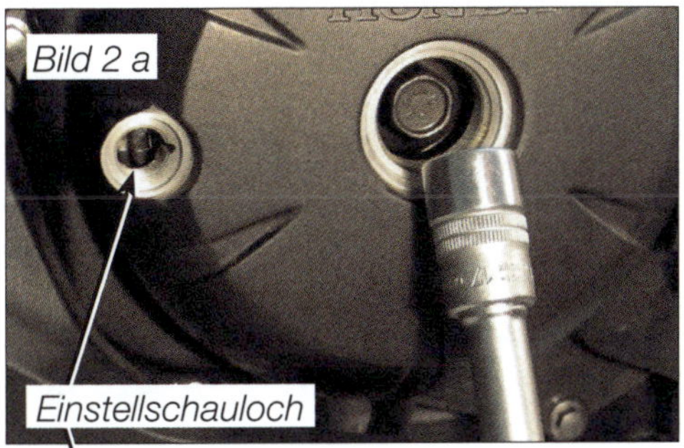

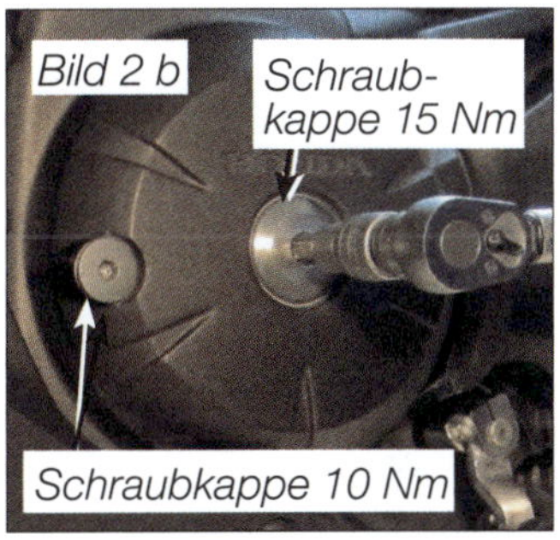

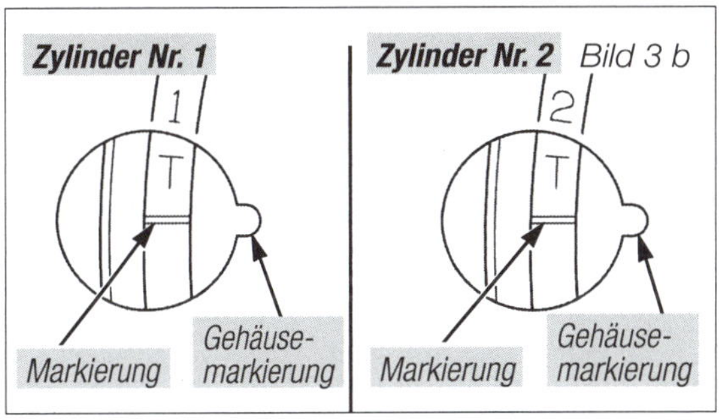

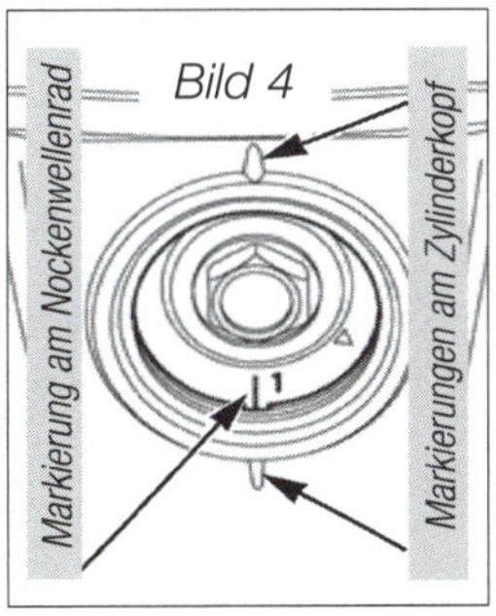

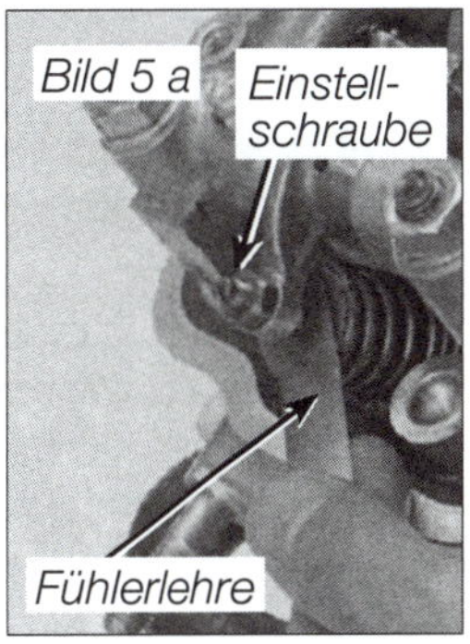

Bilder 5 und 5 a: Ventilspiel zwischen Einstellschraube und Ventilkopf messen.
***VE** = Ventilspiel-Einstellschraube*
***Km** = Kontermutter*
***Rk** = Rollenkipphebel*
***Sk** = Steuerkette*

Bild 5 a: Weil die Toleranzen der Ventilspiele nur 0,04 mm betragen, muss man beim Einstellen des Ventilspiels große Sorgfalt walten lassen. So lange mit verschieden dicken Einstellblättchen der Fühlerlehre messen, bis eines gefunden ist, das sich »satt« durch den Spalt zwischen Einstellschraube und Ventilkopf durchschleifen lässt.

Störungssuche

Wenn an Ihrer Honda NC 750 ein Fehler auftritt, kann der folgende Text helfen, ihn zu lokalisieren. Bitte beachten Sie, dass sich mögliche Fehlerquellen verzahnen und eine Negativkette bilden können. Wenn über mehrere Tage am teilzerlegten Motorrad geschraubt wurde und der Motor danach nicht anspringt, können folgende Fehler zusammenkommen: Spritleitung nicht richtig angeschlossen und Zündkerzen funken nicht, weil die Zündkerzenstecker nicht richtig aufgesteckt sind.

Sollte Ihre Maschine einmal den Geist aufgeben, sei es mit oder ohne Nebengeräusche, dann bleiben Sie cool. Überlegen Sie: An welchem Bauteil wurde zuletzt herumgeschraubt? Was könnte nicht richtig gemacht worden sein? Fehler und Probleme haben meist einfache Gründe, man muss sie nur finden! Vieles ist simpel, alles ist logisch. Denn bei allen Emotionen, die im Motorradfahren drinstecken, ist ein Motorrad eben doch bloß ein technisches Gerät, dessen einzelne Bauteile im Zusammenspiel nach physikalisch-technischen Gesichtspunkten funktionieren. In diesem Sinne wünschen wir frohes Fehlersuchen!

Elektrik

BELEUCHTUNG, BLINKER, HUPE

Fehler: Scheinwerfer funktioniert nicht
Mögliche Ursachen:
- Lampe im Scheinwerfer durchgebrannt → *Kapitel* 12
- Sicherung durchgebrannt, korrodiert → *Kapitel* 13
- Lampentyp falsch → *Kapitel* 12
- Stecker nicht fest zusammen, Anschlüsse korrodiert → *Kapitel* 12 13
- Zu viele Nebenverbraucher, Batterie zu schwach → *Kapitel* 14
- Zündschloss defekt → *Kapitel* 13 → *Honda-Ersatzteile*

Fehler: Blinker funktioniert nicht, Blinkrhythmus zu langsam, zu schnell
Mögliche Ursachen:
- Blinkerlampe(n) durchgebrannt → *Kapitel* 12
- Sicherung durchgebrannt, korrodiert → *Kapitel* 13
- Lampentyp falsch → *Kapitel* 12
- Blinkerrelais defekt → *Kapitel* 12 13
- Stecker nicht fest zusammen, Anschlüsse korrodiert → *Kapitel* 12 13
- Blinkerschalter defekt, Kabelbaum defekt → *Kapitel* 13 → *Honda-Ersatzteile*

Fehler: Hupe funktioniert nicht
Mögliche Ursachen:
- Hupe defekt oder falsch eingestellt → *Kapitel* 12
- Hupenschalter defekt, Kabelbaum schadhaft → *Honda-Ersatzteile*
- Sicherung durchgebrannt, korrodiert → *Kapitel* 13
- Batterie defekt, also leer, kaputt und/oder zu alt → *Kapitel* 14
- Zündschloss defekt → *Kapitel* 13 → *Honda-Ersatzteile*

BATTERIE UND LADESYSTEM

Fehler: Kein Strom trotz eingeschalteter Zündung
Mögliche Ursachen:
- Batterie leer, altersbedingt funktionsunfähig → *Kapitel* 14
- Batteriekabel lose → *Kapitel* 14
- Massekabel gebrochen, keine sichere zuverlässige Masseverbindung (»schlechter Kontakt«) → *Kapitel* 13
- Kontakte der Steckverbindungen korrodiert → *Kapitel* 13
- Hauptsicherung durchgebrannt, korrodiert → *Kapitel* 13
- Störung im Ladekreis → *Kapitel* 15
- Zündschalter (Zündschloss) defekt → *Kapitel* 13 → *Honda-Ersatzteile*

Fehler: Schwacher Strom: Anlasser dreht langsam durch, Motor springt nicht an
Mögliche Ursachen:
- Batterie leer, zu niedrige Spannung → *Kapitel* 14
- Batterieanschlüsse lose → *Kapitel* 14
- Kabel am Anlasser lose → *Kapitel* 16

Fehler: Schwacher Strom bei laufendem Motor
Mögliche Ursachen:
- Batterie defekt, hat eine oder mehrere »tote« Zellen → *Kapitel* 14
- Störung im Ladekreis → *Kapitel* 15
- Kontakte der Steckverbindungen korrodiert → *Kapitel* 13
- Regler/Gleichrichter defekt → *Kapitel* 15

Fehler: Zeitweilig aussetzender Strom
Mögliche Ursachen:
- lose Kabelanschlüsse (»Wackelkontakte«) → *Kapitel* 13 14
- Sicherung(en) defekt → *Kapitel* 13
- Kurzschluss im Kabelbaum → *Kapitel* 13

Fehler: Batterie überladen, kocht, ihre Seitenwände dehnen sich aus
Mögliche Ursachen:
- Regler/Gleichrichter defekt → *Kapitel* 15
- Lichtmaschine defekt → *Kapitel* 15
- Batterie defekt → *Kapitel* 14

ZÜNDSYSTEM

Fehler: Motor wird durchgedreht, springt aber nicht an
Mögliche Ursachen:
- kein Funke an den Zündkerzen → *Kapitel* 17 18
- Zündspule(n) defekt → *Kapitel* 17 18
- Motorsteuergerät (ECM oder PCM) defekt → *Kapitel* 13 18 21
- Umkipp-Sensor: Schraubverbindung locker, ab, Umkipp-Sensor abgefallen und hängt jetzt in einer anderen als der Anbauposition → *Kapitel* 13

Fehler: Kein Funke an den Zündkerzen
Mögliche Ursachen:
- Batterie schwach, nicht ausreichend geladen → *Kapitel* 14
- Motorstoppschalter (»Killschalter«) defekt → *Kapitel* 13
- Stromkreisunterbrechung bzw. Kontaktmangel durch schlecht angeschlossene(s) oder gerissene(s) Kabel → *Kapitel* 13
- Motorsteuergerät (ECM oder PCM) defekt → *Kapitel* 13 21
- Zündschloss defekt → *Kapitel* 13 → *Honda-Ersatzteile*
- Leerlauf-, Kupplungs- oder Seitenständerschalter defekt → *Kapitel* 2 13
- Anlasserschalter defekt → *Kapitel* 16 → *Honda-Ersatzteile*
- Zündspule bzw. Zündkerzenstecker defekt → *Kapitel* 17 18
- Zündgeber (Kurbelwellenpositions-Sensor) defekt → *Kapitel* 13 18
- Haupt- oder Zündungssicherung defekt, korrodiert → *Kapitel* 13 18

Fehler: Motor springt zwar an, läuft aber stotternd, dreht nicht hoch
Mögliche Ursachen:
- Zündkerzen-Elektrodenabstand zu groß, Zündkerzen verrußt → *Kapitel* 17
- Zündkerzenstecker oder Zündkerze(n) lose, defekt → *Kapitel* 17 18
- Stromkreisunterbrechung oder Kurzschluss → *Kapitel* 13 31
- Wackelkontakt, loses Kabel in einem Schalter → *Kapitel* 13
- Zündkabel defekt, falscher Zündzeitpunkt → *Kapitel* 18 20
- Motorsteuergerät (ECM/PCM) oder einer der Sensoren defekt → *Kapitel* 13 20
- Defekt im Einspritzsystem → *Kapitel* 20
- Batteriespannung zu niedrig → *Kapitel* 14

ANLASSER

Fehler: Anlassermotor dreht sich nicht
Mögliche Ursachen:
- Batterie entladen (»schwach«) → *Kapitel* 14
- Zündschalter (»Starterknopf«) defekt, Kontaktschwäche im Gehäuse oder im Kabelbaum → *Kapitel* 13 → *Honda-Ersatzteile*
- Motorstoppschalter (»Killschalter«) auf »OFF« → *Kapitel* 13
- Motorstoppschalter (»Killschalter«) defekt → *Kapitel* 13
- Anlasser defekt → *Kapitel* 16 → *Honda-Ersatzteile*
- Anlasserrelais oder Anlassersperrrelais defekt → *Kapitel* 13 16
- Stromkreisunterbrechung/Kontaktschwäche durch loses oder abgetrenntes Kabel → *Kapitel* 13
- Leerlauf-, Kupplungs- oder Seitenständerschalter defekt → *Kapitel* 2 13
- Hauptsicherung defekt → *Kapitel* 13

Fehler: Anlassermotor dreht Motor nur langsam durch
Mögliche Ursachen:
- zu schwache Batterie ➔ *Kapitel* 14
- Batteriekabel schlecht angeschlossen ➔ *Kapitel* 14
- Anlassermotor klemmt, defekt ➔ *Kapitel* 16
- zähes Motoröl (speziell im Winterbetrieb) ➔ *Kapitel* 22

Fehler: Anlassermotor läuft, ohne den Motor durchzudrehen
Mögliche Ursachen:
- Anlasserfreilauf defekt ➔ *Kapitel* 16

Fehler: Anlasserrelais »klickt«, Anlasser dreht aber Motor nicht durch
Mögliche Ursachen:
- Anlasser/Kabel schlecht angeschlossen/defekt ➔ *Kapitel* 16
- Anlasserrelais oder Starterrelais defekt ➔ *Kapitel* 13 16 26
- Kurbelwelle dreht sich nicht, weil blockiert ➔ *Honda-Werkstatt*
- zu schwache oder defekte Batterie ➔ *Kapitel* 14

Motor

Fehler: Motor wird vom Anlasser durchgedreht, springt aber nicht an
Mögliche Ursachen:
- kein Benzin im Tank, Benzin verunreinigt, schlechte Qualität ➔ *Kapitel* 4
- Benzin gelangt nicht zu den Einspritzdüsen ➔ *Kapitel* 20
- Motor mit Benzin überflutet (»ersoffen«) ➔ *Kapitel* 4
- Benzinpumpe oder -pumpenrelais arbeitet nicht richtig ➔ *Kapitel* 13 20
- Benzinfilter oder Benzinschlauch verstopft ➔ *Kapitel* 20
- kein Zündfunke, Motorelektronik defekt ➔ *Kapitel* 13 17 18 20
- Luftfilter zugesetzt ➔ *Kapitel* 19
- Kompression zu niedrig: Ventile blasen durch, Zylinderkopfdichtung defekt ➔ *Honda-Werkstatt*

Fehler: Anlasser dreht nicht durch
Mögliche Ursachen:
- zu schwache oder defekte Batterie ➔ *Kapitel* 14
- Anlasserrelais, Starterrelais oder Sicherung defekt ➔ *Kapitel* 13 16 26
- Leerlauf-, Kupplungs- oder Seitenständerschalter defekt ➔ *Kapitel* 2 13
- Anlasser schadhaft ➔ *Kapitel* 16

Fehler: Motor springt schlecht an, geht sofort aus
Mögliche Ursachen:
- Zündanlage hat Unterspannung ➔ *Kapitel* 18
- Zündkerze(n) defekt: Falscher Elektrodenabstand, Kerze hat Massenschluss ➔ *Kapitel* 17
- Kabel oder Stecker der Zündspule(n) beschädigt, gebrochen, Kerzenstecker nicht richtig auf Zündkerze(n) aufgesteckt ➔ *Kapitel* 17 18
- Motorsteuergerät (ECM/PCM) oder einer der Sensoren defekt ➔ *Kapitel* 13 20
- Benzin verschmutzt: Dreck im Tank, im Einspritzsystem ➔ *Kapitel* 4 20
- Leerlaufdrehzahl zu niedrig ➔ *Kapitel* 2 20
- Tankentlüftung verstopft, Schlauch geknickt ➔ *Kapitel* 4 20

Fehler: Unrunder Leerlauf
Mögliche Ursachen:
- zu schwache oder defekte Batterie ➔ *Kapitel* 14
- Ventilspiel nicht korrekt: Zu weit oder zu eng ➔ *Kapitel* 27
- Zündsystem defekt ➔ *Kapitel* 20
- Falsche Zündkerzen, falscher Elektrodenabstand ➔ *Kapitel* 17
- Zündkerzenstecker schlechter Kontakt zu den Zündkerzen ➔ *Kapitel* 17 18
- Motorsteuergerät (ECM/PCM) oder einer der Sensoren defekt ➔ *Kapitel* 13 20
- Kurbelwellenpositions-Sensor (Zündgeber) defekt ➔ *Kapitel* 13 18
- Drosselklappen beschädigt, locker, nicht synchron ➔ *Kapitel* 20
- Leerlauf falsch eingestellt ➔ *Kapitel* 2 20
- Benzin und Einspritzsystem verschmutzt ➔ *Kapitel* 4 20
- Kompression zu niedrig ➔ *Honda-Werkstatt*

Fehler: Aussetzer beim Beschleunigen, Motor patscht
Mögliche Ursachen:
- Zündkerzen-Elektrodenabstand falsch ➔ *Kapitel* 17
- Zündkerzenstecker schlagen durch, nicht richtig angebracht ➔ *Kapitel* 17
- Feuchtigkeit in den Steckverbindungen der Motorelektrik ➔ *Kapitel* 13 20
- Drosselklappe falsch eingestellt ➔ *Kapitel* 20
- Motorsteuergerät (ECM/PCM) oder einer der Sensoren defekt ➔ *Kapitel* 13 20
- Zündspule(n) defekt ➔ *Kapitel* 17 18
- zu schwache oder defekte Batterie ➔ *Kapitel* 14
- Kurbelwellenpositions-Sensor defekt ➔ *Kapitel* 13
- Benzin verschmutzt, Dreck im Tank, im Einspritzsystem ➔ *Kapitel* 4 20

Fehler: Geringe Leistung und hoher Verbrauch
Mögliche Ursachen:
- Luftfilter verschmutzt ➔ *Kapitel* 19
- Benzinsystem verstopft ➔ *Kapitel* 4 20
- Zündsystem defekt ➔ *Kapitel* 18
- Motorsteuergerät (ECM/PCM) oder einer der Sensoren defekt ➔ *Kapitel* 13 20
- Lambdasonde defekt ➔ *Kapitel* 21

Fehler: Motor zieht nicht richtig, wird zu heiß
Mögliche Ursachen:
- zu mageres Gemisch: Einspritzdüsen verstopft ➔ *Kapitel* 20
- Benzinleitung gequetscht, eingeklemmt ➔ *Kapitel* 4 20
- Druckverlust im Benzinsystem ➔ *Kapitel* 4 20
- Tankbelüftung verstopft, Belüftungsschlauch geknickt ➔ *Kapitel* 4 20
- Motorsteuergerät (ECM/PCM) oder Sensor defekt ➔ *Kapitel* 13 20

Fehler: Motor zieht nicht, raucht aus dem Auspuff
Mögliche Ursachen:
- zu fettes Gemisch ➔ *Kapitel* 20
- Luftfilter verschmutzt ➔ *Kapitel* 19
- Lambdasonde defekt ➔ *Kapitel* 21

KÜHLSYSTEM

Fehler: Motortemperatur zu hoch
Mögliche Ursachen:
- zu wenig Kühlmittel und deswegen viel Luft im Kühlsystem ➔ *Kapitel* 23
- Kühlerdeckel defekt ➔ *Kapitel* 23
- Leitungen im Kühlsystem verstopft ➔ *Kapitel* 23
- Kühler außen verschmutzt, innen verkalkt ➔ *Kapitel* 23
- Wasserpumpe defekt ➔ *Kapitel* 23
- Thermostat hängt in geschlossener Stellung ➔ *Kapitel* 23
- Kühlmitteltemperatur-Sensor defekt ➔ *Kapitel* 13 23
- Kühlerventilatormotor defekt ➔ *Kapitel* 23
- Luft-Kraftstoff-Gemisch zu mager, Falschluftansaugung ➔ *Kapitel* 19 20
- zu wenig Öl im Motor ➔ *Kapitel* 22
- Ölpumpe defekt oder Ölkreislauf verstopft ➔ *Kapitel* 22
- verschmutzte, defekte oder falsche Zündkerzen ➔ *Kapitel* 17

Fehler: Motortemperatur zu niedrig
Mögliche Ursachen:
- Kühlerventilatorrelais defekt ➔ *Kapitel* 13 23
- Thermostat hängt in geöffnetem Zustand ➔ *Kapitel* 23

Fehler: Kühlsystem leckt
Mögliche Ursachen:
- zu viel Kühlflüssigkeit im Ausgleichsbehälter ➔ *Kapitel* 23
- Wasserpumpe oder Dichtung defekt ➔ *Kapitel* 23
- Kühlerschlauch schadhaft, Schlauch oder Klemme lose ➔ *Kapitel* 23
- Kühlerdeckel defekt ➔ *Kapitel* 23
- Zylinderkopfdichtung defekt ➔ *Honda-Werkstatt*

SCHMIERSYSTEM

Fehler: Ölstand zu niedrig, hoher Ölverbrauch
Mögliche Ursachen:
- zu wenig Öl im Motor, Dichtungen lassen Öl durch ➔ *Kapitel* 2 22
- Zylinder, Kolbenringe und/oder Ölabstreifringe, Ventilführungen und/oder Ventilschaftabdichtungen verschlissen, gebrochen, falsch eingebaut ➔ *Honda-Werkstatt*
- Überdruck im Motor, Öl wird aus Entlüftung gedrückt ➔ *Honda-Werkstatt*

Fehler: Öl stark verschmutzt oder emulgiert
Mögliche Ursachen:
- Motoröl oder Ölfilter nicht rechtzeitig gewechselt ➔ *Kapitel* 2 22
- Kolbenringe verschlissen ➔ *Honda-Werkstatt*
- Ventilführungen/Ventilschaftdichtungen verschlissen ➔ *Honda-Werkstatt*
- Kühlwasser im Öl: Leck im Kühlsystem oder Wasserpumpe defekt ➔ *Kapitel* 23

Fehler: Öldruck zu niedrig
Mögliche Ursachen:
- Ölstand zu niedrig ➔ *Kapitel* 2 22
- zu wenig oder falsches Öl im Motor ➔ *Kapitel* 22
- Öldruckregler defekt ➔ *Kapitel* 22
- internes Ölleck, Ölpumpe defekt ➔ *Kapitel* 22
- Lagerschaden (Kurbelwelle, Pleuel) im Motor ➔ *Honda-Werkstatt*

Fehler: Öldruck zu hoch
Mögliche Ursachen:
- Ölfilter bzw. Ölkreislauf verstopft ➔ *Kapitel* 22
- Öldruckregler geschlossen/festgeklemmt ➔ *Kapitel* 22
- falsche Ölviskosität (zu dickes Öl) ➔ *Kapitel* 22

Fehler: Kein Öldruck
Mögliche Ursachen:
- Ölstand zu niedrig ➔ *Kapitel* 2 22
- internes Ölleck, Ölpumpe und/oder ihr Antrieb defekt ➔ *Kapitel* 22
- Öldruckregler (Überdruckventil) klemmt geöffnet ➔ *Kapitel* 22

ZYLINDER, KOLBEN, ZYLINDERKOPF

Fehler: Zu niedrige oder ungleichmäßige Kompression, schlechtes Anspringen, geringe Leistung
Mögliche Ursachen:
- Ventile falsch eingestellt (zu wenig Spiel) ➔ *Kapitel* 27
- Ventilsitze verbrannt, Ventil verbogen ➔ *Honda-Werkstatt*
- Ventilfeder(n) gebrochen ➔ *Honda-Werkstatt*
- Zylinderkopfdichtung undicht ➔ *Honda-Werkstatt*
- Zylinderkopf verzogen oder gerissen ➔ *Honda-Werkstatt*
- Ventilsitz(e) undicht oder Ventilführung(en) ausgeschlagen ➔ *Honda-Werkstatt*
- Zylinder, Kolben, Kolbenringe verschlissen, gebrochen ➔ *Honda-Werkstatt*
- Nockenwelle defekt oder abgenutzt ➔ *Honda-Werkstatt*
- Zündfunke zu schwach ➔ *Kapitel* 17 18
- Motorsteuergerät (ECM/PCM) defekt ➔ *Kapitel* 13 20

Fehler: Zu hohe Kompression, Überhitzen oder Klopfen
Mögliche Ursachen:
- starke Ölkohleablagerung im Brennraum ➔ *Honda-Werkstatt*
- Motorsteuergerät (ECM/PCM) defekt ➔ *Kapitel* 13 20

Fehler: Starke Geräuschentwicklung
Mögliche Ursachen:
- Auspuffkrümmer am Zylinderkopf undicht ➔ *Kapitel* 21
- Ventile falsch eingestellt (meist zu viel Spiel) ➔ *Kapitel* 27
- klemmendes Ventil, gebrochene/ermüdete Ventilfeder ➔ *Honda-Werkstatt*
- Nockenwelle oder Tassenstößel beschädigt ➔ *Honda-Werkstatt*
- Nockenwellen-Kettenräder und/oder Nockenwellenantriebskette (Steuerkette) verschlissen ➔ *Kapitel* 27 ➔ *Honda-Werkstatt*
- Zylinder und/oder Kolben verschlissen ➔ *Honda-Werkstatt*
- Kolbenbolzen oder Kolbenbolzenbohrung verschlissen ➔ *Honda-Werkstatt*
- Kurbelwellen- oder Getriebelager verschlissen ➔ *Honda-Werkstatt*
- Steuerkettenspanner defekt ➔ *Kapitel* 27

Fehler: Starke Rauchentwicklung
Mögliche Ursachen:
- zu viel Motoröl im Motor ➔ *Kapitel* 2 22
- Luftfilter zugesetzt, verölt ➔ *Kapitel* 19
- Zylinder oder Kolben verschlissen ➔ *Honda-Werkstatt*
- Ventilführungen/Ventilschäfte, Dichtungen abgenutzt ➔ *Honda-Werkstatt*

Fehler: Motor überhitzt
Mögliche Ursachen:
- zu wenig Öl im Motor ➔ *Kapitel* 2 22
- zu wenig Kühlflüssigkeit ➔ *Kapitel* 2 23
- Kühlerventilator läuft nicht an ➔ *Kapitel* 23
- Kühler verschmutzt ➔ *Kapitel* 23

Kraftübertragung

KUPPLUNG

Fehler: Kupplung rutscht beim Beschleunigen
Mögliche Ursachen:
- kein Spiel am Kupplungshebel/im Seilzug ➔ *Kapitel* 2 24
- Graphit- oder Molybdänzusatz im Motoröl ➔ *Kapitel* 22
- Kupplungsfedern ermüdet ➔ *Kapitel* 24
- Kupplungsreibscheiben und/oder Stahlscheiben verschlissen ➔ *Kapitel* 24
- Motoröl zu alt ➔ *Kapitel* 22

Fehler: Kupplung rückt nicht aus, es kracht beim Schalten
Mögliche Ursachen:
- Kupplungshebel verbogen, Zugspiel falsch eingestellt ➔ *Kapitel* 2 24
- Kupplungsscheibe(n) verzogen ➔ *Kapitel* 24
- Kupplungs-Ausrückmechanismus defekt ➔ *Kapitel* 24
- zu viel Öl im Motor, falsche Ölviskosität (zu dickes Öl) ➔ *Kapitel* 22

Fehler: Kupplung rupft
Mögliche Ursachen:
- Verzahnung der Kupplungsscheiben auf der Kupplungsnabe oder im Kupplungskorb eingeschlagen ➔ *Kapitel* 24
- Kupplungszug gelängt, geknickt, defekt ➔ *Kapitel* 24
- Kupplungsreibscheiben gebrochen, verbrannt ➔ *Kapitel* 24

Fehler: Kupplung verlangt übermäßig starke Handkraft
Mögliche Ursachen:
- Kupplungshebellager am Handgriff verdreckt, beschädigt ➔ *Kapitel* 2 24
- Kupplungszug geknickt, innen aufgespleißt ➔ *Kapitel* 24
- Kupplungshebel-Lagerbolzenschraube zu fest angezogen ➔ *Kapitel* 2 24
- Kupplungs-Ausrückmechanismus defekt ➔ *Kapitel* 24
- Kupplungshebel oder Aufnahme verbogen (Sturz- oder Umfallfolgeschaden) ➔ *Kapitel* 24

GETRIEBE UND SCHALTUNG

Fehler: Getriebe schwer schaltbar
Mögliche Ursachen:
- Position des Fußschalthebels falsch ➔ *Kapitel* 25
- Kupplung rückt nicht aus ➔ *Kapitel* 24
- zu wenig Öl im Motor, falsche Ölviskosität ➔ *Kapitel* 22
- Schaltgabeln, Schaltwalze oder Schaltwelle defekt ➔ *Kapitel* 25
- Schaltwelle beschädigt, klemmt ➔ *Kapitel* 25
- Fremdkörper blockieren das Getriebe ➔ *Honda-Werkstatt*

Fehler: Schalthebel hängt, Gänge springen heraus
Mögliche Ursachen:
- Schaltwelle schwergängig, gefressen, klemmt ➔ *Kapitel* 25
- Schaltfeder lahm, gebrochen ➔ *Kapitel* 25
- Schaltwalzen-Arretierung abgenutzt, Schaltkrone beschädigt ➔ *Kapitel* 25
- Schaltgabeln verschlissen oder verbogen ➔ *Kapitel* 25
- Klauen an Gangzahnrädern abgenutzt ➔ *Honda-Werkstatt*

HINTERRADANTRIEB

Fehler: Motorrad ruckelt bei langsamer Fahrt, unregelmäßiges Geräusch des Hinterradantriebs
Mögliche Ursachen:
- Kette verzogen, unregelmäßig gelängt ➔ *Kapitel* 8
- Kettenrad vorne und/oder hinten lose (»eiert«) ➔ *Kapitel* 8
- Lager im Kettenradträger ausgeschlagen ➔ *Kapitel* 8
- Kettenrollen gebrochen, verschlissen ➔ *Kapitel* 8

- Zahnräder und Kette verschlissen → *Kapitel* 8
- neue Kette läuft auf alten und abgenutzten Kettenrädern, alte und deswegen gelängte Kette läuft auf neuen Kettenrädern → *Kapitel* 8

Fehler: Motorrad schiebt sich schwer, dabei knackendes Geräusch
Mögliche Ursachen:
- Kette zu straff gespannt, Kette trocken, Glieder festgefressen → *Kapitel* 8
- Lager der Getriebeausgangswelle defekt → *Honda-Werkstatt*
- Radlager defekt, Radachse lose, verbogen, falsch montiert → *Kapitel* 6
- Bremsen defekt, Bremsbeläge in den Sätteln nicht freigängig → *Kapitel* 7

Fahrwerk

LENKUNG UND FRONTPARTIE

Fehler: Lenkung schwergängig
Mögliche Ursachen:
- Reifenluftdruck zu niedrig → *Kapitel* 5
- Kabel und/oder Bowdenzüge falsch verlegt → *Kapitel* 4 13
- Lenklager falsch eingestellt, Lenkkopflager defekt → *Kapitel* 9

Fehler: Motorrad zieht nach einer Seite
Mögliche Ursachen:
- Gabelbeine verzogen, krumm, ungleich hoch eingebaut → *Kapitel* 10
- Falscher Ölstand in den Gabelbeinen → *Kapitel* 10
- Vorderachse verbogen → *Kapitel* 6
- Rad falsch eingebaut, Radlager defekt → *Kapitel* 6
- Lenkkopflager defekt, Lagerteile gebrochen → *Kapitel* 9
- Rahmen verzogen, gebrochen → *Honda-Werkstatt*
- Schwingenlager defekt, Lagerteile gebrochen → *Kapitel* 11
- Hinterradschwinge verbogen, gebrochen → *Kapitel* 11

Fehler: Vorderrad flattert
Mögliche Ursachen:
- Rad verzogen (»eiert«), Radlager defekt → *Kapitel* 6
- Reifen zu wenig Luftdruck, unwuchtig, falsch montiert (»eiert«) → *Kapitel* 5
- Gabelbeine verklemmt, Gabel kann nicht federn → *Kapitel* 10
- Falscher Gabelölstand → *Kapitel* 10
- Lenkkopflager, Radachse, Gabel-Klemmschrauben lose → *Kapitel* 6 9

TELEGABEL UND FEDERUNG

Fehler: Federung zu weich
Mögliche Ursachen:
- zu geringer Reifendruck → *Kapitel* 5
- Gabeltragfedern ermüdet, zu wenig oder zu dünnes Gabelöl → *Kapitel* 10

Fehler: Federung zu hart
Mögliche Ursachen:
- zu hoher Reifendruck → *Kapitel* 5
- Gabelbeine verbogen (nach Unfall/Sturz) → *Kapitel* 10
- zu viel Gabelöl, zu dickes Öl, Dämpfung verstopft → *Kapitel* 10
- Vorderradachse verbogen → *Kapitel* 6
- Gabelbrücken zueinander verdreht, Gabelbeine verspannt → *Kapitel* 10

Fehler: Geräusche beim Einfedern
Mögliche Ursachen:
- Bowdenzug knarzt an einer Verkleidungskante → *Kapitel* 4 20 24
- Gabeltauchrohre oder Gabelstandrohre abgenutzt, defekt → *Kapitel* 10
- zu wenig, zu dünnes, zu altes Gabelöl → *Kapitel* 10
- Federbeinbefestigung lose, ausgeschlagen → *Kapitel* 11
- Gabelanbauteile oder Innereien lose, gebrochen → *Kapitel* 10

HINTERRADAUFHÄNGUNG UND FEDERUNG

Fehler: Federung zu weich
Mögliche Ursachen:
- zu geringer Reifendruck → *Kapitel* 5
- Stoßdämpferfeder ermüdet, gebrochen → *Kapitel* 11

Fehler: Federung zu hart
Mögliche Ursachen:
- Reifendruck zu hoch → *Kapitel* 5
- Stoßdämpferstange verbogen → *Kapitel* 11
- Lager in der Schwinge oder der Umlenkung defekt → *Kapitel* 11

Fehler: Geräusche beim Einfedern (Knacken)
Mögliche Ursachen:
- Lager in Schwinge oder Umlenkung defekt, gebrochen → *Kapitel* 11
- Bolzen der Federbeinbefestigung lose → *Kapitel* 11
- Dreck, Korrosion in Lagerstellen der Hinterradfederung → *Kapitel* 11
- Teile der Hinterradfederung lose → *Kapitel* 11
- Feder gebrochen, Windungen verschoben, reibt am Dämpfer → *Kapitel* 11

RÄDER

Fehler: Trommeln oder seitliches Flattern des Rades
Mögliche Ursachen:
- Felge verzogen, hat starken Seitenschlag (»eiert«) → *Kapitel* 6
- Reifen defekt, unwuchtig, sitzt nicht richtig in der Felge → *Kapitel* 5
- zu geringer Reifendruck → *Kapitel* 5
- Achse lose, Radlager gebrochen → *Kapitel* 6
- Schwingenlager lose, Schwingarme gerissen, gebrochen → *Kapitel* 11

BREMSEN

Fehler: Schlechte Bremsleistung
Mögliche Ursachen:
- Luft im Hydrauliksystem, System undicht → *Kapitel* 7
- Bremsklötze abgenutzt, verschmutzt, verglast → *Kapitel* 7
- Bremsscheiben verschmutzt, riefig, überhitzt (»geschirmt«) → *Kapitel* 7
- Bremsscheiben wegen undichter Gabel-Simmerringe verölt → *Kapitel* 10
- Kolben in Bremssätteln schwergängig → *Kapitel* 7
- Bremsflüssigkeit überaltert → *Kapitel* 7
- Manschetten im Hauptbremszylinder defekt → *Kapitel* 7

Fehler: Bremshebel wippt, pumpt, pulsiert: »Bremse rubbelt«
Mögliche Ursachen:
- Bremsscheibe hat zu viel Seitenschlag (»eiert«) → *Kapitel* 7
- Bremsscheibe unterschiedlich dick → *Kapitel* 7
- Bremsscheibe gerissen → *Kapitel* 7
- Bremsscheiben-Befestigungsschrauben lose → *Kapitel* 7
- Bremskolben im Bremssattel einseitig fest → *Kapitel* 7

Fehler: Nachlassende Bremswirkung unter Belastung, quietscht
Mögliche Ursachen:
- Bremsflüssigkeit überaltert, sie »kocht sich auf« → *Kapitel* 7
- Bremsbeläge schräg oder schon total abgenutzt, ausgebrochen → *Kapitel* 7
- Bremsbelagplatte zu groß, zu wenig Seitenspiel → *Kapitel* 7
- Bremskolben im Bremssattel festgefressen → *Kapitel* 7
- Bremskolben-Dichtringe im Bremssattel gebrochen, gequollen → *Kapitel* 7
- Bremskolben im Bremssattel fest → *Kapitel* 7

Fehler: Bremse schleift
Mögliche Ursachen:
- Bremsbelag und/oder Bremsscheibe verschmutzt → *Kapitel* 7
- Bremsschlauch oder Hydrauliksystem verstopft → *Kapitel* 7
- Bremsscheibe verzogen, verformt, geschirmt → *Kapitel* 7
- Bremskolben abgenutzt, hängt im Bremssattel → *Kapitel* 7
- Bremskolben im Bremssattel fest → *Kapitel* 7
- Bremssattel-Gleitstifte festgefressen → *Kapitel* 7

Fehler: Bremshebelweg wird größer
Mögliche Ursachen:
- Luft im Hydrauliksystem → *Kapitel* 7
- zu wenig Bremsflüssigkeit → *Kapitel* 7
- falsche Bremsflüssigkeit → *Kapitel* 7

Technische Daten · Verschleißmaße

ABMESSUNGEN UND GEWICHTE

Ein Wort zuvor: In diesem Datenblock nennen wir die Abmessungen und Gewichte der beiden 750er-Grundmodelle aus dem ersten Modelljahr 2014 fahrfertig mit Benzin, Öl und Kühlwasser. Bis zum Redaktionsschluss dieses Buchs im Mai 2026 haben sich diese Maß- und Gewichtsangaben zu den vielen Folgemodellen so minimal verändert, dass eine detaillierte Auflistung der einzelnen Modelle und Modellvarianten bis zum Redaktionsschluss im Mai 2026 den Rahmen der Zahlenauflistungen sprengen würde. Geblieben ist die maximale Zuladung von mehr als 200 kg.

Abmessungen und Gewichte der NC 750 S im Modelljahr 2014: Länge 2195 mm, Breite 760 mm, Höhe 1130 mm. Radstand 1525 mm, Nachlauf 110 mm, Nachlaufwinkel 63 Grad zur Waagerechten gemessen (entspricht 27 Grad zur Senkrechten). Sitzhöhe 790 mm. Bodenfreiheit 140 mm. Tankinhalt 14,1 Liter, Reserve ca. 2,9 Liter, wird angezeigt durch Benzinstandsanzeige im Cockpit

- Abweichende Daten der NC 750 X im Modelljahr 2014: Länge 2210 mm, Breite 830 mm, Höhe 1285 mm. Radstand 1540 mm. Sitzhöhe 830 mm. Bodenfreiheit 165 mm
- Die Gewichtsangaben beider Grundmodelle sind fahrfertig mit Benzin, Öl und Kühlwasser
- NC 750 S mit Schaltgetriebe .... 215 kg
- NC 750 S mit Doppelkupplungsgetriebe .... 225 kg
- NC 750 X mit Schaltgetriebe .... 218 kg
- NC 750 X mit Doppelkupplungsgetriebe.................. 228 kg

Zulässiges Gesamtgewicht

- NC 750 S mit Schaltgetriebe .... 424 kg
- NC 750 S mit Doppelkupplungsgetriebe .... 434 kg
- NC 750 X mit Schaltgetriebe .... 427 kg
- NC 750 X mit Doppelkupplungsgetriebe.................. 437 kg

Maximale Zuladung alle Modelle .... 209 kg

Motorgewichte

Motor mit Schaltgetriebe .... 62,4 kg
Motor mit Doppelkupplungsgetriebe.......................... 69,2 kg

MOTOR

Leistung: Die Modellgenerationen reichen über die Modelljahre 2014 und 2015, 2016 und 2017, 2018 bis 2020, 2021 bis 2024 und ab 2025 bis zum Redaktionsschluss im Mai 2026. Abhängig von EU-Abgasgesetzgebungen und nationalen* Zulassungs- und Führerscheinbestimmungen wurden verschiedene Leistungsstufen angeboten. Diese reichten von 48 PS (35 kW) bei 6250/min, 53 PS (38 kW) bei 6000/min, 55 PS (40,3 kW) bei 5250/min bis 59 PS (43,1 kW)** bei 6750/min

- Eine Leitungsreduzierung auf 48 PS zum Fahrbetrieb mit dem Führerschein A2 ist über Händler möglich

Motorbauart: Viertakt-Zweizylinder-Reihenmotor, quer zur Fahrtrichtung eingebaut, flüssigkeitsgekühlt. Eine oben liegende, kettengetriebene Nockenwelle (SOHC), vier Ventile pro Zylinder, über Kipphebel mit Einstellschrauben betätigt, Nasssumpf-Druckumlaufschmierung. Zwei zahnradgetriebene Ausgleichswellen zur Dämpfung der Motorvibrationen

Bohrung x Hub .... 77x 80 mm
Hubraum .... 745 cm^3
Verdichtung .... 10,7 : 1

Gassteuerung: Eine Drosselklappe, Ø 36 mm, gegabelter Ansaugstutzen, eine Einspritzdüse pro Zylinder.

Auspuffanlage: 2-in-1-Auspuffanlage, gegabelter 2-in-1-Auslassstutzen im Zylinderkopf. Geregelter Drei-Wege-Katalysator mit Lambda-Sonde. Edelstahl-Schalldämpfer

Erfüllung folgender Abgasnormen: Euro 3 in den Modelljahren 2014 und 2015; Euro 4 in den Modelljahren 2016 bis 2020; Euro 5 in den Modelljahren 2021 bis 2023; Euro 5+ ab Modelljahr 2024

Kraftstoff: Normal bleifrei, mindestens 91 ROZ

Verbrauch: ca. 3,5 Liter auf 100 km. Reichweite mit einem Liter Benzin ca. 30 km. Werksangabe, gemessen unter WMTC-Testbedingungen

KRAFTSTOFFSYSTEM

Programmierte Kraftstoffeinspritzung, Typ PGM-FI. Seilzugbetätigte Drosselklappe, Saugrohr-Ø 36 mm. Kennung Drosselklappengehäuse bei Seilzügen GQ3UA. Elektrisch betätigte Drosselklappe »Drive by Wire« E-Gas ab Modelljahr 2021. Kennung Drosselklappengehäuse bei E-Gas GNEOA. Zwei Einspritzventile. Trockenluftfilter

Leerlaufdrehzahl .... 1200 ± 100/min
Leerweg am Gasgriff bei Seilzügen .... 2 bis 6 mm
Kraftstoffdruck bei Leerlaufdrehzahl .... 343 kPa

Drosselklappenpositions-Sensor TP
  Widerstand bei 20 °C .... 0,29 bis 0,71 kΩ
Ansauglufttemperatur-Sensor IAT
  Widerstand bei 20 °C .... 2,2 bis 2,7 kΩ
Kühlmitteltemperatur-Sensor ECT
  Widerstand bei 40 °C .... 1,0 bis 1,3 kΩ
  Widerstand bei 100 °C .... 0,1 bis 0,2 kΩ

* = betrifft Deutschland, Österreich und die Schweiz II ** = NC 750 X Mj. 2025

Benzineinspritzventil
Widerstand bei 20 °C .... 11 bis 13 Ω
Leerlaufregelventil IACV
Widerstand bei 25 °C .... 110 bis 150 Ω
Benzinstand-Sensor
Widerstand bei oberer Stellung »Tank voll« .... 4 bis 6 Ω
Widerstand bei unterer Stellung »Tank leer« .... 80 bis 83 Ω
Ansaugluftdruck-Sensor MAP
Eingangsspannung .... 4,75 bis 5,25 V
Drosselklappenpositions-Sensor TP
Ausgangsspannung:
bei geschlossener Drosselklappe .... 0,29 bis 0,71 V
bei geöffneter Drosselklappe .... 4,13 bis 4,76 V
Drosselklappenpositions-Sensor TP
Eingangsspannung .... 4,75 bis 5,25 V
Ansaugluftdruck-Sensor MAP Ausgangsspannung bei 20 °C am Prüfkabelbaum ...... 0,50 bis 3,41 V
Ansaugluftdruck-Sensor MAP Ausgangsspannung bei 20 °C am Stecker am Kabelbaum .... 4,75 bis 5,25 V
Ansauglufttemperatur-Sensor IAT Ausgangsspannung bei 20 °C .... 2,7 bis 3,1 V
Kurbelwellenpositions-Sensor CKP Zündimpulsgeber Spitzenspannung bei 20 °C .... mindestens 0,7 V

Kraftstoffpumpendurchsatz, wenn zum Messen 12 Volt extern angelegt sind: mindestens 230 cm^3 in 10 Sekunden

Umkipp-Sensor: Erfassung von Magnetströmen mit einem Erfassungswinkel von mehr als 60 bis 70 Grad für jede Schräglage, Erfassungszeit innerhalb 0,5 bis 1,0 Sekunden. Anbauvorschrift: Markierung »UP« auf Sensorgehäuse zeigt nach oben
Sollwert in Normallage .... 7,0 bis 8,8 V
Bei Neigung von mehr als 60 Grad .... 0,40 bis 0,84 V

Empfänger-Antenne der Wegfahrsperre: Versorgungseingangsspannung ca. 5 V zwischen gelb-rotem Kabel am Kabelbaumstecker und Masse. Spannung an Signalleitung: ca. 5 V zwischen Kontakt (+) des rosa Kabels und Masse (–)

KRAFTÜBERTRAGUNG

Nachfolgende Daten und Messwerte gelten für Schaltgetriebe mit einfacher Kupplung

Primärantrieb: Zahnräder, Z 71/41, i_{prim} = 1,731

Kupplung: Seilzugbetätigte Mehrscheibenkupplung im Ölbad
Spiel außen am Kupplungshandhebel .... 10 bis 20 mm

Kupplungskorbführung
Innendurchmesser .... 21,991 bis 22,016 mm
Verschleißgrenze .... 22,030 mm
Außendurchmesser .... 31,959 bis 31,975 mm
Verschleißgrenze .... 31,920 mm

Angetriebenes Primärzahnrad
Innendurchmesser .... 32,000 bis 32,025 mm
Verschleißgrenze .... 32,090 mm

Spiel zwischen angetriebenem Primärzahnrad und Kupplungskorbführung ..... 0,025 bis 0,066 mm
Verschleißgrenze .... 0,100 mm

Spiel zwischen Kupplungskorbführung und Hauptwelle .... 0,011 bis 0,049 mm
Verschleißgrenze .... 0,080 m

Hauptwelle an Kupplungskorbführung
Außendurchmesser .... 21,967 bis 21,980 mm
Verschleißgrenze .... 21,950 mm

Kupplungs-Druckfedern
ungespannte Länge neue Feder .... 43,2 mm
gebrauchte Feder Verschleißgrenze .... 41,7 mm

Kupplungs-Reibscheiben
Dicke neue Scheibe .... 2,62 bis 2,78 mm
gebrauchte Scheibe Verschleißgrenze .... 2,30 mm

Kupplungs-Stahlscheiben maximaler Verzug .... 0,30 mm

Getriebe und Kupplung: Klauengeschaltetes Sechsganggetriebe. Kupplung beim Schaltgetriebe: Seilzugspiel gemessen am Seilzugeinsteller 1,0 bis 3,0 mm, ergibt außen am Ende des Hebels 10 bis 30 mm

Kettenräder
Modelljahre 2014 bis 2020 .... Z 43/17, i_{sec} = 2,529
Modelljahre ab 2021 .... Z 43/16, i_{sec} = 2,687

Kette: Modelljahre ab 2014: Endlos vernietete Rollenkette mit X-Ringen zwischen den Laschen, 114 Rollen. Kettentyp DID520V0-114LE oder RK520MKO-114LE

Kettendurchhang »Kettenspannung«
bei NC 750 S mit Schaltgetriebe....................25 bis 35 mm
bei NC 750 X mit Schaltgetriebe....................30 bis 40 mm

Hinweis: Bitte legen Sie beim Kauf einer neuen Kette und neuer Kettenräder dem Händler die Fahrgestellnummer Ihrer Maschine vor, damit er die richtigen Bauteile liefern kann, was vor allem die Länge der Kette und die Zähnezahlen des vorderen Kettenritzels und des hinterem Kettenrads betrifft.

Abweichende Daten bei Doppelkupplungsgetriebe DCT

Primärantrieb: Zahnräder, Z 73/38, i_{prim} = 1,921

Doppelkupplung: Zwei Mehrscheibenkupplungen im Ölbad, automatisch betätigt, elektronische Regelung

Spiel in der Kupplungsbetätigung am Motor .... 0,9 bis 1,1 mm
Verschleißgrenze .... 2,0 mm

Kettenräder und Kette beim Doppelkupplungsgetriebe
Modelljahre 2014 und 2015* .... Z 39/16, i_{sec} = 2,437
Modelljahre 2014 bis 2020* .... Z 39/17, i_{sec} = 2,294
Modelljahre ab 2021 .... Z 41/17, i_{sec} = 2,411
Endlos vernietete Rollenkette mit X-Ringen zwischen den Laschen, 112 Rollen
Kettentyp DID520V0-112LE oder RK520MKO-112LE

Hinweis: Auch hier noch einmal der Hinweis: Bitte legen Sie beim Kauf einer neuen Kette und neuer Kettenräder dem Händler die Fahrgestellnummer Ihrer Maschine vor, damit er die richtigen Bauteile liefern kann, was vor allem die Länge der Kette und die Zähnezahlen des vorderen Kettenritzels und des hinterem Kettenrads betrifft.

SCHMIERSYSTEM UND MOTORÖL

Schmiersystem: Nasssumpf-Druckumlaufschmierung mit kettengetriebener Trochoidenölpumpe

Motoröl: SAE 10W-30 der API-Service-Klassifikation SG oder höher, JASO T 903-Spezifikation MA. Nicht verwenden: Öle, die laut API-Service Klassifikation als »energiesparend« eingestuft sind, wie z. B. SAE 0-20

Ölmenge**
bei Ölwechsel .... 3,1 Liter
bei Öl- und Filterwechsel .... 3,4 Liter
bei Neubefüllung nach Zerlegung des Motors .... 3,7 Liter

Öldruck bei 80 °C
am Öldruckschalter .... 470 kPa (4,7 bar) bei 5000/min

Motoröldruck-Sensor EOT beim Doppelkupplungsgetriebe
Widerstand bei 20 °C .... 2,5 bis 2,8 kΩ

Verschleißmaße Ölpumpen Motor und Doppelkupplung
Spitzenspiel .... 0,15 mm
Verschleißgrenze .... 0,20 mm
Gehäusespiel .... 0,15 bis 0,21 mm
Verschleißgrenze .... 0,35 mm
Seitenspiel .... 0,04 bis 0,09 mm
Verschleißgrenze .... 0,12 mm

Ölmenge bei Doppelkupplungsgetriebe**
bei Ölwechsel .... 3,2 Liter
bei Öl- und Filterwechsel .... 3,4 Liter
bei Neubefüllung nach Zerlegung des Motors .... 4,1 Liter

ZÜNDUNG

Zündung: Computergesteuerte digitale Transistorzündung mit elektronischer Frühverstellung

Zündzeitpunkt .... 12 Grad vor OT im Leerlauf

Zündfolge .... 1 – 2

Zündkerzen (Iridium) .... NGK IFR6G-11K
Elektrodenabstand .... 1,0 bis 1,1 mm

Zündspule: Primärspitzenspannung .... mindestens 100 V

Kurbelwellenpositions-Sensor (CKP, Zündimpulsgeber)
Spitzenspannung bei 20° .... mindestens 0,7 V

Widerstände
Drosselklappenpositions-Sensor TP bei 20 °C ... 0,29 bis 0,71Ω
Ansauglufttemperatur-Sensor IAT bei 20 °C ...... 2,2 bis 2,7 kΩ
Kühlmitteltemperatur-Sensor ETC bei 40 °C ..... 1,0 bis 1,3 kΩ
Benzineinspritzventil bei 20 °C .... 11 bis 13 Ω
Leerlaufregelventil IACV bei 25 °C .... 110 bis 150 Ω

Eingangsspannungen
Ansaugluftdruck-Sensor MAP .... 4,75 bis 5,25 V
Drosselklappenpositions-Sensor TP .... 4,75 bis 5,25 V
Kühlmitteltemperatur-Sensor ETC .... 4,75 bis 5,25 V
Ansauglufttemperatur-Sensor IAT .... 4,75 bis 5,25 V

Ausgangsspannungen
Kühlmitteltemperatur-Sensor ETC bei 20 °C .... 2,7 bis 3,1 V
Drosselklappenpositions-Sensor TP
bei geschlossener Drosselklappe .... 0,29 bis 0,71 V
bei geöffneter Drosselklappe .... 4,13 bis 4,76 V
Ansaugluftdruck-Sensor MAP
bei 20 °C (Prüfkabelbaum) .... 0,50 bis 3,41 V
Ansaugluftdruck-Sensor MAP
bei 20 °C (Stecker am Kabelbaum) .... 4,75 bis 5,25 V
Ansauglufttemperatur-Sensor IAT bei 20 °C .... 2,7 bis 3,1 V
Geschwindigkeits-Sensor VSS... pulsierend zwischen 0 und 5 V

BORDELEKTRIK

Batterie
Modelljahre 2014 bis 2020 .... Yuasa YTZ12S, 12 V/11 Ah
Modelljahre ab 2021 .... Yuasa YTZ14S, 12 V/11,8 Ah

Spannungsprüfung bei Messtemperatur 20 °C
voll geladen .... 13,0 bis 13,2 V
ladebedürftig .... bei weniger als 12,4 V
zulässiger Ladestrom, Ladedauer:
normale Ladung mit 1,1 Ampere .... 5 bis 10 Stunden
Schnellladung mit 5,5 Ampere .... 1 Stunde
Leckstrom (Kriechstrom) .... max. 1,2 mA

* = abhängig vom Verkaufs- und Zulassungsland D, A, CH II ** = siehe dazu auch Kapitel 22 »Schmiersystem«

Lichtmaschine: Drehstromgenerator, Leistung 420 Watt bei 5000/min; Widerstand Ladewicklung (bei 20 °C) 0,1 bis 0,5 Ω

Sicherungen
Hauptsicherung .... 30 Ampere
Ersatzsicherung für Hauptsicherung .... 30 Ampere
FI-Sicherung Einspritzsystem** .... 15 Ampere
Sicherung TBW »Drive by Wire« E-Gas .... 10 Ampere
Sicherung Motorstopp** (»Killschalter«) .... 7,5 Ampere
Blinker, Uhr .... 7,5 Ampere
Rücklicht, Bremslicht, Hupe** .... 7,5 Ampere
Fahrlicht/Scheinwerfer, Lichthupe** .... 15 Ampere
Kühlerventilator .... 15 Ampere
Sicherung Zubehör, Zusatzgeräte** .... 7,5 Ampere
ABS-Hauptsicherung** .... 7,5 Ampere
ABS-Magnetventile, Ausfallsicherung .... 30 Ampere
ABS-Motor .... 30 Ampere
Bei Doppelkupplungsgetriebe zusätzlich:
Hauptsicherung PVB .... 30 Ampere
Nebensicherung SUB VB .... 7,5 Ampere
Ersatzsicherungen .... je 1 Stück mit 30, 15, 10, 7,5 Ampere

Anlasser
Länge neue Kohlebürsten .... 12,0 bis 13,0 mm
Verschleißgrenze .... 6,5 mm

Anlasserfreilauf
Anlasserzahnrad: Außendurchmesser der Nabe .... 57,749 bis 57,768 mm
Verschleißgrenze .... 57,730 mm
Freilaufaußenring: Innendurchmesser... 74,412 bis 74,442 mm
Verschleißgrenze .... 74,460 mm

BELEUCHTUNG

Lampen*
Fern-/Abblendlicht .... 12 V/60/55 W H4 (1 Stück)
Standlicht .... 12 V/5 W (1 Stück)
Blinkleuchte .... 12 V/21 W (4 Stück)
Brems-/Rücklicht, Kennzeichenbeleuchtung .... 12 V/21/5 W (1 Stück)
LEDs eingesetzt bei: Instrumentenbeleuchtung, Blinkkontrolle, Fernlichtkontrolle, Leerlaufkontrolle, Kühlmitteltemperatur, Fehleranzeigeleuchte (MIL), Wegfahrsperrenanzeige (HISS), ABS-Kontrollleuchte, Motoröldruck. Bei Doppelkupplungsgetriebe für die Parkbrems-Anzeige

KÜHLSYSTEM

Bauart: Flüssigkeitskühlung, radial durchströmter Kühler mit externem Ausgleichsbehälter. Thermostat. Mechanisch angetriebene Wasserpumpe (Flügelpumpe), automatisch zuschaltender Kühlerventilator

Kühlmittel: Qualitätsfrostschutzmittel auf Ethylenglykol-Basis mit silikatfreiem Korrosionshemmer (Rostschutz), Mischungsverhältnis 1 : 1 mit destilliertem Wasser

Kühlmittelmengen
Im Kühler und Motor .... 1,69 Liter
Bei Kühlmittelwechsel (nach Entleerung) .... 1,41 Liter
Im Ausgleichsbehälter .... 0,13 Liter

Thermostat
Öffnungsbeginn .... bei 80 bis 84 °C
ganz geöffnet .... ab 95 °C
Ventilhub .... mindestens 8 mm

Kühlerdeckel
Ansprechdruck .... 108 bis 137 kPa (1,1 bis 1,4 bar)

FAHRWERK

Rahmen: Stahlrohrrahmen, Typ »Diamond«

Federung vorne: Bei NC 750 S Federweg am Rad 120 mm, bei NC 750 X 154 mm. Telegabel, Standrohr-Ø 41 mm, keine Einstellmöglichkeiten. Ab Modelljahr 2021 hat die Telegabel 120 mm Federweg

Telegabelöl: Gabel-/Stoßdämpferöl Honda Ultra Cushion Oil SS-47 (10W) oder gleichwertiges Öl
■ Bei NC 750 S Füllmenge 518 ± 2,5 cm^3 pro Holm bei kompletter Zerlegung, Ölstand 103 mm von Oberkante Gabelstandrohr zum Ölspiegel bei ganz zusammengeschobenem Gabelbein ohne Feder
■ Bei NC 750 X Füllmenge 517 ± 2,5 cm^3. Ölstand 101 mm

Gabelfeder: Einbau mit eng gewickelter Seite nach unten.
Bei NC 750 S neue Feder ungespannte Länge .... 357,0 mm
Verschleißgrenze .... 349,9 mm
Bei NC 750 X neue Feder ungespannte Länge .... 394,9 mm
Verschleißgrenze .... 387,0 mm

Gabelöl NC 750 X ab Modelljahr 2021
Ab diesem Modelljahr hat die Telegabel 120 mm Federweg. Geändert haben sich die Füllmengen des Dämpferöls und zwei Maße:
■ Gabelölmenge im rechten und linken Gabelholm .... 484 cm^3 (± 2,5 cm^3)
■ Gabeölstand .... 135 mm
■ Länge einer neuen Gabelfeder .... 403 mm
■ Verschleißgrenze .... 394,9 mm

Schlag Standrohr (Verbiegung) .... max. 0,20 mm

Federung hinten: Bei NC 750 S Federweg am Rad 120 mm, bei NC 750 X 150 mm. Ab Modelljahr 2021 hat die Hinterradfederung der NC 750 X einen Federweg von 120 mm. Zwei-

* = siehe dazu Kapitel 12 »Licht · Blinker · Hupe« II ** = siehe dazu auch Kapitel 13 »Sicherungen · Relais · Stecker«

armschwinge aus Stahl. Ein über Umlenkhebel »Pro-Link-System« betätigtes Gasdruckfederbein, Federlänge einstellbar

RÄDER UND REIFEN

Räder: Gegossene Leichtmetallräder mit fünf Y-Speichen. Vorne 17 M/C x MT 3.50, hinten 17 M/C x MT 4.50. Maximal zulässiger Radialschlag 2,0 mm, Axialschlag 2,0 mm. Radauswuchtgewichte maximal 60 Gramm je Rad. Achsschlag (Verbiegung) maximal 0,2 mm

Reifengrößen: Schlauchlose Reifen, Luftdruck
vorne .... 120/70 ZR17 M/C (58W) TL (2,5 bar)
hinten .... 160/60 ZR17 M/C (69W) TL (2,9 bar)
Mindest-Reifenprofiltiefe* vorne/hinten .... 1,5 mm/2,0 mm

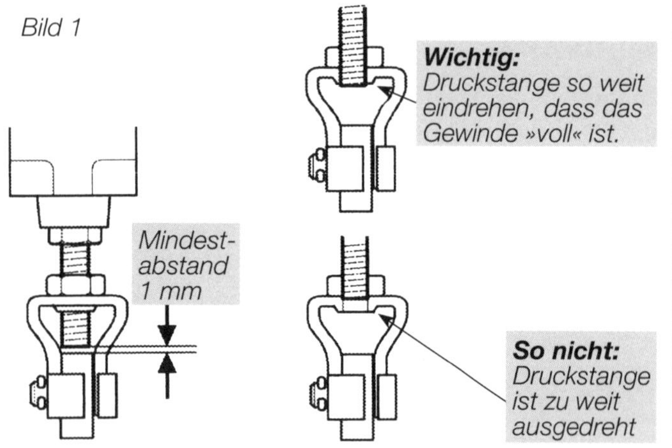

Bild 1: Die Höheneinstellung des Fußbremshebels kann durch Ein- oder Ausdrehen der Druckstange zwischen Bremshebel und Kolben der Hinterrad-Bremspumpe verändert werden.

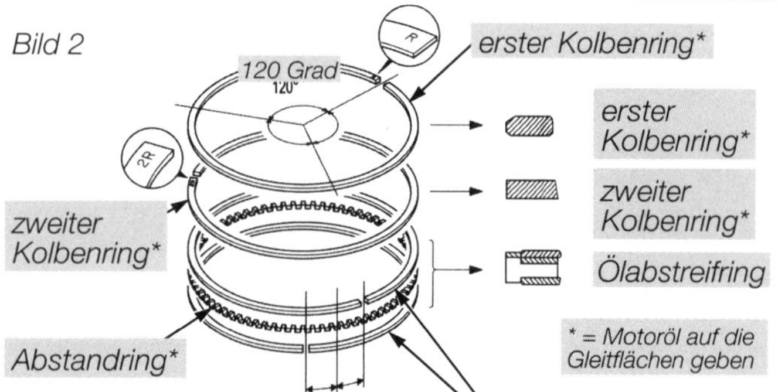

Bild 2: Wenn neue Kolbenringe eingebaut werden, muss man ihre Nuten gründlich...

...reinigen. Beim Einsetzen neuer Kolbenringe die Markierungen »TOP« nach oben und den Versatz von je 120 Grad beachten.

BREMSEN

Bremsflüssigkeit: Qualität DOT 4

Bremse vorne: Einscheibenbremse, Durchmesser 320 mm, gelocht. Schwimmsattel mit zwei Kolben. ABS-System
Bremsscheibendicke .... 4,8 bis 5,2 mm
Verschleißgrenze .... 4,0 mm
maximal zulässiger Schlag .... 0,30 mm
Luftspalt Sensorring zu ABS-Sensor .... 0,54 bis 1,14 mm
■ Ab Modelljahr 2015: Vorne Doppelscheibenbremse, Durchmesser 296 mm, gelocht. Schwimmsättel mit zwei Kolben

Bremse hinten: Scheibenbremse, Durchmesser 240 mm, gelocht. Bremssattel mit einem Kolben. ABS-System
Bremsscheibendicke .... 4,8 bis 5,2 mm
Verschleißgrenze .... 4,0 mm
maximal zulässiger Schlag .... 0,30 mm
Luftspalt Sensorring zu ABS-Sensor .... 0,54 bis 1,14 mm
Bild 1: Freies Ende der Druckstange .... mindestens 1,0 mm

MOTOR UND GETRIEBE

Ventilspiel (bei kaltem Motor)
Einlass 0,17 mm, Auslass 0,28 mm (je ± 0,02 mm)

Kolbenlaufspiel .... 0,010 bis 0,039 mm
Verschleißgrenze .... 0,050 mm

Kolbenbolzen
Außendurchmesser Kolbenbolzen .... 17,996 bis 18,000 mm
Verschleißgrenze .... 17,988 mm
Kolbenbolzenbohrung im Kolben .... 18,010 bis18,013 mm
Verschleißgrenze .... 18,023 mm
Spiel zwischen Kolbenbolzen und Kolben. 0,010 bis 0,017 mm
Verschleißgrenze .... 0,035 mm

Kolbenbolzenauge im Pleuel .... 17,964 bis 17,977 mm
Verschleißgrenze .... 17,985 mm

Höhenspiel Kolbenring in Kolbenringnut
Erster Kolbenring .... 0,035 bis 0,080 mm
Verschleißgrenze .... 0,150 mm
Zweiter Kolbenring .... 0,030 bis 0,055 mm
Verschleißgrenze .... 0,130 mm

Kolbenringstoßspiel (zum Messen in Zylinder einschieben)
Erster Kolbenring .... 0,15 bis 0,30 mm
Verschleißgrenze .... 0,60 mm
Zweiter Kolbenring .... 0,30 bis 0,42 mm
Verschleißgrenze .... 0,60 mm
Ölabstreifring .... 0,20 bis 0,70 mm
Verschleißgrenze .... 0,80 mm

* = gesetzliche Mindestprofiltiefe in Europa beträgt 1,6 mm

Anziehdrehmomente

In diesem Kapitel werden die von Honda vorgeschriebenen Anziehdrehmomentwerte für die Schraubverbindungen der NC 750-Modelle aufgelistet. Wenn für ein Bauteil bzw. eine Schraubverbindung kein eigener Wert aufgeführt ist, gelten die Anziehdrehmomente für Schrauben entsprechender Größe; siehe dazu »Schrauben und Muttern allgemein« rechts unten auf dieser Seite.

Warum ein bestimmtes Anziehdrehmoment nötig ist
Schraubverbindungen müssen mit einem festgelegten Drehmomentwert angezogen werden, damit Bauteile sicher miteinander verbunden sind. Die genannten Werte müssen möglichst genau eingehalten werden, sonst besteht die Gefahr, dass sich die Schraubverbindung lockert (wenn zu lose angezogen) oder die Schrauben bzw. ihr Gegengewinde oder Bauteile zu stark belastet werden (wenn zu fest angezogen) und sie dann im Betrieb reißen oder brechen.

Sauberkeit, Schmiermittel
Eine wichtige Voraussetzung zum korrekten Anziehen von Schrauben und Muttern ist, dass ihre Gewinde und Anlageflächen unbeschädigt und frei von Schmutz sind. Wenn Schraubgewinde verschmutzt sind, dann reinigen Sie diese NICHT mit einer Stahlbürste, denn diese kann das Gewinde und die Sitzflächen beschädigen, sondern verwenden Sie eine Messingbürste mit feinen Borsten (»Zündkerzenbürste«). **Sehr wichtig:** Schrauben mit verrostetem oder beschädigtem Gewinde müssen durch Neuteile ersetzt werden.

Schrauben, Muttern und Unterlagscheiben vor dem Einbau etwas einölen. Normales Motoröl dazu verwenden.

Flüssige Schraubensicherung
An einigen Schraubverbindungen ist die Verwendung von flüssiger Schraubensicherung **»Loctite«** vorgeschrieben; diese gibt es in den drei verschiedenen Klebequalitäten »leicht« (222), »mittelfest« (243) und »hochfest« (2701). Die am meisten benötigte Qualität ist »mittelfest«. Sie wird verwendet, wenn hohe Festigkeit verlangt wird und die damit gesicherten Schrauben ohne Zerstörung des Gewindes wieder gelöst werden müssen. Ausgedrehte Schrauben, an denen Reste von Schraubensicherung hängen, müssen vor dem Wiedereinschrauben (bzw. dem Beträufeln mit frischem Loctite) gereinigt werden. Verwenden Sie dazu ebenfalls eine Messingbürste. Zur Unterstützung kann man Bremsenreiniger verwenden, dieser löst die festen Reste des alten Schraubenklebers sehr gut.

Manche Schrauben müssen vor dem Einbau (und damit dem ebdgültigen Festziehen) entsprechend dem Einsatzzweck speziell vorbehandelt werden. Was jeweils zu tun ist bzw. welche Besonderheit die Schraube aufweist, wird nach der Bezeichnung des Bauteils mit dem Zeichen »■« besonders herausgestellt.

ALOC-Schraube: Das ist eine serienmäßig mit Gewindeklebstoff beschichtete Schraube, sie soll laut Honda nur einmal verwendet werden, wie z. B. bei Befestigung der Bremsscheibe an der Radnabe.

Wenn keine neue ALOC-Schraube verfügbar ist und die ausgedrehte Schraube technisch in Ordnung ist an Gewinde, Kopf und Anlageflächen: Schraube mit einer Messingbürste und Bremsenreiniger fettfrei reinigen, Loctite »mittelfest« an ihr Gewinde geben, einbauen und mit dem vorgeschriebenen Anziehdrehmoment festziehen.

Schrauben und Muttern allgemein

M5-Sechskantschraube	4,2 Nm
M5-Sechskantschraube und Mutter	5,2 Nm
M6-Sechskantschraube	9 Nm
M6-Sechskantschraube und Mutter	10 Nm
M6-Bundschraube (10 mm-Kopf) und Mutter	12 Nm
M8-Sechskantschraube und Mutter	22 Nm
M8-Bundschraube und Mutter	27 Nm
M10-Sechskantschraube und Mutter	34 Nm
M10-Bundschraube und Mutter	39 Nm
M12-Sechskantschraube und Mutter	54 Nm

Bild 1: Kleiner (5 bis 40 Nm) und großer Drehmomentschlüssel (40 bis 200 Nm).

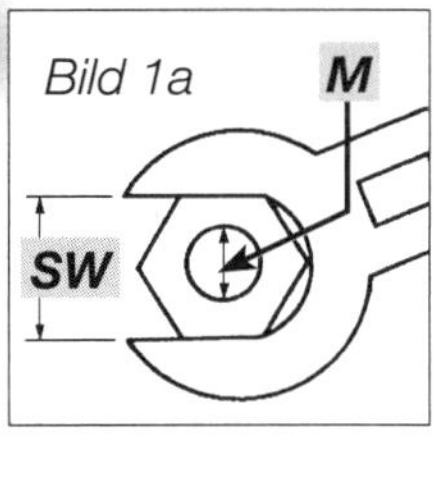

Bild 1 a: ***SW*** *= Schlüsselweite und* ***M*** *= Gewindedurchmesser; beides wird in Millimeter angegeben.*

Fahrwerk

Vorderrad

Vorderachse M18 .... 74 Nm
Vorderachs-Klemmschraube M8 .... 22 Nm
Schrauben M8 Bremsscheibe an Vorderrad (5 Stück) .... 42 Nm
■ *Honda-Vorschrift ALOC-Schrauben, siehe Kapitelanfang.*

Hinterrad

Hinterachsmutter M18 .... 98 Nm
■ *Selbstsichernde Mutter: Blech-Sicherungssegmente müssen in Ordnung sein, im Zweifelsfall neue Mutter verwenden.*
Schrauben M8 Bremsscheibe an Hinterrad 5 Stück ...... 42 Nm
■ *Honda-Vorschrift ALOC-Schrauben, siehe Kapitelanfang.*

Lenkung

Klemmschrauben M8 Lenkerhalterung 4 Stück .... 22 Nm
■ *Zuerst die vorderen, dann die hintere Schrauben festziehen.*
Lenklager-Einstellmutter M26 .... 23 Nm
■ *Gewinde und Sitzflächen mit Motoröl einölen.*
Kontermutter M26 Lenklager-Einstellmutter, Anziehvorschrift:
1. Kontermutter handfest aufschrauben.
2. Weiter festziehen um maximal 90 Grad, bis sich die Nuten in der Mutter mit den Nasen des Sicherungsblechs decken. Wichtig: Einstellmutter dabei entsprechend gegenhalten.
3. Lange Nasen des Sicherungsblechs nach oben in die Nuten der Kontermutter einbiegen.
Lenkschaft-Kopfmutter M24 .... 103 Nm
Schrauben M6 für Lenkergewichte .... 10 Nm
■ *Honda-Vorschrift ALOC-Schrauben, siehe Kapitelanfang.*

Telegabel, Gabelbeine

Standrohr-Klemmschrauben M10 in unterer Gabelbrücke .... 39 Nm
Standrohr-Klemmschrauben M8 in oberer Gabelbrücke .... 22 Nm
Gabeldeckel M37 .... 22 Nm
Inbusschraube M8 unten Gabeltauchrohr an Dämpfereinheit .... 20 Nm
■ *Loctite »mittelfest« auf gereinigtes Gewinde auftragen.*

Schwinge und Federbein

Schrauben und Muttern M10 Federbein an Rahmen und an Umlenkhebel .... 44 Nm
■ *Selbstsichernde Mutter: Blech-Sicherungssegmente müssen in Ordnung sein, im Zweifelsfall neue Mutter verwenden.*
Mutter M10 Umlenkhebel an Rahmen .... 44 Nm
Muttern M10 Zugstreben an Umlenkhebel und Schwinge .... 44 Nm
Mutter M18 auf Schwingenachse .... 98 Nm
■ *Selbstsichernde Mutter: Blech-Sicherungssegmente müssen in Ordnung sein, im Zweifelsfall neue Mutter verwenden.*

Bremsen

Bremssattel vorne

Schrauben M8 Bremssattel an Gabeltauchrohr .... 30 Nm
■ *Honda-Vorschrift ALOC-Schrauben, siehe Kapitelanfang.*
Bremsklotz-Haltestift M10 .... 17 Nm
Gleitstift M8 im Bremssattelhalter .... 12 Nm
■ *Loctite »mittelfest« auf gereinigtes Gewinde auftragen, Silikonfett auf Gleitfäche auftragen.*
Gleitstift M8 im Bremssattel .... 22 Nm
■ *Loctite »mittelfest« auf gereinigtes Gewinde auftragen, Silikonfett auf Gleitfäche auftragen.*

Bremssattel hinten

Bremsklotz-Haltestift M10 .... 17 Nm
Halteschraube M8 Bremssattelbolzen im Bremssattel... 22 Nm
■ *Honda-Vorschrift ALOC-Schraube, siehe Kapitelanfang.*
Gleitstift M12 im Bremssattel .... 27 Nm
■ *Silikonfett auf gereinigtes Gewinde auftragen.*
Befestigungsschrauben M6 Hinterrad-Hauptbremszylinder an Fußrastenhalteplatte .... 12 Nm
Schraube M4 Winkelstück am Hauptbremszylinder für Schlauch zum Bremsflüssigkeits-Vorratsbehälter ..... 1,5 Nm
■ *Loctite »mittelfest« auf gereinigtes Gewinde auftragen.*

Bremsen allgemeine Werte:

Hohlschrauben M10 Bremsschlauchanschlüsse 5 Stück .... 34 Nm
Bremssattel-Entlüfternippel M8 (Entlüftungsventile), vorne und hinten 3 Stück .... 5,4 Nm
Klemmschrauben M6 Bremsarmatur an Lenker 2 Stück .... 12 Nm
Kontermutter M8 auf Kolbenstange Zylinder hinten .... 17 Nm
Schraube M6 Bremsflüssigkeitsbehälter hinten .... 10 Nm
Schrauben M6 Hauptbremszylinder an Lenker (2 Stück). 12 Nm
Schrauben M4 im Deckel Bremsflüssigkeitsbehälter vorne und hinten (4 Stück) .... 1,5 Nm
Bremshebel-Gelenkbolzen M6 .... 1 Nm
■ *Silikonfett auf Gleitfläche auftragen.*
Kontermutter M6 auf Bremshebel-Gelenkbolzen .... 5,9 Nm
Schraube M4 Vorderradbremslichtschalter .... 1,2 Nm
Muttern Bremsleitungen 14 Stück .... 14 Nm
■ *Bremsflüssigkeit auf Gleitflächen und Gewinde auftragen.*
Schrauben M6 Verzögerungsventil (2 Stück) .... 12 Nm
Schrauben M6 Regelventil an Rahmen (2 Stück) .... 12 Nm

Parkbremse bei Doppelkupplungsgetriebe:

Befestigungsschrauben M8 des Parkbremssattels .... 31 Nm
■ *Honda-Vorschrift ALOC-Schraube, siehe Kapitelanfang.*
Parkbremssattel-Führungsbolzen »B« M8 .... 22 Nm
■ *Loctite »mittelfest« auf gereinigtes Gewinde auftragen.*
Bremsklotz-Bolzen M8 Parkbremse .... 17 Nm
■ *Honda-Vorschrift ALOC-Schraube, siehe Kapitelanfang.*
Kontermutter M8 der Parkbrems-Einstellschraube .... 17 Nm
Befestigungsmutter M10 des Parkbremszugs .... 10 Nm

Motor

Kraftstoffsystem

Schellenschrauben M5 in Ansaugstutzen
auf Drosselklappenseite 2 Stück (Bild 2)
■ *Abstand Schellenenden 11 bis 13 mm.*
Muttern M6 Benzinpumpe 6 Stück (Bild 3) .... 12 Nm
■ *Anziehreihenfolge beachten.*
Luftfiltergehäuseschrauben M5 6 Stück .... 1,1 Nm
Luftfilteranschluss-Schlauchschelle Schraube M6........ 1,5 Nm
Kühlmitteltemperatur-Sensor ETC-Sensor M10............ 12 Nm
Befestigungsschrauben M6 Umkipp-Sensor 2 Stück.... 10 Nm

Auspuffanlage

Muttern M8 auf Stehbolzen Flansch von Auspuffkrümmer an Zylinderkopf 3 Stück .... 28 Nm
■ *Mit Hochtemperaturfett (z.B. Kupferpaste) montieren, neue Dichtung verwenden.*
Klemmschraube M8 in Schelle Auspufftopf an Auspuffkrümmer....................................... 17,5 Nm
■ *Mit Hochtemperaturfett (z.B.Kupferpaste) montieren.*
Inbusschraube M6 an Auspufftopfabdeckung.............. 10 Nm
Auspufftopf-Schellenschraube M8............................. 17,5 Nm
Lambdasonde M12 .... 24,5 Nm

Schmiersystem

Ölfilter M20.. 26 Nm
■ *Gewinde mit Motoröl einölen.*
Ölablassschraube M12 .... 30 Nm
■ *Bei Montage von Ölablassschraube und neuem Ölfilter die Gewinde, Flansch- und Dichtflächen mit Motoröl einölen, neuer Dichtring auf Ölablassschraube.*
Überstand Ölfilter-Gewindeanschlussstück im Kurbelgehäuse M20 (Bild 4) .... 16 bis 17 mm
■ *Loctite »mittelfest« auf gereinigtes Gewinde auftragen.*
Öldruckschalter PT 1/8 (EOP-Schalter)......................... 18 Nm
■ *Gewindedichtmittel auftragen.*

Kühlsystem

Schrauben M6 Kühlerventilator-Halter.......................... 8,4 Nm
Schrauben M4 Kühlerventilatormotor........................... 2,7 Nm
Mutter M3 Kühlerventilator auf Welle .... 1,0 Nm
■ *Loctite »mittelfest« auf gereinigtes Gewinde auftragen.*
Schellenschrauben am Wasserschlauch (Bild 5)
■ *Schelle maximal 1 mm in Schlauch eindrücken.*
Kühlmitteltemperatur-Sensor ECT-Sensor M10............ 12 Nm

Kettenantrieb, Kupplung, Schaltgestänge

Schraube M10 Kettenritzel auf Getriebewelle vorne ...... 54 Nm
Bundmuttern M12 auf Stehbolzen Kettenrad
hinten an Kettenblattträger 5 Stück .... 108 Nm
■ *Selbstsichernde Muttern: Blech-Sicherungssegmente müssen in Ordnung sein, im Zweifelsfall neue Muttern verwenden.*
Kontermuttern M8 zum Einstellen der
Kettenspannung 2 Stück... 21 Nm
Ketten-Schleifschutz M5 2 Stück................................ 5,9 Nm
Zentralmutter Kupplungsnabe M18............................ 128 Nm
■ *Gewinde und Flanschfläche mit Motoröl einölen.*
■ *Sicherungs-Federscheibe mit »OUTSIDE« nach außen einbauen.*
■ *Rand der Mutter in eine Nut verstemmen und somit sichern.*
Kupplungsfederschrauben M6 4 Stück......................... 12 Nm
Gelenkbolzen M6 im Kupplungshandhebel .... 1 Nm
■ *Silikonfett auf Gleitflächen auftragen.*
Mutter M6 auf Gelenkbolzen.. 6 Nm
Kontermutter M6 an Schaltstange 2 Stück .... 10 Nm
Lagerbolzen M8 des Schalthebels .... 27 Nm
Klemmschraube M6 des kleinen Schalthebels .... 12 Nm
■ *Honda-Vorschrift ALOC-Schraube, siehe Kapitelanfang.*

Getriebe

Schrauben M6 Halteplatte Lager Hauptwelle .... 12 Nm
■ *Loctite »mittelfest« auf gereinigtes Gewinde auftragen.*
Schrauben M6 Halteplatte Lager Schaltwalze................ 12 Nm
■ *Loctite »mittelfest« auf gereinigtes Gewinde auftragen.*

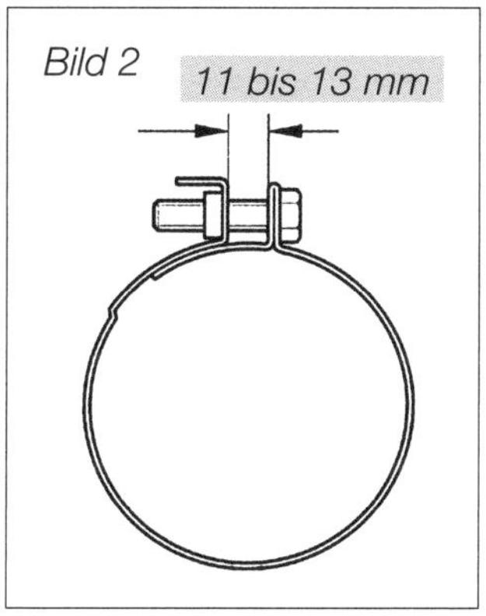

Bild 2: Schellen Ansaugstutzen auf 11 bis 13 mm zusammenziehen.

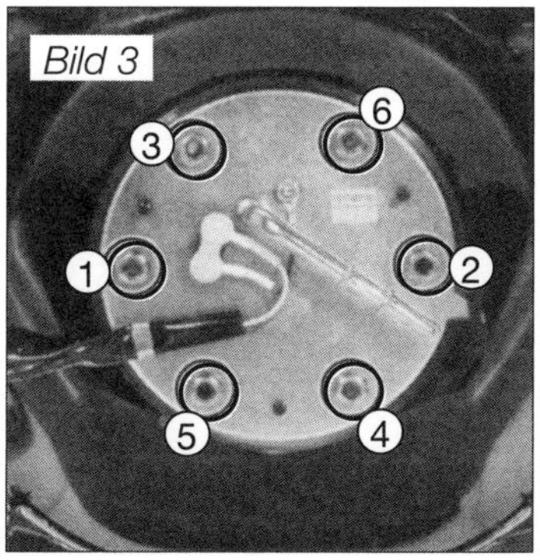

Bild 3: Muttern M6 der Benzinpumpe in vorgeschriebener Anziehreihenfolge 1 bis 6 bis auf 12 Nm festziehen.

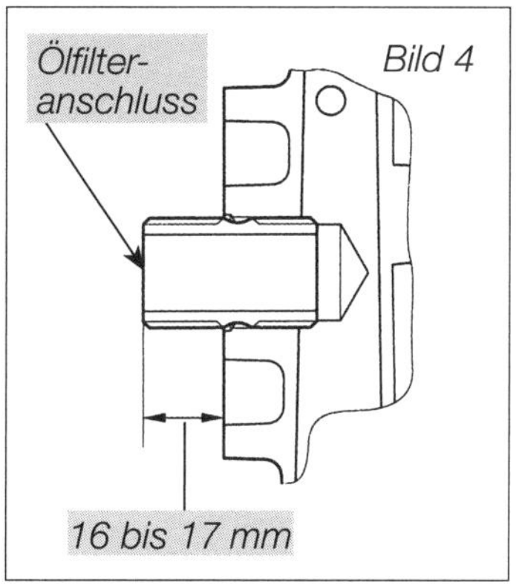

Bild 4: Abstand Ölfilteranschluss zu Kurbelgehäuse (Gewinde 20 mm) beträgt 16 bis 17 mm.

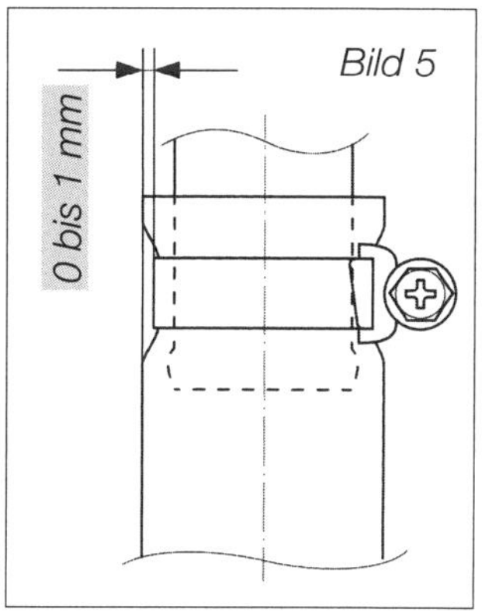

Bild 5: Schelle maximal 1 mm in Schlauch eindrücken.

Schrauben M6 Halteplatte Lager Ausgleichswelle .... 12 Nm
■ *Loctite »mittelfest« auf gereinigtes Gewinde auftragen.*
Inbusschraube M8 in Schaltwalze .... 23 Nm
■ *Loctite »mittelfest« auf gereinigtes Gewinde auftragen.*
Schraube M6 Schaltwalzen-Arretierhebel .... 12 Nm
■ *Loctite »mittelfest« auf gereinigtes Gewinde auftragen.*
Haltestift M8 Schaltwellen-Rückzugfeder .... 23 Nm
Primärantriebszahnrad Schraube M10 .... 93 Nm
■ *Motoröl auf Gewinde und Sitzflächen auftragen.*

Doppelkupplungsgetriebe
Schraube M6 Magnetventil-Halteplatte .... 12 Nm
■ *Loctite »mittelfest« auf gereinigtes Gewinde auftragen.*
Befestigungsschrauben M6 des Linearmagnetventil-Gehäuses (6 Stück, Bild 6)
■ *Anziehreihenfolge beachten.*
Schraube M6 Schaltwellenwinkel-Sensor .... 12 Nm
Befestigungsschraube M10 Primärantriebszahnrad .... 93 Nm
■ *Motoröl auf Gewinde und Sitzfläche auftragen.*
Schrauben M6 Untersetzungszahnradabdeckung .... 14 Nm
Schraube M6 Getriebestufen-Sensor TR-Sensor .... 12 Nm
Schrauben M6 Schaltsteuermotor .... 14 Nm
Schraube M8 im Schaltnocken .... 23 Nm
■ *Loctite »mittelfest« auf gereinigtes Gewinde auftragen.*
Schrauben M6 der Sperrklinkenträger-Führungsplatte .... 12 Nm
■ *Loctite »mittelfest« auf gereinigtes Gewinde auftragen.*
Motoröldruck-Sensoren EOP-Sensor M10 .... 19,6 Nm
Motoröltemperatur-Sensor EOT-Sensor M10 .... 14 Nm
■ *Motoröl auf Gewinde und Sitzfläche auftragen.*

Zylinderkopf, Ventile
Zylinderkopfschrauben M9 6 Stück .... 44 Nm
■ *Molybdän-Öl-Gemisch auf Gewinde und Sitzflächen auftragen.*
Schrauben Ventildeckel M6 3 Stück .... 10 Nm

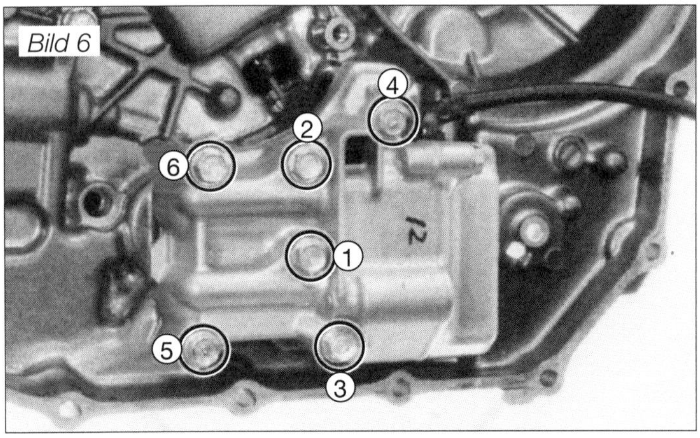

Bild 6: Befestigungsschrauben M6 des Linearmagnetventil-Gehäuses in vorgeschriebener Anziehreihenfolge 1 bis 6 festziehen.

Kipphebelwellenschrauben M8 3 Stück .... 29 Nm
■ *Gewinde und Sitzflächen mit Motoröl einölen.*
Kontermuttern M7 der Ventileinstellschrauben 8 Stück .... 14 Nm
■ *Motoröl auf Gewinde und Sitzflächen auftragen.*
Schraubkappe M30 für Schauloch unten in Motorgehäuse .... 15 Nm
■ *Fett auf gereinigtes Gewinde auftragen.*
Einstellschaulochkappe M14 .... 10 Nm
■ *Fett auf gereinigtes Gewinde auftragen.*
Nockenwellen-Einstelldeckel M36 .... 4 Nm
■ *Anziehdrehmoment 4 Nm gilt bei ausgebautem Motor.*
■ *Bei eingebautem Motor: Fühlerlehre 0,1 mm zwischen Nockenwellen-Einstelldeckel und Zylinderkopf schieben.*
■ *Einstelldeckel anziehen.*
■ *Fühlerlehre entnehmen.*
■ *Einstelldeckel um 30 Grad weiter anziehen.*
■ *Vertiefungen am Rand des Einstelldeckels entsprechen jeweils 30 Grad.*
Befestigungsschraube M10 Nockenwellenrad .... 56 Nm
■ *Motoröl auf Gewinde und Sitzfläche auftragen.*
Schraube M6 Steuerkettenspanner an Zylinder .... 12 Nm
Schraube M6 Steuerkettenspanner-Halteplatte .... 12 Nm
■ *Loctite »mittelfest« auf gereinigtes Gewinde auftragen.*
Entlüftungsstutzen M6 8 Stück .... 12 Nm
■ *Loctite »mittelfest« auf gereinigtes Gewinde auftragen.*

Kurbelgehäuse, Kurbelwelle
Kurbelgehäuseschraube M10 .... 39 Nm
Kurbelgehäuseschrauben M8 x 70 3 Stück .... 24 Nm
Kurbelgehäuseschraube M8 x 45 .... 24 Nm
■ *Loctite »mittelfest« auf gereinigtes Gewinde auftragen.*
Kurbelgehäuseschrauben M6 8 Stück .... 12 Nm
Kurbelgehäuse-Hauptlagerschrauben M9 6 Stück .... 20 Nm
■ *Anziehreihenfolge beachten (Bild 7).*
■ *Nach Erreichen der 20 Nm jede Schraube um 150 Grad weiter festziehen mit Drehwinkelmessgerät.*
■ *Neue Schrauben verwenden.*

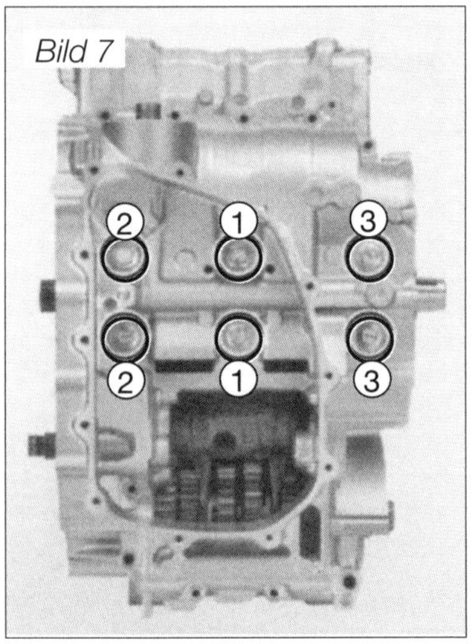

Bild 7: Neue Kurbelgehäuse-Hauptlagerschrauben M9 in vorgeschriebener Anziehreihenfolge 1 bis 3 mit 20 Nm festziehen.

■ *Nach Erreichen der 20 Nm jede Schraube mit Drehwinkelmessgerät um 150 Grad weiter festziehen.*

Hauptlagerschrauben M9 im
Kurbelgehäuse 6 Stück .... 20 Nm + 120 Grad
Pleuellagerdeckelschrauben M6 .... 10 Nm + 90 Grad
■ *Gewinde und Sitzfläche mit Motoröl einölen.*
■ *Neue Schrauben verwenden.*

Rahmen

Mutter M12 Motorhalterung hinten unten .... 59 Nm
Schrauben M12 Motorhalterung
vorne unten 2 Stück .... 54 Nm
Schrauben M12 Motorhalterung
oben 2 Stück .... 54 Nm
Mutter M12 Motorhalterung hinten oben .... 54 Nm
Inbusschrauben M8 Fußrastenhalter
an Rahmen 4 Stück .... 32 Nm
Schrauben M5 Fußrastengummi
an Fußraste 2 Stück .... 5,1 Nm
■ *Honda-Vorschrift ALOC-Schrauben, siehe Kapitelanfang.*
Fußrastenschrauben M6 »Schleifnippel« .... 12 Nm
Gelenkbolzen M10 für Seitenständergelenk .... 10 Nm
■ *Bei Montage Gleitflächen einfetten.*
■ *Nach Anziehen den Gelenkbolzen um 45 bis 90 Grad lösen.*
■ *Mutter auf Gelenkbolzen aufdrehen, mit 39 Nm festziehen.*
Mutter M10 auf Gelenkbolzen Seitenständergelenk ...... 39 Nm
■ *Selbstsichernde Mutter: Blech-Sicherungssegmente müssen in Ordnung sein, im Zweifelsfall neue Mutter verwenden.*
Seitenständerschalterschraube M6.............................. 10 Nm
■ *Honda-Vorschrift ALOC-Schraube, siehe Kapitelanfang.*
Montageschrauben M4 des Gepäckbox-
Deckels (9 Stück).. 0,9 Nm
Befestigungsschrauben M6 der Gepäck-
boxdeckel-Schließplatte 2 Stück .... 4 Nm
Inbusbefestigungsschrauben M6 des
Gepäckbox-Deckels 3 Stück .... 12 Nm
Mutter M6 des Gepäckboxdeckel-Scharniers .... 12 Nm
■ *Selbstsichernde Mutter: Blech-Sicherungssegmente müssen in Ordnung sein, im Zweifelsfall neue Mutter verwenden.*
Montageschrauben M5 der
Instrumenteneinheit 3 Stück .... 1,0 Nm
Befestigungsschrauben M3 Rückabdeckung
Instrumenteneinheit bei NC 700 S 4 Stück .... 0,3 Nm
Befestigungsschrauben M4 Sitz-
verkleidung 2 Stück .... 0,9 Nm
Befestigungsschraube M6 der Brems-/
Rücklicht- und Kennzeichenleuchte......................... 10 Nm
Befestigungsmutter M5 des Rückstrahlers.................. 1,7 Nm
Befestigungsschrauben M6 der
Blinker vorne und hinten... 2,5 Nm

Elektrik

Zündkerzen M14 2 Stück.. 22 Nm
Schraubkappe M30 für Schauloch
unten in Motorgehäuse... 15 Nm
■ *Gereinigtes Gewinde fetten.*
Leerlaufschalter M10 »Neutralschalter« .... 12 Nm
Befestigungsschrauben M8 Zündschloss 2 Stück......... 25 Nm
■ *Einwegschrauben (»Abreißschrauben«).*
Schraube Parkbremsschalter M3
beim Doppelkupplungsgetriebe.............................. 1,2 Nm
Schrauben M6 des Kabelhalters am
rechten Kurbelgehäusedeckel 2 Stück
beim Doppelkupplungs-Getriebe............................. 12 Nm
■ *Loctite »mittelfest« auf gereinigtes Gewinde auftragen.*
Schraube M6 Lichtmaschinenkabelhalter...................... 10 Nm
■ *Loctite »mittelfest« auf gereinigtes Gewinde auftragen.*
Inbusschrauben M8 Anlasserfreilauf............................ 30 Nm
■ *Loctite »mittelfest« auf gereinigtes Gewinde auftragen.*
Bundschraube M12 Schwungrad Lichtmaschine........ 157 Nm
■ *Motoröl auf Gewinde und Sitzfläche auftragen.*
■ *Linksgewinde!*
Befestigungsschrauben M6 Licht-
maschinenstator 4 Stück.. 10 Nm
■ *Loctite »mittelfest« auf gereinigtes Gewinde auftragen.*
Mutter M6 Pluskabel an Anlasser................................ 10 Nm

Raum für Notizen

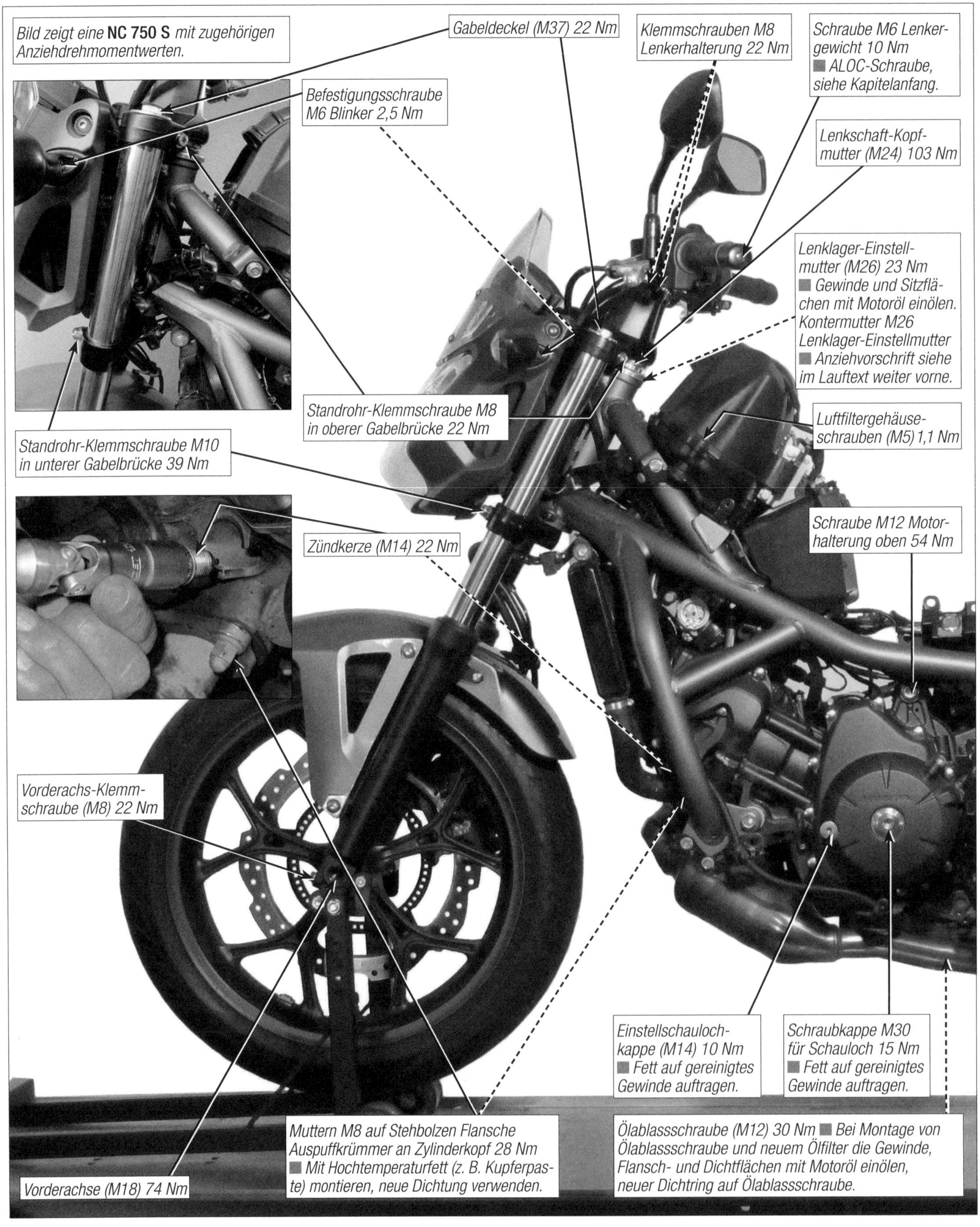
Bild zeigt eine **NC 750 S** mit zugehörigen Anziehdrehmomentwerten.
Gabeldeckel (M37) 22 Nm
Klemmschrauben M8 Lenkerhalterung 22 Nm
Schraube M6 Lenkergewicht 10 Nm ■ ALOC-Schraube, siehe Kapitelanfang.
Befestigungsschraube M6 Blinker 2,5 Nm
Lenkschaft-Kopfmutter (M24) 103 Nm
Lenklager-Einstellmutter (M26) 23 Nm ■ Gewinde und Sitzflächen mit Motoröl einölen. Kontermutter M26 Lenklager-Einstellmutter ■ Anziehvorschrift siehe im Lauftext weiter vorne.
Standrohr-Klemmschraube M8 in oberer Gabelbrücke 22 Nm
Luftfiltergehäuseschrauben (M5) 1,1 Nm
Standrohr-Klemmschraube M10 in unterer Gabelbrücke 39 Nm
Schraube M12 Motorhalterung oben 54 Nm
Zündkerze (M14) 22 Nm
Vorderachs-Klemmschraube (M8) 22 Nm
Einstellschaulochkappe (M14) 10 Nm ■ Fett auf gereinigtes Gewinde auftragen.
Schraubkappe M30 für Schauloch 15 Nm ■ Fett auf gereinigtes Gewinde auftragen.
Muttern M8 auf Stehbolzen Flansche Auspuffkrümmer an Zylinderkopf 28 Nm ■ Mit Hochtemperaturfett (z. B. Kupferpaste) montieren, neue Dichtung verwenden.
Ölablassschraube (M12) 30 Nm ■ Bei Montage von Ölablassschraube und neuem Ölfilter die Gewinde, Flansch- und Dichtflächen mit Motoröl einölen, neuer Dichtring auf Ölablassschraube.
Vorderachse (M18) 74 Nm

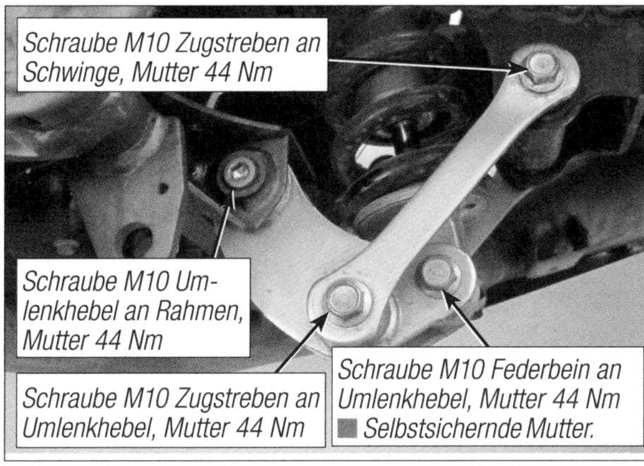
Schraube M10 Zugstreben an Schwinge, Mutter 44 Nm
Schraube M10 Umlenkhebel an Rahmen, Mutter 44 Nm
Schraube M10 Zugstreben an Umlenkhebel, Mutter 44 Nm
Schraube M10 Federbein an Umlenkhebel, Mutter 44 Nm
■ Selbstsichernde Mutter.

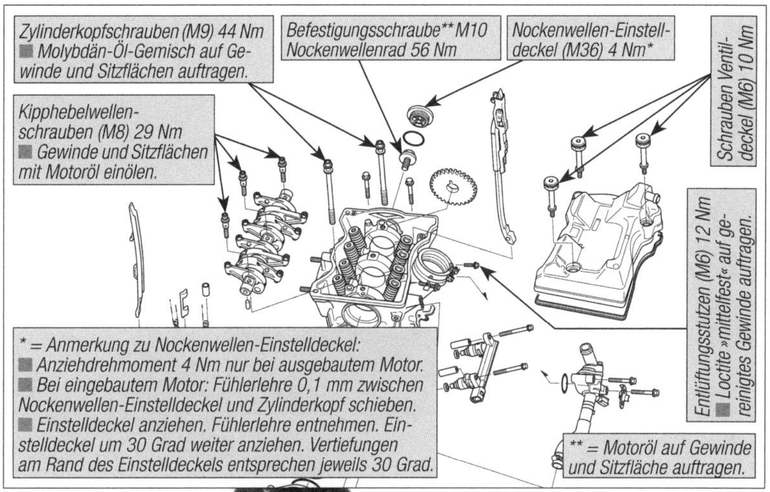
Zylinderkopfschrauben (M9) 44 Nm
■ Molybdän-Öl-Gemisch auf Gewinde und Sitzflächen auftragen.
Befestigungsschraube** M10 Nockenwellenrad 56 Nm
Nockenwellen-Einstelldeckel (M36) 4 Nm*
Schrauben Ventildeckel (M6) 10 Nm
Kipphebelwellenschrauben (M8) 29 Nm
■ Gewinde und Sitzflächen mit Motoröl einölen.
Entlüftungsstutzen (M6) 12 Nm
■ Loctite »mittelfest« auf gereinigtes Gewinde auftragen.
* = Anmerkung zu Nockenwellen-Einstelldeckel:
■ Anziehdrehmoment 4 Nm nur bei ausgebautem Motor.
■ Bei eingebautem Motor: Fühlerlehre 0,1 mm zwischen Nockenwellen-Einstelldeckel und Zylinderkopf schieben.
■ Einstelldeckel anziehen. Fühlerlehre entnehmen. Einstelldeckel um 30 Grad weiter anziehen. Vertiefungen am Rand des Einstelldeckels entsprechen jeweils 30 Grad.
** = Motoröl auf Gewinde und Sitzfläche auftragen.

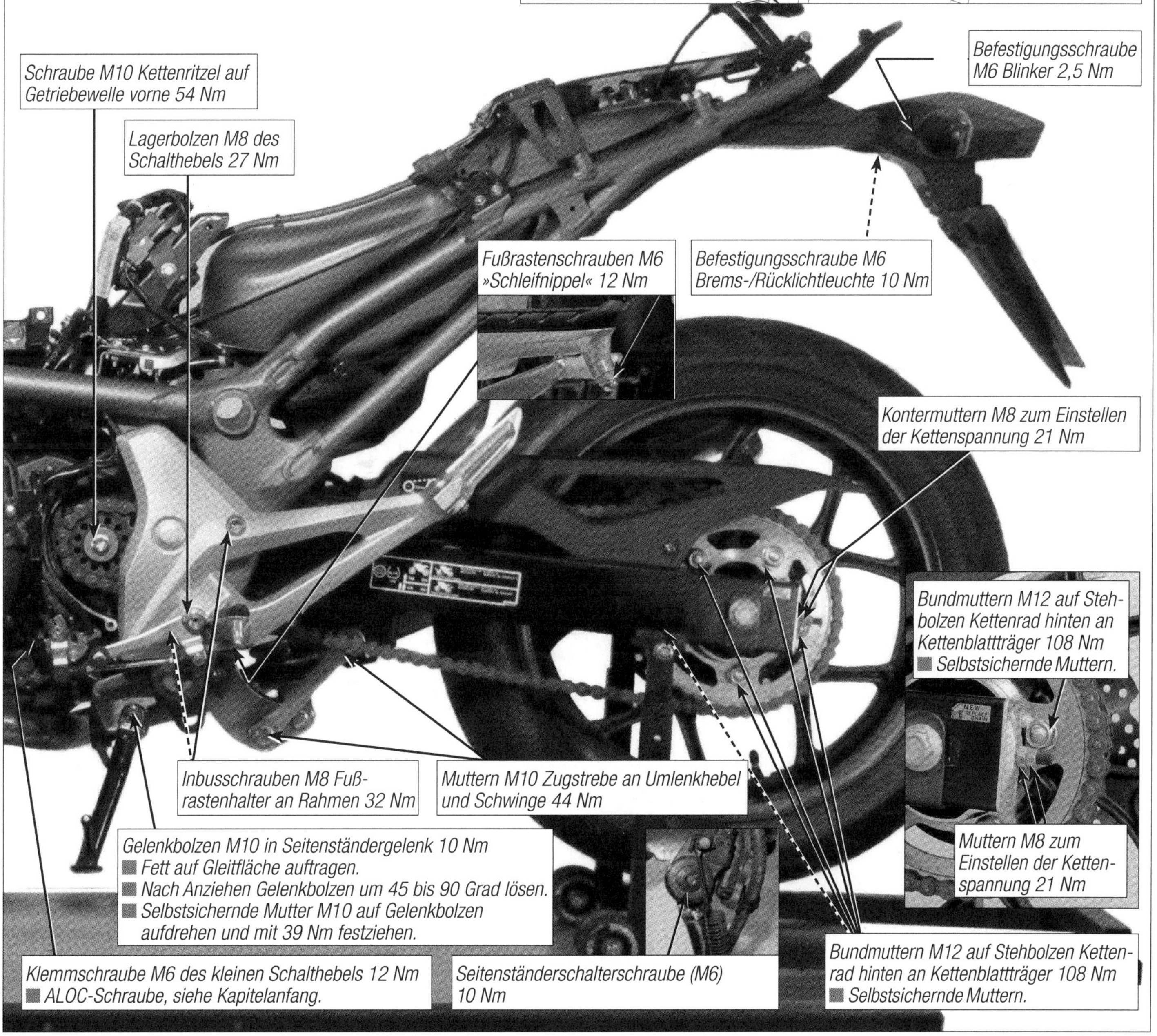
Befestigungsschraube M6 Blinker 2,5 Nm
Schraube M10 Kettenritzel auf Getriebewelle vorne 54 Nm
Lagerbolzen M8 des Schalthebels 27 Nm
Fußrastenschrauben M6 »Schleifnippel« 12 Nm
Befestigungsschraube M6 Brems-/Rücklichtleuchte 10 Nm
Kontermuttern M8 zum Einstellen der Kettenspannung 21 Nm
Bundmuttern M12 auf Stehbolzen Kettenrad hinten an Kettenblattträger 108 Nm
■ Selbstsichernde Muttern.
Inbusschrauben M8 Fußrastenhalter an Rahmen 32 Nm
Muttern M10 Zugstrebe an Umlenkhebel und Schwinge 44 Nm
Muttern M8 zum Einstellen der Kettenspannung 21 Nm
Gelenkbolzen M10 in Seitenständergelenk 10 Nm
■ Fett auf Gleitfläche auftragen.
■ Nach Anziehen Gelenkbolzen um 45 bis 90 Grad lösen.
■ Selbstsichernde Mutter M10 auf Gelenkbolzen aufdrehen und mit 39 Nm festziehen.
Klemmschraube M6 des kleinen Schalthebels 12 Nm
■ ALOC-Schraube, siehe Kapitelanfang.
Seitenständerschalterschraube (M6) 10 Nm
Bundmuttern M12 auf Stehbolzen Kettenrad hinten an Kettenblattträger 108 Nm
■ Selbstsichernde Muttern.

Anziehdrehmomente

*Bild zeigt eine **NC 750 S** mit zugehörigen Anziehdrehmomentwerten.*

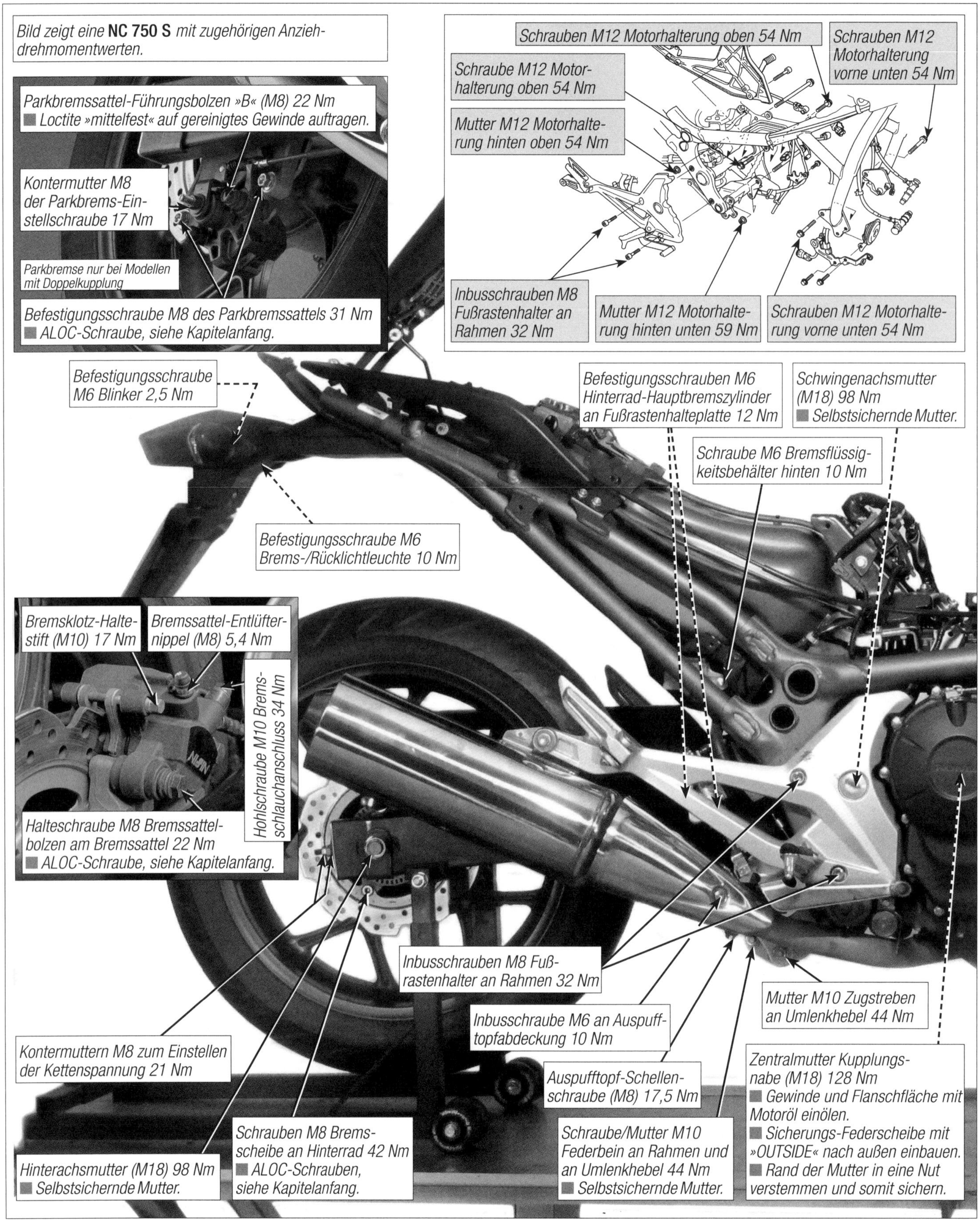

Klemmschrauben M8 Lenkerhalterung 22 Nm
Gabeldeckel (M37) 22 Nm
Schrauben M4 im Deckel Bremsflüssigkeitsbehälter vorne 1,5 Nm
Klemmschrauben M8 Lenkerhalterung 22 Nm
Standrohr-Klemmschraube M8 in oberer Gabelbrücke 22 Nm
Schraube M6 Lenkergewicht 10 Nm ■ ALOC-Schraube, siehe Kapitelanfang.
Schrauben M6 Hauptbremszylinder an Lenker 12 Nm
Lenkschaft-Kopfmutter (M24) 103 Nm
Befestigungsschraube M6 Blinker 2,5 Nm
Lenkschaft-Kopfmutter (M24) 103 Nm
Lenklager-Einstellmutter (M26) 23 Nm ■ Gewinde und Sitzflächen mit Motoröl einölen. Kontermutter M26 Lenklager-Einstellmutter ■ Siehe Anziehvorschrift im Lauftext weiter vorne.
Standrohr-Klemmschrauben M10 in unterer Gabelbrücke 39 Nm
Lenklager-Einstellmutter (M26) 23 Nm ■ Gewinde und Sitzflächen mit Motoröl einölen.
Kontermutter M26 Lenklager-Einstellmutter ■ Siehe Anziehvorschrift im Lauftext weiter vorne.
Zündkerze (M14) 22 Nm
Schrauben M8 Bremssattel an Gabeltauchrohr 30 Nm ■ ALOC-Schrauben, siehe Kapitelanfang.
Schraube M12 Motorhalterung oben 54 Nm
Hohlschrauben M10 Bremsschlauchanschlüsse 34 Nm
Schrauben M8 Bremsscheibe an Vorderrad 42 Nm ■ ALOC-Schrauben, siehe Kapitelanfang.
Kühlmitteltemperatur-Sensor (ETC-Sensor, M10) 12 Nm
Bremsklotz-Haltestift (M10) 17 Nm
Bremssattel-Entlüfternippel (M8) 5,4 Nm

Stichwortverzeichnis